色다른
소방기술사

소방기술사 **유 창 범** 지음

BM 성안당
www.cyber.co.kr

도서 A/S 안내

당사에서 발행하는 모든 도서는 독자와 저자 그리고 출판사가 삼위일체가 되어 보다 좋은 책을 만들어 나갑니다.

독자 여러분들의 건설적 충고와 혹시 발견되는 오탈자 또는 편집, 디자인 및 인쇄, 제본 등에 대하여 좋은 의견을 주시면 저자와 협의하여 신속히 수정 보완하여 내용 좋은 책이 되도록 최선을 다하겠습니다.

구입 후 14일 이내에 발견된 부록 등의 파손은 무상 교환해 드립니다.

저자 e-mail : fireprotection@hanmail.net
본서 기획자 e-mail : coh@cyber.co.kr(최옥현)
홈페이지 : http://www.cyber.co.kr
전화 : 031)950-6300

A MESSAGE FROM THE READING PUBLIC

　필자는 대학원을 졸업하고 소방기술사 공부를 시작한 지 7년 만에 기술사가 되었습니다. 지금 생각해 보면 '쉽게 공부할 수 있는 것을 참 어렵게 했구나' 하는 생각이 듭니다. 직장을 다니면서 공부하다 보니 학원 수강이 어려워 독학으로 공부했습니다. 그래서 누구보다도 공부를 하는 수험생의 마음을 알고 있기에 조금이나마 그들에게 도움이 되고자 이 책을 기술하게 되었습니다.

　소방기술사의 시험문제는 단순히 암기를 요하는 것도 있지만 그보다는 소방에 대한 이해를 요하는 것이 대부분입니다. 그러나 시중에 나와 있는 대부분의 소방기술사 책은 요점 내용 위주로 되어 있고, 소방에 관한 기본서가 없는 실정입니다. 이에 소방 관련 내용을 기본 개념부터 집필하기 위해 소방에 관련된 다양한 책을 읽고 자료를 수집하여 기술하였습니다.

　이 책은 크게 4권으로 구성되어 있습니다. 내용이 기존의 책에 비해 방대하긴 하지만 모두가 소방을 이해하는 데 필요한 내용만을 넣은 것입니다. 책의 구성 중 특이한 점은 내용을 색으로 구분했다는 점입니다. 빨간색은 가장 기본적이고 중요한 내용을 나타낸 것이고, 파란색은 기술사를 공부하시는 분이라면 반드시 이해하고 암기해야 할 내용을 나타낸 것입니다. 검은색은 소방에 대한 기본 개념을 이해하기 위해 서술한 것입니다. 이렇게 구성한 이유는 책의 중요 내용이 한눈에 쏙쏙 들어오도록 하여 수험생들이 쉽게 공부할 수 있도록 돕기 위함입니다.

　말콤 글래드웰의 '아웃라이어'라는 책을 보면 1만 시간의 법칙이 나옵니다. 어떤 분야에서든 전문가가 되기 위해서는 1만 시간 정도를 투자해야 된다는 법칙입니다. 소방기술사는 소방분야 최고의 자격증입니다. 이를 위해서는 많은 것을 포기하고 노력하는 자세가 필요합니다.

　소방기술사를 공부하는 과정은 자기와의 싸움으로 시험을 포기하지 않고 정진한다면 언젠가는 이룰 수 있는 목표입니다.

　여러분의 건승을 기원합니다.

　이 책의 내용은 여러 선배님들의 논문과 자료를 정리하여 소방기술사를 공부하시는 분들을 위해 맞춤형으로 기술한 것입니다. 이와 같이 방대한 내용이 나오게 된 것은 모두가 선배님들의 연구와 노력 덕분입니다.

　끝으로 이 책이 나오기까지 도움을 주신 성안당 관계자 그리고 늘 사랑하는 아내와 가족에게 깊이 감사를 드립니다.

Author **You Chang bum**
Fire Protecting Engineer(P/E)

Guide

이 책의 합격구성

　이 책은 기본서로서 소방에 관한 기본 개념과 중요 내용을 마치 시험문제 답안지처럼 작성해 놓았고 내용을 쉽게 풀어 놓았습니다. 또한, 중요 내용이 한눈에 쏙쏙 들어오도록 색으로 구분했습니다.

---

(7) **노점온도** : 온도가 높은 공기는 많은 수증기를 포함할 수 있지만 그 공기의 온도를 내리면 어느 온도에서는 포화상태에 도달하게 되고 더 내리게 되면 수증기의 일부가 응축되어 이슬이 발생한다. 이 시점의 온도를 노점온도라고 한다.

02 열 : 고온의 물체에서 저온의 물체로 이동하는 에너지

(1) **열(heat)**
1) 과거의 열에 대한 개념
① 프로기스톤설 : 열은 물질 그 자체로 연소란 물질에서 프로기스톤이 빠져나오는 현상으로 열이 발생한다.
② 운동설 : 물질을 구성하는 입자들이 운동(진동, 회전, 병진)을 통해 발생한다.
2) 열은 물질의 상태나 주위에 어떤 변화를 일으키는 일을 하는 능력이다.
3) 정의 : 온도 차이에 의한 에너지의 흐름을 말한다.
4) 열은 상대적 개념으로 동일한 열을 가진 상태가 아니면 이동(흐름)이 발생한다.
　→ 열전달(에너지의 이동) : 한 물체에서 다른 물체로 이동하는 내부에너지이다.

내부에너지 : 물질 내의 여러 형태의 모든 에너지를 모두 내부에너지라 하며 열역학에서는 열의 변화나 흐름에 따른 내부에너지의 변화를 연구한다. 내부에너지는 온도의 변화로 나타난다.

에너지 : 열이 물체나 물질로 전달된 후에는 열이 아니라 에너지로 불리며, 열의 단위는 에너지의 단위와 같다. 물 1g을 1℃ 높이는 데 4.184J이 필요하며 미국에서는 1cal이라 한다.

(2) **열용량**(heat capacity, C_p) : 어떤 물질의 온도를 1℃ 올리는 데 필요한 열량(J/℃)

　　　　　　　　　열용량 = 질량 × 비열

비열이 물질마다 다른 이유 : 내부에너지를 저장하는 용량이 다르기 때문이다. 즉, 물질마다 에너지를 흡수하는 방법이 다르다는 것이다.

比熱容量, specific heat capacity) 또는 비열(Specific heat) : 단위 질량의 온도를 1℃ 높이는 데 드는 열에너지를 말한다. 단위는 (J/g·℃)이다.

　　$F \cdot d = Fd\cos\theta$로 벡터양들이 합쳐진 스칼라의 양
2) 열 $W = P \cdot \Delta V = \left(\dfrac{F}{A}\right)(Ad)$로 스칼라와 스칼라의 곱인 스칼라의 양
3) 열은 엔트로피의 변화를 수반하지만 일은 엔트로피의 변화를 수반하지 않는다.

검은색 글씨
소방기술사를 준비하는 분들이 기본 개념을 이해하기 위한 내용

파란색 글씨
소방기술사를 준비하는 분들이 반드시 숙지해야 하는 내용으로 기술사 답안지 작성 시 필요한 내용

꼼꼼체크
본문 내용을 상세하게 이해하는 데 도움을 주는 참고 내용

빨간색 글씨
소방기술사 시험 준비에 있어 가장 기본적이고 중요한 내용으로 소방에 입문하는 분들이나 기사를 준비하는 분들이 반드시 습득해야 하는 내용

이 책의 학습을 위한 저자의 합격 tip

첫째, **이 책은 처음에 한 번 빨간색을 위주로 읽어 소방기술사의 중요 내용을 파악합니다.** 소방기술사의 기본적인 내용을 인지하여 출제 범위와 중요 내용을 확인하는 단계입니다. 소방은 여러 가지 학문이 결합되어 깊이 들어갈 필요는 없지만 이것이 어떠한 원리에 의해서 적용이 되었는지는 알 필요가 있습니다. 왜냐하면 **기술사는 정답만을 적는 것이 아니라 답이 나오는 과정을 논리적으로 설명해야 하기 때문입니다.**

둘째, **파란색과 검은색 내용을 기준으로 본인의 서브노트를 만들어 보십시오.** 현재 기술사 수험서 대부분의 책은 서브노트 형식을 취하고 있습니다. 서브노트의 형식이다 보니 각각의 내용에 대한 구체적인 설명이 부족하여 그 원리를 이해하기 위해서는 다른 참고도서를 찾아보아야 하는 문제점이 있습니다.
서브노트는 개인이 만드는 것이지 누가 만들어주는 것이 아닙니다. 서브노트는 기본서를 바탕으로 나의 경험과 지식의 부족한 부분을 채우기 위하여 만드는 것이기 때문입니다. 또한, 내가 잘 이해가 안 되거나 모르는 것을 서브노트에 기록하여 그것을 반복학습하고 숙지하여 시험장에서 답안의 작성을 충실하게 만들어주는 역할을 하기 때문입니다.

셋째, **기술사의 공부는 외우는 것이 아니라 이해하는 것이라는 인식입니다.** 물론 머리가 뛰어나서 소방의 모든 영역을 다 외울 수 있다면 그렇게 공부하는 것이 합격으로 가는 지름길이겠지만 대부분의 사람들은 그렇게 할 수 없는데 억지로 암기 위주의 공부를 하고 있습니다. 답안지를 쓸 때 어떤 형식에 맞추고 늘 그것에 가깝게 쓰도록 하면 50점 부근까지는 빨리 도달할 수 있을 테지만 합격점수를 받는 데는 더 많은 시간을 소요할 수가 있습니다. 현재 거의 모든 학원에서 이와 같은 학습방법을 권하고 있는데 이는 똑같은 답안지를 만드는 결과를 초래하고 있습니다. **합격자를 양산하는 시대에서는 기술사를 많이 배출하기 위해서 이러한 방법으로도 합격하는 사람들이 많았지만 적정수의 기술사를 뽑는 현재 시험의 경우에는 적절하지 않은 방법입니다.**
기술사 답안지는 사실 수치나 법률을 그대로 쓰는 것이 그렇게 중요하지는 않습니다. 이것이 어떠한 의도로 그렇게 나왔고 향후 어떠한 방향으로 가는 것이 바람직한 지를 쓰는 것이 중요합니다. 그러기 위해서는 많은 관련 자료와 그에 대한 충분한 이해가 있어야 합니다.

이에 이 책은 저자가 소방기술사를 공부하면서 많은 시간 책을 보고 자료를 찾는 데 쓴 경험을 바탕으로 이를 하나로 묶어서 알기 쉽게 설명했습니다.

Contents

PART 01 물리화학

Section 01 화재안전(fire safety)의 개념 …………………………… 12
Section 02 운동(movement) …………………………………………… 16
Section 03 일(work)과 에너지(energy) ……………………………… 24
Section 04 유체역학(fluid mechanics) ……………………………… 26
Section 05 열역학(thermo-dynamics) ……………………………… 56
Section 06 전자기학(electromagnetism) …………………………… 63
Section 07 파동(wave)과 소리(sound) ……………………………… 86
Section 08 빛(light) …………………………………………………… 91
Section 09 핵(nuclear) ……………………………………………… 105
Section 10 기타 물리 ………………………………………………… 108
Section 11 화학 기본이론 …………………………………………… 110
Section 12 원소의 주기적 성질 ……………………………………… 127
Section 13 화학결합(chemical bond) ……………………………… 136
Section 14 분자간 힘 ………………………………………………… 146
Section 15 기체와 기체법칙 ………………………………………… 153
Section 16 액체(liquid)와 고체(solid) ……………………………… 161
Section 17 산과 염기(acid, base) …………………………………… 167
Section 18 산화-환원(oxidation-reduction) ……………………… 170
Section 19 화학반응(chemical reaction) …………………………… 173
Section 20 유기화합물(organic compound) ……………………… 189
Section 21 기타 화학 ………………………………………………… 201

PART 02 연소공학

section 01 Fire safety concepts tree ·············· 204
section 02 연소(combustion) ·············· 209
section 03 연소의 3요소(fire triangle) ·············· 215
section 04 연소한계(flammability limit) ·············· 229
section 05 연소의 구분 ·············· 240
section 06 화염(flame) ·············· 252
section 07 화염온도(flame temperature) ·············· 263
section 08 상에 의한 연소 구분 ·············· 265
section 09 화재(fire) ·············· 269
section 10 기체연소 시 이상현상 ·············· 273
section 11 기체의 발화 ·············· 276
section 12 액체의 발화 ·············· 284
section 13 고체의 발화 ·············· 287
section 14 화염확산 ·············· 296
section 15 인화점 & 자연발화점 ·············· 306
section 16 고체의 열분해 ·············· 322
section 17 목재의 열분해 ·············· 328
section 18 고분자 물질의 연소 ·············· 335
section 19 화염전파지수(FPI ; Fire Propagation Index) ·············· 347
section 20 연소속도(buring velocity)/연소속도(buring rate) ·············· 349
section 21 열전달 ·············· 356
section 22 벽체의 열전달(열통과율) ·············· 374
section 23 연소생성물의 생성 ·············· 376
section 24 연소 시 생성되는 가스 ·············· 383

Contents

- section 25 일산화탄소(CO) ······ 389
- section 26 화재상황에 따른 연소생성물의 유해성 ······ 392
- section 27 독성가스와 허용농도 ······ 397
- section 28 연기(smoke) ······ 404
- section 29 연기의 시각적 유해성 ······ 414
- section 30 발연점과 그을음 ······ 421
- section 31 액체가연물 화재 ······ 423
- section 32 증기 – 공기 밀도와 증기위험도 지수 ······ 435
- section 33 경질유, 중질유 탱크의 화재 특성 ······ 437
- section 34 중질유 화재의 물 넘침 현상 ······ 441
- section 35 화재의 분류 ······ 445
- section 36 물리적 소화와 화학적 소화 ······ 450
- section 37 건축물 내 화재성상 ······ 452
- section 38 전실화재(flash over) ······ 464
- section 39 백드래프트(back draft) ······ 475
- section 40 목조건물과 내화구조 건물의 화재온도 표준곡선 ······ 479
- section 41 화재의 성장 ······ 484
- section 42 화재성장곡선 ······ 489
- section 43 화재플럼(fire plume) ······ 494
- section 44 화재하중 ······ 512
- section 45 화재가혹도 ······ 516
- section 46 화재의 조사 ······ 523
- section 47 연소의 패턴 ······ 530
- section 48 화재 벡터링(fire vectoring) ······ 549

色다른 **소방기술사** 시리즈 구성

Vol.1 소방기초이론과 연소공학

소방을 공부하기 위해서는 이론의 근거가 되는 물리학과 화학의 기초이론에 대한 정확한 이해가 필요합니다. 이에 다른 기술사 책에는 없는 소방기초이론을 별도로 구성하여 소방과 관련 있는 물리학과 화학을 기술하여 수험생이 쉽게 이해할 수 있도록 했습니다. 또한 연소공학은 연소의 시작인 발화부터 화재의 성장 및 소멸까지 나오는 연소이론을 단계별로 정리해서 하나의 완성된 답안지가 될 수 있도록 했습니다. 이를 통해서 연소공학에 대한 전반적인 이해가 가능할 것입니다.

✏️ **출제빈도 및 공부방법** : 약 5~10% 정도로 적은 출제이지만 답안지 작성의 전체적인 기본이 되므로 쉽게 볼 것이 아니라 충분한 숙지가 필요한 부분입니다.

Vol.2 건축방재와 피난

화재가 발생한 대상인 건축물의 손상과 연소확대의 특성에 대한 이론이 수록되어 있으며 다양한 건축대상에 따라 변화하는 특성을 기술했습니다. 또한 이에 대응할 수 있는 건축물에 대한 방재대책을 건축용도별로 구분했습니다. 피난은 화재 시 거주자의 피해를 최소화하고 안전하게 피난을 하기 위한 대책을 기술하고 있으며, 어떻게 피난안전성 평가를 하고 있는지와 시뮬레이션에 대하여 설명했습니다.

✏️ **출제빈도 및 공부방법** : 약 20~25% 정도의 출제빈도를 가지고 있고 내용상 연소공학과는 불가분의 관계입니다.

Vol.3 소방기계

화재 시 대응하는 건축설비를 구체적으로 나열하고 그 원리와 적절한 설치방법을 기술했습니다. 또한 새로운 시설이나 장비를 설명하여 쉽게 이해할 수 있도록 학습을 도왔습니다.

✏️ **출제빈도 및 공부방법** : 약 35~40% 정도로 가장 많이 출제되며 기본적인 소방설비에 대한 학습도 중요하지만 신기술이나 신제품에 대한 학습이 특히 중요시 됩니다.

Vol.4 소방전기·폭발·위험물

소방을 감지하는 감지설비와 경보설비 및 각종 장비의 전원공급에 대한 내용을 기술했습니다. 특히 최근에 자동제어와 통신이 중요시 되면서, 다양한 기술개발로 인한 오동작이 적고 신속한 대응이 가능한 설비 등이 개발됨으로써 이에 대한 정보취득과 숙지를 위한 기초자료를 첨부해 이에 대해 쉽게 이해할 수 있도록 했습니다. 또한 폭발과 위험물 부분은 다양한 이론과 원리를 기술하여 이에 대한 이해도를 높였습니다.

✏️ **출제빈도 및 공부방법** : 소방전기는 약 15~20% 정도의 출제빈도를 가지고 있고 이 역시 소방기계와 마찬가지로 신기술이나 신제품에 대한 학습이 중요시 됩니다. 폭발과 위험물은 약 5~10% 정도의 출제빈도를 가지고 있으며 연소공학과 밀접한 관계가 있습니다.

P·a·r·t 1

Professional Engineer Fire Protection

물리화학

- Section 01 물리의 기초
- Section 02 운동(movement)
- Section 03 일(work)과 에너지(energy)
- Section 04 유체역학(fluid mechanics)
- Section 05 열역학(thermo-dynamics)
- Section 06 전자기학(electromagnetism)
- Section 07 파동(wave)과 소리(sound)
- Section 08 빛(light)
- Section 09 핵(nuclear)
- Section 10 기타 물리
- Section 11 화학 기본이론
- Section 12 원소의 주기적 성질
- Section 13 화학결합(chemical bond)
- Section 14 분자간 힘
- Section 15 기체와 기체법칙
- Section 16 액체(liquid)와 고체(solid)
- Section 17 산과 염기(acid, base)
- Section 18 산화-환원(oxidation-reduction)
- Section 19 화학반응(chemical reaction)
- Section 20 유기화합물(organic compound)
- Section 21 기타 화학

Section 01 물리의 기초

01 단위와 물리학

(1) 단위 : 어떤 물리량의 크기를 객관적으로 나타내기 위한 양

1) 국제단위계에서는 **7개의 기본단위**가 정해져 있고, 이것을 **SI 기본단위**(국제단위계 기본단위)라고 한다.

물리량	단위(이름)	단위(기호)
길이	미터	m
질량	킬로그램	kg
시간	초	s
전류	암페어	A
온도	켈빈	K
물질량	몰	mol
광도	칸델라	cd

2) 유도단위 : SI 기본단위로부터 유도된 단위

이 름	기호	물리량	다른 단위로 표시	SI 기본 단위로 표시
헤르츠	Hz	진동수	$1/s$	s^{-1}
라디안	rad	평면각	$m \cdot m^{-1}$	무차원
스테라디안	sr	입체각	$m^2 \cdot m^{-2}$	무차원
뉴턴	N	힘, 무게	$kg \cdot m/s^2$	$kg \cdot m \cdot s^{-2}$
파스칼	Pa	압력, 응력	N/m^2	$m^{-1} \cdot kg \cdot s^{-2}$
줄	J	에너지, 일, 열량	$N \cdot m = C \cdot V = W \cdot s$	$m^2 \cdot kg \cdot s^{-2}$
와트	W	일률, 전력, 방사속	$J/s = V \cdot A$	$m^2 \cdot kg \cdot s^{-3}$
쿨롬	C	전하 또는 전하량	$s \cdot A$	$s \cdot A$
볼트	V	전압, 전위, 기전력	$W/A = J/C$	$m^2 \cdot kg \cdot s^{-3} \cdot A^{-1}$
패럿	F	전기용량	C/V	$m^{-2} \cdot kg^{-1} \cdot s^4 \cdot A^2$
옴	Ω	전기저항, 임피던스, 리액턴스	V/A	$m^2 \cdot kg \cdot s^{-3} \cdot A^{-2}$
지멘스	S	컨덕턴스	$1/\Omega$	$m^{-2} \cdot kg^{-1} \cdot s^3 \cdot A^2$
웨버	Wb	자속	J/A	$m^2 \cdot kg \cdot s^{-2} \cdot A^{-1}$
테슬라	T	자기장 세기, 자속밀도	$V \cdot s/m^2 = Wb/m^2 = N/(A \cdot m)$	$kg \cdot s^{-2} \cdot A^{-1}$
헨리	H	인덕턴스	$V \cdot s/A = Wb/A$	$m^2 \cdot kg \cdot s^{-2} \cdot A^{-2}$
섭씨	℃	섭씨 온도	$K - 273.15$	$K - 273.15$
루멘	lm	광선속	$lx \cdot m^2$	$cd \cdot sr$
럭스	lx	조도	lm/m^2	$m^{-2} \cdot cd \cdot sr$

꼼꼼체크 단위가 같으면 차원이 같다.

(2) 물리학 : 가설을 세우고 실험을 통해 검증하고 수학적으로 정리하는 학문

02 벡터와 스칼라

(1) **스칼라(scalar)**
　　1) 정의 : 크기만 가지는 양
　　2) 종류 : 기본단위(7개), 전하, 거리, 속력, 에너지

(2) **벡터(vector)**
　　1) 정의 : 크기와 방향을 가지는 양
　　2) 두 개 이상의 백터가 작용할 때에는 두 힘 사이의 끼인각이 작을수록(즉, 같은 방향일수록) 합력이 커져서 힘의 크기가 커진다. 왜냐하면 힘의 진행방향이 유사하여 합력이 증가하기 때문이다.
　　3) 종류 : 변위, 속도, 가속도, 힘, 무게, 운동량, 충격량, 전기장, 자기장

03 용어의 정의

(1) 정확도(accuracy)
　　1) 정의 : 단일측정값이 참값에 얼마나 접근하고 있는가를 나타내는 척도
　　2) 측정값이 실제값에 가까운 값을 정확도가 높다고 한다.

(2) 정밀도(precision)
　　1) 정의 : 여러 측정값들이 서로 얼마나 접근하고 있는가를 나타내는 척도
　　2) 반복하여 측정해도 실제값에 가까운 값을 나타내는 경우 정밀도가 높다고 한다.

(3) **질량(mass)**
　　1) 정의 : 한 물질이 얼마나 많이 존재하는가를 나타내는 정도
　　2) 관성을 결정하는 양
　　3) 물질 고유의 양(불변)
　　4) 단위 : 질량의 단위(SI : kg)

(4) **무게(weight)**
　　1) 정의 : 지구가 물체에 작용하는 힘. 즉, 질량에 중력가속도가 가해진 양이 무게이다.
　　2) 단위 : 힘의 단위(SI : N)

(5) 질량보존법칙에서 에너지 보존의 법칙으로 발전해서 나온 아인슈타인의 $E=mc^2$은 에너지는 질량과 광속으로 나타낼 수 있다는 법칙이다. 이를 통해 에너지와 질량의 동등성을 나타내고 있다.

(6) **부피** : 물체가 차지하는 공간

(7) **과학적 방법** : 실험과 관찰에 근거하여 문제를 해결하는 체계적인 방법

(8) 오차

1) **계통오차** : 매번 동일한 실수가 반복되는 오차로 수정이 가능한 오차이다. 즉 제어가 가능한 오차이다.
2) **우연오차** : 그 실수가 제멋대로 변하는 것으로 수정이 곤란한 오차이다.

(9) 양적과 질적

1) **양적** : 숫자와 관계 있는 수를 포함하는 측정값으로 서로 비교하여 배수나 약수로 표현이 가능하다.
2) **질적** : 수를 알 수 없는 관찰값이다. 하지만 서로 비교하여 상대적인 대소는 구분이 가능하다.

(10) 물질(matter)
물질은 원자와 분자라고 부르는 미세한 입자들로 구성된다. 물질 속의 입자들은 끊임없이 무질서하게 운동한다. 이러한 물질의 기본단위는 질량으로 이러한 물질을 가지고 형태를 가진 물체를 만든다. 따라서 물체는 질량과 공간을 점유하는 성질을 가지게 된다.

(11) 물질의 이중성
물질도 빛과 마찬가지로 파동이기도 하고 입자이기도 하다.

(12) 습도

1) **절대습도(absolute humidity)** : 건공기(DA) 1kg당 x(kg)의 수증기량이 포함되어 있을 때 x를 절대습도라고 한다.

$$AH(절대습도) = \frac{x(수증기, \text{kg})}{V(건공기, \text{kg})}$$

> **꼼꼼체크** DA : Dry Air로 건공기를 뜻한다.

2) **수증기 분압(P_w)** : 습공기 중의 수증기가 단위면적당 누르는 압력
3) **상대습도** : 수증기 분압과 같은 온도인 포화공기의 수증기 분압의 비율이다. 즉, 쉽게 설명하자면 대기 중에 포함되어 있는 수증기의 양과 그때의 온도에서 대기가 함유할 수 있는 최대 수증기량(포화)의 비율

$$\phi(상대습도) = \frac{e_w(공기의 \ 수증기 \ 분압, \text{kPa})}{e_w^*(같은 \ 온도에서의 \ 포화 \ 공기의 \ 수증기 \ 분압, \text{kPa})}$$

4) **포화** : 공기가 함유할 수 있는 최대수증기량을 포함하고 있으면 공기는 포화되었다고 한다. 포화가 되면 공기의 온도가 떨어지고, 공기 중의 수증기 분자들이 응결되어 작은 물방울을 형성하기 시작한다. 왜냐하면 기온이 낮을 경우 분자들이 천천히 움직여서, 따뜻한 공기보다 차가운 공기(낮은 온도)에서 포화와 응결이 쉽게 일어나기 때문이다.

① 빠르게 움직이는 물 분자들은 충돌하여 완전 탄성에 가깝게 서로 튕겨져 나간다.
② 느리게 움직이는 물 분자들은 충돌하면서 합쳐져 응결된다.

5) 공기는 대기 중으로 상승할수록 냉각되고 팽창한다. 왜냐하면 대기압으로 공기를 누르는 힘이 줄어들기 때문이다. 따라서 공기는 기압이 높은 지역에서 기압이 낮은 지역으로 이동하기 때문에(주위의 기압 감소) 팽창이 일어난다. 팽창하게 되면 열에너지가 운동에너지로 바뀌게 되면서 공기가 냉각된다. 그러면 그 안에 포함된 물 분자들이 점점 더 느리게 움직이므로 응결이 일어난다.

6) 공기 중의 먼지, 연기, 염류와 같은 미세입자들은 응결핵의 역할을 한다. 따라서 보다 쉽게 응결이 일어난다. 이것이 연기감지기의 원리이다.

(13) **양자(量子, quantum)** : 플랑크 상수 단위를 가지고 있고, 나눌 수 없는 물리량을 양자라고 한다. 또한 양자는 작디작은 에너지 입자로 파동처럼 이동하지만 입자로 뚝뚝 끊어져 나온다. 따라서 양자는 입자이자 파동이라고 할 수 있다.

Section 02 운동(movement)

01 기본 개념

(1) 물체의 위치(단위 : m)
   1) 이동거리 : 실제 이동한 길이
   2) 변위 : 위치의 변화량으로 두지점 간의 직선거리

(2) 평균값
   1) 산술평균
      ① 공식 : $\dfrac{(a+b)}{2}$
      ② 물리적 의미 : a, b 두 점 사이의 중간 값
   2) 기하평균
      ① 공식 : $\sqrt{ab}$
      ② 물리적 의미 : 직사각형의 두 변이 a, b일 때 같은 면적을 가지는 정사각형의 한 변
      ③ 기하평균은 제곱근을 구하므로 무리수가 된다. 고대 그리스에서는 무리수를 수로 인정하지 않았기 때문에 이와 같이 구한 평균은 기하적인 의미만을 갖는다고 하여 기하평균이라는 이름을 붙여졌다.
   3) **조화평균**
      ① 공식 : $\dfrac{2ab}{(a+b)}$, $\dfrac{n}{\dfrac{1}{a}+\dfrac{1}{b}}$
      ② 물리적 의미
         ㉠ 일정한 거리를 갈 때 a, 올 때 b의 속력으로 왕복할 때 평균속도
         ㉡ 음악에서 현의 길이가 각각 a, b일 때 두 현의 소리가 잘 조화되는 길이를 뜻한다. 움직임 또는 변화를 생각할 때 사용하는 평균값으로 소방분야에서 많이 이용된다.
         ㉢ 소방분야에서 응용 : 여러 가스가 혼합되어있을 때 평균 연소범위 값을 산출, 열전달률 산출, 제연설비의 누설면적에서 직렬의 경로 등
   4) 평균의 비교
      ① 두 양수 a, b에 대하여, 이 세 평균 사이에는 항상 아래와 같은 부등식이 성립한다.
      ② $\dfrac{(a+b)}{2} \geq \sqrt{ab} \geq \dfrac{2ab}{(a+b)}$ 즉, 산술평균이 가장 크고 조화평균이 가장 작다.

(3) 운동량

$$P(운동량) = m(질량) \times (v_1 - v_2)(속력의\ 변화 = 속도)$$

1) 물체가 가지는 운동의 양은 물체의 질량과 속도에 의해서 결정되는 값으로 질량과 속도의 곱에 비례한다.
2) 운동량은 운동의 관성이다. 따라서 운동이 변화하지 않으면 운동량도 바뀌지 않는다.
3) 충격량이 운동량을 변화시킨다. 이는 충격량이 운동하는 물체에 외력으로 작용하여 운동을 변화시키기 때문이다.
4) $J(충격량) = F(힘) \times t(시간)$
5) 충격량의 산출식

$$F = ma$$
$$m \times \frac{\Delta v}{\Delta t} = F$$
$$m \times \Delta v = F \Delta t (충격량)$$
$$\Delta P = F \times \Delta t$$

여기서, ΔP : 운동량의 변화, F : 힘, Δt : 시간의 변화, m : 질량, a : 가속도, v : 속도

(4) **운동량 보존법칙** : 외력이 작용하지 않으면 모든 상호작용에서 운동량은 변하지 않는다. 즉, 운동량은 보존된다.

(5) 물체의 작용하는 힘의 크기의 방향이 일정하면 등가속도 운동을 한다고 하고 대표적인 등가속도가 중력가속도이다.

(6) **중력가속도의 산출식**
   1) $v(속력)T(시간) = 2\pi r\ (원주)$
   2) $v(속력) = \dfrac{2\pi r}{T}$
   3) $a(가속도) = \dfrac{v^2}{r} = \dfrac{4\pi^2 r}{T^2}$
   4) $T^2(운동시간) = k(비례상수)r^3(운동반경)$
   5) $a = \dfrac{4\pi^2}{kr^2}$
   6) $F = ma$ (m은 물체의 질량)
   7) $F = \dfrac{4\pi^2}{k} \times \dfrac{m}{r^2}$

이 식에서, $\dfrac{4\pi^2}{k} = G$ 로 놓고 상대적인(relative) 지구의 질량을 M이라 하면 $F = G\dfrac{Mm}{r^2}$ 이다. 이때 거리 r은 두 물체 사이의 거리가 아니라, 두 물체의 무게중심 사이의 거리를 말한다.

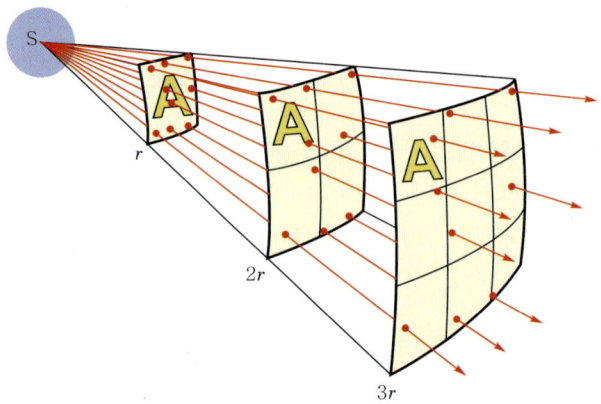

| 역제곱의 법칙(중력과 거리) |

역제곱의 법칙(inverse square law) : 물리량이 거리의 제곱에 반비례하는 법칙

(7) 질량중심
　1) 회전의 중심점
　2) 질량이 모여 있다고 생각되는 점으로 질량중심이 지면에 가까울수록 물체는 안정적이다.

(8) 회전운동
　1) 각변위 : θ(단위 : rad), 선의 변위로 나타내면 $s = r\theta$
　2) 각속도 : $\omega = \dfrac{d\theta}{dt}$, 선의 속도로 나타내면 $v = r\omega$
　3) 각가속도 : $a' = \dfrac{d\omega}{dt}$ 선의 가속도로 나타내면 a(선가속도)$= r$(반지름)a'(각가속도)

(9) 진동
　1) **진동** : 시간에 따라 왕복운동과 같이 동일한 운동을 반복하는 것(진자의 운동)
　2) 진동수 또는 주파수(frequency, v) : 1초 동안 반복되는 파의 수로 단위는 (반복되는 파의 수/s) 또는 (Hz)를 사용한다.
　3) 진폭(amplitude, A) : 움직이는 폭
　4) 주기 : 진동하는 데 걸리는 시간
　5) 파장(wavelength, λ) : 파(wave)의 길이, 골에서 골 또는 마루에서 마루까지의 거리

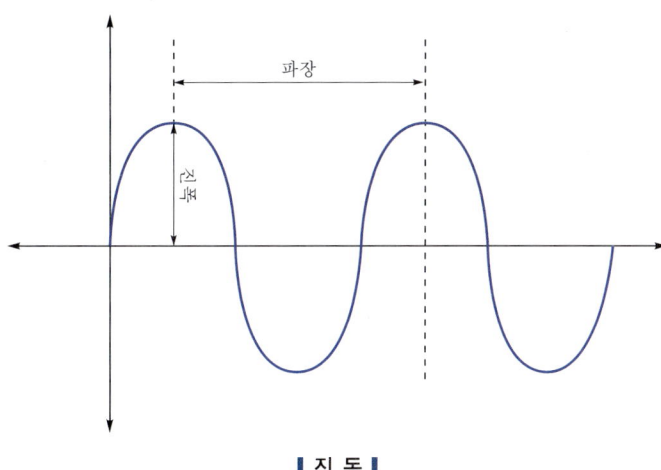

|진 동|

(10) **마찰** : 물체의 운동을 방해하는 것을 말하며 물체가 원래 가지고 있던 에너지의 일부를 열에너지로 바꾸게 한다. 따라서 본래의 운동에너지를 다 발휘하지 못한다. 즉, 마찰이 커지면 열에너지가 많이 발생하게 된다. 또한 마찰은 물체가 미끄러지는 것을 방지하는 역할을 한다.
  1) 정지 마찰력 : 정지된 물체가 막 밀리기 시작했을 때의 마찰력을 말한다. 물체가 질량이 크면 클수록 정지 마찰력은 커진다.
  2) 운동 마찰력 : 물체가 움직이면서 그 움직이는 힘의 운동을 방해하려는 마찰력을 운동 마찰력이라 한다.

(11) **탄성(elasticity)**
  1) 고무줄이나 용수철을 잡아당겼다 놓으면 제자리로 돌아가려고 한다. 이와 같이 힘을 받아 모양이 변했던 물체가 원래의 모양이 되고 싶어 하는 성질을 탄성이라 한다.
  2) 탄성이라는 성질은 분자들 사이의 간격을 일정하게 유지하려는 분자 간의 결합력에 의해 발생하는 현상으로 큰 힘으로 압축을 하거나 팽창을 시키면 분자 간의 결합력을 유지하는 힘 자체가 깨져서 원상으로 회복되지 못하게 된다.
  3) 탄성의 한계 : 용수철은 어느 정도 힘이 작용했을 때까지는 탄성을 회복하지만 그보다 더 큰 힘이 작용하면 탄성을 잃어버린다. 이것을 탄성의 한계라고 한다.
  4) 후크의 법칙(Hooke's law) : F(탄성력) $= k$(비례상수) $\cdot x$(늘어난 거리)

(12) **장력(tension)** : 늘어나는 힘과 반대되는 탄성력이다. 끈에 물체를 매달았을 때 줄에는 원래의 모양으로 돌아가려는 장력이 작용하게 되는데, 장력과 물체의 무게가 평행을 이루어 물체가 정지해 있게 되는 것이다. 따라서 모든 줄은 자신이 견딜 수 있는 최대무게가 있고 이를 최대장력이라고 한다.

02 속력과 속도

(1) 속력(speed, v) = $\dfrac{\text{이동한 거리}(s)}{\text{걸린 시간}(t)}$ **(스칼라)** : 정해진 시간 동안 물체가 얼마나 움직였는가를 통해 물체가 얼마나 빨리 달리는가를 나타낸다.

(2) 속도(velocity, $\vec{v}$) = $\dfrac{\text{변위}(\vec{s})}{\text{걸린 시간}(t)}$ **(벡터)** : 정해진 시간 동안에 물체의 위치가 어느 방향으로 얼마큼 변했는가를 통해 어느 방향으로 얼마나 빨리 달리는가를 알 수 있다.

(3) **상대속도** : 운동하고 있는 서로 다른 물체의 속도의 차

> 물체의 상대속도 = 물체의 실제속도 − 관찰자의 속도

(4) 물리에서 −(마이너스)라는 것은 어떤 방향과 반대임을 나타내는 것이다.

03 뉴턴의 운동법칙(Newton's laws of motion)

(1) **1 법칙** : 관성의 법칙
  1) **관성** : 정지해 있던 물체는 정지하려 하고, 움직이고 있던 물체는 계속 움직이려고 하는 **물체의 특성이다. 관성은 운동 상태를 변화시키려고 하는 외력에 저항하는 성질이다.**
     ① 관성은 물체의 질량에 비례한다. 질량이 클수록 물체를 움직이게 하거나 정지하게 하기가 어렵기 때문이다. 따라서 **질량은 관성의 척도 또는 관성의 크기라고 한다.**
     ② 관성은 속도의 변화에 비례한다. 즉 속도의 변화가 클수록 크다.
     ③ 엘리베이터를 타고 빠르게 올라가면서 저울에 올라타면 저울의 눈금이 증가하는 것을 알 수 있다. 왜냐하면 엘리베이터가 가속되면서 생긴 관성력이 아래 방향으로 작용해서 인체의 무게와 더해져 합력을 증가시키기 때문이다.

   > **꼼꼼체크 관성력** : 가속도 운동을 하고 있는 관찰자가 느끼는 가상의 힘으로 예를 들어 버스가 주행 중에는 손잡이가 기울어지는 현상이다. 관성력은 가속되는 방향의 반대방향으로 나타난다.

     ④ 관성의 법칙에 따라 알짜힘이 작용하지 않으면 운동하는 물체는 원래의 운동을 지속한다.
  2) 현재 운동 상태의 변화에 저항하는 힘 → 관성의 양 → 질량
  3) 따라서 정지하고 있는 물체나 움직이는 물체나 힘이 작용하지 않으면 물체의 운동 상태는 변화하지 않는다.
  4) 가속도가 0이라는 것은 등속으로 운동을 하고 있다는 것(관성 : 운동상태를 유지하려고 하는 상태)이고 이는 운동의 변화가 없다는 것을 말한다.

5) 회전관성 : 회전이란 어떤 축을 중심으로 물체가 도는 것을 말한다. 이때 그 축을 회전축이라고 한다. 회전축에서 가까우면 적은 힘을 필요로 하고 멀리 떨어진 곳에 있으면 회전하는 데 많은 힘을 필요로 한다. 이를 회전관성이 크다고 말한다.
6) 회전운동에 작용하는 힘 : 구심력(원심력은 실제로 존재하지 않는 가상의 힘으로 구심력의 상대적 개념)
7) 토크(τ)= 회전축으로부터의 거리(S) × 힘(F) → 회전체를 움직이기 위한 일
8) 소방분야에서의 적용 : 수격현상

(2) 2 법칙 : 힘과 가속도의 법칙
1) F(힘, 운동의 원인) = m(질량, 물체의 조건) × a(가속도, 운동의 상태)
2) 힘의 단위 : $1N = 1kg \cdot m/s^2$
3) 무게의 단위 : 두 물체가 중력으로 끌어당기는 힘이 무게로 정의되기 때문에, 뉴턴은 무게의 단위이기도 하다. 1kg의 질량은 지구 표면에서 9.80665N의 무게를 갖는다. 왜냐하면 질량에 중력가속도를 곱해주기 때문이다. 역으로 중력가속도로 나누면, 1N은 약 102g의 질량을 가진 물체의 무게에 해당한다.
4) 가속도 : 시간의 흐름에 따른 속도의 변화를 비교하기 위한 개념이다. 방향의 변화 또는 속력과 방향 둘 모두의 변화가 가속도이다. 가속도가 0이라는 것은 속도가 0이라는 것이 아니라 물체가 원래의 속도를 유지한다는 뜻이다. 즉, 가속되거나 감속되거나 방향을 바꾸지 않는다는 것을 의미한다.

> **꼼꼼체크** 가속도는 1초당 속도가 얼마나 변화하는가를 나타내는 값이다. 이에 속도의 도함수를 가속도라고 한다.

① 외부 힘이 가속도를 만든다. 이 힘이 알짜 힘이다. 따라서 가속도의 방향은 항상 알짜 힘의 방향이다.

> **꼼꼼체크** 알짜 힘(net force) : 물체에 작용하고 있는 모든 힘들의 벡터(크기와 방향)를 합하여 계산한 것이다. 따라서 알짜 힘은 실제 물체에 작용되는 힘의 크기와 방향을 나타낸다.

② 질량은 가속도에 저항한다. 따라서 무거운 것은 가속하기 힘들다.
$$a(가속도) = \frac{F(힘)}{m(질량)}$$
③ 자유낙하 물체들의 가속도(9.8m/s)는 같다. 지구의 중력가속도가 일정하기 때문이다. 하지만 실제로는 공기항력이 작용하여 낙하 가속도가 점차 감소하며, 지속적으로 감소하다가 더 이상 감소하지 않는 임계속도를 가진다.

> **꼼꼼체크** 자유낙하는 공기항력 같은 다른 힘을 무시할 수 있는 곳에서 중력의 영향으로만 떨어지는 현상을 말한다.

(3) 3 법칙 : 작용과 반작용의 법칙
1) 모든 힘에는 크기가 같고 반대 방향으로 작용하는 짝힘이 있다. 따라서 모든 상호작용에서 힘들은 항상 한 쌍(작용, 반작용)으로 작용한다.

2) 이때 미는 힘을 작용이라고 하고, 안 밀리려고 버티는 힘을 반작용이라고 한다. 작용력과 반작용력은 각각 다른 물체에 작용한다. 즉 두 물체 사이에 힘이 작용할 때 한 물체는 작용이 발생하고 한 물체는 반작용이 발생한다. 작용과 반작용은 크기는 같고 방향은 반대이다.
3) 여기에서 힘은 두 물체 사이의 상호작용(interaction)이라고 할 수 있다.

(4) 힘
1) 힘의 종류와 크기
   질량(만유인력) < 방사성 물질의 자연붕괴에 관련한 약한 핵력 < 전자기력 < 양성자를 묶는 강한 핵력
2) 힘에 미치는 범위에 따른 구분
   ① 접촉력 : 접촉을 해야 힘이 전달된다.
   ② 장력 : 계에 들어왔을 때 운동에 영향을 미치는 힘(전기장, 자기장) = 계(field)란 힘이 미치는 공간을 말한다.
3) 힘의 진행 방향에 따른 분류
   ① 추력 : 물체에 진행 방향으로 가해진 힘
   ② 항력 : 추력으로 인한 속도로 유체로부터 받는 저항력
      ㉠ 점성항력 : 유체가 물체 표면을 따라 나란히 흐를 때 생기는 마찰저항력이다. 따라서 이동경로의 조건이 동일하다면 거의 고정된 값을 가진다. 소방에서의 적용 주손실
      ㉡ 마찰항력 : 물체의 형태에 의존되는 저항력이다. 따라서 물체의 모양에 따라 항력값이 변화한다. 따라서 저항에 의한 급격한 속도의 변화를 발생시킨다.
        • 움직임에 대한 저항력
        • 분자 간의 힘에 대한 저항력
        꼼꼼체크 윤활유는 얇은 막을 형성하여, 따로따로의 움직임을 만들어서 저항력을 줄여준다.
        • 소방에서의 적용 부차적 손실
   ③ 마찰항력은 물체의 앞에서는 (+) 저항으로 전진을 막고, 물체의 뒤에서는 (−) 저항으로 끌어당긴다.

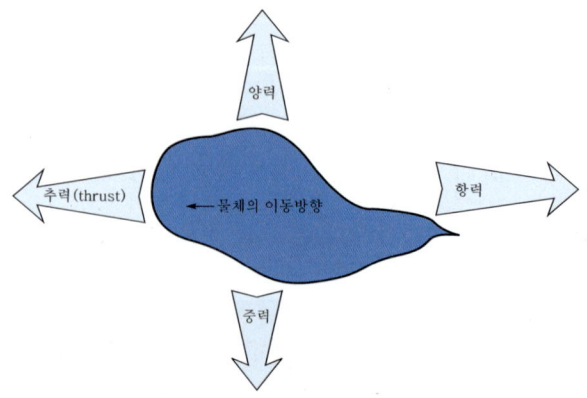

▎ 힘의 진행방향에 따른 분류 ▎

④ 부력
  ㉠ 정의 : 물과 공기와 같은 유체 속에 있는 물체가 지구 중심으로 작용하는 인력에 반대되는 힘. 즉, 당기는 힘의 반대되는 뜨는 힘
  ㉡ 아르키메데스의 원리 : 유체 속에 잠긴 물체는 대체된 유체의 무게와 같은 크기의 부력을 받는다(부력(B) = ρ(밀도) · g(중력가속도) · V(물체의 체적)).
  ㉢ 부력의 크기
    • 물체가 배제한 유체의 중량 크기와 같다.
    • 따라서 다음 그림과 같이 유체에 물체를 넣어서 물체가 부상한 경우에는 유체통에서 넘쳐나는 유체의 중량이 부력을 나타낸다.

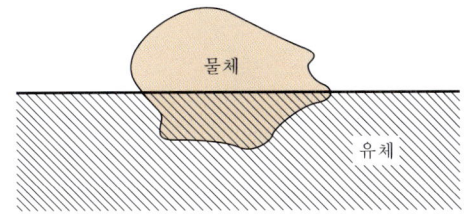

  ㉣ 기체의 경우 부력은 온도와 분자량의 함수이다.
    • 분자량 : 메탄의 경우 분자량이 공기보다 작아 상승하고, 프로판은 분자량이 공기보다 커서 가라앉는다.
    • 온도 : LNG의 경우(주 성분이 메탄) 분자량은 공기보다 작으나 온도가 아주 낮아서 누출 시 바닥으로 가라앉아 위험성이 증가된다. 온도가 낮으면 물체 내의 분자 간 간격이 좁아서 밀도가 증가하고, 높으면 간격이 넓어져 밀도가 감소한다.
4) 운동을 변화시키기 위해서는 힘(외력, 내력)이 있어야 한다. 힘이 없으면 운동의 변화가 없다.
5) 힘의 균형 : 물체가 운동을 하지 않고 정지되어 있는 상태이다.

(5) **브라운 운동(Brownian motion)** : 영국의 식물학자 브라운에서 따온 이름이다. 기체, 액체와 같은 유체의 수많은 분자가 무질서(random)하게 입자 주변의 기체, 액체 입자들과 충돌되면서 불규칙적으로 발생하는 운동이다.

(6) **마그누스 효과(Magnus effect)** : 야구공의 커브 원리와 같다. 시계 반대방향으로 회전을 걸어주면 야구공 주위의 공기가 그 흐름의 차이로 인해 공 뒤쪽의 압력이 낮아지는 부분이 오른쪽으로 휘게 된다.

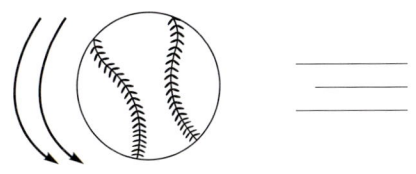

Section 03 일(work)과 에너지(energy)

01 일과 에너지

(1) **일(work)** : 힘을 가해서 물체를 이동
  1) 일(W)= F(힘)× S(힘의 방향으로 이동한 거리)
     물체에 한 일의 양은 얼마나 많은 힘이 작용하는가와 힘이 작용하여 물체가 얼마나 멀리 이동하는가에 달려 있다.
  2) 단위 : N(힘)·m(이동한 거리)=J(줄)

(2) **일률** : 일의 능률
  1) 일률(P)= $\dfrac{W(일)}{t(시간)}$ 즉, 단위시간에 한 일을 말한다.
  2) 단위 : W(일률)=J/s(일/시간)

(3) **에너지(energy)** : 일을 하거나 열을 내놓을 수 있는 능력으로 에너지는 손실이나 이득 없이 한 형태에서 다른 형태로 변화하고, 소멸되거나 생성되지 않는다.
  1) 단위 : J(줄), cal(칼로리), eV(전자볼트)
  2) **운동에너지(kinetic energy)** : 운동에너지의 산출식
     v(속도)= v_0(원시속도)+ a(가속도)t(시간)(현재속도) ················ ⓐ
     S(거리)= $v_0 t_0 + \dfrac{1}{2}at^2$ (속도 ⓐ를 시간에 대하여 적분한 값) ········ ⓑ
     ⓐ를 t(시간)에 관하여 정리하면
     $t = \dfrac{v - v_0}{a}$ ··· ⓒ
     ⓒ를 이용해서 ⓑ로 정리하면 $S = v_0 \times \dfrac{v - v_0}{a} + \dfrac{1}{2} a \times \dfrac{(v - v_0)^2}{a^2}$ 이고, 이것을 풀면
     $2aS = v^2 - v_0^2$ 으로 나타낼 수 있다.
     물체가 정지 시 $v = 0$ 이므로
     $2aS = 0 - v_0^2$ ··· ⓓ
     여기에 $F = -ma$(이동물체를 정지시키는 힘이므로 운동방향의 반대)에서
     $a = -\dfrac{F}{m}$ ·· ⓔ
     ⓓ를 ⓔ에 적용시키면 $0 - v_0^2 = -\dfrac{2FS}{m}$
     $\dfrac{1}{2}mv_0^2 = FS$(일=역방향에 힘에 의한 일)

$$\frac{1}{2}mv_0^2 = W$$

운동에너지는 물질의 운동에 기인하는 에너지라 할 수 있다.

3) **위치에너지(potential energy)**
   ① 운동에너지와 위치에너지의 관계
      ㉠ $v^2 = 2gh$ $\left(\text{양변에 } \frac{1}{2}m \text{을 곱하면}\right)$
      ㉡ $\frac{1}{2}mv^2$ (운동에너지) $= \frac{1}{2}m2gh = mgh$ (위치에너지)
   ② 위치에너지 : 운동에너지를 넣어두었다가 다시 꺼내놓는 에너지라고 정의할 수도 있다. 즉, 숨겨놓은 운동에너지라고도 할 수 있다. 왜냐하면 공을 머리 위로 들어 올리면 그만큼 위치에너지가 증가하는 것인데 이것을 놓아버리면 바로 바닥으로 떨어진다. 이는 바로 위치에너지가 운동에너지로 전환되었음을 의미한다.
   ③ 위치나 조성(composition)에 기인하는 에너지

4) **일·에너지 정리** : 일과 에너지 변화 사이의 관계를 일·에너지 정리라고 한다.

$$일 = \Delta 에너지$$

02 역학적 에너지 보존의 법칙

(1) **역학적 에너지** : 운동하는 물체가 가지고 있는 위치에너지와 운동에너지의 합

(2) **역학적 에너지 보존의 법칙** : 물체의 에너지는 없어지거나 새로 생기는 것이 아니라 다른 형태의 에너지로 전환되기 때문에 전체 에너지의 총량은 변하지 않는다.

(3) 전체 에너지 = 위치에너지 + 운동에너지 + 열에너지 + ⋯

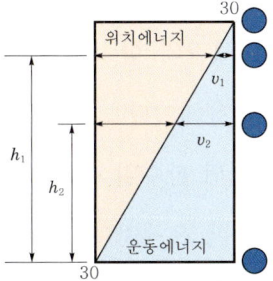

‖ 높이에 따른 위치에너지와 운동에너지 ‖

① 높이 h_1에서의 역학적 에너지 = 높이 h_2에서의 역학적 에너지
② $9.8mh_1 + \frac{1}{2}mv_1^2 = 9.8mh_2 + \frac{1}{2}mv_2^2$
③ 볼이 높이 올라가면 위치에너지가 증가하고 낮아지면 운동에너지가 증가하여 에너지 총량은 변화가 없다.

Section 04 유체역학(fluid mechanics)

01 유체의 정의와 구분

(1) **정의** : 전단력을 받았을 때 그 힘이 아무리 작다 할지라도 전단력이 작용하면 연속적으로 변형되는 물질

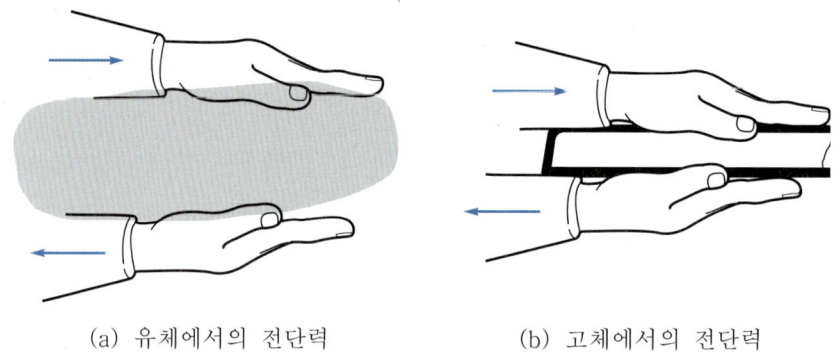

(a) 유체에서의 전단력　　(b) 고체에서의 전단력

| 전단력의 작용 |

1) 유체는 외부에서 가해진 전단응력에 저항할 수 없기 때문에 (a)의 그림처럼 유체(공기) 내에서 손은 자유로이 움직일 수 있다.
2) 고체는 외부에서 가해진 전단응력에 저항할 수 있기 때문에 (b)의 그림처럼 고체(책)는 손의 움직임을 마찰력으로 방해한다.

(2) **분류** : 유체의 특성은 크게 점성과 압축성 두 가지로 구분할 수 있다.

1) **압축성과 비압축성 유체**

① 비압축성 유체 : 밀도가 시간의 함수일 때 밀도가 변하지 않는 운동 $\frac{\partial \rho}{\partial t} = 0$. 즉, 항상 밀도가 일정한 유체이다.

② 압축성 유체 : 밀도가 시간의 함수일 때 밀도가 변하는 운동 $\frac{\partial \rho}{\partial t} \neq 0$. 즉, 밀도가 시간에 따라 변화가 가능한 유체이다.

2) **점성 유체와 비점성 유체**

① 비점성 유체 : 점성이 전혀 없다는 것이 아니라 점성효과를 무시할 수 있는 유체이다.
② 점성 유체 : 점성이 있는 유체이다.

3) 정상류와 비정상류
   ① 정상류(steady flow) : 시간에 따라 밀도, 속도, 압력 등의 유체 특성이 변하지 않는 흐름

   $$\frac{\sigma \rho}{\sigma t}=0, \quad \frac{\sigma v}{\sigma t}=0, \quad \frac{\sigma p}{\sigma t}=0$$

   ② 비정상류(unsteady flow) : 시간에 따라 밀도, 속도, 압력 등의 유체 특성이 변하는 흐름

4) 완전 유체와 실제 유체
   ① 완전 유체
      ㉠ 전단응력을 받지 않는 유체
      ㉡ 밀도가 일정한 상태에서 점성이 없고($\mu = 0$), 회전하지 않는다.
   ② 실제유체 : 점성의 영향이 가장 중요한 인자가 되는 유체

5) 가스와 증기
   ① NTP 하에서 기체상태로 존재하는 것을 가스라 하고 NTP에서는 액체로 존재하나 온도가 상승하면 증발하여 기체가 된 것을 증기라고 한다. 수소가스, 산소가스, 질소가스, 탄산가스, 메탄가스, 프로판가스 등은 가스의 예이고, 수증기, 휘발유 증기, 알코올 증기 등은 증기의 예이다.

   > NTP(Normal Temperature and Pressure)는 21℃, 1기압을 말하고, STP(Standard Temperature and Pressure)는 0℃, 1기압을 말한다.

   ② NFPA에서는 가스의 정의를 내리지 않고 있다. 그것은 많은 물질들이 NTP 부근에서 기체 또는 액체 어느 한쪽으로 정확히 정의히기 어려운 물질로 존재하기 때문이다.

02 유체의 특성

(1) 밀도(density)와 비중량(specific weight)

1) 밀도(ρ)
   ① 주어진 공간에 질량이 얼마나 들어 있는가를 나타내는 물리량
   ② 밀도(ρ) = $\frac{질량(kg)}{부피(m^3)}$ 일정온도에서 재료의 단위체적당 질량으로 정의할 수 있다.

   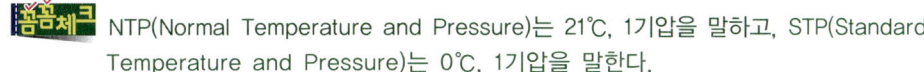
   $1,000 kg/m^3 \times 9.8 m/s^2 / 9.8 m/s^2 = 1,000 kgf / 9.8 m/s^2 \cdot m^3 = 102 kgf \cdot s^2/m^4$

단위	값
공학 단위	$102 kgf \cdot s^2/m^4$
절대 단위	$1,000 kg/m^3$
SI	$1,000 N \cdot s^2/m^4$

③ 공기밀도는 온도에 따라 분자 간의 운동력 차이로 인해 거리의 변화가 생겨 밀도가 달라진다. 따라서 이상기체 상태방정식을 이용해서 다음과 같이 나타낼 수 있다.

$$\rho(공기밀도) = \frac{353}{T(절대온도 + 상온)}$$

2) 비중량(r) : 단위체적당 유체의 중량 = kgf/m^3

$$r(비중량) = \rho(밀도) \cdot g(중력가속도)$$

$1kgf/m^3$의 질량단위 $= 1kg \times 9.8m/s^2/cm^2 = 1kg \times 9.8m/s^2/(1/100m)^2$
$= 9.8N \times 10,000/m^2 = N/m^2 = Pa = 98,000Pa = 0.098MPa$
$≒ 0.1MPa$(중력단위를 질량단위로 나타냄)

① 비중(specific gravity) : 어떤 물질의 질량과 그것과 같은 체적의 표준물질의 질량과의 상대적 비를 의미한다. 즉, 비중은 단위를 가지지 않는 물질의 질량에 의한 상대적 개념이다.

액체의 경우는 표준물질로서 4℃의 물을 사용하고 기체의 경우는 표준상태(0℃, 1기압)의 공기를 사용한다.

② 액체비중 $= \dfrac{어떤 물질의 밀도}{물의 밀도}$

③ 기체비중(증기비중) $= \dfrac{어떤 기체의 밀도}{공기의 밀도} = \dfrac{어떤 기체의 분자량}{공기의 분자량(29)}$

3) 비중 vs 밀도
① 물의 밀도에 대한 비로 나타낸 것이 비중인데, 물의 밀도가 1인 관계로 결국 숫자 부분은 비중이나 밀도나 같다.
② 비중은 원래 단위가 없는 상대적 개념으로, 이용하기가 편리하다.
③ 사실 물의 밀도를 MKS 단위계를 써서 정식으로 말하자면 $1,000kg/m^3$이 되는데 오랜 관습상 1이라고 사용한다.

$$물의\ 밀도 = 1g/cm^3 = 10^3 kg/m^3$$

(2) 압력(pressure, P) : 단위 면적당 누르는 힘

$$P = \frac{F}{A} [kgf/m^2]$$

1) 식 : 압력 $= \dfrac{힘}{면적} = \dfrac{무게}{면적} = \dfrac{비중량 \times 부피}{면적} = 비중량 \times 깊이$

2) 압력의 구분
① 대기압 : 기압계로 측정한 압력으로 대기압은 대기의 무게이다. 즉, 공기가 우리가 사는 공간을 누르는 무게로 대기압이 생기는 것이다.

$$1atm = 760mmHg = 10.332mAq = 101,325N/m^2(Pa) = 10,332kgf/m^2 = 14.7psi$$

② 게이지 압력(P_g) : 압력계로 측정한 압력, 대기압을 기준으로 하여 그 이상에 있는 압력이다. 즉 게이지 압력계로 지표면의 압력은 0이다.
③ 절대압(P_a) : 완전 진공을 기준으로 측정하는 압력이다.
　㉠ 대기압 이상(absolute pressure)＝대기압(atmosphere pressure)＋게이지압(gauge pressure)
　㉡ 대기압 이하(absolute pressure)＝대기압－진공 게이지압(vacuum gauge pressure)

▎압력의 단위 ▎

압력의 단위	조합단위
kgf/m^2	
N/m^2	
$dyne/cm^2$	$1N/m^2=1Pa$
mmHg	$1bar=10^5 N/m^2$
bar	$1kgf/cm^2=10mAq$
Pa	
mmAq	

▎압력의 종류와 정의 ▎

1atm
＝76cmHg
＝1.033kg/cm²
＝0kg/cm²
＝0cmHgV

0cmHg
＝0kg/cm²a
＝76cmHgV

3) 공기와 기압
① 열차가 지나가고 공기가 빨려나가는 원인은 공기의 점성 때문이다. 열차가 지나가면서 감압을 시키고 감압된 곳으로 공기가 이동하게 되어 점성에 의해 주변 공기까지 끌어당기면서 이동하게 된다.
② 코안다 효과(Coanda effect) : 유체가 곡면을 따라 흐르는 현상을 지칭하며 점성을 가진 유체의 특징으로 나타난다.
　㉠ 이를 통해 유체가 앞으로 어떤 방향으로 흐르게 될지 예측이 가능하다.
　㉡ 유체는 에너지가 최소한으로 소비되는 쪽으로 흐른다.
　㉢ 즉, 유체의 에너지가 최소한으로 소비되는 방향(저항이 적은 방향)을 미리 파악하고 그 경로를 따라 흐르는 것이다.
③ 바람 부는 날 빨래가 잘 마르는 이유 : 공기 분자가 빨래 속 물 분자와 충돌하여 운동에너지를 물 분자에게 전달한다. 따라서 물 분자가 기화하는 데에 필요한

에너지를 바람이 제공하는 것이다.
④ 공기는 분자 사이의 거리가 멀고 분자 간의 인력의 세기가 약해 쉽게 압축된다. 그러나 물은 분자 사이도 가깝고, 인력도 강해 쉽게 압축되지 않는다.
⑤ 공기의 무게를 못 느끼는 이유는 몸속에도 공기가 들어있어 내·외부가 균형 있게 같은 힘으로 밀어내기 때문이다. 따라서 공기는 몸 내·외부로 상호균형을 이룬다.
⑥ 흐린 날은 왜 몸이 쑤시는가? 외부가 저기압으로 내부압보다 낮아져 균형이 깨지고 내부압이 혈관을 눌러 혈액순환이 잘 되지 않기 때문이다.
⑦ 비행기를 타고 높은 곳으로 올라가면 고막이 멍멍한 이유는 고막 안의 공기만 기압이 그대로이고 외부는 낮아지기 때문에 평형이 깨져서 내부압이 고막을 눌러서 발생한다.
⑧ 고산지대에 가면 호흡하기 곤란한 이유는 내압에 비해 외압이 낮아져 호흡이 곤란해지는 것이다.
⑨ 진공
　㉠ 고전물리학 : 비어있는 상태
　㉡ 양자역학 : 아무것도 없는 것으로 가득 차 있어서 비어 있는 상태
⑩ 가스통이 기화가 되면서도 항상 일정 압을 유지하는 이유는 기화되어 날아가는 만큼 액상 부분이 기화되어 일정 압력을 유지하기 때문이다.
⑪ 이중창이 단열이 뛰어난 것은 그 안에 공기층이 있어 열 전달을 차단하는 단열효과가 있기 때문이다.
⑫ 공기는 물체가 날아갈 때 이동을 방해하는 역할을 함으로써 공기의 저항이라고 하고, 따라서 고도가 높은 곳에는 공기가 희박해 저항이 적고, 고도가 낮은 곳은 저항이 크다. 비행기가 높은 고도를 이용해서 나는 경우는 저항이 적어서 에너지 효율이 높기 때문이다.

4) **증기압(vapor pressure)**
　① 정의
　　㉠ 액체와 기체의 평형이 이루어졌을 때 액체 표면 위에 있는 증기 분자가 액체 표면을 누르는 압력
　　㉡ 소방에서 증기압은 V%(volume)로 나타낸다. 즉, 임의의 온도에서 증기압은 그 해당 가스의 부피비를 나타내는 것이다. 따라서 증기압이 크다는 것은 그 물체의 부피가 많다는 것을 의미한다.
　② 기화 또는 증발(evaporation) : 액체 표면에서 액체 분자 간의 결합선을 끊고 액체 표면에서 벗어나 기상으로 이동하는 현상($T\uparrow$, 증발 $\uparrow$, $P\downarrow$, 증발$\uparrow$)
　③ 응축(condensation) : 증기 분자들의 수가 증가함에 따라 증기 분자들의 일부가 뭉쳐서 액체를 형성하는 과정
　④ 밀폐계 : 증발속도=응축속도(동적 평형, 포화증기압)

⑤ 온도가 상승함에 따라 증기압은 증가한다. 왜냐하면 더 많은 에너지가 공급되면 더 많은 수증기 분자의 평균 운동이 활발해져 분자 간의 결합선(bond)을 끊고 자유로이 증기가 될 수 있기 때문이다.

⑥ 비점(boiling) : 증기압이 대기압과 동일하게 되는 온도로 비점 이후에서는 쉽게 기화나 증발이 가능하다.

(3) 기체 내의 압력 : 기체와 액체의 주된 차이는 분자들 사이의 거리이다. 기체 분자들은 서로 멀리 떨어져 있으므로 분자 간의 힘을 거의 받지 않는다. 따라서 기체의 분자운동은 매우 자유롭다. 이로 인해 기체는 이동이 용이하여 끝없이 팽창이 가능하고 공간을 채울 수 있다.

(4) 전단력(shearing force)
1) 물체 안의 어떤 면에 크기가 같고 방향이 서로 반대가 되도록 면을 따라 평행하게 작용시키면 물체가 그 면을 따라 미끄러져서 절단되는 것을 전단 또는 층밀리기라고 한다. 이때 받는 작용을 전단작용이라 하며, 이와 같은 작용이 미치는 힘을 전단력이라고 한다.
2) 전단력은 일종의 운동에 대한 항력인 마찰력이다.
3) 발생원인은 유체의 특성인 점성으로, 운동을 방해하는 힘이라고도 할 수 있다.
4) 전단력은 전단에 의한 변형속도(rate of shearing deformation)에 의존한다. 유체의 경우 이는 속도구배(velocity gradient)에 해당된다.

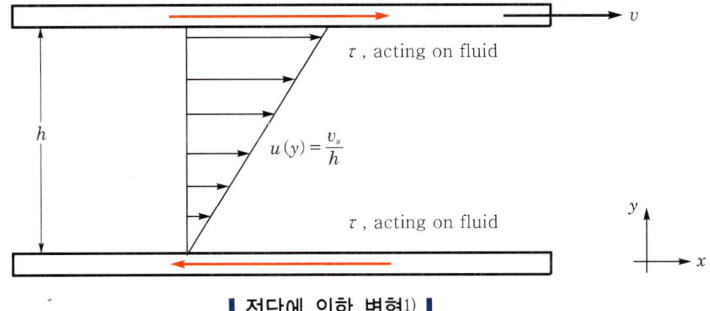

∥ 전단에 의한 변형[1] ∥

(5) 응력(stress) : 단위면적당 내력의 크기
1) 물체에 외력이 작용하면 물체 내에는 변형(deformation)이 일어나면서 현 상태를 유지하려는 관성에 의해 저항력이 생겨 외력과 평형을 이루게 된다. 만일 외력이 더 커서 응력을 누른다면 물체는 외형이 변형된다.
2) 외력에 저항하여 원형으로 돌아가려는 힘이 생기는데, 이 저항력을 내력(internal force)이라 한다.
3) 즉, 한마디로 물체에 외력이 작용하였을 때, 그 외력에 저항하여 물체의 형태를 그대로 유지하려고 하는 힘(이 경우 크기는 같고 방향은 반대이다.)을 응력이라고 한다.

---

1) http://www.mne.psu.edu/cimbala/Learning/Fluid/Fluid_Prop/fluid_property.html

4) 전단력에 의해서 물체 내부의 단면에 생기는 저항내력을 전단응력(剪斷應力)이라고 하며, 단위면적당 힘으로 표시된다.
5) 응력(應力)에는 전단응력(shearing stress)과 수직(법선)응력(normal stress)이 있다.
① 전단응력(shearing stress) : 전단력에 대응하여 발생하는 응력

$$전단응력(\tau) = \frac{전단력}{단면적} [N/m^2, lb/ft^2]$$

② 수직응력(normal stress) : 어떤 단면에 대한 수직방향의 응력으로, 수직하중이 작용할 때 이에 대응하여 발생하는 응력

$$수직응력(\gamma) = \frac{수직력}{단면적} [N/m^2, lb/ft^2]$$

(6) 뉴턴(Newton)의 점성법칙
1) 점성(viscosity)
① 점성은 유체가 가지는 고유한 성질이지만 마찰저항을 일으키는 원인이 되기도 한다. 이러한 점성 때문에 배관 표면의 속도는 0에 가까워진다. 속도구배가 존재하는 유동장에서는 흐름이라는 변화에 저항하는 힘이 발생하며, 이와 같이 저항하는 성질을 점성(viscosity)이라고 한다. 즉, 점성이란 유체가 얼마나 자유스럽게 흐를 수 있느냐를 설명하는 도구이기도 하다.
② 운동하고 있는 유체에 있어서 그 내부에 서로 이웃한 두 층 사이에는 서로 운동을 방해하려는 마찰력(저항력)이 작용한다. 이러한 운동에 대한 저항력을 점성이라고 한다. 한마디로 끈적끈적한 성질로서 유체가 운동 시 운동과 반대방향의 마찰로서 작용한다고 할 수도 있고 정지된 상태를 그대로 유지하려고 하는 성질이라고도 볼 수 있다.
③ 발생원인
㉠ 액체 : 분자들 간의 응집력이 주원인이다. 따라서 온도가 상승하면 분자들 간의 결합력의 일종인 응집력이 낮아지므로 점성이 감소한다.
㉡ 기체 : 분자들 간의 상호충돌로 인한 운동량 교환이 주원인이다. 따라서 온도가 상승하면 분자 간 충돌이 높아져 점성이 증가한다.
④ 점성력(viscous force) : 층 사이에서 상대적인(relative) 속도에 반대 방향으로 작용하고 유체 내에서 마찰력과 같은 효과를 나타내는 힘의 일종이다.
⑤ 내부응력이 단위시간당 단위질량당 유체에 행하는 기계적 일(기계적 에너지)
㉠ 압력구배가 유체에 행한 일
㉡ 마찰력이 유체에 행한 일
㉢ 압력작용에 의한 체적변화에 동반한 일
2) 뉴턴의 법칙(Newton's law) : 주어진 전단력에 대해 유체 요소가 변형(flow)되는 비율은 유체의 점성력에 반비례한다. 이러한 유체를 뉴턴 유체라 한다.

$$\tau = \frac{F}{A} \rightarrow F = \mu \frac{Av}{h} \rightarrow \tau = \mu \frac{v}{h} \rightarrow \tau = \mu \frac{du}{dy}$$

여기서, μ : 점성계수($N \cdot s/m^2$)[$F \cdot T \cdot L^{-2}$], F : 전단력(N), A : 단면적(m^2)
τ : 전단응력, v : 유체이동속도(m/s), h : 거리(m)

3) 점성계수
   ① 변형에 대한 유체저항
   ② 외력이 가해질 때 쉽게 흘러가는 정도의 척도
   ③ 종류
      ㉠ 절대점성계수(μ(뮤)) : poise(dyne $\cdot s/cm^2$)
      ㉡ 동점성계수(kinematic viscosity, ν(뉴))
         • 유체 표면에 작용하는 전단력이 얼마나 빠르게 내부로 침투하는가에 영향을 미치는 계수. 즉, 동점성 계수는 운동량의 확산계수이다.
         • $\nu = \frac{\mu}{\rho}$ [m^2/s]
         • 동점성계수 ν의 단위는 공학단위로 m^2/s, 절대단위로 cm^2/s이다. 주로 ν의 단위는 스토크(stokes, St)를 사용한다. $1 stokes = 1St = 1cm^2/s = 10^{-4} m^2/s$ $= 100 cSt$(centistokes)
         • 동점성계수 ν는 액체인 경우 온도만의 함수이고, 기체인 경우에는 온도와 압력의 함수이다.
   ④ 미시적으로 점성계수(μ)는 분자운동의 평균적인 운동량 전달에 관계하고, 열전달계수(k)는 분자의 불규칙 운동의 운동에너지의 전달에 관여한다.

(7) 레이놀즈(Re) 수
1) 실제 유체가 (강제)유동할 때 두 개의 힘에 의해 유동의 특성이 결정된다.
   ① 관성력(inertial forces) : 외력에 의해서 발생하며 주어진 상태를 유지하려는 경향을 가지는 힘이다.
   ② 점성력(viscous forces) : 점성으로 인해 발생하는 힘이다.

$$Re = \frac{관성력}{점성력} = \frac{\rho v D}{\mu} = \frac{vD}{\nu}$$

여기서, ρ : 유체의 밀도($N \cdot s^2/m^4$), v : 유체의 평균 유속
μ : 점성계수($N \cdot s/m^2$), ν : 유체의 동점성 계수(m^2/sec), D : 관의 직경(cm)

2) 유체 유동의 유형
   ① 층류 : 유체 입자들이 층과 층이 미끄러지면서 규칙적이고 정연하게 흐르는 운동
   ② 난류
      ㉠ 유체 입자들이 불규칙하게 흐르는 운동
      ㉡ 속도가 증가(관성력 증가)함에 따라 유동층이 파괴되는 현상

3) 층류, 난류와 같이 유체의 흐름이 발생하는 것은 물리적인 요인으로 관성력과 점성력의 상대적인(relative) 크기에 따라 결정되는데 이를 구분하는 무차원수가 레이놀즈 수(Re)이다. 이것은 다시 말해 유체 조건에 따라 점도가 변화함에 따른 영향이라고 할 수 있다. 비중과 마찬가지로 레이놀즈 수는 단위가 없는 무차원수로 액체의 종류나 조건에 따르는 절대값은 아니다. 그러므로 유체상태에 따라서 값은 변하게 된다.

① 원관
  ㉠ 층류 : $Re < 2,100$
  ㉡ 천이구역 : $2,100 < Re < 4,000$
    • 상임계 레이놀즈 수 : 난류가 시작되는 때의 레이놀즈 수($Re = 4,000$)
    • 하임계 레이놀즈 수 : 이 값 이하에서는 층류가 되는 레이놀즈 수($Re = 2,100$)
  ㉢ 난류 : $Re > 4,000$
  ㉣ 액체 $Re = \dfrac{3,160 \times Q_{gpm} \times S}{\mu_{cp} \times D}$

  여기서, 3,160 : 상수, Q_{gpm} : 유량(gallon per minute), S : 비중
  μ_{cp} : 점도, D : 배관 안지름

  ㉤ 기체 $Re = \dfrac{379 \times Q_{acfm} \times \rho}{\mu_{cp} \times D}$

  여기서, 379 : 상수, Q_{acfm} : 기체의 유량(cubic feet per minute), ρ : 기체밀도
  μ_{cp} : 점도, D : 배관 안지름

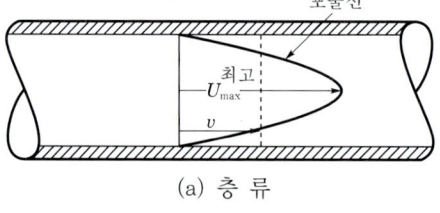 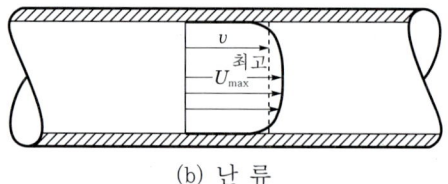

(a) 층류   (b) 난류

② 평면위의 흐름
  ㉠ 층류 : $Re < 5 \times 10^5$
  ㉡ 난류 : $Re > 5 \times 10^5$

4) Re 수와 점성의 의미
  ① Re 수가 작다.
    ㉠ 관성력이 작다는 뜻이고 이는 밀어주는 힘인 외력이 적은 것을 의미한다.
    ㉡ 유체의 점성효과가 크다는 뜻이고 따라서 점성 유체 성격을 강하게 가지고 있다.
  ② Re 수가 크다.
    ㉠ 관성력이 크다는 뜻이고 이는 밀어주는 힘인 외력이 큰 것을 의미한다.
    ㉡ 유체의 점성효과가 작다는 뜻이고 따라서 비점성 유체의 성격을 가진다.

(8) 유체의 변형(strain)
  1) 힘을 받는 물체는 일종의 긴장상태에 있게 된다. 이렇게 물체가 긴장되는 정도를 변형력이라 부른다.
  2) 힘을 받으면 물체가 변형이 되는데 변형의 크기가 커지는 이유는 큰 변형력을 받기 때문이다. 다른 물체에 비해 유체는 쉽게 변형하는 성질을 가지고 있다. 유체가 힘을 받으면 어느 면이든지 같은 크기의 압력을 받게 되기 때문이다. 따라서 유체를 다룰 때는 힘보다 압력을 주로 사용한다.

(9) 유체의 유동
  1) 유체는 쉽게 변형되고 그 모양이 유체를 담아두는 용기와 같은 모양으로 형성되기 때문에, 유체가 유동하는 동안에 다양한 현상들이 나타나게 된다.
  2) 유체가 유동하면서 발생하는 다양한 현상으로는 유체입자는 물체의 주변을 따라 움직이거나(즉, 표면에 달라붙은 채로), 박리(separation)되어 물체로부터 떨어져 나가기도 한다. 박리된 유동으로 인해 빙빙 도는 순환(circulation)영역이 발생하게 되고, 이 영역 내에서는 유체입자가 폐쇄된 영역 내에서 움직인다.
  3) 때로는 유체입자가 질서있게 움직이는가 아니면 무작위적이고 혼란스럽게 움직이는가에 따라 유동은 층류(laminar) 또는 난류(turbulent)가 될 수도 있다.
  4) 유체와 접하고 있는 물체는 국부적인 유동조건(압력, 유체응력 등)에 의해 접촉면에서 힘을 받는다.

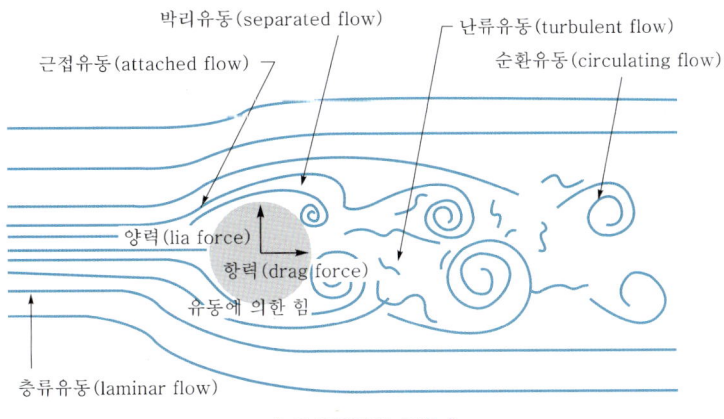

┃ 유체유동의 종류 ┃

03 정역학(statics) : 정지된 유체를 다루는 역학

(1) 정지유체의 기본 성질
  1) 정지유체 내의 임의의 한 점에 작용하는 압력의 크기는 모든 방향에서 동일하다.
  2) 정지유체 내의 압력은 모든 면에 수직으로 작용한다.
  3) 정지유체에서의 동일 수면상의 압력은 동일하다.

4) 밀폐된 용기 내에 있는 유체에 가한 압력의 크기는 모든 방향에 같은 크기로 작용한다. → 파스칼의 원리(유압기의 원리)

(2) 파스칼의 원리
1) 정의
① 정지유체에 가해진 압력은 모든 방향에서 같다.

$$F_1 A_2 = F_2 A_1$$

② 그릇 내 정지한 유체의 한 곳에 생긴 압력의 변화는 유체 내의 모든 곳으로 손실 없이 전달된다.

2) 단면적 A_1, A_2인 두 개의 실린더를 철관으로 연결하여 그 속에 기름을 채우고, A_1 실린더의 피스톤에 하중 F_1을 가할 때 생기는 압력은 나머지 기름의 전체에 전달되고, A_2 실린더의 피스톤과 평형을 이루는 하중 F_2는 $P \cdot A_2$와 같게 된다. 즉 다음 관계가 성립한다.

$$P_1 = P_2, \quad \frac{F_1}{A_1} = \frac{F_2}{A_2}$$

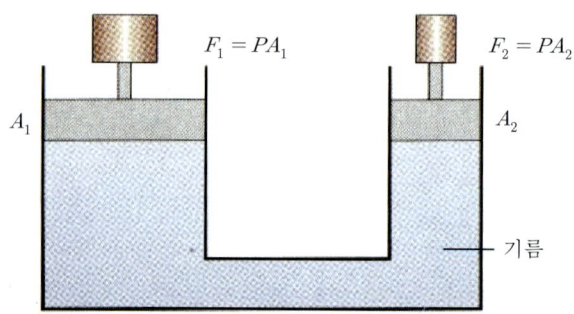

3) **소방에서의 응용** : 건식 스프링클러의 2차측에 넓은 면적의 낮은 공기압력으로 1차측의 좁은 면적의 고압이 힘의 평형을 이룬다.
4) 비압축성 유체에만 해당된다.
5) 건식밸브 클래퍼(clapper) 1차, 2차측의 압력차
① 클래퍼가 닫히는 조건(1차측=2차측의 힘)
② $F_1 = F_2$
③ $F_1/A_1 = P_1$, $F_2/A_2 = P_2$
④ $P_1 \gg P_2$
⑤ $\uparrow P_1 \cdot A_1 \downarrow \gg \downarrow P_2 \cdot A_2 \uparrow$ → 면적의 차에 따라서 압력의 차를 두게 하여, P_2의 압력을 적게 한다.

(3) 정지유체의 압력 : 정지상태 + 균질의 비압축성 유체
면적이 A인 수평면에 작용하는 압력은 그것 위에 있는 액체기둥의 무게로 인한 것이다.

$$F = m \cdot g = \rho \cdot V \cdot g = \rho \cdot A \cdot h \cdot g$$
$$P = \frac{F}{A} = \frac{\rho A h g}{A}$$
$$P = \rho \cdot g \cdot h = r \cdot h$$

여기서, r : 물의 비중량(kgf/m³), A : 물기둥의 밑면적(m²), h : 물기둥의 높이(m)
ρ : 물의 밀도(kg/m³), m : 무게(kg), g : 중력가속도(m/s²), V : 부피(m³)

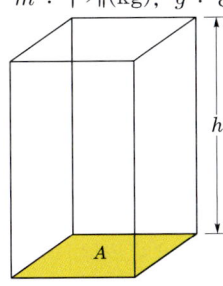

위 식으로부터 정지된 물속의 한 점에서의 압력의 크기는 수면으로부터의 깊이에 비례하며 깊이가 같은 물속의 압력은 항상 일정하다는 것을 알 수 있다.

$$h = \frac{P}{r}$$

(4) 마노미터(manometer)

1) U자형 마노미터는 2관 안의 각각의 높이 차이로 양단 간에 걸린 P_{1L}과 P_{1R} 압력의 차압을 측정하는 계기이다.
2) 기본적인 마노미터는 측정 물질의 연결 부위에 작은 저장용기를 두어 여기에 가해지는 압력을 용기 안의 액체에 직접 전달하게 하고, 이 액체가 압력에 의해 이동하여 투명 유리관 내에서의 높이가 변화하는 구조로 되어 있다. 대기압을 기준으로 할 경우에 유리관 꼭대기는 개방되어야 하며, 절대압을 측정할 경우에는 밀봉된 용기를 사용한다.

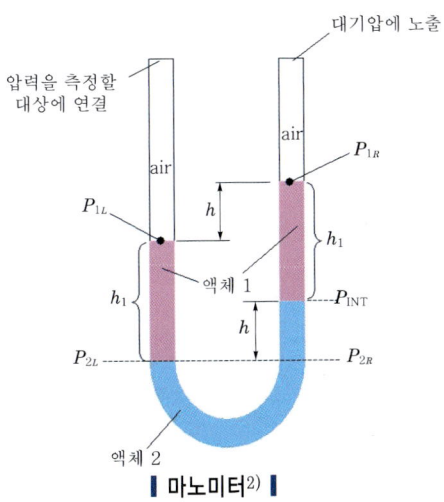

┃마노미터[2]┃

---

2) http://www.me.umn.edu/courses/old_me_course_pages/ms5199/Pressure_calc.html

3) $P_{2L} = P_{1L} + r_1 g h_1$
4) $P_{2R} = P_{1R} + r_1 g h_1 + r_2 g h$
5) $P_{2L} = P_{1L} + r_1 g h_1 = P_{1R} + r_1 g h_1 + r_2 g h = P_{2R}$

(5) 사이펀의 원리

1) 대기압으로 "U"자 모양의 굽은 관을 이용하여 높은 곳에 있는 액체를 낮은 곳으로 옮기는 장치를 사이펀이라 하며 그 작용을 사이펀 작용이라고 한다. 사이펀이란 유체의 흐름이 발생하면 순간적으로 부압이 발생하고 부압에 의해서 유체가 이동하는 흐름이 발생되는 현상이다. 이때 부압이 증기압보다 커지면 공동현상이 일어나서 증발이 일어난다.

2) 그림과 같이 25℃의 물이 커다란 탱크로부터 직경이 일정한 호스를 통해 옮겨진다. 공동현상이 일어나지 않으면서 사이펀으로 옮길 수 있는 높이 H의 최대값을 구해보자. 대기압은 10.332m, 25℃에서의 포화증기압은 0.03kg/cm^2, 호스 마찰 손실은 무시한다.

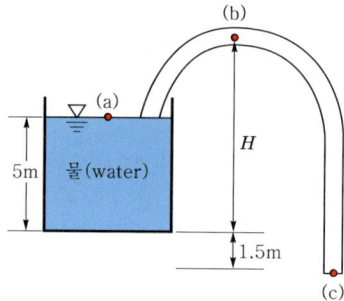

이 유동이 비점성 비압축성, 정상유동이라면, 점 (a)에서 점 (b), (c)로 유선을 따라 베르누이(Bernoulli) 방정식을 적용하여 아래와 같은 식을 얻을 수 있다.

$$\frac{P_1}{\gamma} + \frac{v_1^2}{2g} + Z_1 = \frac{P_2}{\gamma} + \frac{v_2^2}{2g} + Z_2 = \frac{P_3}{\gamma} + \frac{v_3^2}{2g} + Z_3 \quad \cdots\cdots\cdots ⓐ$$

탱크의 바닥을 기준으로 잡으면 $Z_1 = 5m$, $Z_2 = H$, $Z_3 = -1.5m$이다.
또한 $v_1 = 0$(대기 중에 개방), $P_1 = P_3 = 0$(대기에 노출) $v_2 = v_3$(호스의 직경 일정)
ⓐ식으로부터

$$V_3 = \sqrt{2g(Z_1 - Z_3)} = \sqrt{2 \times 9.8 \times (5-(-1.5))} = 11.287 m/s$$

점 (a)과 점 (b) 사이에 식 ⓐ를 이용하면

$$\frac{P_2}{\gamma} = \frac{v_1^2}{2g} + Z_1 + \frac{P_1}{\gamma} - \frac{v_2^2}{2g} - Z_2 = (Z_1 - Z_2) - \frac{v_2^2}{2g}$$

점 (a)에서 계기압력을 사용했으므로 ($P_1 = 0$), 점 (b)에서도 계기압력을 사용해야 한다.

$$P_2 = 0.03 - 1.0332 = -1.0032 kg/cm^2 = -10.032m = (5-H) - \frac{11.287^2}{2 \times 9.8}$$

$H = 8.532m$
즉, H가 이 값보다 크면 공동현상이 발생한다.

04 동역학(dynamics)

동역학은 힘이 물체의 운동에 미치는 영향을 다룬다. 즉, 이는 운동학과 정역학의 결합으로 볼 수 있다.

(1) 유체에 미치는 힘 : 유체가 운동을 한다는 것은 유체가 유동하고 있다는 것이다. 일반적으로 물은 비압축성 이상 유체로 생각하여 계산한다. 유체가 흐를 때에는 반드시 그 원인이 되는 힘이 작용하고 있는데, 이 힘은 다음의 5가지로 구분할 수 있다.
1) 중력 때문에 미치는 외력이라는 힘
2) 각 지점 사이의 압력차로 인한 힘
3) 유체 부분의 질량과 이것이 가지는 가속도와의 곱으로 표시되는 관성력이라는 힘
4) 흐르고 있는 유체의 서로 접한 부분 사이에 작용하는 마찰력 또는 전단력이라는 힘. 이것은 유체의 점성에 기인하는 것(점성항력)과, 유체 입자가 헝클어져서 흐르는 난류에 의한 것(마찰항력)의 두 가지가 있다.
5) 기체인 경우 압축력에 의한 탄성력이라는 힘

(2) 연속 방정식 : 질량 보존의 법칙을 기반으로 하는 방정식으로 유체가 흐를 때 배관의 구경의 변화에도 불구하고 항상 일정한 양의 유체가 흐른다는 의미이다. 따라서 관경이 좁아지면 빠르게 이동하고 관경이 커지면 느리게 이동하여 유체 총량에는 변화가 없다.

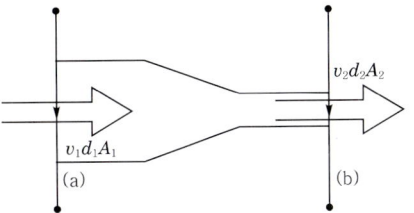

$$Q_1[\text{m}^3/\text{sec}] = A_1 v_1, \quad Q_2[\text{m}^3/\text{sec}] = A_2 v_2$$
$Q = Q_2$ 따라서, $A_1 v_1 = A_2 v_2$

1) 질량유량(mass flow rate) : M

   $M = \rho \cdot A \cdot v$ 배관 (a)~(b) 단면에 적용

   $M = \rho_1 \cdot A_1 \cdot v_1 = \rho_2 \cdot A_2 \cdot v_2$

   단, 관로상에 액체가 아닌 기체가 유동 시 밀도(ρ)는 완전기체상태 방정식에서 구하여 식을 유도한다.

2) 중량유량(weight flow rate) : G

   $G = \gamma \times A \times v = \text{kgf}/\text{m}^3 \times \text{m}^2 \times \text{m}/\text{sec} = \text{kgf}/\text{sec}$

   $G = \gamma_1 A_1 v_1 = \gamma_2 A_2 v_2$

   단위시간에 단면 (a)에 유입되는 중량과 단면 (b)를 통해 유출되는 중량은 같다.

3) 체적유량(volumetric flow rate) : Q

   $Q = AV[\text{m}^3/\text{sec}]$

   $V = \dfrac{Q}{A}[\text{m}/\text{sec}], \quad D = \sqrt{\dfrac{4Q}{\pi v}}\,[\text{m}]$

$$Q = A_1 v_1 = A_2 v_2$$

$$v_2 = \frac{A_1}{A_2} v_1 = \left(\frac{d_1}{d_2}\right)^2 \times v_1$$

(3) 베르누이 방정식(Bernoulli's equation)

1) **정의** : 에너지 손실이 없는 정상류(steady flow)에 있어서는 관내의 어느 지점에서든지 유수가 갖는 역학적 에너지 즉, 운동에너지(kinetic energy), 위치에너지(potential energy) 및 압력에너지의 합은 항상 일정(에너지 보존 법칙)하다.

2) 베르누이 방정식의 유도 : 오일러(Euler) 방정식을 적분한다.

   ① 오일러 방정식 $\dfrac{dp}{r} + \dfrac{vdv}{g} + dz = 0$

   ② 이를 적분하면 다음과 같다.

   $$\int \frac{dp}{r} + \int \frac{vdv}{g} + \int dz = \text{const}$$

   $$\int \frac{dp}{r} = \frac{p}{r}, \quad \int \frac{vdv}{g} = \frac{1}{g}\int vdv = \frac{1}{g} \cdot \frac{v^2}{1+1} = \frac{v^2}{2g}, \quad \int dz = z$$

   $$\frac{p}{r} + \frac{v^2}{2g} + z = \text{const}$$

   $$\frac{p}{r} + \frac{v^2}{2g} + z = H$$

3) 베르누이 방정식 적용의 전제조건
   ① 1차원, 정상 유동 : 유체의 유동 방향과 직각인 어떤 단면을 지나더라도 동일한 단면상에서는 일정한 값을 갖는 유동이다.
   ② 비압축성 유동
   ③ 비점성 유동
   ④ 유선을 따른 유동

4) 유체 유동시 필요한 3대 에너지(수두)

   ① 운동에너지 → 속도수두 $E = \dfrac{Gv^2}{2g} \to H = \dfrac{v^2}{2g}$

   ② 위치에너지 → 위치수두 $E = G \cdot Z \to H = Z$

   ③ 압력에너지 → 압력수두 $E = \dfrac{GP}{\gamma} \to H = \dfrac{P}{\gamma}$

5) 아래 식은 유동 시 필요한 에너지를 물의 단위중량당 각 에너지의 크기로서 수두(head)로 나타내며 길이(높이)의 단위로 표시한다.

$$\frac{P_1}{\gamma} + \frac{v_1^2}{2g} + Z_1 = \frac{P_2}{\gamma} + \frac{v_2^2}{2g} + Z_2$$

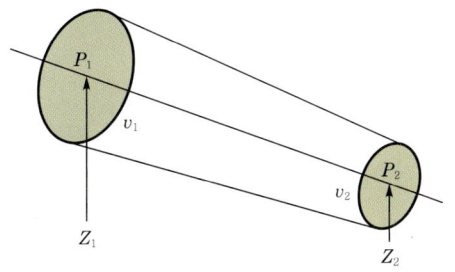

(4) 수정 베르누이 방정식

실제 관로에서 유체는 점성을 가졌기 때문에 흐름의 내부에 상대속도가 생기며 그 때문에 일어나는 마찰력 또는 관 벽과의 마찰은 고려해야 한다. 관로의 (a) 단면과 (b) 단면 사이에서의 손실수두를 H_L이라 하면 다음과 같이 나타낼 수 있다.

$$\frac{P_1}{\gamma} + \frac{v_1^2}{2g} + Z_1 = \frac{P_2}{\gamma} + \frac{v_2^2}{2g} + Z_2 + H_L$$

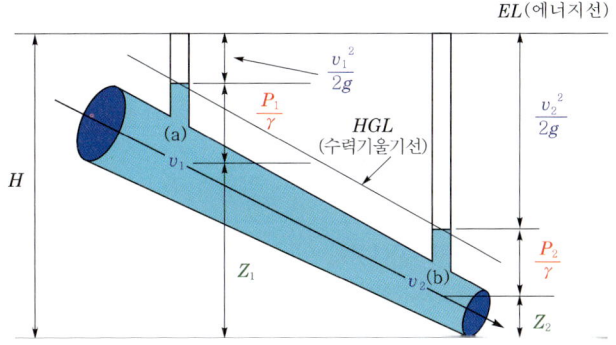

(5) 에너지선과 수력경사선(동수경사선)

1) 그림에 표시한 유선상의 점 1, 2 사이에 베르누이의 식을 적용하면
   $\frac{P_1}{\gamma} + \frac{v_1^2}{2g} + Z_1 = \frac{P_2}{\gamma} + \frac{v_2^2}{2g} + Z_2$로 표시되고 위의 그림과 같이 된다. 그림은 유관의 단면 (a), (b)에 대하여 위의 식을 적용한 것이며, 세 가지 수두(운동, 압력, 위치수두)의 합계 즉, H를 나타내는 선 EL(Energy Line)을 에너지선이라 한다.

2) 이 에너지 선은 위의 그림에서는 수평한 직선으로 나타났으나, 여기에 마찰 손실 수두까지를 감안한다면 오른쪽으로 하향 곡선이 생기고 이를 에너지경사선(energy grade line)이라고 한다.

3) 단면 (a), (b)의 위치에 각각 수주를 세우면 각 단면을 흐르는 유체의 압력에 비례하는 높이의 수주가 서게 된다. 이 수주 높이 중심선을 이은 선을 수력기울기선(hydraulic grade line) 또는 동수경사선이라고 한다.

   ① 수력기울기선(HGL) : 유체의 경로를 따라 피에조미터(정압)로 측정한 수두를 이은 선

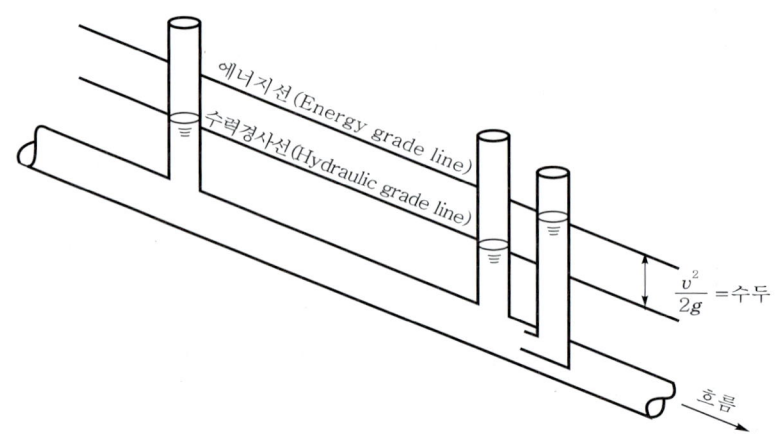

| 수력경사선과 에너지선 |

② 위 식의 양변에 γ(비중량)를 곱하면 $P + \dfrac{v^2}{2g}\gamma + \gamma z = \text{const}$ 로 표시되고, 이 식의 P를 정압(normal pressure), $\dfrac{v^2}{2g}\gamma$을 동압(dynamic pressure), γz를 위치압력(potential pressure)이라고 한다. 유체가 기체인 경우는 γ(비중량)이 매우 작기 때문에 rz는 무시해도 된다. 따라서 $P + \dfrac{v^2}{2g}\gamma = \text{const}$ 로 표시할 수도 있다.

③ 상기식의 정압과 동압의 합 P_t를 전압(total pressure)이라고 한다.

(6) 토리첼리식(Torricelli's theorem)

1) 수면에서 깊이 h인 탱크의 측벽에 뚫는 작은 구멍에서 유출하는 액체의 유속을 V라고 할 경우

① 점 1(수면) P_1 = 대기압, $v_1 = 0$

② 점 2(노즐) P_2 = 대기압, $v_2 = ?$

③ 점 1과 점 2에서의 에너지 총합은 같기 때문에 베르누이 방정식을 적용하면

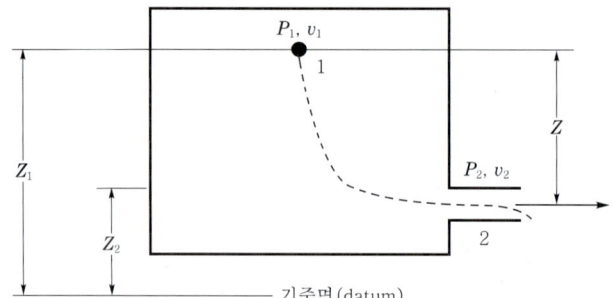

$$\dfrac{P_1}{\gamma} + \dfrac{v_1^2}{2g} + Z_1 = \dfrac{P_2}{\gamma} + \dfrac{v_2^2}{2g} + Z_2 \quad \cdots\cdots\cdots\cdots\cdots\cdots\cdots\cdots\cdots\cdots\cdots\cdots\cdots\cdots\cdots\cdots \text{ⓐ}$$

위 식을 ⓐ식에 적용하면($P_1 = P_2$, $Z_2 - Z_1 = Z$)

$$\frac{v_2^2}{2g} = Z, \quad v_2^2 = 2gZ, \quad v_2 = \sqrt{2gZ}\,[\text{m/sec}]$$

꼼꼼체크
- $h(Z) = \dfrac{P[\text{kg/m}^2]}{\gamma[\text{kg/m}^3]}$, $v = \sqrt{2g\dfrac{P}{\gamma}}$

  위의 개념은 전 위치 수두 Z가 모두 동압으로 바뀌어진다는 개념인데, 실제로는 오리피스 손실 등에 의해서 전부 동압으로 바뀌지는 않는다. 그때 변화되는 율을 속도계수(C_v)라고 한다.
  $v_2 = C_v\sqrt{2gZ}\,[\text{m/sec}]$

- C_c(수축계수) = $\dfrac{\text{배관 협축부의 최소직경}}{\text{실제 개구부의 직경}}$

- C_d(유량계수) = C_v(속도계수) × C_c(수축계수)

2) 물통에서 물이 배수되는 시간 계산

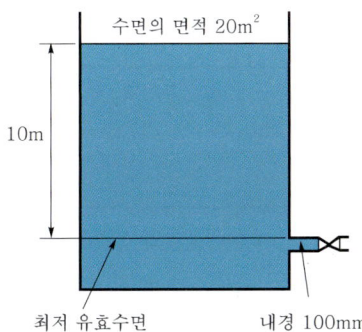

그림과 같은 직육면체의 물탱크에서 밸브를 즉각 완전 개방했을 때 최저유효수면까지 물이 배수되는 시간을 구하면 다음과 같다. (단, 이때 밸브 및 배수관의 마찰손실은 무시한다.)

연속의 정리를 이용해서 푼다. 수면의 면적 $a_1 = 20\text{m}^2$이고, 배수관의 단면적 $a_2 = \dfrac{\pi \times (100 \times 10^{-3})^2}{4} = 0.007854\text{m}^2$, 물의 유효깊이를 h라 하고 유면강하속도를 v_1, 배수관 내의 유속을 v_2라고 하면, 연속의 정리에 의해서

$a_1 v_1 = a_2 v_2$

$a_1 \dfrac{dh}{dt} = a_2 \sqrt{2gh}$

$dt = \dfrac{a_1}{a_2 \cdot \sqrt{2g}} \cdot \dfrac{dh}{\sqrt{h}}$ 에서 양변을 적분하면

$t = \dfrac{a_1}{a_2 \cdot \sqrt{2g}} \displaystyle\int_0^{10} \dfrac{dh}{\sqrt{h}} = \dfrac{a_1}{a_2 \cdot \sqrt{2g}} \left[2\sqrt{h}\right]_0^{10}$

$= \dfrac{20}{0.007854 \times \sqrt{2 \times 9.8}} \times [2 \times \sqrt{10-0}] = 3{,}638\,\text{sec}$

(7) 유체에서의 압력의 구분(수계 소화설비)

1) 정지유체

정압(static pressure, 靜壓)은 정지유체의 압력을 말한다.

2) 유동유체

① 전압(total pressure, P_t) : 정체압

② 동압(velocity pressure, P_v) : 유체흐름방향으로의 압력

③ 정압(normal pressure, P_n) : 유체흐름에 수직방향의 압력. 이것이 소방에서 말하는 정압이다.

$$P_t - P_v = P_n$$

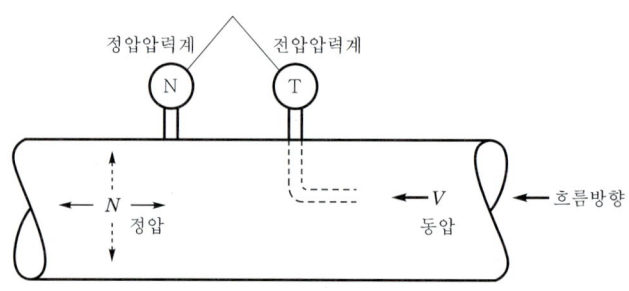

∥ 배관에서의 정압과 동압 ∥

05 유속 측정

(1) 피토관(Pitot-tube)

직각으로 굽은 관으로 선단에 있는 구멍을 이용하여 임의의 점의 속도를 측정한다. 이때의 압력은 전압이다. 아래의 그림은 개로에서는 막히지 않아서 정압이 0이다. 하지만 일반적인 배관은 배관벽에 막혀 있기 때문에 정압이 0이 아니다.

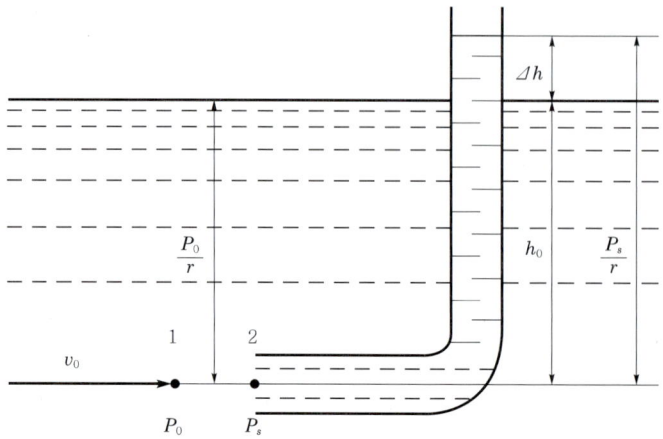

1) 그림과 같이 유체의 흐름에 직각으로 굽힌 유리관의 한 쪽을 깊이 h_0인 곳에 넣고, 그 개구를 흐름과 반대방향으로 놓는다. 그러면 물은 관 속에 유입하여 수면보다 Δh만큼 더 올라가서 정지하고, 관 속의 물의 연직 높이($h_0 + \Delta h$)에 해당하는 압력과 개구의 점 2에 있어서의 압력이 평형을 이루게 된다.

2) 압력이 평형을 이루면 관 속의 물이 정지하므로, 개구 직전의 점 2의 물도 정지한다. 즉, 개구 직전으로 흘러온 물은 일단 정지했다가 다시 사방으로 분리하여 관 둘레를 따라 흘러간다.

3) 개구 2의 점을 정체점이라 하고 이 점의 압력을 정체압이라 한다. 지금 이 정체압을 P_s, 정체점보다 상류에 있는 점 1의 정압을 P_0, 유속을 v 라 하여 유선 1, 2 사이에 베르누이의 정리를 적용하면 $\dfrac{P_0}{\gamma} + \dfrac{v_0^2}{2g} = \dfrac{P_s}{\gamma} + 0 = h_0 + \Delta h$와 같다.

4) 점 1과 2는 같은 수평면에 있으므로 $\dfrac{P_0}{\gamma} = h_0$가 되고 위 식은 $\dfrac{v_0^2}{2g} = \Delta h$ 즉, $v_0 = \sqrt{2g\Delta h}$ 가 된다.

5) 수면에서 잰 수주의 높이 Δh를 읽음으로써 점 1의 유속이 구해지는데 이런 관을 피토관이라 한다. 유속이 구해지면 여기에 단면적을 곱해주어 쉽게 유량을 계산할 수 있다. 즉, $Q = Av = C_d A \sqrt{2g\Delta h}$ 여기서 C_d는 피토관의 유량계수이다.

6) 압력으로 나타내면 다음과 같이 나타낼 수도 있다.

$$P_s(\text{전압}) = P_0(\text{정압}) + \dfrac{rv_0^2}{2g}(\text{동압})$$

여기서, P_0, v_0 : 물체의 영향을 받지 않은 압력과 속도

7) $v_0 = \sqrt{\dfrac{2g(P_s - P_0)}{\gamma}}$

(2) **시차액주계** : 그림은 피에조미터(정압)와 피토관(전압)을 조합하여 시차액주계로 유속(동압)을 측정한 것이다.

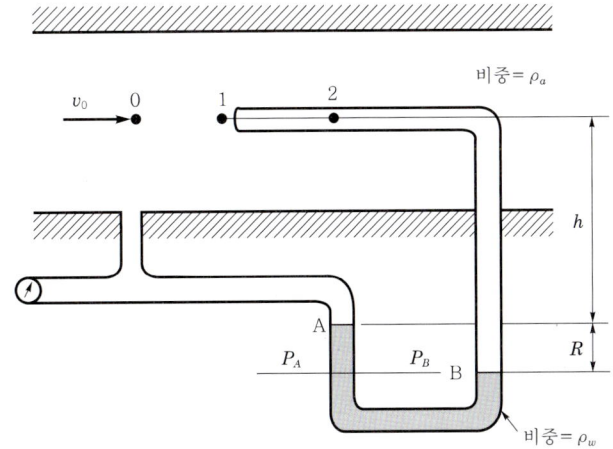

$$P_A = P_2 + \rho_w gR + \rho_a gh \quad \cdots\cdots\cdots\cdots\cdots\cdots\cdots\cdots\cdots\cdots\cdots\cdots\cdots\cdots\cdots\cdots\cdots\cdots\cdots ⓐ$$

$$P_B = P_1 + \rho_a gR + \rho_a gh \quad \cdots\cdots\cdots\cdots\cdots\cdots\cdots\cdots\cdots\cdots\cdots\cdots\cdots\cdots\cdots\cdots\cdots\cdots\cdots ⓑ$$

ⓐ - ⓑ를 하면, $P_A = P_B$이므로

$$0 = P_2 - P_1 + gR(\rho_w - \rho_a)$$

이를 정리하면

$$P_1 - P_2 = gR(\rho_w - \rho_a) \quad \cdots\cdots\cdots\cdots\cdots\cdots\cdots\cdots\cdots\cdots\cdots\cdots\cdots\cdots\cdots\cdots\cdots\cdots\cdots ⓒ$$

점 0과 점 1에서 베르누이 정리를 적용시키면

$$P_0 + \frac{\rho_a v_0^2}{2} = P_1 + \frac{\rho_a v_1^2}{2}$$

점 1의 동압은 0이기 때문에

$$P_1 - P_0 = \frac{\rho_a v_0^2}{2} \quad \cdots\cdots\cdots\cdots\cdots\cdots\cdots\cdots\cdots\cdots\cdots\cdots\cdots\cdots\cdots\cdots\cdots\cdots\cdots ⓓ$$

$P_0 = P_2$(수평면)이므로

$$P_1 - P_2 = \frac{\rho_a v_0^2}{2} \quad \cdots\cdots\cdots\cdots\cdots\cdots\cdots\cdots\cdots\cdots\cdots\cdots\cdots\cdots\cdots\cdots\cdots\cdots\cdots ⓔ$$

식 ⓒ와 식 ⓔ에서 $\frac{\rho_a v_0^2}{2} = gR(\rho_w - \rho_a)$가 되며 이를 속도에 관하여 정리하면

$$v_0^2 = \frac{2gR(\rho_w - \rho_a)}{\rho_a}$$

따라서 유체의 속도는 $v_0 = \sqrt{2gR\left(\dfrac{\rho_w}{\rho_a} - 1\right)}$로 나타낼 수 있다.

> **꼼꼼체크** 이를 보다 쉽게 풀면 다음과 같다.
> 점 0와 점 1의 전압은 같다.
> $P_A = k \cdot \rho_a + R \cdot \rho_w$
> $P_B = k \cdot \rho_a + R \cdot \rho_a +$ 동압
> $P_A = P_B$
> $k \cdot \rho_a + R \cdot \rho_w = k \cdot \rho_a + R \cdot \rho_a +$ 동압
> 동압은 $\dfrac{v^2}{2g} \cdot \rho_a$이다.
> 따라서, $\dfrac{v^2}{2g} \cdot \rho_a = R(\rho_w - \rho_a)$
> $v^2 = 2gR\left(\dfrac{\rho_w - \rho_a}{\rho_a}\right)$, $v = \sqrt{2gR\left(\dfrac{\rho_w}{\rho_a} - 1\right)}$

(3) 피토-정압관(pitot-static tube) : 피토관은 전압측정이고 정압관은 정압을 측정해서 그 차이로 동압을 측정하는 장치

1) 피토관과 정압관이 결합되어 유속을 측정할 수 있는 피토-정압관은 위의 그림과 같다. 이 피토-정압관에 시차액주계에서 하였던 방법을 그대로 적용하면 $v_0 = \sqrt{2gR\left(\dfrac{\rho_w}{\rho_a} - 1\right)}$와

같다. 그러나 실제의 경우 피토-정압관의 설치로 교란이 야기되므로, 유속은 보정되어야 한다.

2) $v_0 = C\sqrt{2gR\left(\dfrac{\rho_w}{\rho_a}-1\right)}$ 여기서, C는 실험적으로 결정되어지는 계기상수로 이는 유속에 대한 보정상수이다.

(4) 열선속도계(hot-wire anemometer)
1) 열선속도계는 두 개의 작은 지지대 사이에 연결된 가는 선(지름 0.1mm 이하, 길이 1mm 정도)을 흐름이 있는 배관에 넣고 전기적으로 가열하여 난류유동과 같이 매우 빠르게 변하는 유체의 속도를 측정하는 데 사용한다.
2) 열선속도계의 응답시간은 1millisecond(ms) 정도로 매우 짧고, 다음과 같이 크게 2가지 종류로 구분한다.
   ① 정온 열선속도계(constant temperature hot-wire anemometer) : 열선의 온도를 일정하게 유지하기 위하여 전류를 변화시켜 전류의 변화로 유속을 측정한다.
   ② 정전류 열선속도계(constant current temperature hot-wire anemometer) : 열선의 전류는 일정하게 유지하고, 전기저항의 변화로 유속을 측정한다.

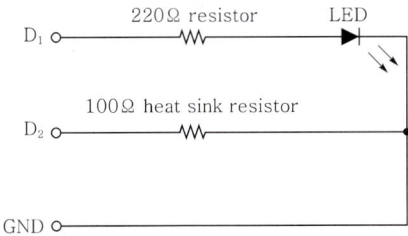

∥ 열선속도계의 회로도[3] ∥

06 유량 측정

(1) 배관에서 기구를 이용하는 유량 측정방법은 크게 오리피스, 노즐, 벤투리를 이용하는 3가지로 분류된다.

(2) 기본측정원리는 배관의 유동 면적을 축소시켜서 속도를 증가시키고 이에 따라 압력이 감소한다는 원리를 이용한다.

(3) 벤투리미터(venturi meter)
  1) 벤투리 관이란 관경이 점차 축소되었다가 다시 확대되는 관을 말한다.
  2) 기본 측정 원리 : 배관의 유동 면적을 축소시켜서 속도를 증가시키고 이에 따라 압력이 감소한다는 원리를 이용한다.

---

[3] Figure 1 Hot-wire anemometer wiring diagram Engineering Projects with NI LabVIEW and Vernier

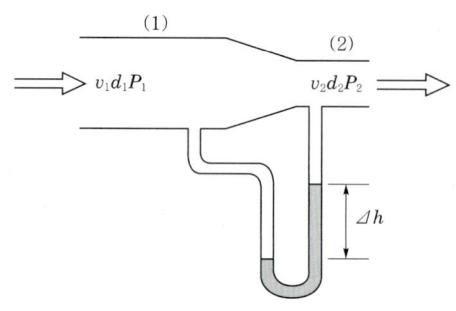

3) 위 그림에 표시한 바와 같이, 관로의 일부 단면을 축소하여 평행한 부분을 약간 두고, 다시 완만하게 확대한 관을 벤투리 미터(venturi meter)라 한다. 유체의 압력에너지의 일부를 속도에너지로 변환시키면 그 차이만큼 정압이 감소하고 이 정압차를 이용하여 유량을 측정하는 데 쓰이는 계기이다.

4) 수평으로 놓은 벤투리계의 (a), (b) 사이에서 흐름에 대한 에너지의 손실은 없고, 또 유체가 비압축성일 때 베르누이의 방정식을 세우면 $\dfrac{P_1}{\gamma}+\dfrac{v_1^2}{2g}=\dfrac{P_2}{\gamma}+\dfrac{v_2^2}{2g}$ 이고 $\dfrac{P_1-P_2}{\gamma}=\dfrac{v_2^2-v_1^2}{2g}$ 로 나타낼 수 있다.

5) 통로 (a), (b)의 단면적을 A_1, A_2라 하고, 유량을 Q라면, $Q=A_1v_1=A_2v_2 \rightarrow v_1=v_2\left(\dfrac{A_2}{A_1}\right)$

따라서 $\dfrac{P_1-P_2}{\gamma}=\dfrac{v_2^2}{2g}\left[1-\left(\dfrac{A_2}{A_1}\right)^2\right]$ 이다.

6) 이를 v_2에 관하여 정리하면 다음과 같다.

$$v_2=\dfrac{1}{\sqrt{1-\left(\dfrac{A_2}{A_1}\right)^2}}\times\sqrt{2g\dfrac{P_1-P_2}{\gamma}}$$

7) 유량 Q를 얻기 위해 A_2를 v_2에다 곱하면 다음과 같다.

$$Q=A_2v_2=\dfrac{A_2}{\sqrt{1-\left(\dfrac{A_2}{A_1}\right)^2}}\times\sqrt{2g\dfrac{P_1-P_2}{\gamma}}$$

8) 위의 식에서 근호 내의 $\dfrac{P_1-P_2}{\gamma}$는 두 점 사이의 압력차에 따른 수두의 차이를 나타낸다. 따라서 (a), (b)의 위치에 각각 액주를 세우고, 액주의 높이를 h_1, h_2라 하면 $h_1=\dfrac{P_1}{\gamma}$, $h_2=\dfrac{P_2}{\gamma}$가 되고, 두 액주 높이의 차를 $\Delta h=(h_1-h_2)$라 하고, 벤투리 관의 유량계수를 C라면 유량은 아래와 같이 나타낼 수 있다.

$$Q = C\frac{A_1 A_2}{\sqrt{A_1^2 - A_2^2}}\sqrt{2g\Delta h} = \frac{CA_2}{\sqrt{1-\left(\frac{A_2}{A_1}\right)^2}}\sqrt{2g\Delta h}$$

$$= \frac{CA_2}{\sqrt{1-\left(\frac{D_2}{D_1}\right)^4}}\sqrt{2g\Delta h}$$

9) 속도보정계수(velocity correction factor, C_V)

$$C_V = \frac{1}{\sqrt{1-\beta^4}} \ . \ 단, \ \beta = \frac{D_2}{D_1}$$

10) 방출계수(수축계수, C_d)
   ① 유동계수 : 오리피스의 형상에 따라 변하는 실험값
   ② β 및 Re의 함수 $C_d = \frac{A_2}{A_1}$

11) 유동계수(C, flow coefficient) : 방출계수(C_d)×속도보정계수(C_V)

12) 벤투리 효과
   ① 관의 단면적이 축소
   ② 연속방정식에 의해 유체의 속도 증가 → 동압(velocity pressure) 증가
   ③ 베르누이 방정식에 의해 정압(normal pressure) 감소

13) 소방에서의 응용
   ① 벤투리 유량계(venturi meter)
   ② 포 혼합장치 : 라인 프로포셔너, 펌프 프로포셔너
   물이 흐르는 소화배관 중에 벤투리 관을 설치하고, 거기에 포 원액 탱크를 연결시켜 벤투리 효과에 의해 감소된 정압만큼의 대기압의 힘으로 포 약제와 소화수를 혼합한다.

(4) 유동노즐(flow nozzle)

벤투리 미터에서 수두손실을 감소시키기 위하여 있는 확대 원추부를 제외하고는 벤투리 미터와 같다. 그러므로 식에서 $\dfrac{C_V}{\sqrt{1-\left(\frac{A_2}{A_1}\right)^2}} = C$로 놓으면, 유량 Q는

$Q = CA_2\sqrt{\dfrac{2g}{\gamma}(P_1 - P_2)}$ 로 나타낼 수 있다.

(5) 오리피스(orifice)

1) 오리피스판은 아래 그림에서 보듯이 관의 이음매 사이에 끼워 넣은 얇은 판으로, 구조가 간단하고 값이 싸며 설치하기가 용이하다.

2) $Q = CA_0\sqrt{\dfrac{2g}{\gamma}(P_1 - P_2)} = CA_0\sqrt{2gR'\left(\dfrac{S_0}{S_1}-1\right)}$

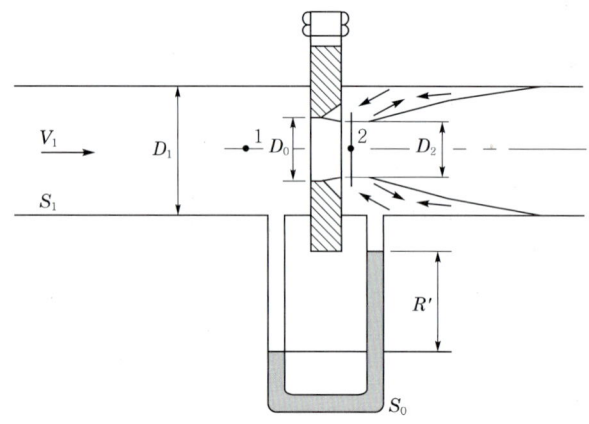

3) 오리피스, 유동노즐, 벤투리관 비교[4]

유량 측정방식	그 림	수두손실	가 격
오리피스 (orifice)	D_1 D_t 흐름	크다	적다
유동노즐 (flow nozzle)	D_1 D_2 흐름	중간	중간
벤투리관 (venturi)	D_1 D_2 흐름	작다	많다

4) 노즐방식
① 노즐의 경우 유동패턴은 오리피스보다 이상적으로 베나 콘트랙터는 약하게 형성되고 2차 유동의 박리현상도 별로 심각하지 않다.
② 노즐방식의 경우 유동계수 개념을 사용하지 않는다.
③ 노즐송출계수(nozzle discharge coefficient)를 사용한다.
④ 노즐송출계수는 일반적으로 0.95~0.99의 값을 가진다.

(6) 용적에 의한 측정

비중량 γ의 일반유체에 대하여 t초 간에 용기에 들어간 유체중량 G, 또는 체적 V를 측정하면 유량 $Q(\mathrm{m}^3/\mathrm{s})$를 구할 수 있다. 이는 소용량의 경우에만 가능하고 개략적인 측정이 된다.

(7) 로터미터(rotor meter)

흐름 속에서 동압을 받아 회전하는 회전 차에서는 회전속도가 유량(m^3/s), 누적 회전수가 적산유량(m^3)을 나타낸다. 이는 수도미터에 많이 사용되고 있다.

---

[4] 3-188 section 3 Mechanical Engineering Handbook

(8) 초음파 유량계

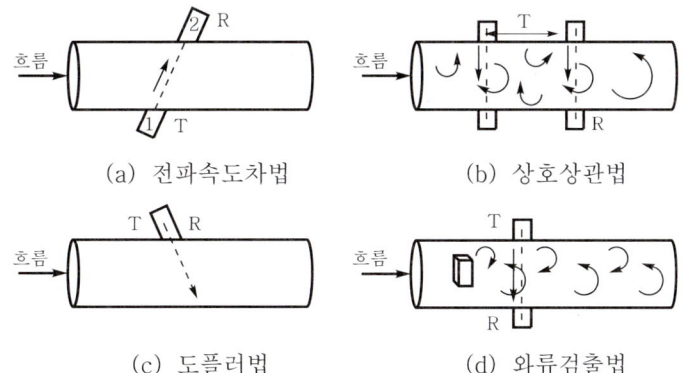

(a) 전파속도차법   (b) 상호상관법

(c) 도플러법   (d) 와류검출법

1) 2조 또는 1조 초음파 발신기와 수신기를 그림과 같이 유속 v의 흐름에 대하여 거리 l 만큼 떨어져 설치한다.
2) 그림에서 T는 발신기이고 R는 수신기이다. 2조의 송수신기에서 음이 수신기에 도달하는 시간의 차이 Δt를 측정하고 음속을 c로 하면 $\Delta t = \dfrac{l}{c-v} - \dfrac{l}{c+v}$의 식에서 v를 구할 수 있으므로 여기에 단면적을 곱해서 유량을 계산할 수 있다.
3) 초음파 유량계 종류
   ① 전파속도차법(travel or transit time) : 초음파가 유체를 통과할 때, 상류에서 하류로 향할 때와 하류에서 상류로 향할 때의 전파속도가 다르다. 이 두 경우의 속도차가 유속에 비례하기 때문에 이를 이용하는 방법이다.
   ② 상호상관법(cross correlation) : 두 쌍의 초음파 센서를 일정한 거리를 떨어뜨려 설치하고 상·하류 수신부에 검출되는 신호의 시간차를 이용하여 유속을 계산하는 방법이다.
   ③ 도플러법(doppler) : 도플러 효과를 이용하여 속도를 구하는 것으로 한 개의 센서를 사용하여 초음파를 발사하고 흐르는 유체에 입자에 의해 반사되는 초음파 신호를 수집하여 초음파가 발사된 경로상의 유속 분포를 예측하여 유량을 계산하는 방법이다.
   ④ 와류 검출법(vortex shedding) : 흐름 안에 와류발생 장치를 설치하고, 그 뒤에 한 쌍의 초음파 센서를 설치하여 유속에 비례하는 와류 발생주기를 측정하여 유량을 측정한다.

07 유체관련 무차원수 및 공식

(1) 비오트 수(Biot number ; Bi)
1) 고체 표면과 유체 사이의 온도차에 의한 고체의 온도강하 척도를 나타낸다.

2) 공식

$$Bi = \frac{hL}{k_{\text{solid}}}$$

여기서, h : 대류 열전달계수(W/m² · K)
　　　 L : 특성길이(m)
　　　 k_{solid} : 고체의 열전도도(W/m · K)

3) 대류는 흐르는 유체와 접촉하는 면에 작용을 하기 때문에 길이를 곱해주고 열전도도로 나누면 무차원수가 된다.
4) 비오트 수(Bi)가 아주 적다는 것은 열전도도(k) 값이 크다는 뜻(즉, 고체의 표면에 열을 받았을 경우 즉시 이면에 온도로 전달된다는 의미)이다. 그러므로 이것은 얇은 물질을 의미하는 것이다.
5) 비오트 수(Bi)가 크다는 뜻은 열전도도(k)값이 작다는 뜻으로 결국 표면온도가 열전도도(k)값에 영향을 많이 받는 두꺼운 물질이라는 것이다.
6) 고체표면의 열전달계수/고체 내부의 전도 열전달=대류/전도

(2) 너셀(Nusselt) 수(무차원 대류열전달계수) : 유체 속에 잠긴 고체의 표면을 통하여 열이 출입하는 비율을 나타내는 무차원 수

1) 열전도도(k)는 임의 온도에서 그 물질의 고유한 물성값을 가지나 열전달계수(h)는 유체의 흐름이 존재하는 경우에는 열전도도(k)의 경우와는 달리 쉽게 구할 수 없다. 그러므로 너셀(Nusset) 수를 이용하여 열전달계수(h)를 구한다.

$$Nu = \frac{\text{열전달계수} \times \text{대표길이(표면에서 거리)}}{\text{유체 열전도율}} = \frac{h \cdot l}{k_{\text{liquid}}}$$

열전달계수 $h = [\text{kW/m}^2 \cdot \text{K}]$, $q = hA\Delta t [\text{kW}]$
열전도도 $k = [\text{kW/m}^2 \cdot \text{K}]$, $q = k\frac{A\Delta t}{l}[\text{kW}]$

2) 너셀(Nusselt) 수를 구하는 목적
① 고체 벽과 유체 사이의 대류열전달률 계산에 사용한다.
② 정지된 유체에서의 열전도도(k 값은 고정)로 유동하는 유체의 열전달률(h)을 나눈 값으로 너셀 수를 알게 되면 유동의 상태를 알 수가 있다. 너셀 수는 열전달률(h) 값이 주요 관심사항이고, 비오트 수는 열전도도(k)값이 주요 관심사항이다.
③ 너셀 수는 대류 열전달량과 같은 조건 내에서 유체의 전도 열전달량을 나타낸다. 유체를 통해 운반된 열량이 열전도만으로 운반될 때 열량의 몇 배인지를 표시하는, 유체와 고체 표면 사이에서 열을 주고받은 비율을 나타내는 무차원수이다.
④ 대류 열전달은 전도와 질량(밀도) 이동에 의하여 이루어진다. 유체의 열전도도는 보통 작은 값을 가지므로 열전달의 속도는 주로 유체 입자운동에 의존한다고 할 수 있다.

⑤ 너셀(Nusselt) 수=1이면 대류에 의한 열전달 없이 전도에 의해 열전달이 이루어짐을 의미한다.

$$k = h \times l$$

왜냐하면 대류와 전도가 같다는 것은 대류 에너지 수송이 유체의 입자운동에 의한 열전달이 없고, 전도에 의해서 이루어진다는 것이다. 이 의미는 벽면 근처에서 유체는 정지되어 있으므로 벽면으로부터 벽표면과 이웃한 유체 사이의 열전달은 전도에 의해 이루어진다는 것이다.

⑥ 이 수치가 클수록 대류에 의한 영향이 크고 열전도 속도에 미치는 분자의 운동(=유체입자운동)이 미치는 영향이 작다는 것을 의미한다.

⑦ 강제대류
  ㉠ 층류흐름 : $Nu = \dfrac{hl}{k} = 0.332 \cdot Re^{\frac{1}{2}} \cdot Pr^{\frac{1}{3}}$
  ㉡ 난류흐름 : $Nu = 0.337 \cdot Re^{\frac{4}{5}} \cdot Pr^{\frac{1}{3}}$

⑧ 자연대류 : 경계층과 유체 사이의 온도차에 의한 부력이 관련, 그라쇼프(Grashof) 수 도입
  ㉠ 층류흐름 : $Nu = 0.59(Gr \cdot Pr)^{\frac{1}{4}}$
  ㉡ 난류흐름 : $Nu = 0.13(Gr \cdot Pr)^{\frac{1}{3}}$

⑨ 비오트 수(Bi)와의 차이로는 비오트 수(Bi)는 고체, 너셀(Nusselt) 수는 유체의 열전달량이라는 점이다.

(3) **프란틀(Prandtl) 수**
1) 임의 형상의 표면 위를 흐르는 유동에서는 속도 경계층이 반드시 존재하며 경계층 차이로 인한 표면 마찰이 존재한다. 이와 마찬가지로 표면과 자유 유동과의 온도차이로 열경계층이 발달하며 대류가 발생한다.
   ① 속도경계층 : 점성효과가 중요한 영역
   ② 열경계층 : 가열(냉각)효과가 미치는 영역

  • 경계층(boundary layer) : 물체의 표면에 매우 근접한 부분에 존재하는 유체의 층을 말한다. 경계층은 점성력(viscous force)에 의한 현상으로서, 경계층 내에서는 유동이 점성의 영향을 크게 받는다.

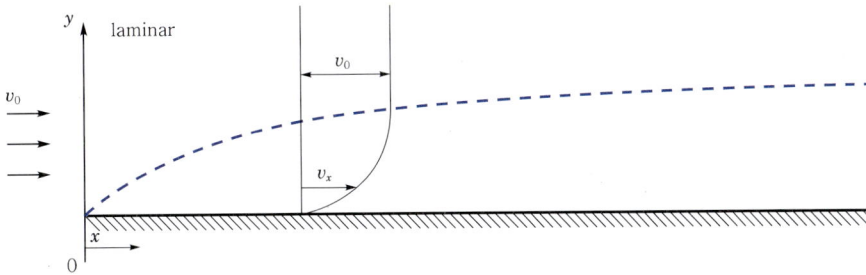

- 경계층 두께 : 유동의 속도가 $v_x = 0.99v_0$가 되는 물체의 표면으로부터의 거리로 정의할 수 있다. 이러한 정의는 층류 및 난류 모두에 대해 유효하다. 위의 그림에서 점선은 경계층 두께를 나타내며, 그림에서 나타난 것과 같이 평판의 시작 부분에서부터 하류로 갈수록 경계층 두께가 점점 두꺼워진다. 유동조건에 따라 더 하류로 가면 난류 경계층으로 바뀔 수도 있으며, 이러한 현상을 경계층 천이(boundary layer transition)라고 한다.

$$Pr = \frac{\text{동점성 계수(유체의 점성에 의한 운동량 전달률)}}{\text{열확산율(유체의 열전도에 의한 열확산율)}} = \frac{\nu}{\alpha}$$

여기서, 열확산율(온도전도율) $\alpha = \dfrac{k}{C_p \rho}\,(m^2/s)$, $\nu = \dfrac{\mu}{\rho}$

C_p : 비열(열용량), ρ : 밀도, ν : 동점성계수(m^2/s)

열전도율 $k = (kW \cdot m/m^2 \cdot ℃)$

2) 프란틀(Prandtl) 수를 구하는 목적
① 유체의 특성(물성)과 관련된 수이다.
② 속도경계층과 열경계층 두께의 상대적 비율을 나타낸다.
③ 속도경계층과 열경계층에서의 확산에 의한 운동량 수송과 에너지 수송의 상대적 유효도의 척도
  ㉠ 기체의 대류 : $Pr ≒ 1$
    확산에 의한 운동량과 에너지 전달이 거의 같다. 프란틀(Prandtl) 수의 기준이 된다.
  ㉡ 액체금속 : $Pr \ll 1$
    에너지 전달이 운동량 전달을 앞선다.
  ㉢ 기름 : $Pr \gg 1$
    운동량 전달이 에너지 전달을 앞선다.
④ 고체표면 위의 대류전열에서 속도(운동)경계층과 열(에너지)경계층의 비율은 프란틀(Prandtl) 수에 의존한다.

$$\frac{\delta_\theta}{\delta_h} = Pr^{\frac{1}{3}}$$

여기서, δ_θ : 열경계층, δ_h : 유체역학경계층

⑤ 각종 유체에 프란틀(Prandtl) 수
  ㉠ 가스류(gases) : $Pr = 0.7 \sim 1.0$
  ㉡ 물(water) : $Pr = 1.0 \sim 10$
  ㉢ 액체 금속(liquid metal) : $Pr = 0.001 \sim 0.03$
  ㉣ 유류(oils) : $Pr = 50 \sim 2,000$

(4) 그라쇼프(Grashof) 수(자연대류열전달)

1) 유체의 열팽창에 의한 부력과 점성력과의 비에 의해 만들어지는 무차원의 수
2) 자연유동 또는 자연대류

$$Gr = \frac{부력(\text{buoyancy force})}{점성력(\text{viscous drag})} = \frac{g\beta \Delta T L^3}{\nu^2} = 불연속적인\ 유동$$

여기서, 부력 : $K_b = m \cdot g = \rho \cdot \Delta V \cdot g = \rho(V - V_0)g = \rho \cdot L^3 \cdot \beta \cdot \Delta T \cdot g$,
$V = V_0(1 + \beta \Delta T)$, β : 체적팽창계수, $V_0 = L^3$

① 그라쇼프(Grashof) 수는 자연대류 내에서 강제대류의 레이놀즈 수(Re)와 같은 역할을 한다.
② 자연대류의 부력은 강제대류의 관성력과 같은 영향을 미친다.
  ㉠ 레이놀즈 수 $Re = \dfrac{\rho VD}{\mu} = \dfrac{VD}{\nu}$

꼼꼼체크 25페이지의 D와 L은 동일한 길이를 나타내는 개념으로 같은 것이다.

  ㉡ 점성력 : $\mu \cdot V \cdot L$
  ㉢ 관성력 : $\rho \cdot V^2 \cdot L^2$

(5) 프루드(Froude) 수

$$Fr = \frac{관성력}{중력} = \frac{V^2}{gL}$$

여기서, V : 속도(m/s), g : 가속도(m/s^2), L : 대표길이 or 특성길이(m)

1) 프루드(Fr) 수가 크면 펌프나, 팬과 같은 외부 힘에 의해서 유동하는 것이고, 반대로 프루드(Fr) 수가 작으면 자연적인 부력이 유체 유동의 주된 힘을 나타내는 것이다.
2) **활용** : 터널의 축소 모델링을 가지고 프루드 모델링이라고 하며, 상사의 법칙에 의해서 축소를 실제 크기에 적용할 때 사용한다.

Section 05 열역학(thermo-dynamics)

01 온도와 열량

(1) 온도(temperature)
  1) 정의 : 눈에 보이지는 않지만 물질을 구성하는 입자(원자나 분자) 등은 절대온도 이상에서는 운동을 하고 있는데 입자의 운동은 온도가 높을수록 활발해진다. 온도는 물체를 구성하는 입자들의 움직임을 나타내주는 척도이다. 따라서 물체를 구성하는 입자들의 평균 운동에너지는 절대온도에 비례한다. 그 이유는 온도가 물질을 구성하는 입자 하나의 평균 병진 운동에너지에 비례하기 때문이다.
  2) 온도는 물질 간의 열이동 여부를 결정해 주는 유일한 변수로 주어진 물체가 주위와 열적으로 평형상태에 있는지 혹은 열교환을 하고 있는지를 판단하는 기준이 된다. 예를 들어, 같은 온도의 쇠와 플라스틱을 만졌을 때 쇠가 차갑게 느껴지는 것은 열전도도(k) 차이에 의한 것이지 온도 차이에 의한 것이 아니다.
  3) 온도의 한계
    ① 상한 : 열운동이 증가하면 고체가 액체로 녹고 다시 기체로 증발한다. 온도가 더 올라가면 분자가 원자로 쪼개지고 원자는 전자를 잃게 되어 대전 입자의 구름, 즉 플라즈마를 형성한다. 따라서 온도의 상한은 없다.
    ② 하한 : 압력이 일정할 때 0℃에서 기체의 온도를 1℃ 내리면 모든 기체의 부피가 $\frac{1}{273}$씩 줄어든다. 따라서 0℃의 기체를 273℃만큼 냉각시키게 되면 부피가 $\frac{273}{273}$만큼 수축되어 0이 될 것이다. 이것이 온도의 하한계이다. 이 값을 절대영도라고 한다. 절대영도는 K로 표시한다. 켈빈 눈금에서 1도는 섭씨 눈금과 같은 간격이다.

(2) 기체는 분자의 병진운동, 고체는 진동운동이 에너지(열)의 척도를 나타낸다.

(3) 온도와 절대온도
  1) 섭씨온도(℃) : 물이 어는 온도를 "0", 물이 끓는 온도를 "100"으로 표시하고 그 사이를 100등분한 온도로 섭씨온도라고 한다.
  2) 화씨온도(℉) : 물이 어는 온도를 "32", 물이 끓는 온도를 "212"로 표시하고 그 사이를 180등분한 온도로 화씨온도라고 한다.

$$℉ = \frac{9}{5}℃ + 32$$

Section 05
열역학(thermo-dynamics)

3) **절대온도 K(absolute temperature) or 켈빈온도**
   ① 에너지의 양으로 온도를 표기한 것이다. 이 온도에서 가장 낮은 온도를 "0"으로 표시하는데 이는 에너지가 없는 상태로 앞에서 설명한 것과 같이 절대영도라고 부른다. 따라서 음의 온도값을 가질 수 없다.

   $$K = ℃ + 273.15$$

   ② 압력이 일정할 때 0℃ 기체의 온도를 1℃ 변화시키면 부피가 $\frac{1}{273}$ 만큼 줄어든다. 따라서 -273℃만큼 냉각시키면 부피는 $\frac{273}{273}$ 만큼 수축되어 부피가 0이 될 것이다. 하지만 어떠한 물체도 부피가 0이 될 수는 없다.

   ③ 부피가 일정할 때 0℃의 기체의 온도를 1℃ 변화시키면 압력이 $\frac{1}{273}$ 만큼 줄어든다. 따라서 -273℃만큼 냉각시키면 압력은 $\frac{273}{273}$ 만큼 감소되어 압력이 0이 될 것이다. 하지만 모든 물체는 -273℃로 냉각되기 전에 액화된다.

(4) **빈의 법칙(Wien's law)** : 물체를 가열했을 때 온도를 높일수록 짧은 파장이 되며 색이 적색에서 보라색으로 변화한다. 따라서, 모든 물체는 온도(열복사)에 따라 일정한 색을 가진다. 이 법칙을 이용해서 색으로 온도를 측정할 수 있다.

$$\lambda_{\max} = \frac{a}{T}$$

여기서, $a : 2.893 \times 10^{-3} m \cdot K$, $\lambda_{\max}$: 최대파장, T : 절대온도(K)

1) 550℃ : 검붉은 색
2) 750℃ : 선홍색
3) 800℃ : 붉은색
4) 900℃ : 주황색
5) 1,000℃ : 노란색
6) 1,200℃ : 흰색

> **꼼꼼체크 열역학** : 물질이 내부에서의 분자운동과 열 현상을 다루는 법칙으로 열에 의하여 물질이 한 형태로부터 다른 형태로 변화할 때 일어나는 물리적 변화의 상호관계를 연구하는 학문이다.

(5) **건구온도** : 일반적으로 온도라고 하면 건구온도를 지칭하는 것이다. 주위로부터 복사열을 받지 않은 상태에서 측정하는 온도값이다.

(6) **습구온도** : 감온부를 천으로 감싸고 천을 물에 적셔서 감온부가 젖은 상태에서 습구온도계로 측정한 온도이다. 감온부 표면에서 수증기의 분압과 공기 중의 수증기 분압차에 의한 수분의 증발이 발생하기 때문에 증발된 잠열이 물에서 공기로 이동된다. 따라서 평소에는 건구온도보다 낮은 값을 가지지만 포화상태에서는 건구온도와 습구온도가 동일한 값을 가지게 된다. 또한 공기가 건조할수록 수분의 증발이 용이해져서 건구온도와 습구온도의 차이가 커진다.

(7) **노점온도** : 온도가 높은 공기는 많은 수증기를 포함할 수 있지만 그 공기의 온도를 내리면 어느 온도에서는 포화상태에 도달하게 되고 더 내리게 되면 수증기의 일부가 응축되어 이슬이 발생한다. 이 시점의 온도를 노점온도라고 한다.

02 열 : 고온의 물체에서 저온의 물체로 이동하는 에너지

(1) **열(heat)**
  1) 과거의 열에 대한 개념
    ① 프로기스톤설 : 열은 물질 그 자체로 연소란 물질에서 프로기스톤(연소)이 나가는 현상으로 열이 발생한다.
    ② 운동설 : 물질을 구성하는 입자들이 운동(진동, 회전, 병진)을 통해 발생한다.
  2) 열은 물질의 상태나 주위에 어떤 변화를 일으키는 일을 하는 능력이다.
  3) **정의** : 온도 차이에 의한 에너지의 **흐름**을 말한다.
  4) 열은 상대적 개념으로 동일한 열을 가진 상태가 아니면 이동(흐름)이 발생한다.
    → 열전달(에너지의 이동)
    ① 열은 한 물체에서 다른 물체로 이동하는 내부에너지이다.

  > **내부에너지** : 물질 내의 여러 형태의 모든 에너지를 모두 내부에너지라고 한다. 열역학에서는 열의 변화나 흐름에 따른 내부에너지의 변화를 연구한다. 이 변화가 바로 온도의 변화로 나타난다.

    ② 열에너지 : 열이 물체나 물질로 전달된 후에는 열이 아니라 열에너지가 된다.
    ③ 열의 단위는 에너지의 단위와 같다. 물 1g을 1℃ 높이는 데 4.18J이 필요하다. 이를 미국에서는 1cal이라 한다.

(2) **열용량(heat capacity, C_p)** : 어떤 물질의 온도를 1℃ 올리는 데 필요한 열량(J/℃)

$$열용량 = 질량 \times 비열$$

  > **비열이 물질마다 다른 이유** : 내부에너지를 저장하는 용량이 다르기 때문이다. 즉, 물질마다 에너지를 흡수하는 방법이 다르다는 것이다.

(3) **비열용량(比熱容量, specific heat capacity) 또는 비열(Specific heat)** : 단위 질량(1g)의 물질 온도를 1℃ 높이는 데 드는 열에너지를 말한다. 단위는 (J/g·℃)이다.

(4) **열과 일**
  1) 일 $W = F \cdot d = Fd\cos\theta$ 로 벡터양들이 합쳐진 스칼라의 양
  2) 열 $W = P \cdot \Delta V = \left(\dfrac{F}{A}\right)(Ad)$ 로 스칼라와 스칼라의 곱인 스칼라의 양
  3) 열은 엔트로피의 변화를 수반하지만 일은 엔트로피의 변화를 수반하지 않는다.

03 열팽창

(1) 정의 : 열 공급에 의해서 물질 내부의 온도가 올라가면 분자운동이 활발해져서 분자들 사이의 간격이 멀어진다. 이 결과를 열팽창이라 한다. 이는 분자 간의 결합력 차이에 영향을 받게 된다.

(2) 온도가 상승하면 고체<액체<기체 순으로 팽창한다.

04 열전달

자세한 내용은 뒤 페이지 참조

05 열역학 법칙

(1) 열역학 제0법칙 : 열역학적 평형의 법칙

1) 만약 계 A와 계 B를 접촉하여 열역학적 평형상태를 이루고 있고 계 B와 계 C를 접촉하여 열역학적 평형상태를 이루고 있다면, 계 A와 계 C를 접촉하여도 열역학적 평형을 이룬다.(A=B, B=C이면 A=C)
2) 두 계를 접촉하였을 때 열역학적 평형을 이루지 못한다면, 두 계 사이에 에너지나 물질의 알짜 이동이 있다는 것이다. 서로 열역학적 평형을 이루고 있는 두 계는 나중에 다시 접촉하였을 때에도 평형을 이룬다.
3) 열역학 제0법칙은 열역학의 근본적인 개념이지만, 이것이 법칙으로 나오게 된 것은 열역학의 많은 부분이 완성된 후인 1930년대이다. 이미 열역학 제1, 2, 3법칙이 확립되었기 때문에, 열역학의 가장 근본적인 이 개념은 자연스럽게 제0법칙이 되었다.
4) 열역학적 평형은 열적 평형(열교환과 온도와 관계)과 역학적 평형(일교환과 압력 같은 일반화된 힘과 관계)과 화학적 평형(물질교환과 화학퍼텐셜과 관계)을 포함한다.
5) 두 열원이 접촉하면 열평형을 이룬다.

(2) 열역학 제1법칙 : 에너지 보존의 법칙

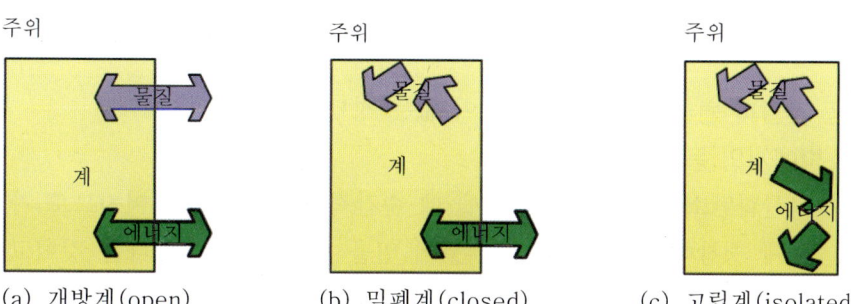

(a) 개방계(open)　　(b) 밀폐계(closed)　　(c) 고립계(isolated)

▌개방계, 밀폐계, 고립계의 비교[5] ▌

---

5) Atkins Physical Chemistry 8th, 2006, 29p.

- 계(system) : 해석을 목적으로 관심을 두고자 하는 어떤 양의 물질이나 혹은 공간. 즉, 해석하려는 공간이나 물질의 상상적인 경계를 말한다.
- 개방계(open) : 계가 질량이 아니고 공간이다. 따라서 에너지뿐만 아니라 물질까지도 이동이 가능한 계이다.
- 밀폐계(closed) : 계가 고정된 양의 질량으로 구성되므로 물질은 경계를 통과하여 출입할 수 없다. 다만 에너지는 일이나 열의 형태로 계의 경계를 통과하여 출입할 수 있다.
- 고립계(isolated) : 계의 경계를 물질과 에너지 모두가 통과할 수 없는 계를 말한다.

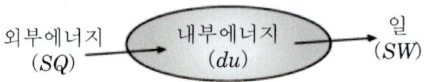

1) 열은 본질상 일과 같은 에너지의 한 형태로서, 열은 일로, 일은 열로 변환하는 것이 가능하다.
2) 물질의 출입이 없는 밀폐계(closed system)에 대하여 일과 열의 출입에 따른 내부에너지 변화에 대한 관계를 나타낸다.
   ① 발열과정 : 계와 주위 사이에 에너지 교환이 있다면, 계의 에너지가 감소하면 주위의 에너지는 증가한다
   ② 흡열과정 : 계의 에너지가 증가하면 주위의 에너지는 감소한다
   ③ 단열과정 : 계와 주위 사이에 에너지의 변화가 없다.
3) **엔탈피(enthalpy)** : 계의 내부에너지에 외부에 한일(운동에너지, 위치에너지)을 말한다. 즉, 내부에너지와 외부에너지를 합쳐서 엔탈피라고 부른다.

$$H(엔탈피) = dU(내부에너지) + dW(dPV)(일)$$

- 에너지 식(equation of energy) : $dQ = dU + dW$
- 왜 엔탈피를 사용하는가? : 내부에너지를 계산하기 위해서는 부피를 고정시키고 해야 한다. 이는 매우 계산하기 어렵기 때문에 압력만 일정하게 하면 가해진 열량= 늘어난 엔탈피가 같기 때문에 계산을 용이하게 하기 위함이다. 또한 엔탈피는 상태함수(state function)이므로 처음 물질과 최종 물질이 같으면 그 경로에 관여한 엔탈피 변화의 합과 같다(Hess의 법칙).
- 상태함수(state function) : 경로에 무관하게 변하는 계의 성질에 의존하는 함수

4) 등 엔탈피 변환 : 엔탈피의 증감이 없는 상태에서 변환
5) 소방에서의 등 엔탈피
   ① 이산화탄소가 노즐에서 방출될 때 순간적으로 압력이 떨어지므로 가스가 급격하게 팽창하게 된다. 이는 외부에 일을 많이 하게 되었다는 것이고, 그 만큼 내부에너지는 증가한다. 왜냐하면, 등 엔탈피이기 때문에 외부와 내부의 합이 일정해야 하므로 외부에너지가 감소하면 내부에너지가 증가하기 때문이다.

② 내부에너지가 증가되었다는 것은 주위가 열을 빼앗겼다는 것이다. 그러면 주위는 온도가 급격하게 감소하게 된다. 이것을 줄-톰슨 효과라고 한다.

$$dU = dq + dw$$

여기서, U : 계의 내부 에너지
q : 계로 흘러들어간 열에너지
w : 계에 가한 일

내부에너지는 $U = \frac{3}{2}nRT$로 나타낼 수도 있다.

6) 열은 일로 일은 열로 변환이 가능하다.
7) 열을 포함한 에너지는 다른 에너지로 바뀌긴 하지만 스스로 생기거나 스스로 없어지지는 않는다. 즉, 우주의 에너지 총량은 항상 일정하다.

(3) 열역학 제2법칙 : 엔트로피 법칙으로 에너지의 방향성을 규정하고 있다. 우주의 엔트로피는 항상 증가하고 있다는 것이며 특정 온도에서 열을 주고받는 경우, 엔트로피 변화에 대한 관계를 나타낸다.
1) "열원(rocorvoir)으로부터 양의 열에너지를 뽑아서 모두 일로 전환하되, 다른 추가적인 효과를 동반하지 않는 순환과정(cycle)은 존재하지 않는다."(켈빈(Kelvin)-플랑크(Planck))
2) 열적으로 밀폐계의 엔트로피는 절대 감소하지 않는다. 밀폐계에서 자발적으로 일어나는 현상들은 항상 엔트로피 증가를 수반한다.
3) 열이 혼자서 저온부에서 고온부로 흐르는 일은 절대 없다. 왜냐하면 자율적인 엔트로피의 법칙에 의해서 질서 있는 상태에서 무질서한 상태로 이동하는 것이 자연계의 법칙이기 때문이다. 이는 엔트로피가 증가되는 방향이다(클라우지우스).
4) 100% 효율의 영구기관은 존재하지 않는다(오스발트).
5) 에너지가 흐르는 방향을 설명하는 법칙이다. 이는 어떠한 계의 총 엔트로피는 다른 계의 엔트로피가 증가하지 않는 이상 감소하지 않는다는 법칙이다. 이런 이유로 열적으로 고립된 계의 총 엔트로피가 감소하지 않는다. 이것은 차가운 부분에 한 일이 없을 때, 열이 차가운 부분에서 뜨거운 부분으로 흐르지 않는 이유이다.
6) 열은 차가운 열원에서 뜨거운 열원으로 스스로 흐르지 않는다(에너지의 양에 대한 규제).

(4) 열역학 제3법칙 : 절대온도 0K상태에서 모든 물질의 상태를 규정하고 있다.
1) 물체의 온도가 절대영도에 가까워짐에 따라 엔트로피 역시 0에 가까워진다.
2) 유한한 단계의 과정으로 계가 절대영도에 도달할 수 없다.
3) 절대영도가 아닌 다른 온도에서의 엔트로피는 모두 무한대로 발산하게 된다.
4) 엔트로피의 양이 0이 되는 것은 불가능하다.

06 엔트로피(entropy)

(1) 정의

1) 고전 열역학적 : 엔트로피는 일로 변환할 수 없는 에너지의 양. 즉, 쓸모없는 에너지를 지칭했다.
2) 통계 열역학적 : 엔트로피는 열역학적 계의 통계적인 '무질서도'를 나타낸다.
3) 최근 물리학 : 에너지는 분산되려고 한다. 에너지가 집중되어 있는 곳에서 퍼져 나간다. 축적된 화학에너지는 연소되면서 작은 저에너지 분자들의 열로 분산된다. 엔트로피는 자발적 과정(spontaneous process)인 에너지 분산을 기술하기 위해 사용되는 용어로 쓰이고 있다.

 물질과 에너지의 분산은 둘 다 엔트로피를 증가시키는 것이다.
• 에너지의 분산 : 주변에 있는 분자들이 더 빠른 무질서 운동을 유발시킨다.
• 물질의 분산 : 물질 성분들의 분산으로 이들이 더 넓은 공간을 차지한다.

(2) 엔트로피의 공식

$$\Delta S = \frac{\Delta Q}{T}$$

여기서, Q : 등온 가역과정에서 계에 가해진 열량
T : 과정이 일어나는 동안 계에 일정하게 유지되는 절대온도
S : 엔트로피

 가역과정 : 물질의 상태가 한 번 바뀐 후 같은 경로로 원래 상태로 되돌아 갈 수 있는 과정

(3) 클라우지우스 부등식(가역 비가역 과정을 모두 포함한 식)

$$\Delta S \geq \frac{\Delta Q}{T}$$

Section 06 전자기학(electromagnetism)

01 전기학

(1) **전하(electric charge)** : 물질의 기본특성이다. 질량을 가진 물질이 중력이라는 힘을 주고 받듯이 전하라는 기본 특성을 가진 물질 사이에는 전기력이라는 힘이 존재한다.

> **꼼꼼체크** F(전기력)$= q$(전하량)$\times E$(전기장의 세기). 전기장의 세기는 전기장 속에서 단위 양전하(IC)가 받는 전기력의 크기를 말한다.

1) 물질 : 원자(양성자, 전자, 중성자)의 모임
2) 마찰전기 : 전자의 이동
   ① **양전하(+)** : 전하를 잃음
   ② **음전하(−)** : 전하를 얻음
   ③ 전하 보존의 법칙 : 전하는 어떤 경우에도 소멸되거나 생성되지 않는다. 즉, 이동은 하되, 만들어지거나 소모되는 것이 아니다.
   ④ 전하의 양자화 : 모든 전하량은 전자 전하량 1.6×10^{-19}C의 정수배를 가진다.

   > **꼼꼼체크** 양자화(量子化, quantization) : 연속적인 양을 어떤 기본단위(양자)의 정수배로 측정하는 양으로 재해석하는 것을 말한다. 즉, 자연수와 같은 셀 수 있는 수로 나타내는 것을 양자화라고 한다.

3) **전하의 유도(electrostatic induction)** : 도체를 가까이 대면 물체는 반대의 전하를 유도한다. 전하가 이동하지 않지만 전하의 중심이 이동한 것인데, 이를 전하 편극이라 한다.
4) 도체와 부도체
   ① **도체** : 전하를 잘 통하게 하는 물질. 자유전자의 흐름이 있는 물질이다.
   ② **부도체** : 원자에 속박된 전자만 있어서 전하가 통하지 않는다. 이는 자유전자가 없거나 또는 자유전자가 있지만 원자가 붙잡고 있어 자유전자의 운동이 곤란하기 때문에 발생한다. 이러한 현상을 유전분극이라고 한다.
      ㉠ 절연체 : 자유전자의 흐름이 없으며, 분극현상이 작다.
      ㉡ 유전체 : 자유전자의 흐름이 없으며, 분극현상이 크다.

(2) **자기(magnetism)**
1) 전류의 고리
2) 자기는 전하의 운동으로 생긴다.

(3) 전류(current, I) : I는 전류의 세기(intensity of current)의 약자를 나타낸다.

1) **전하의 이동** : 전위(電位)가 높은 곳에서 낮은 곳으로 전하가 연속적으로 이동하는 현상으로 전하의 운동에너지라고 할 수 있다.

2) 1A(암페어) $= \dfrac{1C}{1\sec}$ (1초에 6.25×10^{18}개의 전자들이 흐른다.)

3) **전류는 전기적 압력인 전압으로 흐른다.**

4) 전기에는 정상분, 역상분, 영상분 전류가 존재 한다.
   ① 정상분 전류 : 1차수의 기본파
   ② 역상분 전류 : 2차수의 정상의 반대로 흐르는 전류
   ③ 영상분 전류 : 3차수의 영상이란 말 그대로 R, S, T 상도 아닌 상이 없는 전류로 대지로 흐르는 전류를 말한다. 대지와 연결된 부분이 중성선이고 영상전류는 중성선으로 흐른다.

차 수	1차	2차	3차	4차	5차	6차
구분	정상	역상	영상	정상	역상	영상

(4) 정전기(static electricity) : 전하의 정지

(5) 전압(voltage, V)

1) 정의
   ① 도체 내에 있는 두 점 사이의 전기적인 위치에너지(전위) 차이를 말한다. 이 전위차를 전압이라 한다.
   ② 어떤 단위 점전하에 의해 형성된 전계장에서 전계장을 거슬러 무한대에서 r까지 점전하를 이동시키는 데 필요한 일

$$V_r = \int_{\infty}^{r} E \cdot dl$$

따라서 전기 위치에너지(물체가 위치에 따라 가지는 에너지)에 전압은 정비례한다.

2) 전압 $V = \dfrac{W(위치에너지)}{C(전하량)}$

3) 전압의 구분

구 분	저압	고압	특고압
교류(AC)	600V 이하	600V 초과 7,000V 이하	7,000V 초과
직류(DC)	750V 이하	750V 초과 7,000V 이하	7,000V 초과

4) 공칭전압(nominal voltage)
   ① 전압의 종류를 표현하는 데 편의상의 목적으로 회로나 시스템에서 사용되는 전압이며, 그 전선로를 대표하는 선간전압을 말하며 그 선로의 명칭으로 사용된다.
   ② 표준전압(standard voltage)이라고도 한다. 흔히 부르는 110V, 220V, 380V, 3,300V 등이 바로 공칭전압이다.

5) 정격전압(rated volt)
   ① 전기를 사용하는 기계기구와 배선기구 등에서 사용상의 기준이 되는 전압을 정격전압이라고 한다.
   ② 사용전압이라고도 한다. 차단기의 정격전압은 차단기에 부과될 수 있는 사용회로전압의 상한을 말하며, 그 크기는 선간전압의 실효값으로 나타낸다.
6) 상전압(phase voltage) : 교류 다상식 접속에 있어서 1상의 전압을 말한다.
7) 선간전압(line voltage)
   ① 상선과 상선 간의 전압을 말한다.
   ② 3상회로 Y 결선 : 선간전압은 상전압의 $\sqrt{3}$ 배이고 선전류와 상전류는 같다.
   ③ 3상회로 △ 결선 : 선간전압과 상전압은 같으나 선전류는 상전류의 $\sqrt{3}$ 배가 된다.
8) 대지전압(voltage to ground)
   ① 배전방식이 접지방식인 경우에는 전선과 대지(大地)와의 사이의 전압을 말하고, 비접지방식의 경우는 전선과 전선 사이의 공칭전압을 말한다.
   ② 3상 4선식 전로의 중성점을 접지하면 각 상의 대지전압은 선간전압의 $\dfrac{1}{\sqrt{3}}$ 이 된다.

(6) 전력(electric power) : 초당 소모되는 에너지

$$P = \dfrac{W}{t}$$

여기서, P : 전력(W), W : 일률(J), t : 시간(sec)

(7) 저항(resistance, R)
1) 전자의 이동속도는 1mm/sec로 싱딩히 느리다. 그런데 왜 스위치만 올리면 불이 들어오는가? 그 이유는 전자의 이동속도는 느리지만 전기장이 빛의 속도로 전달되기 때문이다.
2) 전자의 이동속도는 왜 이렇게 느린 것인가? 고체는 원자와 원자의 격자결합으로 내부의 진동운동 중 전자가 이 사이를 뚫고 가다가 여기저기 부딪쳐 에너지를 전달하기 때문에 움직임이 느린 것이다. 이를 전기저항이라 한다. 즉, 도체 내에 전류의 흐름을 방해하는 저항력(임피던스의 실수부)을 말한다.
3) 전하는 1.6×10^{-19}C으로 너무 작고, 전류는 6.25×10^{18}개 · 전자/sec를 가지고 있어 전자 한 개가 초당 1조번 충돌을 하는데 전자끼리 충돌 시에는 완전 탄성적 충돌이 이루어지고 원자핵과 충돌 시 열이 발생하고 운동력을 상실한다. 전자는 원자핵에 비해 너무 작아서 충돌 시에는 그 운동력을 모두 원자핵에 전달하게 된다.
4) 움직임을 방해하는 저항력은 힘인데 전기저항은 힘이 아니다.

> **꼼꼼체크** 컨덕턴스(conductance, 전기전도도) : 전기저항의 역수. 기호는 G로 나타낸다.
> 건조상태의 몸의 저항은 50만Ω, 젖은 상태의 몸의 저항은 1000Ω이다.

5) **옴(Ohm)의 법칙** : 전류는 전압에 비례하고 저항에 반비례한다.

$$I = \frac{V}{R}$$

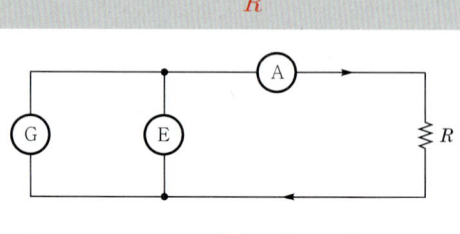

$R(\text{resistance}) = \dfrac{E}{I} \left[\dfrac{\text{voltage}}{\text{amperage}}\right]$

$E(\text{voltage}) = I(\text{amperage}) \times R(\text{resistance})$

$I(\text{amperage}) = \dfrac{E}{R} \left[\dfrac{\text{voltage}}{\text{resistance}}\right]$

(8) 임피던스(impedance, Z, 교류저항)

1) 전류가 흐르기 어려움을 나타내는 정도
2) **정의** : 교류회로에서 인가전압 E(V)와 회로의 전류 I(A)와의 비를 말한다.
3) 일반적으로 Z의 기호를 사용하며 단위는 Ω이다. $Z = R + \sqrt{X}$ [유도성 (+), 용량성 (−)]

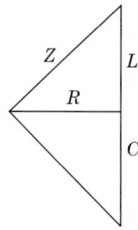

① **리액턴스(X)** : 교류회로에서 교류전류가 흐르기 어려움을 나타내는 정도(임피던스의 허수부) 허수분 X를 말하며 단위는 Ω이다. 여기에는 코일(L)에 의한 유도리액턴스(X_L)와 콘덴서(C)에 의한 용량리액턴스(X_C)가 있다.
② **커패시턴스(capacitance, C, 정전용량)** : 일정한 전위 V를 주었을 때 전하 Q를 저장하는 능력. 영어로 electrostatic capacity라고 한다. 기본 단위는 패럿(F)이다.
③ **인덕턴스(Inductance)** : 코일에 흐르는 전류가 변화되면 그 코일은 변화에 대응하는 전압이 발생된다. 이 전류변화에 대해 발생되는 전압의 비율을 표시하는 양으로서 단위는 헨리(H)이다.
④ **어드미턴스(admittance)** : 임피던스의 역수. 일반적으로 Y의 기호를 사용하며 단위는 모(mho)이다.

(9) 전기력(전하사이에 작용하는 힘, electric force)

1) 쿨롱의 법칙

① 전하 간의 힘(쿨롱의 힘, 전기력)

$$F = k_e \frac{Q_q}{r^2}$$

여기서, F : 힘, k_e : 쿨롱 상수, Q_q : 전하의 크기, r : 두 전하 사이의 거리

㉠ 두 전하에 작용하는 힘은 전하의 곱에 비례하고, 두 전하 사이 거리의 제곱에 반비례한다.

㉡ k값은 90억 뉴턴(N)으로 약간만 대전된 물체라도 전기력은 물체들 사이의 중력에 비하여 엄청나게 큰 것을 알 수 있다.

② 같은 부호일 때는 척력이 발생하고, 다른 부호일 때는 인력이 작용한다는 것은 뉴턴의 중력과 다른 점이다.

2) 쿨롱의 힘에 의해 대전된 도체는 과잉된 전하를 가지고 있는데, 같은 극성끼리 밀어낸다. 특히, 이렇게 밀다보면 어느 한 곳에 집중적으로 모이게 되는데 이곳이 바로 뾰족한 침상형태이다. 이것이 피뢰침의 원리이다.

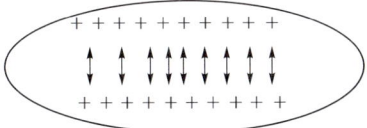

3) 위의 그림과 같이 가장 먼 위치인 표면에만 전하가 존재한다. 이를 표피효과(skin effect)라고도 한다. 그러므로 금속인 도체 내부에는 전하가 없고 이로 인해 내부 전기장은 "0"이다.

(10) 전기장(electric field) : 전하 주위에서 전기력이 미치는 공간

(11) 축전지 : 전하를 축적해 두는 기구(전하를 가두어 두기 때문에 누군가 전하를 이동시키는 일을 해야 한다.)

$$C(\text{전기용량}) = \frac{Q(\text{전하})}{V(\text{전압})}$$

저장에너지 : $U = \frac{1}{2}QV = \frac{1}{2}CV^2$

(12) 전자기 유도(electromagnetic induction) : 자기장의 변화가 전류를 만든다.

1) 전기를 만드는 법칙 : 페러데이의 법칙이 적용된다. 코일에 자석을 넣었다 뺐다하면 자장이 변화하고 그에 따라 유도기전력이 생긴다. 왜냐하면 자장을 일정하게 유지하기 위해 자장이 변화하지 않는 방향(음 부호)으로 기전력이 발생하기 때문이다.

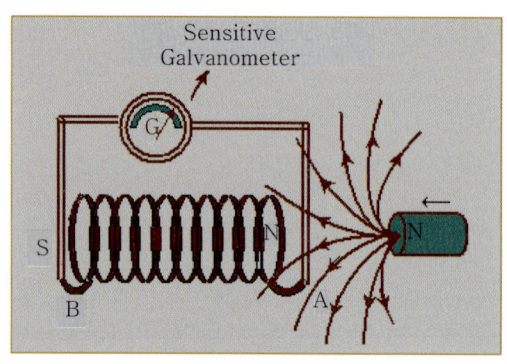

| 전자기 유도[6] |

2) 유도기전력 $\varepsilon = -N(코일수)\dfrac{\Delta \Phi_B(자장의\ 변화)}{\Delta t(시간의\ 변화)}$

여기서, $-$는 외력에 의한 변화에 저항하여 현상을 유지하기 위해 발생하는 기전력으로 외력의 반대방향이기 때문이다.

(13) 직류와 교류

1) **직류(Direct Current, DC)** : 시간에 구애받지 않고 항상 크기가 일정하며 흐르는 방향이 변하지 않는 전류나 전압을 직류라 한다.

2) **교류(Alternating Current, AC)** : 주기적(시간간격)으로 변화하는 방향을 바꾸어 교대로 정 및 부의 값을 가지는 전류나 전압을 교류라 한다. 교류라는 말은 교번전류의 약칭이다.

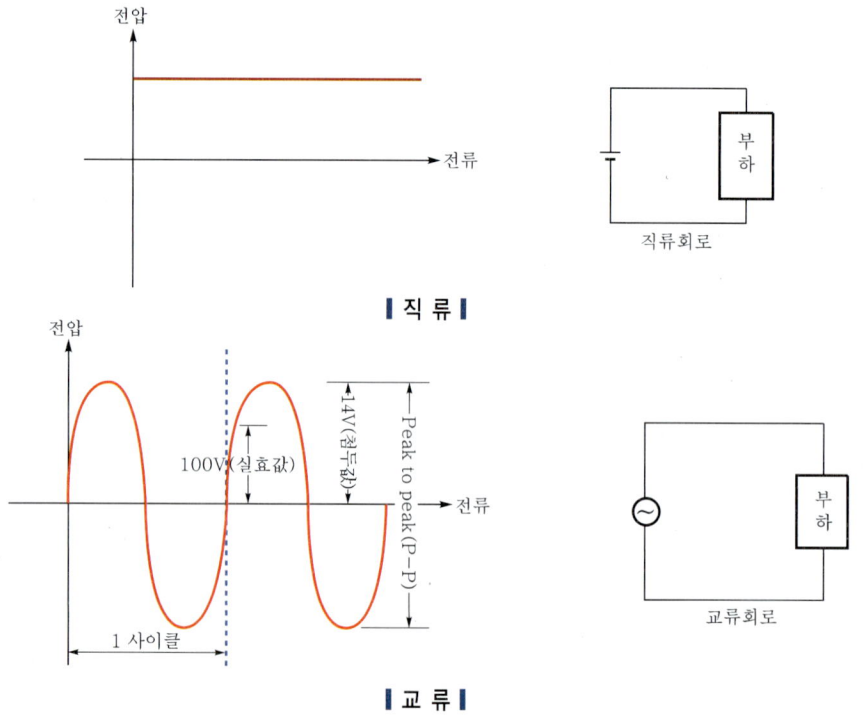

| 직 류 |

| 교 류 |

---

6) http://physics.tutorvista.com/electricity-and-magnetism.html

3) 직류 100V를 어떤 부하에 가해 발생한 열과 같은 열을 정현파 교류를 가해 발생시키려면 141V($100 \times \sqrt{2}$)의 전압을 가해야 한다. 교류는 시간에 따라 전압이 변하는데, 어떤 기간 동안에 가장 높은 전압을 첨두값이라 하며 위의 141V는 첨두값(최대값)이다.

4) **실효값**
① 교류를 직류처럼 계산하거나 다룰 수 있게 나타낸 값
② 교류는 시간에 따라 전류와 전압이 변하므로 이들의 순간 값을 측정하기 어렵다. 이들의 세기를 나타내기 위해서 평균값을 생각할 수 있으나 반주기$\left(\dfrac{T}{2}\right)$마다 방향이 반대가 되어 평균은 0이 된다. 따라서 1주기에 대한 교류의 전압, 전류의 제곱의 평균값의 제곱근을 취하여 이들의 세기를 나타내며 이것을 교류의 실효값이라 한다.
③ 정현파 교류 141V는 실제로는 직류 100V와 같은 전력을 가지는데 이를 실효값이라 한다. 그리고 정현파 교류전압의 최고값과 최저값과의 차이를 Peak to Peak라고 하고, P-P로 표시한다. 최대값은 실효값의 1.414배이며, 생활에서 부르는 전압의 값은 실효값이다. 실효값은 교류가 실제로 일을 하는 값을 나타낸다.

- 순시값 : 전류와 전압이 시시각각으로 변화하고 있는 값
- 첨두값 = $\sqrt{2} \times$ 실효값
- 실효값(rms)이란?
  root mean square의 약자로서 글자 그대로 해석하면 제곱해서 평균을 취한 후에 루트를 씌운다는 뜻이다. 직류전류를 저항에 흘렸을 때와 같은 열량을 내는 교류 전류의 등가치를 나타낸다.

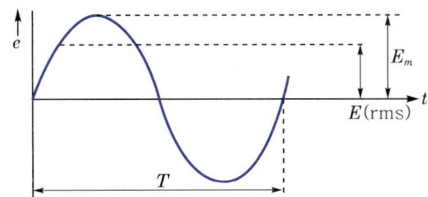

$$\text{실효값 } E(s) = \sqrt{\dfrac{1}{T}\int_0^T e^2 dt} = \dfrac{1}{\sqrt{2}} E_m$$

여기서, T : 주기, E_m : 최대값

(14) **전기회로**

1) **직렬회로(series circuit)** : 전원에서 나오는 전류의 양은 회로를 통과하는 전류의 양과 같다.
① 전류는 오직 하나의 경로로만 흐른다. 따라서 모든 회로 부분에서 전류가 똑같다.

② 전류는 첫 번째 소자뿐만 아니라, 두 번째, 세 번째 소자의 저항도 받으므로 회로의 전체 저항은 각 저항들의 합과 같다.
③ 회로의 전류는 회로에 걸린 전압을 전체 저항으로 나눈 값과 같다.
④ 직렬회로에 걸린 전체 전압은 회로의 모든 전기소자에 분배된다. 따라서 각 소자에 걸린 전압강하의 합은 전압과 같다. 왜냐하면 전체 에너지의 양은 각각 소모된 에너지의 합과 같기 때문이다.
⑤ 각 소자의 전압강하는 각각의 저항에 비례한다. 왜냐하면 전류가 저항이 작은 소자보다 큰 소자를 통과할 때 더 많은 에너지를 열로 소모하기 때문이다.

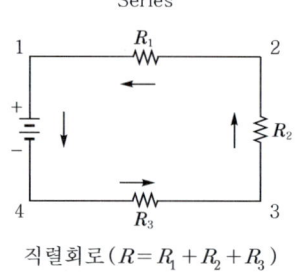

직렬회로($R = R_1 + R_2 + R_3$)

2) **병렬회로(parallel circuit)** : 각 경로에 흐르는 전류의 양은 각 경로의 저항에 의존한다.
① 모든 소자가 회로 내 같은 점(병렬로 분기되고 모이는 점을 각각 A와 B라고 하면) A와 B에 연결되어 있고, 각 소자에 걸린 전압의 크기는 모두 같다.
② 회로의 전체 전류는 병렬 분기점에서 나누어진다. 따라서 병렬회로의 전압이 같으므로 옴의 법칙에 의해서 각 분기회로로 흐르는 전류는 병렬회로 저항에 반비례한다.
③ 회로의 전체 전류는 각 병렬회로로 흐르는 전류의 합이다.
④ 병렬회로의 수가 증가하면 회로의 전체 저항이 감소한다. 왜냐하면 이동 전하의 이동경로가 많아지므로 지체가 줄어들어 저항이 줄기 때문이다. 따라서 **병렬회로의 수가 증가 할수록 회로의 전체 전류는 증가한다.** 병렬회로의 전체 저항은 분기회로의 어느 저항보다도 작다.

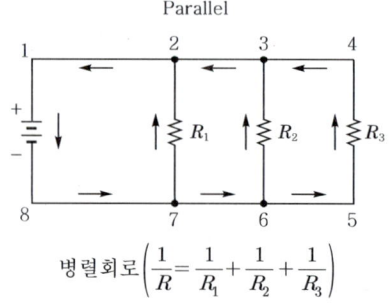

병렬회로$\left(\dfrac{1}{R} = \dfrac{1}{R_1} + \dfrac{1}{R_2} + \dfrac{1}{R_3}\right)$

(15) 전력(electrical power)

1) 전자가 저항을 통하여 이동할 때 전력을 소비한다. 이 작용은 전등, 모터 및 전선 과열과 같은 여러 가지 방식으로 나타난다.
2) 에너지가 사용되는 비율을 전력이라고 한다.
3) 전력량은 와트(watt, W)로 표현한다.
4) 100W 전구는 60W 전구보다 더 많은 빛과 열을 발생한다.
5) 전기제품의 에너지는 와트 아워(watt hours)로 표현되며 1와트 세컨드(watt second)는 1줄(Joule)과 같고 와트 아워(watt hours)는 3,600줄(Joule)과 같다.
6) 교류전력은 피상전력, 유효전력, 무효전력으로 표현할 수 있다.
   ① 피상전력(apparent power)
      ㉠ 교류의 부하 또는 전력의 용량을 표시하는 전력으로서, 전원에서 공급되는 전력을 말한다(유효전력과 무효전력의 벡터 합).
      ㉡ 저항 부하인 경우 전압과 전류는 동상이므로 전력은 $P_a = VI$[VA]가 된다.
      ㉢ 전동기, 형광등 등의 각종 부하는 보통 저항과 리액턴스 성분을 함께 가지고 있으므로 전압과 전류 사이에는 위상차(θ)가 생긴다.
   ② 유효전력(effective power)
      ㉠ 전원에서 공급되어 부하에서 유효하게 사용되는 전력으로서, 전원에서 부하로 실제 소비되는 전력이다.
      ㉡ 계산식 : $P = VI\cos\theta$[W]
   ③ 무효전력(reactive power)
      ㉠ L 또는 C에 교류전류를 흘릴 때와 같이 전원에서의 에너지 전달이 반주기마다 교번하여 실제로는 어떤 일도 하지 않으며, 열 소비를 일으키지 않는 전력이다.
      ㉡ 계산식 : $P_r = VI\sin\theta$[Var]
7) 교류전력을 표현하는 방법

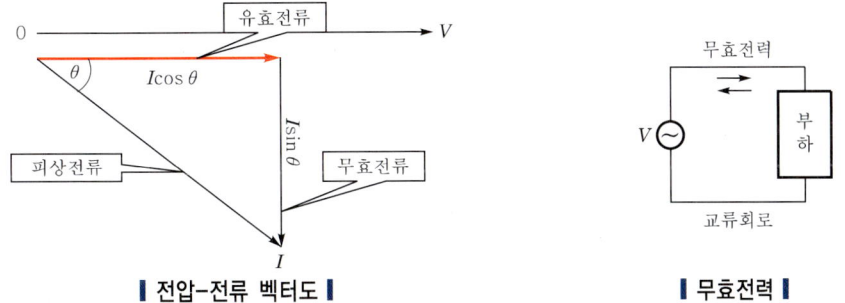

| 전압-전류 벡터도 | | 무효전력 |

8) 상호관계식 : 피타고라스 정리에 의하여 다음 관계식이 성립한다.

$$P_a = \sqrt{P^2 + P_r^2}$$

(16) 전기와 물의 흐름과 비교[7]

1) 수압과 전압 비교
   ① 수력시스템에서 펌프는 관과 관 부속품을 통해 물을 이동시키기 위한 수압을 만드는 데 사용한다.
   ② 전기시스템에서 발전기는 전하가 전선을 따라 이동시키기 위한 전압을 만드는 데 사용한다.
   ③ 수압은 psi(pounds per square inch) 또는 kPa(kilo pascals)로 표현하고 압력계로 측정할 수 있다. 전압은 볼트(volt)로 표현하고 전압계로 측정할 수 있다.
   ④ 전기시스템에서 배터리나 직류 발전기는 전선이나 전기 구성품을 통해 전하를 이동할 수 있는 힘인 전압 또는 전위차(potential difference)를 만든다. 일반 전압계로 두 지점 사이의 전위차를 측정한다. 따라서 모든 전압은 전하가 이동하는 위치에 따라 다르다. 전압 또는 전위차의 측정단위는 볼트(volt)이다.
   ⑤ 수력시스템에서의 압력은 펌프, 고가수조의 낙차압 등에 의해 형성되며 전기의 전압과 상응하는 개념이다.

2) 물의 흐름과 전류 비교
   ① 수력시스템에서 배관을 따라 흐르는 것이 물이다.
   ② 전기시스템에서 도선을 따라 흐르는 것이 전하(charge)이다.
   ③ 물이 물 분자의 축적이듯이 전하는 전자의 축적이다.
   ④ 전하는 쿨롬(C)이라는 단위가, 물은 리터(L)라는 단위가 사용된다.
   ⑤ 시간당 흐르는 전하를 전류라고 하며, 전류는 암페어를 단위로 사용한다. 1초당 1C의 전기흐름률이 1A와 같다. 암페어로 나타내는 전류량은 전류계로 측정할 수 있다.
   ⑥ 물 흐름의 흐름률(flow rate)인 유량은 lpm(liters per minute)으로 표현하고 유량계로 측정할 수 있다.

3) 밀폐된 수력시스템과 전기회로의 비교
   ① 물은 배관이라는 밀폐된 관로를 따라 흐르고 밸브를 폐쇄하면 물의 흐름은 정지한다. 밸브를 개방하면 흐름은 다시 시작된다.
   ② 전기회로는 전류가 루프 또는 완전한 회로에서만 흐르는 폐쇄형 시스템이다. 스위치를 "on"하면 회로는 폐회로를 구성하게 되어 전류가 흐른다. 스위치를 "off"하면 회로는 개방되어 전류흐름은 모든 곳에서 정지한다.
   ③ 수력시스템과 전기회로와의 차이가 분명한 부분이다.

---

[7] NFPA 921 8.2.2.2 발췌 및 번역

4) 수력마찰손실과 전기저항의 비교
   ① 배관 내에서의 유체가 흐르면서 발생하는 손실(점성항력, 마찰항력)은 압력강하를 초래한다.
   ② 전선과 다른 부분에서의 전기적인 마찰(저항)도 배관의 압력손실과 같이 전기적인 압력강하 또는 전압강하를 초래한다. 따라서 전압강하로 저항을 나타내기 위해서는 옴의 법칙이 사용된다.

5) 배관의 크기와 전선의 굵기 비교
   ① 배관이 클수록 마찰에 의한 압력손실이 적어서 작은 배관에 비해서 단위 면적당 더 많은 물을 흐르게 할 수 있다.
   ② 마찬가지로 큰 전선은 일정한 전압에서 작은 전선보다 굵은 전선이 더 많은 전류를 흐르게 할 수 있다.

(17) 시정수(時定數 : time constant)
1) 시상수(時常數)라고도 한다.
2) 의의 : 어떤 회로, 어떤 물체, 혹은 어떤 제어대상이 외부로부터 입력에 대해서 얼마나 빠르게 혹은 느리게 반응할 수 있는지를 나타내는 지표를 말한다. 시정수 값에 있을 때 그 힘에 의해 구동되는 기기는 "완전하다. 기기가 정상 작동한다."고 전기공학에서는 말한다.
3) 정의 : 전기회로에 갑자기 전압을 가했을 경우 전류는 점차 증가하여 마침내 일정한 값에 도달하는데 이 값이 시정수 값이다. 시정수는 이때의 증가비율을 나타내는 말이며 정상값의 63.2%에 달할 때까지의 시간을 초로 표시한다.
4) 소방에서의 이용 : 스프링클러와 정온식 감지기의 시간상수 "τ"가 바로 시정수를 이용한 것이다.

(18) 선로정수(line parameters) : 전선로가 가지고 있는 저항(R), 인덕턴스(L), 정전용량(C), 누설컨덕턴스(G) 등의 값

(19) 영상임피던스
1) 영상임피던스(image impedance) : 4단자 회로망에서 출력단자와 입력단자에 임피던스를 접속했을 때 입력 측에서 본 임피던스와 출력 측에서 본 임피던스를 말한다. 이때는 외부의 임피던스와 4단자 회로망의 입력임피던스가 접속점에서 같으므로 임피던스가 정합(registration)되어 있어 전송전력의 반사가 일어나지 않아 가장 유효한 전송이 이루어진다.

   꼼꼼체크 정합(registration) : 서로 조절하여 맞추는 것

2) 영상임피던스(zero phase sequence impedance) : 3상 교류회로의 각 상에 영상전류가 흘렀을 때 생기는 각 상의 전압 강하의 영상전류에 대한 비를 말한다. 각 상의 영상 임피던스는 서로 같다.

(20) 회로소자

1) **서미스터(thermistor)** : 온도에 따라 전기저항이 변하는 성질을 가진 반도체 회로소자를 말한다.
2) **사이리스터(thyristor)** : pnpn 접합의 4층 구조 반도체 소자의 총칭으로 소전력용부터 대전력용까지 전류제어 정류소자로서 널리 사용한다.
3) **배리스터(varistor)** : 전압에 따라 전기저항이 변하는 성질을 가진 반도체 회로소자를 말한다.

(21) 주파수

1) **고주파(高周波, high frequency)** : 상용주파수보다 높은 주파수. 무선통신용 주파수의 명칭으로서의 고주파(HF)는 3~30MHz의 주파수 범위를 말한다.
2) **상용주파수(power-frequency)** : 주파수 15~100Hz, 파고율 1.34~1.48 범위의 파형을 갖는 것 중 일반적으로 사용하는 주파수. 각국마다 다르며 우리나라는 60Hz를 사용하고 있다(유럽은 50Hz, 미국은 60Hz을 사용).
3) **주파수의 필터링(교류회로)**
   ① $L-C$ 회로의 공진현상을 이용한다. 따라서 마치 단락(short)과 같이 $L-C$ 회로를 순환하게 된다. 즉, L과 C는 전자기 축적 소자라고 할 수 있다. L, C는 교류에서는 주파수의 함수이다.

   | 인덕터(L) | | 커패시터(C) |

   ② 인덕터(L) : 발산
      ㉠ 인덕터는 코일로서 주파수가 낮으면 잘 통과시킨다.
      ㉡ 인덕터는 긴 선로 주변에 전류가 흐르면 자기장화 하여 신호의 흐름을 주변 자기장에 저장시킨다.
      ㉢ 인덕터는 주파수가 올라갈수록 자기장을 만들었다, 풀었다 하며 전기의 흐름을 막는다.
      ㉣ $V = L\dfrac{di}{dt}$
   ③ 커패시터(C) : 수렴
      ㉠ 커패시터는 콘덴서로 주파수가 높으면 잘 통과시킨다.
      ㉡ 콘덴서는 분리된 두개의 금속 사이에 존재하는 유전체가 분극하면서 전기장으로 신호의 흐름을 저장한다.
      ㉢ 콘덴서는 주파수가 올라갈수록 빠른 전기장의 변화를 통해 전류가 잘 흐를 수 있도록 한다.

② $Q = CV$, $i = C\dfrac{dv}{dt}$

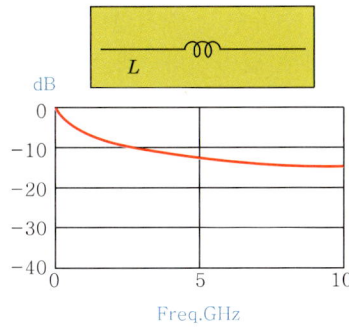

| 인덕터(L)는 발산 | 커패시터(C)는 수렴 |

④ 직류에서는 f(주파수)가 0이므로 L은 단락(short), C는 개방(open)을 나타낸다.
⑤ 대역거부(band reject) 특성이 일어나 주파수를 막거나, 통과시키는 것이 공진이다. 이와 같이 인덕터와 커패시터 간의 밀고 당기는 싸움 속에서 힘의 평형을 이루는 어떤 지점의 특정 주파수만 통과시키는 필터링으로 이용할 수 있게 된다. 따라서 공진(resonance)은 주파수의 선택적 특성을 가지는 현상이라 할 수 있다.

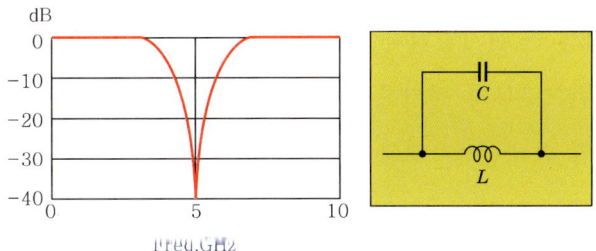

| 공진현상을 이용한 주파수 필터링 |

㉠ 공진이란 "같이 진동한다."라는 뜻인데 여기서 같이 진동하는 두 개는 코일과 콘덴서이다.
㉡ 코일은 전자유도의 성질이 있고 콘덴서는 정전유도의 성질이 있다. 두 개의 서로 다른 성질이 만나는 지점이 공진의 조건이 된다.
㉢ 교류회로에서는 회로의 합성저항을 임피던스라고 한다. 여기에는 저항과 리액턴스를 벡터적인 방법으로 합성한다.
㉣ 임피던스 $Z = R + j(X_L - X_C)$이며, 공진조건은 두 개의 리액턴스가 같아지는 $X_L = X_C$, 즉 $X = 0$이 된다.
㉤ 공진상태의 특성
  • 임피던스는 최소 : $Z_0 = R + j_0 = R$
  • 전류는 최대
㉥ 공진주파수 : 공진 상태를 만드는 주파수

⑥ 공진의 발생범위
  ㉠ 밀고 당기는 힘의 평형이 발생한다.
  ㉡ 서로 다른 에너지 또는 특성의 주파수가 일치한다.
  ㉢ 공진 주파수에서 임피던스는 매우 낮아진다. 즉, 출력 임피던스가 낮은 주파수는 방해성분이 적어 신호가 더 잘 흐르고, 나머지 주파수는 허수 임피던스 값이 커져서 손실작용으로 신호통과를 곤란하게 한다.
⑦ 인덕터와 커패시터가 어느 한쪽이 이겨서 전기장 또는 자기장 중 어느 한쪽으로 에너지 저장이 몰리게 되면 손실이 발생된다. 이렇게 되면 저장은 되지만 사용하지는 못하게 된다.
⑧ 인덕터와 커패시터가 서로 주거니 받거니 하며 에너지가 절묘하게 똑같아져 어느 한쪽으로 치우치지 않는 상태를 임피던스 매칭이라고 한다. 임피던스 매칭에서는 LC소자 손실 없이 통과하게 된다.
⑨ 따라서 매칭 주파수=공진주파수가 되는 것이다. 이는 소방의 통신에서 임피던스 매칭과 관련이 된다.

(22) **배전** : 전력을 각 수용가로 분배하는 것(배전반 → 간선 → 분전반 → 분기회로)

(23) **간선의 설계순서**
부하의 용량결정 → 전기방식과 배선방식결정 → 배선방법결정 → 전선의 굵기 결정

(24) **분전반** : 배전반으로부터 전기를 공급받아 말단 부하에 배전하는 것

(25) **분기회로** : 저압 옥내간선으로부터 분기하여 전기기기에 이르는 저압 옥내전로

(26) **인버터와 컨버터**
  1) 인버터(invertor) : 직류를 교류로 변환시키는 장치
  2) 컨버터(convertor) : 교류를 직류로 변환시키는 장치

02 자기학(magnetism)

(1) 움직이는 전하 주위에 자기장이 형성된다. 자기가 전류를 만들고 전류가 자기를 만든다. 자기적인 현상은 "자기 쌍극자(magnetic dipole)"에 의해서 이루어진다.

(2) 자극의 힘 $F = \dfrac{P_1 P_2}{d^2}$ 으로 나타낼 수 있다. 여기서, P_1, P_2는 자극의 세기, d는 자극 사이의 분리 거리이다.

(3) **자기장** : 자기의 영향이 미치는 영역

(4) 자기는 전하의 운동으로 발생한다. 대부분 전자들의 자전운동이 자기장을 더 크게 만든다.

1) **자전운동** : 팽이처럼 자신의 축에 대하여 회전하는 운동. 같은 방향이면 보강간섭, 다른 방향이면 감쇠간섭을 일으킨다.
2) **궤도운동** : 태양 주위를 도는 위성처럼 전자들이 원자핵을 중심으로 도는 운동

(5) **전류와 자기의 상호작용** : 전류가 흐르는 도선 주위에 형성된 자기장은 동심원 모양이다.

(6) **전동기의 원리** : 자기력은 움직이는 전하에 힘을 작용한다.
   1) 대전입자가 자기장 방향에 수직으로 운동할 때 받는 힘의 크기가 가장 크다.
   2) 다른 방향일 때는 적어지다가 자기장의 방향과 평행해지면 받는 힘은 0이 된다.
   3) 자기장을 끊으려는 때 가장 힘이 큰 것을 알 수 있다.

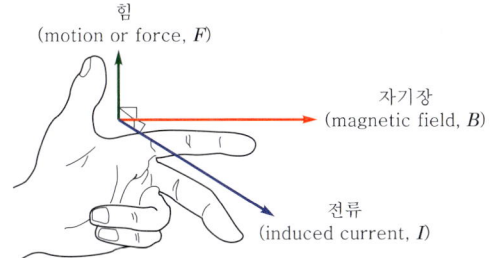

┃ **플레밍의 왼손법칙**8) ┃

   4) 중력은 질량이 운동하는 방향으로 전기력은 전하가 운동하는 방향으로 가속시킬 수 있는 힘인데 반하여 자기력은 전하가 운동하는 방향 및 자기장의 방향에 수직으로 작용하는 힘이다.

$$F = BIL$$

여기서, L : 자기장에서 전류가 흐르는 길이, I : 전류, B : 자기장

(7) **전자기 유도(electromagnetic induction)**
   1) 패러데이와 헨리는 도선과 자기장 사이의 상대운동으로 전압이 유도된다는 사실을 발견했다.
   2) 코일에 자석을 넣었다 뺐다하면 코일 내에 전하들이 움직이며 코일에 전압이 유도된다. 유도전압의 크기는 얼마나 빨리 자기력선이 코일에 들어가고 나갔는지에 의존한다. 매우 느리게 운동하면 전압이 거의 유도되지 않고 빠른 운동을 하면 큰 전압이 유도된다. 이를 전자기 유도라 한다.
   3) **유도기전력(electromotive force)** : 전자기 유도 현상에 의해 회로에 발생하는 전위차를 말한다.
   4) **패러데이의 법칙** : 코일에 유도되는 전압은 코일의 고리의 수와 고리 내의 자기장 변화율의 곱에 비례한다.
      ① 기전력은 자속의 변화를 방해하는 방향으로 발생한다.

---

8) http://sciencecity.oupchina.com.hk/npaw/student/glossary/flemings_right_rule.html

$$\varepsilon = -\frac{d\phi_B}{dt}$$

여기서, ϕ_B : 자속
  ε : 기전력(패러데이의 전자기 유도)

② 자기장이 시간에 따라 변하는 공간에 전기장이 유도된다.

$$\nabla \times E = -\frac{\partial B}{\partial t}$$

여기서, E : 전자장
  B : 자기장(맥스웰 패러데이의 법칙)

03 전기와 관련된 효과

(1) 제벡 효과(Seeback effect)
  1) 서로 다른 두 종류의 금속을 접속하여, 두 접점의 온도를 다르게 하면 온도차에 의해서 열기전력이 발생하고 이로 인해 미소한 전류가 흐르는 효과
  2) 메커니즘(mechanism) : 구리-비스무스, 안티몬의 양쪽 끝을 접속하고 한쪽을 가열하면 온도차에 의한 전위차가 발생하고, 이에 따라 전류가 흐른다.

(2) 톰슨 효과(Thomson effect) : 제벡 효과와 펠티에 효과가 서로 연관성이 있다는 효과이다. 조성이 균일하고 온도 구배가 있는 n형 반도체 재료의 저온단에서 고온단으로 전자들이 이동하도록 전압을 걸어주면, 이동하는 전자들은 자발적으로 막대로부터 열을 흡수하여 열전냉각 효과가 일어난다. 만일 전압을 반대로 가하여 전자가 고온단에서 저온단으로 걸어준 전압에 따라서 이동하면 이 전자들은 막대에 대해서 열을 방출하여 발열의 효과가 발생한다.

(3) 펠티에 효과(Peltier effect) : 두 종류의 도체를 결합하여 전류를 흘리면 그 접합점에 줄열 외에 열의 발생·흡수가 발생하는 현상으로 제어백과는 반대의 개념이다.

(4) 압전효과(피에조 효과)
  1) 힘을 주어 변형을 주면 표면에 기전력이 발생한다.
  2) 반대로 전압을 걸면 소자가 이동하거나 힘이 발생하는 현상이다.
  3) 기계적 효과와 전기적 효과, 상호 변환효과가 나타난다. 응력에 비례한 정, 부 전하가 물체의 양끝에서 나온다.

(5) 광전효과
  1) 물질이 빛을 흡수하여 자유전자를 생성하는 현상이다.
  2) 어떤 물질이 방사에너지를 흡수할 때 그 물질이 전하를 띠는 입자를 방출하는 현상이다.
  3) 고체, 액체, 기체의 종류가 있다.
  4) 금속표면에서 튀어나오는 전자를 광전자라고 한다.

04 도체와 부도체

(1) 공유결합을 하는 분자는 분자를 구성하는 일정한 개수의 원자들이 궤도 함수를 공유하는 결합을 형성한다. 이렇게 많은 수의 원자들이 서로 같은 궤도 함수를 공유하다 보면 에너지의 중첩이 일어나면서 연속적인 에너지띠를 형성하게 되는데, 이를 금속 결합이라 한다. 전자가 채워진 에너지 띠 중에서 에너지가 가장 높은 띠를 원자가띠(valance band)라고 하며, 이보다 에너지가 더 높아서 전자가 채워지지 않는 띠 중에서 가장 낮은 띠를 전도 띠(conduction band)라고 한다.
1) '들어있는' 것('꽉 찬' 것='원자가 띠') & '빈' 것(='전도 띠')
2) 띠 에너지간격(energy gap)=(위 띠의 바닥)-(아랫 띠의 맨 위)
3) 안정된 최소 총에너지 고체 결정 원자집단 상호작용의 최외각 전자들은 배타 원리에 따라 낮은 상태부터 채운다. 그들 모두를 수용하려면 상당히 높은 에너지준위까지 전자를 채워야 하며 물질에 따라 전자가 들어있는 에너지띠와 비어있는 띠 사이에 에너지간격(energy gap)이 존재할 수 있다.

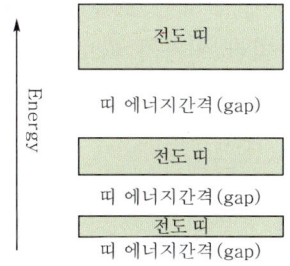

(2) 원자가 띠 안에 있는 결합전자들은 그들의 짝이 되는 핵 속에 머물러 있다. 전도 띠 안에 전자들은 한 띠에서 다른 띠로 자유로이 이동이 가능하다. 도체, 부도체, 반도체의 구분은 원자가 띠와 전도 띠의 간격이 얼마나 되어서 그 간격을 전자가 넘나들 수 있는가가 결정하게 된다.

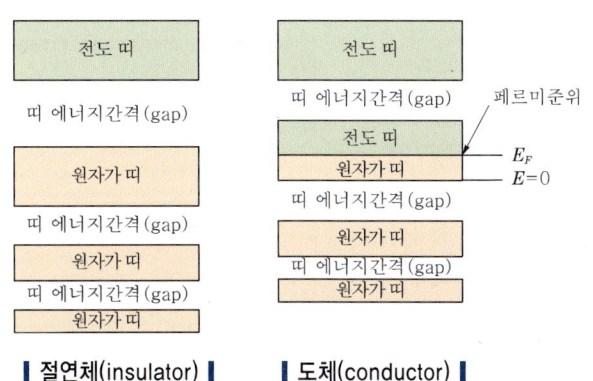

(3) **도체(conductors)** : 전도 띠 안에 많은 전자들을 가지고 있는 물질
   1) 전지에 의해 공급되는 에너지가 이 전자들을 전류(electric current)라는 형태로 움직이게 한다.
   2) 에너지 밴드 구성 : [원자가 띠(꽉 찬 에너지 띠)]×[전도 띠(빈 에너지 띠)] 사이에 간격이 없다.
   3) 외부 전기장을 걸어주면 전자가 쉽게 비어있는 에너지준위로 움직일 수 있다. 즉, 원자가 띠에서 전도 띠로 전자가 이동하기가 용이한 구조(간격(gap)이 적은 구조)를 가지고 있어 전자가 이동한다. 전자의 이동이 전류이므로 도체의 경우는 전류가 흐른다.
   4) 전도성 중합체 : 금속 물질 뿐 아니라 비금속 물질도 결합을 통해 전기가 통하는 물질로 변할 수 있다. 대표적인 예로 탄소의 이중결합과 단일결합이 연속되는 폴리아세틸렌의 경우는 전자가 가득 찬 원자가 띠와 전도 띠의 간격이 크지 않기 때문에 플라스틱임에도 불구하고 전기가 잘 통한다. 금속과는 달리 인체에 해도 없으면서 전기적 신호를 전달할 수 있는 플라스틱 전도체의 연구가 활발하게 진행 중이다.

(4) **절연체(insulators)** : 전도 띠에 전자를 보유하지 않아 전류가 통하지 않는 물질
   1) 반도체와 부도체에서 전도 띠란 원자가 띠보다 높은 전자에너지의 범위이다. 이 전도 띠에 있는 전자는 전기장이 가해지면 쉽게 가속할 수 있어서 전류를 흐르게 한다.
   2) 에너지 밴드 구성 : (꽉 찬 에너지띠)×(큰 에너지 간격)×(빈 에너지띠)
   3) 에너지 간격이 너무 커서 비어있는 에너지준위로 전자가 쉽게 올라갈 수 없어 외부전기장을 받아도 전기가 흐르지 못한다.
   4) 도체 절연체는 전자가 차 있는 에너지 띠 원자가 전자 띠(valence band)와 비어있는 에너지 띠인 전도 띠 사이에 에너지 간격이 있느냐 없느냐로 결정된다.

(5) **반도체(semiconductor)** : 전도 띠에 너무 적은 전자를 보유해 평소에는 전기가 통하지 않는다. 그러나 전도대와 가전도대 사이의 에너지 차가 적어 조그마한 자극(적은 에너지 공급)에도 그 차를 뛰어넘어 전도성을 띠게 된다.

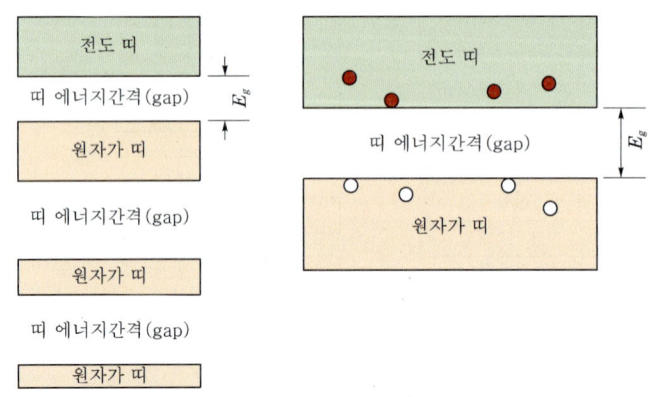

∥ 반도체(semiconductor) ∥

1) 반도체=절연체×적은 에너지 간격(상온 열에너지)
2) 온도가 낮을 때에는 절연체지만 온도가 높아지면 원자가 띠 전자가 전도 띠로 올라가 도체와 같이 될 수 있다.
3) 반도체에서 원자가 띠의 전자 하나가 전도 띠로 올라가면 원자가 띠(valence band)에 빈자리구멍(hole)이 생긴다. 이 구멍을 같은 원자가 띠의 전자가 채우면 구멍이 띠 안에서 이동한 셈이고 구멍의 이동방향은 전자 이동방향의 반대이다. 따라서 구멍은 $+|e|$ 전하를 띤 나르개(carrier)의 역할을 한다.
   ① p(positive charge)형 반도체 : 정공이 있어 양전하를 띠는 반도체(Al 등 전자가 4개보다 하나 더 부족한 물질을 실리콘에 결합시켜 만든 반도체)
      ㉠ 붕소(B), 알루미늄(Al), 갈륨(Ga), 인듐(In)같은 13족 불순물을 약간 넣어주면 공유결합을 하는데, 전자가 하나 부족한 구멍(hole)을 남긴다. 이 구멍으로 14족 원소의 전자가 쉽게 이동하게 되기 때문에 전자가 하나 남는 상황처럼 전자의 이동이 자유로워진다.
      ㉡ 이 불순물 원자는 전자를 쉽게 받으므로 받개(acceptor)라고 부른다.

꼼꼼체크 알루미늄(Al(13)) : 1s22s22p63s23p, 갈륨(Ga(31)) : 1s22s22p63s23p63d104s24p

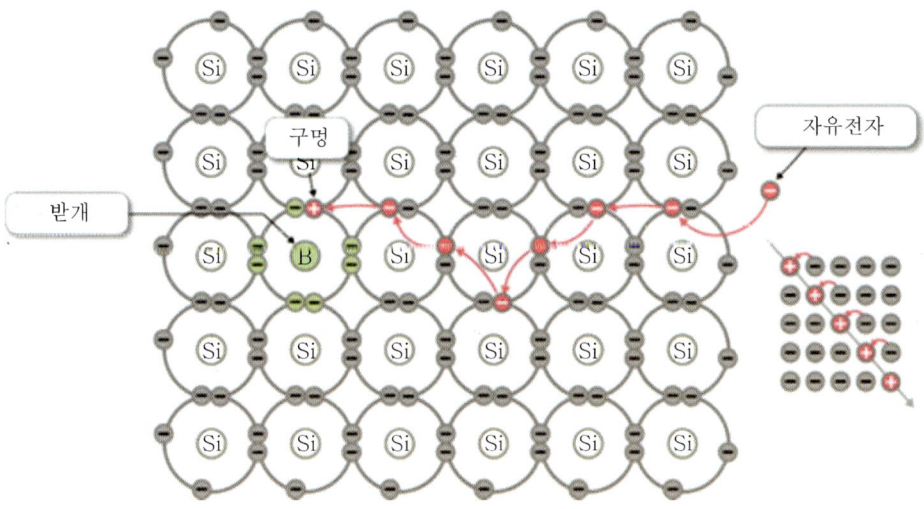

┃ p형 반도체의 구조9) ┃

㉢ 원자가 띠에 있는 양공(hole)의 수가 전도 띠의 '자유전자'보다 많아지는 결과를 가지게 된다.
   ② n(negative charge)형 반도체 : 자유전자가 더 있어 음전하를 띠는 반도체(P 등 전자가 4개보다 하나 더 많은 물질을 실리콘에 결합시켜 만든 반도체)

---
9) http://www.renesas.com/edge_ol/engineer/02/index.jsp

㉠ 인(P)이나 비소(As)같은 15족 원소를 14족인 실리콘(Si)이나 게르마늄(Ge) 같은 반도체에 넣어주면 15족 원소에는 전자가 하나 더 있기 때문에 공유결합에 참여하지 않고 남아도는 자유전자가 존재한다. 이 전자는 불순물 이온에 아주 약하게 속박되어 그 에너지준위가 전도 띠 바로 밑에 있다.

㉡ 이 전자들은 쉽게 열적으로 들떠 전도 띠에 올라갈 수 있으므로 전도도는 첨가한 불순물의 양에 비례한다. 이것을 n형 반도체라 하며 이 불순물 원자는 전자를 쉽게 내주므로 주개(doner)라고 부른다.

꼼꼼체크 인[P(15)] : 1s22s22p63s23p3, 비소[As(33)] : 1s22s22p63s23p63d104s24p3

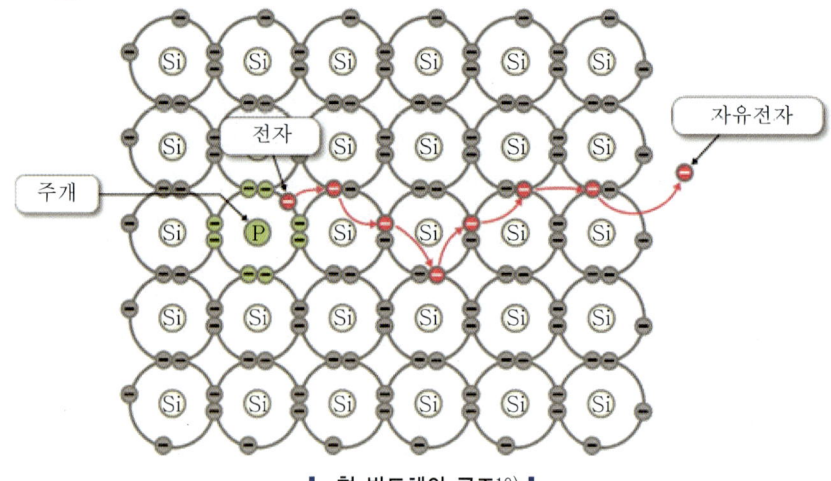

❘ n형 반도체의 구조[10] ❘

③ 다이오드 = p형 반도체 + n형 반도체로 전류를 한쪽 방향으로만 흘리는 반도체 부품이다. 마치 배관의 체크밸브와 같은 기능을 한다.

㉠ p-n접합(junction) : p형과 n형 반도체를 붙인 것을 p-n접합이라 한다. 접촉면을 통하여 n형에 있는 자유전자가 p형 쪽의 구멍으로 이동하여 n형 쪽은 (+)로 p형 쪽은 (−)로 대전된다. 따라서 이들은 경계면에 전기장을 형성한다. 이 영역을 비움층(depletion region) 또는 공핍층이라 한다.

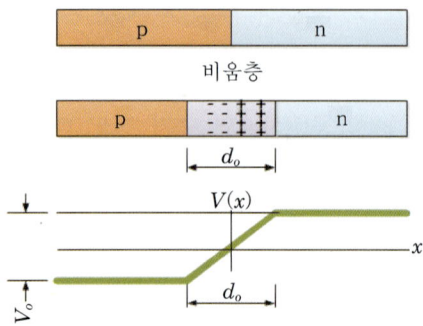

---

10) http://www.renesas.com/edge_ol/engineer/02/index.jsp

ⓛ 정류작용 : 그림과 같이 외부전지를 p-n접합에 연결해 보면, 먼저 전지의 (+)극을 p형 쪽에, (-)극을 n형 쪽에 연결하면 n형 쪽의 전자들이 p형 쪽으로 넘어와 전자와 홀의 재결합을 도와준다. 이때 순방향 전압이 걸려서 전류는 커진다. 즉, 전류가 잘 흐른다. 반대로 전지의 (-)극을 p형 쪽에 (+)극을 n형 쪽에 연결하면 n형쪽의 전자들이 p쪽으로 재결합을 방해하는 역할을 하고 비움층이 더 벌어진다. 이때는 역방향 전압이 걸려서 전류가 흐르지 않는다. 이와 같이 p-n접합은 전류를 한쪽으로만 흐르게 하는 정류작용을 한다.

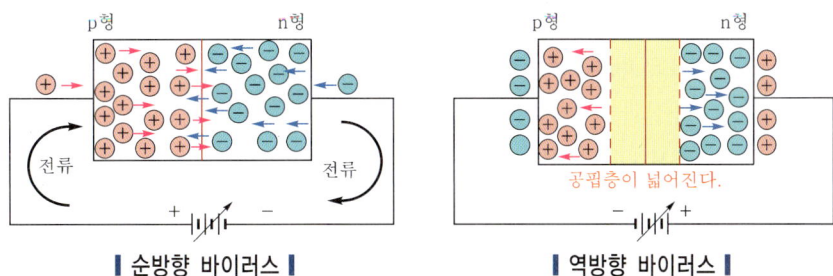

| 순방향 바이러스 | | 역방향 바이러스 |

ⓒ 발광다이오드(Light-Emitting Diode, LED) : 상온에서 반도체의 전도 띠에 있던 전자가 원자가 띠에 있는 구멍으로 내려오면서 에너지 차이에 의한 광자가 생기는 것을 생각할 수 있다. 반도체의 에너지 간격이 광자를 만들 정도로 커도 빛이 약하게 나오면 실용적이지 않다. 이런 때는 p-n접합에서 p쪽과 n쪽에 심한 불순물첨가(doping)로 비움층 두께를 줄여서 10^{-8}m 정도로 만들어 주면 터널링 n쪽 전자에서 p쪽 구멍으로 광자가 발생한다. 특히 빛에너지가 나오는 것을 발광다이오드라 부른다.

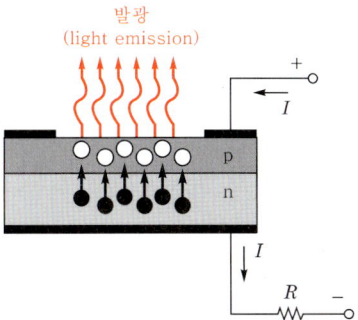

| 발광다이오드의 구조[11] |

- 발광 이극소자 : 이극(양극과 음극)으로 되어 있는 다이오드
- 반도체에 전류를 주입하면 빛이 발생하는 현상을 이용하는 것이다. LED는 대부분의 전류를 빛으로 전환하므로 일반 전구에 비해 열효율이 좋다.

---

11) http://hyperphysics.phy-astr.gsu.edu/hbase/electronic/led.html

Part 01
물리화학

- LED는 전구에 비해 전력은 $\frac{1}{12}$, 수명은 100배, 반응속도는 100배 이상이다.
- LED는 전자발생이 쉬운 전자물질과 구멍을 형성하는 구멍물질을 접합시켜 만든 소자이다. 여기에 잘 조절된 낮은 전류를 흘리면 전자와 구멍이 접합면에서 만나 합선해서 엑사이톤(excition)을 만든다.

> **꼼꼼체크** **엑사이톤(excition)** : 여기된 전자와 남겨진 홀의 조화. 여기된 전자와 홀이 결합하면 광자 즉, 빛을 방출한다. 음전하(전자), 양전하(홀, 전공, 구멍)로 전류는 전자가 구멍으로 이동하며 흐른다(접근한다.).

ㄹ. OLED(Organic Light-Emitting Diode, 유기발광다이오드) : 무기물질인 구멍물질과 전자물질을 모두 유기물질로 바꾼 LED이다.
- PM OLED(Passive Matrix Organic Light-Emitting Diode, 수동형 유기발광다이오드) : 소자 전체가 한꺼번에 구동시킨다.
- AM OLED(Active Matrix Organic Light-Emitting Diode, 능동형 유기발광 다이오드) : 소자 한 개 한 개가 개별적으로 구동됨으로써 전력낭비를 줄이고 효율적이다.
- 유기발광다이오드의 특징
  - 코팅 같은 공정에 의한 가공이 용이하다.
  - 생산성이 높고 가공비가 적게 든다.

ㅂ. 태양전지 : 발광다이오드와는 반대로 빛이 원자가 띠에 있던 전자를 전도 띠로 옮기는 역할을 하면 전류가 흐르게 된다. 반도체가 태양빛을 흡수하여 전류를 흐르게 하는 장치를 태양전지라 하며 실제 생활에 쓰이고 있다.

ㅂ. 다이오드의 종류(소방에 쓰이는 다이오드)
- 정류 다이오드 : 교류를 직류로 변환할 때 응용(수신기)
- 정전압(제너) 다이오드 : 정전압 특성을 전압 안정화에 응용(본질안전증 방폭)
- 발광(LED)다이오드 : 발광 특성을 응용하여 광센서로 사용(감지기, 발신기)

④ 트랜지스터 : pn 접합으로 증폭장치를 만든 것으로 pnp 및 npn 접합이 있다.
㉠ 베이스와 이미터 사이에는 순방향 바이어스가 걸려 있기 때문에 전류(I_E)가 잘 흐른다.
㉡ 컬렉터와 베이스 사이에는 역방향 바이어스가 걸려 있어 전류(I_C)가 흐르기 어렵다.
㉢ 트랜지스터에서는 컬렉터에서 이미터 사이에 전류가 흐른다. 왜냐하면 베이스의 폭이 너무나 짧아서 전자가 공핍층을 뚫고 흐르기 때문이다.

ⓔ 전류의 흐름은 이미터와 베이스 간 전압에 의해서 조절이 가능하다. 따라서 이를 마치 밸브처럼 이용하여 스위치로 사용할 수 있다.

ⓜ 과거에는 증폭의 용도로도 사용했지만 최근에는 거의 이 용도로는 사용하지 않고 있다.

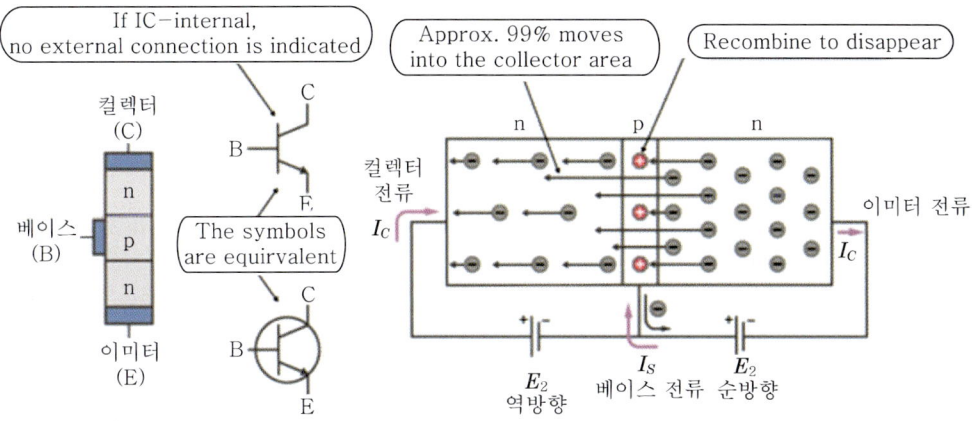

트랜지스터의 구조[12]

⑤ 집적회로(Integrated Circuit, IC) : p형과 n형 반도체를 조합시켜 정류작용을 하는 다이오드, 증폭 작용하는 트랜지스터 스위치 등을 비롯하여 수많은 전자소자를 만들 수 있다. 이온주입과 사진식각(photolithography) 등의 기법을 사용하면 이러한 소자들을 작은 실리콘 결정 안에 쉽게 만들 수 있어서 전자소자의 소형화에 결정적 기여를 하였다. 이와 같은 소자(silicon chip)를 이용하여 주어진 작은 공간에 많은 회로를 넣을 수 있는 것이 가능해 졌고 이것을 집적회로라 한다.

꼼꼼체크 사진식각 : 자외선을 이용하여 금속의 표면을 부식시키는 정밀가공기술. 사진 제판이나 텔레비전의 섀도 마스크(shadow mask), 반도체 집적회로의 제조에 이용된다.

(6) 음극선(cathode-ray, 또는 전자빔)

1) 두 금속전극[음극(cathode) 또는 음극 단자와 양극(anode) 또는 양극 단자]이 진공의 유리관 안에 떨어져 있고, 두 단자 사이에 전위차가 있을 때, 진공관 안에서 관찰되는 전자들의 흐름이다.

2) 진공 방전 시 음극에서 나오는 전자빔으로 X선과 같이 강력한 형광작용과 사진필름을 감광시키는 작용 및 기체를 이온화시키는 작용을 한다.

---

12) http://www.renesas.com/edge_ol/engineer/02/index.jsp

07 파동(wave)과 소리(sound)

01 파 동

(1) 정의

1) 진동이 시간과 공간적으로 움직이는 현상

 • 진동 : 무엇인가가 앞·뒤, 위·아래, 좌·우, 안팎으로 시간에 따라 흔들거리는 현상이다.

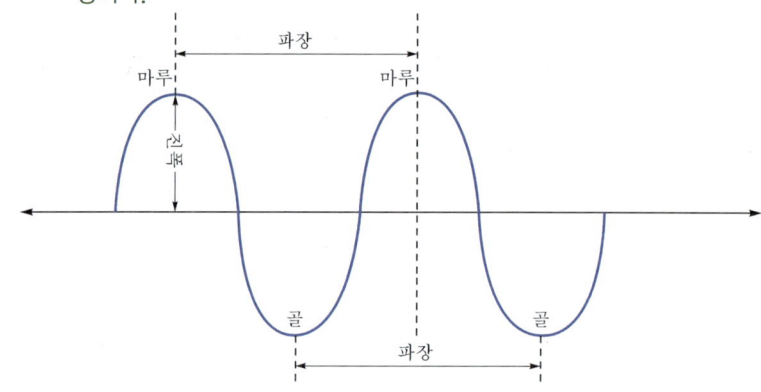

• 변위 : 진동의 중심에서의 어느 방향으로 얼마만큼 떨어져 있는가의 거리의 개념이다. 진동자의 변위가 최대일 때의 거리를 진폭이라고 한다.

2) 어떤 장소에서 어떤 진동이 매개를 통해 주위로 퍼져가면서 에너지를 전달해 주는 현상이다.
3) 파동은 진동이라는 움직임을 통해 에너지를 한 장소에서 다른 장소로 전달해준다.
4) 에너지를 전달해주는 물질이 매질이다. 대표적인 매질로는 공기와 물이 있다.

(2) 파동이 만들어지려면 매질이 어느 정도 같은 방향으로 진동하여야 한다. 또한 매질들의 진동이 하나씩 차례대로 일어나야 한다.

(3) 파동의 속력 : v(파동의 속력)$= f$(진동수 or 주파수)$\cdot \lambda$(파동의 파장)

(4) 파동의 전파속도는 매질의 물리적 성질에 의해서 결정된다. 진동수나 파장이 다른 파동도 동일한 매질에서는 같은 속도로 전파된다. 따라서 밀도가 작고 탄성이 큰 매질에서 파동의 전파속도는 증가하게 되는 것이다.

(5) 호이겐스(Huygens)의 원리 : 파동이 만들어지면 파동이 전파되는 각 지점이 새로운 파동의 원천이 된다는 원리이다.

(6) 파동의 구분 : 파동은 횡파와 종파로 구분된다.

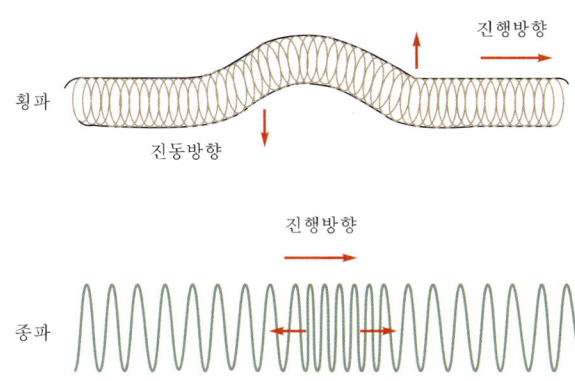

┃ 횡파와 종파의 비교 ┃

1) **횡파(고저파, transverse wave)**
   ① 파의 진행방향과 진동방향이 다르다.
   ② 기체나 액체에는 에너지 전달이 잘 안 된다, 고체에는 에너지 전달이 잘된다. 그 이유는 매질의 밀도가 높아야 에너지 전달이 잘되기 때문이다.
   ③ 대표적인 예 : 전자기파, 빛
2) **종파(소밀파, longitudinal wave)**
   ① 파의 진행방과 진동방향이 일치한다.
   ② 기체, 액체, 고체 어디서나 에너지 전달이 잘된다. 도미노처럼 일정거리가 있어도 에너지 전달이 용이하다.
   ③ 대표적인 예 : 음파

(7) **파동의 현상**
   1) **회절**
      ① 회절은 보통 장애물에 부딪혀서 발생하는 다양한 현상으로 언급된다.
      ② 파동은 퍼져 나가면서 이어가므로 장애물이 있어도 그 뒤의 그림자 부분까지도 전파된다.
      ③ 주파수가 낮을수록 회절이 잘되어 멀리까지 에너지 전달이 용이하다.
   2) **굴절** : 매질이 달라지면 파동의 진행방향이 바뀌는 현상

(8) 매질들이 단단하게 연결되면 그 만큼 진동이 빠르게 전달되어 파동의 속도가 증가한다(액체에 비해 고체가 음파전달이 용이).

(9) **자유단 반사와 고정단 반사**
   1) **자유단 반사** : 파동이 처음 전달된 모양과 같은 모양으로 반사되어 돌아온다(물체가 묶여 있지 않고 자유롭게 이동 가능).
   2) **고정단 반사** : 원래 파동과 비교해 반대로 뒤집힌 모양으로 파동이 생긴다(물체 끝이 묶여져 있음).

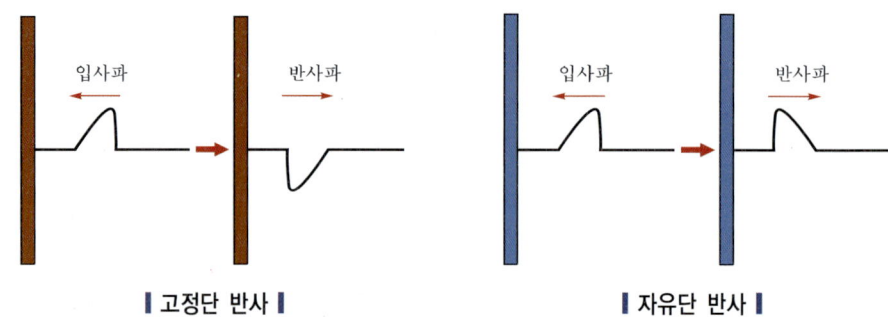

| 고정단 반사 | 자유단 반사 |

(10) 정상파(定常波) 또는 멈춰있는 파
  1) 진동의 마디(node)나 배(antinode)의 위치가 공간적으로 이동하지 않는 파동이다.
  2) 정상파 또는 정재파(定在波)라고도 한다. 같은 진동수와 파장, 진폭을 갖는 두 파동이 서로 마주보며 진행할 때, 정상파를 만들게 된다.

  - 마디(mode) : 최대로 진동하는 부분
  - 배(antinote) : 진동을 하지 않는 부분

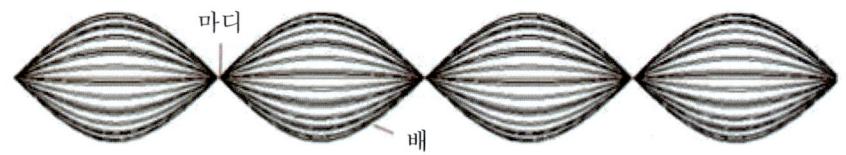

(11) 고유진동수(natural frequency)
  1) 물체는 자신만의 진동수를 갖고 있어 일정하게 진동하는데, 이를 고유진동수라고 한다. 이로 인해 많은 물질의 특성이 결정된다. 물체의 질량이 작을수록, 탄성이 클수록 고유진동수는 높아진다.
  2) 외력에 의해서 진동되는 진동수를 강제진동수라고 한다.

(12) 공명(resonance)
  1) 공명(共鳴, 함께 울음) : 특정 진동수(주파수)에서 큰 진폭으로 진동하는 현상
  2) 이때의 특정 진동수를 공명 진동수라고 하며, 공명 진동수에서는 작은 힘의 작용에도 큰 진폭 및 에너지를 전달할 수 있게 된다.

(13) 사람의 내장기관은 1초당 7번 정도의 진동수를 가지고 있다. 차를 타고 가는데 이러한 신체의 진동수와 차의 진동수가 일치하면 공진이 발생하여 더 큰 진동을 유발하여 멀미가 발생하는 것이다.

02 음파(sound wave)

(1) 정의 : 매질(공기)의 소밀파(종파), 소리는 에너지 형태로 시공간에서 퍼져 나가는 파동이다.

(2) 음파의 속도 : 350m/sec

(3) 음파의 세기 : 데시벨(dB)

1) **데시벨(decibel, dB)** : 전기공학이나 진동·음향공학 등에서 사용되는 무차원의 단위이다. 데시벨은 국제단위계(SI)에서 'SI와 함께 쓰지만, SI에 속하지 않는 단위'로 규정되어 있다.
2) 데시벨은 소리의 어떤 기준전력에 대한 전력비의 상용로그 값을 벨(bel)로서, 그것을 다시 10의 배수[=데시(d)]한 변환이다. 벨(bel)의 10배수란 의미에서 데시벨(dB)이며, 벨이 상용에서는 너무 큰 값이기에 그대로 쓰기는 힘들기 때문에 통상적으로는 데시벨을 사용한다. 소리의 강함(음압 레벨, SPL)·전력 등의 비교나 감쇠량 등을 에너지비로 나타낼 때에도 사용된다.

    어떤 기준치 A에 대하여 B의 데시벨 값 L_B은 $L_B = 10\log_{10}\dfrac{B}{A}$[dB]이 된다.

3) **헤르츠(Hz)** : 공기분자들이 1초에 몇 번이나 왕복운동을 하는 가(사이클이 바뀌는 가)를 말한다.
4) 진폭이 크면 큰소리, 진동수가 많으면 고음이 된다.
5) 뜨거운 공기는 빨리 움직인다. 따라서 소리와 같이 주위의 매질(공기분자)들이 진동하면서 옆으로 전해져 듣게 되는 경우에는 뜨거운 공기가 소리를 빠르게 전달하므로 소리의 속도가 커진다.
6) **소리의 반사** : 평평한 표면에서 빛이 반사하듯이 소리도 입사각과 반사각이 같도록 반사된다.
7) 소리의 굴절은 매질이 다른 경우에 발생한다. 즉, 파동면의 일부분이 다른 속력으로 진행될 때 소리가 굴절하게 된다.
    ① 낮에는 공기가 뜨겁고 지면이 차가워서 소리가 위로 퍼져나간다.
    ② 밤에는 공기가 차갑고 지면이 상대적으로 뜨거워 소리가 아래로 퍼져나간다. 그 이유는 매질의 운동량이 적은 방향으로 굴절하기 때문이다.

03 간섭(interference)

(1) 두 개 이상의 파동이 만나 진폭이 증가하거나 감소되는 현상으로 파동을 강화하기도 하고 약화시키기도 한다.

1) 보강간섭(constructive interference) : 파동이 증가하는 간섭으로 파동이 겹쳐지는 현상이다. 파동의 중첩이라고도 한다.
2) 감쇠간섭(destructive interference) : 파동이 감소하는 간섭으로 보통 파동의 변위가 반대방향이어서 합성파의 변위가 감소하게 되는 것이다.

> **파동의 독립성** : 파동이 서로 겹쳐지는 구간에서는 잠시 파동의 변위에 변화가 발생하지만 그 지점을 통과하면 다시 원상태로 진행하게 된다. 이를 파동의 독립성이라고 한다. 이러한 파동의 특성으로 수많은 전파가 뒤섞여 있음에도 불구하고 정보를 유효하게 주고 받을 수 있는 것이다.

(2) 간섭은 물결파, 음파, 광파와 같은 모든 파동의 특성이다.

(3) **맥놀이(beat)** : 진동수가 다른 음이 함께 섞이면 합성음이 커졌다 작아졌다 하는 주기적인 요동이 발생하고 이를 맥놀이라 부른다.

(4) **도플러 효과(doppler effect)**
  1) 정의 : 움직이는 물체에서 발생한 파동의 파장은 정지한 물체에서 발생한 파동의 파장과 다르다. 즉, 관찰자에게 다가오면서 파동을 내보내면 파장이 짧아지고 관찰자에게 멀어지면 파장이 길어지는데 이를 도플러 효과라고 한다.
  2) 소리를 내는 장치가 소리를 듣는 사람으로부터 멀어지거나 가까워지면 소리의 진동수가 달라진다. 왜냐하면 가까이 오면서 소리의 진동수를 밀어 높은 음처럼 들리고, 멀어지는 소리는 진동수가 작아지면서 원래의 음보다 낮은 음으로 들리게 된다.

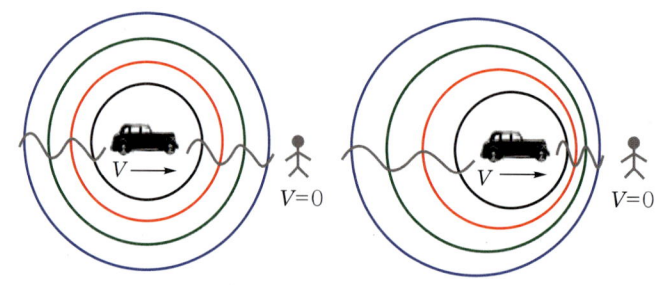

(a) 정지 상태(Source at rest)　　(b) 이동 상태(Source in motion)

┃ 도플러 효과의 예[13] ┃

---

13) http://formulas.tutorvista.com/physics/doppler-shift-formula.html

Section 08 빛(light)

01 광파 : 전자기파(electromagnetic wave)

(1) 빛
1) 매질이 필요 없는 전자기파로 고저파(일종의 파동을 통해 에너지를 전달)의 일종이다.
2) 빛은 원자 내의 전자가 진동하면서 방출하는 전자기파가 운반하는 에너지이다.

> **꼼꼼체크 전자기파** : 전기장과 자기장의 두 가지 성분으로 구성된 파동으로 공간을 광속으로 나아간다. 전자기파는 광자를 매개로 전달되며 파장에 따라서 전파, 적외선, 가시광선, 자외선, X선, 감마선으로 구분된다. 맥스웰 방정식은 전자기파를 전자기학으로 설명한 것인데 전기장과 자기장이 서로 상호작용하면서 파동의 형태로 공간 속을 진행하는 현상을 해석한 것이다.

3) 빛은 파동이지만 그 에너지는 더 이상 분할할 수 없는 최소의 덩어리가 있다. 이것이 광양자이다(아인슈타인).

$$\text{광양자 1개가 가지는 에너지}(E) = \text{플랑크 상수}(h) \times \text{고유 진동수}(v)$$

4) 1개의 전자가 파동의 성질을 가진다(드브로이). → 우주에 존재하는 모든 물질은 파동의 성질을 가진다(물질파).

(2) 빛의 속도 : 3×10^8 m/sec
빛은 두 시점을 가장 짧은 경로로 이동한다. 즉, 직선경로로 이동한다(페르마이 원리).

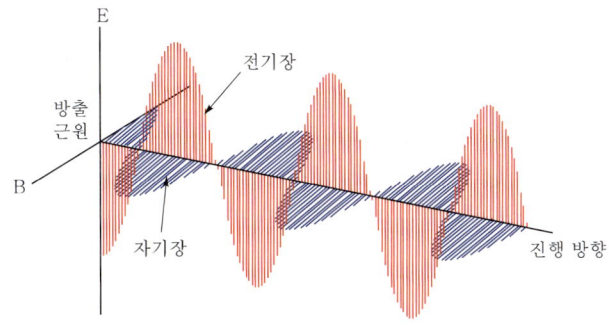

(3) 광도와 조명도
1) 광속(光束, luminous flux, 광선속, F)
   ① 단위면적당 비치는 빛의 양을 말한다. 즉, 단순하게 광원으로부터 방출되는 모든 빛의 양을 광속이라 한다.
   ② 광속의 밀도가 눈에 느껴지는 밝기의 근원이 된다.
   ③ 단위는 루멘(lm, lumen)으로 각 방향에 고르게 1칸델라씩을 내는 광원으로 단위 입체각에 내는 광속을 1루멘이라고 한다.

④ 단위시간 동안 통과한 광량

$$F[\text{lm}] = \frac{dQ[\text{lm} \cdot \sec]}{dt[\sec]}$$

⑤ 광속 : 조명용 광원의 밝기를 나타낼 때에 사용되는데, 광원으로부터 방사된 빛의 밝기를 사람의 눈의 감도(시 감도)를 고려해 나타낸 빛의 양이다.

⑥ 광도 1cd의 광원으로부터 1sr(입체각)의 입체각 내에 방사되는 광속이 1lm이 된다.

$$\omega[\Omega] = \frac{A}{R^2}$$

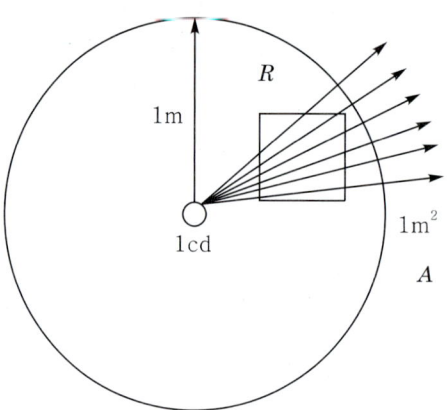

┃ 광속(光束, luminous flux, 광선속)[14] ┃

2) 광도(光度, luminous intensity)
   ① 발산하는 빛의 밀도를 말한다. 즉, 어느 특정방향으로 비춰지는 빛의 세기를 말한다.
   ② 광도의 SI 단위는 칸델라(cd)이다. 1cd는 1입체각 안에 광원에서 방출되는 1lm의 광속이 전파되고 있을 때의 광도이다. 즉, 광속을 입체각으로 나누면 광도가 된다.
   ③ 여기서 광원의 넓이가 정의되어 있지 않은데 이는 광원이 넓이가 없는 점광원으로 간주되기 때문이다.

    점광원(點光源, point light source)이 있는 방향에서의 광도란 그 방향에서의 광속의 입체각 밀도이다.

---

14) http://www.nvc-lighting.com/showuseInfo.Aspx?typeID=42&ID=94

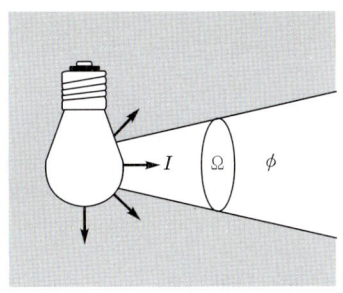 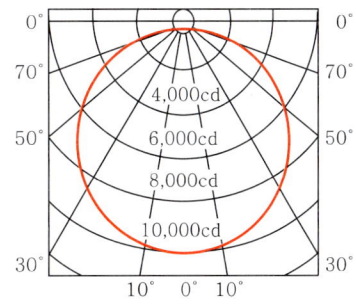

┃ 광도(光度, luminous intensity)[15] ┃

$$I = \frac{\phi}{\Omega}, \quad I = \frac{dF}{d\omega}$$

여기서, I : 광도, ϕ : 광속, Ω : 광속을 포함한 입체각

3) 조도(照度, intensity of illumination, E)
   ① 조도 : 어떤 면이 받는 빛의 세기를 그 면적에 비치는 광속으로 나타낸 양이다. 즉, 광속을 면적으로 나누면 광도가 된다.
   ② 광원으로부터 빛을 받고 있는 물체의 밝기의 정도 나타낼 때 사용하는데, 이때의 밝기는 단위면적에 단위시간 내에 도달하는 에너지양을 측정함으로써 얻어진다.
   ③ 조도의 단위는 룩스(lx)이다. $1m^2$의 넓이에 1lm의 광속이 균일하게 분포되어 있을 때의 면의 조명도. 즉, 1cd의 점광원으로부터 1m 떨어진 곳에 있는 광선에 수직인 면의 조명도가 1lx이다. 따라서 룩스는 평방미터당의 루멘과 같다.

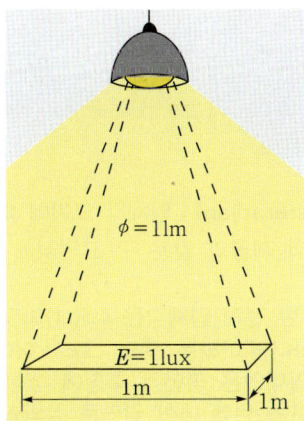

┃ 조도(照度, intensity of illumination)[16] ┃

$$E = \frac{\phi}{A}, \quad E = \frac{dF}{dA}$$

여기서, E : 조도

---

15) http://www.nvc-lighting.com/showuseInfo.Aspx?typeID=42&ID=94
16) http://www.nvc-lighting.com/showuseInfo.Aspx?typeID=42&ID=94

④ 광원으로부터 거리의 제곱에 반비례하고, 면의 기울기의 각 θ의 $\cos\theta$에 비례한다.
⑤ 소방 관련규정 : 통로유도등의 바로 밑의 바닥으로부터 수평으로 0.5m 떨어진 지점에서 측정하여 1lx 이상이어야 한다.

4) 휘도(luminance)
① 눈부심의 정도를 말한다. 즉, 일정 면적을 통과하여 일정 입체각으로 들어오는 빛의 양을 의미한다.
② 단위로는 칸델라 매 제곱미터(cd/m^2)를 사용하며 이를 줄여서 니트(nit, nt)라고 한다.
③ 물체의 표면에서 관측자 쪽으로 어느 정도의 빛이 오고 있는지를 나타내는 심리물리량. 겉보기의 단위면적당 광도로 나타낸다.

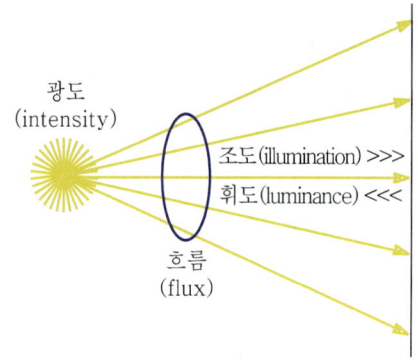

▌ 휘도(luminance, 輝度)[17] ▌

$$L = \frac{I}{A}, \quad L = \frac{dF}{A \cdot d\omega}$$

여기서, L : 휘도

스테라디안(steradian) : 입체각 크기에 대한 국제단위계(SI)의 단위
- 구 반지름의 제곱과 같은 구 표면적에 대응하는 구의 입체각으로 정의되며, 기호는 sr이다.
- 한 점에 대한 전체 입체각은 4π(sr)이다.
- '입체'와 '라디안'이라는 뜻의 그리스어에서 유래했으며, 실제로 입체 라디안이다. 여기에서 라디안은 평면각 측정에 대한 SI 단위로서, 원의 반지름과 같은 길이의 호에 대응하는 원에 대한 각으로 정의한다.

④ 광원을 직접 바라볼 때 강하게 빛나 보이는데, 이 빛나는 정도를 휘도(L)라고 한다. 휘도는 조명기구에서 발생된 빛이 직접 눈에 들어오거나, 물체의 표면에 반사된 뒤에 눈으로 들어오는 빛이 얼마나 밝은 것인가를 나타내는 것으로 시작업능력에 커다란 영향을 미친다.

---

17) http://www.nvc-lighting.com/showuseInfo.Aspx?typeID=42&ID=94

⑤ 휘도의 단위는 단위면적당 칸델라(cd/m^2 또는 cd/cm^2)로 표시한다.
⑥ 관련기준 : 유도표지는 주위 조도 0lx에서 60분간 발광 후 $7mcd/m^2$ 이상일 것

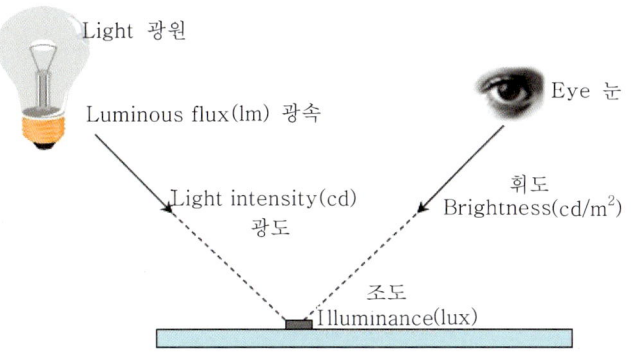

∥ 조도, 광도, 휘도의 비교[18] ∥

(4) **에너지와 고유진동수의 등가성** : E(에너지) $= h$(플랑크상수) $\cdot v$(고유진동수)이고 이때 가장 작은 $h \cdot v$를 가진 덩어리를 광자라고 정의한다. 빛은 광량에 관계없이 진동수가 클수록 에너지가 강하다. $h \cdot v$는 운동량을 가진 입자(빛은 입자이고 파동이다.)로 에너지보전의 법칙과 운동량보전의 법칙이 적용된다.

$$v = \frac{c}{\lambda}$$

여기서, v : 진동수, c : 빛의 속도, λ : 파장

1) E(에너지) $= h$(플랑크 비례상수) $\cdot v$(진동수)에서 진동수가 클수록(파장이 짧을수록) 에너지가 커진다.
2) λ(파장) $= \dfrac{h(\text{비례상수})}{m(\text{질량}) \times v(\text{속도})}$ → 전자의 파장은 전자의 운동량에 반비례
3) 바닥상태의 전자는 광자에너지를 흡수해서 들뜸 상태가 되고 다시 바닥상태로 되면서 빛에너지를 방출한다. 일시적으로 에너지를 흡수했다가 방출하면서 안정화된다.

(5) **상대성이론** : 관찰자의 운동상태에 따라서 운동이 어떻게 다른가를 설명하는 이론이다.
  1) 일반 상대성이론
    ① 관찰자가 가속운동을 하든 등속운동을 하든 어떠한 경우에도 적용할 수 있는 보다 일반화된 운동이론이다.
    ② 대표적인 내용
      • 상대성 원리 : 어떤 운동을 하든 관찰자에게는 동등한 물리 법칙이 적용된다.

---

18) http://beaconledlighting.com/en/nview.asp?id=28&nsortid=17&SortPath=0,9,17

- 등가원리 : 중력과 관성력은 본질적으로 같다.
- 고전 물리학에서는 시간과 공간을 독립적으로 존재하는 것으로 보았는데 일반 상대성이론에서는 하나의 공간이고 중력이 시공간을 휘게 만든다고 보고 있다. 따라서 질량을 가진 모든 물체는 공간을 휘게 한다.

> **아인슈타인의 상대성 이론** : 어떤 관성 질량을 가진 물질이 공간에 존재하면 그 공간 자체가 일그러지고 그 일그러짐 자체가 중력이다.

2) 특수 상대성이론
① 관찰자가 정지해 있거나 등속도 운동을 하는 제한적인 경우에 적용할 수 있는 운동이론
② 대표적인 내용
- 진공 속을 달리는 빛의 속도(30만km/s)는 모든 관성계에서 동일하다(광속도 불변의 법칙).

> **관성계** : 뉴턴의 운동방정식(2법칙 $F = ma$)이 성립하는 좌표계

- 빠른 운동공간에서는 시간이 천천히 흐르는 것과 같이 시간의 팽창이 발생한다.
- 고속으로 운동하는 물체의 길이를 정지해 있는 관찰자가 측정하면 물체의 길이가 짧아지는 수축이 발생한다.
- 관찰자의 속도에 따라서 시간의 흐름과 물체의 길이가 변화함으로 결과적으로 시간과 공간이 서로 영향을 주고 받는다는 것을 알 수 있다. 따라서 이를 하나로 묶어서 시공간이라고 한다.

(6) 에너지와 질량의 등가원리

$$E(에너지) = m(질량) \cdot c^2(광속)$$

질량자체가 에너지를 가지고 있다는 것을 의미한다.

(7) 광전효과(光電效果, photoelectric effect)

1) 금속 등의 물질이 고유의 특정 파장보다 짧은 파장을 가진(높은 에너지를 가진) 전자기파를 흡수했을 때 전자를 내보내는 현상이다. 이때 그 특정 파장을 한계파장이라 하며, 그때의 진동수를 한계진동수(문턱진동수)라고 한다. 그리고 그 한계진동수에 플랑크 상수를 곱한 것을 일함수라 일컫는다.

> - **일함수(work function)** : 금속 내부의 자유전자는 그 속에서는 비교적 자유롭게 움직이지만 금속을 박차고 나가는 데는 얼마 이상의 에너지가 필요하다. 이 에너지를 일함수라고 한다.
> - 에너지를 받아 전자가 진동하기 시작하면 전자들은 마치 진동하는 소리굽쇠가 음파를 방출하는 것처럼 자기 자신의 전자기파 즉, 에너지를 방출한다.

2) 입사한 광자의 에너지가 $h \cdot v$일 때, 금속에서 전자를 떼어내고 남은 에너지는 전자의 운동에너지가 된다. 즉, 에너지보존 법칙에 따라 다음 등식이 성립한다.

$h \cdot v$(입사한 광자의 에너지) = 일함수 + 운동에너지

$$hv = \phi + \frac{1}{2}mv^2 = hv_0 + \frac{1}{2}mv^2$$

$$\frac{1}{2}mv^2 = hv - hv_0 = -eV_s$$

여기서, V_s : 정지 전위, m : 전자의 질량, v : 방출된 전자의 속도, h : 플랑크 상수

3) 금속의 자유전자에 에너지를 주면 전자가 밖으로 튀어나오면서 빛을 방출하거나 높은 온도를 유지한다. 빛이 물체에 입사되면(비추게 되면) 물질의 원자에 속박되어 있는 전자를 진동시킨다. 진동한 전자가 나오는 것을 광자가 나온다고 하고 광자가 나오면서 빛이 발생한다(광전효과).

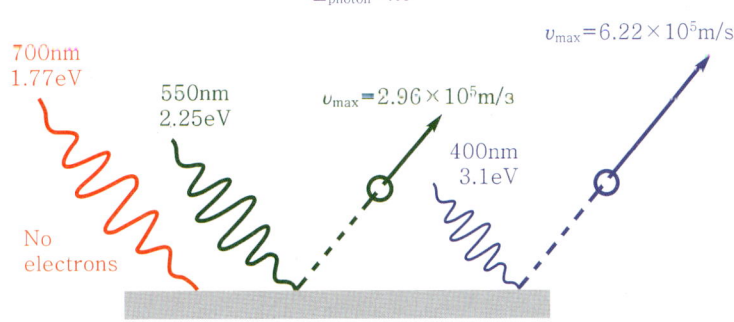

광전효과[19]

4) 일함수 이하인 경우 빛을 흡수해서 에너지 증가(온도상승)한다. 일함수 이하의 에너지를 받은 경우에는 광전효과가 발생하지 않고 일함수 이상(한계진동수)의 에너지를 받은 경우에만 광전효과가 나타난다.
일함수 이상인 경우 전자가 밖으로 튀어나가 버린다(빛을 발산).

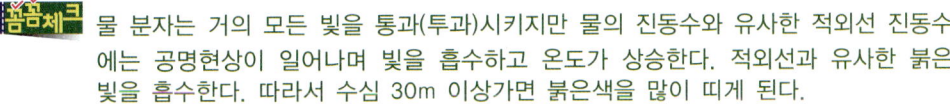 물 분자는 거의 모든 빛을 통과(투과)시키지만 물의 진동수와 유사한 적외선 진동수에는 공명현상이 일어나며 빛을 흡수하고 온도가 상승한다. 적외선과 유사한 붉은 빛을 흡수한다. 따라서 수심 30m 이상가면 붉은색을 많이 띠게 된다.

5) 빛을 많이 비추면 튀어나오는 에너지가 증가하는 것이 아니라 튀어나오는 전자수가 증가한다.

---

19) http://hyperphysics.phy-astr.gsu.edu/hbase/mod1.html

6) 금속이 아닌 물질에 빛을 비추면(에너지를 공급하면) 오로지 원자의 떨림(진동운동)에 의해서만 에너지가 전달된다. 거리가 길어질수록 진동에너지가 약해진다. 이에 비해 금속은 자유전자가 자유롭게 돌아다니며 매우 빠르게 열과 전기가 전달된다.

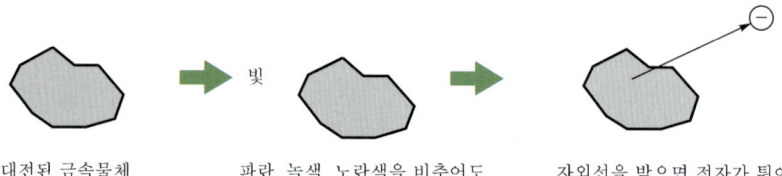

대전된 금속물체 / 파란, 녹색, 노란색을 비추어도 아무런 효과가 없음 / 자외선을 받으면 전자가 튀어 나온다. 광전효과

7) 빛 : 광전효과가 일어나는 한계진동수가 존재(한계진동수보다 작을 때는 전자가 전혀 튀어나오지 않는다)한다. 빛의 양을 늘리면 튀어나오는 전자수도 증가한다. 전자의 진동수와 같은 진동수를 가진 빛을 비추면 공명현상이 발생해서 훨씬 더 반응이 빨리 일어난다.

8) 진동수는 변화하지 않더라도 큰 빛(진폭이 큰)을 쪼이면 커다란 운동량을 가진 전자가 튀어나온다.

> **꼼꼼체크** 먼 곳에 별빛을 바라본다. 이 빛은 파로서 매우 적은 에너지의 양이다. 따라서 이정도의 빛은 눈 안쪽의 시세포가 반응하지 못한다. 그런데도 별빛이 보이는 이유는 높은 에너지의 광양자 덩어리가 시세포와 반응하기 때문이다.

9) 공간에서 진동하는 전자기파의 진동수는 진동하는 전하의 진동수와 같다.

02 빛의 반사

(1) 물질과 상호작용하는 빛은 반사되고, 투과되고, 흡수되고 또는 모두가 함께 일어나기도 한다. 투과한 빛은 굴절된다.

(2) **반사의 법칙** : 입사각 = 반사각

1) 광선이 거울을 만나면 그 표면에서 광선이 반사되어 나온다. 거울의 표면에는 알루미늄 등 금속막이 입혀져 있는데, 이 빛이 가지고 있는 전기장이 금속 내부에 전류를 흐르게 하고 그 전류가 다시 전자기파로서의 빛을 방출하는 것이다.

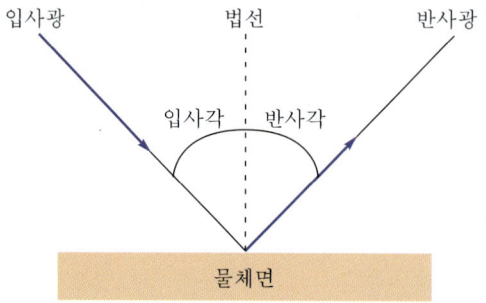

2) 빛의 흡수율과 방사율은 흑체(흡수율=방사율)를 제외하고는 흡수율(α)이 증가하면, 방사율(γ)도 증가한다. 따라서 복사율$\left(복사율 = \dfrac{방사율}{흡수율}\right)$은 일정하다.

   감지기에서의 복사능은 ε=흡수율(α)= 1 - 방사율(γ)로 나타낼 수 있고, 복사열전달에서는 $\varepsilon = \alpha = 1 - e^{-KL}$로 나타낼 수 있다.(여기서, K : 흡수계수, L : 층의 두께이다.)

   꼼꼼체크 e **자연상수** : 탄젠트 곡선의 기울기에서 유도되는 특정한 실수로 무리수이자 효율수이다. e는 무리수이기 때문에 근사값으로 나타내며 2.718로 나타낸다. → $\lim\limits_{n\to\infty}\left(1+\dfrac{1}{n}\right)^n$

3) **전반사(100% 반사) 현상** : 소방에서는 광케이블 감지기에서 이용
   ① 빛이 굴절률이 큰 물질에서 작은 물질로 입사할 때, 입사각이 임계각 이상이면 그 경계면에서 빛이 전부 반사되고 투과되는 빛이 없는 현상
   ② 임계각(θ_c) : 굴절각이 90°일 때의 입사각으로서 입사각이 임계각보다 크면 전반사 현상이 일어난다.

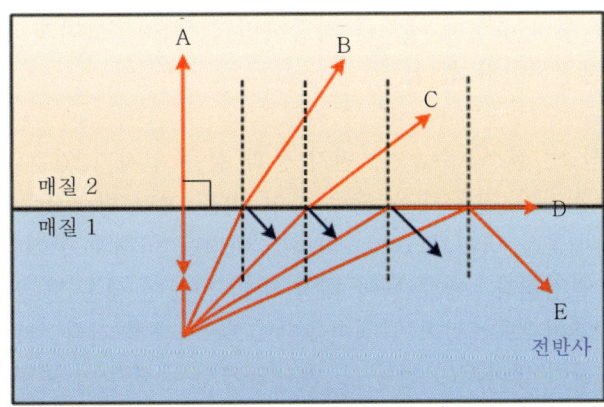

∥ 전반사 ∥

   ③ 임계각 $\theta_c = \dfrac{1}{n}$ (굴절률 n인 물질에서 공기 중으로 굴절할 때의 임계각)
   ④ 전반사(광케이블) : 빛의 반사가 일정 각(41°) 이상(임계각)되면 전반사(전부 반사)를 일으키게 된다. 따라서 광케이블은 빛의 손실 없이 정보를 멀리까지 보낼 수 있는 것이다.

(3) 빛도 앞에서의 음파와 같이 물질 내부의 전자들을 진동시킨다. 물질의 내부를 보면 마치 용수철로 연결된 것처럼 원자핵에 속박되어 있는 전자들은 고유 진동수를 가지고 있다. 따라서 원자와 분자들은 빛이라는 에너지를 받으면 진동하는 것이다.

(4) 유리의 경우, 자외선과 같은 고진동수의 빛은 유리의 전자들을 진동시켜(공명이 일어남) 대부분을 열로 방출한다. 따라서 유리는 자외선에 불투명하고, 유리가 자외선을 흡수한다. 하지만 가시광선과 같은 저진동수에서는 유리의 전자를 진동시키지만 진폭이 훨씬 적어서 열로 전환되는 에너지가 적고 대부분 빛으로 나온다. 따라서 가

시광선에는 투명하다. 적외선은 가장 진동수가 낮은 파동으로 유리의 모든 원자와 분자를 진동시킨다. 따라서 유리의 내부에너지를 증가시키고 불투명하다. 따라서 이를 열파동이라고 부른다.

(5) 산란(scatter) : 소방에서 광전식 연기감지기의 원리

1) 빛이 대기 중의 원자나 분자와 충돌 시 일부가 방향이 바뀌고 흩어진다. 이러한 현상을 산란이라 한다. 파장이 짧을수록 단위시간당 진동을 많이 한다. 따라서 빛이 대기층을 통과할 때 진동을 많이 해 방해를 크게 받아 산란되기 쉽다.

2) 색상 : 빛이 가지고 있는 모든 색 중에서 물체가 어떤 색깔을 많이 흡수하고 어떤 색깔을 많이 반사하는지에 따라 결정된다. 즉, 반사하는 빛이 색깔을 나타낸다.
   ① 사람의 눈은 가장 낮은 진동수의 빛은 저진동수에 민감한 추상체(cone)를 자극하여 빨간색으로 보이게 한다.
   ② 중간 영역의 빛은 중간 진동수에 민감한 추상체를 자극하여 초록색으로 보이게 한다.
   ③ 고진동수의 빛은 고진동수에 민감한 추상체를 자극하여 파란색으로 보이게 한다.
   ④ 세 가지 유형의 추상체 세포를 자극하면 흰색으로 보이게 한다. 이 세 가지 색을 빛의 삼원색이라 한다.

3) 하늘의 색
   ① 대기 중 산소, 질소, 수증기, 먼지 등과 같은 입자가 있는데 빛이 이들 입자에 들어가면 전자가 진동(빛을 흡수)하여 빛을 여러 방향으로 보낸다.
   ② 파동이 장애물을 넘어가느냐는 파동의 파장에 비해서 장애물의 폭이 얼마나 큰 것인가로 결정된다. 예를 들어 태양 빛의 파장이 짧은 빨간빛은 하늘을 이루는 대기의 알갱이 보다 길어 알갱이들이 그냥 지나쳐 간다. 파란빛은 대기의 알갱이보다 파장이 짧아서(고진동수) 반사되어 눈에 하늘이 파란색으로 보이는 것이다. 물론, 보라색이 산란을 가장 많이 하지만 사람의 눈이 보라색에 둔감하여 파랗게 보이는 것이다. 수증기 함유량이 적을수록 하늘이 더 파랗게 보인다.
   ③ 산소나 질소분자보다 크기가 큰 먼지나 다른 입자들이 많이 있는 지역은 여러 가지 색이 불규칙하게 산란되고 혼합되기 때문이다. 우주에는 매질이 없기 때문에 산란이 없어 검은색을 나타냄
   ④ 노을이 빨간 이유는 태양이 지평선 근처에 있으며 이때 태양을 통과하는 빛이 사선으로 두꺼운 공기층을 통과해야 하므로 산란이 잘되는 파란색은 모두 산란되고 상대적으로 산란이 적게 되는 빨간색만 눈에 도달하는 것이다.
   ⑤ 레일리의 법칙 : 빛의 파장에 따라 산란율이 다르다. 산란은 빛의 파장의 4제곱에 반비례한다. 즉 파장이 짧을수록 산란이 잘 이루어진다.

- 구름이 흰색인 이유 : 큰 물방울은 붉은색을 산란시키고, 작은 물방울은 파란색을 산란시키는데 두 색이 합쳐지면 백색을 나타내기 때문이다(빛이 합쳐지면 백색, 색이 합쳐지면 검은색).
- 물 입자가 어느 정도 이상 커지면 빛이 산란되는 양보다 흡수되는 양이 많아진다. 이때 먹구름이 된다.

⑥ **빨간색이 비상 시 사용되는 이유** : 빨간색은 주파수가 낮아 레일리의 법칙에 의해 산란되지 않고 멀리까지 갈수 있기 때문이다.

03 빛의 굴절

빛이 어느 한 물질에서 다른 물질로 들어갈 때 그 경계면에서 진행 방향이 꺾이는 현상이다.

(1) 수면에 입사한 빛의 일부는 반사하고, 일부는 진행 방향이 꺾여서 물속으로 들어간다. 이때 꺾여서 들어가는 빛을 굴절광선이라 한다.

(2) 빛의 굴절은 각 매질 속에서 매질의 저항에 의해서 빛의 속력이 달라지기 때문에 일어난다.

(3) **페르마의 최소시간의 원리** : 빛이 지나는 경로는 두 지점을 잇는 여러 경로 중에서 가장 지나가는 시간이 짧은 경로를 선택하여 진행한다.

(4) **스넬(Snell)의 법칙(빛의 굴절법칙)** : 한 매질에서 다른 매질로 입사한 빛의 일부는 매질의 경계면에서 반사의 법칙에 따라 반사하고 나머지 부분은 굴절하여 진행한다. 소방에서는 무선통신보조설비의 무반사 종단저항에서 이용한다.

(5) **굴절률**

$$n(굴절률) = \frac{C(진공\ 중의\ 빛의\ 속력)}{V(물질\ 내의\ 빛의\ 속력)}$$

굴절률이 클수록 속도는 느려지는 것이고 따라서 굴절률이 큰 매질은 상대적으로 밀한 매질이다.

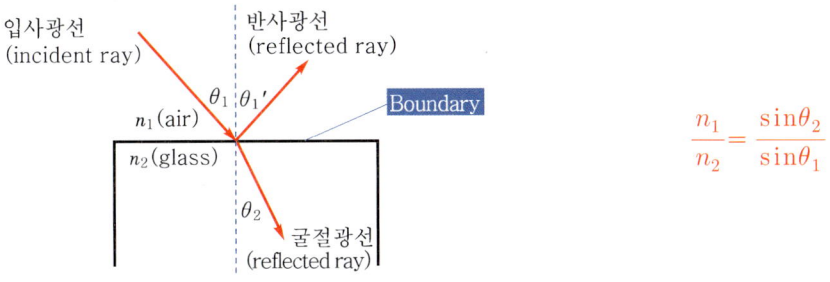

┃ 스넬의 법칙(Snell's Law)[20] ┃

(6) **전반사** : 입사한 빛이 모두 반사되는 현상(광케이블)

1) 전반사를 하기 위해서는 입사하는 쪽의 매질이 상대적으로 큰 굴절을 가지고 있어야 한다.

---

[20] http://theengineerspulse.blogspot.kr/2011/11/snells-law-for-light-and-students.html

2) 이것은 매질이 밀한 상태에서 소한 상태로 빛이 입사할 경우 발생한다.
3) 입사각이 일정 각도 이상이 되면 경계면과 나란하게 흐르고 이러한 각을 임계각이라고 한다.

04 빛의 특성

(1) 빛의 이중성 : 빛은 파동성과 입자성 둘 다 가진다. 따라서 이를 정리하면 빛은 파동으로 이동하고 입자로 부딪힌다라고 할 수 있다.

(2) 빛의 분산
1) 백색광이 여러 색으로 분리되는 현상을 빛의 분산이라 한다.
2) 프리즘은 투명 매질을 통해 진동수가 다른 빛들은 서로 다른 속력으로 진행하기 때문에 굴절되는 정도가 서로 다르다. 이를 통해 빛을 여러 색으로 분리하는 것이 가능하다.

- 스펙트럼(spectrum) : 빛 분산된 결과 나눠진 색의 띠를 말한다. 이 스펙트럼 중에 빛들이 연속적으로 이어진 것을 연속 스펙트럼(continuous spectrum)이라 한다.
- 빛의 회절(diffraction) : 빛이 퍼지는 현상

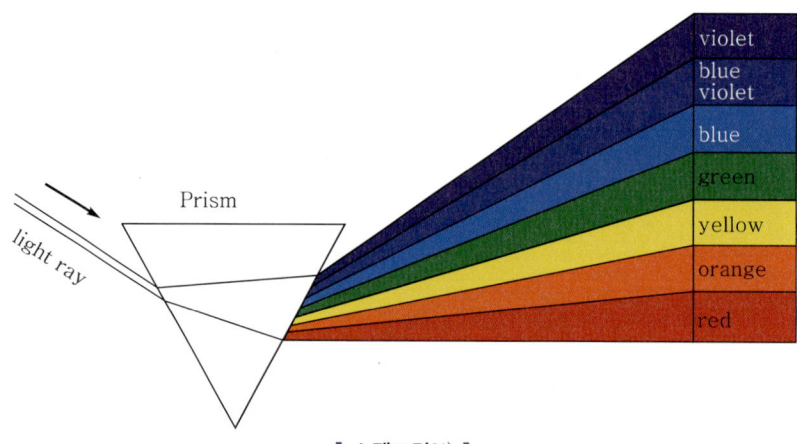

┃스펙트럼[21]┃

(3) 빛의 회절(diffraction) : 빛이 퍼지는 현상
1) 보통 장애물에 부딪혀서 발생하는 다양한 현상을 회절이라 한다.
2) 틈이 있는 장애물이 있으면 입자는 그 틈을 지나 직선으로 진행한다. 이와 달리 파동의 경우, 틈을 지나는 직선경로 뿐만 아니라 그 주변의 일정 범위까지 돌아 들어간다. 이처럼 파동이 입자로서는 도저히 갈 수 없는 영역에 휘어져 도달하는 현상이 회절이다.
3) 회절은 음파와 광파를 포함한 모든 파동의 특성이다.

---

21) http://www.fdad.co.uk/jf11/?attachment_id=599

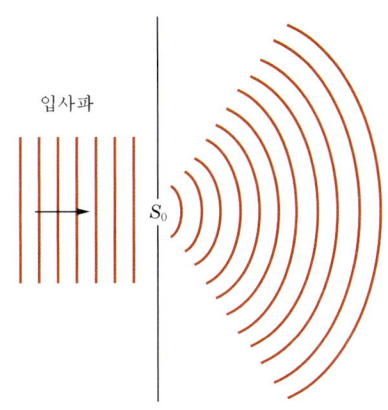

(4) 편광(polarization) : 어느 특정방향으로만 진동하는 빛을 편광이라 한다. 일반적인 빛은 진행 방향에 수직인 평면에서 모든 방향으로 진동한다. 편광이 발생하는 이유는 물질 내부의 전자들이 특정한 방향으로 진동하는 빛과 공명을 통해서 흡수하기 때문이다. 이러한 경우에 흡수하는 방향으로 진동하는 빛은 물질을 통과시키지 못한다. 또는 전자들이 특정한 방향으로 진동하는 빛과 상호작용을 하지 않으면 이 물질은 이 방향으로 진동하는 빛들만 선택적으로 통과시키는 성질을 가지게 된다. 이러한 현상은 빛이 횡파이기 때문에 발생하는 편광현상이다.

(5) 빛의 파장
  1) 적외선 파장은 피부에 흡수되어 열기를 느끼게 하고 온도상승을 일으킨다.
  2) 복사에너지 : 에너지가 빛의 파장으로 방출
   ① 500℃ : 빨간색 파장대의 빛을 방출
   ② 600~700℃ : 노란색 파장대의 빛을 방출
   ③ 1,200℃ : 백색광의 빛을 방출

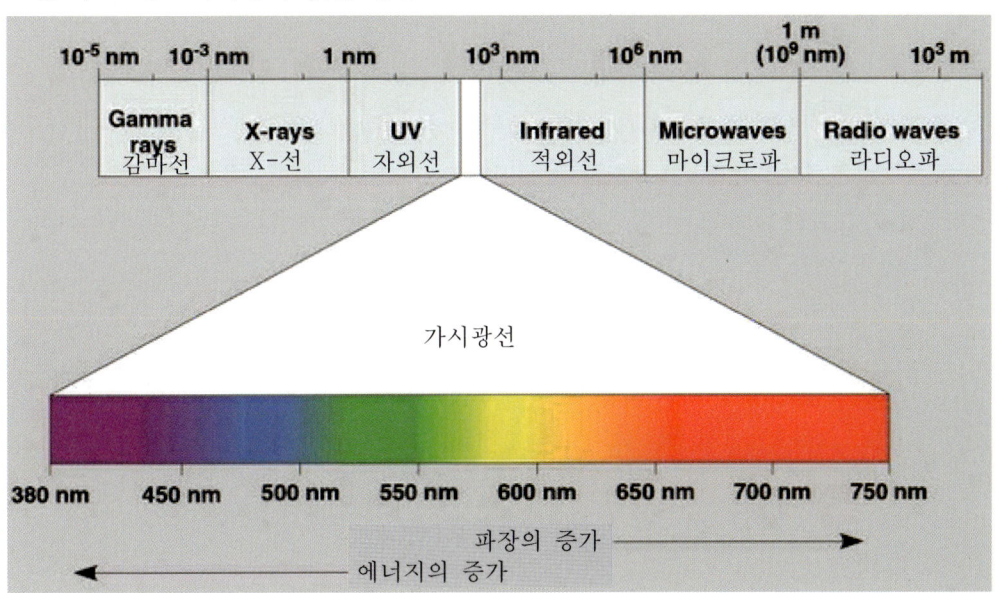

05 기타 - 레이저(LASER, Light Amplified Stimulated Emission Radiation)

1) 유도 방출되어 증폭된 빛을 말하며 레이저의 구성요건은 매질, 펌핑, 반사경이다.

2) 매질을 펌핑하면 매질을 구성한 물질은 높은 에너지상태로 변한다. 이때 방출된 빛을 반사경으로 증폭 시 한 가지 색깔을 가진 강한 레이저가 발생된다. 이를 소방에서는 광케이블 감지기의 광원으로 이용한다.

Section 09 핵(nuclear)

01 방사능

(1) **방사성** : 원자핵이 불안정한 원자
(2) **방사능** : 방사성 원자들은 조만간 붕괴하면서 고에너지 입자를 방출하는데, 이때 방출된 에너지 입자를 방사능이라 한다.
(3) 방사성 원소의 원자들은 방사선(α, β, γ, 양성자선, 중성자선, X선)을 방출한다.

 **방사선** : 원자핵이 붕괴되어 보다 안정된 원자핵이 되는 과정에서 원자핵 밖으로 방출되는 입자

02 방사선의 성질

(1) **직접 전리방사선** : 전하를 가지고 있고 물질을 직접 전리하는 능력이 있다.
  1) 알파선(α) : 빠른 속도로 가속된 헬륨 원자의 흐름
    ① 방사성 원자의 핵으로부터 2개의 중성자와 2개의 양성자를 가진 입자가 방출되어 나오는 붕괴과정이다. 이 방출된 입자는 He 원자의 핵과 동일하다. 따라서 알파선을 방출하고는 원자번호가 2, 질량수가 4만큼 감소하고 이를 알파붕괴라 한다.
    ② 알파 입자는 상대적으로 크기가 크고 2개의 양전하를 가지고 있으므로 비교적 일정한 공간에서 전기와 자기의 영향을 받지 않게 하기가 쉽다.
    ③ 방사성 핵종으로부터 방출되는 α선은 물질 투과를 할 때 물질 중의 원자와 분자를 전리시킨다. 이 과정에서 물질에 에너지를 주고 자신은 운동에너지를 쉽게 잃어버리지만 이온화 능력은 아주 강력해서 그 궤적 주변에 풍부한 이온쌍을 형성한다. 그 결과 물질에 대한 투과력은 작고 종이 1매 정도로서 용이하게 저지된다. 그러나 운동에너지가 크기 때문에 물질의 표면, 특히 생체 세포의 표면에 심각한 피해를 유발한다.
    ④ 하지만 공기 중에서 몇 센티미터만 움직여도 알파 입자가 공기 중의 전자를 흡수하여 전혀 무해한 헬륨 원자로 변한다.
  2) 베타선(β) : 빠른 속도로 가속된 전자의 흐름
    ① 방사성 원자의 핵으로부터 뉴트리노 입자와 함께 전자가 방출되는 방사성 붕괴과정에서 발생하는 방사선이다. 뉴트리노는 질량이 거의 없는 입자이고 붕괴과정에서 일부 에너지를 가지고 방출된다. β 붕괴 과정에서 생긴 전자는 원자의 핵으로부터 방출된 것이기 때문에 원자의 궤도상에 있는 전자와 구별하기 위해서 β 입자라고 한다.

② β선은 베타 입자의 흐름이다. 베타 입자는 원자핵에서 튀어나온 전자로 고속으로 움직이는 전자이다. 따라서 전자를 방출하고 원자번호가 1만큼 증가하지만 질량수가 변화하지 않는 변환이며, 이를 베타붕괴라고 한다. 이는 중성자가 양성자로 바뀌었다는 것을 의미하고(원자번호의 증가) 다시 말하면 down 퀴크 하나가 up 퀴크로 바뀌었음을 의미하는 것이다.

③ 방사성 동위원소가 붕괴할 때 방출되는 전자선으로서 음전자의 경우와 양전자의 경우가 있다.

④ 이들은 각각 β^-선 β^+선으로 구별하여 쓰이지만 단지 β선이라 불려지는 경우에는 β^-선을 의미하는 것이 많다.

⑤ 전리능력은 α선의 경우에 비해 매우 작지만 역으로 물질투과능력이 상당히 커서 밀도 $1g/cm^3$ 정도의 물질은 수 mm까지 투과할 수 있다. 베타 입자는 알파 입자보다 빠르다.

꼼꼼체크 전리능력 : 물질에 작용하여 원자로부터 전자를 분리시켜 전하를 띤 이온을 생성할 수 있는 능력

3) 양성자선
① 양성자선은 고속의 수소이온과 같다.
② 동위원소로부터 직접 방출되는 것은 없지만 원자핵 반응에서 방출될 수 있고 가속기를 이용하여 인공적으로 발생시킬 수 있다.

(2) 간접 전리방사선 : 전하를 갖지 않고 있고 물질을 직접 전리를 일으키는 경우보다 이들 방사선이 물질과 상호작용한 결과로 생기는 하전 입자에 의한 전리능력이 지배적인 방사선

1) 중성자선
① 중성자는 원자핵 구성요소의 하나이고 이 질량은 거의 양자의 질량과 같지만 단독으로는 안정한 것이 아니다. 반감기 11.7분으로 붕괴하고 β선을 방출하여 양자가 된다.
② 중성자선은 에너지에 따라 고속중성자, 중속중성자, 느린 중성자, 열중성자 4가지로 구별할 수가 있다.
③ 중성자는 핵반응과 핵분열을 할 때 주로 방출되며 방사성 동위원소로부터 직접 방출되는 경우는 드물다. 그러나 자발핵분열인 경우는 방사성 동위원소(RI)로부터 직접 중성자가 방출된다. 예 ^{252}Cf
④ 두꺼운 납판(10cm)이나 콘크리트 구조물을 관통한다.

2) X선 : 전자가 들뜸상태에서 바닥상태로 오면서 방사선을 방출한다.
① X선은 전자가 핵의 전기장에 의해서 급격히 감속될 때 생기는 제동 X선과 L각 궤도와 K각 궤도 등 에너지준위가 다른 궤도 전자의 재배열에 의해서 고유 에너지 차를 전자파의 형태로 방출하는 특성 X선이 있다.

② 전자파 방사선은 물질과 쉽게 반응하지 않으므로 투과력은 매우 강하다. 그러나 이러한 X선은 물질을 통과할 때 광전효과, Compton효과, 전자 쌍생성효과의 반응을 통해 전자를 만들고 이 전자들은 β과 같이 전리작용을 가진다.

3) γ선 : 원자핵이 붕괴될 때 발생한다.
   ① α나 β붕괴반응 후 원자의 핵은 핵 내부에 잉여에너지가 존재하면 들뜬상태(excited state, 여기상태)가 된다. 핵은 전자기파 방사선(감마선)을 방출하여 잉여에너지를 소실하고 안정상태를 유지한다. 즉, 핵에서 방출된 고진동수 전자기 복사이다.
   ② 그 파장은 $10^{-12} \sim 10^{-14}$m, 에너지는 1~100MeV이다.
   ③ γ선은 α붕괴 또는 β붕괴 또는 핵반응에 부수하여 방출되며 핵종에 고유한 일정한 에너지를 가지고 있다.
   ④ 원자핵에 기인하는 것이 γ선이며 원자에 기인하는 것이 X선이다.
   ⑤ γ선은 X선보다 일반적으로 에너지가 높기 때문에 투과력이 강하다.
   ⑥ 감마(γ)선 광자는 입자가 아니라 전자기파에 해당되는 순수한 에너지 덩어리이다. 따라서 감마선은 질량이나 진하가 없지만 에너지가 많기 때문에 물질의 대부분을 침투할 수 있다.

03 핵 변환

(1) **정의** : 한 원소가 다른 원소로 변하는 것을 핵 변환이라 한다. 핵 변환은 보다 안정된 상태의 원자가 되려는 방향으로 진행이 된다. 따라서 핵 변화 직후에 질량을 조사해 보면 질량이 감소됨을 알 수 있는데 이는 질량이 모두 에너지로 변환되기 때문이다.
   1) **핵분열** : 방사성 물질에 속도가 느린 중성자를 충돌시키면 원자핵이 두 개의 작은 원자핵으로 쪼개지는 현상
   2) **핵융합** : 가벼운 원자핵이 융합하여 무거운 원자핵이 될 때 막대한 에너지가 방출되는 현상
   3) **연쇄반응** : 한 반응의 생성물이 다른 반응을 자극하는 자체 지속반응

(2) 우라늄(238) = 토륨(234) + 헬륨(4) + 에너지
   위의 핵변환이 일어나면 질량이 감소되고 이것이 에너지로 변환되어 막대한 에너지가 방출된다.
   1) 방출된 대부분의 에너지는 알파 입자의 운동에너지이다.
   2) 일부는 감마선
   3) 나머지는 토륨 원자의 운동에너지로 구성된다.

(3) 우라늄은 모든 핵변환이 끝나면 납으로 변한다.

(4) **반감기** : 방사성 원자의 반이 붕괴하는 데 걸리는 시간

Section 10 기타 물리

(1) 엔진
   1) 터보엔진 : 공기를 압축시켜(공기밀도를 증가시켜) 공기와 연료가 혼합된 가스가 연소(폭발)하는 과정에서 연료가 잘 연소되고(완전연소에 가깝게 되고) 불완전 연소로 인한 찌꺼기가 엔진에 남아 있지 않는다.

   꼼꼼체크 기체의 압력 : 기체 분자가 용기의 벽에 충돌해서 생기는 힘

   2) 디젤엔진 : 실린더 안에 공기를 흡입시켜 고압으로 압축시킨 다음 여기에 중유를 넣어 폭발시킨다.
   3) 왜 디젤이 가솔린 엔진보다 효율이 좋은가? 이는 디젤엔진이 비점과 발화점이 상대적으로 높아 높은 압력과 온도에서 불이 붙기 때문에 화학반응이 휘발유에 비해 높기 때문이다.

(2) 촛불을 불면 뜨거운 공기를 밀어내고 찬 공기가 들어와 냉각하고, 화염의 표면적이 늘어나 냉각능력이 증가한다.

(3) **불확정성 원리(不確定性原理, uncertainty principle)** : 양자역학에서 맞바꿈 관측량(commuting observables)이 아닌 두 개의 관측 가능량(observable)을 동시에 측정할 때, 둘 사이의 정확도에는 물리적 한계가 있다는 원리이다. 하이젠베르크의 불확정성 원리는 위치-운동량에 대한 불확정성 원리이며, 입자의 위치와 운동량을 동시에 정확히 측정할 수 없다는 것을 뜻한다. 위치가 정확하게 측정될수록 운동량의 퍼짐(불확정도)은 커지게 되고 반대로 운동량이 정확하게 측정될수록 위치의 불확정도는 커지게 되기 때문이다.

(4) 양자역학
   1) 양자(量子, quantum) : 셀 수 있는 가장 작은 덩어리. 양자는 플랑크 상수 단위를 가지고 있고, 나눌 수 없는 물리량을 뜻한다.
   2) 전자기파 : 전기를 가진 입자를 진동시키는 작용이 공간으로 전달되는 것
   3) 광양자(광자) : 더이상 분할 할 수 없는 에너지의 최소 덩어리

(5) SPF(Sun Protection Factor) : 이 숫자에 15분을 곱한 수만큼 자외선을 차단할 수 있다는 뜻이다.

(6) 축바퀴 : 서로 반지름이 다른 두 바퀴(또는 원통)를 이용하여 큰 바퀴를 작은 힘으로 돌리면 작은 바퀴가 큰 힘으로 돌아가게 만든 장치를 말한다.

(7) 나무나 철 등의 부재는 바깥에서 안쪽으로 누르는 힘(압축력)에는 잘 버티고, 바깥으로 당기는 힘(장력)에는 잘 버티지 못하는 성질이 있다.

(8) H빔을 사용하는 이유 : 물질은 힘을 받으면 힘을 받는 쪽은 압축력을 받게 되고 그 반대쪽은 장력을 받게 된다. 그 사이에는 중립층이 있어서 이 부분은 아무런 영향을 받지 않게 된다. 이 부분의 중량을 줄인 것이 H빔이다. 이것은 강재의 강성에 큰 영향을 주지 않고, 중량은 크게 줄이는 장점이 있다.

Section 11 화학 기본이론

01 물 질

(1) 물질의 분류

1) 화학적 조성

① 원소(element)
  ㉠ 더 이상 간단하게 분리할 수 없는 순수한 물질
  ㉡ 물질 종류를 분리하는 방법(질량과 크기와는 무관한 개념이다.)이자, 성질을 나타내는 추상적인 개념이다.
  ㉢ 원소(element)는 화학적으로 구별되는 오직 한 가지 형태의 원자로 된 물체의 종류이다(오늘날 알려진 원소는 108가지).
  ㉣ 서로 다른 원소의 원자는 다른 성질을 가진다. 보기로서 한 원소의 원자는 확정된 질량을 갖는다(원소주기율표).
    예 구리(Cu), 수소(H_2), 헬륨(He), 아르곤(Ar), 탄소(C), 철(Fe), 산소(O_2), 요오드(I_2), 인(P_4) 등

② 혼합물(mixture) : 혼합물은 둘 이상의 여러 물질이 화학반응 없이 섞여있는 것을 말한다.
  ㉠ 균일 혼합물(homogeneous mixture) : 성분 물질이 고르게 섞여 있는 혼합물(1nm 이하)로 전체적으로 동일성을 가지고 있다.
    예 공기, 청동, 사이다 등
  ㉡ 불균일 혼합물(heterogeneous mixture) : 성분 물질이 고르지 않게 섞여 있는 혼합물($1\mu m$ 이상)로 혼합물 내의 어떤 부분과는 다른 성질을 갖는 부분이 존재한다.
    예 우유, 연기, 콘크리트, 대리석 등
  ㉢ 콜로이드(colloid) : 균일 혼합물과 불균일 혼합물의 중간상태로 1nm(나노미터)에서 $1\mu m$(마이크로 미터) 사이의 크기를 갖는 입자들로 구성된 것을 말한다. 용질이 용매에 완전히 녹아 있는 용액과는 달리, 콜로이드에서는 입자가 균일하게 퍼져 '용매' 속에 떠다니는 양상을 띤다. 다시 말해서, 입자가 충분히 작아 콜로이드의 어느 부분을 취해도 같은 물성을 나타내지만, 또한 입자가 완전히 용해되지 않아서 콜로이드는 용액과 달리 빛을 산란시킬 수 있다.

		불연속상(dispersed phase) 용질		
		고체(solid)	액체(liquid)	가스(gas)
연속상 (continuous phase) 용매	고체 (solid)	고체 현탁 (solid suspension) 초콜릿	겔(gel) 젤리, 치즈	고체 폼(solid foam) 마시멜로
	액체 (liquid)	현탁액(suspension) 초콜릿 음료	에멀션(emulsion) 우유, 마요네즈	폼(foam) 생크림
	기체 (gas)	연기(smoke) 연기, 먼지	안개(fog) 안개, 구름	콜로이드가 발생하지 않는다(섞여버린다).

꼼꼼체크 Suspension : 현탁액

③ 화합물(component) : 2가지 이상의 원소가 화학반응으로 결합되어진 물질. 서로 다른 원자가 정수비로 결합하여 만들어진다.
   예 물(H_2O), 메탄(CH_4), 염화나트륨(NaCl) 등

꼼꼼체크 화학은 물질과 그 물질의 변화를 공부하는 학문이다.

구 별	혼합물(mixture)	화합물(component)
조성비	농도에 따라 변화	일정
끓는점, 녹는점	온도에 따라 변화	일정
합성 및 분해	물리 변화(혼합, 분리)	화학변화(화합, 분해)

2) 물리적 상(Phase) : 기체(gas), 액체(liquid), 고체(solid) 등의 물질의 상태(state of matter)를 말한다.
   ① 정의
      ㉠ 열역학에서, 물리적으로나 화학적으로 균일하고 균등한 물질의 양을 가리키는 말이다.
      ㉡ 균일하지 않은 혼합물에서 기계적으로 분리될 수 있고, 단일 물질이나 물질들의 혼합물들로 이루어져 있다. 물질의 기본적인 3가지 상은 고체·액체·기체이다. 그러나 그 밖에 결정, 콜로이드, 유리질(glassy), 비정질(非晶質), 플라즈마(plasma)와 같은 상들도 있다.
      ㉢ 상(phase)
         • 존재하는 물질의 다른 상태들(물질이 두 가지 이상의 상을 가진 조직부터 한 물질의 상태 내에서 변화를 이야기할 때에도 상이란 용어를 사용)
         • 2상(Phases) : 2가지 이상의 상이 함께 존재하는 상태
            예 Solid phase – ice, Liquid phase – water
      ㉣ 물질의 원자나 분자의 분산이 균일하면 그 물질은 균등한 하나의 상을 이룬다고 생각한다. 예를 들면 컵에 물을 담고 소금, 설탕, 염료를 섞어놓으면 이들 물질은 물에 녹아서 액상이라는 단지 하나의 상을 이룬다. 만약 이 컵에 모래를 추가로 넣는다면 모래알들끼리 따로 또 하나의 상인 고체를 이룰 것이다.

ⓜ 순수한 물질은 온도와 압력으로 인해 어떤 상에서 다른 상으로 변하는 경우 상호간의 일정한 관계를 가진다. 그래서 만약 어떤 액체에 압력을 낮추면 상온에서도 끓을 수 있는 것이다.

② 물질의 삼태의 정의(위험물안전관리법시행령 [별표1] 비고)
  ㉠ 액체 : 1기압 및 20℃에서 액상인 것 또는 20℃ 초과 40℃ 이하에서 액상인 것
    • 액상 여부를 판단할 수 있도록 시험 규정 : 수직으로 된 시험관(안지름이 30mm, 높이 120mm의 원통형 유리관)에 시료를 55mm까지 채운 다음, 해당 시험관을 수평으로 하였을 때 시료액면의 선단이 30mm를 이동하는 데 걸리는 시간이 90초 이내에 있는 것

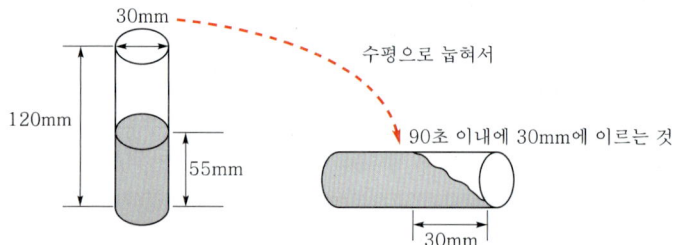

  ㉡ 기체 : 1기압 및 20℃에서 기상인 것
  ㉢ 고체 : 기체 및 고체 외의 것

성질의 종류	기체상태	액체상태	고체상태
압축성	무한히 압축가능하다.	약간 압축가능하다.	거의 무시할 수 있는 수준
모양	담는 그릇 모양	담는 그릇의 모양, 평평한 표면과 고정된 부피	그릇에는 관계없이 일정한 형태를 가지고 있다.
유동성	빠름, 아주 작은 점도	느림, 여러 가지 점도	높은 압력인 경우 외에는 거의 무시, 아주 높은 점도
구조	원자, 이온, 분자들이 빈 공간을 무질서하게 끊임없이 운동한다.	원자, 이온, 분자들이 조밀하게 밀집되어 제한된 부분만 질서 있고 그 외 부분은 끊임없이 운동을 한다.	완전히 질서 있고 거의 고정된 위치에 있다.
주요운동	병진운동	회전운동	진동운동
에너지 함량	가장 큼(에너지를 제거하면 액체가 된다.)	중간 크기(에너지를 제거하면 고체가 되고 에너지를 더하면 기체가 된다.)	가장 적음(에너지를 더하면 액체나 기체가 된다.)

③ 기체, 액체, 고체상태의 일반적 성질
  ㉠ 기체
    • 기체의 압력은 미립자 운동속도의 제곱에 비례한다($P \propto v^2$). 기체의 압력은 분자가 관 벽을 치는 힘을 말한다. 기체입자의 평균 속력은 500m/s라고 할 수 있다. 따라서 기체상의 물질이 액체나 고체보다 더 큰 공간을 차지할 수 있다.

- 기체는 분자의 집합체로 각각의 분자는 저마다 운동을 하고 있다. 절대온도 0K 이상인 경우 무질서한 운동(random work)을 하고 있는 것이다. 따라서 기체는 존재하는 것만으로 운동에너지를 가진다고 할 수 있다.
- 기체는 분자 간의 결합력이 거의 존재하지 않아 분자 간의 자유로운 운동이 가능하여 자신의 형태가 고정되지 않은 상태이다. 따라서 분자운동의 자유도는 기체 > 액체 > 고체 순이다.
- 각 분자 간의 간격이 멀고, 빠른 운동성과 분자 간 상호 작용력이 매우 약하다. 따라서 압축과 팽창이 쉽게 이루어진다.
- 낮은 밀도, 큰 압축성, 용기의 내부를 완전히 채우는 성질을 가지고 있다.

ⓛ 액체
- 액체는 비결정상태로 분자 간의 결합력이 존재하나 그것이 고체보다는 약하고 자신의 형태가 고정되지 않은 상태로 입자들이 서로를 지나가서 여기저기로 돌아다닐 수 있게 된다. 이러한 입자들의 이동성 때문에 액체의 특성인 흐름이 형성되고, 담는 그릇의 모양에 따라 부피의 형태가 달라질 수 있는 것이다.
- 기체와 고체의 성질의 중간이고, 따라서 고체와 액체는 유사성이 존재한다.
- 일정한 부피를 유지하며 형태는 변형이 가능하나 기체와는 달리 팽창 또는 수축은 작다.

 초임계 유체(supercritical fluid) : 임계점 이상의 온도와 압력에 놓인 물질상태를 일컫는다. 기체의 확산성과 액체의 용해성을 동시에 가지는 기체와 액체의 중간계 성질을 가진다.

ⓒ 고체
- 고체는 원자나 분자가 분자 간의 힘(IMF)에 의해 3차원 공간에 고정된 배열을 이룬 물질의 상태이다. 따라서 입자들은 앞·뒤로, 좌·우로, 위·아래로 진동할 수 있지만 서로를 통과할 수 없다. 고체의 온도를 높이면 진동이 빨라지다 어떤 온도 이상에서는 고정된 배열이 깨지게 된다. 그로 인해서 액체가 된다.
- 일정한 부피와 형태를 유지한다. 분자 간의 결합력이 크므로 온도와 압력에 의해 부피의 변화가 적다.
- 결정성 고체(crystalline solid)의 유형 : 분자, 원자, 이온들이 3차원 구조로 반복해서 쌓아 배열한 것
  - 이온성 고체(ionic solid) : NaCl과 같이 물에 녹으면 이온으로 전리되는 고체
  - 분자성 고체(molecular solid) : 설탕과 같이 이온이 존재하지 않는 고체이다. 분산력이 고체를 유지하는 주요한 힘으로 비교적 낮은 온도에서 녹는다.
  - 원자성 고체(automic solid) : 금속과 같이 공유결합을 하고 있는 고체

- 고체(구조/원자, 배열)＝결정(규칙적 배열) + 비정질(amorphous)(불규칙적 배열) 예 유리
- 고체의 전기적 성질
  - 원자에서 안쪽 전자 : 원자핵에 강한 속박
  - 바깥전자 : 원자핵에 약한 속박
  - 가장 바깥 껍질 전자인 '원자가전자'는 거의 자유로운 원자사이 운동(고체 종류 + 외부조건＝운동의 정도 차이)이 가능하다.
- 높은 밀도, 작은 압축성, 매우 단단한 성질을 가진다.
  ㉣ 물질의 상태를 결정하는 것은 원자와 분자의 움직임이다. 원자와 분자의 움직임이 활발한 정도에 따라 기체 > 액체 > 고체로 구분 가능하다.
  ㉤ 분자의 운동이 약해지면 분자 사이에 작용하는 반 데르 발스라는 약한 인력에 의해 분자가 모여 결정이라는 형태를 띠게 된다.
④ 물질의 상을 바꾸려면 열이라는 에너지를 가하거나 제거하여야 한다. 이를 통해 분자 간의 결합력을 약화시키거나 강화시킬 수가 있어 원자와 분자의 움직임에 영향을 줄 수 있기 때문이다.

(2) 물질의 성질

1) **물리적 성질** : 화학변화를 수반하지 않는 물질의 독특한 성질로 물리적 변화(physical change) 후에도 분자들은 반응 전과 동일하다.
   예 어는점, 끓는점, 밀도, 색, 냄새, 맛, 용해도, 전도성 등(세기성질(시강인자)로서 물질의 고유한 성질)

   > **꼼꼼체크** 물리적 변화 : 물질의 궁극적 조성에 영향을 주지 않는 변화

2) **화학적 성질** : 화학변화를 수반하는 물질의 독특한 성질
   예 산-염기, 산화-환원, 반응성 등

3) **화학변화**
   ① 전자를 주고받으면서 새로운 물질이 되는 변화로 비가역적 변화

   > **꼼꼼체크** 여기서 비가역적이라는 것은 곤란(difficult)한 것이지 불가능(impossible)한 것은 아니다.

   ② 물질의 화학적 동일성의 변화에서는 물질에 원래 존재한 원자의 결합을 재배열하여 새로운 결합이 형성된다.
   ③ 화학반응에서는 원자가 창조되거나 파괴되지는 않고 결합자체가 재배치된다.

(3) 동소체(allotrope)

1) 같은 원소로 되어 있으나 모양과 성질이 다른 홑원소 물질이다.
2) 단위분자를 구성하는 원자수가 다른 것이다.

3) 같은 물리적 상태(기체, 액체, 고체)에서 두 가지 이상의 서로 다른 형태로 존재하는 물질(한 가지 원소로 이루어져 있으나 서로 다른 성질을 가지는 물질)이어서, 같은 구성 물질이라도 결합방식이 다를 때, 물질의 강도도 차이가 난다.
4) 다이아몬드와 흑연의 강도의 차이의 원인도 여기에 있다. 다이아몬드의 탄소 원자는 SN=4로, 원자간 sp^3 혼성 공유결합을 하는데, 이 결합은 엄청나게 강한 결합이다. 반면에 흑연의 탄소 원자는 SN=3으로 sp^2 혼성 공유결합을 하는데다가, 그래핀이 여러 겹으로 얹힌 층상구조라 각 층들은 낮은 분자 간 인력으로 느슨하게 엮여있다. 따라서 이러한 결합방식에 의해서 구성성분은 같아도 강도 및 성질의 차이가 발생하는 것이다. 그 구조는 아래와 같다.

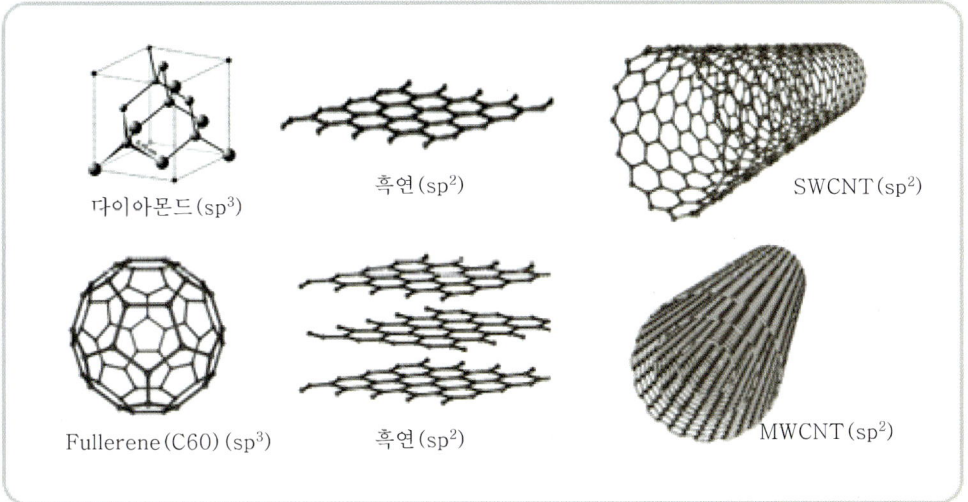

5) 위의 그림은 모두 탄소 원자로만 구성되어 있으며 그 수가 달라 물리적, 화학적 성질이 다르게 나타난다.
6) 흰 인과 붉은 인의 경우도 둘 다 인(P)의 원소로 이루어져 있으며 물리적, 화학적 성질이 다르다.
7) 이것 외에도 산소(O_2)와 오존(O_3) 등도 동소체의 관계에 있다. 이들 동소체는 같은 원소로 이루어져 있으므로 연소라는 화학반응을 시켜보면 연소결과 생성물이 동일한 것이 발생한다(동소체 확인 방법).

02 원자(atom)

(1) 개념
1) 원소물질을 이루는 질량을 가진 입자(질량의 개념이 들어감)이고 물질을 구성하는 구체적 요소이다. 즉, 물질의 구성단위가 원자이다.
2) 분자를 이루는 기본단위로 더 이상 쪼갤 수 없는 알갱이를 원자(atom)라고 한다.

(2) 원자에 관한 기본 법칙(질량과 관계)

1) **질량보존의 법칙**(1772, 프랑스, 라부아지에)
   ① 화학 반응에서 반응 전·후의 질량은 불변이다.
   ② 화학반응에서 생성된 물질의 총질량은 반응한 물질의 총질량과 같다.

2) **일정성분비의 법칙**[(1799, 프랑스, 프로스트(Proust)] : 화합물을 구성하는 각 원소의 질량비는 항상 일정하다. 즉, 화합물은 항상 일정한 질량비에 의해 원자가 결합되어 있다는 법칙이다.
   예) H_2O의 H : O의 질량비 = 1 : 8
   　　CO_2의 C : O의 질량비 = 3 : 8

   - CO_2의 질량비는 C : O = 3 : 8이다. C 18g과 반응하는 산소의 질량은?
     3 : 8 = 18 : x ∴ x = 48
   - 수소 + 산소 → 물을 생성한다. 수소 1g과 산소 15g을 반응시켰을 때 어떤 물질이 몇 g 남는가?
     H : O = 1 : 8   ∴ 산소 = 7g 남는다.

3) **배수비례의 법칙**[1803, 영국, 돌턴(Dalton)] : A, B 두 원소가 화합하여 둘 이상의 화합물을 생성할 때 A 원소의 일정량과 결합하는 B 원소의 질량 사이에 간단한 정수비가 성립한다.
   예) CO → C : O = 12 : 16 　　　　산소의 질량 비 = 1 : 2
   　　CO_2 → C : O = 12 : 32

   배수비례의 법칙에 적용되는 물질의 예
   H_2O와 H_2O_2, CO와 CO_2, $SnCl_2$와 $SnCl_4$, Hg_2Cl_2와 $HgCl_2$, SO와 SO_2 등.
   H_2SO_3와 H_2SO_4는 배수비례의 법칙에 적용이 안 된다.

(3) 돌턴(Dalton)의 원자설(1803)

1) 원자에 관한 기본법칙(질량보존, 일정성분비, 배수비례의 법칙)을 설명하기 위해 원자설을 제시하였다.
   ① 물질(substance) : 원자라는 더 이상 쪼갤 수 없는 작은 입자로 구성, 질량과 부피를 동시에 가지고 있다.
   ② 물체 : 물질을 재료로 만들어 진 것이다.
2) 원자의 종류는 원소에 따라 결정되고 같은 종류의 원자는 질량 및 성질이 같다.
3) 원자는 화학변화에 의해 생성, 소멸되지 아니한다.
4) 원소에서 화합물이 생성될 때 간단한 정수비로 결합된다.

- 질량보존의 법칙(1), 3)항) : 쪼갤 수 없고, 생성, 소멸 안 된다.
- 일정성분비의 법칙(1), 2)항) : 쪼갤 수 없고, 같은 원소의 원자는 같은 질량이다.
- 배수비례의 법칙(2), 4)항) : 화합물 생성 시 정수 비, 같은 원소의 원자는 같은 질량이다.

(4) 원자설의 수정
   1) 핵 화학 발달 : 원자는 쪼갤 수 있고, 생성 및 소멸될 수 있다.
   2) 동위원소 발견 : 같은 원소의 원자라도 질량과 성질이 다른 것이 있다. 그 이유는 중성자 수가 다르기 때문이다.

(5) 원자의 구분
   1) 양성자(p, proton)
      ① 질량 : 1.67×10^{-24}g
      ② 전하 : 1.6×10^{-19}C
      ③ 양성자는 전자보다 약 1,800배 무겁다. 양성자와 전자의 전하량은 같지만 부호가 반대이다. 모든 원자핵 속의 양성자 수는 핵 주위를 돌아다니는 전자의 수와 같다.
      ④ 원자번호는 각 원자핵에 들어 있는 양성자의 수이다.
      ⑤ 양성자는 up 쿼크 2개와 down 쿼크 1개로 구성되어 있다. 쿼크는 글루온을 매개 입자로 교환하면서 강력한 상호작용을 한다.
   2) 중성자(n, neutron)
      ① 질량은 양성자와 같고, 전하는 없는 핵입자이다.
      ② 중성자는 up 쿼크 1개와 down 쿼크 2개로 구성되어 있다.
   3) 자유전자(e^-, electron) : 전하는 양성자와 수는 같고, 극성은 반대, 질량은 미미해서 무시할 수 있다.
      ① 바닥상태(복귀) : 양자역학에서 계의 에너지가 최소인 상태를 말한다.
      ② 들뜸상태(여기, excitation)
         ㉠ 계의 에너지가 최대인 상태
         ㉡ 궤도 전자가 빛이나 열을 받아 이에 따른 전자의 충돌 등으로 인해 에너지가 증가되어 보다 높은 준위가 되는 상태
         ㉢ 에너지가 과잉으로 불안전한 상태로 에너지를 방출하고 안정된 상태가 되려고 한다.
      ③ 이온화(전리, Ionization) : 궤도전자가 더욱 강한 에너지를 받아서 원자 내의 궤도 전자가 자유전자가 되는 것. 궤도를 이탈하여 불안정한 상태가 되므로 안정화되려고 화학반응을 일으킨다.
      ④ 전자기파 방사 : 여기된 궤도전자가 불안정하므로 안정된 더 낮은 준위로 내려가려고 하며(복귀), 이때에 남는 에너지는 빛 등 전자기파로 공간에 방사하고 방사한 물질은 에너지를 낮추고 안정화한다.
      ⑤ 자유전자는 움직이며 전기나 열이 발생하며, 돌면서는 자장을 발생시킨다.
      ⑥ 전자의 스핀이 오른쪽이면 양전하(+)를 띠고, 왼쪽이면 음전하(-)를 띤다.
      ⑦ 전자는 회전(spin)운동을 하는데, 회전방향이 같은 방향일 때는 강한 자성을 띠고, 다른 방향일 때는 상쇄된다.

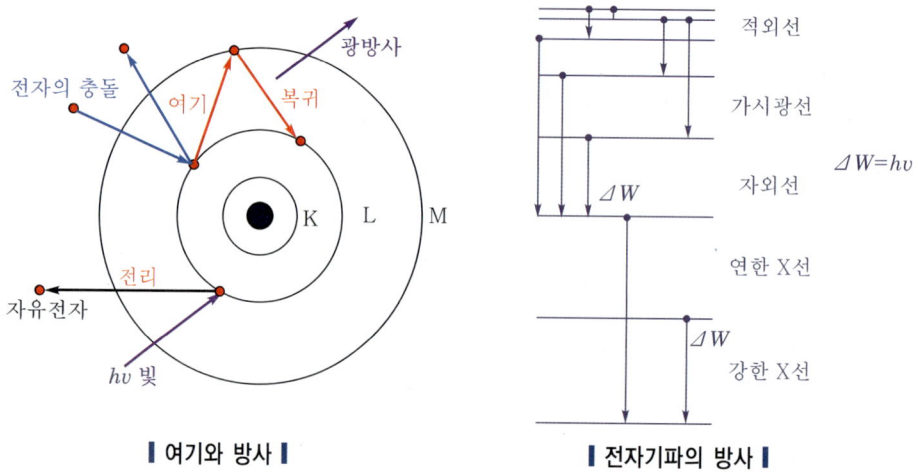

| 여기와 방사 | | 전자기파의 방사 |

⑧ 쌍을 이루고 있는 원자가전자는 상대적으로 안정하다. 쌍을 이루지 못한 원자가전자가 있는 원자는 자기력선을 방출해서 자성이 커진다. 이와같이 쌍을 이루지 못한 홀전자를 라디칼이라고 하며 라디칼은 불안정성 때문에 높은 반응성을 가진다.

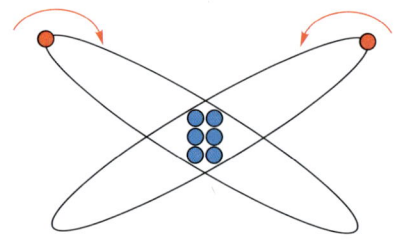

전자쌍을 이루는 원자들의 전기력은 서로 스핀방향이 반대로 상쇄된다.

4) 양성자, 중성자, 자유전자로 나뉘고 그 수는 거의 대부분 같다(양성자의 수 = 중성자의 수 = 전자의 수).
5) 극성은 양성자는 양전하를 띠고 자유전자는 음전하를 띤다. 서로의 극성의 방향은 반대이고 극성의 크기는 같아서 중성을 이룬다.
6) 원자의 질량에서 전자가 차지하는 정도는 극히 적어 무시하고 양성자와 중성자의 합이므로 거의 양성자의 두 배이다.
7) 전자쌍은 전자들의 집합으로 음전하를 띤다.

(6) 원자핵(atomic nucleus) : 원자 중심의 핵자(양성자와 중성자)로 이루어진 작고 밀도가 높은 부분을 지칭한다.
  1) **핵력의 존재 이유** : 중성자와 양자가 매우 빠른 속도로 양전하를 주고받기 때문에 양자와 중성자가 서로 구분이 되지 않아 양자끼리 반발할 시간적 여유가 없기 때문에 반발하지 않고 공존할 수 있다.

2) 핵이 너무 무거우면 핵의 원활한 운동을 방해하므로 쪼개지려는 성질이 있다.
3) 특히 U(92) 우라늄 이상의 원소는 모두 쪼개지면서 다음과 같은 성질을 갖는다.
   ① 높은 에너지를 방출한다.
   ② 방사선이라는 높은 파장을 방출한다.
   ③ 원자번호 100번을 초과하는 원소의 수명은 너무 짧아 인지조차 힘들다. 따라서 우라늄의 원자번호 인근에 있는 원소들이 핵 연료로 이용되고 있는 것이다.

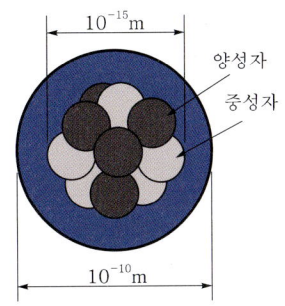

(7) 오비탈(orbital)

1) 전자껍질을 이루는 에너지 상태들(전자 부껍질). 즉, 전자가 점유한 핵 주위의 영역을 말한다. 쉽게 말하면 전자가 이동할 수 있는 공간을 말한다.
2) 전자를 무한히 뻗어 나가는 물질파로 이해하고, 그 표현을 수학적으로 설명해준 궤도함수를 사용한다면 원자의 크기를 정하기가 어려워진다. 따라서 원자핵 주위의 어떤 공간에서 전자가 발견될 수 있는 확률을 정하고 이를 궤도(오비탈)이라고 한다. 오비탈은 크게 s, p, d, f로 구분할 수 있다.
3) s 오비탈 : 구형이며 방향성이 없다.
4) p 오비탈 : 아령 모양으로 방향이 서로 직교하는 3개의 오비탈이 존재한다(x, y, z).
5) d 오비탈 : 클로버 잎 모양으로 펼쳐져 있으며 5개의 오비탈이 존재한다.
6) f 오비탈 : 7개의 오비탈이 존재한다.

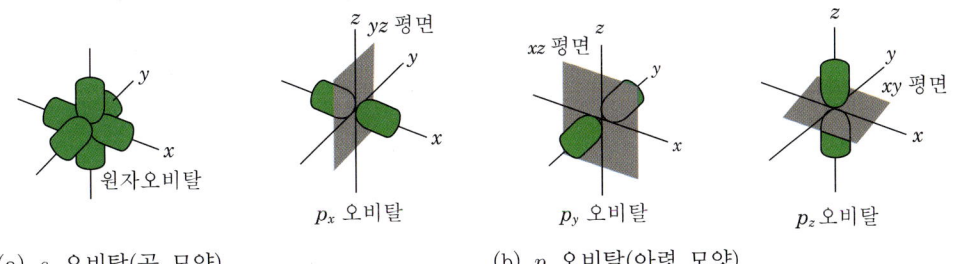

| 오비탈 모양 |

7) 각 전자껍질에 존재하는 오비탈의 종류와 수

전자껍질	K($n=1$)	L($n=2$)	M($n=3$)	N($n=4$)
오비탈의 종류	$1s$	$2s, 2p$	$3s, 3p, 3d$	$4s, 4p, 4d, 4f$
오비탈 수	1	1, 3	1, 3, 5	1, 3, 5, 7
총 오비탈 수	1	4	9	16
전자의 수($2n^2$)	2	8	18	32

8) 원자가전자 : 가장 바깥 껍질의 전자를 일컫는 말이다. 이들은 원자가전자가 다른 원자와 맨 처음으로 상호작용하고, 화학결합에도 참여한다. 따라서 원자가전자가 원자의 성질을 결정하는 가장 중요한 인자가 된다.

(8) 원자량

1) 여러 가지 원자의 질량

2) 탄소에 대한 상대적 질량으로 원자량을 정하여 사용한다. 탄소의 원자량은 12이고 이것이 기준이 된다.

3) 1g 원자량 : 원자 1몰의 질량. 실제 화학반응을 다룰 때에는 단위가 붙은 질량이 필요하므로 원자량에 g을 붙인 양을 사용한다.

03 분자(molecule)

(1) **개념** : 물질의 특성을 갖는 최소 입자

1) 분자는 순수한 화합물에서 그 특징적인 조성과 화학적 성질을 유지시키는 가장 작은 입자이다. 또는 독립적으로 안정하게 존재할 수 있는 원소나 화합물의 가장 작은 입자라고 정의 할 수도 있다.

2) 분자의 총괄적인 화학작용은 분자를 이루는 원자들과 그들 사이의 화학결합의 특성에 의해 결정된다. 전자가 둘 이상의 원자핵의 인력을 동시에 받아 생기는 결합은 원자핵 간 거리를 가깝게 한다. 결합이 생기거나 끊어지는 모든 화학반응은 원자의 전자구조상 변화로 설명될 수 있다.

(2) **분자의 기본 법칙** : 기체반응의 법칙, 아보가드로의 법칙(부피에 관한 법칙)

1) 기체반응의 법칙[1808, 프랑스, 게이뤼삭(Gay Lussac)]
   기체 + 기체 → 기체가 생성 시 각 기체의 부피 사이에 간단한 정수비가 성립한다.

2) 원자설과 기체반응의 법칙 : 원자를 쪼개야 하므로 원자설에 위배된다. 따라서 아보가드로가 분자설을 제안했다.

3) 아보가드로(Avogadro)의 분자설(1811년) : 기체반응의 법칙을 설명하기 위해서 만들어진 가설이다.

① 물질은 원자로 구성된 분자로 이루어졌다.
② 같은 물질의 분자는 크기, 모양, 질량이 같다.
③ 분자를 쪼개면 원자(물질의 특성을 잃음)가 된다.
④ 모든 기체는 같은 온도 · 압력하에서 같은 부피 속에 같은 수의 분자가 존재한다.
⑤ 분자설에 의한 기체반응의 법칙을 설명하면 아래의 그림과 같다.

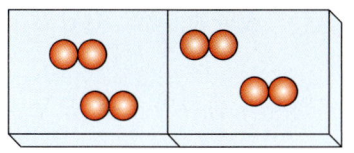 + 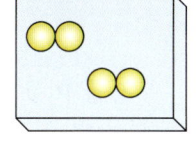 →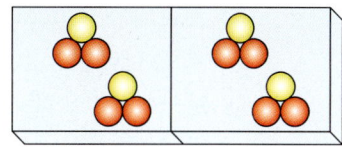

수소 2부피   +   산소 1부피   →   수증기 2부피

4) **아보가드로(Avogadro)의 법칙** : 모든 기체는 그 종류에 관계없이 "같은 온도, 압력 하에서 같은 부피 속에는 같은 수의 분자가 존재한다."

① 이탈리아의 아메데오 아보가드로가 1811년 발표한 기체 법칙에 대한 가설이다. 아보가드로의 가설이라고도 한다. 모든 분자량은 아보가드로의 수에 비례한다는 것을 밝혔다. 예를 들어 수소분자는 1개는 $1/6.022 \times 10^{23}$g이고 탄소 분자 1개는 $12/6.022 \times 10^{23}$g이다. 따라서 수소는 1, 탄소는 12라는 배수가 존재하고, 이를 몰이라고 명명한 것이다.

② **아보가드로의 수(Avogadro's numbe)** : 0℃, 1기압(atm)하에서 기체 22.4L 속에 6.022×10^{23}개의 분자가 존재한다.

③ **mole(몰)**
  ㉠ 탄소-12의 정확한 12g 속에 들어 있는 원자의 개수와 같은 수의 분자와 화학식 단위를 포함한 물질의 양
  ㉡ 물 분자 하나의 질량은 너무 적어서 그것을 모아서(아보가드로의 수만큼) 그 질량(18g)과 부피(22.4L)로 나타낸다. 즉, 몰은 계산을 용이하게 하기 위한 하나의 가상단위이다.
  ㉢ 여러 개의 분자를 모아 하나의 부피 단위나 질량단위로 이용하면 정량적인 계산이 용이해진다.

④ 기체 분자는 화학적, 물리적 특성과는 무관하게 같은 온도와 압력에서 기체 시료가 차지하는 부피는 기체의 몰 수(분자 수)에 비례한다. 예를 들면 분자의 몰 수를 2배로 하면 부피도 2배가 된다는 것이다.

(3) 분자식

1) 원자는 대개 단독으로는 불안정하여 몇 개의 원자가 결합하여 분자 상태로 존재한다.
2) 원소기호 사용 분자를 구성하고 있는 원자의 종류 및 수를 표시한 식이다.

3) 화학식(chemical formula) : 물질을 이루는 기본 입자인 원자, 분자 또는 이온을 원소기호를 사용하여 나타낸 식으로 물질의 화학적 조성을 나타내는 기호들의 조합체이다.
① 이온식(ion formula) : 이온을 구성하는 원자의 종류와 수를 원소기호를 써서 표시하고 이온의 전하수도 함께 나타낸 식
② 실험식(empirical formula) : 물질을 구성하는 원자의 종류와 수를 간단한 정수비로 나타낸 식(CH_2O)
③ 분자식(molecular formula) : 분자를 이루고 있는 원자의 종류와 수를 모두 나타낸 식(분자식=실험식$\times n$)($C_2H_4O_2$)
④ 시성식(rational formula) : 물질의 특성을 나타내는 작용기를 결합 형태로 나타낸다.
⑤ 구조식(condensed formula) : 원자 간의 결합선으로 결합상태로 나타낸다.

(4) **분자 간 힘**(IMF, Intermolecular forces) : 분자들 사이에 작용하는 인력으로 분자들이 모여서 고체나 액체로 되기 위해 분자 간에 발생하는 힘

(5) **분자 내 힘**(IMF, Intramolecular forces) : 한 분자 내에서 원자들끼리 서로 붙들고 있는 힘으로 한 분자 내의 원자들을 함께 뭉치도록 하는 결합력

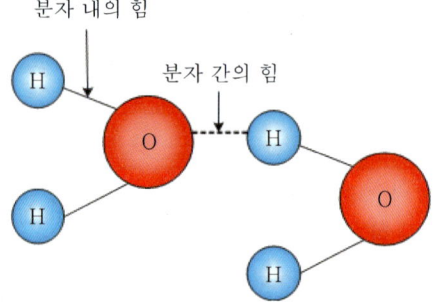

│ **분자 내의 힘(IMF) & 분자 간의 힘(IMF)**[22] │

(6) 일반적으로 분자 간 힘은 분자 내 힘보다 훨씬 약하다.

꼼꼼체크 분자 간 힘 vs 분자 내 힘
- 41kJ to vaporize 1 mole of water(inter)
- 930kJ to break all O-H bonds in 1 mole of water(intra)

(7) **분자운동** : 물질을 이루는 분자들의 움직임

(8) **분자의 구분**
1) 1원자 분자 : 헬륨(He), 네온(Ne), 아르곤(Ar) 등
2) 2원자 분자 : 수소(H_2), 산소(O_2), 염화수소(HCl) 등

---

[22] 7th Edition Introduction to Chemistry : A Foundation. Steven S. Zumdahl, Donald J. DeCost의 466P.

3) 3원자 분자 : 오존(O_3), 물(H_2O), 이산화탄소(CO_2) 등
4) 4원자 분자 : 인(P_4), 암모니아(NH_3) 등

(9) 분자량

1) **정의** : 분자 안의 모든 원자의 원자량의 합
2) **평균 분자량** : 혼합물의 경우 각 분자의 조성백분율로부터 평균 분자량을 구한다.
   예 공기의 분자량(공기 중에는 산소 21%, 질소 79%)
   $$\text{air} = 32 \times \left(\frac{21}{100}\right) + 28 \times \left(\frac{79}{100}\right) = 28.84 = 29 \text{g/g-mol}$$

(10) 분자의 구조

1) 분자의 입체 구조는 그 화학적 물리적 특성을 결정하는 중요한 요인이 된다. 왜냐하면 이를 통해 공간의 구성과 결합력이 결정되기 때문이다.
2) 전자쌍 반발의 원리(Valence Shell Electron Pair Repulsion theory, VSEPR theory)
   ① 구조 전자쌍 : σ(시그마) 결합 전자쌍, 비공유 전자쌍으로 분자 간의 결합구조를 결정하는 전자쌍이다.
   ② 비구조 전자쌍 : π(파이) 결합 전자쌍으로 σ(시그마) 결합 전자쌍 주변에 생기는 전자쌍
   ③ 중심원자의 각 전자쌍들은 서로 반발하므로 서로 가장 멀리 떨어진 위치에 존재하게 된다. 예를 들어 중심원자에 3개의 전자쌍이 존재한다면 각 전자쌍은 중심원자를 중심으로 정삼각형의 형태로 위치하게 되는 것이다. 분자를 구성하는 원자들은 결합 전자쌍을 통해 결합하고 있으므로 결합 전자쌍의 배치가 곧 분자의 모양이 된다.
   ④ 전자쌍에는 결합 전자쌍과 비공유 전자쌍(비결합 전자쌍)이 있는데 결합 전자쌍보다 비공유 전자쌍의 반발력이 더 크다. 따라서 비공유-비공유 전자쌍 간의 반발력이 가장 크며 결합-결합 전자쌍 간의 반발력이 가장 작다. 따라서 같은 개수의 전자쌍을 갖고 있더라도 결합 전자쌍과 비공유 전자쌍의 구성에 따라 각 전자쌍들이 이루는 각은 조금씩 달라질 수 있다.

(11) 분자의 극성

1) 서로 다른 원자가 결합하면 공유 전자쌍은 한쪽으로 치우쳐 부분적으로 양전하와 음전하로 분리되면서 극성을 띠게 된다.
2) 극성 공유결합을 하지만 분자 자체가 극성을 나타내지 않는 이유는 분자구조가 대칭적으로 되어 있어 결합 쌍극자가 상쇄하기 때문이다.

04 라디칼(radical)

(1) 개념
1) 전자가 쌍을 이루지 않고 혼자서 분자나 원자로 존재하는 것은 대단히 불안정한 상태로 존재하는 것이다.
2) 적어도 한 개 이상의 홀전자를 포함한 분자로 대부분의 전자가 짝이 있는 전자쌍을 가지고 있다(홀로 궤도를 차지하고 있음).

> 라디칼(radical) : 본래의 어원은 과격하다는 말에서 왔다. 쌍을 이루지 못한 전자 하나가 있어서 다른 물질을 만나면 전자를 뺏거나 주어서 안정된 상태가 되는 것으로 반응성이 크다.

(2) 라디칼의 생성 : 공유결합은 전자쌍을 공유하는데 라디칼 생성은 전자쌍이 깨어지면서 홀전자가 된다.

(3) 산소 : 산소가 에너지를 받아 싱글렛 산소가 되거나 슈퍼옥사이드 라디칼이 되면 반응성이 증대된다.

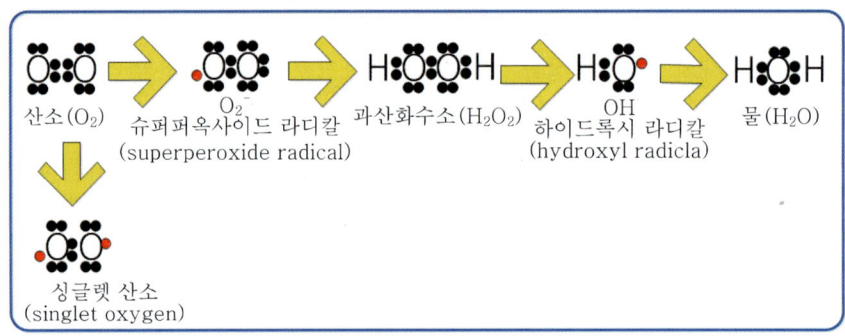

┃산소의 환원과정에서 발생하는 프리라디칼┃

(4) 라디칼반응
1) **개시반응** : 최초 하나의 라디칼이 형성되는 반응이다.
2) **전파반응** : 하나의 라디칼이 중성분자와 충돌하여 2개 이상의 라디칼을 만드는 반응이다.
3) **정지반응(종료반응)** : 라디칼이 소멸(벽이나 물질에 부딪쳐 에너지를 잃어버리고 정지, 라디칼 끼리 충돌하여 안정된 생성물을 만드는 경우)하면 비활성 전자쌍을 형성한다.

(5) 라디칼반응의 생성물
1) $E = h \cdot v$(빛을 방출)
2) ΔQ(열을 방출)
3) 산화물

05 이온화(Ionization)

(1) 개념 : 분자에 수천 도의 열을 가하면 분자가 원자로 되고, 계속해서 4만℃ 이상의 고온으로 가열 시 가속된 전자충돌에 의하여 에너지를 가하거나, 마이크로파로 조사하면 원자의 최외각 전자가 궤도를 이탈함으로써, 원자의 양이온과 이탈한 자유전자의 음이온이 생성된다.

(2) 정의 : 전하를 띤 원자나 원자단

(3) 이온의 형성 : 원자나 분자는 전하를 띠지 않는 중성입자들이며, 전자를 잃거나, 얻은 경우 또는 전하를 띤 입자와 결합하는 경우 이온이 형성된다.

  1) **양이온** : 전자를 잃고 (+) 전하를 띠는 입자(금속)
  예) Na^+, Mg^{2+}, Al^{3+}, K^+, NH_4^+ 등

  2) **음이온** : 전자를 얻어 (−) 전하를 띠는 입자(비금속)
  예) Cl^-, S^{2-}, NO_3^-, SO_4^{2-} 등

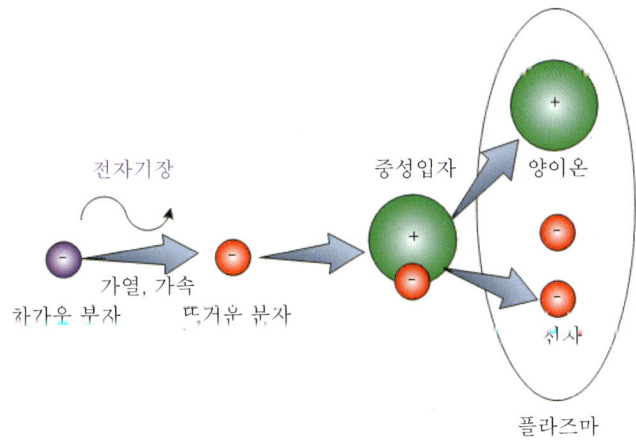

(4) 플라즈마(plasma) : 플라즈마는 이온화된 상태의 기체이다. 기체에 열을 충분히 가하면 원자들 간의 충돌로 인해 많은 수의 전자들이 원자핵의 구속에서 벗어나게 되는데 이것이 플라즈마이다.
다른 금속은 자유전자만 움직이지만 플라즈마는 전자와 양이온 모두가 움직일 수 있다.

> **꼼꼼체크 중성종(활성종)** : 양이온이 제거된 중성입자로만 된 혼합물로 전기적인 성질을 띤다.

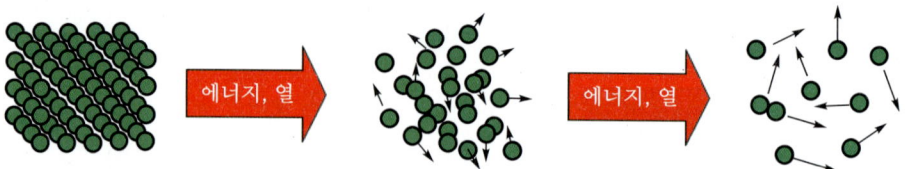

제1상태 : 고체(예 : 얼음)
모양을 유지하고 있고
약간의 진동만 있는 상태

제2상태 : 액체(예 : 물)
분자나 전자의 움직임이
자유로워지고 무질서한 상태

제3상태 : 액체(예 : 수증기)
분자나 전자의 움직임이
더욱더 자유로워진 상태

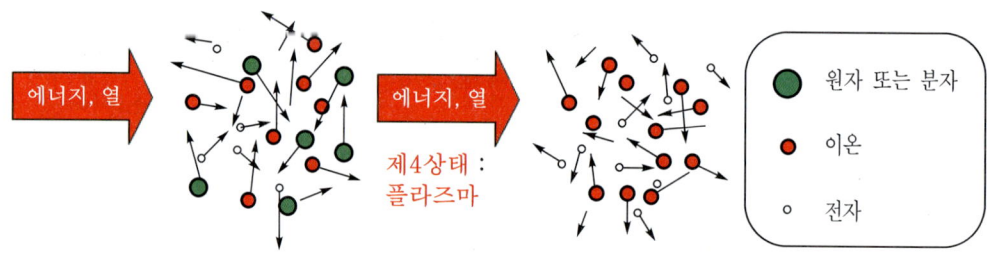

제4상태 : 플라즈마

일부 전자가 이온과 전자로 나누어짐
(부분 전리된 플라즈마 상태)

모든 전자가 이온과 전자로 나누어짐
(완전 전리된 플라즈마 상태)

(5) 해리(dissociation) : 분자가 그 분자를 구성하고 있는 각각의 이온, 원자보다 작은 분자로 나누어지는 현상을 말한다.

Section 12. 원소의 주기적 성질

01 주기율표

주기율표(1869년 멘델레프(Mendeleev)와 마이어(Meyer)에 의해서 작성)

꼼꼼체크 빨간색은 상온에서 기체, 파란색은 상온에서 액체, 나머지는 상온에서 고체이다.

02 주기율표(periodic table)의 특징

(1) 일반적으로 주기율표 아래쪽 주기에는 원자가 크기 때문에 상대적으로 무겁고, 위쪽 주기는 원자가 작기 때문에 단단하다. 원자번호가 클수록 원자의 전자껍질이 두꺼워지고 이로 인해 원자 사이즈가 커지면 전자 밀도가 낮아져 무겁게 된다.

(2) 주기율표 원소의 구분
   1) 금속과 비금속
      ① 금속원소(주기율표의 대부분은 금속)

㉠ 원자가전자 수가 1~3개로 원자가전자를 잃고 양이온이 되어 안정화되기 쉽다.
㉡ 주기율표의 왼쪽 아래로 갈수록 금속성이 커진다.
② 양쪽성 원소
㉠ 금속과 비금속의 성질을 모두 가지고 있다.
㉡ 산, 염기와 모두 반응하여 수소 기체를 발생한다.
㉢ Al, Zn, Sn, Pb
③ 비금속원소
㉠ 원자가전자 수가 4개 이상으로 전자를 얻어 음이온이 되어 안정화되기 쉽다.
㉡ 주기율표의 오른쪽 위로 갈수록 비금속성이 커진다.

2) 전형원소와 전이원소
① 전형원소 : 같은 족끼리는 거의 화학적으로 같은 성질을 나타낸다(1~2족, 12족~18족 전형원소).
㉠ 원자가전자의 수가 족의 번호 끝자리 숫자와 일치한다.
㉡ 동족원소는 화학적 성질이 비슷하다. 따라서 족마다 특성으로 구분이 가능하다.
㉢ s 나 p 오비탈에 전자가 채워진다.
② 전이원소(중금속, 3~11족 전이원소)
㉠ 모두 금속이다.
㉡ 반응성이 작아 촉매로 많이 쓰인다.
㉢ 부분적으로 채워진 d 또는 f 오비탈을 가지고 있다.
㉣ 원자가전자가 1~2개이므로 족이 달라도 화학적 성질이 비슷하다.
㉤ d 나 f 오비탈의 전자도 결합에 참여하므로 여러 가지 원자가를 갖는다.

(3) 원자번호 : 원자를 구별하기 위해 원자가 가진 양성자의 수를 원자번호로 사용
 1) 원자번호 = 양성자 수 = 전자 수(중성원자의 경우)
  ① 1914년 모슬리(Mosely)에 의해 원자번호가 결정되었다.
  ② 수소(1)~우라늄(92) : 자연에 존재하는 원자
  ③ 93~103 : 인공적으로 만든 원자
 2) 질량수
  ① 질량수 : 한 원자의 양성자 수와 중성자 수의 합
  ② 질량수 = 양성자 수 + 중성자 수
  ③ 원자번호 = 질량수 − 중성자 수

Z : 질량수=양성자수+중성자수
g : 원자가
A : 원자번호=양성자수
n : 원자의 개수

3) **동위원소** : 원자번호는 같으나, 질량수가 다른 원소로, 양성자 수는 같고 중성자 수가 다른 원소를 말한다.
  ① 원자번호가 같으므로 같은 종류의 원소
  ② 화학적 성질이 같고, 물리적 성질은 다름
4) **원자가전자** : 한 원자가 다른 원자와 반응하거나 결합할 때에는 가장 바깥 전자껍질(원자가전자껍질)에 있는 전자들만이 관여한다.

(4) 원소주기율표상의 원소의 주기성
1) **원자량** : 주기에서 오른쪽으로 갈수록, 족에서 아래로 갈수록 증가한다.
2) **원자반경** : 주기에서 왼쪽으로 갈수록, 족에서 아래로 갈수록 증가한다.
  ① 족 아래로 갈수록 커지는 것은 핵으로부터 전자의 평균거리가 증가하여 커지는 것이다. 즉 전자가 큰 주 에너지준위에서 채워짐에 따라서 원자의 크기가 커지는 것이다.
  ② 주기 왼쪽으로 갈수록 커지는 것은 양전하 수가 줄어들어 양전하가 공간을 왜곡시키면서 당기는 힘이 증가하기 때문에 전자를 핵 쪽으로 더욱 가깝게 당기기 때문이다.

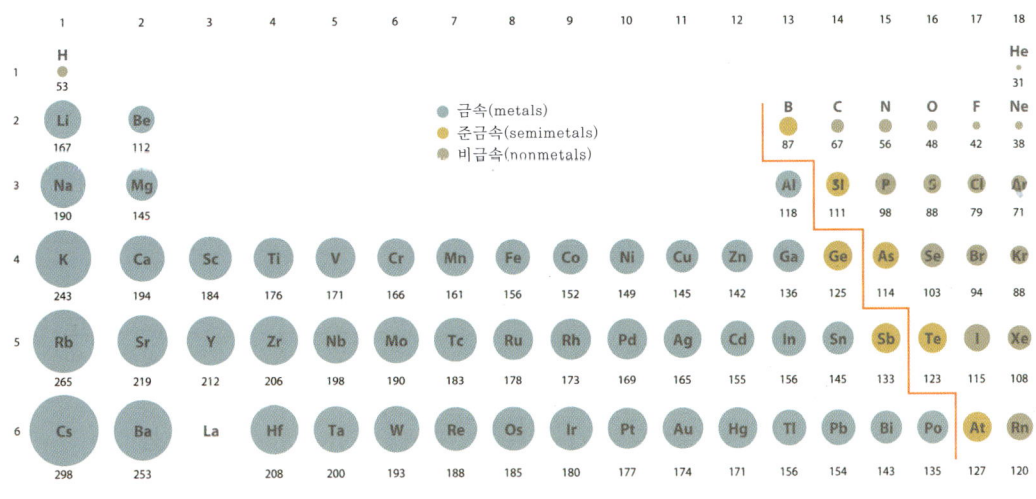

| 원자의 크기[23] |

3) **이온반경** : 주기에서 오른쪽으로 갈수록, 족에서 아래로 갈수록 증가한다.
4) **이온화 에너지** : 주기에서 오른쪽으로 갈수록, 족에서 위로 갈수록 증가한다.
  ① 정의 : 유리된 원자에서 전자 하나를 제거하는 데 필요한 에너지

---

[23] http://2012books.lardbucket.org/books/general-chemistry-principles-patterns-and-applications-v1.0/section_11_02.html

② 원자핵과 최외각 전자 사이의 인력에 의해 좌우된다.
③ 원자의 크기가 작을수록, 유효 핵전하가 증가할수록 증가한다.
④ 1차 이온화 에너지 < 2차 이온화 에너지 < 3차 이온화 에너지
5) <u>전자친화도</u> : 주기에서 오른쪽으로 갈수록, 족에서 위로 올라갈수록 증가한다.
6) <u>전기음성도</u> : 주기에서 오른쪽으로 갈수록, 족에서 위로 갈수록 증가한다.

03 Ⅰ족(알칼리금속, Alkali metal, Li, Na, K, Rb, Cs, Fr)

(1) 반응성이 큰 금속으로 각 원자들은 8족 기체심(noble gas core)을 가지며 원자가껍질에 하나의 s 전자를 가진다.

(2) 모든 금속들 중 가장 전기양성적인 알칼리금속은 최외곽 바깥껍질의 전자 하나를 잃고서 대단히 쉽게 반응한다. 반응성이 커서 순물질로는 존재하기가 곤란해 화합물 형태로 존재한다.

(3) 알칼리금속(리튬의 드문 경우는 제외)은 항상 이온성 화합물을 형성하고 단자 +1인 하나의 산화상태를 가진다.

(4) 물의 재는 녹아서 염기성을 띤다. 알칼리성을 띠기 때문에 단백질의 성분의 때를 녹여 내는 데 효과적(양잿물)이다.

(5) Li < Na < K으로 분자량이 커질수록 물과의 반응성이 커진다.

(6) **대표원소 – 수소(H)**
  1) 한 개의 s 원자가 전자를 가짐에도 불구하고 알칼리금속과 아주 달라서 같은 족에 포함될 수 없다. 예를 들면 알칼리금속의 원자가전자는 쉽게 제거되어 Na^+ 혹은 K^+과 같은 일가 양이온을 형성하나 수소 원자는 전자를 잃기가 매우 어려우므로 일반적인 화학반응에 있어서는 단순한 H^+ 이온이 형성될 수 없어서 알칼리족에 포함시키지 않는다.
  2) 할로겐 원자(Ⅶ족)처럼 수소원자는 영족 기체 배치에서 한 개의 전자가 부족하나 수소는 역시 할로겐족으로 분류하기에는 적합하지 않다. 할로겐 원자는 영족 기체 배치인 -1가 음이온을 형성하기 위하여 쉽게 전자 하나를 얻는다. 하지만 수소는 전자를 하나 얻기보다는 하나를 내보내 안정화하기 때문이다. 더욱이 할로겐화 이온과 대조적으로 수소화 이온은 물에서 불안정하며 즉시 반응해서 산소와 수산화 이온을 만든다.

3) 수소의 특징
① 금속 위치에 있지만 비금속이고 H_2로 존재한다.
② 수소는 양성자만 있어서 질량이 1, 수소 이외의 질량은 거의 원자번호의 2배이다.
③ 지구상에 존재하는 원소 중에서 9번째로 양이 많고 우주 전체에 존재하는 모든 물질 질량의 75%를 차지한다.
④ 반응성이 뛰어나 다양한 화학물질을 만들어 낸다.

(7) 대표원소 – 나트륨(Na)
1) 은백색의 금속임에도 물보다 비중이 낮아 물 위에 뜬다.
2) 물과 반응성이 좋아 만나면 수소를 내며 수산화나트륨(NaOH)이 되는데, 이 경우 쉽게 습기를 흡수하여 액체가 된다. 이를 흔히 가성소다 또는 양잿물이라 한다.
3) 나트륨은 열과 전기의 전도성이 뛰어나다.

04 Ⅱ족(알칼리토금속, Alkaline earth metal, Be, Mg, Ca, Sr, Ba, Ra)

(1) 최외각 원자가껍질에 두개의 전자(ns^2)가 있다.

(2) 두 전자를 잃어버려 알칼리금속처럼 다만 하나의 산화상태 +2를 가질 뿐이다. 베릴륨을 제외하고 대개 이온성 화합물을 형성한다.

(3) 알칼리금속만큼 반응성은 크지만 무르지는 않다.

(4) 대표원소 – 마그네슘(Mg)
1) 반응성이 커서 연소 시 밝은 빛을 내며 타는 특성이 있다. 카메라 플래시, 불꽃놀이에 이용된다.
2) 은백색의 금속으로 하소처리(열처리)하면 표면적이 매우 낮고 고밀도이며 화학적으로 비활성인 중소마그네사이트(MgO)가 되고 이는 모든 내화 산화물들 중에서 가장 높은 용융온도를 가짐으로써 염기성 내화벽돌로 이용되는 등 중요한 산업적 용도를 가진다.

(5) 대표원소 – 칼슘(Ca)
1) 칼슘은 산소와 반응하여 석회(CaO)라는 비료와 건축재료를 만든다.
2) 특히 소석회라고 하는 수산화칼슘은 산화칼슘과 물이 섞여 만들어 지는데 이것이 시멘트이다.
예) $CaO + H_2O \rightarrow Ca(OH)_2$

05 Ⅲ족(B, Al, Ga, In, Ti)

(1) Ⅲ족의 원자가껍질 배치는 ns^2np이다. 이 족의 모든 원소는 +3의 산화상태의 화합물을 형성하나 Ⅲ족과 Ⅳ, Ⅵ족의 원소들은 Ⅰ, Ⅱ, Ⅶ족의 원소들만큼 서로서로 닮은 점을 가지지 않는다.

(2) 붕소는 반도체 원소이며 그것의 화합물은 순수한 상태와 수용액 상태에 있어서 모두가 공유성이며 붕소로부터 세 개의 원자가 전자를 제거하는 데 필요한 에너지는 너무 커서 B^{3+}로 되도록 허용하지 않는다.

(3) 삼족의 나머지 원소는 금속이며 그들의 화합물은 이온성 혹은 공유성일 수 있고 모든 원소들은 수용액 내에서 수화물을 형성한다.

06 Ⅳ족(C, Si, Ge, Sn, Pb)

(1) 탄소는 비금속, 규소와 게르마늄은 반도체 원소 그리고 주석과 납은 금속으로, 이들 원소의 원자는 원자가껍질에서 ns^2np^2 배치를 갖는다. 사족의 모든 원소는 할로겐과 산소와의 화합물에서 +4인 산화상태를, 수소화물에서는 -4의 산화상태를 가진다. 네 개의 결합수가 균형을 이루면서 극성을 띠지 않는다.

(2) 탄소의 뛰어난 성질의 하나이나 이족의 다른 원소에 있어서는 중요하지 않은 성질은 원자들이 전자쌍을 공유하여 서로 결합, 탄소사슬이나 고리의 골격구조를 가진 화합물을 형성하는 능력이다. 다른 원소의 단일 공유결합의 결합에너지와 비교하여 상당히 높은 C-C 결합의 결합에너지는 틀림없이 탄소의 원자들 간의 결합능력에 기여하는 인자이다.

(3) 또 다른 탄소의 중요한 성질은 산소, 황, 질소뿐만 아니라 다른 탄소원자와 다중공유결합을 형성할 수 있는 능력이다.

07 Ⅴ족(N, P, As, Sb, Bi)

(1) 질소와 인은 Ⅴ족의 비금속이고 비소와 안티몬은 반도체 원소에 속하며 비스무트는 금속이다. 원자가껍질에서 이들 원소의 원자는 ns^2np^2 배치를 가지므로 영족 기체 배치에 비해 전자 세 개가 부족하다.

(2) 질소 원자는 상당히 큰 전기음성도를 가지며 원자가껍질에 전자를 여덟 개보다 더

많이 수용시키지 못하기 때문에 질소의 화학적 성질은 V족의 다른 원소와 본질적으로 다르고 질소는 염소만큼 전기음성도가 크며 단지 플루오르와 산소만이 더 큰 전기음성도를 지닌다.

(3) 비금속인 질소와 인의 원자는 전자 세 개를 얻으면 영족 기체 배치를 이룰 수 있고 N^{3-} 이온은 단지 매우 전기양성적인 금속과의 질소화합물에서 나타난다. 수소와의 공유화합물인 경우에 원소들은 -3의 산화상태를 가지는 것으로 생각되는데, 그것은 수소가 이러한 화합물에서 항상 +1의 산화수를 가지기 때문이며, -3의 산화상태는 금속과의 이온성 혹은 공유성 이성분 화합물에서도 볼 수 있다.

(4) 질소의 특징
   1) 질소는 지구를 둘러싼 공기의 대부분을 차지한다(78.084%).
   2) 무색, 무취, 무미한 기체이다.
   3) 비점이 -196℃로 이 점 이하인 경우에는 액체로 존재한다.
   4) 고온에서는 산소와 반응하여 일산화질소 NO가 된다(자동차의 배기가스).
      예 $N_2 + O_2 \rightarrow 2NO$
   5) NO는 공기 중에서 산소와 반응하여 이산화질소 NO_2가 된다.
      예 $2NO + O_2 \rightarrow 2NO_2$
   6) 질소는 수소와 반응하여 암모니아를 만든다.
      예 $N_2 + 3H_2 \rightarrow 2NH_3$

08 Ⅵ족(O, S, Sc, Te, Po)

(1) 산소와 황은 산소족 원소의 비금속 원소이며 셀렌과 텔루르는 반도체 원소이고 방사능물질인 폴로늄은 텔루르, 비스무트와 유사하지만 성질에 있어서도 주로 금속성을 나타낸다.

(2) Ⅵ 원소의 원자가껍질은 ns^2np^4 배치를 가지므로 영족 기체 배치에서 두 전자가 부족하며, 할로겐족처럼 화학결합을 할 때 Ⅵ족 원소는 영족 기체 전자배치(s^2p^6)를 달성하려는 경향이 매우 크다.

(3) 금속 원자로부터 그들이 p 궤도함수로 두 전자가 이동하여 Ⅵ족 원소는 -2가 이온으로 되며 모든 원소 중 전기음성도가 가장 큰 플루오르 다음으로 큰 전기음성도를 가지는 산소는 대부분의 금속과 이온성 화합물을 만들고 황, 셀렌, 텔루르는 단지 나트륨, 칼륨, 칼슘과 같은 대단히 전기양성적인 금속과 결합할 때 -2가 이온을 만든다.

(4) 이들 원소는 또한 수소화물에 있어서처럼 다른 원소와 공유결합에 의해서 배치를 이룰 수 있다. 본질적으로 환원력이 없는 물을 제외한 수소화물은 좋은 환원제이다.

(5) 대표원소 – 산소(O)

반응성이 높은 원소로 비활성 기체의 일부를 제외하고는 모든 원소와 반응하며 화합물을 만든다.

(6) 대표원소 – 황(S)

1) 황은 노란색이라는 한자에서 붙여진 이름으로 밝은 노란색을 띠고 있다.
2) 연소 시 파란 불길이 일면서 몹시 고약한 냄새가 난다. 황은 독성을 가지고 있지만 적은 유황성분은 몸 속에 들어온 중금속과 결합하여 변으로 나와 몸에 축적되는 것을 방지한다.

09 Ⅶ족(할로겐, Halogen, F, Cl, Br, I, At)

(1) 대표원소 Ⅶ족들은 Ⅰ족, Ⅱ족의 금속 원소들처럼 원소들끼리의 유사성이 Ⅲ~Ⅵ족의 원소들 사이보다 크다. 모든 할로겐족 원소들은 큰 전자친화도, 큰 전기음성도 및 큰 이온화 에너지를 가지는 비금속으로 플루오르의 원자는 다른 할로겐 원자보다 매우 작으며 가장 전기음성도가 크다. 따라서 반응성이 가장 크다.

(2) 족의 아래쪽에 있는 다른 할로겐 원소들 사이보다는 플루오르와 염소 사이의 성질에 있어서 큰 차이를 보여 준다. 할로겐족은 ns^2np^5 배치를 가지며 쉽게 반응하여 -1의 음이온 혹은 한 개의 공유결합을 형성한다.

(3) 화합물에 있어서는 -1가 산화상태를 가지지만 할로겐 원소들끼리의 화합물 또는 산소와의 화합물에 있어서는 플루오르를 제외하고 $+1$, $+3$, $+5$, $+7$의 양의 산화상태를 나타낸다.

(4) 대표원소 – 염소(Cl)

1) 염소는 그리스어로 옅은 녹색이라는 뜻이다. 염소가스가 녹색을 지니고 있어서 붙여진 이름이다.
2) 염소는 강한 독성을 가지고 있어 아주 미량이라도 폐를 붓게 하고, 피부에 화상을 입히고, 눈에 염증을 일으킨다.
3) 염소는 바이러스와 박테리아 같은 미생물을 없애고, 종이나 옷을 하얗게 할 수 있으므로 소독제, 표백제로 사용된다.

10 0족(불활성 기체, noble gas, He, Ne, Ar)

(1) 8족에 속하는 원소는 다른 원소와 화합하여 화합물을 만들지 않는다. 왜냐하면 오비탈 최외각의 전자가 전자쌍을 이루며 꽉 차있기 때문이다.

(2) 헬륨 원자는 원자핵 주위에 2개의 전자만이 돌아다니고 있지만, 그 밖의 다른 8족 원소는 8개의 전자가 원자의 가장 바깥 각을 돌고 있다.

(3) 대표원소 – 헬륨(He)
1) 헬륨은 우주에서는 수소 다음으로 많이 존재한다. 하지만 지구에는 많이 존재하지 않는다.
2) 헬륨은 화학적으로 안정되어 반응성이 약하다.
3) 어원은 발견 시 태양에 존재하는 것으로 믿고 헬리오스에서 유래한 것이다.

(4) 대표원소 – 아르곤(Ar)
1) 대기 무게의 1.3%, 부피의 0.94%를 차지하는 아르곤은 지구상에서 발견된 최초의 비활성 기체이다.
2) 그리스어로 게으르다는 뜻의 아르고스에서 유래되었다.

Section 13 화학결합(chemical bond)

01 화학결합(chemical bond)의 정의

(1) 두 원자 혹은 원자단 사이에 강하게 작용하는 힘이며, 이 힘이 원자 혹은 원자단을 결합시켜 측정할 수 있는 성질을 가지게 하고 본래의 원자 및 원자단과는 다른 안정한 물질을 만든다.

(2) 화학결합은 원자, 이온 혹은 원자단이 상호작용할 수 있을 정도로 가깝게 접근할 때 야기되는 에너지 변화로도 기술될 수 있다. 결국 전자를 주고받으면서 배치변화에 따라 일어나는 에너지의 변화를 수반하는 반응이라고 할 수 있다.

02 원자가전자와 옥텟 규칙(Octet rule)

(1) 원자가전자(valence electron)가 화학결합에 참가하는 전자로서 "탄소는 네 개의 원자가전자를 가지고 있다"라고 말하는 것은 탄소가 결합하는 데 네 개의 전자가 이용됨을 의미한다.

(2) 대표원소에서 원자가전자는 모두 제일 바깥 전자껍질에 존재하며 원자가껍질(valence shell)이라는 말은 가장 높은 전자껍질에 사용한다. 예를 들면 탄소의 원자가 전자는 $2s^2$ 및 $2p^2$ 전자이고 이들은 탄소의 원자가껍질인 $n=2$ 껍질에 존재한다. 대표원소 원자에 있어서 원자가전자의 수는 원소의 족의 번호와 같다. IV족의 탄소는 네 개의 원자가전자를, V족의 질소는 다섯 개의 원자가전자를 가지고 있다.

(3) 영족 기체는 주기율표상 각 주기의 제일 끝에 있으며 모든 원소 중에서 가장 활성이 작다. 각 궤도함수는 두 개의 전자를 가지며, 영족 기체의 모든 전자는 쌍으로 존재한다. 영족 기체의 배치가 화학적으로 안정하다는 것은 영족 기체의 높은 이온화 에너지 즉, 전자를 제거하기가 어렵다는 것과 이들의 비활성으로 알 수 있다.

(4) **이온화 에너지(Ionization energy)**
  1) 정의 : 원자에서 전자 하나를 떼어버려 양이온을 만드는 데 필요한 에너지(kJ/mol)
  2) 0족이 이온화 에너지가 가장 크다. 왜냐하면 화학적으로 가장 안정된 상태이므로 전자를 하나 떼어버리는 데는 많은 에너지를 필요로 한다.
  3) 이온화 에너지가 클수록 그 입자는 전자를 잃기가 더 어렵다. 양이온으로 이온화는 항상 에너지를 필요로 하는 흡열과정이어서 이온화 에너지는 항상 양의 값을 가진다.

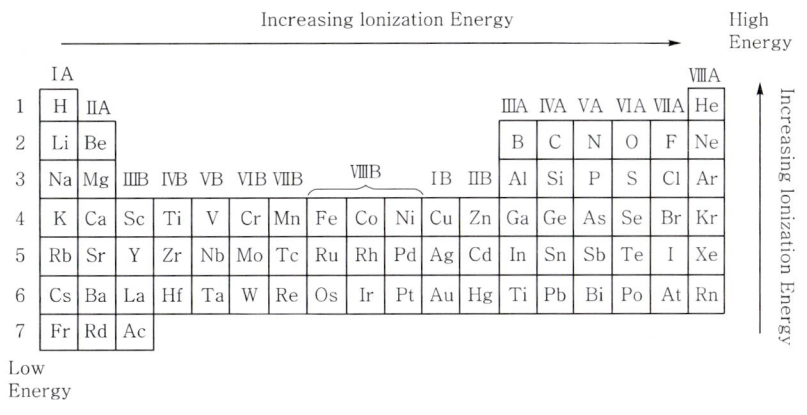

┃ 주기율표에서의 이온화 에너지 크기[24] ┃

(5) 전자친화도(electron affinity)

1) 중성의 원자가 1개의 전자를 얻어 음이온을 생성시키는 데 필요한 에너지. 전자친화도는 원자나 분자의 1가 음이온에서 전자를 떼어내는 데 필요한 에너지를 말한다.

2) 전자친화도가 클수록 그 입자는 전자를 얻기가 더 쉽다. 음이온으로 진행하는 과정은 발열과정이어서 전자친화도는 대부분 음의 값을 가지나 일부는 양의 값을 가질 수도 있다.

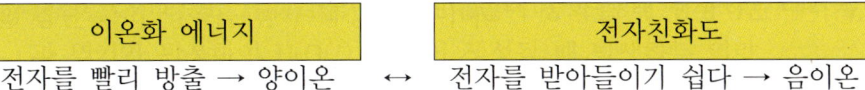

(6) 이온화 에너지와 정반대 반응의 경향성을 논하고 있지만, 전자친화도 역시(18족을 제외하고 생각했을 때) 주기율표의 오른쪽 위로 갈수록 증가하는 경향을 보여준다. 이는 이온화 에너지가 해당 반응에 '들어가는' 에너지로 정의된 반면 전자친화도는 해당 반응에서 '나오는' 에너지로 정의되었기 때문이다.

(7) 팔우설(옥텟 규칙, octet rule)

1) 전자를 주고받음으로 최외각 전자를 8개를 채우는 성질

2) 수소를 제외한 다른 원자들은 결합을 형성한 후 8개의 원자가전자에 의해 둘러싸인다는 법칙이다. 왜냐하면 최외각 전자가 8개가 되었을 때 최외곽 전자들이 쌍을 이루며 가장 안정적이기 때문이다.

3) 비영족 기체는 각 원자의 제일 바깥껍질 에너지준위가 ns^2np^6 배치인 네 쌍의 전자를 가지거나 혹은 공유하기 위해 전자를 얻거나 잃거나 혹은 공유함으로써 결합하려 한다.

---

[24] http://aadamsspring09.wikispaces.com/ELECTRO+NEGATIVITY

1902년 루이스는 원소의 화학적 성질을 쉽게 이해하기 위하여 정육면체의 꼭지점에 최외각 전자를 배열한 모델을 제시하였다. 정육면체의 각 꼭지점을 모두 채우기 위해서는 8개의 전자가 필요하고 이때 원소는 가장 안정화된 형태를 취한다. 따라서 8개가 되기 위해서 서로 전자를 주고 받는다. 이 개념은 산과 염기에도 적용된다.

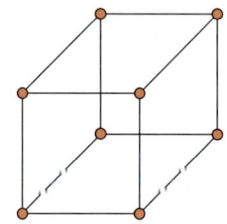

∥ 분자의 정육면체에 배치 ∥

(8) 가리움 효과(screening effect)
  1) 내부전자는 외부전자를 핵으로부터 밀어내려는 성향이 있다(같은 음전하를 띠고 있기 때문에).
  2) 가리움 효과는 전자와 전자 간 반발력이 원자핵과 전자 사이의 인력을 부분적으로 상쇄시키는 효과를 말한다.

03 화합결합의 형태(원자와 원자의 결합)

(1) 금속결합(metallic bonding)
  1) 정의
    ① 강도, 전성, 연성, 광택, 열전도성, 전기전도성과 같은 금속의 여러 특성을 가지게 하는 화학결합이다.
    ② 전자를 공평하게 공유하는 극단적인 상태의 결합으로 모든 원자가 동일함으로 전자를 쉽게 공유한다. 따라서 금속은 거대한 분자라고도 할 수 있다.
    ③ 음전하를 띤 전자가 양전하를 띤 금속 이온들의 사이를 마치 유체가 흐르듯이 자유롭게 이동할 수 있는 화학결합이다.
  2) 대표적인 예 : 금속
  3) 형태 : 금속결합은 금속에 고르게 퍼져있는 전자와 이온들 간의 전기적인 인력이다. 격자모양으로 되어 있는 (+) 성질을 가진 금속 이온 사이에 자유전자들이 공유되어 있기 때문에 녹은 염과 비교할 수 있다.
  4) 금속에서는 원자들이 서로 같은 궤도함수를 공유하다 보면 에너지의 중첩이 일어나면서 연속적인 에너지 띠를 형성하게 된다. 에너지 띠에는 금속결합에 참여한 전자들이 채워지는데, 전자가 채워진 에너지 띠 중에서 에너지가 가장 높은 띠를 원자가 띠(valence band)라고 하고, 이보다 에너지가 더 높아서 전자가 채워지지 않은 띠 중에서 가장 에너지가 낮은 띠를 전도 띠(conduction band)라 한다. 금속결합에 참여한 전자들은 에너지 띠 사이에서 이동이 가능하다. 원자가 띠와 전도

띠의 에너지 간격이 좁으면 전자들이 쉽게 원자가 띠로부터 전도 띠로 이동이 가능하다. 이렇게 금속 안을 자유롭게 이동할 수 있기 때문에 자유전자라고 부른다.

5) 금속결합은 합금(순수한 금속 포함)에 서로 결합하는 원자들의 전기음성도가 다르고, 전자가 금속의 결정 구석구석 고르게 퍼져 있기 때문에 극성을 띠지는 않는다. 하지만 금속의 높은 전기전도도는 자유전자가 존재하기 때문이며 이들 전자는 전위차가 형성되면 흐르기 시작한다. 또한 금속은 열을 대단히 잘 전도하며, 그 전도성은 대부분의 다른 물질보다 10~10,000배 정도 더 크다. 자유전자는 온도가 증가함에 따라 높은 에너지를 가지게 되고 증가된 운동에너지를 다른 전자에게 쉽게 전달한다. 또한 금속의 이온은 이온화합물의 이온보다 더 자유로이 진동하므로 높은 열전도도를 가지게 된다. 그 중에서도 은은 가장 좋은 열과 전기의 전도성 물질이다.

6) 전자와 금속 양이온 간의 힘은 매우 크기 때문에 결합을 끊으려면 많은 에너지가 필요하다. 그래서 금속들은 높은 녹는점과 끓는점을 가진다. 이 결합은 이온결합과 비슷하다. 자유전자가 될 수 있는 원자가전자의 수가 많으면 많을수록 그 금속의 녹는점이나 끓는점이 높다. 따라서 이런 금속은 원자가전자의 수가 적은 금속보다 더 단단하고 조밀하다.

7) 금속은 보통 조밀하나 기계적인 힘이 가해지면 양이온은 움직일 수 있어 자유전자의 자리로 미끄러지게 되고 따라서 특정한 결합이 깨어지거나 양이온과 자유전자 간의 힘이 파괴될 필요가 없으며, 또 이온 고체의 경우처럼 추가적인 반발력도 생기지 않는다. 이로 인해서 금속을 망치로 두드려 여러 가지 형태로 만들 수 있으며 또한 긴 전선으로 뽑을 수 있는 것이다.

8) 자유전자는 몇몇 특정한 에너지준위에 제한되어 있지 않고 많은 다른 에너지를 가지고 있으므로 금속은 모든 파장의 빛을 흡수할 수가 있어 이로 인해 빛을 재방출 할 수도 있다. 따라서 금속 및 합금은 특성적인 금속광택을 가지나 금속표면이 어둡게 보이는 것은 표면에 금속산화물이나 금속황화물이 생겼기 때문이다.

9) 금속결합의 경우는 궤도함수가 겹치게 되어 모든 원자가 이어지게 된다. 이렇게 이어진 경로로 자유전자(free electrons)가 자유롭게 움직일 수 있다(전자이동 경로가 합쳐지게 됨). 이를 흔히 전자의 바다라고 한다.

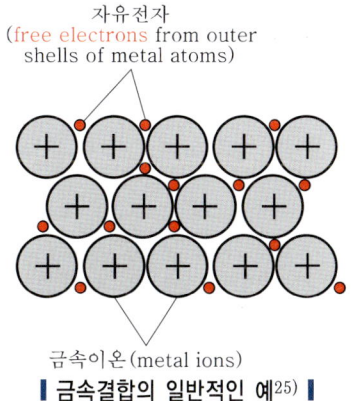

┃ 금속결합의 일반적인 예[25] ┃

---

25) http://www.bbc.co.uk/schools/gcsebitesize/science/add_aqa_pre_2011/atomic/differentsubrev5.shtml

> **꼼꼼체크** 경금속과 중금속을 나누는 기준 비중 : 4.5

(2) 공유결합(共有結合, covalent bond)
  1) 정의
     ① 화학결합의 하나로 2개의 원자가 서로 전자를 방출하여 전자쌍을 형성하고, 이를 공유함으로써 생기는 결합형태이다.
     ② 공유하는 전자들의 인력으로 결합된 원자들 간의 전기적 인력이 존재한다
  2) 대표적인 예 : 대부분의 유기화합물과 일부 무기화합물(강산과 강알칼리 제외)에서 볼 수 있다.
  3) 형태 : 원자가전자를 공유한다. 공유결합에서는 두 원자 사이에 극성의 차이가 없으므로 이를 등극결합이라고도 한다. 전기음성도가 같거나 비슷한 두 가지 이상의 원자들이 반응할 때 전자는 어느 한쪽으로 쏠리지 않기 때문에 완전히 이동되지 않는다. 따라서 이와 같은 힘의 평형으로 원자들이 전자를 공유함으로써 불활성 기체의 구조를 갖게 된다.
  4) 양자역학에 의하면, 전자를 교환함으로써 생기는 교환에너지, 또는 2개의 원자 사이에 걸치는 안정된 결합성 오비탈에 2개의 전자가 함께 들어가는 것으로 설명할 수 있다. 즉, 최외각 전자궤도가 서로 합쳐져 새로운 궤도(혼성 오비탈)를 만들고 서로의 전자를 제공해서 전자쌍을 만들고 이를 공유한다. 이때 혼성 오비탈 수는 비공유 전자쌍에 의해 결정된다.
  5) 공유결합은 한 원자에 의하여 전자를 잃거나 혹은 다른 원자로부터 전자를 얻는 것이 쉽지 않을 때 두 원자 사이에 형성된다. 이온결합이나 금속결합이 가능하지 않을 경우에 공유결합이 형성된다고 볼 수 있다. 가장 확실한 예로는 비금속 원자 자신들의 결합(H_2, N_2, Cl_2 등)이나 비금속 원자들 서로 간의 결합이다. 즉, 두 원소가 전자에 대한 같은 정도의 인력을 가지고 있어 누가 전자를 내주어야 할지 결정방법이 없어 서로 최외각 전자를 공유하고 있는 상태이다.
  6) 결합력에서 삼중결합은 이중결합보다 강하며, 또한 이중결합은 단일결합보다 강하다. 즉, 결합손이 많을수록 결합력이 강해진다. 왜냐하면 결합차수가 클수록 원자 사이에 공유된 전자쌍의 수가 증가하며, 이 전자들과 핵과의 인력이 증가하므로 결합의 세기가 커진다.
  7) 공유결합은 이온결합과 마찬가지로 전형적이고 극한적인 결합양식이며, 실재하는 대부분의 결합은 그들의 중간적인 성격을 지니고 있다. 예를 들면, 염화수소의 경우, 전자의 확률분포는 얼마간 염소 쪽으로 치우쳐 있는데, 이것은 이온결합의 성격을 띤 공유결합(극성공유결합 → 전기음성도차이)이라 할 수 있다.

8) 공유결합의 특징
   ① 낮은 끓는점, 녹는점을 가진다. 왜냐하면 서로 최외각 전자를 공유하고 있기 때문에 분자들을 분리시키는 데 많은 에너지를 필요로 하지 않기 때문이다.
   ② 낮은 전기전도성을 가진다. 자유전자가 원자궤도에 구속되어 자유로운 이동이 어려워 따라서 열과 전기의 이동이 어려운 무극성이 된다. 따라서 극성용매에는 잘 녹지 않고 무극성 용매에는 녹는다.
   ③ 유기화합물은 열을 받으면 연소한다. 즉, 불에 탄다. 이는 분해가 용이하고 분해하면서 에너지를 낮추기 위해 열을 방출하는 발열반응이기 때문이다.
9) 원자가 껍질의 전자쌍 반발이론 : 공유분자의 모양은 전자쌍이 서로 반발하는 것에 의존한다.
   ① 수소의 공유결합
   수소 원자가 서로 접근하게 되면 인력뿐만 아니라, 한 수소 원자의 양성자와 다른 수소 원자의 양성자 사이에 반발력이 발생한다. 또한 수소 전자와 다른 수소 전자 사이에도 반발력이 생긴다. 두 수소 원자가 가깝게 접근하게 되면 인력도 커지지만 그에 상응하는 반발력도 커져서 인력과 반발력이 균형을 이루는 최소 점에서 두 원자가 자리를 잡게 된다.

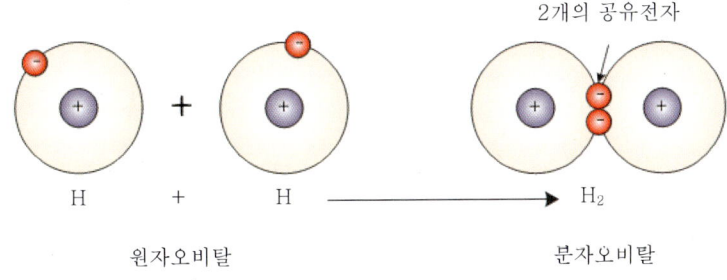

   ② 산소의 공유결합

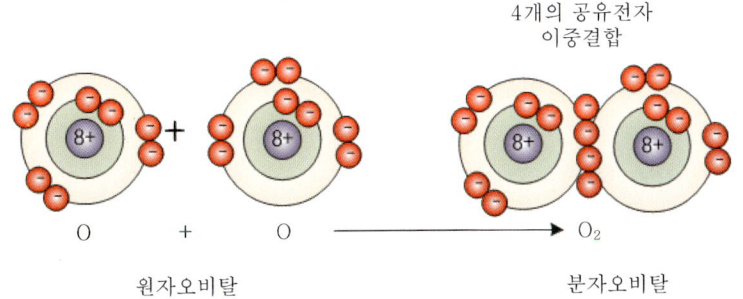

10) 비결합전자(nonbonding electrons) 혹은 고립전자쌍(lone pairs) : 공유결합 형성에 포함되지 않은 원자가전자
11) 극성과 비극성 : 분자들의 전기적 성질에 따라서 극성 분자와 비극성 분자로 구분된다.

① 극성
　㉠ 분자가 극성결합으로 이루어지면 분자 내의 전자 분포가 달라지는데 분자 내에서 (+) 전하를 띤 부분과 (−) 전하를 띤 부분으로 갈라지면서 극성분자가 된다. 이때 그 정도에 따라서 극성 공유결합이 되고 어떤 것은 이온결합이 될 수도 있다.
　㉡ 이온결합은 이러한 극성의 절정이라고 볼 수 있다.
　㉢ 극성공유결합(polar covalent bond)
　　• 전기음성도 값이 서로 다른 원자 간의 공유결합
　　• 전기음성도 값이 큰 원자 쪽으로 쏠리게 되어 큰 원자가 전기적으로 음성이 되고, 전기 음성도가 작은 원자 쪽이 전기적으로 양성이 된다. 이러한 전하분리 현상을 쌍극자라고 한다.
　　• H−F, H−Cl과 같은 이핵 2원자 분자들이 극성공유결합을 한다.
　　• 대부분 전기음성도가 큰 N, O 이온을 가지고 있으면 극성결합이라고 볼 수 있다.

② 비극성
　㉠ 분자 내의 원자들이 비극성결합으로만 이루어졌거나 극성결합에 의해서 만들어졌더라도 전자의 분포가 분자 전체에 골고루 퍼져 분자가 전체적으로 같은 전기적 성질을 띠면 비극성 분자가 된다. 즉, 대칭구조를 가진다면 비극성 물질이 될 수 있다. 쌍극자의 크기가 같고 방향이 반대인 두 인력은 상쇄되어 분자 전체가 무극성이 된다.
　㉡ 비극성 분자는 분자 내에 이동하고 있는 전자들의 움직임에 의해 순간적으로 나타나는 쌍극자에 의한 반 데르 발스 힘이 분자들 사이의 인력으로 작용한다. 따라서 분자량에 비례하는 인력을 가지고 있다.
　㉢ 비극성공유결합
　　• 두 원자의 전기음성도 값이 비슷한 원자들끼리의 공유결합
　　• 전하가 두 원자들에 대칭적으로 분포되어 있어서 두 원자핵 근처에서의 전하분포는 동일하다.
　　• H−H, F−F, O=O, N≡N과 같은 동핵 2원자 분자들이 비극성 공유결합을 한다.

③ 극성 물질과 비극성 물질은 서로 잘 섞이지 않으며, 극성 물질은 극성 물질과 비극성 물질은 비극성 물질과 잘 섞인다. 물과 기름이 섞이지 않는 이유가 바로 이것 때문이다.

④ 극성과 비극성을 동시에 가지고 있는 경우 : 대표적인 예로 비누를 들 수 있다. 물과 기름 사이에 비누를 넣으면 둘을 섞이게 할 수 있다.

(3) 이온결합(Ionic bonding)
　1) 정의
　　① 양이온과 음이온이 정전기적 인력[쿨롬의 힘(Coulombic force)]으로 결합하여

생기는 화학결합이다. 주로 금속과 비금속 사이에 형성된다.
② 서로 반대로 대전된 이온(양이온, 음이온)들 사이의 전기적 인력으로 인해 생기는 결합이다.
③ 크기는 두 이온의 전기적인 크기 즉, 전하량에 비례하고 두 이온 간 거리의 제곱에 반비례한다.
2) **대표적인 예** : 소금과 같이 양성이 강한 금속과 음성이 강한 비금속의 결합물
3) **형태** : 양이온 주위를 여러 개의 음이온이 정전기적 인력으로 둘러싸고 있는 결정구조를 이루는 경우가 많다.
4) 나트륨(Na)이 외각전자를 한 개 잃고 네온(Ne)의 전자구조를 가진 나트륨 이온(Na^+)이 되고 이 전자는 염소원자에 들어가서 염소이온(Cl^-)이 되어, 서로 반대로 대전된 이온들 사이에 정전기적 인력에 의한 결합을 형성하면서 에너지가 방출된다. 염화나트륨(NaCl)의 결합형성과정은 다음 그림과 같다.

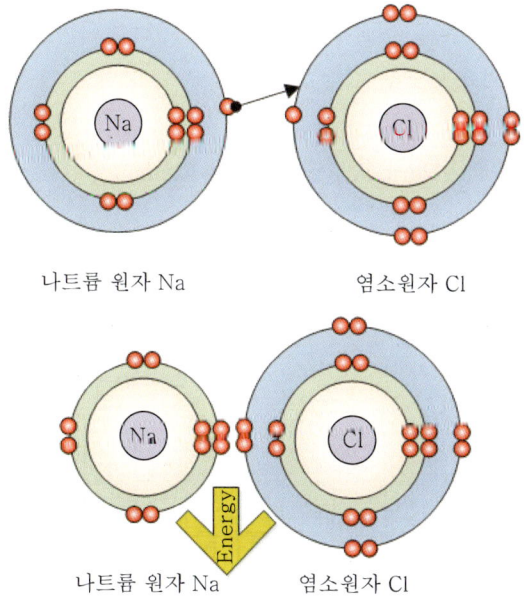

5) 실제로 순수한 이온결합으로만 이루어지는 물질은 많지 않으며, 대부분은 공유결합이 어느 정도 포함되어 있다.
6) 이온화합물은 이온들이 양이온과 음이온 간의 인력이 작용하는 3차원 구조로 그들의 자리에 강하게 고정되어 있기 때문에 전기의 비전도체이나 용융상태에서는 이온들이 움직이기가 자유로워지며 따라서 염들은 전도성을 띠게 된다. 하지만 이온 고체도 좋은 열전도체는 아닌데, 그 이유는 이온들이 운동에너지를 쉽게 이웃에 전달하지 못하기 때문이다. 따라서 전자가 자유롭지 못해 에너지 전달이 용이하지 않다. 또한 구조적으로 강한 3차원 입체구조이기 때문에 강도가 강하고 끓는점과 녹는점이 높다.

7) 특징
① 이온들이 강하게 고정되어 이온화합물은 녹는점과 끓는점이 높다.
② 증발열과 녹음열이 크다.
③ 단단하여 결정격자를 파괴하는 데 많은 힘이 필요하다.
④ 부서지기 쉽고, 강하게 치면 이온들의 열 사이의 평면을 따라 산산이 부서지게 된다. 왜냐하면 서로 일정하게 극성 간의 힘을 유지하고 있는데 힘을 가하면 극성간의 균형의 힘이 깨지며 같은 극끼리의 반발력이 생겨 부서지기 때문이다.

8) 전기음성도(electronegativity) : 이온결합에서는 음성도가 큰 물질이 음이온, 음성도가 작은 물질이 양이온을 띠게 된다.

꼼꼼체크 전기음성도 : 분자 내 원자가 공유전자를 끌어당기는 상대적 능력의 성질

① 전기음성도가 클수록 이온결합을 한다. 왜냐하면, 전기음성도가 작은 원소의 원자가 큰 전기음성도를 갖는 원소의 원자에게 전자를 주기 때문이다. 특히, 두 원자 사이에서 전기음성도의 차이가 2.0 이상일 때 형성된다.

The Periodic Table of the Elements

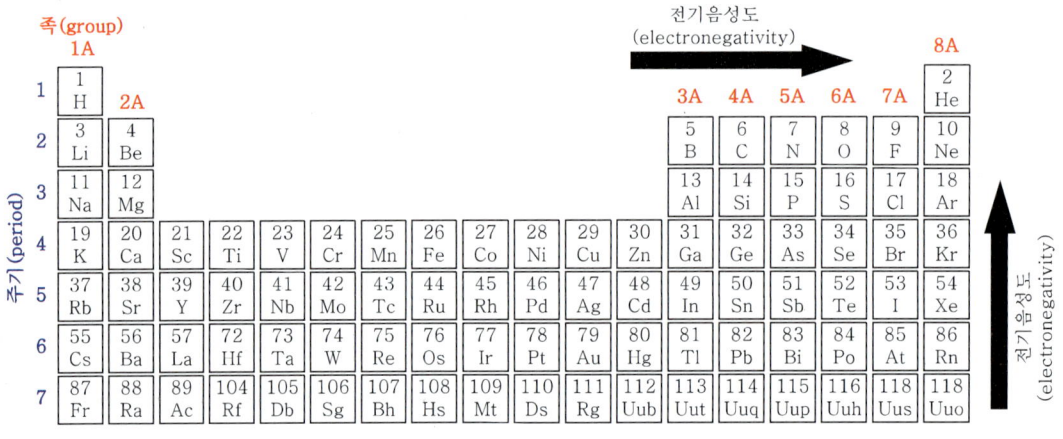

| 주기율표에서의 전기음성도의 크기 |

② 전기음성도가 작을수록 공유결합을 한다. 한쪽에서 일방적으로 전자를 빼앗을 수 있는 힘이 없기 때문이다.

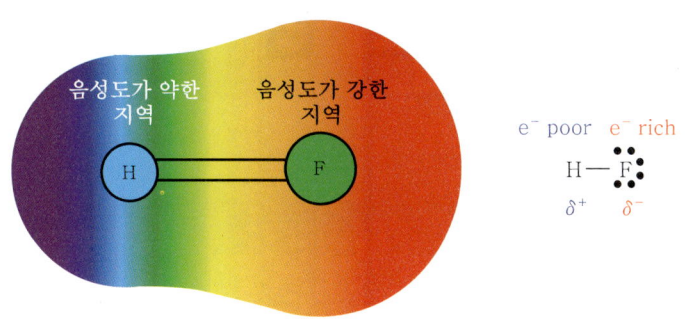

9) 모든 이온 화합물에서 양전하와 음전하가 서로 균형을 이룬다.

(4) 결합력의 크기

강한 공유결합 > 그 외의 강한 결합 > 수소결합 > 약한 비공유 결합 > 기타결합

강한 공유결합	시그마결합
	파이결합
	델타결합
	배위결합
그 외의 강한 결합	이온결합
	금속결합
수소결합	소수결합
	양수소결합
약한 비공유 결합	반 데르 발스 힘
	할로겐 결합
	역학 결합
기타결합	이황화 결합(디설피드, disalphide)
	펩타이드결합
	인이에스테르결합
	에스테르결합

Section 14 분자간 힘

01 특 징

(1) 분자간 힘은 분자 사이에 작용하며 그들은 금속결합, 이온결합 혹은 공유결합 등의 원자와 원자의 결합 힘보다 훨씬 약하다.

(2) 하지만 특정한 온도에서 분자 간 힘의 세기에 따라 분자공유 물질이 그 온도에서 기체냐, 액체냐 혹은 고체냐가 결정된다. 분자간 힘은 쌍극자-쌍극자 힘, 이온-쌍극자의 힘, 쌍극자-유도 쌍극지의 힘 세 가지 형태로 구분할 수 있다.

02 쌍극자 – 쌍극자 힘(dipole-dipole interaction)

(1) 분자 내에서 원자의 전기 음성도가 다른 경우 원 사이에 존재하는 공유전자쌍을 똑같이 공유하지 않으면 한쪽 원자는 부분 양전하를, 다른 한쪽 원자는 부분 음전하를 띤다. 이와 같이 한 분자의 부분 전하가 이웃하는 부분 전하와 반대되는 부분 전하를 가지게 되고 인력이 발생하는 것을 쌍극자-쌍극자 힘이라고 한다.

(2) 한분자의 양전하의 부분은 다른 분자의 음전하의 부분을 잡아 당겨서 분자들을 서로 일렬로 정렬시킨다. 기체상태에서는 분자들이 멀리 떨어져 있기 때문에 쌍극자-쌍극자 힘이 별로 효과적이지는 못하지만 분자들이 서로 접근함에 따라(온도가 떨어지거나 혹은 압력이 증가할 때) 쌍극자 인력은 분자를 잡아 당겨 액체 혹은 고체로 만들 수 있다.

(3) 극성 분자들(polar molecules) 사이의 인력을 쌍극자-쌍극자힘이라고 한다.

고체에서 극성분자의 성향

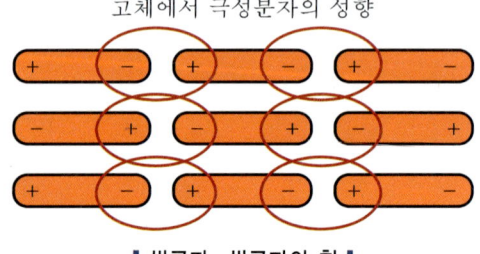

▮ 쌍극자-쌍극자의 힘 ▮

(4) 발생원인 : 쌍극자-쌍극자 힘(dipole-dipole force)은 극성분자들에서 한 분자의 양성 부분이 다른 분자의 음성 부분에 가까이 배열하려는 전기적 성질 때문에 발생한다.

(5) 특징

1) 무극성 분자에 비해서 분자 간의 인력이 존재해 이를 끊는 데 에너지가 소요되므로 녹는점이 높은 고체를 형성한다.
2) 무극성 분자에 비해서 분자 간의 인력이 존재해 이를 끊는 데 에너지가 소요되므로 휘발성이 낮은 액체를 형성한다.
3) 기체화된 낮은 압력 상태 : 이 힘을 무시한다.
4) 런딘(London)힘에 비해 쌍극자-쌍극자의 결합력이 매우 크다(공유결합 세기의 0.01배).
5) 쌍극자의 힘은 전하가 클수록, 전하 간의 거리가 가까울수록 커진다.

(6) 수소결합(hydrogen bond)

1) 정의 : F, O, N 처럼 전자를 끌어당기는 힘(전기음성도)이 큰 원자와 수소가 공유 결합을 하고 근처에 F, O, N 등이 오면 두 분자 사이에 작용하는 H-F, H-O, H-N로 된 분자와 분자 간 힘으로, 분자 간에 작용하는 힘 중에선 가장 크다. 즉, 수소가 포함된 강한 쌍극자-쌍극자 힘을 수소결합이라 한다.

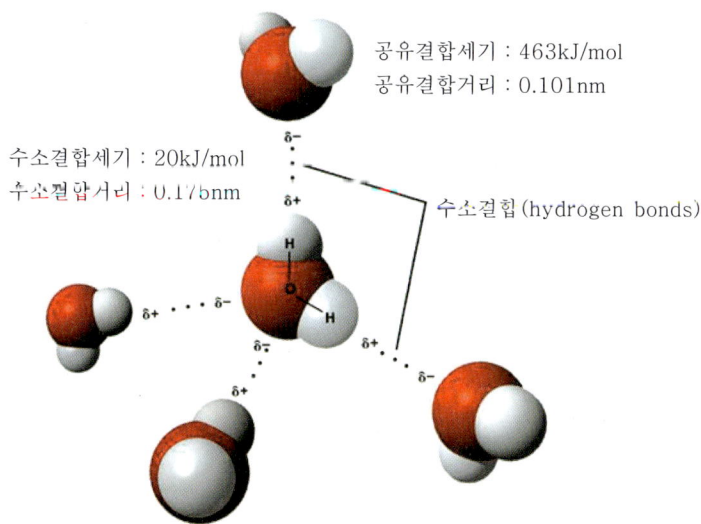

∥ 물의 수소결합(점선이 수소결합, 실선은 공유결합)[26] ∥

2) 물은 수소결합을 하는데, 수소결합을 하면 분자 간의 힘이 강해져 다음과 같은 특성을 가지게 된다.

---

26) http://macrotomicro.blogspot.kr/2011/04/hydrogen-bonding.html

① 물은 녹는점과 끓는점이 높다. 물은 수소결합을 형성해서 다른 분자 간 인력의 세기보다 크다. 따라서 분자 간 인력을 끊는 데 많은 열(에너지)이 필요하므로 분자량이 비슷한 분자에 비해 융해열과 기화열이 매우 크다.

② 물의 비열이 높다(열용량이 높다.)
  ㉠ 비열이란 물질 1g의 온도를 1℃ 높이는 데 필요한 열량으로 물은 4.18J/g · ℃ 이다.
  ㉡ 물은 비슷한 분자량을 가지는 다른 분자에 비열이 비해 크다. 그 이유는 가해준 열이 수소결합을 끊는 데 쓰이므로 온도가 쉽게 오르지 않기 때문이다.

③ 물의 밀도
  ㉠ 물이 얼음이 될 때 물 분자들이 수소결합에 의해 규칙적으로 배열되어 분자 사이에 빈 공간이 많은 육각고리 모양이 된다. 따라서 같은 질량의 물이 얼음이 되면 부피가 증가해 밀도가 작아진다. 반면에 온도가 올라가면 물 분자간의 육각고리 모양이 파괴되면서 육각고리를 형성하면서 차지하던 빈 공간이 줄어들어 물의 밀도가 증가하는 요인이 된다.
  ㉡ 밀도는 단위 부피당 질량이다. 물은 4℃ 부근이 가장 부피가 작아지므로 이 부분의 밀도가 가장 크다.

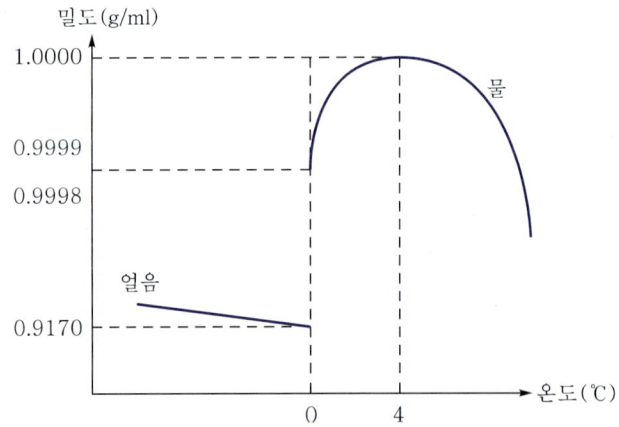

  ㉢ 이러한 물의 밀도로 인해 강이나 호수에 얼음이 얼 때 표면부터 얼고, 얼음의 밀도가 작으므로 얼음은 물 위에 떠있게 된다.

④ 표면장력
  ㉠ 정의 : 액체가 표면적을 작게 하려는 성질
  ㉡ 물은 수소결합에 의해 강한 분자 간의 힘을 가지기 때문에 표면장력이 크다. 표면장력이 크기 때문에 이슬은 구형의 형태를 가지게 되고 소금쟁이가 물 위에 뜨는 등의 현상이 나타난다.

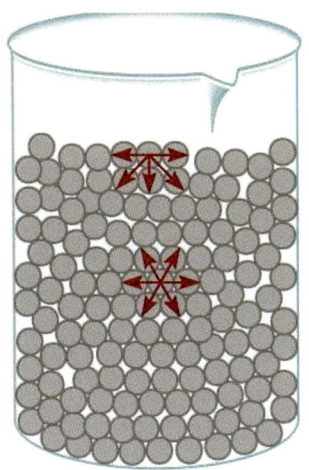

ⓒ 액체의 표면에 존재하는 분자는 내부를 향한 알짜 인력만을 가지고 있기 때문에 가능한 한 액체의 표면적을 작게 하려는 힘이 존재한다. 이 힘은 구의 형태를 가지려 한다. 왜냐하면 위의 그림과 같이 상부에 힘의 공백이 발생하기 때문이다.

ⓔ 온도가 올라감에 따라 감소한다.

ⓜ 점성이 커질수록 증가한다.

ⓗ 계면활성제를 첨가할 경우 표면장력은 현저하게 감소한다.

꼼꼼체크 **계면활성제** : 소수기와 친수기를 동시에 가지고 있으며, 표면의 에너지를 낮추는 물질

⑤ 모세관 현상
  ㉠ 정의 : 액체 속에 가는 관을 세우면 관 벽면을 따라 액체가 올라가는 현상
  ㉡ 물은 표면장력에 의한 강한 응집력과 부착력으로 모세관 현상이 잘 일어난다.
    • 응집력(cohesion) : 동종 간의 힘
    • 부착력(adhesion) : 이종 간의 힘

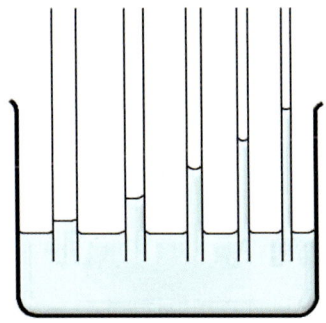

│ 물의 모세관 현상의 개념도 │

ⓒ 관이 가늘면 가늘수록 물이 더 높이 올라가게 된다. 식물의 뿌리부터 잎까지 물관을 타고 물이 올라가는 것이 바로 이 원리에 의해서 이루어지는 것이다.

⑥ 점성(viscosity)
  ㉠ 끈끈한 성질을 점성이라고 한다.
  ㉡ 또한 점성은 흐름에 대한 저항(분자 간의 인력에 의존)을 말한다.
  ㉢ 단위 : 1poise=1g/cm·s

  $$1\text{stokes}=\text{cm}^2/\text{s}\left(\text{동점도}:\frac{\text{점성}}{\text{밀도}}\right)$$

  ㉣ 점성이 큰 물질의 예 : 글루코스, 슈크로스, 글리세린 등(분자 중 다수의 알코올(OH)이 수소결합을 하고 있어 점성이 크게 나타난다.)

03 이온-쌍극자 힘(Ion-dipole forces)

(1) 정의 : 이온과 쌍극자 사이에 작용하는 힘

| 이온과 쌍극자 힘 |

(2) 결합력은 이온의 크기와 쌍극자의 크기에 의존(쿨롱의 법칙)한다.

> **쿨롱의 법칙** : 두 개의 전하 q_1, q_2가 진공 중에서 거리 r 만큼 떨어져 있을 때, 두 전하 사이에 작용하는 힘
>
> $$F=k\frac{q_1 q_2}{r^2}$$

(3) 수화된 이온(hydrated ion)의 예 : NaCl 수용액에서 물에 녹아 있을, Na^+와 Cl^- 이온은 각각 물 분자(쌍극자)에 의해 둘러싸여 있으며, 상호작용력이 존재한다.

(4) 휘발성이 낮은 액체에 형성된다.

(5) 기체화된 낮은 압력상태 : 이 힘을 무시한다.

04 쌍극자–유발 쌍극자의 힘(Van der Waals force, Keesom force, Debye force, and London dispersion force)

(1) **정의** : 결합하고 있지 않은 원자들 사이, 비극성 분자(대칭구조)들 사이에 작용하는 힘으로 여러 원자들이 결합하여 형성된 분자나 전자를 많이 가지고 있는 원자의 전자들이 순간적으로 한쪽으로 쏠리면서 극성을 띠게 되고 이로 인해 발생하는 인력에 의한 힘을 말한다. 또한, 비극성 분자 사이에 존재하는 인력으로 무질서하게 되려는 경향, 즉 엔트로피가 증가되는 방향으로 진행된다.

> **꼼꼼체크 반 데르 발스의 힘(Van der Waals force) 또는 런던 분산력(London dispersion force)**
> - 넓은 의미 : 모든 분자 간의 힘의 총합
> - 좁은 의미 : 분산력, 런던 분산력을 의미한다.

(2) **대상** : 비활성 기체(0족)나 순수한 공유결합을 이루는 비극성 분자가 높은 압력, 낮은 온도에서 고체 또는 액체를 이룰 때 유발(유도) 쌍극자에 의한 매우 약한 결합을 말한다.

(3) 분자 간 힘 중에서 가장 약한 세 번째 형은 런던(London) 힘으로 이 힘은 극성 혹은 비극성할 것 없이 모든 원자 및 분자에 작용하여 충분히 낮은 온도에서 단원자 영족 기체까지도 액화시킬 수 있는 것은 바로 이 힘 때문이다.

(4) 런던(London)힘은 한 원자가 다음 원자에게 그리고 다음 원자는 그 다음 원자에게 등으로 쌍극자를 유발시켜 생긴 비영구 쌍극자의 결과이다. 이렇게 쌍극자를 유발시킨다고 해서 유발 쌍극자라고 한다.

> **꼼꼼체크 유발 쌍극자**
> - 전자구름의 진동이 순간적인 비대칭적 전자분포를 유도한다.
> - 분자의 전자수가 많으면, 편극(polarization)도 쉽게 발생한다. 원자량이 증가할수록 원자들 사이의 구속력이 증가한다.

(5) 한순간 원자의 한쪽이 다른 쪽보다 더 많은 전자밀도를 가질 수 있으며 한쪽에 조금 더 많은 양전하는 이웃 원자로부터 전자를 잡아당기게 될 것이고, 그 결과 순간적으로 인력이 이들 원자 사이에 작용하게 될 것이다. 런던(London) 힘은 아주 인접해 있는 원자 및 분자에 있어서 변동 쌍극자 사이의 인력이며 이러한 변동 쌍극자는 물론 전자가 항상 움직이고 있기 때문에 일어난다.

(6) **분산력(dispersion forces)** : 한마디로 원자나 분자에서 일시적인 쌍극자(temporary dipoles)로 인하여 생긴 당기는 힘

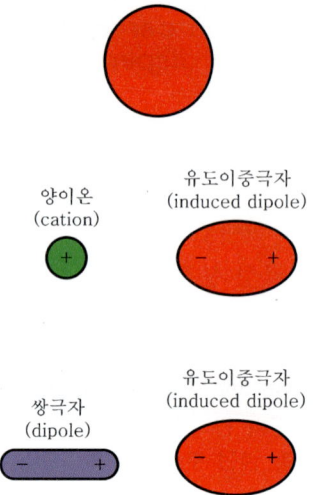

(7) 특징

1) 런던(London) 힘만을 받는 분자성 고체는 결합력(공유결합의 0.0001배)이 약하므로 녹는점, 끓는점이 낮다.
2) 대부분 승화성이다.
3) 분자량이 클수록 반 데르 발스(Van der waals) 힘이 증가한다.

Section 15 기체와 기체법칙

01 가스(gas)와 증기(vapor)

(1) 가스와 증기는 공통적으로 기체상태의 물질이다.

(2) **True gas** : 임계점(critical point) 이상의 온도에 있음을 말한다.

(3) **가스** : 이상기체방정식을 적용하기 용이하다.

(4) **증기**
 1) 액체가 완전히 제거되지 않은 기체상태
 2) 이슬점(dew point) 근처에서 확산된 분자로서 존재한다.
 3) 물질 표면에서 흡착되거나 비교적 쉽게 응축될 수 있다.
 4) 이상기체방정식을 적용하기가 곤란하다.
 5) 상압에서 가스의 끓는 점(boiling point)은 상당히 낮다(산소 : $-197℃$, 질소 : $-237℃$). 그러나 증기의 끓는 점(boiling point)은 상온과 유사하거나 높다.

(5) **증기압(vapor pressure)**
 1) 증기압 정의
  ① 순수한 증기가 순수한 액체의 평형면과 화학평형을 유지하며 갖는 압력이다.
  ② 액체의 증기압이라고 정의하며 휘발성을 가늠하는 척도가 된다.
 2) 증기압과 온도의 관계식
  ① 증기압은 온도가 상승함에 따라 빠르게 증가한다.
  ② 증기압과 온도와의 관계를 나타내는 경험식(antoine equation)이다.

$$\log P_{vi} = A_i + \frac{B_i}{C_i + T}$$

여기서, P_{vi} : 순수한 1 성분의 증기압
  T : 온도
  A_i, B_i, C_i : 액체 성분에 따라 변하는 상수값

 3) 분압과 증기압의 관계
  ① 시스템이 평형에 있다면 분압과 증기압은 동일하다. 그러나 시스템이 평형을 유지하지 못한다면 분압과 증기압은 전혀 상관이 없게 된다.

② 물이 끓는 경우는 증기압과 대기압이 동일한 상태이다. 즉, 물은 상압의 경우 100℃에서 대기압과 동일한 증기압을 갖는다. 그러나 실제로 물통 안의 압력은 대기압보다 큰 값을 갖는다. 그래서 결국 뚜껑이 열리는 사태가 발생하고 아래와 같은 식이 성립하게 된다.

③ 돌턴의 분압법칙 : 밀폐된 용기 내 기체들의 분합을 합치면 용기 전체의 압력이 되고 각각의 분압은 성분기체의 몰분율에 비례한다.

02 기체의 압력과 측정

(1) 기체의 성질
  1) 기체 분자들은 분자 간 인력이 약하다.
  2) 빠른 속도로 운동하고 있다.
  3) 기체의 종류에 관계없이 공통적인 성질을 가지고 있다.

(2) 기체의 압력 : 기체 분자가 운동하며 용기 벽에 충돌하여 힘을 미칠 때, 이 힘을 용기 벽의 면적으로 나눈 값

(3) 기압계(barometer) : 대기의 압력을 측정하는 장치
수은압력계에서 압력 P와 액체기둥의 높이 h 사이의 관계식

$$P = \rho g h = rh$$

여기서, g = 중력가속도 상수(9.807m/s^2),
ρ = 압력계에 쓰이는 수은의 밀도(13.595g/cm^3 or 13.595×10^{3}kg/m^3 at 0℃)
따라서, 1atm = 760.0mmHg = 1.013s×105Pa(SI 단위) = 10.33mH$_2$O

03 기체의 분자운동론

(1) 보일의 법칙(Boyle's law)
  1) 로버트 보일의 이름을 따서 지어진 법칙으로, 부피와 압력 사이의 관계를 나타낸다.
  2) $P \propto \dfrac{1}{V}$
  (이상)기체의 양과 온도가 일정하면, 압력(P)과 부피(V)는 서로 반비례한다. 수식으로 표현하면 다음과 같다. P(기체의 압력)V(기체의 부피) = k(비례상수)
  비례상수 k는 기체의 종류와 온도에 따라 다르며, 이러한 조건들이 고정되면 k의 값도 일정하다.

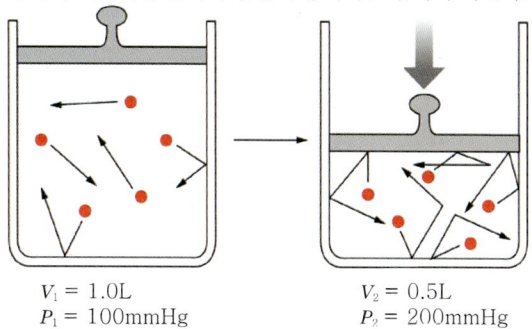

❚ 보일의 법칙의 예[27] ❚

(2) **샤를의 법칙(Charle's law) 또는 샤를과 게이뤼삭의 법칙**
  1) 이상 기체의 성질에 관한 법칙이다. 1802년에 루이 조제프 게이뤼삭이 처음으로 발표하였는데, 그는 1787년경의 자크 알렉상드르 세사르 샤를의 미발표한 논문을 인용하면서 이 법칙을 샤를의 공으로 돌렸다.
  2) 샤를의 법칙은 이상 기체의 압력이 일정한 상태에서 V가 기체의 부피, T가 기체의 절대온도, k가 상수값이라 할 때 다음 식이 성립한다는 것이다.

$$\frac{V}{T} = k \qquad V \propto T$$

  3) 일정한 압력에서 기체의 온도를 높이면 부피가 증가하고 온도를 낮추면 부피가 감소한다.

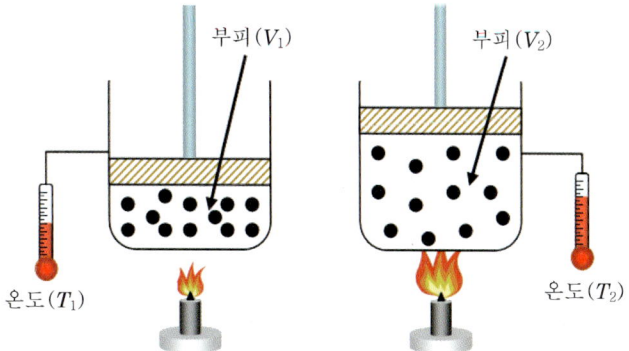

❚ 샤를의 법칙의 예[28] ❚

---

27) http://ygraph.com/graphs/boyleslaw-20111127T211035-2n84rt6.jpeg
28) http://www.aculator.com/calculator.do?equation=Volume-from-Charles's-law&id=58

(3) 아보가드로의 법칙(Avogadro's law)
압력과 온도가 일정하다고 할 경우 모든 기체의 부피는 몰수에 비례한다.

$$V = k \cdot n \text{(단, 압력과 온도는 고정)}$$

여기서, k : 상수
n : 몰수

(4) 기체분자의 속도는 분자량이 클수록 빠르게 움직인다. 분자량이 작으면 브라운 운동을 하여 평균 자유행로가 길어 움직임이 적다.

(5) 기체의 평균운동에너지

$$E = \frac{3}{2}k\text{(볼츠만 상수)}T\text{(절대온도)}$$

(6) 기체의 평균속도

$$V = \sqrt{\frac{3RT}{M\text{(분자량)}}}$$

(7) 분자운동
1) 병진운동(translation) : 방을 가로질러 걷는 것과 같은 직선운동
2) 진동운동(vibration) : 팔을 위 아래로 흔드는 것과 같은 회전운동
3) 회전운동(rotation) : 아이스스케이트 선수가 빙글빙글 도는 것과 같은 회전운동

(8) 기체의 분자운동론의 가정
1) 기체는 아주 작은 입자(원자 또는 분자)로 구성되어 있다.
2) 기체 입자들은 입자 사이의 거리에 비해 입자의 크기가 매우 작아서 각 입자의 크기는 무시할 수 있을 정도로 작다. 따라서 부피(크기)를 무시할 수 있다.
3) 입자들은 무질서 운동을 하며 용기의 벽에 충돌한다.
4) 입자들 사이에서는 서로 인력이나 반발력이 없다. 그래서 빠른 운동이 가능하고, 자유롭게 섞일 수 있다.
5) 기체 입자들의 평균 운동에너지는 기체의 절대온도에 비례한다.

(9) 기체의 분자운동론의 결과
1) 분자의 평균 운동에너지 : $\overline{KE} \propto T$ (분자의 운동은 온도에 비례한다.)
2) 분자의 평균 속도 : $\overline{u} \propto \sqrt{\dfrac{T}{\text{분자량}}}$ (분자운동속도는 분자량에 반비례하고 온도에 비례한다.)

04 이상 기체의 법칙(ideal gas law)

(1) **게이뤼삭(Gay-Lussac)의 결합부피의 법칙** : 기체들이 어떤 온도와 압력 하에서 반응할 때 반응물과 생성물의 부피 간에는 정수비의 관계가 있다.
$2CO + O_2 \rightarrow 2CO_2(CO : O_2 = 2 : 1)$

(2) **아보가드로(Avogadro)의 법칙**
  1) 같은 온도와 압력 하에서 같은 부피의 어떤 두 기체에 들어 있는 분수는 같다(게이뤼삭의 결합부피의 법칙의 해석).

  $$V = nV_m \ (V_m \text{는 모든 기체에서 같으며, 온도와 압력은 고정})$$

  여기서, n : 몰수, V_m : 1몰의 기체가 차지하는 부피(몰부피).
  2) 아보가드로의 수(Avogadro number) $= 6.022 \times 10^{23}$

(3) **기체의 몰부피(molar gas volume)**
  1) 아보가드로(Avogadro)의 법칙에 따라 기체 1몰의 부피는 어떤 온도와 압력 하에서는 기체에 상관없이 같다. 이때의 부피를 말한다.
  2) 한 부피의 산소에 N개의 산소 분자가 있다고 가정하면, 두 부피의 일산화탄소에는 2N CO 분자가, 두 부피의 이산화탄소에는 2N CO_2 분자가 있다. 이들을 N으로 나누면 완결된 화학방정식과 일치한다.
  2N CO 분자 + NO_2 분자 → 2N CO_2 분자 또는 2CO 분자 + 1O_2 분자 → 2CO_2 분자

(4) **이상기체의 법칙** : 다음의 법칙들로부터 이상기체 상태방정식(ideal gas law)을 유도한다.
  1) $V \propto 1/P$ (T와 n 일정) 보일(Boyle)의 법칙
  2) $V \propto T$ (P와 n 일정) 샤를(Charles)의 법칙
  3) $V \propto nV_m$ (T와 P 일정) 아보가드로(Avogadro)의 법칙
  4) 보일(Boyle), 샤를(Charles)의 법칙으로부터 $V = $ 상수 $= T/P$ (일정량의 기체) 기체의 양이 다르면 상수의 값도 달라진다.

$$V_m = R \cdot \frac{T}{P}$$

여기서, V_m : 1몰의 기체가 차지하는 부피(몰부피)
　　　　R : 몰 기체 상수(molar gas constant)

위 식의 양변에 n을 곱하면, $nV_m = \dfrac{nRT}{P}$ 이다. nV_m은 몰당 부피이므로 몰을 곱하면 V가 되어 이상기체 상태방정식은 다음과 같다.

$$PV = nRT$$

05 기체의 확산과 분출

(1) 기체의 분출

 1) 기체는 연속적인 병진운동을 한다.

> 병진운동은 "같이 진행한다."라는 의미이다. 가령 공을 굴리면 회전운동과 전체적으로 앞으로 나아가는 병진운동이 결합되어 나타나게 된다. 즉, 분자 자체가 이동을 하는 운동을 말한다.

 2) 기체가 들어 있는 용기에 매우 작은 구멍을 뚫어 놓을 때, 용기 벽에 충돌하는 분자 중 우연히 이 구멍을 통해 용기 밖으로 나오는 현상

(2) 그레이엄의 법칙(Graham's law)

 1) 기체 입자의 평균 운동에너지는 기체의 종류와 상관없이 온도가 같으면 같다. 운동에너지는 질량에 의해서 결정되고 기체의 종류에 따라서 질량은 다르다. 따라서 주어진 온도에서 기체 입자의 평균 속도는 기체의 종류에 따라서 달라진다.

 2) 같은 온도와 압력에서 두 기체의 분출속도는 분자량의 제곱근에 반비례한다(분자량은 밀도에 비례). 즉, 분자량이 적을수록 잘 분출된다는 법칙이다.

$$\frac{u_1}{u_2} = \left(\frac{M_2}{M_1}\right)^{\frac{1}{2}} = \left(\frac{\rho_2}{\rho_1}\right)^{\frac{1}{2}}$$

여기서, u : 평균운동속도
M : 분자량의 비
ρ : 밀도

 3) 그레이엄의 법칙을 이용하여 상온에서 산소나 질소 분자의 평균 운동속도를 계산하면 350m/sec 정도와 유사한 속도로 움직이고 있음을 알 수 있다. 이는 음속으로 소리가 공기 중의 매질을 진동시켜서 소리를 전달하는 것과 관련이 있다.

(3) 기체의 확산 : 확산속도는 분출속도와 같지 않으나, 그레이엄의 법칙이 잘 적용된다.

06 돌턴의 부분압력 법칙(Dalton's law of partial pressure)

(1) 정의 : 두 가지 이상의 서로 다른 이상 기체를 하나의 용기 속에 혼합시킬 경우 기체 상호간에 화학반응이 일어나지 않는다면 혼합기체의 압력은 각 성분기체 압력의 합과 같다. 즉, 전압=각 기체의 분압의 합

(2) 식

$$P_t = P_1 + P_2 + P_3 + P_4 + \cdots$$

여기서, P_t : 전압
$P_1 + P_2 + P_3$: 성분기체의 분압

$$P_i = X_i \cdot P_t$$

여기서, $X_i(= n_i/n_t)$: 각 성분기체의 몰분율
P_i : 각 성분기체의 분압
n_i : 각 성분기체의 몰수
n_t : 전체기체의 몰수

꼼꼼체크 성분기체의 몰분율의 합은 항상 1이다.

예 H_2 2.9atm과 He_2 7.2atm이 들어있는 경우 부피 변화가 없으면 이곳의 압력은
2.9+7.2=10.1atm

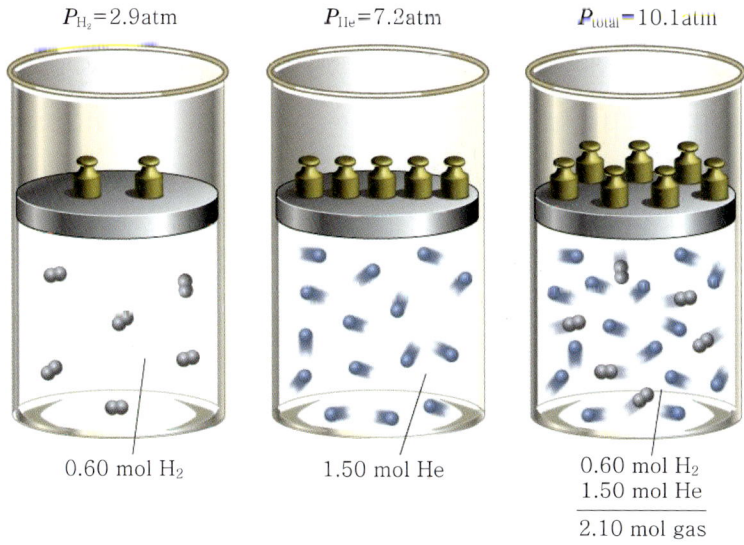

| 돌턴의 분압법칙[29] |

꼼꼼체크 압력비=몰비=부피비(단, 질량비는 같지 않다.)

(3) 돌턴의 분압법칙을 통해서 알 수 있는 내용
 1) 각 기체 입자(원자 또는 분자)의 부피는 중요하지 않다.
 2) 각 기체 입자들 사이의 힘도 중요하지 않다.

---

29) http://reich-chemistry.wikispaces.com/Dalton%E2%80%99s+Law+of+Partial+Pressure

07 가스의 구분

(1) 취급상태에 따른 분류

  1) 압축가스
      ① 상용의 온도 또는 35℃에서 10kg/cm^2 이상
      ② 상온에서 압축하여도 액화하기 어려운 가스
         예 질소, 산소, 수소, 메탄 등

  2) 액화가스
      ① 상용의 온도 또는 35℃에서 2kg/cm^2 이상
      ② 상온에서 압축하면 비교적 용이하게 액화하는 가스
         예 프로판, 염소, 암모니아, 탄산가스 등

  3) 용해가스
      ① 15℃에서 0kg/cm^2 초과
      ② 용기에 다공물질의 고체를 충전하고 용제를 주입하여 고압가스를 용해시킨 것
         예 아세틸렌

(2) 연소성에 따른 분류

  1) 가연성 가스
      ① 공기와 혼합하면 빛과 열을 내면서 연소하는 가스. **연소가 가능한 가스**
      ② 프로판, 일산화탄소, 수소, 메탄 등
      ③ 연소(폭발)하한이 10% 이하의 것
      ④ 폭발범위(상한계와 하한계의 차이)가 20% 이상의 것

  2) 조연성 가스
      ① 다른 가연성 물질을 연소시킬 수 있는 가스
      ② 산소, 공기, 염소, 불소 등

  3) 불연성 가스
      ① 스스로 연소하지 못하며, 다른 물질을 연소시키는 성질도 없는 가스
      ② 질소, 아르곤, 이산화탄소 등

(3) 독성에 따른 분류

  1) 독성가스
      ① 허용농도가 5,000ppm 이하인 가스
      ② 염소, 일산화탄소, 아황산가스, 암모니아, 산화에틸렌, 포스겐 등

  2) 비독성가스 : 허용농도가 5,000ppm을 초과하는 가스

Section 16. 액체(liquid)와 고체(solid)

01 액체(liquid)의 성질

(1) 압력과 온도의 변화에 따른 부피변화

  1) 분자들 사이에 비교적 기체보다는 강하고 고체보다는 약한 분자 간 인력이 존재한다.

  2) 기체

    ① 압력(P) 2배 → 부피(V) $\frac{1}{2}$배

    ② 온도(T) 2배 → 부피(V) 2배

  3) 액체(이상기체의 상태방정식이 적용되지 않는다.)

    ① 압력(P) 2배(1atm → 2atm) → 부피(V) 0.01% 감소

    ② 온도(T) 증가(0℃ → 100℃) : 부피(V) 2% 증가

(2) 점성(viscosity)

  자세한 내용은 앞 페이지 참조

(3) 표면장력(surface tension)

  자세한 내용은 앞 페이지 참조

(4) 증기압(vapor pressure)

  자세한 내용은 앞 페이지 참조

02 고체(solid)

(1) 고체의 형태

고체의 형태	구조단위	결합 형태	비 고
분자성	원자나 분자	분자간 힘	Ne, H_2O, CO_2
금속성	원자	금속결합	Fe, Cu, Ag
이온성	이온	이온결합	CsCl, NaCl, ZnS
공유결합성	원자	공유결합	흑연, 다이아몬드

(2) 고체의 종류

고체의 종류	특 징	보 기
결정성	• 결정들로 구성, 각 결정은 특수한 모양, 깨짐의 방향은 이방성이며, 일정한 면을 가진다. • 일정한 융점, 녹음열을 가진다.	염화나트륨, 금속
비결정성	• 불규칙한 모양을 가진다. • 깨짐의 방향이 등방성, 불규칙적인 면을 가진다. • 어떤 온도 범위 내에서 연화된 후 녹는다.	아스팔트, 파라핀, 창유리

(3) 물리적 성질과 구조와의 관계

1) 녹는점과 구조
   ① 고체를 녹이려면 격자 내의 위치에서 구조 단위를 붙드는 힘을 끊어야 한다.
   ② 분자성 고체에 있어서 이들 힘은 약한 분자 간 인력이다.
   ③ 공유결합성 고체를 녹이려면 공유결합이 끊어져야 한다. 따라서 이런 물질들은 매우 높은 녹는점을 갖는다.

2) 끓는점과 구조
   ① 고체의 녹는점과 같이 액체의 끓는점은 구조 단위 사이에 작용하는 힘의 세기를 나타낸다.
   ② 액체의 끓는점은 낮다. 왜냐하면, 액체상태에서 분자들은 약한 분자 간의 힘으로 결속되어 있기 때문이다.
   ③ 분자성 물질의 끓는점 : 런던(London) 힘의 세기가 보통 분자량에 따라 증가하므로 같이 증가(비례)한다.

3) 전도도와 구조

물질의 형태	고체의 녹는점	액체의 끓는점	굳기 및 부서지기	전기전도성
분자성	낮음	낮음	부드럽고 쉽게 부서진다.	비전도성
금속성	변함	변함	굳기가 변한다.	전도성
이온성	높거나 매우 높음	높거나 매우 높음	단단하고 부서진다.	비전도성 고체, 전도성 액체
공유결합성 (거대분자성)	매우 높음	매우 높음	매우 단단함	보통 비전도성

03 용액(solution)

(1) 정의 : 용액(solution) = 용매(solvent) + 용질(solute)
   녹이는 물질   녹아 있는 물질
   양이 많은 것   양이 적은 것

(2) 용액의 분류

1) 기체 혼합물 : 분자들이 독립적으로 운동(분자 간의 인력이 대단히 적음)한다. 이는 돌턴(Dalton)의 분압법칙으로 설명할 수 있다.
2) 고체 혼합물 : 고용체(합금)
3) 액체혼합물 = 용액

(3) 용해도(solubility) : 수용성/비수용성

1) 정의 : 용매 100g당 녹을 수 있는 용질의 최대 g 수
2) 액체에 대한 고체의 용해도

① 온도(T) : 온도가 높아지면 용해도도 높아진다(용질이 용해되는 과정 : 흡열과정). 온도가 올라가면 뜨거워진 용매 분자의 운동에너지가 커지면서 고체 용질과 격렬하게 충돌하여 고체 내 입자와 입자 사이의 전기적 인력을 붕괴하기 때문에 액체에 대한 고체의 용해도가 증가한다.

② 압력(P) : 영향을 미치지 않는다.

3) 액체에 대한 기체의 용해도

① 온도(T) : 온도가 낮아지면 용해도는 높아진다.
온도가 낮아지면 기체의 운동에너지가 감소되어 기체의 용질이 용액에 용해된다. 하지만, 기체의 운동에너지 증가하면 용액으로부터 쉽게 빠져 나와서 기체의 용질이 용액에 남아 있기가 어렵다.

② 압력(P) : 압력이 높아지면 용해도도 높아진다.
고압에서는 주어진 공간이 더 많은 기체 입자들로 채워지고, 많은 기체 분자들이 용액에 용해된다.

4) 헨리(Henry)의 법칙 : 액체에 대한 기체의 용해도는 부분 압력에 비례한다. 즉, 압력이 높을수록 잘 녹는다. 예를 들어, 1atm이며 100g의 물에 1mg 녹는 기체는 2atm에서 2mg이 녹는다.

① 극성이 큰 기체 : 물에 잘 녹으며, 헨리의 법칙을 따르지 않는다.
예 NH_3, HCl, SO_2, H_2S

② 극성이 없거나 작은 기체 : 물에 약간 녹으며, 헨리의 법칙을 따른다.
예 CO_2, O_2, N_2, H_2

5) 분자 간 인력

① 분자 간 인력은 물질의 용해도를 설명하는 데 있어서 제일 중요하다. 고체를 액체에 녹이는 것은 여러 가지 면에서 고체가 녹는 것과 비슷하다. 용액에서는 고체의 질서 있는 결정구조가 파괴되어 분자의 배열이 무질서해진다. 용해과정에서 분자나 이온들은 서로 떨어져야 하며 이러기 위해서는 에너지가 공급되어야 한다. 자연계의 현상은 무질서하게 되려는 경향 즉, 엔트로피가 증가되는 방향으로 진행된다. 따라서 고체는 액체로 기체로 되려는 경향이 있다.

② 격자에너지와 분자 간 또는 이온 간의 인력을 극복하는 데 필요한 에너지는 용질과 용매 사이에 새로이 생기는 인력으로 충당하게 된다.

꼼꼼체크 격자에너지 : 원자, 분자, 이온 등의 입자가 결정격자를 이룰 때 발생하는 에너지로 아래와 같이 구분할 수 있다. 에너지는 1몰당의 열량으로 표시한다.
- 기체상태의 이온으로부터 이온 결정을 이룰 때 발생하는 에너지
- 이온 결정 속에 구성되어 있는 이온을 기체상태의 양이온과 음이온으로 떼어 놓는 데 필요로 한 에너지

③ 이온성 물질은 격자에너지와 이온 간의 인력이 대단히 커서 녹는점이 높다. 따라서 물이나 몇 가지 극성 용매만이 이온성 화합물을 녹일 수 있다. 이 용매들은 이온을 수화하거나 용매화함으로써 이온성 화합물을 녹이는 것이다.

④ 물 분자는 극성이 크면서도 매우 조밀한 모양을 하고 있어 결정표면으로부터 개개의 이온들이 떨어지자마자 매우 효율적으로 이들을 둘러싼다. 양이온은 물의 쌍극자 중 음(-) 부분이 양이온을 향하게끔 물분자에 의해서 둘러싸여지며 음이온은 그 반대로 양이온으로 둘러 싸여진다. 물은 대단히 극성이며 강력한 수소결합을 형성할 수 있기 때문에 쌍극자-이온 사이의 인력은 매우 크다. 이러한 인력이 형성되면서 공급되는 에너지가 결정의 격자에너지와 이온간 인력을 충분히 극복할 수 있는 것이다.

⑤ 분자 간 인력은 인력에 따라서 물리적 성질이 달라지고, 그 힘은 분자 내 인력(IMF)보다 훨씬 작다.

⑥ 분자 간 인력이 큰 분자는 끓는점, 녹는점이 높아지며, 상대적으로 분자 간 인력이 다른 분자들과는 섞이기 곤란하다. 왜냐하면 물질이 섞이거나 녹거나 끊거나 할 때는 분자들의 거리가 멀어져야 하므로 분자 간의 인력이 크면 그 과정이 곤란하기 때문이다.

⑦ 기체는 분자 간 거리가 멀어서 인력이 작용하지 않아 분자 간의 자유로운 혼합이 가능하다.

⑧ 액체혼합은 분자 간 인력이 존재할 때 용질분자의 인력과 용매분자의 인력차이가 작으면 잘 섞인다. 하지만 고체의 경우 격자결합으로 분자들 사이의 인력이 크므로 서로 잘 섞이지 않는 것이다.

6) 극성과 비극성

① 용해도를 한마디로 말하면 "끼리끼리 녹는다"라고 할 수 있다. 이는 극성이며 이온성인 화합물은 극성용매에 잘 녹는다는 뜻이다. 극성인 액체끼리는 잘 섞이고 비극성인 고체는 비극성 용매에 잘 녹는다.

② 비극성 고체는 극성용매에 잘 녹지 않는다. 비극성인 액체끼리는 잘 섞이지만 비극성인 액체와 극성인 액체 즉 "물과 기름" 같은 것은 섞이지 않는다.

③ 비슷한 극성을 가진 물질들이 섞인 용액에서 새로이 생긴 분자 간의 인력은 섞이기 전 각 개의 물질에서 존재했던 인력과 비슷하다. 비극성인 사염화탄소와 비극성인 알케인이 섞이는 것은 바로 이런 예다. 극성인 물 분자는 알케인 분자에서 극성을 유발시켜 그들 사이에 인력이 생기도록 할 수 있을 지 모른다. 그러나 알케인과 물은 서로 녹지 않는다. 알케인이 물에 녹으려면 물 분자들 사이의 강한 인력을 떼어 놓는 데 많은 에너지가 필요로 하기 때문이다.

④ 대조적으로 에탄올과 물은 무한비율로 섞인다. 이 경우 두 분자들은 모두 매우 극성이 크고 새로이 생긴 인력은 섞이기 전의 인력만큼이나 강하게 두 화합물 모두 수소결합을 형성할 수 있다.

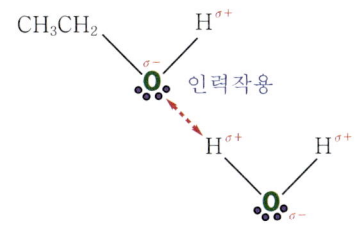

┃ 에탄올과 물의 혼합 ┃

⑤ 탄소사슬의 길이가 매우 긴 알코올은 물에 잘 녹지 않는다. 데실알코올은 10개의 탄소원자를 가진 분자로 물에서 매우 조금 밖에 녹지 않는다. 데실알코올은 물과 비슷한 조성을 가졌다기보다는 알케인과 비슷한 조성을 가진 분자이다. 데실알코올의 긴 탄소 사슬 부분은 소수성(hydrophobic)이라고 말한다. 분자 내 작은 일부인 OH그룹만이 친수성(hydrophilic)이다. 한편 데실알코올은 비극성 용매에 잘 녹는다.

소수성 부분
$CH_3CH_2CH_2CH_2CH_2CH_2CH_2CH_2CH_2$ (OH) ← 친수성 부분

⑥ 화학적으로 적어도 3g의 유기화합물이 100ml의 물에 녹을 때 물질이 녹는다고 말한다. 질소나 산소를 갖고 있어 강한 수소결합을 할 수 있는 화합물일 때 대략 탄소원자의 수가 1~3이면 물에 녹으며, 4~5개일 때는 경계선에 있다고 할 수 있고 6개 이상이면 물에는 잘 녹지 않는다.

⑦ 위험물안전관리법상에서 제4류 위험물 인화성 액체류의 경우 제1석유류 내지 제3석유류의 경우 수용성과 비수용성에 따라 지정수량을 달리 정하고 있다. 알코올류의 경우 수용성과 비수용성 구분을 하지 않은 것은 알코올류인 경우 모두 다 극성공유결합으로 수용성이기 때문이다.

7) 농도

① 몰농도(molarity) = $\dfrac{\text{용질의 몰수(mol)}}{\text{수용액의 부피(L)}}$

② 몰 수 = $\dfrac{\text{질량}}{\text{몰질량}}$

③ 질량백분율 = $\dfrac{\text{질량(g)}}{\text{수용액의 질량(g)}} \times 100$

④ 몰분율 = $\dfrac{\text{용질의 몰수(mol)}}{\text{전체 수용액의 몰수(mol)}}$

⑤ 몰랄농도(molal concentration) = $\dfrac{\text{용질의 몰수(mol)}}{\text{용매의 질량(kg)}}$

용액에 들어있는 용질의 몰 수를 나타내는 농도의 수치가 몰농도인데 몰농도는 온도의 변화에 따라 변화하므로 동일한 용액이라도 온도가 변화하면 몰농도는 변화한다. 따라서 변화하지 않는 농도가 필요해서 나온 것이 몰랄농도이다.

8) 삼투압(osmotic pressure)
  ① 반투막 : 용매는 통과시키고, 용질은 통과시키지 않는 막
    예 동물의 방광, 식물의 조직
  ② 삼투현상 : 반투막을 통해 묽은 용액으로부터 진한 용액으로 용매가 이동하는 현상이다. 즉, 묽은 쪽에서 진한 쪽으로 이동하여 결국에는 농도가 같아지게 되는 현상을 말한다.
  ③ 삼투압 : 반투막을 통한 용매의 흐름을 막는 압력
  ④ 역삼투(reverse osmosis) : 삼투압 이상의 압력을 가하면 용액으로부터 순수한 용매 쪽으로 용매분자를 이동시킬 수 있다.

Section 17 산과 염기(acid, base)

01 산과 염기의 정의

(1) 아레니우스(Arrhenius)의 정의
　1) 산(acid) : 수용액 중에서 해리하여 수소 이온(H^+)을 내는 물질
　2) 염기(base) : 수용액 중에서 해리하여 수산화 이온(OH^-)을 내는 물질

(2) 브뢴스테드와 라우리(Bronsted-Lowry)의 정의
　1) 산(acid) : 양성자(H^+)를 내놓는 물질(분자 또는 이온)
　2) 염기(base) : 양성자(H^+)를 받는 물질

(3) 루이스(Lewis)의 정의 : 비공유 전자쌍을 주고받음에 따라 분류한다. 즉, 전자쌍을 받는 것이 산이고, 주는 것이 염기이다.
　1) 산(acid) : 비공유 전자쌍을 받는 분자나 이온이다. H^+ 이온은 다른 원자로부터 전자쌍을 잘 받는 루이스의 산의 성질을 가지고 있다.
　2) 염기(base) : 비공유 전자쌍을 주는 분자나 이온이다. OH^- 이온은 산소 원자에 존재하는 비공유 전자쌍이 전자쌍 주개로 작용하므로 염기의 성질이 나타난다.

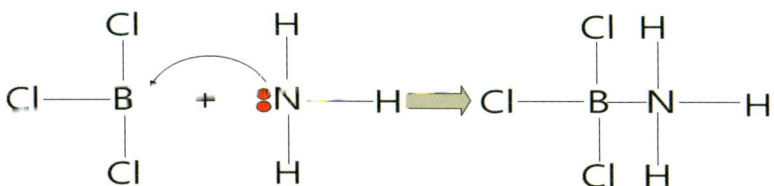

　　루이스 산　　　루이스 염기(질소 원자의 비공유 전자쌍이 주개로 작용)

02 산(acid)의 특징

1) 신맛이 난다.
2) 푸른 리트머스 종이를 붉게 한다.
3) BTB 용액의 색깔이 노랗게 변한다.

> **꼼꼼체크** BTB 용액(Bromothymol blue)은 산·염기 지시약으로 산성에서는 황색이며, 중성에서는 녹색, 염기성에서는 청색으로 나타나는 지시약이다.

4) 금속과 반응하여 수소기체가 발생한다.

   $Zn + H_2SO_4 \rightarrow ZnSO_4 + H_2\uparrow$

   $Zn + 2HCl \rightarrow ZnCl_2 + H_2\uparrow$

5) pH 척도는 산성도를 나타낸다.

   ① $pH = -\log[H_3O^+]$ 즉, pH는 하이드로늄(H_3O^+) 이온의 몰 농도를 의미하는 것이다.

   ② 하이드로늄 이온 농도가 1.0×10^{-5}M인 산성 용역의 pH값은 5이다.

    pH로부터 [H^+] 계산

   기본식 $pH = -\log[H^+]$이다. 예제로 사람의 혈액의 pH가 7.41일 때 H^+를 계산하라고 하면

   pH = 7.41에서 양변에 음의 값을 곱하면 $-pH = -7.41$이 된다.
   이때 양변에 역로그를 곱해주면

   $\dfrac{1}{\log}(-pH) = \dfrac{1}{\log}(-7.41)$가 되고 $pH = -\log[H^+]$이므로 이를 다시 정리하면

   $(pH) = \dfrac{1}{\log}(-7.41)$로 나타내고 -7.41의 역로그 값은 3.9×10^{-8}이다.

   최종적으로 $[H] = 3.9 \times 10^{-8}$M로 나타낼 수 있다.
   $[OH^-]$도 위와 같은 방법으로 계산하면 된다.

03 염기(base)의 특징

1) 쓴맛이 난다.
2) 단백질을 녹이는 성질이 있어 손끝으로 비비면 미끈미끈하다.
3) 붉은 리트머스 종이를 푸르게 한다.
4) 페놀프탈레인 용액을 붉게 변하게 한다.
5) BTB 용액 푸른색으로 변하게 한다.
6) 전해질이므로 수용액 상태에서 전류가 흐른다.

04 산과 염기의 반응

1) 산화수가 높을수록 산성도가 높다.
2) 전자를 내어 줄 수 있는 능력이 클수록 염기도가 커진다.
3) 강한 산일수록 수소 이온을 더 잘 내놓는다. 강한 염기일수록 수소 이온을 더 잘 받아들인다. 따라서 강한 산과 강한 염기는 약한산이나 약한 염기보다 더 많은 이온을 발생시킨다.
4) 산성도와 염기도가 높을수록 더 강한 결합을 할 수 있다.

05 염(salt)

(1) **정의** : 산의 음이온과 염기의 양이온이 정전기적 인력으로 결합하고 있는 이온성 물질인 화합물

(2) 주로 중성을 띠는 물질이 많으나, 산이나 염기를 띠는 물질도 있다.
   1) **산성염** : 수소가 포함된 산에서 수소 양이온의 일부만이 다른 금속 이온으로 치환된 염으로 수소 이온이 포함되어 있는 염이다.
   2) **염기성염** : 수산화물이 포함된 염으로 대부분 불용성이다.
   3) **정염** : 어떤 산과 염기에서의 수산화 이온과 수소 이온이 완전히 다른 이온으로 치환되어 있는 염으로, 중성염이라고도 한다.

(3) 염의 가수분해와 액성
   1) **가수분해** : 염이 수용액 중에서 이온화할 때 생기는 이온 중 일부가 물과 반응하여 수소이온이나 수산이온을 발생함으로써 수용액이 액성(산성, 염기성)을 나타내는 반응을 말한다. 물을 첨가해서 분해가 일어난다고 해서 가수분해라 한다.
   2) **염의 가수분해와 액성**
      ① 약산이나 약염기가 포함되어 있는 염만이 가수분해 된다.
      ② 강한 쪽의 영향을 받아 액성 결정이다.

06 중화반응(neutralization reaction)

산(acid) + 염기(base) → 염(salts) + 물(water)이 만들어지면서 중성이 되는 반응을 중화반응이라 한다.

Section 18 산화-환원(oxidation-reduction)

01 개요

(1) **정의** : 원자의 산화수가 달라지는 화학반응이다.

(2) 산화와 환원은 서로 반대작용으로, 한쪽 물질에서 산화가 일어나면 반대쪽에서는 환원이 일어난다.

02 산화(oxidation)

(1) **'산화'는 분자, 원자 또는 이온이 산소를 얻거나 수소 또는 전자를 '잃는' 것을 말한다.** 산소는 플루오르를 빼고는 자연계에서 비금속성이 가장 크다. 따라서 산소가 어떤 원소와 화합할 때는 그 원소로부터 전자를 빼앗아 온다. 그러면 그 원소는 산화하는 것이고 산소는 전자를 얻으므로 환원이 된다. 그래서 산소와 화합하는 것을 산화라 부른다.

(2) **산화제** : 자신이 쉽게 환원되면서 다른 물질을 산화시키는 성질이 강한 물질

(3) **산화제가 되기 위한 조건**
   1) 발생기 산소를 내기 쉬운 물질
   2) 수소와 화합하기 쉬운 물질
   3) 전자를 얻기 쉬운 물질
   4) 전기음성도가 큰 비금속 단체

03 환원(reduction)

(1) 분자, 원자 또는 이온이 산소를 잃거나 수소 또는 전자를 '얻는' 것을 말한다.

(2) **환원제** : 자신은 산화되면서 다른 물질을 환원시키는 힘이 강한 물질

(3) **환원제가 되기 위한 조건**
   1) 발생기 수소를 내기 쉬운 물질
   2) 산소와 화합하기 쉬운 물질

3) 전자를 잃기 쉬운 물질
4) 이온화 경향이 큰 금속의 단체

04 당량과 노르말 농도

(1) **당량(equivalent)** : 산화-환원반응에서 전자 1몰의 이동 혹은 산-염기 반응에서 H^+ 이온, OH^- 이온, 산·염기 분자, 침전할 예정인 이온 1몰에 대응하는 물질의 양으로 (당량수)=(몰수)×(작용원자가)로 나타낼 수 있다.

예 NaOH는 1몰과 1당량이 같다. 왜냐하면 작용하는 원자가(OH)가 1이기 때문이다. H_2SO_4인 경우는 1몰은 2당량이 된다. 왜냐하면 황산 1몰에서 2당량의 H^+가 생성되기 때문이다.

(2) **노르말 농도**

$$\text{노르말 농도} = \frac{\text{용질의 당량수}}{\text{용액의 L수}} \quad \text{or} \quad N = \text{몰농도} \times \text{가수}$$

특정 물질에서 나오는 전자, 수소 이온, 수산화 이온 등의 몰수로 환산한 것이다.

예 2 노르말 황산(H_2SO_4)은 H^+ 이온의 노르말 농도가 2라는 것을 의미하거나, 황산의 몰농도가 1이라는 것을 의미한다. 비슷하게 1몰의 H_3PO_4에서 노르말 농도는 3인데, 이것은 PO_4^{3-}의 총 몰에 대하여 세배의 H^+ 이온을 포함한다는 것이다.

(3) 1 노르말(N)은 용액 1L당 용질이 1당량 있다는 것이다.

05 산화와 환원의 의미

(1) 원래 고전적인 의미의 산화와 환원은 산소 원자의 이동을 말하였지만, 이후에는 산소의 이동보다는 수소와 전자, 특히 전자의 이동에 주목한다.

(2) 산화-환원 반응이 일어날 때는 그 물질의 산화수가 변하며, 산화수의 변화를 기준으로 산화-환원이 일어났음을 예측하기도 한다. 산화제란 산화를 일으키는 물질을 일컬으며, 환원제란 다른 물질을 환원시키는 물질을 말한다.

구 분	산화수	전 자
산화	증가	잃음
환원	감소	얻음
환원제	증가	잃음
산화제	감소	얻음
산화물질	증가	잃음
환원물질	감소	얻음

(3) 유기화학에서 산화는 자주 탄소와 산소 혹은 다른 전기 음성적 원소들 사이에 새로운 결합이 형성됨에 따르는 수소의 손실을 의미한다.

(4) 소방에서의 산화 – 환원반응
   1) 산화반응에서 상당한 열이 발생(가연성 물질의 연소 개시)
   2) 열에 의해 분해하여 가연성 가스와 산소를 발생 → 화재를 확대시킨다.

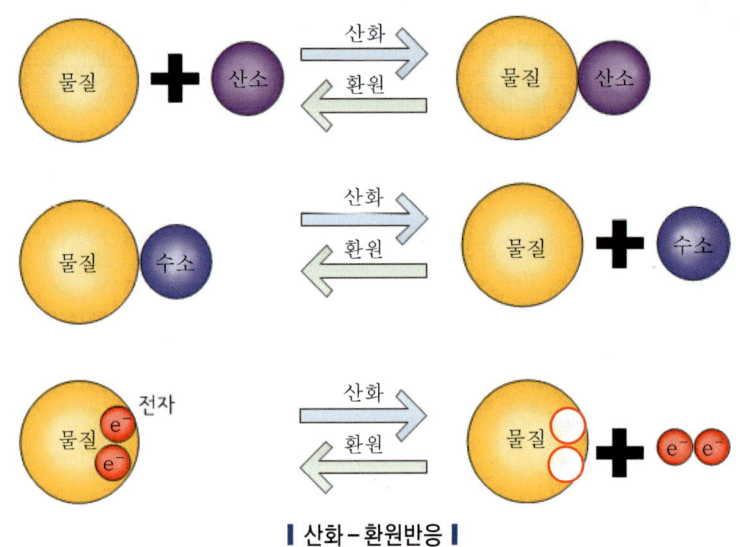

| 산화 – 환원반응 |

Section 19 화학반응(chemical reaction)

01 정 의

(1) 원자가 보다 안정된 상태가 되기 위해서 전자를 주고 받음으로 반응 전과 다른 상태가 되는 반응. 따라서 원자는 화학반응으로 전자 파트너를 바꾼다.
(2) 화학반응이 발생되는 원인에 따른 이론은 크게 충돌이론, 전이상태이론 두 가지로 구분할 수 있다.

02 화학반응이론

(1) 충돌이론(collision theory)
  1) 화학반응은 한 원자에서 다른 원자로 전자가 전이하거나 전자를 공유하는 양식의 변화에 의하여 일어나며 이러한 전이나 공유가 일어나기 위해서는 관계되는 원자가 적당한 방향으로 충돌해야 한다. 왜냐하면 화학반응이 일어날 때 기체 분자는 병진운동도 하지만 회전도 하고 있다. 따라서 충돌할 때 비껴서 충돌이 일어나면 화학반응이 일어나지 않는다. 따라서 화학 반응이 일어나기 위해서는 반응 물질의 분자가 반드시 충돌해야 한다는 이론이다.
  2) 충돌이론의 조건
     ① 충돌은 충돌밀도에 의존한다. 충전밀도는 일정시간 동안 일어나는 충돌의 수를 그 영역의 부피와 시간으로 나눈 값이다.

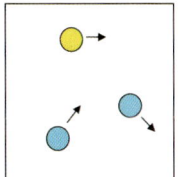
저농도
(low concentraion)

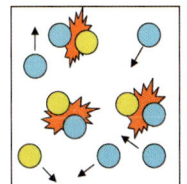
고농도
(higher concentration)

② 충분한 에너지를 가지고 충돌하여야 한다.

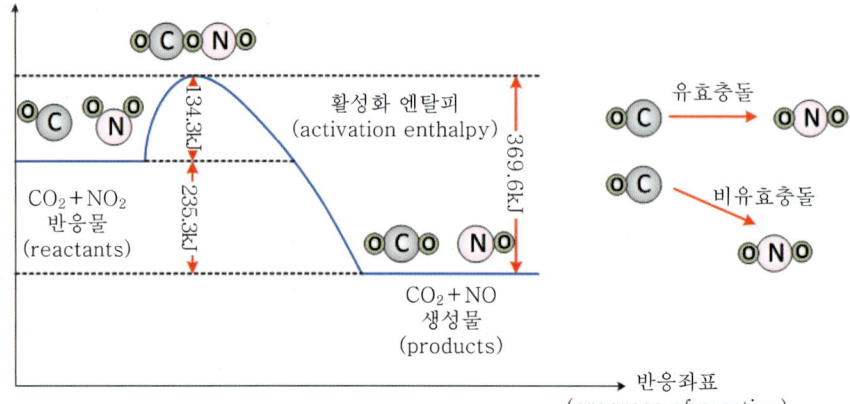

∥ CO(g) + NO$_2$(g) ↔ CO$_2$(g) + NO(g) + Q의 반응경로 ∥

③ 입체적 조건(유효충돌)이 있어야 한다.

3) 충돌 : 화학반응을 위해서는 유효한 충돌이 발생해야 한다.
① 유효충돌(effective collision) : 활성화 에너지 이상을 가진 분자가 반응이 일어날 수 있는 적당한 방향으로의 충돌로 반응이 일어날 수 있는 충돌이다.
② 비유효충돌(ineffective collision) : 활성화 에너지 이상을 가진 분자가 반응을 일으킬 수 없는 충돌로 반응이 일어날 수 없는 충돌이다.

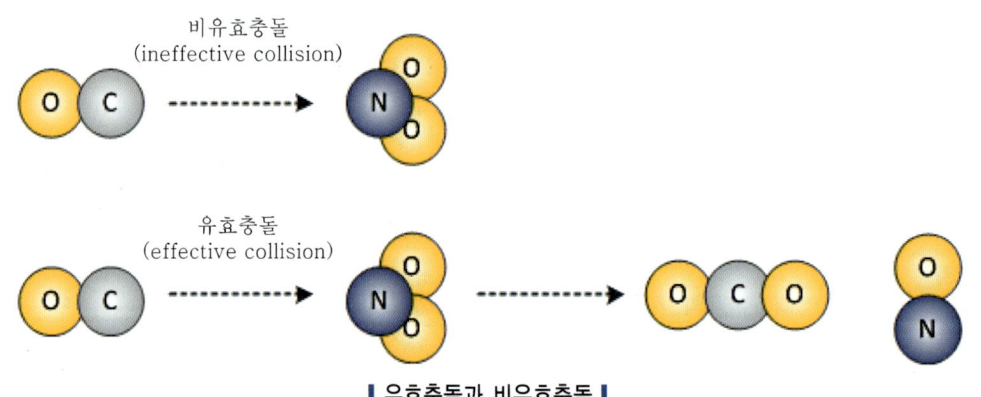

∥ 유효충돌과 비유효충돌 ∥

③ 반응을 일으키는 충돌 분율 : 전체 충돌과 유효충돌의 비

$$\frac{\text{유효 충돌}}{\text{전체 충돌}} = e^{-E_a/RT}, \quad N = N_0 e^{-E_a/RT}$$

여기서, N_0 : 단위부피와 단위시간당 전체 충돌 수
N : 단위부피와 단위시간당 유효충돌 수
E_a : 활성화 에너지

④ 반응속도상수

속도 $\propto N_0 e^{-E_a/RT} \rightarrow k = A e^{-E_a/RT}$

Masterton/Hurley, Chemisty : Principles and Reactions, 4/c
Figure 11.10

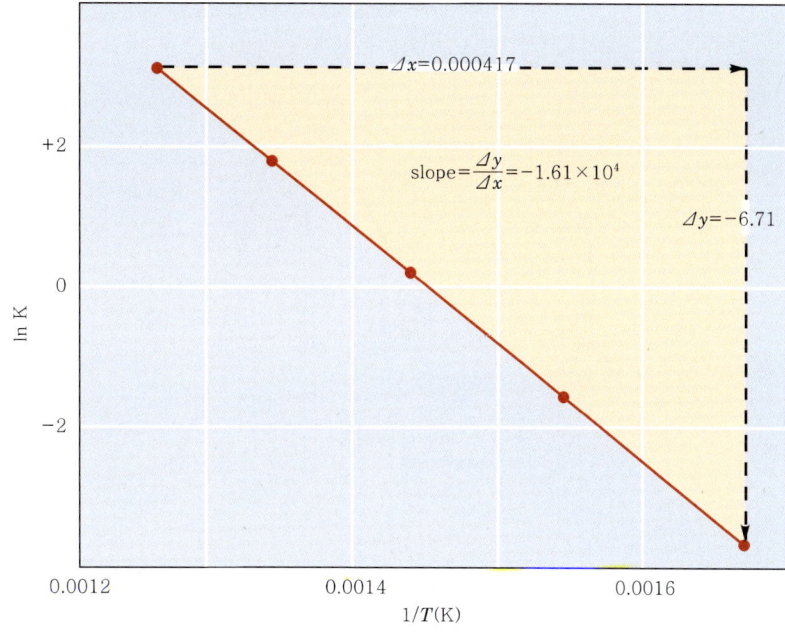

┃ 온도가 반응속도와의 관계[30)] ┃

(2) 활성화물 이론 or 전이상태 이론

1) 활성화 에너지(E_a) : 분자가 반응을 일으키는 데 필요한 최소의 에너지. 반응물과 활성화물 사이의 엔탈피 차
2) 활성화물 : 활성화 에너지만큼의 에너지를 갖고 있는 불안정한 물질
3) 반응물 분자들은 충돌하는 동안 생성물을 형성하기 전에 먼저 전이상태(transition state)를 형성한다고 가정하는 것이다. 이와 같은 전이상태에 있는 높은 에너지의 중간체를 활성화물(activated complex)이라 하며 이 화학종은 순간적으로 존재하다가 곧 반응물로 돌아가거나 생성물이 되어버린다.

 전이상태 : 원자나 분자들의 초기 배열상태와 최종 배열상태 사이에는 원자 간 힘과 분자간 힘에서 생긴 에너지가 최대가 되는 중간 배열상태가 있는데 이를 전이상태 라고 한다.

4) 분자들이 충돌할 때
① 분자들의 운동 에너지가 활성화 에너지보다 작으면 반응은 일어나지 않는다.
② 분자들의 운동 에너지가 활성화 에너지와 같거나 이보다 크면 반응이 일어난다.

---

30) Harcourt,Inc.item and derived items copyright ⓒ 2001 by Harcourt,Inc.

③ 활성 에너지가 대단히 큰 경우 지수항의 음의 부호 때문에 N(충돌수)의 값은 작아지며 주어진 온도에서 반응은 느리게 일어날 것이다.

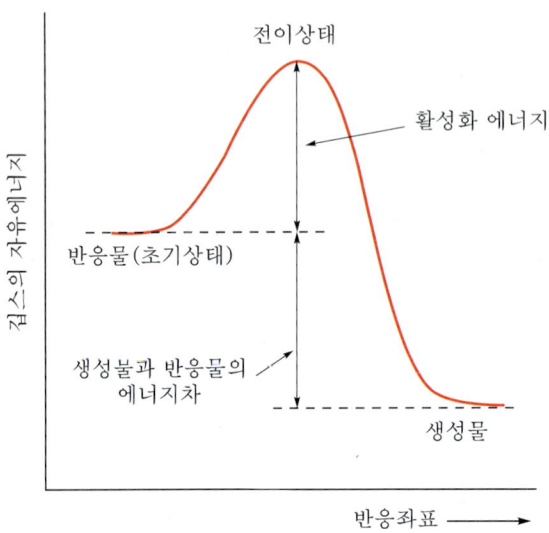

5) 온도의존성
   ① 100K의 온도 증가 → 지수항의 값으로는 1,000 이상 증가
   ② 온도가 증가함에 따라, 활성화상태에 있는 분자의 수는 비례적으로 증가

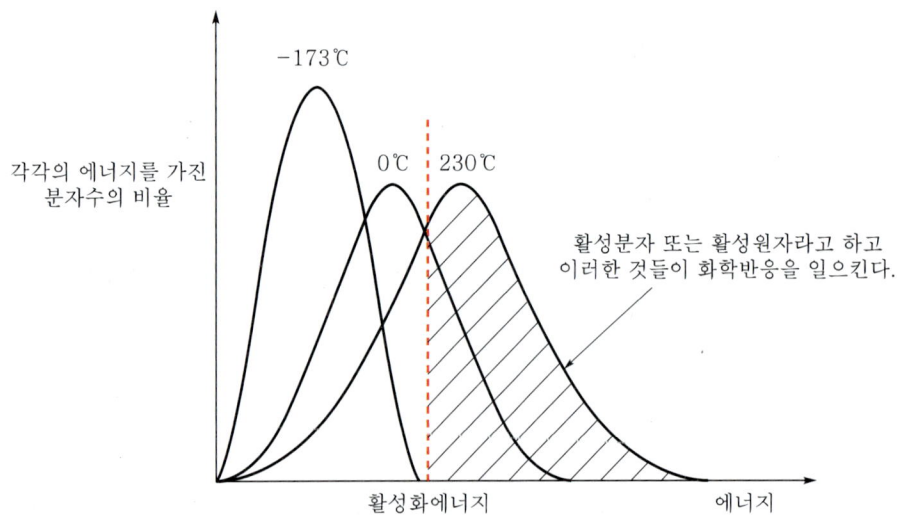

| 온도에 따른 활성화 에너지 이상을 가진 분자 수 |

6) 분자가 활성화 에너지의 장벽을 넘으면 반응은 저절로 지속한다. 전이상태를 통과하는 속도상수를 투과계수로 나타낸 식은 다음과 같다.

$$k^{++} = k\nu^{++}$$

여기서, k : 투과계수(별다른 정보가 없으면 1의 값을 가진다.)
k^{++} : 속도상수
ν^{++} : 활성화된 물질의 진동수

7) 높은 에너지상태를 넘기 위한 활성화 에너지의 크기가 화학반응의 속도를 좌우한다.

03 반응속도

(1) 정의 : 화학반응이 일어날 때 단위시간당 감소된 반응물질의 농도, 또는 증가된 생성물질의 농도(mol/L·s, mol/L·min)이다. 화학 반응이 빠르게 또는 느리게 일어나는 정도를 나타낸다.

$$속도 = \frac{시간\ t_2에서\ A의\ 농도 - 시간\ t_1에서\ A의\ 농도}{t_2 - t_1} = -\frac{d[A]}{dt} = k[A]$$

반응속도식에서 '(-) 부호'는 농도의 감소를 의미하며, 물질의 농도는 (mol/L·s)를 사용하여 나타낸다.

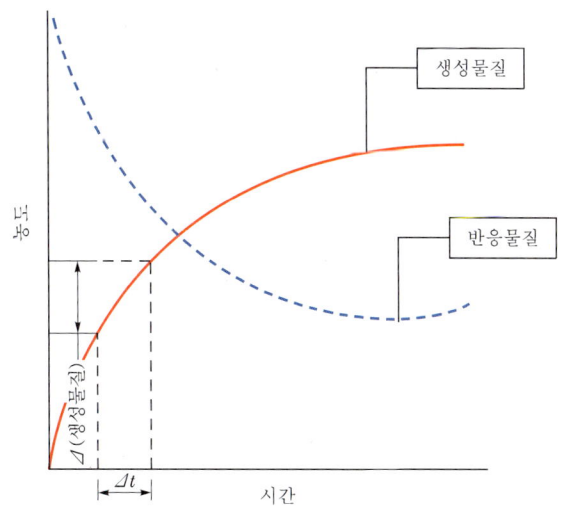

| 시간에 따른 농도변화 |

(2) 반응속도식 : 반응속도는 일정한 온도에서 반응물질의 몰농도의 곱에 비례한다.

$$aA + bB \rightarrow cC + dD$$

여기서, $v = k(A)^m(B)^n$ (k : 반응속도상수)

1) **반응속도상수**(k) : 농도에 따라 변하지 않고, 온도에 의해서만 변한다.
2) **반응 차수**(m, n) : 계수와는 무관하고, 실험적으로 구해진다. A에 대해 m차 반응, B에 대해 n차 반응이면, 전체 반응의 차수는 ($m+n$)차 반응이다.
3) **반응속도식 또는 속도법칙**(rate law) → 반응물의 농도로만 표현되는 속도식
   ① 단분자 반응, 반응물 A : rate=$k[A]^m$, k=속도상수, m=반응차수(order)
   ② 다분자 반응, 반응물 (A, B) : rate=$k[A]^m[B]^n$ 전 반응차수=$m+n$
   ③ 일반적으로, m과 n은 양의 정수 혹은 분수 $\left(1, 2, 3, 0, \dfrac{1}{2}\cdots\right)$이다. 반응차수는 실험적으로 결정되며 화학반응식의 계수와는 다르다.

(3) **반응속도에 영향을 주는 요인** : 반응속도는 특정한 반응에서 생성물이 형성되고 그 반응물이 소멸되는 속도로써 보통 혼합물의 한 성분이 소멸하거나 생성되는 속도와 관련해서 논의된다. 반응속도는 끊임없이 변화하는 양으로 반응물(라디칼)이 소멸됨에 따라 충돌수가 더욱 감소하여 속도도 느려지므로 반응속도는 특별한 순간에만 표현할 수 있다. 물론 반응속도는 반응물의 성질에 의존한다. 어떤 주어진 반응에서 반응속도를 결정하는 내부적 요인으로 반응물의 종류, 외부적 요인으로는 농도(표면적, 압력), 온도, 반응물 사이의 접촉 정도, 촉매 등이 있다.

1) **반응물의 종류**
   ① 빠른 반응
      ㉠ 이온 간의 반응은 빠르다.
         예) $Ag^+(aq) + Cl^-(aq) \rightarrow AgCl(s)$
      ㉡ 이온 간의 반응이라도 원자 간의 결합이 끊어지는 단계가 있는 반응은 느리다.
         예) $3Fe + 2(aq) + NO_3^-(aq) + 4H^+(aq) \rightarrow 3Fe^{+3}(aq) + NO(aq) + 2H_2O(l)$
   ② 느린 반응
      ㉠ 원자 간의 결합이 끊어져 재배열을 일으키는 반응은 느리다.
      ㉡ 결합력이 강하고, 결합수가 많을수록 느리다.
         예) $2HI(s) \rightarrow H_2(g) + I_2(g)$
            $CH_4(g) + 2O_2(g) \rightarrow CO_2(g) + 2H_2O(g)$

2) **농도의 영향**
   ① 농도의 증가 → 입자수의 증가 → 충돌 횟수의 증가 → 반응속도의 증가

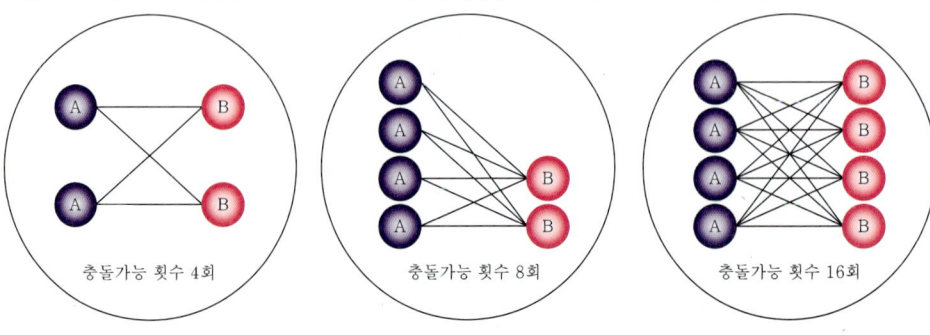

② 동일상태에서 일어나는 반응
  ㉠ 1분자 과정 : 반응속도는 반응물의 농도에 비례한다. $v = k$(반응물)
  ㉡ 2분자 과정 : 반응속도는 각 반응물(A와 B)의 농도에 비례한다. $v = k[A][B]$
  ㉢ 복잡한 반응인 경우 : 농도가 증가할수록 반응속도가 빨라지는 경우가 대부분이다.
③ 반응물의 상태가 다를 때(고체의 표면적)
  상 사이의 접촉면적이 클수록 반응속도는 빠르다(표면적이 클수록 반응속도 빠름).
  예 $C(s) + O_2(g) \rightarrow CO_2(g)$에서 석탄 덩어리보다 석탄가루의(표면적 큼) 연소 속도가 빠르고 알약보다 가루약의 흡수속도가 빠르다.
④ 압력의 영향(기체에만 적용)
  ㉠ 반응물의 농도가 크면(분자 수가 많다) 부분 압력이 커진다.
  ㉡ 압력과 반응속도의 관계 = 농도와 반응속도의 관계
    예 $H(g) + I(g) \leftrightarrow 2HI(g)$
    v(반응속도)$= k_p \; P_{H_2} \cdot P_{I_2}$
    $k_p =$ 압력에 대한 속도 상수, $P_{H_2}, \; P_{I_2} = H_2, \; I_2$의 분압
⑤ 한계 반응물(limiting reactant)
  ㉠ 주어진 반응물늘의 혼합물로부터 얼마나 많은 양의 생성물이 만들어질 수 있을지를 결정하기 위해서는 먼저 소모되고 생성물의 양의 제한하는 반응물을 찾아야 한다.
  ㉡ 먼저 없어지고 생성물의 양을 제한하는 반응물을 한계반응물이라고 한다.

3) 온도의 영향
① 온도 올라갈수록 분자의 평균 운동에너지 증가 → 더 강한 에너지로 충돌 → 결합을 깨뜨리는 더 많은 힘들 → 더 빠른 반응이 일어남
② 온도가 10℃ 상승하면 반응속도는 2~3배 증가
  예 온도 50℃(5×10) 상승하면 $v = 2^5$배 = 32배 증가

 $n \times 10℃$ 상승 → 반응속도 $= 2^n$배 증가

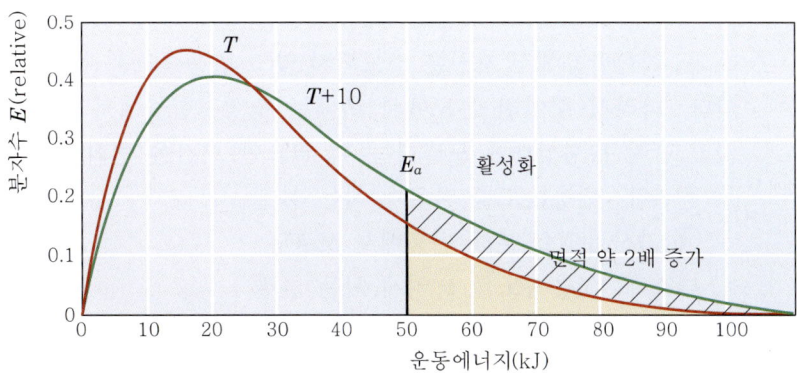

③ 온도가 높을수록 분자운동이 활발해 충돌 횟수 증가 → 활성화 에너지보다 더 큰 운동에너지를 가진 분자 수 증가 → 반응속도 증가

> **꼼꼼체크** 온도가 올라가면 분자의 평균 운동에너지 증가 → 활성화 에너지 이상의 에너지를 가진 분자 수가 증가 → 반응속도 증가

④ 분자의 운동속도가 빠를수록 분자 간 충돌이 잦다(분자의 운동속도는 온도에 비례). -273℃인 경우에는 분자의 운동속도가 0으로 분자의 운동이 정지되며 부피도 없어지는 상태가 된다.

⑤ 아레니우스(Arrhenius)식 : 반응속도 상수가 온도의존성을 가지고 있어 반응 속도에 영향을 준다.
  ㉠ $aA + bB \rightarrow$ Product
  ㉡ 반응속도 $= k[A]^n[B]$

$$k = Ae^{-\frac{E_a}{RT}}$$

여기서, k : 반응속도 상수
　　　　A : 빈도계수(frequency factor)
　　　　E_a : 활성화 에너지(activation energy)
　　　　R : 이상기체 상수
　　　　T : 절대온도 K

4) **반응물질 사이의 접촉** : 동일한 기체상이나 액체상에 있는 물질 사이의 반응 즉, 균일반응에서는 반응하는 분자 사이의 접촉문제는 중요하지 않은데 그 이유는 분자와 이온이 자유롭게 움직이고 충돌이 빈번하기 때문이다. 그러나 다른 상 사이의 반응 즉, 비균일 반응에서는 반응하는 분자나 이온을 함께 모으는 것이 어려울 수도 있다. 예를 들면 수증기와 붉게 가열된 철 사이의 반응에서 철이 큰 덩어리상태에 있다면 반응이 매우 느리지만 금속을 가루로 할 경우에는 반응물질인 산소와 접하는 면적이 증대됨에 따라 반응속도가 증가될 수 있다.

5) **촉매작용(catalyst)**
① 촉매 : 화학반응에서 자신은 소모되지 않고 반응속도를 빠르게 변화시키는 물질이다. 따라서 주어진 온도에서 촉매는 평형혼합물에서의 농도를 변화시킬 수 없고 단지 평형상태에 도달하는 데 필요한 시간을 변화시킬 수 있다.
  ㉠ 정촉매: 반응속도를 빠르게 하는 물질
    예) 과산화수소 분해 반응에서 MnO_2
  ㉡ 부촉매: 반응속도를 느리게 하는 물질
    예) 할론의 부촉매 소화효과

> **꼼꼼체크** 효모 : 사람 몸에 사용되는 촉매로 단백질로 구성됨

② 촉매와 활성화 에너지 : 촉매는 반응물에서 생성물에 이르는 보다 쉬운 다른 경로를 제공하는 역할을 하며 여러 가지 메커니즘에 의하여 이 기능을 수행하나 각 경우에 있어서 촉매의 유일한 기능은 반응의 활성화 에너지를 낮게 하는 것이다.
　㉠ 정촉매 : 활성화 에너지를 낮춰 반응 속도를 빠르게 한다(역반응의 속도도 빨라짐). 반응하는 계는 화학 평형에 빨리 도달한다.
　㉡ 부촉매 : 활성화 에너지를 높여 반응 속도를 느리게 한다(역반응의 속도도 느려짐). 소방에서 화학적 소화를 부촉매라고 하는 의미는 가연물의 활성화 에너지를 높여서 화학반응 속도를 느리게 하여 연소반응을 억제하는 소화방법이기 때문이다.
③ 촉매와 반응열 : 촉매는 활성화 에너지에만 영향을 미치므로 반응열에는 아무 영향을 미치지 못한다.

6) 반응 메커니즘 : 반응물질이 생성물질로 될 때 단계적으로 진행되는 일련의 과정.
① 속도결정단계 : 반응메커니즘 중 가장 느린 단계
② 중간체 : 앞 단계에서는 생성물로 다음 단계에서는 반응물로 작용하는 물질

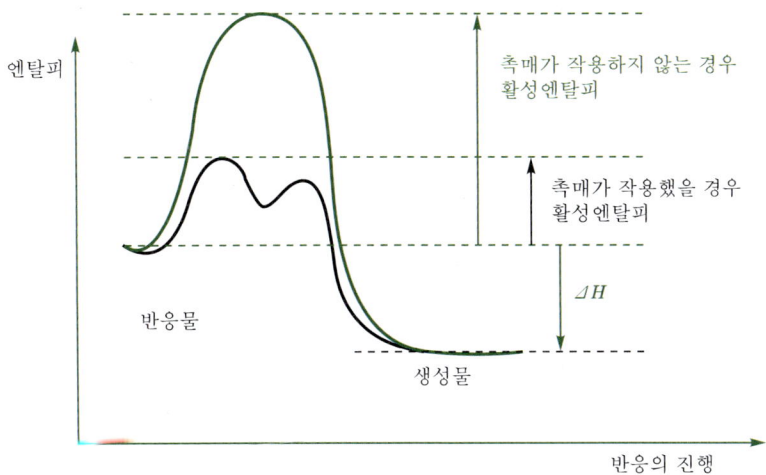

∥ 촉매에 따른 반응에너지 크기 ∥

04 화학반응의 법칙

(1) **르 샤틀리에의 법칙(Le Chatelier 열역학적 평형의 원리)** : 계에 반응이 주어지면 그 계에서는 반응을 줄이려는 방향으로 반응이 진행된다. 평형상태에 있는 물질계의 온도나 압력을 바꾸었을 때 화학반응은 그 요인을 제거하는 방향으로 진행된다. 즉, 평형을 유지하려는 방향으로 진행된다.

> **꼼꼼체크 화학적 평형** : 가역반응에서 일정시간이 지난 후 정반응과 역반응 속도가 같아져 겉으로 보기에는 반응이 정지된 상태처럼 보이는 상태

(2) **아보가드로의 법칙**
자세한 내용은 앞 페이지 참조

(3) 깁스의 자유에너지(Gibbs free energy)
1) 어떤 계의 엔탈피, 엔트로피 및 온도를 이용하여 정의하는 열역학적 함수이다.
2) 자유에너지는 다음과 같이 정의된다.

$$G = U + pV - TS$$

여기서, U : 내부 에너지, p : 압력
V : 부피, T : 절대온도
S : 엔트로피

3) 엔탈피 개념을 이용하면 다음과 같이 쓸 수도 있다.

$$G(\text{깁스의 자유에너지}) = H(\text{엔탈피}) - T(\text{절대온도})\ S(\text{엔트로피})$$

4) 화학반응의 진행은 엔탈피가 감소하고 엔트로피가 증가하는 방향으로 진행된다.
5) 화학반응이 자발적인지 아닌지를 나타내는 상태함수(state function)로 깁스의 자유에너지가 0보다 작을 때 자발적이라고 한다.
6) 엔탈피의 변화에 따른 엔트로피의 변화
① 발열과정이자 엔트로피가 증가하는 과정($\Delta H < 0$, $\Delta S > 0$)은 깁스의 자유에너지가 항상 음수이므로 모든 온도에서 자발적으로 일어난다.
② 발열과정이자 엔트로피가 감소하는 과정($\Delta H < 0$, $\Delta S < 0$)은 충분히 낮은 온도에서는 깁스의 자유에너지가 음수가 될 수 있으므로 자발적으로 일어나지만 높은 온도에서는 자발적으로 일어나지 않는다. 연소의 과정은 발열반응이지만 공기 중에 산소와 결합하는 과정에서 엔트로피는 감소한다. 따라서 연소반응은 계의 엔트로피는 감소하지만 주위로 방출하는 열에너지에 의해서 주위의 엔트로피를 크게 증가시켜 계의 엔트로피의 감소를 넘어서기 때문에 자발적으로 일어나는 것이다. 하지만 외부의 자극(점화에너지)이 없이 계의 반응은 일어나지 않는다.
③ 흡열과정이자 엔트로피가 증가하는 과정($\Delta H > 0$, $\Delta S > 0$)은 충분히 높은 온도에서는 자발적으로 일어나지만 낮은 온도에서는 자발적으로 일어나지 않는다.
④ 흡열과정이자 엔트로피의 감소하는 과정($\Delta H < 0$, $\Delta S < 0$)은 깁스의 자유에너지가 항상 양수이므로 모든 온도에서 항상 비자발적이다.

(4) 에너지 보존의 법칙 : 에너지 총량은 항상 보존된다(일정하다)는 법칙이다.

05 화학반응의 반응열(Q)

(1) 반응열(Q) : 화학반응이 일어날 때 방출되거나 흡수되는 열량
1) 발열반응(exothermic reaction, $Q > 0$)
① 어원을 보면 exo가 있는데 이는 내보낸다는 뜻이고 이는 에너지를 계에서 밖으로 내보낸다는 것이다. 따라서 주위가 얻은 에너지가 계가 잃은 에너지와 같아야 한다.

② 반응물의 에너지가 생성물의 에너지보다 커서 반응이 일어날 때 열을 방출하는 반응(반응 후 주변 온도 상승)이다.

③ 발열반응에서는 화학결합에 저장된 일부의 퍼텐셜 에너지가 열에너지(무질서한 운동 에너지)로 바뀌는 것이다.

예) $CH_4(g) + 2O_2(g) \rightarrow CO_2(g) + H_2O(l) + 890.4kJ$

2) 흡열 반응(endothermic reaction, $Q < 0$)

① 주위로부터 에너지를 흡수하여 계의 에너지가 증가하는 반응이다. 따라서 계가 얻은 에너지가 주위가 잃은 에너지와 같아야 한다.

② 생성물의 에너지가 반응물의 에너지보다 커서 반응이 일어날 때 열을 흡수하는 반응(반응 후 주변 온도 하강).

예) $HgO(s) \rightarrow Hg(l) + \frac{1}{2}O_2(g) - 90.8kJ$

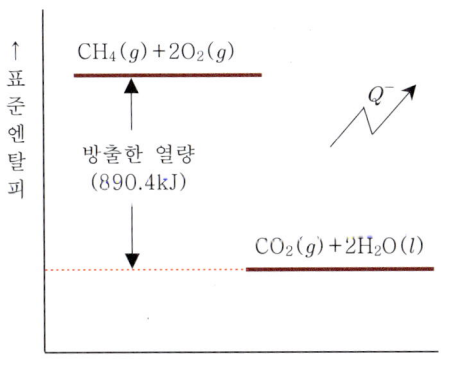

| 발열반응 |

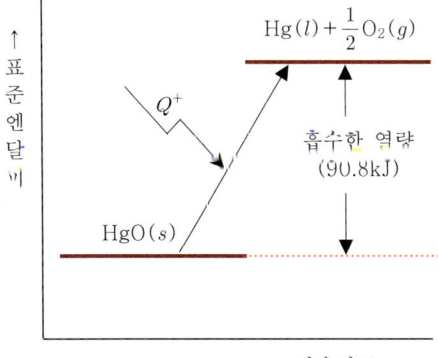

| 흡열반응 |

(2) 엔탈피(enthalpy, H)

1) 정의 : 열역학에서 계의 내부 에너지와 계가 주위를 물리치고 그 압력으로 공간을 차지하기 위해 소요된 에너지(즉, 부피와 압력의 곱)의 합으로 정의되는 상태함수(state function)이다. 즉, 내부에너지와 외부에 한 일의 합인 상태함수이다.

2) 엔탈피는 다음 식으로 주어진다.

$$H = U + PV$$

여기서, H : 계의 엔탈피
U : 계의 내부에너지
P : 계의 압력
V : 계의 부피

3) 줄-톰슨 효과(Joule-Thomson effect) = 등엔탈피

$$H = U - P\Delta V$$

등엔탈피로 엔탈피의 변화가 없음으로 체적이 변화하면서 외부에 일을 함으로써 내부에너지는 증가하여야 하므로 주변의 열을 빼앗는다.

4) **엔탈피 변화(ΔH)** : 화학반응에서 생성물질의 엔탈피에서 반응물질의 엔탈피를 뺀 값이다. 화합물에서 사용하는 엔탈피는 표준 생성 엔탈피이다. 표준 생성 엔탈피란 표준상태(액체는 1기압 25℃, 기체는 1기압 0℃)에서 가장 안정한 형태의 구성 원소들로부터 그 화합물을 만드는 데 관여하는 엔탈피이다.

> **꼼꼼체크 표준 엔탈피** : 1기압, 25℃ 때의 엔탈피. 반응조건이 표시되지 않는 경우엔 모두 표준 엔탈피를 의미한다.

$$\text{엔탈피 변화}(\Delta H) = (\text{생성물질의 엔탈피}) - (\text{반응물질의 엔탈피})$$

① 발열 반응 : 열이 방출되어 엔탈피가 감소하므로 $\Delta H < 0$ 이다.
   예) $2H_2(g) + O_2(g) \rightarrow 2H_2O(l)$, $\Delta H = -486.3 kJ/mol$
   아래 그림과 같이 엔탈피가 감소되었다. 이는 액체상태의 물 분자가 산소와 수소보다 낮은 에너지상태임을 나타내 준다. 왜냐하면 표준상태에서 물은 액체상태로 안정되기 때문이다. 다시 말하면 산소와 수소가 결합하여 물이 생기는 반응은 표준상태에서 발열반응이자 수소의 연소반응이다.

② 흡열 반응 : 열이 흡수되어 엔탈피가 증가하므로 $\Delta H > 0$ 이다.
   예) $HgO(s) \rightarrow Hg(l) + 1/2 O_2(g)$, $\Delta H = 90.8 kJ/mol$
   아래 그림과 같이 엔탈피가 흡수되었다. 이는 고체상태의 산화수은 분자가 수은과 산소보다 낮은 에너지상태임을 나타내 준다. 산화수은이 열을 받아 수은과 산소로 분해되는 반응은 표준상태에서 흡열반응이다.

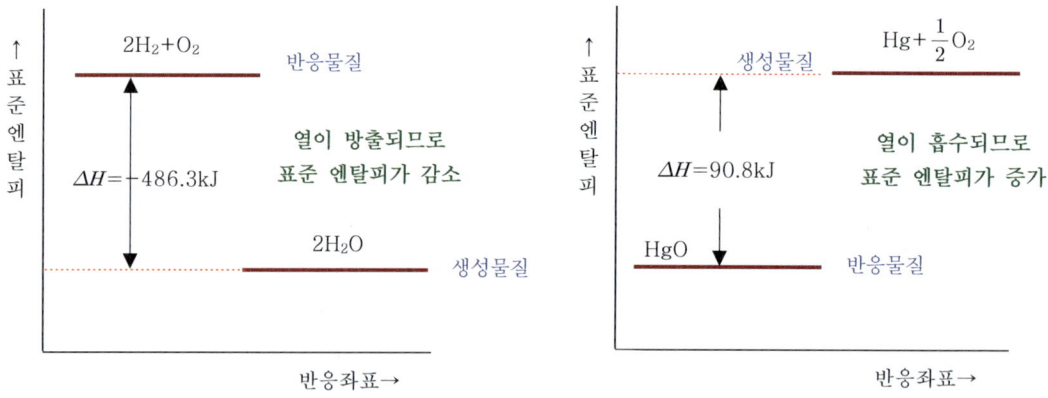

│ 화학반응에서의 엔탈피 변화 │

(3) 반응열의 측정과 종류

1) **반응열의 측정** : 봄베 열량계
   ① 열용량(heat capacity, C_p) : 어떤 물질의 온도를 1℃ 올리는 데 필요한 열량(J/℃). 따라서 보통 물질의 크기나 질량이 클수록 열용량이 증가된다.
   ② 비열용량(比熱容量, specific heat capacity) 또는 비열 : 단위 질량(1g)의 물질 온도를 1℃ 높이는 데 드는 열에너지를 말한다(단위: J/g·℃). 비열은 물질마다 다르기 때문에 물질의 특성을 나타내며 물질의 질량이나 크기와는 무관하다.

$$열용량 = 질량 \times 비열$$

③ 반응열(heat of reaction) : 화학반응이 일어날 때에는 열이 발생되거나 흡수된다. 이때 발생 또는 흡수되는 열량을 반응열이라 한다. 반응열은 반응물질과 생성물질에 저장된 열량이 다르기 때문에 생긴다.

$$Q = 질량 \times 비열 \times 온도변화 = 열용량 \times 온도변화$$

2) 반응열의 종류
① 연소열 : 어떤 물질 1몰이 완전연소할 때 발생하는 열량
  예 $C(s) + O_2(g) \rightarrow CO_2(g)$, $\Delta H = -393.5 kJ$
② 생성열 : 어떤 화합물 1몰이 성분 홑원소 물질로부터 생성될 때의 반응열. 25℃, 1기압일 때의 생성열을 표준 생성열이라 한다. 홑원소 물질로부터 생성될 때의 반응열이다.
③ 분해열 : 어떤 화합물 1몰이 성분의 홑원소 물질로 분해될 때의 반응열로, 분해 반응은 생성될 때의 역반응이므로, 분해열은 생성열과 같으나 부호가 반대이다.
④ 용해열 : 어떤 용질 1몰이 다량의 물에 용해될 때 출입하는 열량
  예 $H_2SO_4(l) + aq \rightarrow H_2SO_4(aq)$, $\Delta H = -19.0 kcal$
⑤ 중화열 : 산의 H^+ 1몰과 염기의 OH^- 1몰이 중화될 때 생성되는 에너지. 즉, 산과 염기가 반응하여 $H_2O(l)$ 1mol이 생성될 때 발생하는 열량
  예 $HCl(aq) + NaOH(aq) \rightarrow NaCl(aq) + H_2O(l)$, $\Delta H = -13.8 kcal$
  알짜이온 반응식 : $H^+(aq) + OH^-(aq) \rightarrow H_2O(l)$, $\Delta H = -13.8 kcal$

06 열화학 반응식

(1) 정의 : 화학반응식에 각 물질의 물리적 상태와 열에너지의 변화를 함께 나타낸 식

(2) 열화학 반응식 표시의 의미
1) 화학 반응식에 나타낸 계수들은 몰(mol) 수를 나타낸다.
2) 어떤 물질이 가지는 엔탈피는 상태에 따라 달라지므로 열화학 반응식에는 반드시 물질의 상태, 즉 고체(s), 액체(l), 기체(g) 및 수용액(aq) 등을 표시해야 한다.
3) 열화학 반응식에는 반응조건, 즉 온도와 압력을 표시하여야 한다. 일반적으로 온도와 압력의 표시가 없을 때는 25℃, 1atm을 의미한다.
4) 화학반응식의 계수가 변하면 엔탈피 값도 변한다.
  예 $H_2(g) + \frac{1}{2}O_2(g) \rightarrow H_2O(l)$, $\Delta H = -68.3 kcal$

  $2H_2(g) + O_2(g) \rightarrow 2H_2O(l)$, $\Delta H = -136.6 kcal$(계수를 2배하면, 엔탈피 값도 2배)

(3) **화학양론(stoichiometry)** : 화학반응에 참여한 어떤 물질의 양으로부터 반응에 관여한 다른 물질의 양을 계산하는 것으로 이상적인 화학반응상태의 양을 말한다.

07 결합에너지

(1) **정의** : 원자 간의 공유결합을 끊어서 원자상태로 해리하는 데 필요한 1몰당의 에너지 즉, 각각의 원자 1몰이 원자상태에서 결합된 상태로 될 때 발생하는 열량을 말한다.

예) $2H(g) \rightarrow H_2(g)$, $\Delta H = -10^4 kcal/mol$

여기서, ΔH : (-)값을 갖는 경우 발열반응
ΔH : (+)값을 갖는 경우 흡열반응

(2) **결합에너지의 세기**
1) 고분자 화합물의 열경화성(cross link) : 다중결합일수록 결합력이 강하다.
2) 극성이 커질수록 결합력이 강하다.

(3) **반응열 계산**

$$\Delta H = (반응물질의\ 결합에너지\ 합) - (생성물질의\ 결합에너지\ 합)$$
$$Q(반응열) = c(비열) \times m(질량) \times \Delta T(온도변화)$$

1) 발열반응($\Delta H < 0$) : 생성된 분자의 원자 간 결합에너지가 반응한 분자의 원자 간 결합에너지보다 크다.
2) 흡열반응($\Delta H > 0$) : 생성된 분자의 원자 간 결합에너지가 반응한 분자의 원자 간 결합에너지보다 작다.

08 헤스의 법칙(총열량 불변의 법칙, 1840년, 헤스(Hess))

(1) 화학 변화가 일어나는 동안에 발생 또는 흡수한 열량은 상태함수(state function)이기 때문에, 출발물질과 최종물질이 같은 경우에는, 어떤 경로를 통해 만들더라도 그 경로에 관여한 열함량 변화의 합은 같다는 법칙이다.

(2) **상태함수** : 반응과정이 어떻게 되든 상관없이 시작과 끝을 중시하는 함수이다. 즉, 처음상태와 최종상태를 보고 그 상태들을 가지고 있는 값들의 차를 구한 것이다.

(3) 처음과 끝이 같으면 중간경로가 다르더라도 반응열의 총합은 같다.

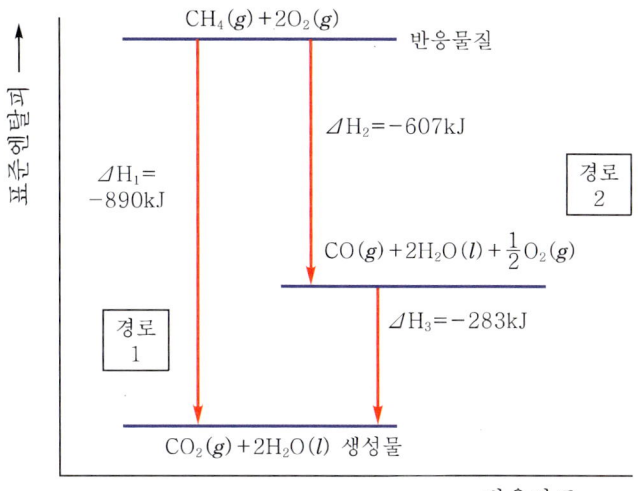

메탄의 산화반응[31]

(경로 1) 탄소와 산소, 수소가 이산화탄소와 물로 되는 경우
$$CH_4(g) + 2O_2(g) \rightarrow CO_2(g) + 2H_2O(l), \Delta H = -890kJ \quad \text{ⓐ}$$

(경로 2) 탄소가 일산화탄소가 되었다가 이산화탄소로 되는 경우
$$CO_2(g) \rightarrow CO(g) + 2H_2O(l) + \frac{1}{2}O_2(g), \Delta H_1 = -607kJ \quad \text{ⓑ}$$

$$CO(g) + 2H_2O(l) + \frac{1}{2}O_2(g) \rightarrow CO_2(g) + 2H_2O(l), \Delta H_2 = -283kJ \quad \text{ⓒ}$$

각 경로의 반응식의 합은 서로 같다(ⓐ식=ⓑ식+ⓒ식)

$$+ \begin{vmatrix} CO_2(g) \rightarrow CO(g) + 2H_2O(l) + \frac{1}{2}O_2(g), \Delta H_1 = -607kJ \\ CO(g) + 2H_2O(l) + \frac{1}{2}O_2(g) \rightarrow CO_2(g) + 2H_2O(l), \Delta H_2 = -283kJ \end{vmatrix}$$

$$CH_4(g) + 2O_2(g) \rightarrow CO_2(g) + 2H_2O(l) \quad \Delta H = -890kJ$$

∴ $\Delta H = \Delta H_1 + \Delta H_2 = -607kJ - 283kJ = -890kJ$

(4) 헤스의 법칙 응용 : 실험적으로 구하기 어려운 반응 엔탈피의 변화를 계산에 의해 구할 수 있다. 즉, 알려진 반응 엔탈피의 값들로부터 원하는 반응 엔탈피의 값을 계산을 통해서 쉽게 얻을 수 있다.

> **꼼꼼체크** 100℃ 물에는 화상을 입는데, 100℃ 증기에는 화상을 입지 않는 것은 기체 쪽이 분자의 밀도가 적어서 가지고 있는 에너지 총량이 적기 때문이다(물분자 수가 적다.)

---

31) http://www.chem.ufl.edu/~itl/2045/lectures/lec_7.html

09 화학반응의 분류[32]

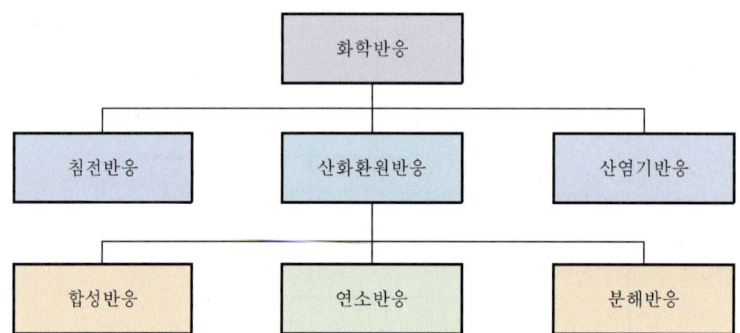

---
32) 7th Edition Introduction to Chemistry : A Foundation, Steven S. Zumdahl, Donald J. DeCost의 207P.

Section 20 유기화합물(organic compound)

01 개요

(1) 정의
일명 탄소의 화합물이라고도 한다. 모든 유기화합물은 몇몇 예외를 제외하고 대부분의 경우에 탄소원자와 수소원자를 포함한다. 따라서 모든 유기화합물은 탄화수소의 구조에 바탕을 둔다고 할 수 있다.

과거에는 생명력이 있는 화합물로 정의되었지만 현재에는 탄소화합물로 개념이 정리되고 있다. 하지만 탄소화합물 중 CO, CO_2, 탄산염은 무기화합물로 취급한다.

(2) 특성
1) **성분원소** : 주로 탄소(C), 수소(H), 산소(O)이며 질소(N), 황(S), 인(P), 할로겐 등의 비금속원소를 포함한다.
2) **종류** : 탄소끼리 결합하여 사슬모양, 고리모양의 화합물을 만들며, 이성질체가 많으므로 화합물의 수는 300만개 이상이다.
3) **융점과 비등점** : 분자 사이의 힘(반 데르 발스의 힘)이 약하므로 융점, 비등점이 낮다(융점은 대체로 300℃ 이하).
4) **화합결합** : 공유결합을 하고 있으므로 대부분 비전해질(단, 포름산, 아세트산, 옥살산 등은 전해질)이다.
5) **연소**
   ① 대부분 쉽게 연소(가연성)된다.
   ② 불완전연소 시 유독가스를 다량 방출한다.
   ③ 산소가 없으면 열분해 되어 탄소(C)가 유리된다(그을음 많이 발생).
6) **용해성(녹는점)** : 대부분 물에 녹기 어려우며, 알코올, 벤젠, 아세톤, 에테르 등의 유기용매에 잘 녹는다.
7) **반응속도** : 분자와 분자 사이의 반응이므로 반응속도가 느리다.
8) **전리반응** : 대체로 비전해질이며 전기전도성이 거의 없다(비극성 공유결합).
9) 탄소의 원자는 4가인 것이 많고 (+) 사슬 모양의 구조를 하고 있다.
10) 휘발성 용제가 많다.

02 탄화수소의 분류

(1) 탄화수소의 구분

1) 지방족탄화수소
   ① 포화 : 알칸(파라핀)
   ② 불포화 : 알켄(올라핀), 알킨(아세틸렌)

2) 방향족탄화수소
   ① 치환족
   ② 방향족
   ③ 이원소족

```
                   ┌─ 포화  ─┬─ 사슬모양
                   │         └─ 고리모양
         탄화수소 ─┤
                   │          ┌─ 사슬모양 ─┬─ 이중결합
                   └─ 불포화 ─┤            └─ 삼중결합
                              └─ 고리모양
```

(2) 포화탄화수소(saturated hydrocarbon)

1) 특성 : 포화탄화수소는 단일 공유결합만을 포함하고 이때 모든 탄소원자들은 sp^3 혼성이다.

> • 궤도함수 섞는 과정을 혼성화(hybridization)라고 하고 새로 생성된 원자궤도함수를 혼성궤도함수(hybrid orbital)라고 한다.
> • sp^3 혼성궤도함수
> • 포화 : 화물 내의 모든 탄소-탄소 결합들이 단일 결합으로 구성된 탄화수소

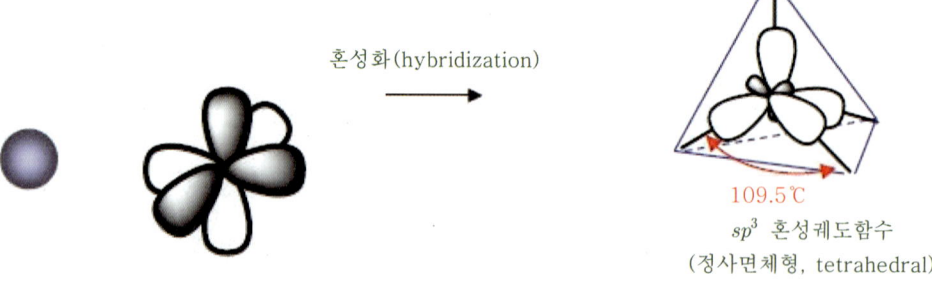

혼성화(hybridization)

109.5℃
sp^3 혼성궤도함수
(정사면체형, tetrahedral)

① 포화탄화수소는 부탄과 같이 직선 사슬형 탄소골격을 가질 수도 있다.

> 사슬구조는 그 모양 특성상 유동성과 유연성을 가진다.

② 이소부탄과 같이 가지달린 사슬형 탄소골격을 가질 수도 있다.
③ 벤젠과 같이 고리형 탄소사슬을 가질 수도 있다.

2) 알칸기(alkane) or 파라핀계(paraffin)

① 정의 : normal, 직선(straight-chain)이나 가지가 없는 포화탄화수소(unbranched hydrocarbon)를 알칸이라 한다.

② 알칸은 일반식 C_nH_{2n+2}로 쓸 수 있는 화합물이며 파라핀 탄화수소(paraffin hydrocarbon)라 불리기도 한다.

③ 알칸의 물리적 특징
㉠ 분자 간에 인력이 약한 비극성 대칭구조를 가진다.
㉡ 물에 녹지 않고 비중이 1보다 작다.
㉢ 무극성 공유결합으로 분자 간 인력이 적어 끓는점이 낮다.
㉣ 부피 팽창비율이 크다.
㉤ 탄소수가 많아질수록 비중, 녹는점, 끓는점 등이 높아진다. 왜냐하면 탄소수가 많아질수록 탄화수소 간의 인력이 증가하게 된다. 탄화수소는 무극성인데 무극성들은 분자량이 커질수록 분자 간 인력이 커지는 성질이 있다. 따라서 탄소의 개수가 커지면 분자량이 커지기 때문에 끓는점, 녹는점, 비중이 높아지는 것이다.
㉥ 일반적으로 탄소수가 4개 이하일 때에는 기체이고, 6~16개 이하는 액체, 17개 이상은 고체이다.

④ 알칸의 화학적 특징
㉠ 다른 물질과 반응성이 약하고 강알칼리나 강산에 반응하지 않는다.
㉡ 산화제와 환원제외도 반응하지 않고 연소성이 크다.
㉢ 할로겐화합물과 치환반응한다(대부분의 할로겐화합물은 알칸에서 수소와 치환된 것임).

⑤ 알칸류의 화재폭발 특성
㉠ 깨끗한 화염을 내어 급격하게 연소
㉡ 일반가스와 같은 질식작용
㉢ 유출 시 산소화의 확산, 혼합에 의해 폭발범위를 형성

IUPAC(The International Union of Pure and Applied Chemistry) 명명법

CH_4	C_2H_6	C_3H_8	C_4H_{10}	C_5H_{12}	C_6H_{14}	C_7H_{16}	C_8H_{18}	C_9H_{20}	$C_{10}H_{22}$
methane	ethane	propane	butane	pentane	hexane	heptane	octane	nonane	decane
메탄	에탄	프로판	부탄	펜탄	헥산	헵탄	옥탄	노난	데칸

꼼꼼체크 순수 및 응용 화학의 국제 연합(IUPAC)

⑥ 알칸의 분자 구조
㉠ 탄소 원자를 중심으로 정사면체 구조
㉡ 탄소와 탄소 사이에 단일결합을 한다.
㉢ 탄소수가 4개 이상은 이성질체를 가진다.

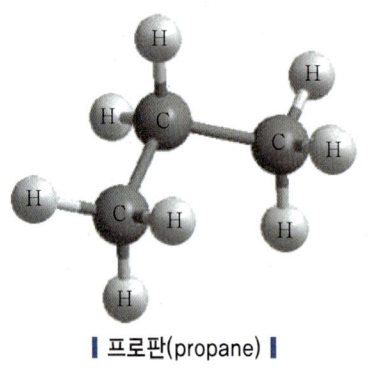

| 프로판(propane) |

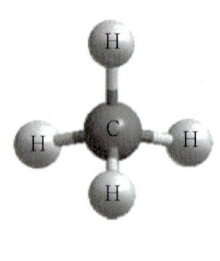

| 메탄(methane) |

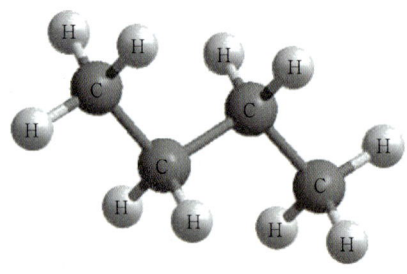

| 부탄(butane) |

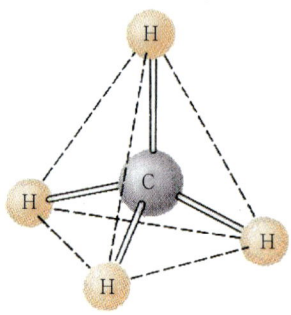

| 메탄(methane)의 분자구조 |

 이성질체 : 분자식은 같으나 구조식이 달라 성질이 다른 화합물

예) C_4H_{10}

n-butane(b.p=-0.5℃) → iso-butane(b.p=-11.7℃)

⑦ 알킬(alkyl)기(C_nH_{2n+1} = R) : 알칸(alkane)의 어미 "ane"를 "yl"로 고침
  ㉠ 알칸보다 수소를 하나 적게 가진 기를 알킬기(alkyl group)라 부른다.
  ㉡ 이와 같은 이름은 탄화수소의 어미 – ane을 제외한 – yl을 붙여 주어 메탄은 메틸, 에탄은 에틸 등이 된다.
  ㉢ 알킬리를 문자 R로 표시하기도 하고 RH는 알칸동족계열의 구성원을 나타낸다.

3) 시클로알칸(cyclo alkane, 포화고리 모양의 탄화수소)
  ① 정의 : 포화탄화수소의 탄소 원자들이 고리형으로 결합된 화합물이라 부른다.
  ② 시클로알칸의 일반식은 C_nH_{2n}으로 열린 사슬 모양
  ③ 시클로알칸의 물리적 특징
    ㉠ 알칸보다 녹는점이 훨씬 더 높다. 그 이유는 대칭성이 더 크기 때문에 결정격자 간의 결합력이 크기 때문이다.

ⓒ 알칸과 시클로알칸은 극성이 작고 수소결합을 할 수 없기 때문에 물에 거의 녹지 않는다.
ⓓ 하지만 다른 탄화수소에는 좋은 용매가 된다.
④ 결합형식 : C 사이에 단일결합으로 된 고리모양. sp^3혼성 오비탈(orbital)

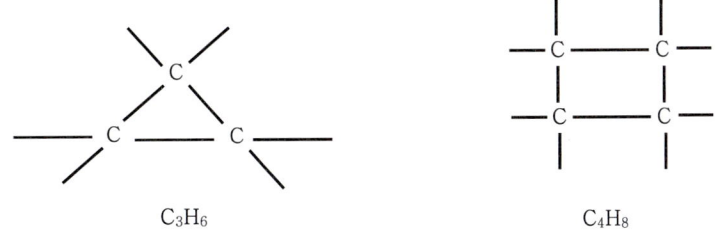

C_3H_6 C_4H_8

⑤ 명명법 : 알칸(alkane)의 이름 앞에 시클로(cyclo)를 붙인다.
⑥ 반응성 : C_3H_6, C_4H_8은 불안전하므로 개환(개환반응은 시클로화합물의 고리에 다른 물질이 첨가되는 첨가반응)되어 첨가반응한다.

(3) 불포화탄화수소(unsaturated hydrocarbon)

1) 정의 : 탄소원자들 사이에 이중공유결합이나 삼중공유결합을 갖는 탄화수소를 불포화탄화수소라 한다.
2) **알켄(alkene) or 올레핀(olefin) or 에틸렌계(ethylene계)** : 이중결합(double bond)을 포함하는 탄화수소이다.
  ① 일반식 : C_nH_{2n}
  ② 결합형식 : C 사이에 이중결합(C=C)이 한 개 있다.

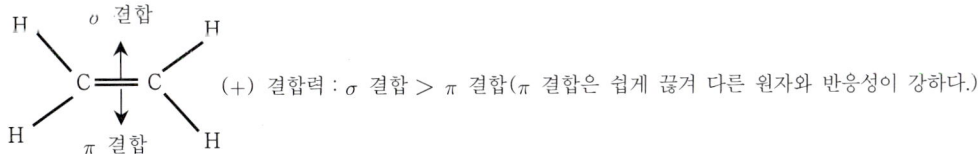

(+) 결합력 : σ 결합 > π 결합 (π 결합은 쉽게 끊겨 다른 원자와 반응성이 강하다.)

  ③ 반응성 : 약한 π(파이) 결합이 있어 반응성이 크다.
    ⓐ 첨가반응(부가반응) : 이중결합(삼중결합)물이 단일결합으로 되면서 포화상태로 되는 반응

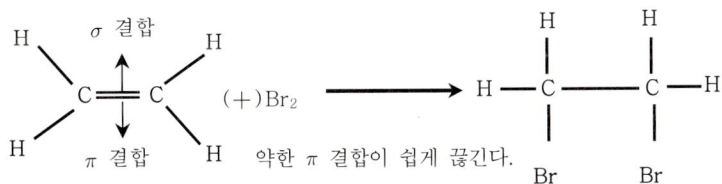

약한 π 결합이 쉽게 끊긴다.

    ⓑ 중합반응 : 분자가 연속으로 결합하여 큰 하나의 분자를 만드는 반응
3) **알킨(alkyne) or 아세틸렌(acetylene) or 나프텐계** : 삼중결합(triple bond)을 포함하는 탄화수소

① 일반식 : C_nH_{2n-2}
② 결합형식 : C 사이에 삼중결합(C≡C)이 한 개 있다.
③ 반응성 : 첨가 및 중합반응이 일어난다.
4) 알켄과 알킨은 포화탄화수소에 비해 이중 또는 삼중결합을 가지고 있어 반응성이 뛰어나서 첨가반응 및 중합반응이 일어나기 쉽다.

(4) 지방족 탄화수소의 성질의 비교
1) 지방족 탄화수소의 성질 비교표

	알칸(alkane)	알켄(alkene)	알킨(alkyne)	시클로알칸(cyclo alkane)
일반식	C_nH_{2n+2}	C_nH_{2n}	C_nH_{2n-2}	C_nH_{2n}
결합형식	sp^3 혼성	sp^2 혼성	sp 혼성	sp^3 혼성
결합각	109.5°	120°	180°	109.5°
분자구조	정사면체	평면삼각형	직선형	고리모양
결합수	C─C	C=C	C≡C	C─C
결합거리	1.54 Å	1.34 Å	1.20 Å	1.54 Å
반응성	치환반응	첨가 및 중합반응	첨가 및 중합반응 (금속과 치환반응)	$n<4$: 첨가 $n>4$: 치환

2) 지방족 탄화수소의 반응성의 크기
알킨(alkyne) > 알켄(alkene) > 시클로알칸(cyclo alkane) > 알칸(alkane)

(5) 방향족탄화수소(aromatic hydrocarbone)
1) 벤젠
① 벤젠(C_6H_6)은 방향족탄화수소로 알려진 많은 동족 화합물의 모체가 된다.
② 안정화된 고리계를 포함하는 불포화 탄화수소이다.
③ 원래 이들 고리계를 포함하는 향기로운 화합물을 방향족이라 불렀으나 지금은 향기롭지 못한 방향족 화합물도 많이 발견되었다.
④ 벤젠은 끓는점이 80℃인 무색 액체이고 방향족 화합물의 특성인 많은 그을음과 불꽃을 내면서 탄다.

2) 기타 방향족 탄화수소 : 톨루엔, 자일렌, 나프탈렌, 안트라센, 벤조피렌

(6) 무기화합물(무생물체, 광물질에서 얻을 수 있는 물질)로 탄화수소인 유기화합물과 대칭되는 개념이다.

위험물 중에서 1류, 6류는 무기화합물(대부분), 4류, 5류는 유기화합물, 3류는 무기물과 유기금속화합물이다.

03 유기화합물의 화학반응

(1) **탄소가 무수한 유기물을 만들 수 있는 이유**
   1) 탄소는 원자핵과 전자까지의 거리가 가까워 원자핵과 전자가 강한 힘으로 끌어당긴다.
   2) 4개의 전자를 빼앗거나, 방출하기가 어렵다.
   3) 다른 원자와 다양한 공유결합이 가능하다.

(2) **고분자 결합 메커니즘**
   1) 사슬결합 : 이중결합이 끊어지면서 결합선이 하나 늘고 이 손이 다른 분자, 원자기와 결합되면서 아래와 같은 사슬형태의 결합이 된다.

   2) 고리결합

(3) **유기물의 화학반응 진행순서**
   1) 유기물과 산소가 만남
   2) 화학반응이 일어날 만큼의 활성화 에너지 공급

3) 산화반응이 발생
4) 열 생성
5) 빛 생성
6) 반응생성물 생성

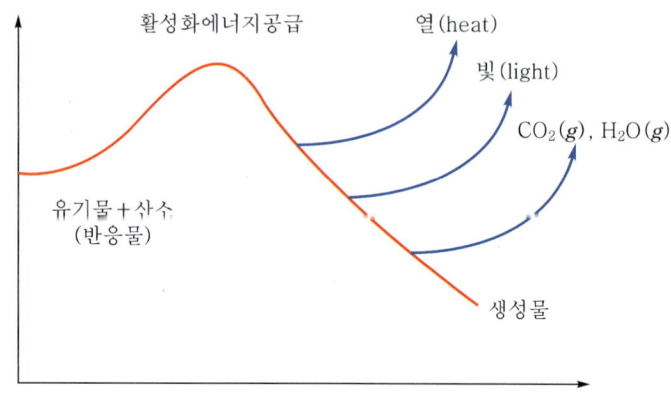

▮ 유기물의 화학반응 진행순서 ▮

(4) 유기물의 화학반응

1) **첨가반응(addition reaction)**

① 첨가반응은 유기반응 중에서 가장 간단한 형태의 반응으로, 두 개의 화합물이 더해져 하나의 화합물이 되는 반응이다. 첨가반응은 다중결합을 가진 화합물에 한정된다. 왜냐하면 다중결합만이 결합선이 끊어지면서 다른 원자나 원자단과 결합이 가능하기 때문이다.
② 첨가반응의 역반응은 제거반응이다. 예를 들면 수화반응의 역반응은 탈수반응이다.
③ 첨가반응에 대표적인 것으로는 수소화반응(hydrogenation)과 할로겐화반응(halogenation)이 있다.

- 수소화 반응 : 탄소의 이중, 삼중결합이 끊어지면서 수소와 결합하는 반응
- 할로겐화 반응 : 탄소의 이중, 삼중결합이 끊어지면서 할로겐 원소와 결합하는 반응

2) **탈리반응 or 제거반응(elimination reaction)**

① 1개의 분자로부터 2개의 원자 or 원자단이 다른 원자 or 원자단에 의해 치환되지 않고 제거되어서 새로운 분자를 생성하는 반응이다.

② 원자나 원자단이 제거된다고 해서 제거반응이라고 하고 원자나 원자단이 제거됨으로써 결합선은 다중결합으로 변화한다.

$$H-\underset{\underset{H}{|}}{\overset{\overset{H}{|}}{C}}-\underset{\underset{H}{|}}{\overset{\overset{H}{|}}{C}}-H \longrightarrow \underset{H}{\overset{H}{>}}C=C\underset{H}{\overset{H}{<}} + H_2$$

3) 치환반응(substitution reaction)
   ① 특정 화합물의 작용기가 다른 작용기로 교체되는 반응을 뜻한다.
   ② 유기화학에서는 친전자체 또는 친핵체에 의한 치환이 가장 중요하게 여겨진다. 유기화학에서의 치환반응은 치환이 친전자체 아니면 친핵체에 의해서 일어난 것인지, 반응 중간체로 탄소 양이온, 탄소 음이온, 자유 라디칼 중 어떠한 것이 존재하는지, 기질이 지방족 탄화수소인지 방향족 탄화수소인지에 따라 다양한 종류로 분류될 수 있다.

   - 친전자체(electrophile) : 전자를 좋아하는 물질이다. 친전자체는 양으로 편극되고, 전자가 부족한 원자를 가지고 있어 친핵체로부터 한 쌍의 전자를 받아들여 결합을 형성할 수 있다. 친전자체는 중성이나 양으로 하전되어 있다.
   - 친핵체(nuclectrophile) : 핵을 좋아하는 물질이다. 친핵체는 음으로 편극되고, 전자가 풍부한 원자를 가지고 있어 양으로 편극되어 있고 전자가 부족한 원자에 한 쌍의 전자를 줌으로써 결합을 형성할 수 있다. 친핵체는 중성이나 음으로 하전되어 있다.

   ③ 치환반응을 이용하면 다양한 수의 유기분자를 합성할 수 있다.

$$H-\underset{\underset{H}{|}}{\overset{\overset{H}{|}}{C}}-H + X_2 \longrightarrow H-\underset{\underset{H}{|}}{\overset{\overset{H}{|}}{C}}-X + HX$$

4) 전위반응(rearrangement reaction) : 원자나 기의 결합위치가 이동하는 것

$$\underset{H}{\overset{H}{>}}C=C\underset{H}{\overset{CH_3CH_2}{<}} \longrightarrow \underset{H}{\overset{CH_3}{>}}C=C\underset{CH_3}{\overset{H}{<}}$$

(5) **탄소의 결합차수가 증가할수록 결합력이 증가되는 이유** : 결합차수가 2중, 3중으로 증가할수록 공유하는 전자쌍수가 증가하고 이로 인해 전자들과 핵과의 인력이 증가하고 이로 인해 결합길이도 짧아지기 때문이다.

1) 탄소의 단일결합의 평균길이 : 0.154nm
2) 탄소의 2중 결합의 평균길이 : 0.134nm
3) 탄소의 3중 결합의 평균길이 : 0.120nm

04 작용기(functional group)

(1) 정의
1) 공통된 화학적 특성을 지닌 한 무리의 유기화합물에서, 그 특성의 원인이 되는 원자단 또는 결합양식이다.
2) 유기화학에서 유기 분자 내에 있는 탄소와 수소가 아닌 다른 원자를 이종원자라고 한다. 이종은 탄소와 수소와는 다르다는 것이고 이 이종원자를 포함하고 있는 유기분자의 기본단위를 작용기라고 한다.

(2) 유기물이 작용기가 되기 쉬운 이유
1) 무기물은 어떤 원소가 들어 있는 가에 따라 성질이 달라진다.
2) 그에 반해 유기물은 원소의 결합방식 특히 탄소의 결합방식에 따라 성질이 달라진다.
3) 유기물은 작용기가 붙으면 다양한 특성을 가진다. 특히 C와 O의 결합의 경우 O의 전기음성도가 커서 O쪽으로 잡아당겨 치우침이 발생하고 이로 인해 작용기가 되기 쉽다.

(3) 중요 작용기
1) 수산기(히드록실기) : [-OH-]기
① 물과 닮아 물에 쉽게 섞인다.
② 알코올을 만든다.

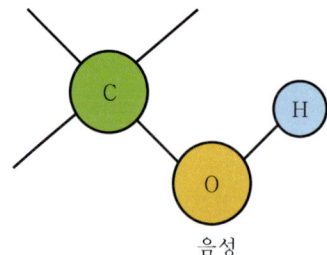

2) 에테르기 : [-O-]기
① 물에는 녹지 않고(수산기(OH)가 없어서 물과 강한 수소결합을 할 수가 없음) 유기물을 녹인다.
② 수산기가 없어서 에테르 사이의 분자 간 인력이 상대적으로 약하다. 따라서 에테르기의 분자들을 분리시키는 데 적은 에너지로도 충분하다.

유기화합물(organic compound)

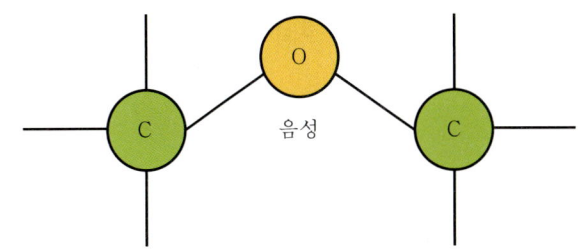

3) **카르보닐기** : [-CHO-]알데히드기, [-CO-]케톤기
   ① 카르보닐기는 탄소원자가 산소원자와 이중결합한 구조이다.
   ② 인체에 위험한 물질을 만든다.

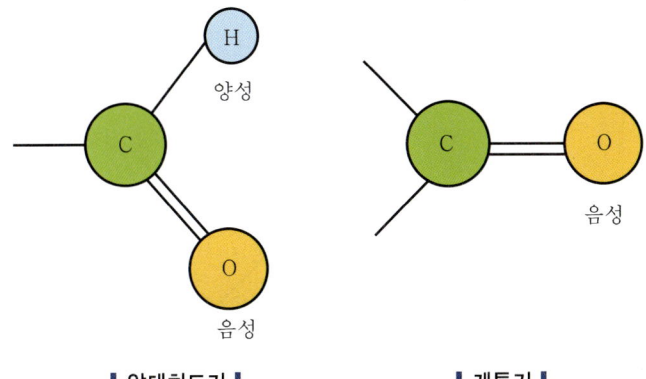

▌알데히드기 ▌   ▌케톤기 ▌

4) **술폰기**[$-SO_2(OH)-$] : 물에 잘 녹고 강한 산성을 나타낸다.

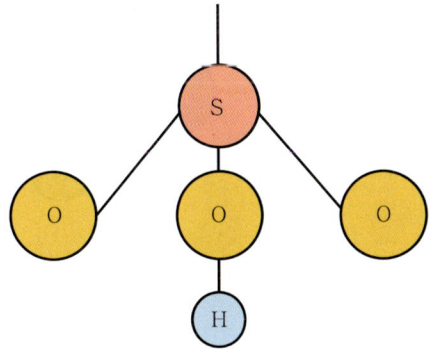

5) **카르복실기**[-COOH-] : 물에 잘 녹고 식초 등 유기물 산을 만든다.

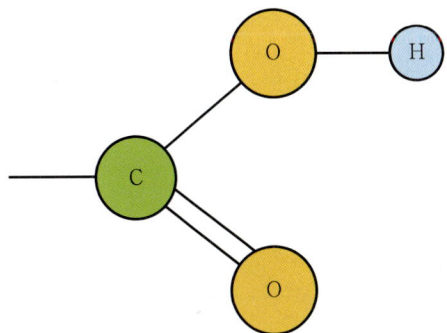

6) 에스테르기[-COO-] : 다양한 향을 만든다.

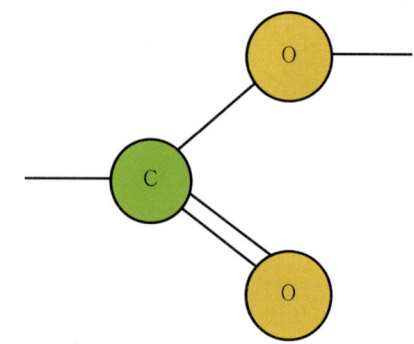

7) 니트로기[-NO$_2$-] : 급격하게 반응해 폭발하기도 한다.

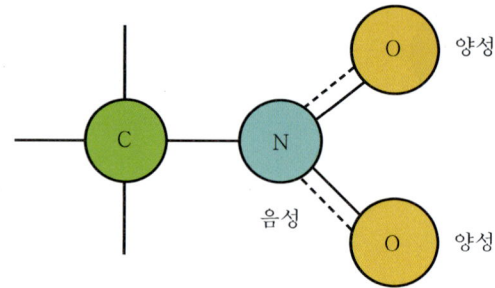

8) 아미노기[-NH$_2$-]

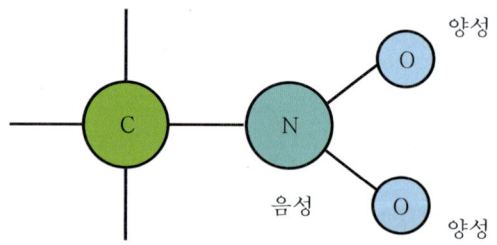

Section 21 기타 화학

(1) **반감기(half-life)** : 원래 양의 $\frac{1}{2}$이 되는 데 걸리는 시간

(2) 대기 중에 불이 산소를 모두 소모하면서 말끔히 연소시키려면 필요 없는 질소(산소량의 4배)를 불필요하게 데워야 한다.

(3) **철의 연소** : 너무 빨리 전도되어 표면온도가 발화수준까지 절대로 올라가지 않는다. 그러나 스틸 울을 이용하면 불을 붙일 수 있다(산화철).

(4) Mg은 O_2보다 CO_2와 반응성이 더 좋다.

(5) **불포화탄화수소** : 2중, 3중 결합이 있는 것으로써 반응성이 풍부하다. 촉촉한 느낌이 있다(식물성).

(6) 포화반응 또는 수소화(수소를 결합시기는 반응) 또는 환원반응이라고 할 수 있다. 단중결합으로 단단한 느낌이다(동물성).

(7) 다리미에 물을 뿌리고 다리미로 가열 시 섬유 사이사이 사슬구조에 물이 침투하여 물이 증발하며 냉각시켜 조직을 딱딱하게 만드는 것이다.

(8) **트랜스지방** : 수소화, 환원, 경화지방(수소첨가로 융점이 높아져 단단해짐)

(9) **요오드가** : 시료 100g에 함유된 탄화수소의 이중, 삼중 결합에 부가되는 요오드 g수. 요오드가 높으면 불포화지방산, 낮으면 포화지방산이다.

(10) **건성유** : 기름 한 방울을 작은 유리판에 도포한 뒤, 실온에서 방치해두고 하루에 한 번씩 손가락을 도포액에 접촉시켜 묻어나는 가를 실험한다. 짧은 시간 내에 묻어나지 않으면 건성유, 긴 시간 내에 묻어나지 않으면 반건성유이다. 따라서 이는 기름의 빨리 마르는 성질을 표시하는 지수이다.

(11) 두 액체를 혼합했을 때 물과 에탄올처럼 서로 잘 섞이는 경우에는 상대방 분자와의 인력(부착력)이 자기 분자와의 인력(응집력)보다 크기 때문이다. 부착력>응집력(잘 섞임), 부착력<응집력(잘 안 섞임)

P·a·r·t 2

Professional Engineer
Fire Protection

연소공학

- Section 01 화재안전(fire safety)의 개념
- Section 02 연소(combustion)
- Section 03 연소의 요소(fire triangle)
- Section 04 연소한계(flammability limit)
- Section 05 연소의 구분
- Section 06 화염(flame)
- Section 07 화염온도(flame temperature)
- Section 08 상에 의한 연소 구분
- Section 09 화재(fire)
- Section 10 기체연소 시 이상현상
- Section 11 기체의 발화
- Section 12 액체의 발화
- Section 13 고체의 발화
- Section 14 화염확산
- Section 15 인화점 & 자연발화점
- Section 16 고체의 열분해
- Section 17 목재의 열분해
- Section 18 고분자 물질의 연소
- Section 19 화염전파지수(FPI ; Fire Propagation Index)
- Section 20 연소속도(buring velocity)/연소속도(buring rate)
- Section 21 열전달
- Section 22 벽체의 열전달(열통과율)
- Section 23 연소생성물의 생성
- Section 24 연소 시 생성되는 가스
- Section 25 일산화탄소(CO)
- Section 26 화재상황에 따른 연소생성물의 유해성
- Section 27 독성가스와 허용농도
- Section 28 연기(smoke)
- Section 29 연기의 시각적 유해성
- Section 30 발연점과 그을음
- Section 31 액체가연물 화재
- Section 32 증기-공기 밀도와 증기위험도 지수
- Section 33 경질유, 중질유 탱크의 화재 특성
- Section 34 중질유 화재의 물 넘침 현상
- Section 35 화재의 분류
- Section 36 물리적 소화와 화학적 소화
- Section 37 건축물 내 화재성상
- Section 38 전실화재(flash over)
- Section 39 백드래프트(back draft)
- Section 40 목조건물과 내화구조 건물의 화재온도 표준곡선
- Section 41 화재의 성장
- Section 42 화재성장곡선
- Section 43 화재플럼(fire plume)
- Section 44 화재하중
- Section 45 화재가혹도
- Section 46 화재의 조사
- Section 47 연소의 패턴
- Section 48 화재 벡터링(fire vectoring)

Section 01 화재안전(fire safety)의 개념

01 화재안전의 목적

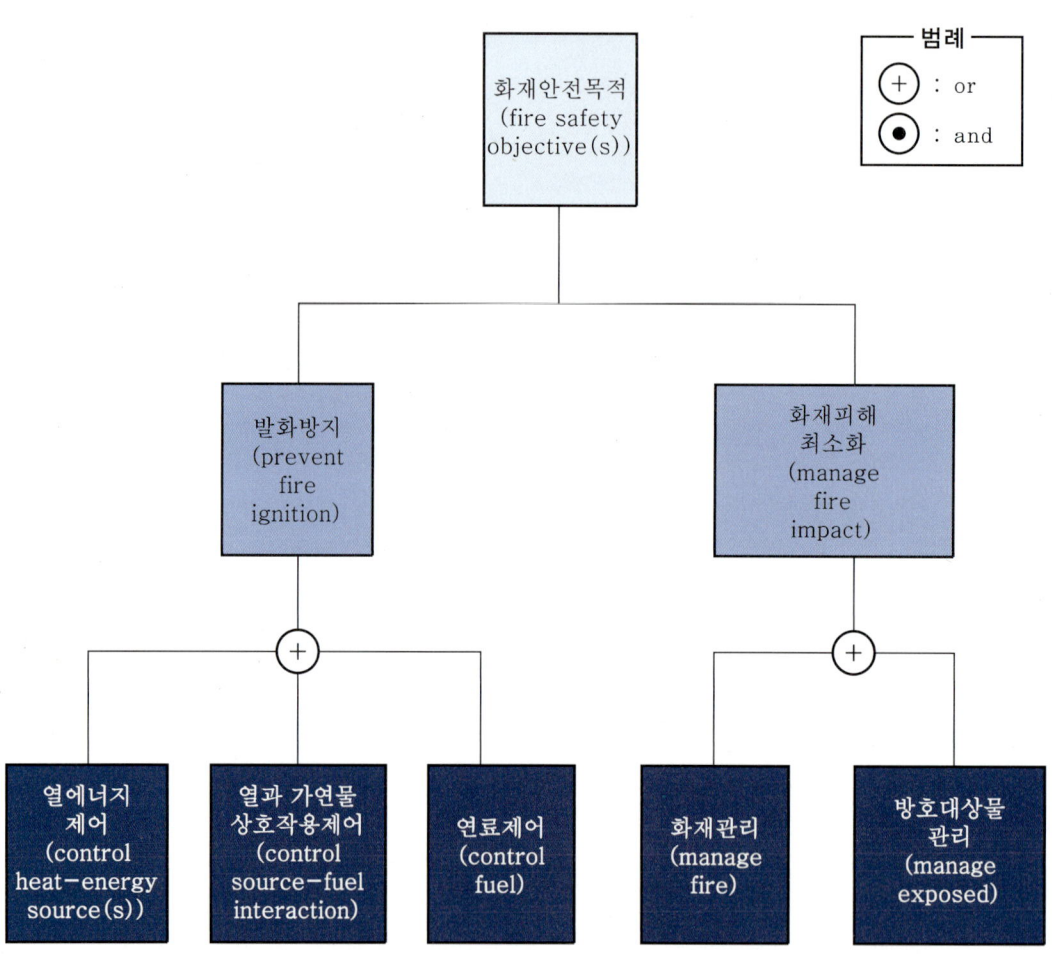

※ FPH : CHAPTER 9 1-160 FIGURE 1.9.2 Principal Branches of the Fire Safety Concepts Tree
　FPH ; Fire Protection Handbook

Section 01
화재안전(fire safety)의 개념

02 발화방지

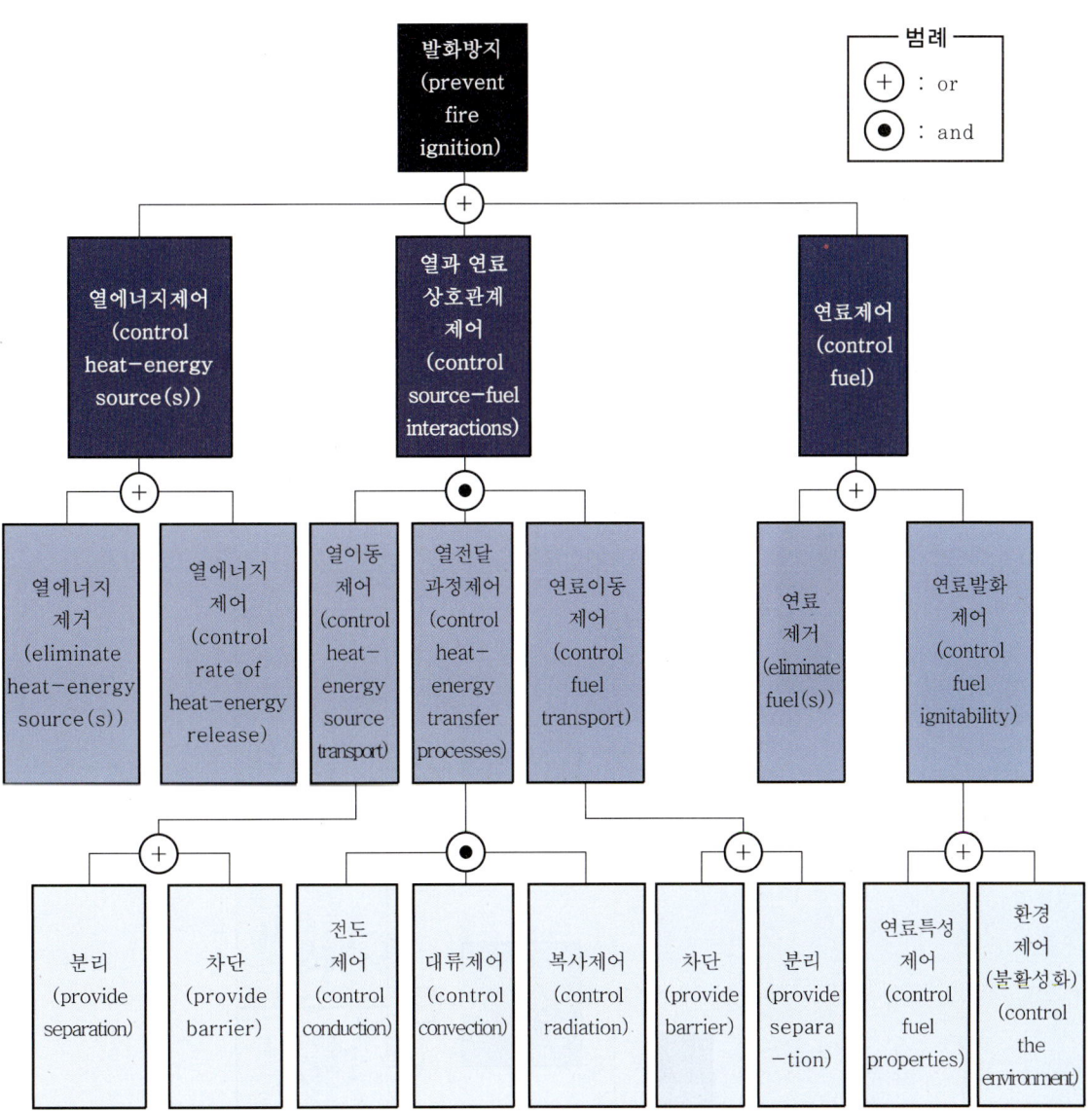

※ FPH : CHAPTER 9 1-162 FIGURE 1.9.3 Prevent Fire Ignition Branch of the Fire Safety Concepts Tree

03 화재관리

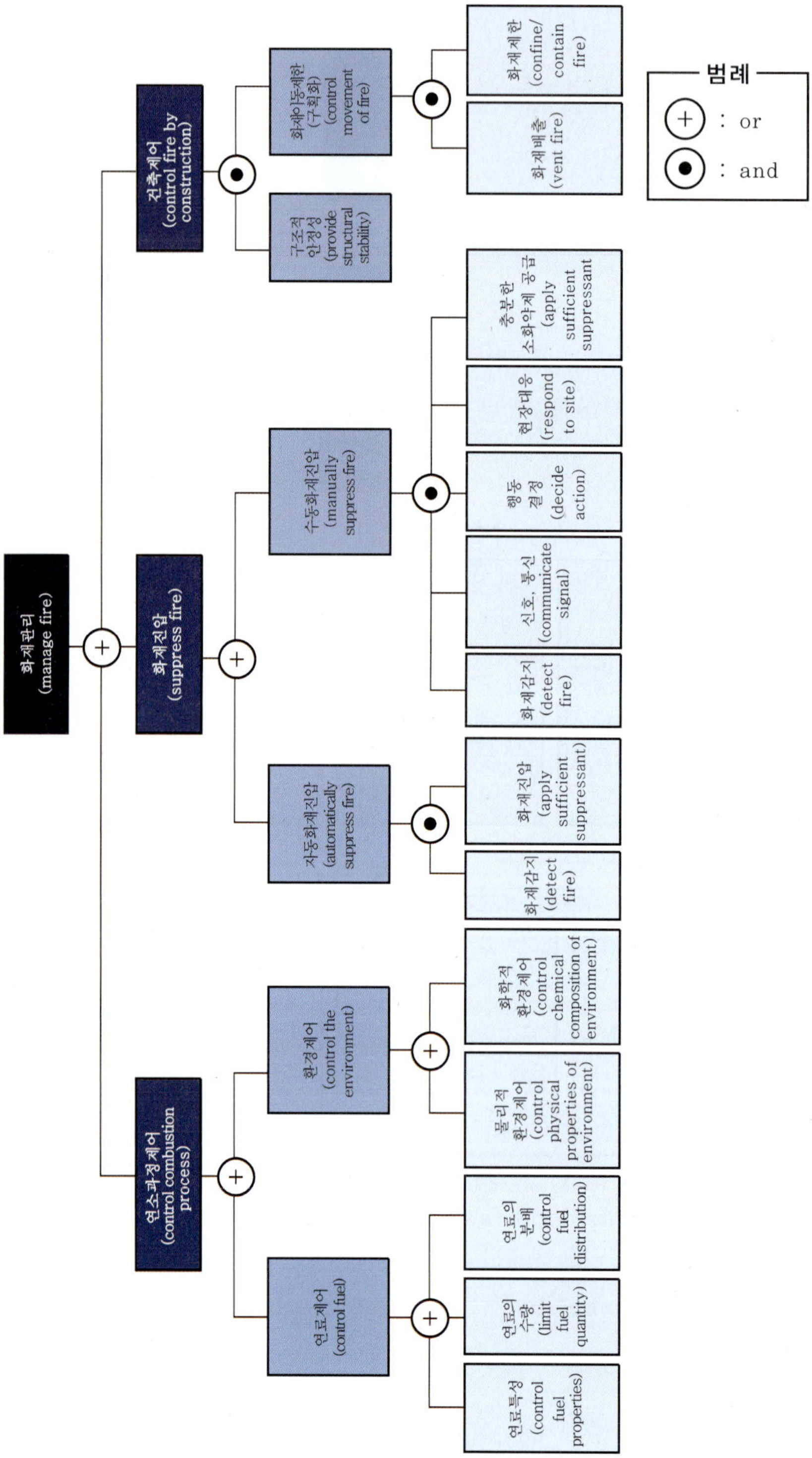

※ FPH : CHAPTER 9 1-163 FIGURE 1.9.4 Manage Fire Branch of the Fire Safety Concepts Tree

04 피난자 관리

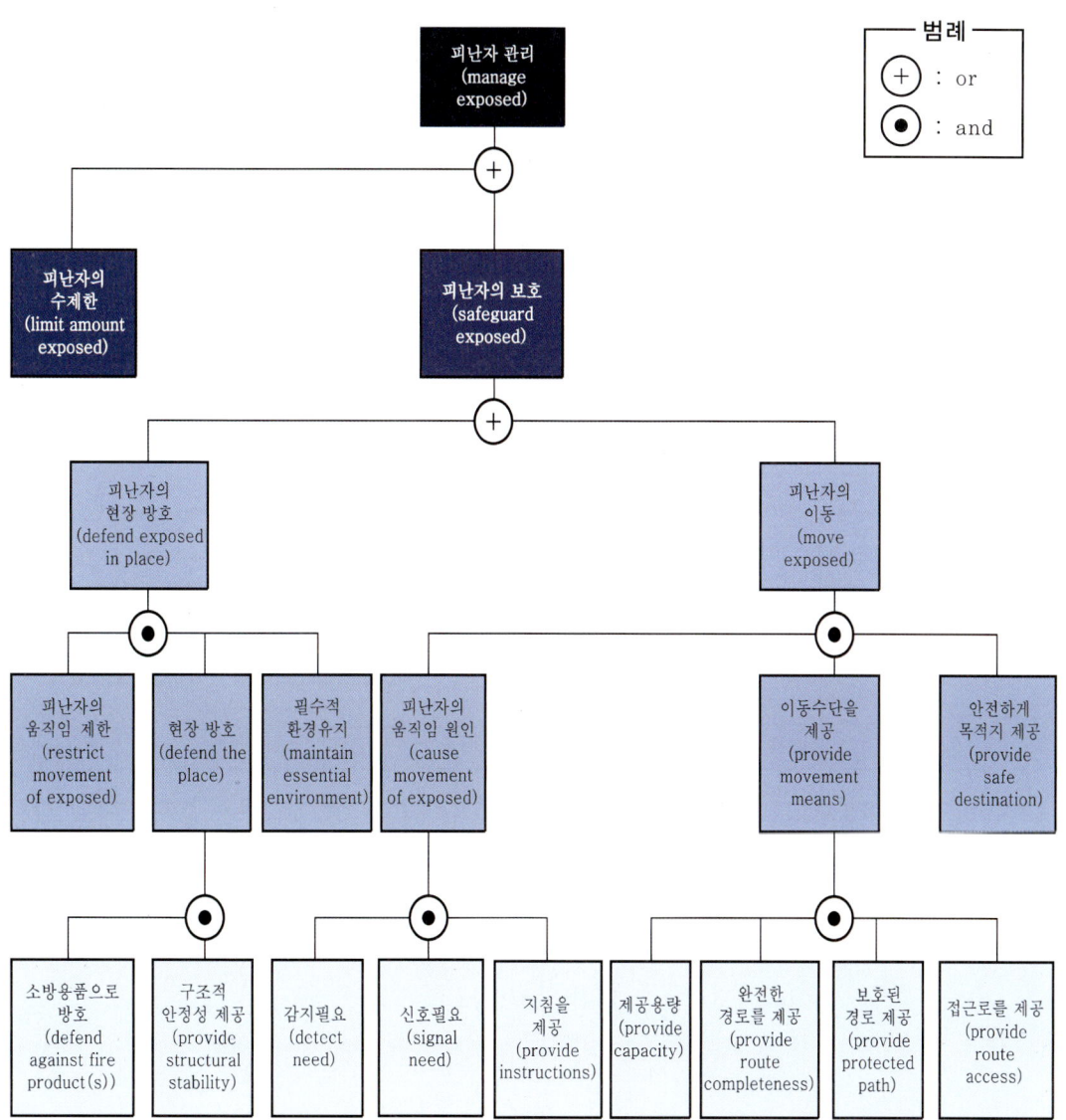

※ FPH : CHAPTER 9 1-168 FIGURE 1.9.5 Manage Exposed Branch of the Fire Safety Concepts Tree

05 피 난

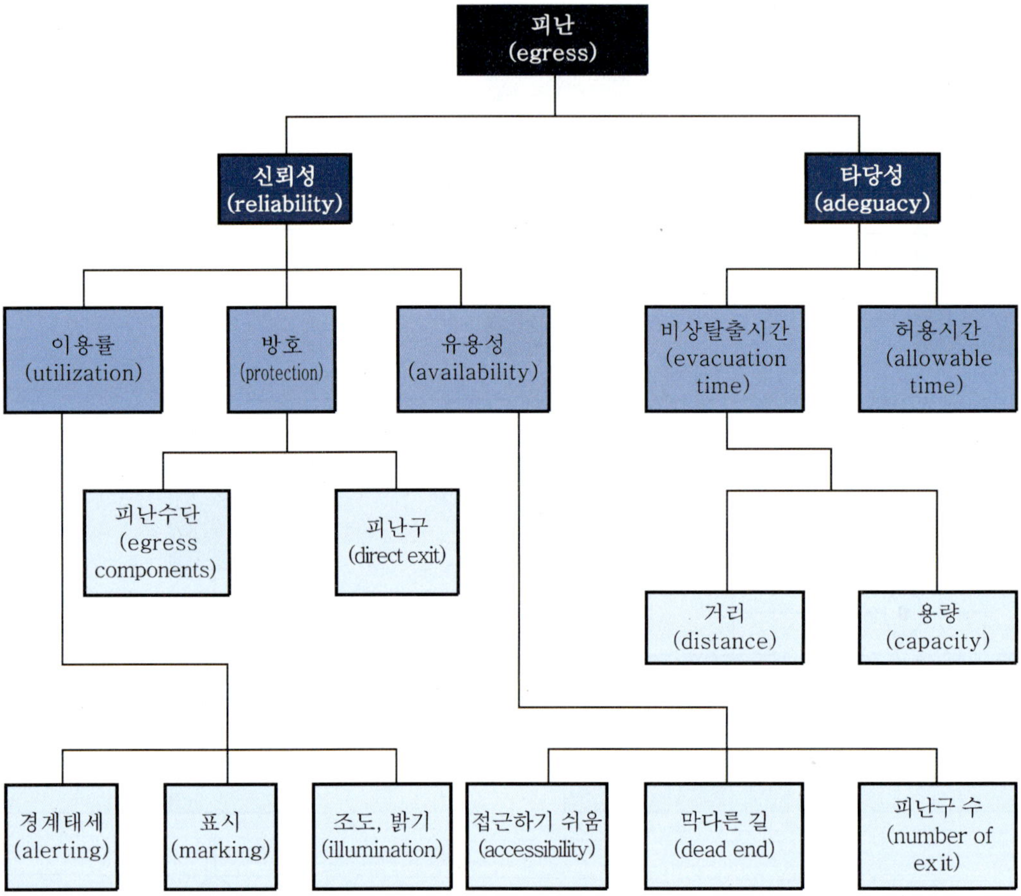

```
                    피난
                   (egress)
              ┌───────┴────────┐
           신뢰성              타당성
        (reliability)       (adequacy)
       ┌─────┼─────┐         ┌────┴────┐
    이용률   방호  유용성   비상탈출시간  허용시간
  (utilization)(protection)(availability)(evacuation (allowable
                                          time)       time)
              ┌──┴──┐                   ┌──┴──┐
         피난수단  피난구               거리    용량
         (egress  (direct exit)      (distance)(capacity)
        components)
```

| 경계태세 | 표시 | 조도, 밝기 | 접근하기 쉬움 | 막다른 길 | 피난구 수 |
| (alerting) | (marking) | (illumination) | (accessibility) | (dead end) | (number of exit) |

Section 02 연소(combustion)

01 연소(combustion)의 의의

(1) 소방의 목표는 화재를 예방, 경계 및 진압하고, 나아가서 인명피해, 재산피해를 최소화하는 것이다.
(2) 그러기 위해서는 화재의 발생, 성장, 소멸 등의 원인과 결과를 알아야 한다.
(3) 화재는 연소의 한 부분이므로 연소를 알면 화재의 원인과 결과를 예측하고 이에 따른 적절한 대응을 할 수 있기 때문이다.

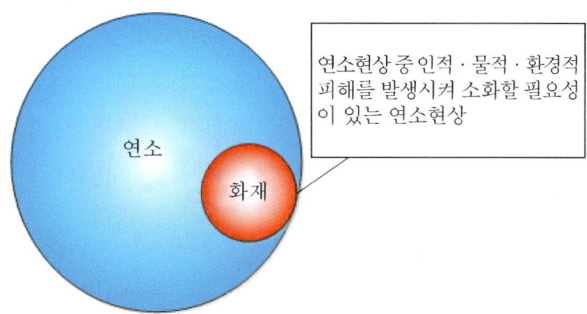

02 연소(combustion)의 정의

(1) 물질이 산소와 산화반응 시 보다 안정화되기 위해 에너지를 방출(열이나 빛)하여 주위의 온도를 상승시키는 현상이다.
(2) 빛과 열을 수반하는 급격한 산화 발열반응

03 연소의 메커니즘(mechanism) : 충돌이론, 전이상태이론

(1) 원인계(반응계)에서 생성계로의 물질의 변화
   1) 열의 공급 : 분자 간의 힘(intermolecular forces)이나 분자 내의 힘(intramolecular forces)을 끊을 수 있는 에너지가 공급되며, 열분해가 발생(heating source or energy source)한다.

2) 열분해에 의해 분자 간과 분자 내의 힘이 끊어지면서 각종 라디칼이 발생한다(불안정하고 반응성이 큰 상태).

- 열분해(pyrolysis) : 열에 의해서 한 화합물을 하나 이상의 다른 물질로 변환시키는 것. 열분해는 종종 연소에 선행한다.
- 라디칼(radical) : 자유라디칼(free radical)이라고도 하며, 적어도 1개 이상의 홀전자를 포함한 분자를 말한다.

(2) 혼합(mixing)

1) 열분해된 가연성 증기의 라디칼이 공기 중의 산소와 혼합되어 연소반응에 적합한 농도가 되는 것을 연소범위 또는 폭발범위라고 한다. 그렇다면 왜 산소와 반응하는가?
2) 산소
   ① 일반적인 유기물은 전자의 스핀방향이 서로 반대로 상쇄되는데 반해서 활성산소는 같은 방향이다.
   ② 따라서 산소분자 자체는 반응성이 작다. 하지만 에너지를 공급해서 산소의 전자 스핀방향을 반대로 바꾸면 싱글렛 산소가 되고, 산소분자는 홀전자를 2개나 가지고 있는 Diradical(이중라디칼) 구조가 된다.
   ③ 이 경우에 산소분자의 두 쌍의 파이 반결합 전자가 자기들끼리가 아닌 다른 결합 파트너를 찾으려 하기 때문에 반응성이 큰 것이다.
   ④ 이와 같이 반응성이 큰 산소를 활성산소라고 한다.
   ⑤ 따라서 대기 중의 산소가 많은데도 녹이 잘 생기지 않지만, 비에 젖으면 쉽게 녹이 스는 것은 물 속에 활성산소가 있기 때문이다.

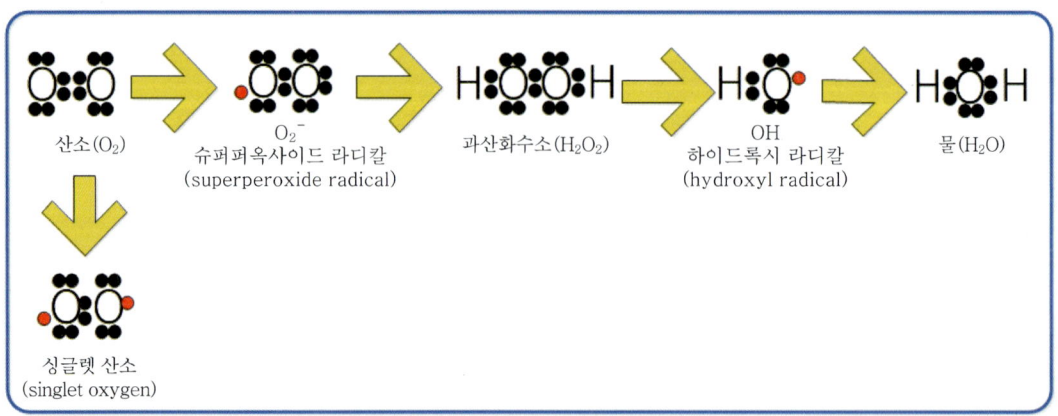

┃산소의 환원과정에서 발생하는 프리라디칼┃

3) 가연성 가스와 혼합되며 일정 농도를 형성 : 연소범위

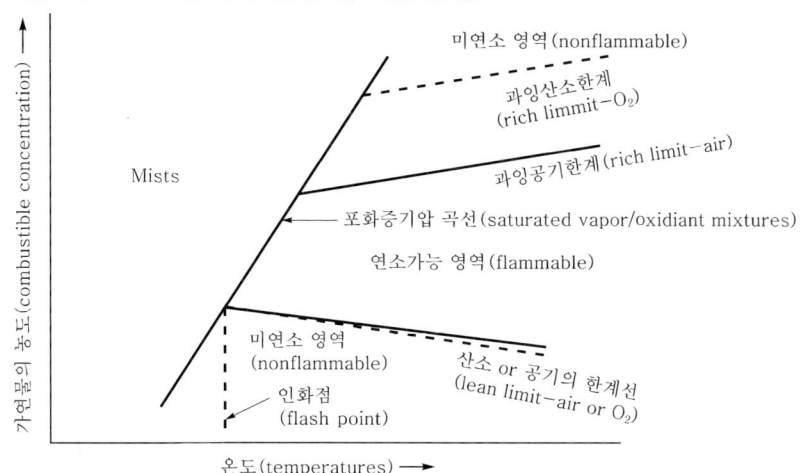

4) 반응속도식 또는 속도법칙(rate law) : 반응물의 농도로만 표현되는 속도식
   ① 단, 분자반응, 반응물 A : rate = $k[A]^m$
      여기서, k = 연소반응의 속도상수, m = 반응차수(order)
   ② 단, 분자반응, 반응물 (A, B) : rate = $k[A]^m[B]^n$, 전반응차수 = $m+n$
   ③ 일반적으로, m과 n은 양의 정수 혹은 분수(1, 2, 3, 0, $\frac{1}{2}$ ⋯)
   ④ 반응차수는 실험적으로 결정된다(화학반응식의 계수와 다르다). 결국 반응속도를 주로 좌우하는 것은 농도라는 것을 반응속도식을 보면 알 수 있다.

5) 혼합물(mixture)의 상태에 따른 분류(NFPA 68)
   ① 최적 혼합물(optimum mixture) : 특정 측정 양에서 연소속도가 가장 빠르거나 최소 발화에너지의 최저치를 갖거나, 최대 폭연압력을 발생하는 연료와 산화제의 특정 혼합물을 말한다. 최적 혼합물은 화학양론적 혼합물일 경우도 있고, 그렇지 않을 수도 있다.
   ② 화학양론적 혼합물(stochiometric mixture) : 연료를 완전연소(반응 후 반응물질이 남지 않는 연소)하기에 충분한 산화제 농도에서 가연성 물질과 산화제의 혼합물의 농도이다.
   ③ 이종 혼합물(hybrid mixture) : 연료(분진+가연성 가스)가 산소와 섞여 있고 그 중 가연성 가스의 농도가 그 가스 농도 LFL의 10% 이상일 때를 말한다. 이때 일반적인 연소범위보다 더 낮은 상태에서 연소하게 된다.

(3) 활성화에너지(activation energy)
1) 연소반응이 일어나기 위해서는 활성화에너지보다 더 큰 에너지가 필요하고, 이 큰 에너지의 척도가 온도이다. 따라서 온도가 연소반응의 중요인자가 된다. 아래의 그림을 보면 온도가 10℃ 상승 시 활성화에너지를 가진 분자수가 증가함을 알 수 있다. 활성화에너지를 가진 분자수가 증가한다는 것은 화학반응에 참여하는 개체 수가 증가하고 이로 인해 화학반응이 활발하게 일어난다는 것을 의미한다.

2) 활성화에너지보다 더 큰 에너지를 가지고 유용한 충돌을 할 경우 화학반응이 발생한다.

> **꼼꼼체크** **활성화에너지(activation energy)** : 충돌하는 연료와 산소분자가 화학적 상호작용을 하기 위해서 가져야만 하는 최소에너지(NFPA 53)

① 아래의 그림을 보면 온도 T의 경우에 비해 $T+10℃$로 상승시킬 때 활성화된 분자량이 크게 증가함을 알 수 있다.
② 활성화된 분자의 양에 의해서 화학반응이 이루어지므로 온도가 상승할수록 화학반응 속도는 증대됨을 알 수 있다.

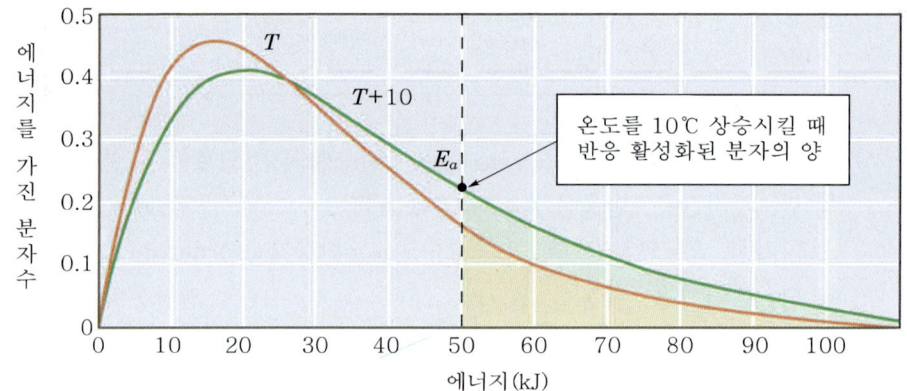

3) **전이상태** : 활성화에너지 이상을 가지고 연소라는 화학반응을 할 수 있는 최고의 에너지상태
① 전이상태에 있는 높은 에너지의 중간체를 **활성화물(activated complex)**이라 하며, 이 화학종은 순간적으로 존재하다가 곧 반응물로 돌아가거나 생성물이 되어버린다.

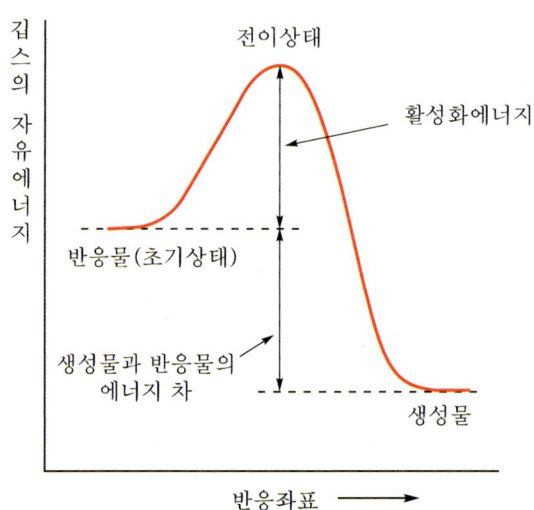

② 분자가 활성화에너지의 장벽을 넘으면 반응은 저절로 지속한다.

③ 전이상태의 불안정한 고에너지를 계 밖으로 방출하고 안정된 상태를 유지하고자 한다.
③ 높은 에너지상태를 넘기 위한 활성화에너지의 크기가 화학반응의 속도를 좌우한다.

(4) 연소반응 생성물 발생

1) **발열반응** : 물질이 에너지를 방출하고 안정된 상태이자 엔트로피가 증가하는 방향으로 진행된다.

   ① G(깁스의 자유에너지) = H(엔탈피) $-$ T(절대온도) $\cdot$ S(엔트로피)
   ② 화학반응이 자발적인지 아닌지를 나타내는 상태함수(state function)로 깁스의 자유에너지가 0보다 작을 경우에 이를 자발적이라고 한다. 이는 음의 방향(외부로 에너지를 방출하는 방향)이 에너지를 낮춤으로써 안정화된 것으로 더 자발적인 화학반응의 형태임을 나타내고 있다.
   ③ 따라서 상기 식에 의해 화학반응의 진행은 "엔탈피가 감소하고 엔트로피가 증가하는 방향으로 진행된다."라고 할 수 있다.
   ④ 연소엔탈피(enthalpy of combustion) : 주어진 압력 및 온도에서 완전연소가 발생할 때 반응물과 생성물의 엔탈피 차이

   $$H_{RP} = H_P - H_R$$

   여기서, H_{RP} : 연소엔탈피, H_P : 반응물의 엔탈피, H_R : 생성물의 엔탈피

   ⑤ **연소열**(ΔH_c) : 모든 연소반응은 에너지 방출을 수반한다. 연소열은 단위질량의 연료(25℃, 대기압)가 완전히 산화되었을 때 방출하는 전체 열량으로 정의 된다.

   ㉠ 총발열량(고발열량, higher heating value) : 연소생성물인 H_2O가 액체 상태인 경우 발생하는 총열량

   > **꼼꼼체크** 탄화수소류의 기체연료는 연소 시 산소와 결합하여 연소가스를 배출하고 수증기를 생산하게 된다. 그때 발생된 수증기는 응축되지 않지만 연소가스의 최초 온도까지 내릴 때를 가정하면 수증기는 응축되고, 응축될 경우 열을 발산하게 된다(물을 수증기로 만들 때에는 열을 가해야 하고 응축시킬 때에는 열을 빼앗아야 하는 원리와 동일함). 이때의 응축열량까지 합한 열량을 고위발열량이라고 말한다.

   ㉡ 진발열량(저발열량, lower heating value) : 연소생성물인 H_2O가 수증기(기체) 상태인 경우 발생하는 총열량, 즉 고발열량에서 증발잠열(44kJ/mol, 25℃)을 뺀 값으로 실제 이용가능한 열량이다.

   > **꼼꼼체크** 고위발열량에서 연소가스 중에 함유된 수증기의 증발열을 뺀 것을 저위발열량이라고 한다. 통상 고체와 액체 연료의 경우 열량계산은 저위발열량을 기준으로 한다. 연소 시 연소가스의 온도는 통상 200~300℃로 그냥 외부로 방출되어 응축에 이용되는 열은 거의 없으므로 소방에서는 저위발열량을 기준으로 계산을 하고 있다. 즉, 실제 발생하는 현상에 부합하므로 저위발열량을 이용한다.

예 물의 증발잠열 : 539kcal/kg, 100℃, 1kcal=4.186kJ/kg

$$C_3H_8 + 5O_2 \rightarrow 3CO_2 + 4H_2O$$

여기서, H_2O가 액체 상태인 경우 ΔH_c : -2,088kJ/mol
       H_2O가 기체 상태인 경우 ΔH_c : -2,044kJ/mol

2) **화염발생**(온도에 따른 색의 차이)
   ① ΔH(연소열의 엔탈피)에 의해서 결정된다.
   ② 온도에 따른 화염의 색 : 연소 시 발생하는 에너지의 크기에 따라 빛의 방출파장이 다르기 때문에 온도에 따른 색의 차이가 발생하는 것이다. → 빈의 법칙(Wien's law)
      ㉠ 암적색(진홍색) : 700~750도
      ㉡ 적색 : 850도
      ㉢ 휘적색(주황색) : 925~950도
      ㉣ 황적색 : 1,100도
      ㉤ 백적색(백색) : 1,200~1,300도
      ㉥ 휘백색 : 1,500도

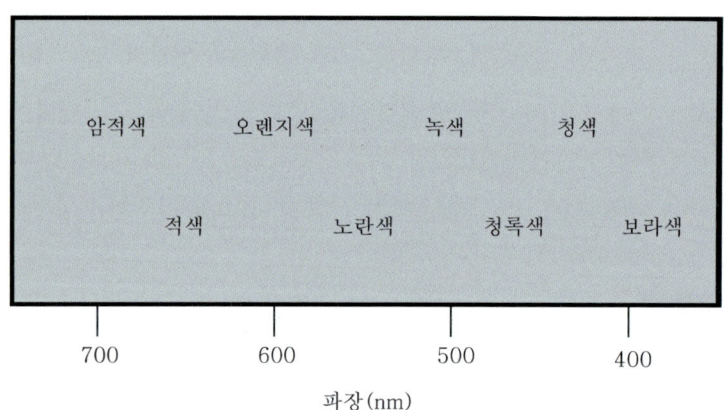

| 파장에 따른 색상[33] |

> 화염의 색은 가연물의 특성에 따라 달라질 수 있기 때문에 이것만 가지고 온도를 판단하는 것에는 주의가 필요하다. (NFPA 921)

3) **연소생성물 발생** : 이산화탄소(CO_2), 물(H_2O)
4) **연기발생**

---

33) FPH 02-01 Physics and Chemistry of Fire TABLE 2.1.2 Color Variation with the Temperatures of Hot Objects(indicative only)

Section 03 연소의 3요소(fire triangle)

01 개요

(1) 가연물이 연소하기 위해서는 산소를 공급하는 산소 공급원 및 활성화에너지(점화원)가 있어야만 정상적인 연소의 화학반응을 유지할 수 있다. 이를 연소의 3요소라 하며, 이 3요소는 화재가 시작할 수 있는 필수 요소이다.

(2) 연소의 3요소에 화학적인 연쇄반응을 합하여 연소의 4요소라 하며, 이는 화재가 지속될 수 있는 필수 요소이다. 연소의 4요소 중에 하나만 제거해도 화재는 더 이상 진행되지 못하고 소화된다.

(3) 대부분의 연소에서는 가연성 가스와 산소가 기체 상태가 되었을 때 반응성이 높아 화학반응이 쉽게 이루어지므로 액체가연물이나 고체가연물은 기상화되는 증발 또는 열분해가 사전에 필요하다.

| Fire triangle=화재의 시작 |

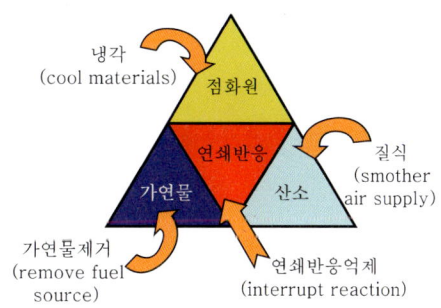

| Fire tetrahedron=화재의 지속 |

02 가연물질

(1) **연료(fuel)** : 연료는 연소할 수 있는 모든 물질이다. 따라서 이러한 물질을 흔히 가연물이라 한다. 연료의 대부분은 유기물이며, 이 유기물은 탄소와 다양한 비율의 수소와 산소 또는 다양한 원소들의 결합체이다. 연료는 기체, 고체, 액체의 세 가지 상으로 구분할 수 있다.

(2) **기체 연료의 연소** : 산소와 반응하기 용이한 기체로 존재하기 때문에 연소가 일어나기 전에 기화나 열분해 같은 사전반응을 필요로 하지 않는다. 왜냐하면 이미 가연물과 공기라는 물적 조건을 충족하고 있기 때문이다. 다만, 공기와 적절하게 혼합된 상태와 점화원 에너지가 필요하다.

(3) 고체나 액체 연료의 연소 : 연료의 표면에 열이 공급되어 열분해되거나, 증발되어 생성된 가연성 증기 영역에서 연소반응이 일어난다.
1) 열이 작용하여 증기나 열분해생성물이 공기와 적절한 혼합상태에 있거나,
2) 열원(energy source)이 있다면 가연물을 가열해서 가연성 증기를 생성할 수 있는 온도까지 상승시킴으로써 연소가 가능한(화학반응이 용이한) 환경이 되고 이때 열원 자체가 점화원이 되며 발화(ignition)된다.

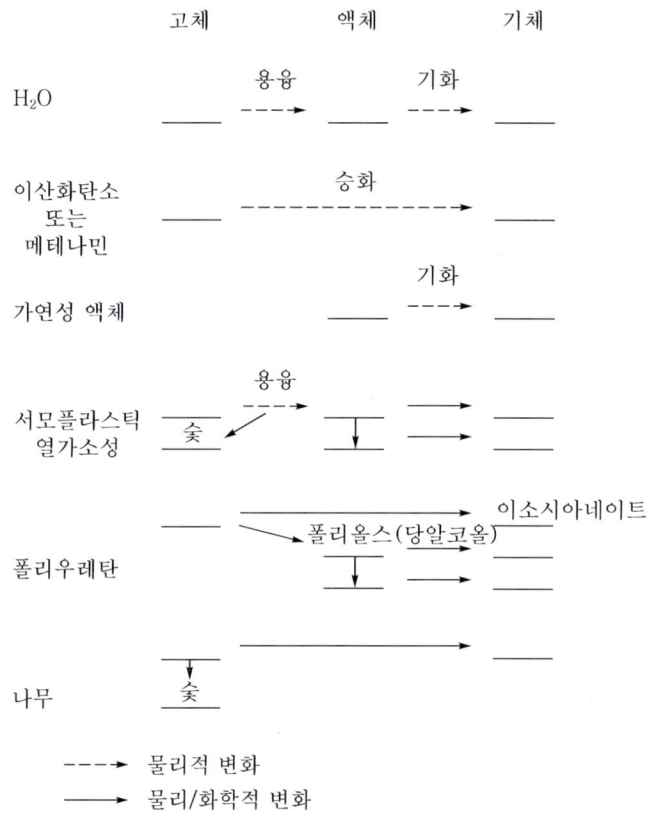

▮ 열에 의한 물리적·화학적 변화[34] ▮

폴리올스(polyols) : 분자 중에 3개 이상의 수산기(水酸基)를 가진 알코올

(4) 일부 고체 물질은 물질의 표면에서 산소가 직접 고체와 반응하여 훈소반응을 일으킨다. 훈소는 연소의 개시나 최종단계에서 발생할 수 있다. 연소의 시점에서는 열에너지가 부족해서이고, 연소의 쇠퇴기에는 산소가 부족해서이다. 가끔씩 훈소는 신선한 공기의 공급에 의해 갑자기 화염으로 발전할 수도 있다. 다른 경우에는 훈소가 연소의 전 과정을 통해 지속할 수도 있다.

---

34) SFPE 1-07 Thermal Decomposition of Polymers Thermal Decomposition of Polymers 1-114 Figure 1-7.3. Physical and Chemical changes during thermal decomposition.

(5) 가연물질의 구비조건

1) 활성화에너지 값이 작아야 한다. → 적은 양의 에너지 공급에 의해서도 화학반응에 참여하는 분자수가 증가한다.(분자반응속도 참조)
2) 발열반응을 하여야 하며, 발열량이 커야 한다. → 발열량이 크면 발화하기는 어렵다. 하지만 한번 발화하면 끄기도 어렵다. 이는 마치 관성과도 같은 것이기 때문이다.
3) 열전도도가 작아야 한다. → 주변으로의 손실이 적기 때문에 가연물의 온도가 상승한다.
4) 조연성 가스(O_2, O_3, Cl_2)와 친화력이 강해야 한다. → 산소와의 친화력이 좋아야 화학반응이 원활해진다.
5) 산소와 접촉할 수 있는 표면적이 커야 한다.

(6) 가연물이 될 수 없는 것

1) 주기율표 8족의 불활성 기체 : He, Ne, Ar, Xe → 이미 최외각 전자가 8개로 안정화되어 더 이상 전자가 재배치되는 화학반응을 필요로 하지 않는다.
2) 이미 산소와 결합하여 더 이상 산소와 화학반응을 일으킬 필요성이 없는 물질 : H_2O, CO_2, SiO_2, P_2O_5, Al_2O_3
3) 흡열반응을 하는 물질 → 주위의 열을 빼앗기 때문에 반응물질 자체의 내부열은 증가하지만 주변은 냉각되므로 주위반응이 더 이상 진행될 수 없게 된다.

(7) 기체가연물의 현상 및 특징

1) 기체의 분자운동론의 전제
   ① 기체는 아주 작은 입자(원자 또는 분자)로 구성되어 있다. 어떠한 공간도 어떠한 양으로 다 채울 수 있다. 왜냐하면 입자가 자유롭게 병진운동을 하여서 하나가 있어도 큰 공간을 채울 수 있기 때문이다.
   ② 입자들은 무질서운동을 하며 용기의 벽에 충돌한다(random walk).
   ③ 분자 간의 결합력이 약해 힘이 느껴지지 않는다.
      ㉠ 빠른 운동이 가능하다.
      ㉡ 자유롭게 섞일 수 있다.
   ④ 운동에너지는 절대온도에 비례한다.

$$E = \frac{3}{2}kT$$

여기서, E : 기체의 평균 운동에너지
k : 볼츠만 상수
T : 절대온도

   ⑤ 완전탄성충돌을 한다. 따라서, 에너지가 손실 없이 그대로 전달된다.
2) 단열팽창, 단열수축이 가능 : 기체는 압축성 유체로서 단열수축(압축)으로 인해 분자 간의 충돌이 빈번해지고 이로 인해 열이 증가하여 점화원이 될 수 있다.

3) **소염거리** : 기체 라디칼이 좁은 공간을 통과하면서 벽면에 열을 빼앗겨 라디칼이 소멸되는 소멸반응으로 화염전파를 방지할 수 있는 화염방지기의 이론적 근거가 된다.

4) **위험도** : 상한과 하한의 차와 하한값을 이용해서 위험의 크기를 나타낸다. 위험도가 높다고 반드시 상대적으로 위험하다는 비교가 곤란해서 최근에는 F-Number 등을 이용한다.

5) **증기-공기 밀도** : 증기-공기 밀도를 이용해 가연성 증기와 산소의 혼합증기가 가연물의 표면에서 잔류할 것인지 날아가 버릴 것인지 추정할 수 있다.

6) **가스의 기화량** : 연소라는 화학반응은 농도와 온도의 함수이다. 따라서 농도가 높을수록 화학반응이 용이한 조건이므로 기화량이 클수록 연소반응이 용이하다.

7) **가스와 증기의 차이(Mcfee & Markowicz, 1989)**
   ① 가스 : 상온, 상압에서 일정한 공간을 점유한 무정형의 유체, 온도 25℃, 1기압에서 기체상태로 존재
   ② 증기 : 상온, 상압에서 액체나 고체로 존재하는 물질이 압력강하나 온도의 상승에 의해 기체상태로 존재(기체와 액적이 섞여 있는 상태)

   > **꼼꼼체크** 국내의 경우는 위험물안전관리법에 의해 NTP 상태에서 기체로 존재하면 가스, 액체로 존재하다가 온도상승으로 기체로 변화하면 증기로 본다.

8) **가스화재의 화염높이** : 층류의 경우에는 일정 높이 이상은 분출속도에 비례하고, 분출속도가 일정 이상이 되면 난류가 되며 화염높이가 일정해진다(연소기기에 의한 노즐의 분출 시).

9) **화염전파속도(V_{ex}) = 연소속도(V_n, burning velocity) × 화염면적비(ϕ) + 미연소가스의 이동속도(V_d)**[35] : 여기서의 화염전파속도는 연소기기 화염면이 이동하는 속도를 말한다. 이 전파속도는 화재와는 무관하고, 폭발과는 상관관계가 있다.

(8) 액체가연물의 현상 및 특징

1) **증발**
   ① 액체 또는 고체의 표면에서 물질이 기화하는 현상이다.
   ② 물리적 상태변화이다.
   ③ 온도가 상승하면 액체가연물에 에너지를 공급하여 분자 간의 결합력이 끊기고 기화한다.
   ④ 온도가 상승하면 표면장력이 낮아져 분자끼리 잡는 힘이 약화되어 증발이 쉽게 이루어지고 압력이 낮아지면 누르는 힘이 줄어들어 증발이 쉽게 이루어진다.

2) **화염전파속도**
   ① 액온이 인화점보다 높은 경우

   $$\text{화염전파속도} \quad U_{\max} = AS_u\sqrt{\frac{\rho_o}{\rho_f}}$$

---

[35] Loss Prevention in the Process Industries VOLUME2. 17.5.5. 17/33Page

여기서, A : 계수, 2~3의 값을 가진다.

S_u : 연소속도

ρ_o : 상온에서의 증기밀도

ρ_f : 화염에서 증기밀도

② 액온이 인화점보다 낮은 경우 : 맥동적으로 진행된다(표면장력의 구동류).

3) **액면강하속도** : 고체의 연소속도에 해당되는 개념으로 액체의 경우에는 이를 사용해서 열방출률을 구한다.

(9) 고체가연물 현상 및 특징

1) 증발

2) **열분해**(pyrolysis)

① 열공급에 의해 전이상태로 된 분자나 원자가 화학반응을 통해서 다른 물질로 분해되는 것을 말한다.

② AB(화합물)+Q(열공급) → A + B (물리·화학적 변화)

③ 분자 간 인력보다 원자 간의 인력이 훨씬 크기 때문에 액체의 증발보다 고체의 열분해에 필요한 에너지가 크다.

④ 열가소성 수지(첨가중합) + 열 : 액체와 유사한 연소현상

⑤ 열경화성 수지(축합중합)

3) **연소속도**

① 열방출률=가연물의 질량감소속도(mass loss rate)

$$Q = \dot{m}'' \cdot A \cdot \Delta H_c$$

여기서, Q : 열방출률(J/s)

ΔH_c : 물질의 연소열(kJ/g)

$\dot{m}''$: 단위면적당 질량감소율(g/m$^2 \cdot$ s)

A : 단위면적(m^2)

② 개구부를 통한 공기유입속도

$$Q = 0.5A\sqrt{H} \times 3\text{kJ}/\text{g}_{\text{air}}$$

 공기량은 식 $\dot{m}_a = \dfrac{2}{3} C_d A \sqrt{H_o} \sqrt{2g\rho_a} \cdot 0.214$에서 C_d=0.7, g=9.81m/s^2, ρ_a=1.2kg/m^{3}를 적용하면 그 값이 $\dot{m}_a = 0.5A\sqrt{H}$로 나타난다.

고체가연물과 액체가연물의 발화특징 비교

구 분	고 체	액 체
가연성 증기 발생과정	분해과정	증발과정
상변화	물리·화학적 변화	물리적 변화
연소형태	분해연소	증발연소
발화에 필요한 에너지	크다.	작다.

03 산소공급원

(1) 공기(산소 21v%)

(2) 산화제(위험물안전관리법)

  1) 1류 : 자체가 산소를 가지고 있어 물과 접촉하거나 가열하면 산소를 발생시키는 산화성 고체
    ① $2K_2O_2 + 4H_2O \rightarrow 4KOH + 2H_2O + O_2$
    ② $2NaNO_3 \rightarrow 2NaNO_2 + O_2$

  2) 5류 : 자체가 산소를 가지고 있어 가열 또는 충격 시 산소를 발생시키는 자기반응성 물질
    ① 분자 내에 가연물과 산소를 함유하고 있는 물질
    ② 연소속도가 빠르고 폭발을 일으킬 수 있는 물질
    ③ 니트로글리세린, 셀룰로이드, 트리니트로톨루엔

  3) 6류 : 자체가 산소를 가지고 있어 가열 또는 충격 시 산소를 발생시키는 산화성 액체
    ① 가열, 충격에 의해 산소가 발생한다.
    ② 질산(비중이 1.49 이상이어야 위험물), 과산화수소(농도가 36% 이상부터 위험물)

(3) NFPA의 산화제

  1) 산화제(oxidizer) : 산소를 쉽게 주는 물질 또는 다른 산화기체와 쉽게 반응하여 가연성 물질의 연소를 시작하게 하거나 촉진시키는 물질

  2) 산화제의 분류(classification of oxidizers)
    ① Class 1 : 주요 위험성의 가연성 물질과 접촉할 때 연소속도가 서서히 증가하나 자연발화는 없을 정도의 산화제
    ② Class 2 : 가연성 물질과 접촉할 때 연소속도가 완만히 증가하여 자연발화를 일으키는 산화제
    ③ Class 3 : 가연성 물질과 접촉할 때 연소속도가 급격히 증가하여 오염이나 열에 의 방호대상물에 의해 현저하게 자체 지속적으로 분해되는 산화제
    ④ Class 4 : 오염이나 열에 노출 또는 물리적 충격에 의해 폭발적인 반응을 하는 산화제로 이 산화제는 연소속도를 촉진시켜 가연성 물질의 자연발화를 일으킨다.

  3) 산화제(oxidizer)
    ① 산소를 용이하게 방출하는 물질이다.
    ② 전자를 받는 물질이며, 예를 들면 브롬, 염소 및 불소를 함유한다.

(4) 다음과 같은 물질은 산소가 없어도 연소(폭발)가 가능하므로 특별하게 관리하여야 한다.

1) 디보란(B_2H_6), 니트로메탄(CH_3NO_2) 등 안전규칙 별표 1(위험물질의 종류) 제1호 폭발성 물질과 같이 점화에너지만 있으면 직접 분해하는 물질
2) 마그네슘, 알루미늄, 칼륨 등 안전규칙 별표 1(위험물질의 종류) 제2호 발화성물질과 같이 순수한 질소 내에서도 연소가 일어날 수 있는 물질

04 발화원

크게 점화원과 열원의 2가지로 나누어진다.

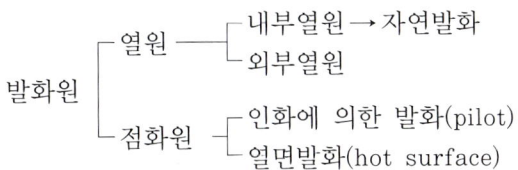

| 점화원의 구분 |

(1) 점화원(ignition source)
1) 이미 혼합된 가연성 혼합증기(예혼합 상태)에 화염전파가 발생할 수 있도록 하는 스폿(spot) 에너지를 말한다.
2) 보통 수 mJ 정도이다.
3) 구분
   ① 스파크(Spark)로 대변되는 인화 : Pilot ignition
   ② 열면으로 대변되는 자연발화온도(AIT)

(2) 열원(energy source)
1) 가연성 액체나 고체를 승발 또는 분해시켜서 가연성 증기를 만들고 점화시키는 에너지를 말한다.
2) 대부분의 화재를 일으키는 가연물이 여기에 해당되므로 일반적인 건축물의 방재에서 중요한 요소이다.
3) 구분
   ① 외부에서 오는 에너지 : 대부분의 고체, 액체의 점화원 → 가열 → 열분해 → 발화
   ② 내부에서 발생하는 에너지 : 자연발화라는 표현을 사용한다.

> **꼼꼼체크** 현재 자연발화라는 개념은 기름걸레나 석탄이 자연적으로 연소하는 경우와 가연성 가스가 뜨거운 표면과 접촉하여 발화되는 경우 두 가지를 지칭하고 있다. 하지만 이 두 개념은 큰 차이가 있다. 왜냐하면 기체와 고체는 가연물의 관심사항이 다르기 때문이다. 고체가연물의 경우는 주위 환경에 의해서 가연성 가스를 발생시키는 것이 주요 관심사항인데 반해(energy source), 기체가연물은 어떤 상태(농도, 온도, 압력)에서 연소의 시작(ignition source)이 되는가가 주요 관심사항이다. 따라서 기체가연물은 외부에서 오는 에너지(스파크, 열면)에 의해서 발화가 이루어지고, 고체, 액체 가연물의 경우에는 내부열 축척에 의해 가연성 증기가 발생되어 연소범위를 형성하고 여기에 내부열이 열원이 되어 연소가 개시된다. 내부열 축적은 분해, 산화, 미생물 흡착, 중합열로 구분할 수 있다.

(3) 종류

1) **물리적 에너지**

   ① **전기에너지** : 열축적(energy source)

   ㉠ 줄열 $Q[J] = I^2 \cdot R \cdot t$

   - **누전(power leakage)** : 누전은 전류가 흘러야 할 정상적인 도체(전선이나 기구) 등에서 전기가 새어나와 가까이에 있는 금속이나 기타 전기가 잘 통하는 물체에 비정상적으로 전기가 흐르는 것을 말한다. 전기기계 · 기구나 전선의 절연 불량 또는 손상에 의해 일어난다. 누전의 3요소로는 누전점, 접지점, 출화점이 있다.

   - **과전류(over current)**
     - 비교적 안전범위 내에서의 지나친 양의 전류를 말한다.
     - 장치의 정격용량 또는 전선의 허용전류용량을 초과하는 전류로서 단락 또는 지락으로 발생한다.

    과부하(overload) : 전부하 정격을 초과하는 비정상적인 장치 또는 정격전류용량을 초과하는 전선을 사용하는 것을 말하며, 경과시간이 장기간인 경우 손상 또는 화재를 일으킬 수 있는 열을 발생시킨다. 단락이나 지락 등의 고장은 과부하가 아니다.

   - **열적 경과** : 열발생 전기기기를 방열이 잘 되지 않는 장소에서 장기적으로 사용할 경우, 열의 축적에 의하여 발화가 발생한다.

   - **절연열화** : 열화(degradation)는 통상 기기 구성재료의 변질에 의한 품질 저하로 발생하는 기기의 성능 저하를 말하며, 특히 유기 고분자 재료의 열화 중에서 절연특성의 열화를 절연열화라고 말한다. 유기 절연재료는 주목적인 전기절연성 이외에 구조 부품 재료로서의 역할을 하는 경우가 많으며, 기계적 성능 등의 복합된 요구를 받게 됨으로써 이에 수반되는 종합적인 열화현상은 매우 복잡하게 된다. 절연열화의 형태는 다음과 같다.
     - 열 스트레스 : 화학반응을 촉진하는 온도상승은 열화의 속도를 증대하며 소재의 수명을 단축하는 가장 일반적인 열화요인이 된다. 기기의 온도상승 한계도 소재의 열화의 관점에서 결정되는 경우가 많다. 이것들에 의한 소재의 물리적, 화학적 변화에 의해서 전기적, 기계적인 성능이 저하된다.
     - 전기 스트레스 : 기기 소재에 인가되는 전계에 기인하는 것으로서 다음과 같은 각종 원인으로 발생하게 된다. → 트래킹과 흑연화

전도전류	전류가 흐르면서 발생하는 줄(Joule)열로서 열적 효과를 나타내는 이외에 이온전도에 있어서는 전기 화학효과를 일으킨다.
유전체손 (dielectric loss)	교류를 흘렸을 때 유전체 내에서 소비되는 전력에 기인하며 열적 효과를 일으킨다.
전자력, 정전력	단락 대전류라든가 고전압에 의하여 발생하는 힘으로 기계적 효과를 나타낸다.
부분방전	고전계에서 기체, 액체의 부분방전이 일어나면 열적 작용, 입자충격작용, 분자 또는 이온에 의한 화학작용이 일어난다.

- 기계 스트레스 : 기계적 응력, 진동 등 외래적인 기계력 이외에 열팽창계수의 차이에 의한 열 왜곡력, 단락 대전류에 의한 전자응력 등으로부터 유발된다.
- 환경 스트레스 : 원자로 내, 방사성 원소 또는 입자 가속기에 의한 고에너지 방사선(중성자선, γ선, X선, 전자선 등) 환경하에서는 물리적, 화학적 열화가 촉진된다. 또한 반응성 물질, 흡습에 의한 가수분해 및 미생물에 의한 침식도 주목되고 있다. 더욱이 자연 환경하에서도 강한 자외선의 조사에 의한 열화가 촉진된다.
- 복합 스트레스 : 각 요인이 단독으로 작용하는 열화에 비하여 이것들이 복합되어 작용하는 경우의 열화이다.

- 국부적인 접속부 과열
  - 접촉저항에 의한 발열 : 금속제의 접촉저항은 통상 0.1Ω 이하이지만 시간이 경과함에 따라 접촉면적의 감소, 접촉력의 저하, 부식 등으로 인한 산화피막의 형성 등 여러 가지 요인으로 인하여 접촉저항은 증가하게 된다. 접촉저항이 증가하면 그에 비례해 통전 시의 줄열도 크게 증가되어 접촉부의 국부적인 발열을 가져온다. 발열하면 2차적인 산화피막이 형성되어 접촉부의 온도는 더욱 더 높아져 접촉하고 있는 가연물을 발화시키게 된다. 이때 경험적으로 약 10A를 초과하는 전류가 흐를 때 발열현상이 일어나는 것으로 알려져 있다.
  - 아산화동 증식발열현상 : 일반적으로는 도체 접촉저항이 증가해 접촉부가 과열하면 접촉부 표면에 산화물의 막이 형성된다. 이 산화막은 도체 표면을 따라 생성되는데 도체가 동합금의 경우 통상 산화동(제1산화동, CuO)이 생기며 때로는 아산화동(Cu_2O)이 생기는 것도 있다. 아산화동은 상온에서 수 십 kΩ의 전기저항을 갖고 있으나 온도상승과 함께 급격하게 전기저항이 저하되는 특성(즉, 반도체 특성)을 갖고 있다. 따라서 아산화동에 고온부가 발생하면 접촉부의 타 부분보다 고온부에만 전류가 집중적으로 흐르게 되어 온도를 더욱 상승시키는 역할을 하게 되므로 열산화가 더욱 급격하게 진행된다. 이와 같이 아산화동을 생성시키면서 발열하는 현상을 아산화동 증식발열현상이라고 부른다.
  - 반단선(partial disconnection) : 전선이 절연피복 내에서 단선되어 그 부분에서 단선과 이어짐이 되풀이되는 상태나 완전히 단선되지 않을 정도로 심선의 일부가 남아 있는 상태를 반단선이라고 한다. 전기기기의 코드의 경우는 반복적인 굽힘에 의해서 심선의 일부가 끊어지면서 반단선의 상태가 되기 쉽다. 이러한 반단선의 상태가 되면 전선이 끊어졌다 붙었다 하면서 불꽃이 발생한다. 이러한 불꽃에 의해서 절연피복의 내부표면에 흑연이 생성되어 이 흑연에 미소전류가 흘러 흑연이 증식되고 점차로 선간의 절연성이 저하되며 결국에는 단선이 발생할 수도 있다.

ⓛ 전기불꽃(electrical sparks) : Ignition source
- 대부분의 상용전기 공급설비에서 전기스파크가 최소점화에너지(MIE) 이상이면 가연성 혼합기를 형성한 인화성 액체나 가연성 가스를 점화할 수 있다.
- 충분한 기간이나 강도, 또는 두 가지 모두가 점화를 일으킬 수 있는 충분한 열을 만들 수 있다.
- 차단기나 코드를 뽑을 경우와 같이 회로를 끊는 순간에 불꽃이 발생하는 이유는 전류가 급속하게 감소하여 접점부에 유도 기전력이 발생하여 이것이 공기 중에 절연을 파괴하고 흐르기 때문이다.
- 소염거리(quenching distance) : 화염전파가 일어나지 않는 최대거리로 짧을수록 위험한 물질이다.

가연성 가스의 종류에 따른 발화에너지와 소염거리

가연성 가스	최소발화에너지(10^{-5}J)	소염거리(mm)
수소	2.0	0.098
이황화탄소	1.5	0.078
메탄	33	0.39
에탄	42	0.35
프로판	30	0.31
헥산	95	0.55
에틸렌	9.6	0.19
메탄올	21	0.28
벤젠	76	0.43
아세틸렌	3	0.11

- 불꽃에너지

$$E = \frac{1}{2}CV^2$$

여기서, C : 정전용량, V : 전압

- 단락(short circuit) : 단락은 쇼트라고도 한다. 다양한 이유로 연결되지 않아야 하는 선이 연결된 것, 즉 전선로 이외의 경로를 통해 전류가 공급되는 것을 단락이라 하고 이론적으로 무한대의 전류가 흐른다. 따라서 위험할 정도의 큰 전류가 흐름으로써 과전류차단기 등을 파손시키기도 한다.
- 지락 : 지락전류는 대지에 흐르는 전류를 말한다. 선로가 대지에 닿았을 경우 대지는 0 전위점이기 때문에 대지로 전류가 흐르는데 이것을 지락전류라고 한다.
- 낙뢰 : 번개와 천둥을 동반하는 급격한 방전현상이다.
- 스파크(spark) : 전기를 넣을 때 전위차로 인해 생기는 정전기, 두 전하가 내버려두지 않고 어느 정도 이내의 거리로 오면, 전하의 평형을 유지하려는 특성에 따라서 빛과 열이 발생한다. 이 빛과 열이 점화원 역할을 한다.

전기스파크(electric spark) : 아크에 의해 발생하며, 작고 백열광을 내는 현상

- 아크(arc) : 전기를 끊을 때 갑자기 절단시키면 흐르던 전류가 갑자기 큰 저항(공기)을 만나는데 계속 흐르려는 성질(관성의 법칙)에 의해 빛과 열이 발생한다.
- 아크(arc)와 스파크의 비교
  - 매질의 절연이 파괴되어 절연매질을 통해서 전류가 흐른다는 점은 아크와 스파크가 같다.
  - 스파크는 그러한 현상이 순간적으로 일어나는 것을 의미하고, 아크는 그러한 방전이 지속적으로 유지되는 것을 말한다.
- 정전기(static electricity) : 대전된 전하가 축적되어 있다가 도전로가 형성이 되면 순간적으로 흐르면서 빛과 열이 발생하는 현상이다.

② 기계에너지

㉠ 충격마찰(frictional heat or sparks) : 힘 또는 운동에너지가 빛이나 열로 변화하는 현상이다.

㉡ 고온표면(열면, hot surfaces)
- 중요인자
  - 충분한 표면적 크기
  - 뜨거운 온도
  - 이동속도 : 층류일수록 고온 열면과 충분히 접촉할 수 있으므로 발화하기가 더 쉽다.
- 따라서 열면이 작다면 더 뜨거워야 하고, 온도가 낮다면 더 큰 표면적을 가져야 한다.

㉢ 단열압축(adiabatic compression)
- 기체를 높은 압력으로 단열압축하면 온도가 상승한다.
- 식 : $\dfrac{P_2}{P_1} = \left(\dfrac{V_2}{V_1}\right)^r$, $\dfrac{T_2}{T_1} = \left(\dfrac{V_2}{V_1}\right)^{r-1}$

$$\dfrac{P_2}{P_1} = \left(\dfrac{T_2}{T_1}\right)^{\frac{r}{r-1}}$$

여기서, $r = \dfrac{C_p}{C_v}$ (C_p : 정압비열, C_v : 정적비열)

- 주의사항
  - 폭굉과 자연발화의 중요한 원인이다.
  - 압력상승에 의해 온도가 증가하므로 충분한 냉각시설이 없으면 압축기 윤활유가 열분해되어 폭발 위험이 있다.
  - 화학공장에서는 중요한 화재원인 중 하나이다.
- 니트로글리세린과 같은 폭발성 물질의 경우에는 취급 시에 폭발물 속에 포함된 미소한 기포가 단열압축을 받아 그 열이 점화원으로 작용하여 폭발사고를 일으키는 경우가 있다.

2) 화학적 에너지
① 자연발화 : 화학반응에 의한 축적열
② 불꽃(나화, 개방화염, open flames)
㉠ 불꽃은 연소범위 내에 있는 가연성 증기-공기 혼합물에 지속적으로 점화를 시키는 원천(소스)이다. 특히 화재가 발생되어 성장해 가면서는 가장 일반적인 점화원이 불꽃이다.
㉡ 가연성 증기-공기 혼합물의 점화원으로 불꽃이 이용되기 위해서는 증기-공기 혼합물에 연소범위 내의 혼합기체가 공급되어야 하다.
㉢ 고체, 액체 가연물에서 불꽃은 가연물을 가열하여 열분해를 통해 가연성 증기를 만들어야 지속적인 연소가 가능하다.
3) 핵에너지
4) 빛에너지

(4) 점화원의 영향요소
1) 가연성 가스와 공기와의 혼합농도
2) 산소농도
3) 압력

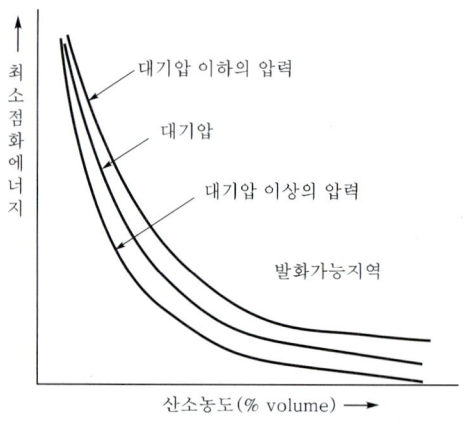

▌점화에너지와 산소농도, 압력과의 관계[36]] ▌

05 연쇄반응(chain reaction)

(1) 화염을 일으키는 것이 화학반응이고 라디칼은 많은 화학반응에서 일시적인 중간체로서 중요한 역할을 한다. 이 라디칼이 새로운 라디칼을 만들어 화학반응을 지속적으로 유지시켜 주는 것을 연쇄반응이라 한다.

---

36) FIGURE 9.17.1 Effects of Variations in Oxygen Concentration and Environmental Pressure on the Minimum Ignition Energy. FPH Chapter 17 SECTION 9 Oxygen-Enriched Atmospheres

(2) 생성 Mechanism

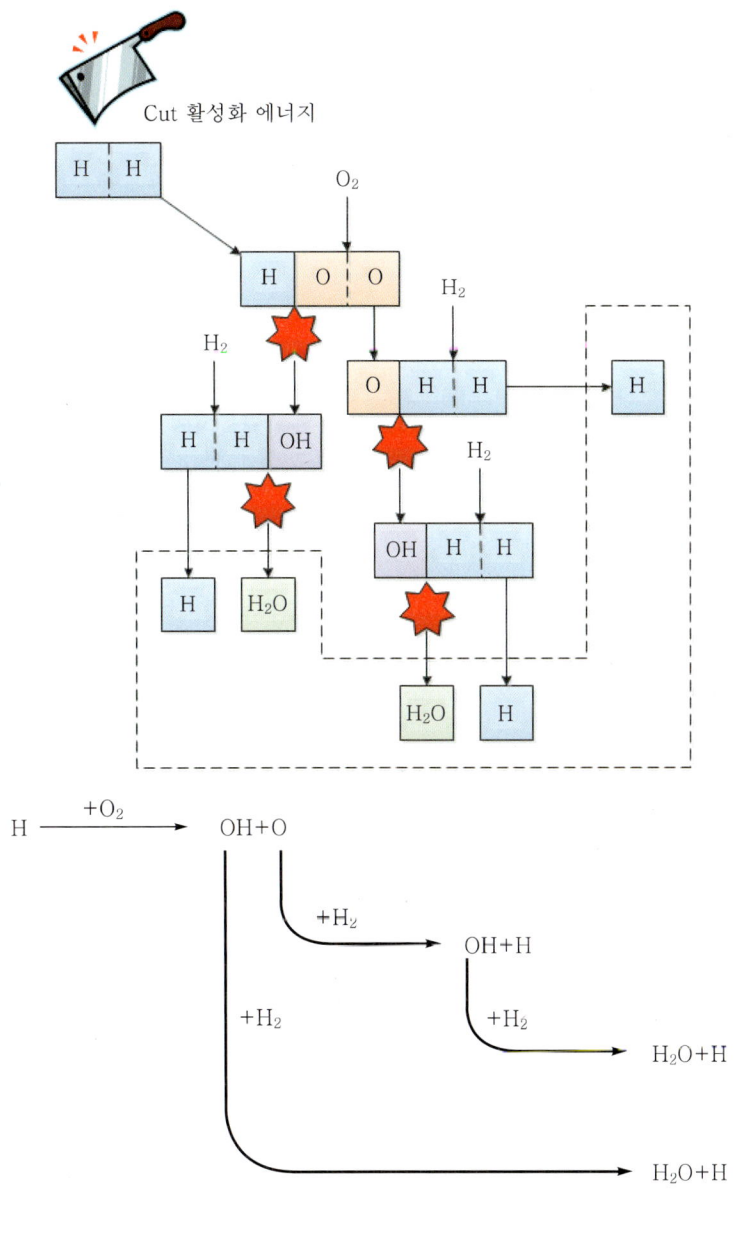

최종 결과 : H+3H$_2$+O$_2$ ⟶ 2H$_2$O+3H

┃ 연쇄반응[37] ┃

상기 식에 의하면 연소의 연쇄반응이란 하나의 라디칼이 3개 이상의 라디칼이 되는 반응을 말한다.

---

[37] FIGURE 2.7.2 Chain Reaction Mechanism in a Hydrogen-Oxygen Flame. FPH CHAPTER 7 Theory of Fire Extinguishment 2-81

(3) 라디칼 반응(radical reactions)

1) **개시반응(initiation)** : 전자쌍이 깨지면서 홀전자인 라디칼이 되는 반응
   예) $Cl_2 \rightarrow 2Cl^-$

2) **전파반응(propagation)** : 하나의 라디칼이 중성분자와 충돌하여 1개 이상의 라디칼을 만드는 것(전파반응은 산소농도에 좌우된다. 이는 산소가 이중라디칼로서 매우 반응성이 높기 때문이다.)
   예) $Cl^- + CH_4 \rightarrow CH_3^- + HCl, \; CH_3^- + Cl_2 \rightarrow CH_3Cl + Cl^-$

3) **정지반응(종료반응, termination)** : 라디칼의 소멸(벽이나 물질에 부딪쳐 에너지를 빼앗기고 정지) → 비활성 전자쌍을 형성
   예) $2Cl^- \rightarrow Cl_2$

4) 즉, 라디칼이 형성되는 반응이 유기화학반응이고, 여기에 산소가 참여하면 산화반응, 또한 열이 발생하면 산화발열반응이며, 이것이 바로 연소이다.

(4) 라디칼 반응의 생성물

1) $E = h\nu$(빛을 방출)
2) ΔQ(열을 방출)
3) 반응생성물을 방출

(5) 온도의존성

1) **가지연쇄반응(branch chain reaction)** : $H + O_2 \rightarrow OH^- + O^{2-}$(하나의 수소라디칼이 두 개 이상의 라디칼이 되어 반응성이 증대되는 반응)

2) 상기 가지연쇄반응은 단열조건 약 1,600K 이하에서는 이 반응이 현격하게 줄어들어 화염이 존재하지 않게 된다. 이러한 것을 가지연쇄반응의 온도의존성이라고 한다. 따라서 화염이 존재하기 위해서는 일정온도가 유지되어야 한다.

Section 04 연소한계(flammability limit)

01 개요

(1) 증기와 공기의 혼합물은 증기가 특정 농도범위에서만 발화하여 연소한다. 이 혼합기체의 증기 농도범위의 최소치를 연소하한(LFL ; Lower Flammability Limit), 최대치를 연소상한(UFL ; Upper Flammability Limit)이라고 하며, 연소한계(Flammability Limits) 범위보다 낮거나 높을 경우 연소가 일어나지 않는다. 연소한계값은 일반적으로 부피백분율(volume% 또는 %)로 표기한다. 이를 연소한계 또는 연소범위라고 한다. 이 상태는 산소와 가연물이 존재하고 있는 상태이기 때문에 점화원만 공급되면 바로 연소로 진행될 수 있는 단계이다.

(2) 정의 : 자체 지속형 화염전파를 할 수 있는 조성 한계로 압력, 온도의 함수이다.

> 꼼꼼체크 화염전파(flame propagation) : 화염이 혼합기 속을 전파하여 가는 현상

(3) 연소한계는 초기 온도, 압력, 불활성 가스, 산소농도, 연소열, 용기의 크기, 점화원의 종류, 혼합물의 물리적 상태 등에 의존한다.

(4) LFL(Lower Flammability Limit)
  1) 공기와의 혼합 물질에서 유도 발화원으로부터 떨어진 곳으로 화염이 확산되도록 하는 가연성 증기의 최저 vol%를 말한다.
  2) 공기(산소)에 대하여 기연성 기체의 비율을 낮추는 경우 연소가 계속될 수 있는 최저 비율이다.

(5) UFL(Upper Flammability Limit)
  1) 공기와의 혼합 물질에서 유도 발화원으로부터 떨어진 곳으로 화염이 확산되도록 하는 가연성 증기의 최고 vol%를 말한다.
  2) 가연성 기체의 비율이 너무 커도 연소는 일어나지 않는데 이것은 많은 가연성 기체가 일종의 희석제로 작용하여 화염의 전달이 억제되고 또한 분자충돌이론에 의하여 가연성 기체와 산소분자 간의 유효충돌횟수가 감소하기 때문이다.

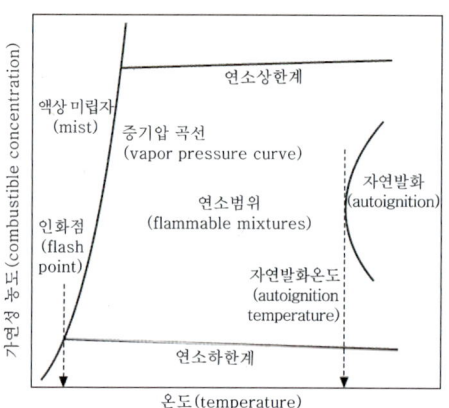
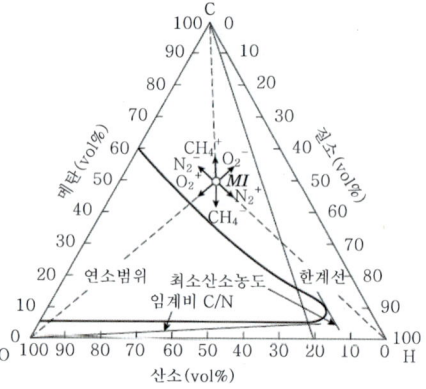

| 연소범위[38] · [39] |

02 연소범위 영향인자

(1) 온도

1) **100℃ 증가 시 연소범위가 8%씩 증가**

① $LFL_T = LFL_{25} - (0.8 LFL_{25} \times 10^{-3})(T-25)$

② $UFL_T = UFL_{25} + (0.8 UFL_{25} \times 10^{-3})(T-25)$

2) 연소범위는 온도에 따라 증감하는데, 다음 식은 인화성 물질의 증가에 유용한 경험식이다.

$$LFL_T = LFL_{25} \times \left[1 - \frac{0.75(T-25)}{\Delta H_c}\right], \quad UFL_T = UFL_{25} \times \left[1 - \frac{0.75(T-25)}{\Delta H_c}\right]$$

3) **제베타키스(Zabetakis)의 온도의존식**

① 제베타키스는 버지스-휠러(Burgess-Wheeler) 법칙을 근거로 하여 연소열과 폭발하한계의 관계에서, 폭발하한계의 온도의존식을 아래와 같이 제시하였다.

$$L_T = L_{25}[1 - 7.21 \times 10^{-4}(t-25)]$$

또한, 제베타키스는 폭발하한계에서의 온도의존성을 증명하기 위해서 연소열, 폭발한계, 비열, 그리고 폭발하한계에서의 화염온도를 이용하여 아래와 같이 표현하였다.

② $\frac{L_{25}}{100} \cdot \Delta H_c = C_p(T_{\lim} - 25)$: 상온(25℃)에서 연소하여 나온 에너지는 연소생성물을 가열한다.

---

[38] Effect of temperature on the limits of flammability of a combustible vapor in air at a constant initial pressure. M.G. Zabetakis, Bulletin 627, U.S. Bureau of Mines(1964).

[39] FIGURE9. - Flammability Diagram for the System Methan+Oxygen-Nitrogen at Atmospheric Pressure and 26℃. 9Page FLAMMABILITY CHARACTERISTICS OF COMBUSTIBLE GASES AND VAPORS By Michael G. Zabetakis

③ $\dfrac{L_T}{100} \cdot \Delta H_c = C_p(T_{\lim} - T)$: 특정 온도에서 연소하여 나온 에너지는 연소생성물을 가열한다.

④ 식 ②와 식 ③을 조합하면 다음과 같은 온도의존관계식을 얻을 수 있다.

$\dfrac{L_T}{L_{25}} = \dfrac{T_{\lim} - T}{T_{\lim} - 25}$ 에서 $\dfrac{L_T}{L_{25}} = \dfrac{T_{\lim} - T + 25 - 25}{T_{\lim} - 25}$ 로 나타낼 수 있고

⑤ $\dfrac{L_T}{L_{25}} = \left(1 - \dfrac{T - 25}{T_{\lim} - 25}\right)$ 를 계산하면 $T_{\lim}$ 를 1,300℃로 가정하에서 다음과 같은 식을 제시하였으며, 이 식에서는 연소열과 비열의 온도의존성을 고려하지 않고 있다.

⑥ $$L_T = L_{25}[1 - 7.8 \times 10^{-4}(T - 25)]$$

여기서, L_T : LFL에서의 온도
L_{25} : 25℃에서의 LFL
ΔH_c : 연소열(J/mol)
T : 온도(℃)
$T_{\lim}$: 연소하한에서의 단열화염한계온도(℃)
C_p : 열용량(J/℃)

⑦ 결국 상기 식에 의해 LFL은 온도에 의존한다는 것을 알 수 있다.

4) **화학반응은 온도가 10℃ 상승하면 반응속도가 2배로 증가한다.** 이것은 전이상태 이론에서 활성화된 분자수가 2배 증가함에 따라서 화학반응이 증가함으로써 반응속도가 약 2배 정도 증가하는 것이라고 설명할 수 있다.

5) 온도가 상승하면 가연성 증기 분자의 운동성이 증가되어 반응성이 커진다. 따라서 온도가 상승하면 폭발하한계 값은 작아지고, 상한계 값은 커진다. 이를 한마디로 표현하면 연소범위가 증대되다고 할 수 있다.

(2) 압력 . 기체는 압력이 높아지면 분자 간 거리가 짧아진다. 따라서 반응성이 증대된다. 폭발한계가 넓어지고 위험성이 높아진다.

1) LFL(하한계)
① 분자 간의 거리가 상대적으로 길어서 압력에 대해 민감하게 반응하지 않는다.
② 5kPa까지는 일정하게 하락한다.
③ 5kPa 이하의 작은 압력에서는 화염전파가 발생하지 않는다.

2) UFL(상한계) : 대기압 이하에서는 둔감, 대기압 이상에서는 압력에 비례하여 증대된다.

3) 연소상한계는 압력이 증가할 때 연소범위가 넓어지는데 경험식(Crowl & Louvar, 1990)은 다음과 같다.

$$UFL_P = UFL_{0.1} + 20.6(1 + \log P)$$

여기서, UFL_P : 압력에 따른 UFL
P : 절대압력(MPa)
$UFL_{0.1}$: 압력이 0.101MPa일 때의 UFL

이 식을 통해서 상한계는 압력이 증가하면 할수록 넓어짐을 알 수 있다.

(3) 산소 농도

1) LFL(하한계)
   ① 비교적 일정하다.
   ② 산소가 부족한 것이 아니라 가연성 가스가 부족한 상태로 산소농도의 영향을 받지 않는다. 따라서 이 상태 이상에서는 산소농도가 증가할수록 오히려 과잉 상태가 되어 화학반응에 장애가 된다. 왜냐하면 산소농도가 증가하면 가연성 가스의 부피비는 줄어들게 되고 산소도 가열하는 데 더 많은 에너지가 소요 되기 때문이다.

2) UFL(상한계)
   ① 비례하여 증가한다.
   ② 산소가 부족한 상태로 농도가 증가할수록 연소범위가 영향을 받는다.

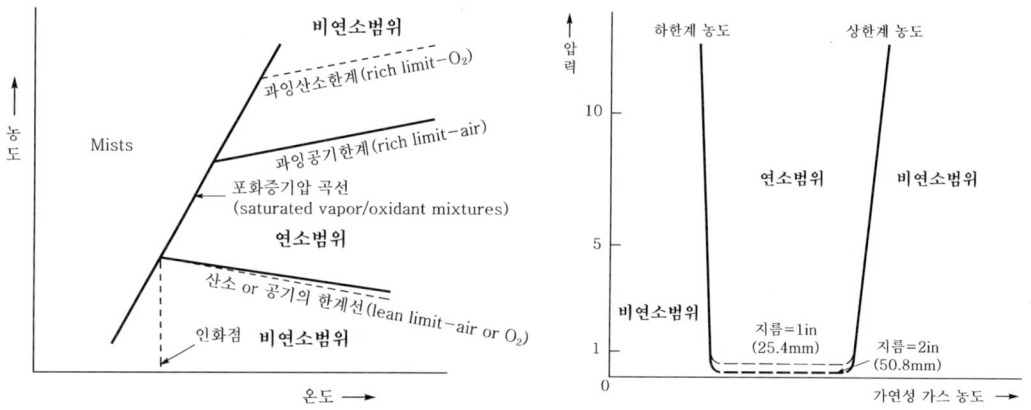

| 온도와 가연성 가스의 농도에 따른 연소범위 | 가연성 가스의 농도와 압력에 따른 연소범위[40] |

(4) 점화원의 크기
점화원이 최소점화에너지(MIE) 이상이 되면 단순히 점화(ignition)에 국한되지 않고 가연물을 가열하는 가열제(heating)의 역할을 하게 됨으로써 연소범위에 영향을 준다.

(5) 측정 용기의 직경
1) 길이 1.5m, (점화원에 영향을 최소화하기 위해서) 직경 0.05m
2) 열손실이 연소한계에 미치는 영향이 거의 없는 최소 직경

(6) 화염의 전파방향
연소의 흐름방향과 화염의 전파방향이 일치하면 보강간섭을 일으켜서 전파가 더 잘 될 것이고, 반대방향이면 오히려 감쇠간섭을 일으켜 전파를 방해하게 될 것이다.

---

40) FIGURE 9.17.3 Effects of Pressure on Limits of Flammability. Chapter 17 Oxygen-Enriched Atmospheres. FPH 09 Processes and Facilities

(7) 첨가제(억제제)가 화염확산에 미치는 영향

1) **불활성 가스 첨가** : 질소, 아르곤, 또는 이산화탄소 같은 불활성 가스를 예혼합화염에 첨가할 경우에는 농도에 따라 연소범위 밖으로 위치하게 되어서 화학반응이 줄어 최종 화염온도가 낮아져서 화염이 소멸된다.

2) 아래의 곡선에 의하면 질소가스보다 이산화탄소가 적은 농도에서 불활성화가 됨을 알 수 있다.

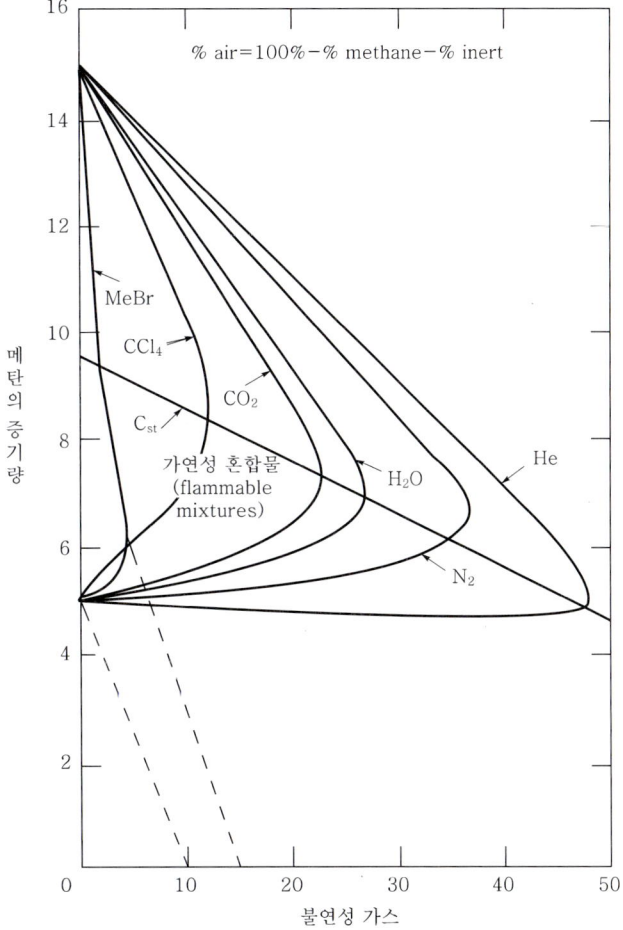

∥ 첨가제에 의한 연소범위[41](꼭지점이 피크 농도를 나타낸다.) ∥

(8) 습도 : 습도가 높으면 혼합가스 농도에 영향을 주어 폭발한계가 작아진다.

(9) 가연성 가스의 종류 : 가스마다 반응성이 다르기 때문에 연소특성이 달라진다.

---

[41] FIGUREZS - Limits of Flammability of Various Methane-Inert Gas-Air Mixtures at 25℃ and Atmospheric Pressure. FLAMMABILITY CHARACTERISTICS OF COMBUSTIBLE GASES AND VAPORS By Michael G. Zabetakis

03 연소범위 추정식

(1) 순수 물질의 폭발한계

1) **존스(Jones)의 식**(Jones 1938, Crowl & Louvar 1990)

① 상한계 추정식 : $LFL = 0.55 C_{st}$

→ 상기 식은 25℃에서 파라핀계를 기준으로 도출해낸 식이다.

② 하한계 추정식 : $UFL = 3.55 C_{st}$

③ C_{st}(화학양론비 당량비 V%)$= \dfrac{21\%}{0.21 + z}$

㉠ 만약, $C_m H_x O_y + zO_2 \to mCO_2 + \dfrac{x}{2} H_2 O$ 라고 하면 $z = m + \dfrac{1}{4}x - \dfrac{1}{2}y$

(NFPA에서 사용)

㉡ 국내에서 일반적으로 사용하는 식 : $\dfrac{연료몰수}{연료몰수 + 공기몰수} \times 100$

2) **제베타키스(Zabetakis)**[42] : $UFL_{25} = 6.5 \cdot \sqrt{LFL_{25}}$

3) **버지스-휠러(Burgess-Wheeler)** : 파라핀계 탄화수소의 폭발하한계(LFL)와 연소열의 곱은 일정(1,050kcal/mol)하다.

$$LFL \times \Delta H_c \fallingdotseq 1,050 \text{kcal/mol}$$

(2) 혼합물의 폭발한계(Le Chatelier's law)

1) 여러 물질이 혼합된 경우는 이들의 조화 평균값을 이용해서 폭발한계를 결정한다.
2) 하한계는 잘 일치하지만 상한계는 일치하지 않는 경우가 많다.
3) 3성분까지는 잘 일치하지만 그 이상이 되면 정확하지가 않다.

$$L = \dfrac{100}{\dfrac{V_1}{L_1} + \dfrac{V_2}{L_2} + \dfrac{V_3}{L_3} + \cdots\cdots}$$

04 위험성 추정식

(1) 위험도

$$H = \dfrac{U - L}{L}$$

---

42) FLAMMABILITY CHARACTERISTICS OF COMBUSTIBLE GASES AND VAPORS By Michael G. Zabetakis. 26page

1) 하한계가 얼마나 낮고, 상한계와 하한계의 차이가 얼마나 큰가를 통해 위험성을 나타낸다.
2) 따라서, 그 물질의 위험성을 나타낼 수 있지만 상대적 비교에는 적합하지 않다. 그래서 이를 보완한 지수가 F-number이다.

(2) R-number(Kataoka, 2000)

$$R = \frac{C_{st}}{LFL}$$

(3) F-number(Kondo)

1) 2001, the F-number[Kon 01]

$$F = 1 - \sqrt{\frac{LFL}{UFL}}$$

2) 2002, the RF-number[Kon 02]

$$RF = \left(\sqrt{\frac{LFL}{UFL}} - 1\right) \cdot \frac{HOC}{M}$$

여기서, M : 몰 질량(molar mass, g/mole)
HOC : 연소열(Heat of Combustion, MJ/kg)

3) 2003, the RF$_2$-number[Kon 03]

$$RF_2 = \left(\frac{\sqrt{LFL \times UFL} - LFL}{LFL}\right) \cdot \frac{HOC}{M} \cdot BV$$

여기서, BV : 연소속도(burning velocity, m/sec)

05 연소범위 측정방법

(1) **전파법** : 가장 실용적인 방법이다.
1) 원통형 또는 구형 용기 내에 혼합가스를 넣고 한쪽에서 점화하여, 화염이 전체로 확대되는 한계조성을 결정하는 방법이다.
2) 표준형 원통의 내경은 5cm 정도(아세틸렌, 에틸렌의 상한계 측정을 위해서는 더 큰 직경이 필요하다. 왜냐하면 관 벽에 열손실 또는 라디칼이 파괴되어 연소범위가 좁아지므로 관 벽에 영향이 없는 큰 용기가 필요하다.)이고 길이가 1.5m인 수직관으로 구성되어 있다.
3) 이 수직관에는 시험대상 가연성 가스 혼합기체가 채워져 있다. 수직관 상단은 막혀 있고 수직관 하단에서 스파크 등으로 혼합기체를 발화시킨 뒤, 위로 향해 올라

가는 화염 선단의 이동을 관찰한다. 화염이 1.5m(화염이 자체적으로 확산되도록 한다. 즉, 측정결과가 발화원에서 공급되는 에너지의 영향을 받지 않도록 충분한 길이를 가져야 한다.) 길이의 수직관 절반까지 확산된 경우 해당 혼합기체는 연소한계 이내로 간주된다.

4) 화염의 전파방향
   ① 수직상향 : 하향 확산보다 연소한계 폭이 넓다(보수적). 왜냐하면 예열효과(δ_f)가 발생하며, 따라서 수직화염전파를 주로 사용한다. 부력에 의한 가연성 가스의 이동방향과 화염의 전파방향이 일치한다.

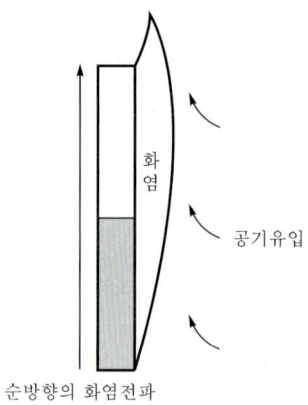

∥ 화염의 수직전파[43] ∥

   ② 수평전파 : 연소범위가 중간값이다.

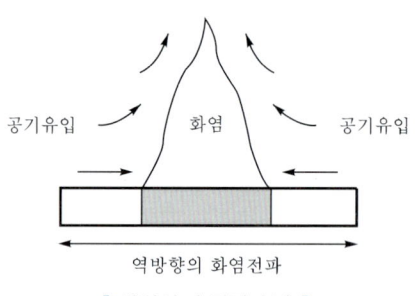

∥ 화염의 수평전파[44] ∥

   ③ 수직하향 : 연소범위가 가장 좁은 값이다. 왜냐하면 화염의 전파방향과 예열방향이 서로 역방향이기 때문이다.

---

43) Examples of Counterflow and Concurrent Flame Spread. [Adopted from Beyler and DiNenno (1994).]
44) Examples of Counterflow and Concurrent Flame Spread. [Adopted from Beyler and DiNenno (1994).]

5) 시험
   ① 시험장비

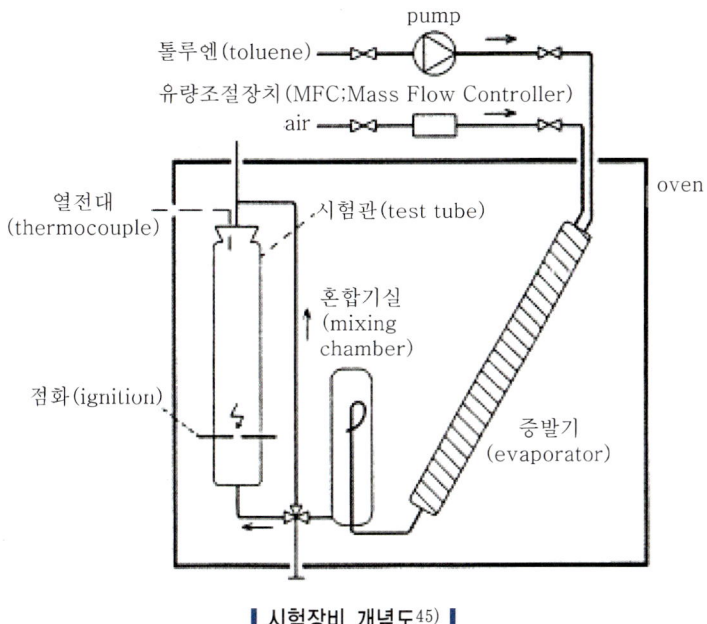

┃ 시험장비 개념도45) ┃

② 연소범위 측정장치 구성품
   ㉠ 본체 : 연소범위 측정 온도 제어를 담당하며 압력지시계, 오븐(oven), 점화원 및 점화제어 스위치로 구성되어 있다.
   ㉡ 진공펌프 : 헤드 어셈블리를 통하여 플라스크 내부를 감압하는 데 사용된다.
   ㉢ 헤드 어셈블리 : 압력센서, 진공라인, 공기유입라인, 시료 주입구로 구성되어 있다.
③ 시험방법
   ㉠ 대기압하에서 공기와 함께 가연성 혼합물을 형성할 수 있을 만큼의 충분한 증기압을 갖는 화학물질에 대한 연소한계를 측정하는 장치로 진공상태의 플라스크에 원하는 양만큼 시료를 주입한다.
   ㉡ 다음 공기(산소)와 혼합하여 완전혼합과 열적 평형상태를 만든 후에 점화원을 가하여 폭발한계를 측정한다.
④ 시험규격 : ASTM E 681-04 "Standard Test Method for Concentration Limits of Flammability of Chemicals(Vapors and Gases)"
⑤ 적용대상 : 대기압하에서 공기와 함께 가연성 혼합물을 형성할 수 있을 만큼의 충분한 증기압을 갖는 화학물질이다.

---

45) Example of Counterflow and Concurrent Flame Spread [Adopted from Beyler and DiNenno(1994)

꼼꼼체크 제외물질 : 불포화화합물, 유기산화물, 에스터, 그 외 반응성 물질

⑥ 시험조건
 ㉠ 상온에서 시료가 완전증발이 일어나지 않을 경우 온도를 조금씩 올려 시료를 완전히 증발시킨 다음에 시험을 실시한다.
 ㉡ 최대 150℃까지 온도를 올릴 수 있으며 150℃에서 완전증발이 안 되는 시료의 경우 연소한계를 측정할 수 없다.

⑦ 시험절차[46]

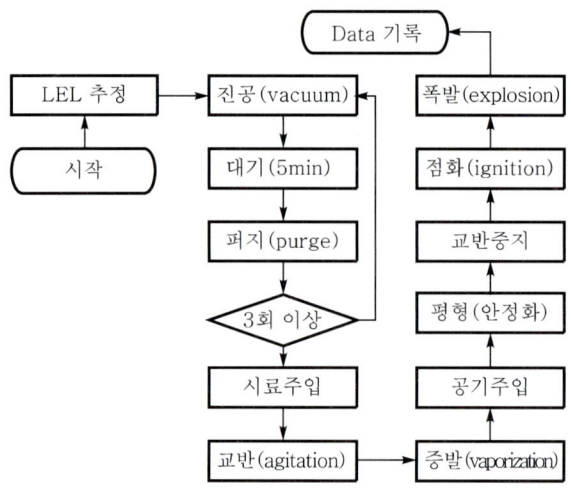

 ㉠ 상기 그림과 같이 일정시료 주입 후 연소 유무를 확인한 다음 연소가 일어날 때까지 0.1mL(또는 0.05mL) 단위로 시료량을 변화시켜 반복 측정한다.
 ㉡ 이때 화염전파(1회 측정)와 미화염전파(2회 측정)의 평균값을 연소한계 1회 측정값으로 한다.
 ㉢ 위 ㉠, ㉡을 총 3회씩 측정한 평균값을 연소하한값으로 결정한다.
 ㉣ 연소상한(UFL)도 ㉠~㉢의 방법과 동일하게 실험하여 결정한다.

⑧ 결과 평가
 ㉠ 폭발한계값은 일반적으로 부피백분율(volume% 또는 %)로 표기한다.
 ㉡ 일반적으로 25℃ 기준으로 연소한계값을 측정하는데, 만약 25℃에서 시료가 완전증발이 일어나지 않을 경우는 별도로 승온이 필요하기 때문에 이때에는 온도를 표기한다.
 ㉢ 총 3회 폭발한계값을 측정하여 아래의 표와 같이 반복성과 재현성의 최대허용편차에 들어오는 값으로 결정한다.

---

46) Flash 제거제의 화재・폭발 위험성평가 202page - 한국산업안전공단

폭발한계 반복성 및 재현성

물 질	정확도(precision)	LFL	UFL
탄화수소	반복성(repeatability)	0.1 volume%	0.15 volume%
	재현성(reproducibility)	0.1 volume%	0.9 volume%
점화가 어렵고 소염거리가 큰 물질	반복성(repeatability)	0.2 volume%	0.8 volume%
	재현성(reproducibility)	0.9 volume%	1.8 volume%

(2) **버너법** : 버너 위에 안정된 화염이 생길 수 있는 혼합기체의 혼합비를 가지고 연소의 한계치를 결정하는 방법이다.

06 주요 가스의 연소범위

구 분	수소 (H_2)	아세틸렌 (C_2H_2)	메탄 (CH_4)	에탄 (C_2H_6)	프로판 (C_3H_8)	부탄 (C_4H_{10})	암모니아 (NH_3)	일산화탄소 (CO)
L	4	2.5	5	3	2.1	1.8	15.5	12.5
H	75	81	15	12.5	9.5	8.4	28	74

꼼꼼체크 폭발한계와 연소한계
- 폭발한계와 연소한계가 거의 동일하다.
- 한계가 차이 나는 경우도 있다(메탄의 상한, 수소의 하한).
- 연소한계 : 실험방법은 하향 화염전파이고, 판정기준은 화염이 실험기구의 1/2까지 전파되는가 여부이다.
- 폭발한계 : 실험방법은 용기 내 압력상승이고, 판정기준은 과압형성 예방이나 고온 또는 고압에서 연소한계가 필요한 경우에 사용된다.

Section 05 연소의 구분

01 연소의 구분

(1) 먼저 연소의 열원이 외부냐 아니면 내부냐 따라 자연발화와 그 외 연소현상으로 구분된다.

(2) 그 외 연소현상은 화염의 유무에 따라 훈소와 화염연소로 구분된다.

(3) 화염연소는 가연성 가스와 산소가 전체적으로 혼합되어 있으면 예혼합연소, 연소면만 혼합되어 있으면 확산연소로 구분하고,

(4) 화염이 고정되어 발생하는가 이동되어 발생하는가에 따라 이동연소, 고정연소로 구분하며,

(5) 유동특성에 따라 층류연소와 난류연소로 구분한다.

(6) 화염연소의 6가지 연소형태는 서로 중복되거나 섞여서 나타나는 경우가 많다.

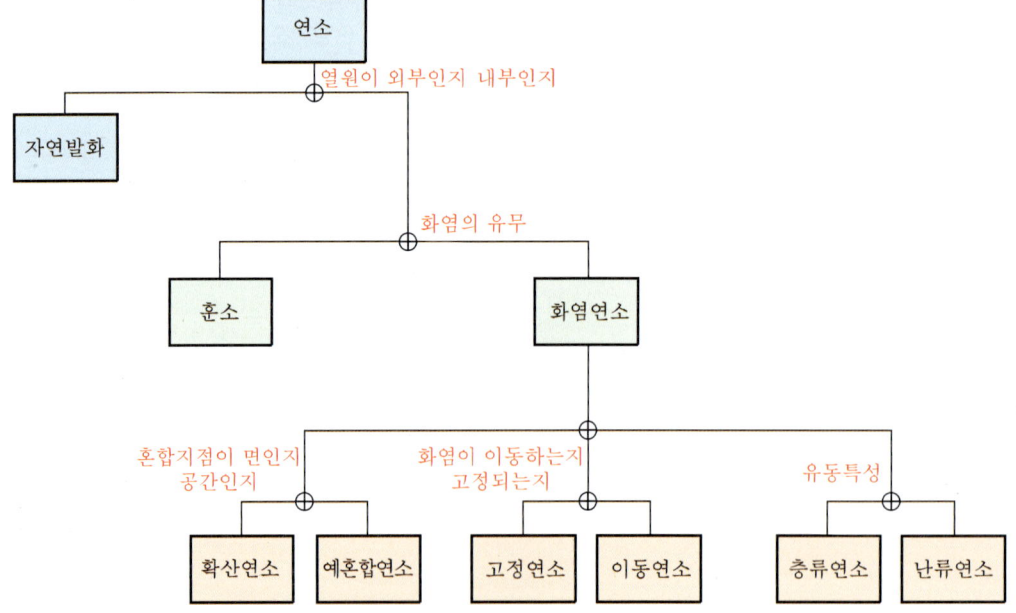

02 자연발화(spontaneous combustion)

(1) 정의
1) 불안정한 물질이 공기 중에 장시간 노출되면서 외부 열원의 도움 없이 산화반응을 하면서 열과 분해생성물이 축적되고 일정한 에너지 이상이 축적되면 발화하는 연소현상이다.
2) 공기 중의 가연물이 화학반응 등에 의한 열축적으로 자연발화점 이상이 되어 착화가 시작되는 것이다.
3) **자연발화(autoignition) : 스파크나 화염이 없는 상태에서 자체 열 축적에 의한 연소의 개시**이다.(NFPA921)
4) 물질을 발화시키기에 충분한 열을 발생시키는 내부의 화학적, 생물학적 반응에 의한 연소의 개시이다.
5) 자연발화는 어떤 물질이 외부에서 열원 없이도 상온의 공기 중에서 스스로 화학반응(내부열원)을 일으켜 발화하는 현상을 말한다. 스스로 화학반응을 일으켜 발생하는 열을 크게 5가지로 구분하면 산화열, 분해열, 중합열, 흡착열, 발효열로 구분할 수 있다. 자연발화는 주위의 온도, 발열량, 수분, 물질의 표면적, 촉매물질 등의 영향을 받는다.

(2) 종류
1) **자기가열** : 미임계(sub-critical). 훈소 또는 확산화염으로 유도되는 **화학반응의 잠복상태**라 할 수 있으며 기름걸레, 건조더미 등에서 발생한다.
2) **임계조건(critical)** : 자기가열과 자연발화를 구분하는 경계를 말한다.
3) **자연발화** : 초임계(super-critical). 열이 축적되어 발화가 시작하는 상태이다.

(3) **열발생 메커니즘 : 전도와 화학반응열의 경쟁으로 열의 축적이 이루어진다.**
1) **화학반응열 : 온도가 지수적으로 상승한다.**
   ① **산화열** : 건성유, 석회분, 석탄
   ② **분해열** : 셀룰로이드, 니트로글리세린
   ③ **흡착열** : 활성탄
   ④ **중합열** : 동식물성 유지(불포화지방산이 포함된 다중결합으로 중합반응이 발생하여 열을 발생시킨다.)
   ⑤ **발효열(미생물)** : 퇴비, 먼지
2) **전도** : 온도차에 의해 열을 주변으로 빼앗겨서 열량이 선형적(linear)으로 변한다.
   ① 전도에 의한 주위 환경으로의 열손실이 발생한다.
   ② 초기 에너지 손실 메커니즘은 일반적으로 전도 및 대류이다. 높은 대류열 전달은 에너지손실률을 증가시키는 경향이 있을 뿐 아니라 표면으로 전달되는 산소량도 증가시킨다.

(4) 임계조건에 영향을 미치는 주요 변수

1) 주위 온도(CAT)
2) 적층 온도(CST) : 특수한 사례 시 중요한 변수
   ① 외부 보관 시 태양복사
   ② 최근 생산 및 처리되어 예열된 제품
   ③ 수분

   > **꼼꼼체크 적층온도** : 가연물이 쌓여 있는 부분의 온도

3) 대상물의 크기
   ① 물체의 크기가 클수록 자연발화의 가능성이 증가한다.
   ② 물체의 크기가 크다는 것은 열적인 접촉을 하고 있는 부분이 크다는 것을 의미한다.
4) 물질의 섬유성 및 다공성 : 공기와의 접촉이 원활한지의 여부를 판단할 수 있는 근거가 된다.
   ① 예를 들어 일반 목재에서는 자연발화가 일어나지 않지만 톱밥의 경우에는 자연발화가 발생한다.
   ② 인화점이 매우 높은 물질(건성유)이 면직물 등에 흡수되는 경우 상온에서 자연발화가 발생한다.
5) 단열상태 : 단열성능이 우수할수록 외부에 열을 빼앗기지 않기 때문에 자체 가연물의 온도를 높일 수 있어 발화가 용이하다.
6) 방치시간 : 길수록 산소와 접하는 시간이 길고 열축적이 되어 화학반응이 용이해진다.

   > **꼼꼼체크 자연발화성 물질**(pyrophoric materials) : 대기압상태의 산소에 노출 시 자연발화되는 물질(참고 : 통상 대기 중에서 자연발화온도가 54.4℃ 이하인 화학물질을 지칭한다.)

(5) 자연발화 조건

1) 충분한 양의 열분해 물질이 연속적으로 발생할 정도로 자연발화성 물질이 자체 반응열로 충분히 가열된다.
2) 상기의 열분해로 연소범위 하한계 이상의 가연성 가스가 발생한다.
3) 가연성 가스와 공기가 혼합되어 그 혼합기체가 발화온도 이상이 되어 별도의 외부 열원이 없더라도 발화된다.
4) 열축적의 영향요소
   ① 열전도율 : 열전도율이 작을수록 열을 빼앗기지 않으므로 자연발화가 쉽다.
   ② 열축적 방법(단열)
   ③ 공기의 유동 : 공기의 유동이 불량할수록 열손실이 적어 자연발화가 쉽다.
   ④ 퇴적방법 : 열축적에 용이하게 가연물이 적재되어 있으면 자연발화가 쉽다.

5) 열 발생속도의 영향요소
    ① 온도
    ② 발열량 : 발열량이 큰 물질의 경우 자연발화가 쉽다.
    ③ 수분 : 수분이 열을 흡수하여 온도를 유지시킬 수 있다.
    ④ 표면적 : 산소와 접하는 면적이 증가하면 반응성이 증대한다.
    ⑤ 촉매물질
    ⑥ 공기와의 접촉면적 : 공기와의 접촉면적이 크면 자연발화가 용이하다.
       예) 내부에 많은 공기가 포함된 분말, 섬유상태, 우레탄 등

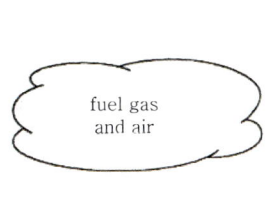  

(a) 가연성 가스와 공기가 (b) 수분에 의해 미생물 반응이 (c) 나무판 더미 또는 석탄
    잘 섞여 있고 자연발화   일어나고 있는 건초더미   찌꺼기 더미
    가능 온도에 도달한 경우

┃ 자연발화되기 쉬운 연료더미[47] ┃

(6) 예방대책
  1) 가연성 물질을 제거한다.
  2) 통풍이나 환기를 적절하게 하여 열의 축적방지[방열속도(↑) > 발열속도] : 자연발화는 가연물의 발열속도와 열의 방열속도가 평형이 깨져 열이 축적되어 생기기 때문에 환기 및 저장방법을 고려하여 열의 축적을 방지하는 것이 중요하다.
  3) 온도를 낮춘다[방열속도 > 발열속도(↓)].
  4) 수분을 감소시킨다.
  5) 황린은 물 속, Na, K 등은 석유 속에 보관하여야 한다.
  6) 공기와의 접촉면적을 최소화하도록 저장한다.

03 훈소(smoldering) = 표면연소(surface combustion)

(1) 정의 : 다공성 가연물 층에서 일어나는 저온무염연소

---

47) Quintiere, Principles of Fire Behavior, Fig 2-23

┃ 담배와 숯, 목탄 등 훈소의 예48) ┃

(2) **영향인자** : 훈소의 연소는 고체 표면에서 증발, 직접 산소와 반응하는 현상으로 표면 환경조건의 영향을 크게 받는다.

1) **연료의 성질**(properties of the fuel) : 다공성(높은 공극비)
   ① 단위면적당 넓은 표면적 : 산소에 의한 표면접촉이 용이해진다.
   ② 가연물 입자 덩어리의 투과성 : 확산 및 대류에 의해 산소가 반응영역으로 전달될 수 있도록 한다.
   ③ 단열 : 열손실률을 떨어뜨려, 낮은 열방출률에도 불구하고 열손실이 적어서 저온지속형 연소를 가능하게 한다.

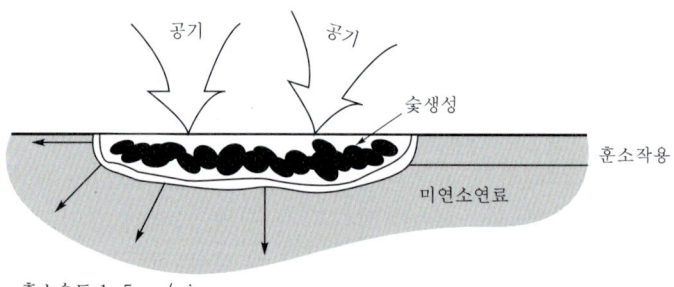

┃ 훈소의 개념도 ┃

2) **산소의 가용성**(availability of oxygen)
   ① 아래의 표를 보면 공기의 흐름이 증가할수록 훈소의 속도가 증가함을 알 수 있다.
   ② 이것은 공기의 흐름속도가 증가하면 냉각으로 인한 손실보다 신선한 공기의 공급으로 인한 화학반응의 증가요인이 더 크기 때문에 훈소속도가 증가하는 것이다.

> **꼼꼼체크** **산소의 가용성** : 화학반응에 얼마나 산소가 이용될 수 있는가

---

48) FPH 02-03 Flammability Hazard of Materials FIGURE 2.3.1 Cigarette and Charcoal/Wood as Examples of Smoldering Combustion

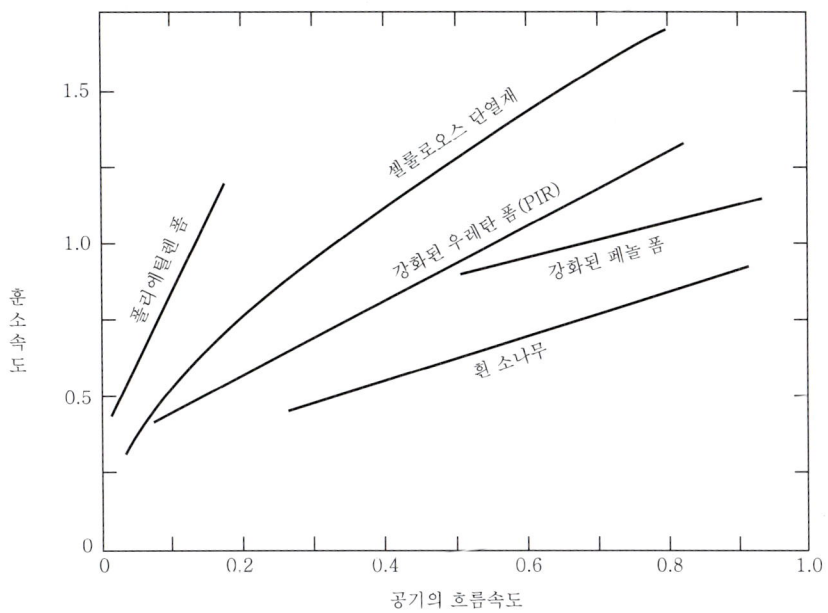

공기흐름에 따른 훈소의 속도[49]

(3) 위험성

1) 화염연소에 비해 가연물 중에 독성 화합물로 전환되는 양이 훨씬 많다. 왜냐하면 화염이라는 고에너지의 장을 통과하지 않아 완전연소되는 양이 상대적으로 다른 연소현상보다 적기 때문에 불완전연소 생성물이 다량 발생할 수 있다.

2) 따라서 열원의 강도가 약해 직접 화염을 발생시킬 수 없는 저에너지 발생의 경우가 훈소이고, 이는 화염을 발생시키는 중간단계 역할(예 담뱃불+소파)을 한다.

3) 화재진압의 어려움
   ① 물이 다공성 물질의 표면장력 때문에 화원이 있는 내부로 침투하기 어렵다. 다공의 구멍이 물의 크기보다 작기 때문이다.
   ② 쓰레기 화재, 산불(지중화) → Class A포, Wetting agent

4) 열원의 강도는 부력에 의한 플럼의 거동에 영향을 미치는데 훈소는 저에너지로 부력이 약해 천장에 도달하지 못하는 플럼을 형성할 수 있다. 따라서 화재감지에 어려움이 발생한다. 그러므로 훈소 화재가 발생할 우려가 큰 곳은 CO감지기 설치가 필요하다.

5) 발연량이 많다.

$$K(발연계수) = A(계수) - B(계수)\,T(절대온도)$$

상기 공식에 따르면 온도가 낮으므로 발연량이 많다. 하지만 이 공식에서의 연기량은 유입공기량의 개념이 아니라 연소생성물의 액체, 고체 미립자를 연기로 본 것이다.

---

49) Figure 2-9.2. Smolder velocity versus airflow velocity into reaction zone for nearly one-dimensional reverse smolder. ρ_B is bulk density. SFPE 2-09 Smoldering Combustion

(4) 숯, 탄화층(char)

1) 최초의 연료보다 탄소함량이 많다. 휘발성 물질은 휘발되고 탄소는 잔류하게 되어 단위질량당 탄소함유량은 증가하게 된다.
2) 휘발분이 날아가고 그 자리가 비어 다공성이 됨으로써 표면적 증가 : 산소와의 화학반응이 용이해진다.
3) 탄화층은 훈소 전파과정에서 주된 열원 역할을 한다. 따라서 열분해 중에 현저한 양의 탄화물을 형성시키는 경우에 훈소 연소의 가능성이 존재하게 된다.
4) 단열상태가 양호한 반응구역으로 열손실률을 감소시킨다. 탄화층이 단열재의 역할을 한다.
5) 낮은 산소공급 능력 : 탄화층이 막고 있어 다공실 내부로 산소가 깊숙이 침투하기 어렵다. 따라서 가연물은 연소반응이 원활하지 못하여 저온이 되고 불완전연소를 한다.

(5) 주택화재 사망의 주요 인자 역할을 하는 시나리오

1) 담배로 인해 시작되는 장식용 덮개류 및 침대보 화재 : 저온 미연소로 일산화탄소 등 다량의 유독성 연기가 발생한다.
2) 화염으로의 전이
   ① 산소 공급량이 증가한다.
   ② 크기가 증가한다.
   ③ 오목한 정도가 점차 심화되는 훈소 선단을 형성한다(복사 손실을 감소시키고 기체상태 연료농도 형성을 촉진시킨다).

(6) 소화설비의 적응성

1) 감지기의 선정
   ① 차동식 대신 정온식이나 보상식(정온점) 감지기를 선정한다.
   ② 이온화식 연기감지기 대신 입자가 큰 것을 감시하는 광전식 감지기를 선정한다.
   ③ 저강도 화재이므로 조기감지 및 신뢰도가 높은 특수감지기(CO 감지기)를 선정한다.
2) 스프링클러의 선정
   ① RTI가 낮은 헤드 선정 및 연기의 단층화를 고려한 헤드를 설치한다.
   ② 감지기와 연동하는 개방형 헤드 설치를 고려한다.

 작열연소, 무염연소(glowing combustion) : 눈에 보이는 화염 없이 고체가 빛을 발하는 연소

04 확산연소(diffusion combustion)

(1) 대부분의 화재현상으로 건물화재, 산림화재, 성냥불, 양초화염 등이 여기에 해당된다.
(2) 연소로부터 나오는 열복사량(heat flux)에 의한 고체물질의 열분해나 가연성 액체 기화의 결과로 인한 인화성 가스의 방출 때문에 발생할 수 있다.

(3) 연료가스와 산소의 농도차이(Fick's law)에 의하여 예열대에서 예열되어 반응대(reaction zone)로 이동하여 연료가스와 산소가 만나는 면이 연소하는 과정이다.

> **픽스의 법칙(Fick's law)** : 혼합기에서는 농도가 높은 곳에서 낮은 곳으로 이동(확산 법칙)
> - 공기 중의 산소는 반응에 의해 소모되어 농도가 0이 되는 화염쪽으로 이동한다.
> - 연소생성물은 양쪽 방향에서 화염으로부터 멀어지며 확산한다.
> - 연료가스와 공기의 반대방향 확산이므로 화염면이 스스로 전파하기 곤란하다. 따라서 만나는 지점의 면이 연소하게 되고 이것이 화염면이 된다.

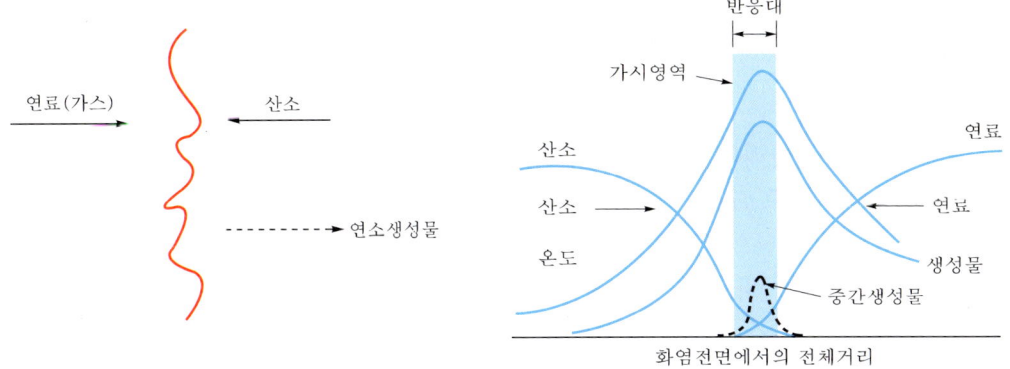

▎확산연소는 면에서의 연소(2차원적 연소) Fick's law ▎   ▎확산연소(반응대와 확산층) ▎

(4) 이러한 과정이 스스로 지속되도록 연소에 의해 생성된 열의 일부가 해당 물질로 되돌아오는 열귀환(feed back, 복사열로 heat flux)이 발생하여 기상 가연물 증기나 휘발성 물질이 지속적으로 생성되도록 해야 한다. 즉, 중합체로 전달된 열은 열분해에 의해 가연물로부터 인화성 휘발물질을 발생시키고, 이 물질은 중합체 위에서 공기 속의 산소와 반응해 열을 발생시키며, 이 열 중 일부가 다시 중합체로 전달되는 과정이 반복된다.

(5) **화재 및 이와 관련된 흐름을 조절하는 두 가지 요소(화재와 관련된 내부적 요소)**
  1) 부력(온도에 따른 밀도 하락) : 흐름을 상승시킨다.
  2) 난류 : 확산연소에서의 난류는 공기의 혼입을 증대시킴으로써 산소와의 접촉면을 증대시키고 화학반응에 의한 열발생량을 증가시키지만 이로 인한 온도상승보다 인입공기에 의해서 화염온도가 냉각됨이 더 크다. 또한 유입공기에 의해 화염면이 불안정화함으로써 오히려 불완전연소 생성물이 증가한다.

(6) **외부에서 화재 및 흐름을 조절하는 요소** : 바람(wind)

(7) **Power density** : $0.5 \sim 1 MW/m^3$[50]

(8) **층류확산화염** : 대표적으로 촛불, 연소기기의 화염

(9) **난류확산화염** : 촛불이나 연소기기를 제외한 대부분의 화재의 화염

---

50) FPH 02-01 Physics and Chemistry of Fire CHAPTER 1 Physics and Chemistry of Fire 2-13

(10) 확산화염의 한계산소지수(LOI ; Limited Oxygen Index) : 확산화염의 안정화를 방해하기 위해 필요한 산화제 흐름의 희석정도의 최소값을 구할 수 있으며, 이러한 연소한계에서의 몰분율 XO_2를 한계산소지수(LOI ; Limited Oxygen Index) 또는 간단히 불러 산소지수(Oxygen Index)라고도 한다.

1) 정의 : 고분자 시료가 발화되어서 3분간 꺼지지 않고 타는 데 필요한 산소-질소 혼합 공기 중 최소한의 산소의 부피퍼센트(V%)를 말한다.
2) 하향 화염전파가 정지되는 산소농도의 하한값이다.

$$LOI = \frac{O_2(l/min)}{O_2(l/min) + N_2(l/min)} \times 100$$

3) 측정방법 : 아래의 그림과 같이 산소와 질소의 혼합 가스를 연소원통의 아래쪽에서 일정한 유량으로 유입시켜, 연소원통의 위쪽 100mm 이상의 자리에 위치한 시료의 물림쇠에 수직으로 매단 시료에 불을 붙여 연소시킨다. 시료의 연소시간이 3분 이상 계속되거나 또는 시료에 불이 붙어 타고난 연소면의 길이가 50mm 이상일 때의 최소의 산소와 질소의 유량을 가지고 산출한다.
4) 의의 : LOI가 높다는 것은 연소 시 그만큼 산소를 많이 필요로 한다는 것으로 연소가 곤란한 지수를 나타낸다. 따라서 이를 플라스틱과 섬유류의 난연, 방염의 지표로 이용한다.
5) 문제점 : 시험대상 물질이 상부에서 발화해서 하부로 화염전파되는 지수값
   ① 산소농도의 수치가 실제 화재 시 해당 물질의 연소에 대한 산소농도의 하한이 아니다.
   ② 순수 열유속 개념이 없다. 따라서 최근 NFPA에서는 FPI 등의 다양한 방법들이 이용되고 있다.

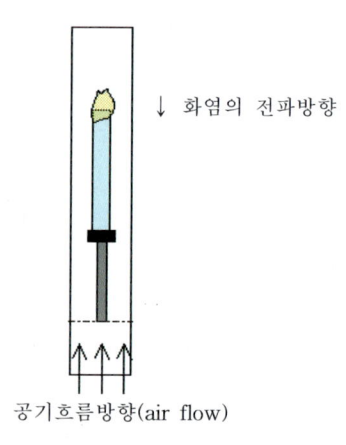

▎산소지수 시험방법 ▎

05 예혼합연소(premixed combustion)

(1) 가연성 혼합기가 형성되어 있는 상태에서 연소(공간으로 자율적 화염전파) : 고체나 액체처럼 열분해를 필요로 하지 않고도 가연성 증기를 형성할 수 있는 가연물 또는 가연성 가스와 공기가 섞인 상태에서만 가능한 연소형태이다. 따라서 연소의 3요소 중에 가연물과 산소가 존재하므로 점화원만 있으면 화염이 스스로 공간으로 전파된다.

(2) 층류(탄화수소의 연료의 경우 0.5m/sec) → 난류 → 폭연 → 폭굉(연소파가 압력파와 중첩되면서 폭굉으로 발전)

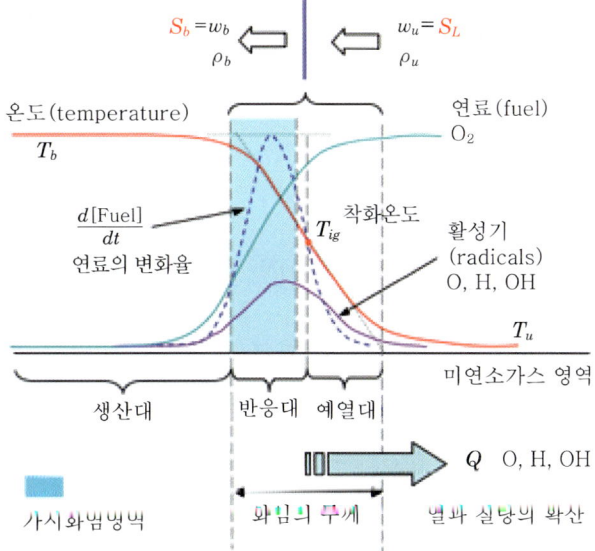

┃ 예혼합연소에서 평면 연소파의 거동(예열대와 반응대)[51] ┃

(3) 화염의 전파

1) **화염의 전파방향** : 반응대(reaction zone) → 예열대(pro-heat zone) → 미연소가스 영역

2) 화염전파 메커니즘 : 발화 → 화염의 이동 → 연소생성물에 의한 팽창(연소파 발생) → 난류의 발생(연소파의 가속) → 열전달량 증가 → 압력파 형성(폭연) → 압력파와 연소파가 중첩 → 폭굉 발생

3) 예열대(pro-heat zone) : 연소반응이 가능한 온도까지 상승시킨다.

4) 반응대(reaction zone) : 연소반응이 발생하고, 이로 인한 발열이 발생한다.

5) **연소파의 성장** : 연소파 → 압력파 → 폭굉

---

51) Scheme of planar combustion wave B. Lewis and von Elbe 1961 Courtesy of Academic Press

(4) 예혼합연소의 온도조건

1) 단열화염한계온도(adiabatic flame temperature)가 1,300℃(약 1,600K) 이상이 되어야만 예혼합화염이 지속될 수 있다.
   ① 화염에는 그 이하의 온도는 없다고 하는 최저온도가 있고, 그것이 단열화염한계온도이다.
   ② 이 값은 특정조건하의 실험값으로 실제와는 다를 수 있다.

2) 버지스-휠러(Burgess-Wheeler)의 법칙

$$\Delta H_c \times LFL = 1,050 kcal$$

여기서, ΔH_c : 연소열(kcal/mol), LFL : 연소하한계(v%)

① 연소하한계와 열량의 곱은 연료의 종류에 관계없이 일정하므로 그에 관계되는 화염온도는 일정하고 동시에 최저가 된다.
② 유사한 개념으로 단열화염한계온도가 있다.

(5) Power density : $100 \sim 200 MW/m^3$ [52]

06 고정연소(stationary combustion)와 이동연소(mobile combustion)

(1) **고정연소** : 촛불과 같은 확산화염으로 화염이 이동하지 않고 정지된 상태의 화염을 말한다.

(2) **이동연소** : 예혼합에서의 화염전파로 화염이 이동하면서 진행되는 연소이다. 이동하면서 연소가 진행되므로 위험성이 증대된다.

07 층류연소(laminar combustion)와 난류연소(turbulent combustion)

(1) **층류연소** : 분자확산에 의해 지배되는 연소(molecular mixing by diffusion)

(2) **난류연소** : 와류에 의한 지배(coarse mixing by eddy motion), 난류에 의해서 주름상이나 회전상이 되어 에너지 전달면이 증가하게 된다. 즉, 이로 인한 보강간섭의 결과 에너지가 증가하게 된다.

---

52) FPH 02-01 Physics and Chemistry of Fire CHAPTER 1 Physics and Chemistry of Fire 2-13

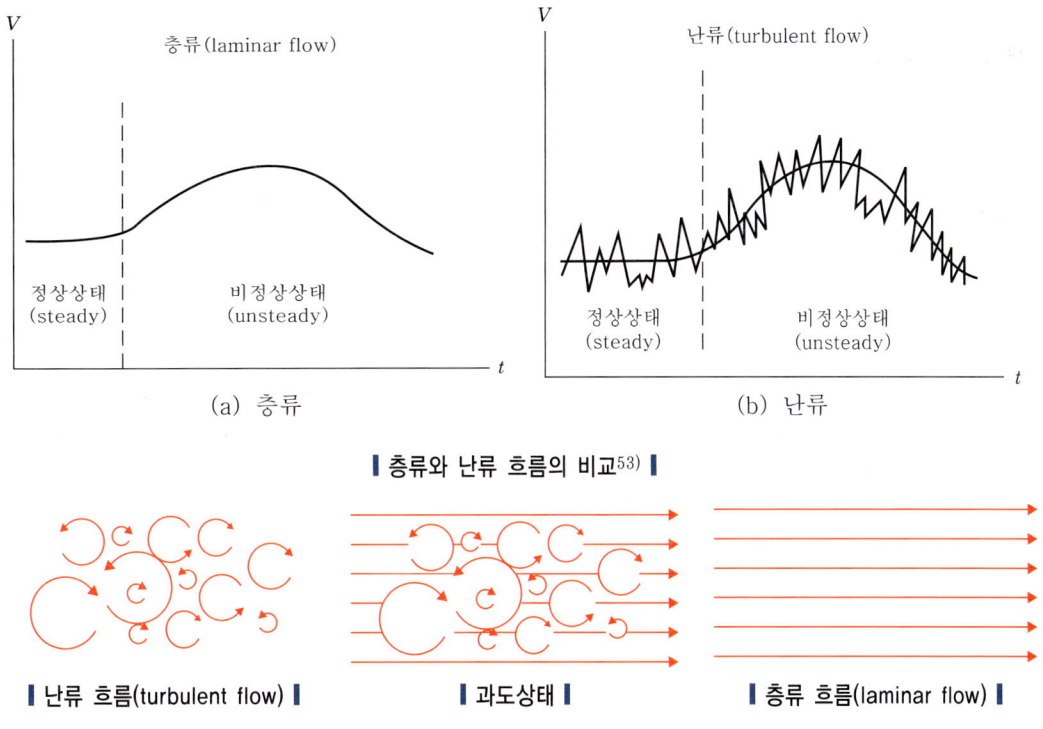

┃ 층류와 난류 흐름의 비교[53] ┃

┃ 난류 흐름(turbulent flow) ┃   ┃ 과도상태 ┃   ┃ 층류 흐름(laminar flow) ┃

08 연소속도(buring velocity)에 따른 구분

(1) **정상연소(steady)** : 연소에 필요한 산소공급 또는 연료의 공급이 일정속도로 이루어져 일정한 속도로 진행되는 연소

(2) **비정상연소(unsteady)** : 일정한 연소속도로 연소가 진행되지 않는 연소
  1) **발열속도 < 방열속도** : 온도가 발화점 이하가 되어 연소가 정지, 소화되는 연소
  2) **발열속도 > 방열속도** : 열의 축적에 의해 반응속도가 증가하여 폭연 또는 폭굉현상이 발생하는 연소

---

53) Figure 1-1.5. Steady and unsteady flows. SFPE "Handbook of Fire Protection Engineering" Third Edition

Section 06 화염(flame)

01 개요

(1) 정의
　1) 화염(flame)이란 연료의 화학적 조성에 의해 결정되는 특정 파장대에서 방출되는 복사에너지(빛)와 연소과정에 포함된 가스상 물질의 흐름을 말한다.
　2) 기상의 가연성 가스와 산소가 화학반응을 하면서 빛과 열을 발생시키는 현상

(2) 기능 : 화염은 고에너지의 산화반응영역에서 발생하는 것으로 환원반응영역에서 만들어진 일산화탄소(CO)와 수소(H)가 수산화기(OH)와 결합하여 이산화탄소(CO_2)와 물(H_2O) 등의 완전반응물질을 만드는 기능을 한다.

(3) 연소의 결과 화염이 발생하므로 연소와 화염의 개념을 일부의 경우에는 혼용하여 사용하기도 한다.

02 구분

(1) **가연성 증기와 산소의 혼합** : 예혼합화염(premixed flame) ↔ 확산화염(diffusion flame)
　1) 확산화염(diffusion flame) : 연소범위에서 연료와 공기가 혼합된 연소면에 확산되는 화염
　2) 예혼합화염(premixed flame) : 발화되기 전에 섞여 있는 상태의 화염

(2) **지배요인** : 분자 확산의 지배를 받는 층류화염(laminar flame) ↔ 와류의 지배를 받는 난류화염(turbulent flame)

(3) **이동유무** : 한 지점에서 고정되어 있는 고정화염(stationary flame) ↔ 이동화염(propagating flame)

(4) 상기 6가지 화염이 단독으로 쓰이기보다는 여러 가지가 혼합되어 연소의 화염이 나타난다.
　예 • 촛불(candle) : 확산(diffusion), 층류(laminar), 고정(stationary)
　　 • 화구(fire ball) : 확산(diffusion), 난류(turbulent), 이동(propagating)

03 확산화염의 길이

(1) 모멘텀에 의한 화염(jet flame) : 주로 연소기기에 의해 발생하는 화염

1) **층류제트화염**
   ① 가스가 대기 속으로 분출될 때는 분출류가 공기를 자르면서 발생한 주변 공기 사이의 전단력으로 공기가 인입되며, 인입되는 면과 가스가 만나는 그 면에서 연소하게 된다.
   ② 일정 이하의 출구속도에서는 층류화염이 된다. 화염높이는 출구속도(v_e)에 비례한다. [화염 최대높이=200×D(출구구경)] → 분출속도가 증가하면 공기와의 접촉면적이 커져 화염면이 증가하고, 따라서 화염이 길어진다.
   ③ 가스가 다른 가스로 확산되는 속도는 픽스(Fick's)의 법칙에 따른다.
   ④ 질량흐름은 농도에 비례하고, 확산계수는 온도와 농도에 따라 변한다. 픽스(Fick's)의 법칙은 층류, 난류에 모두 해당된다.

   $$\dot{m}'' = -D_i \frac{dC_i}{dx}$$

   여기서, $\dot{m}''$: 질량흐름, C_i : 농도, D_i : 확산계수

2) **난류제트화염**
   ① 층류화염은 화염의 최고 길이가 노즐직경의 거의 200배가 되는 거리까지 계속된다. 하지만 그 이상 속도가 증가하면 난류가 시작되어 화염길이가 감소하는 전이영역을 거치며 어느 속도에서부터는 그 길이가 일정하게 되는 완전난류영역이 된다.
   ② 난류영역에서 화염의 길이가 짧은 것은 공기인입이 난류에 따라 많아지기 때문이다. 난류가 되면 주류상이 되면서 공기와의 접촉면이 길어지므로 화염길이가 길어질 필요가 없다. 화염길이는 연료가 완전히 소모되는 화염의 끝을 기준으로 한다.
   ③ 화염높이 공식

   $$L_f \approx \frac{\rho_f D S}{\rho_a}$$

   여기서, L_f : 화염의 높이, ρ_a : 공기의 밀도, ρ_f : 연료의 밀도
   D : 파이프 직경, S : 화학양론비

   ④ 화염높이(L_f)는 직경(D), 연료밀도(ρ_f) 및 화학양론비(S)에 비례한다.
   ⑤ 난류화염높이 L_f는 가스연료의 출구속도 v_e와 무관하다.

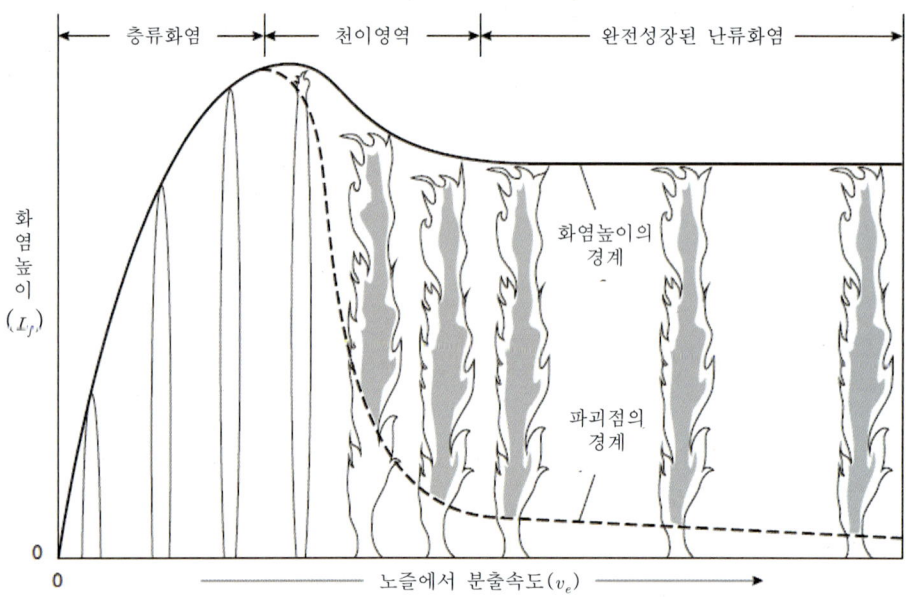

화염높이에 따른 노즐에서의 분출속도[54]

㉠ 층류확산화염은 화염높이가 분출속도에 비례(분출속도가 클수록 산소와 접하는 표면적이 증가함으로써 화염이 길어진다)한다.

㉡ 난류확산화염은 화염높이가 분출속도와 상관없이 일정(난류 때문에 산소와 접하는 표면적이 증가하고 반응표면적도 증가)하다.

㉢ 상기 화염은 노즐에서 분출되는 화염의 확산이고, 실제 화재에 의한 화염은 부력에 의한 화염으로 화염이 커져서 난류가 된다.

(2) 부력에 의한 화염

1) 일반적으로 발생하는 화재의 화염은 부력에 의한 화염을 형성한다.
2) 이에 길이를 결정하는 인자는 크게 Q(열방출률)과 D(화염면의 직경)로 구분할 수 있다.
3) 따라서 Q, D의 관계를 알게 되면 화염의 길이를 알 수가 있다.
4) 부력에 의한 화염과 모멘텀에 의한 화염의 구분

$$Fr(프루드수) = \frac{v^2}{gD} = \frac{관성력}{부력} \quad \cdots\cdots\cdots\cdots\cdots ⓐ$$

① 프루드수가 크다는 것은 관성력이 크다는 것으로 분출화염(jet flame)이라는 것이다.
② 프루드수가 작다는 것은 부력이 크다는 것으로 화재에 의한 화염(flame)이라는 것이다.

---

54) Figure 16.16 Scheme of characteristic regions of flame stability for a diffusion flame. Loss Prevention in the Process Industries 2E VOLUME2

5) 화염의 분출속도$(v) = \dfrac{\dot{Q}_c}{\Delta H_c \cdot \rho \cdot \left(\dfrac{\pi D^2}{4}\right)}$ .... ⓑ

여기서, $\dot{Q}_c$; 열방출률(J/s), ΔH_c : 연소열(J/kg)

ρ : 밀도(kg/m³), D : 화염의 직경(m)

6) ⓑ의 식을 ⓐ의 식에 넣어서 정리하면 다음과 같다.

$$\dot{Q}_c'' = \dfrac{\dot{Q}_c}{\rho_\infty C_p T_\infty \sqrt{gD} \cdot D^2}{}^{55)}$$

여기서, $\dot{Q}_c''$: 무차원수의 열방출률, C_p : 비열, T_∞ : 온도, $\dot{Q}_c$: 열방출률

7) 일반화재의 경우 화염의 직경이 클수록 화염길이가 증가하지만

8) 화염직경을 고정시킨다고 가정했을 경우에는 아래의 그림과 같이 나타낼 수 있다.
   ① 화염의 직경이 클수록 화염의 길이가 길지만
   ② 화염면의 크기를 일정하게 잘라서 본다고 가정하면, 화염면이 작은 것이 화염의 길이가 길다고 할 수 있다.

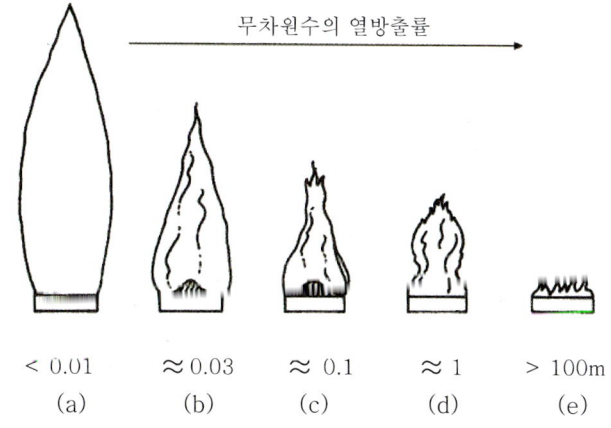

┃ 화염의 직경을 고정시키고 화염의 길이를 나타낸 경우(L/D)(Corlett(1974)) ┃

9) 화염길이와 직경에 관한 식을 정리하면 다음과 같다.

$$L = 0.23 \dot{Q}_c^{\frac{2}{5}} - 1.02D$$

이를 통해 화염길이는 화학적 연소열과 직경에 비례함을 알 수 있다. 왜냐하면 위의 식을 단순히 보면 "화염직경이 크면 화염길이는 줄어든다."라고도 할 수 있지만, 화염직경이 커짐으로써 연소열은 더 커지고, 연소열의 증가로 인해 화염길이가 길어지므로 화염직경과 화염길이는 비례하는 것이다.

---

55) An Introduction to Fire Dynamics 3rd 123page

10) **층류확산화염** : 대표적으로 촛불
   ① 난류가 없는(stagnant or laminar flow) 혼합기의 연소
   ② 층류화염의 구조 : 예열대(preheat zone), 반응대(reaction zone)
   ③ 확산화염의 예

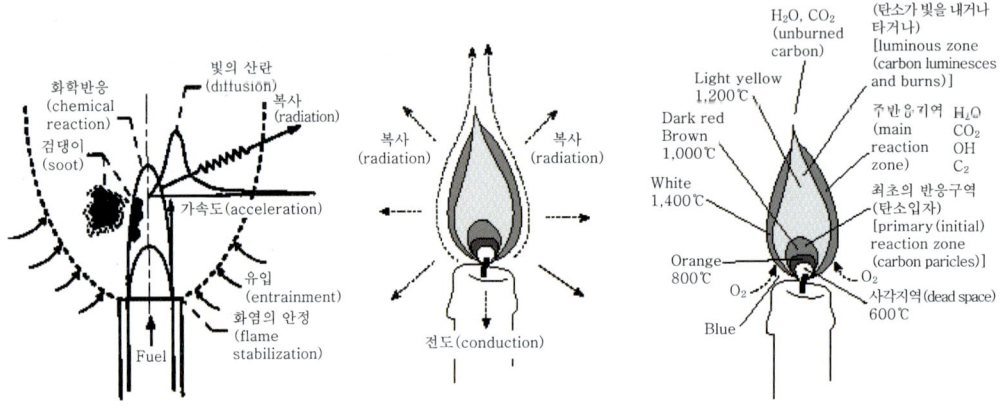

▍확산화염의 상세도 ▍   ▍확산화염에서 열전달 ▍   ▍확산화염에서의 반응대, 빛 방사, 온도 ▍

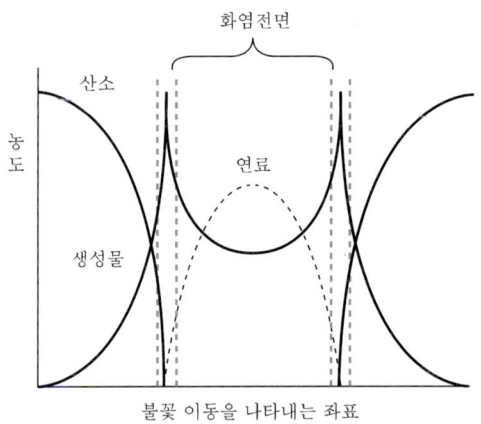

▍층류확산화염의 농도분포 ▍

11) **난류확산화염**
   ① 화염의 높이가 0.3m 이상이 되면 난류확산화염이다. 따라서 대부분의 화재는 난류확산화염이다.

    • 배관에서 Re No.에 따른 분류
     - Re No. < 2,100 : 교란이 없는 층류확산화염
     - 2,100 < Re No. < 4,000 : 천이영역
     - Re No. > 4,000 : 교란이 발생하는 난류확산화염

- 액면하강속도에서 Re No.에 따른 분류[56]
  - Re No. < 20 : 층류
  - 20 < Re No. < 200 : 천이영역
  - Re No. > 200 : 난류
- 평면 위의 흐름에서 Re No.에 따른 분류
  - 층류 : $Re < 5 \times 10^5$
  - 난류 : $Re > 5 \times 10^5$

② 난류에 의해 화염이 만곡하고 공기유입이 발생하면서 유입공기량이 증가한다. 차가운 공기에 의해서 화염이 냉각되는 냉각효과가 신선한 공기가 공급되어 연소속도가 증대되는 효과보다 더 크다. 따라서 화염의 온도가 저히된다. 낮은 온도로 인해 불완전연소가 발생한다. 불완전연소로 화염 안에서 검댕이(soot)가 발생한다. 검댕이(soot)에 의해서 화염에서 발생하는 복사에너지의 양이 증가한다.

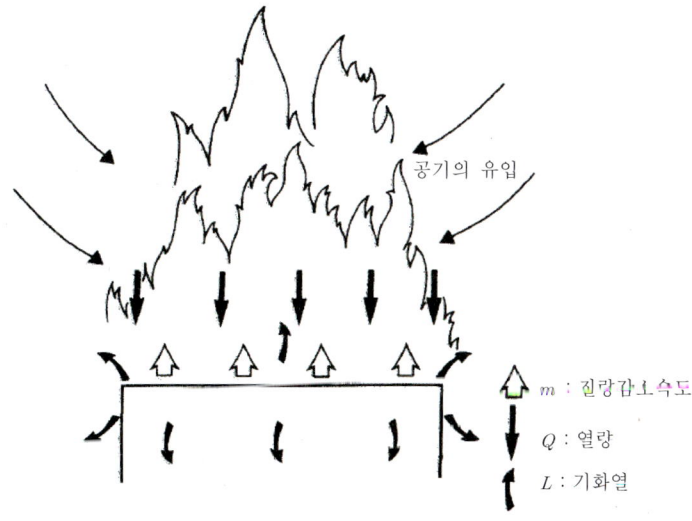

∎ 연소표면에서의 열과 질량의 변화[57] ∎

③ 상기 그림과 같은 화염을 난류확산화염이라고 한다. 난류확산화염은 0.3m 이상의 직경을 가진 액체와 고체의 연소에서 발생하며, 산소의 분자확산에 의해 증기와 혼합되어 연소한다. 0.3m보다 작은 직경의 경우는 층류 형태의 확산화염 형태를 가지게 된다.

---

56) Loss_Prevention in the Process Industries 16/200 FIRE에서 발췌
57) Figure |1|-3. Heat and Mass Transfer Associated with a Burning Surface. Copyright by John Wiley and Sons Ltd. Reprinted with pennissionfrom D. Drysdale, "An Introduction to Fire Dynamics", J. Wiley and Sone, Chichester, (1985).

04 예혼합화염(pre-mixed flame)

(1) **정의** : 연료가스와 공기가 미리 혼합된 상태로 발화가 되면 화염이 스스로 전파될 수 있는 연소형태이다.

(2) 밀폐공간에서는 이러한 과정이 급속한 압력증가를 초래하고 폭발을 발생시킨다.

(3) 가속된 연소파에 의해 가연성 가스와 공기의 혼합가스에 압력을 공급하여 화염 전면에 충격파를 형성한다.

(4) 조건이 충분히 형성되어 화염면이 사격으로 전파된다.

(5) **층류 예혼합화염** → 연소기기

   1) 층류 예혼합화염의 구조

     ① 화염의 구분 : 예열대(영역)와 반응대(영역)
       → 구분기준 : 온도분포 곡선의 변곡점

     ② 화염영역의 두께 : 0.1~1mm

     ③ 연속방정식에 의해 $\rho_u S_L A = \rho_u w_u A = \rho_b w_b A$
       여기서, ρ : 밀도, S : 물질의 속도, A : 단면적, w : 파동의 속도

     ④ 대기압하 탄화수소-공기 화염 : $\dfrac{\rho_u}{\rho_b}$ = 7, 결국 화염을 가로지르는 상당한 유동의 가속이 발생한다.

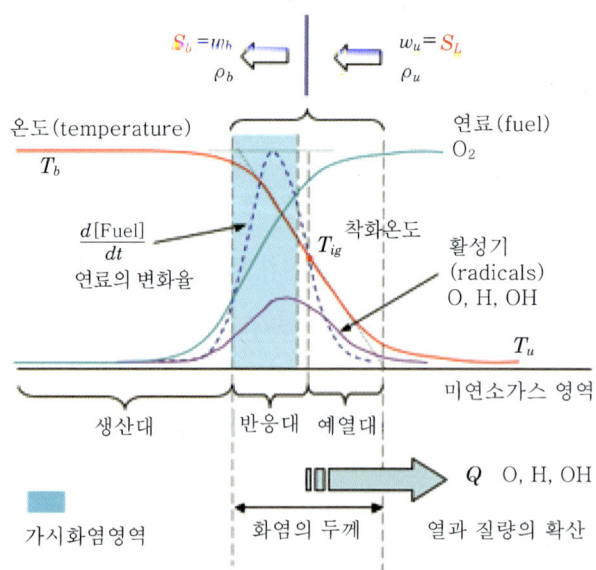

▌예혼합연소에서 평면 연소파의 거동(예열대와 반응대) ▌

2) 반응 메커니즘
   ① 오른쪽에서 S_L 속도로 반응물질이 유입된다
   ② 왼쪽으로 S_b 속도로 생성물질이 유출된다.
3) 온도구배, 화학종 농도구배가 커서 화염이 유지되는 추진력을 제공한다.
4) 반응대 : 생성물밀도 < 반응물밀도

(6) **난류 예혼합화염** → **폭발**
1) 연소속도가 층류 예혼합화염의 수 배에서 때로는 수십 배에 달한다.
2) 층류의 미연가스와 접하는 화염면의 길이가 난류가 되면서 크게 증가한다. 화염면의 길이가 증가하면 열전달면적이 증가한다. 열전달면적이 증가하면 연소속도(burning velocity)가 증가한다.
3) 난류 예혼합화염과 층류 예혼합화염의 가장 큰 차이는 난류의 화염전파속도가 층류에 비해 매우 빠르다는 것이다.

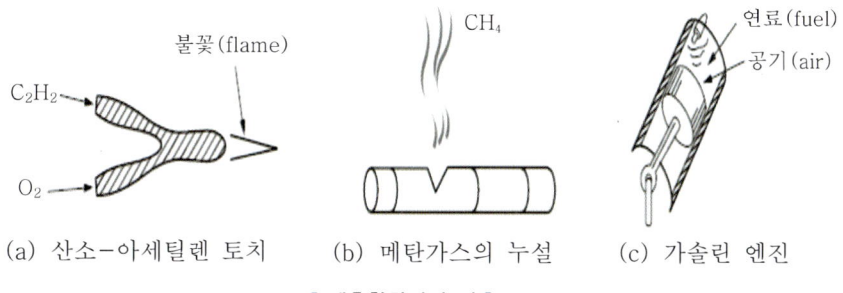

∥ 예혼합화염의 예 ∥

(7) **예혼합화염의 열손실**
1) 단열 예혼합화염 : 열손실이 없다고 가정하는 경우의 화염이 존재하는 한계온도인 단열화염한계온도(1,600K)가 된다.
   ① LFL에서의 단열화염한계온도가 개략적으로 일정하다는 일반적인 개념을 활용하여 혼합기체 온도 및 희석제의 변화가 혼합기체의 연소한계에 미치는 영향을 예측할 수 있다.
   ② LFL에서의 단열화염한계온도가 가연물의 반응성에 대한 지표역할을 한다.
   ③ 하지만 이것은 실험실에서 단일 화염이 존재할 때의 수치이고 실제에서 교차 복사전열이 발생할 경우에는 단열화염한계온도보다 훨씬 낮은 온도에서도 화염이 존재할 수 있다. 왜냐하면 현실의 경우는 하나의 물건이나 물체가 연소하는 것이 아니라 여러 개가 연소하면서 서로 교차적으로 복사전열을 발생시키기 때문이다.
2) 비단열 예혼합화염 : 열손실이 있으면 온도가 저하되고, 열방출속도가 감소한다. 실제로 벌어지는 화염은 비단열화염한계온도가 된다.

3) 층류와 난류의 화염면의 비교

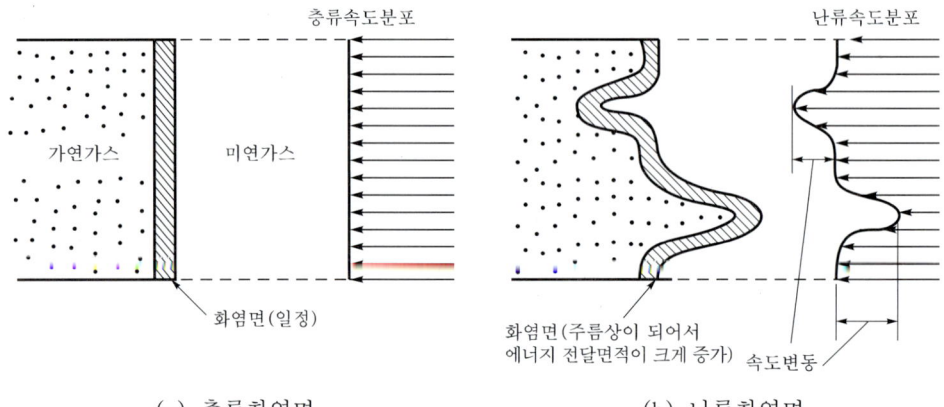

┃ 화염면의 비교 ┃

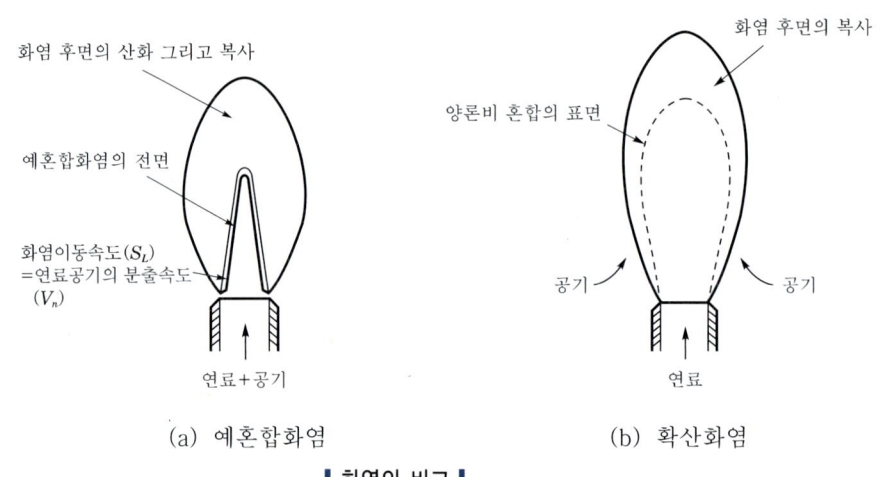

┃ 화염의 비교 ┃

05 화염의 소멸

(1) 개념적으로 소멸이란 점화에 의한 발화(즉, 인화)의 반대현상으로 간주될 수 있고, 또한 제한조건이나, 한계성으로 간주될 수도 있다.

(2) 연소현상을 중지시키는 데 두 가지의 주요한 관점이 있다.

  1) 하나는 물리적 방법에 의한 화염의 소멸이다.

  2) 다른 하나는 화학적 방법인 부촉매효과에 의해 라디칼을 제거하여 화학반응을 억제하여 화염을 소멸하는 것이다.

(3) 확산화염의 제어

1) 물리적 제어(농도제어)
   ① 연료증기의 공급을 차단시키는 방법
       예 가스의 누설 중지를 위해 밸브를 잠그는 것, 가연성 액체 표면을 적절한 포 소화약제로 덮는 것
   ② 성냥이나 양초와 같은 작은 화염에서와 같이 불어서 끄는 방법(blow out)
       ㉠ 화염 내의 반응 존의 두께를 감소시키는 방향으로 찌그러지게 하여 연료증기가 반응하기에는 너무 짧은 시간 동안만 있게 하는 것이다.
       ㉡ 반응 존이 너무 얇으면 연소는 불완전하게 되고 화염이 궁극적으로는 더 이상 지속될 수 없는 온도($T_f < 1,600K$)까지 효과적으로 냉각된다.

   > **꼼꼼체크** 드롭 다운(drop down) : 연소되고 있는 물질의 낙하나 붕괴로 인한 화재의 확산 (Fall down과 동의어)

   ③ 산소농도를 낮추는 방법

2) 물리적 제어(온도제어)
   ① 물에 의해 연료표면을 냉각(옥내소화전) : 화염의 주위에 침투하여(기화열을 증대) 가연물의 표면온도를 낮춤으로써 가연성 증기의 발생을 억제한다.
   ② 물에 의해 가연물 주변을 냉각(스프링클러)
   ③ 물이 공기 중에 부유하면서 기상 냉각(물분무, 미분무수)
   ④ 가스의 증발로 인한 증발잠열로 냉각

3) 화학적 제어 : 할로겐 물질을 이용한 부촉매 효과

(4) 예혼합화염의 제어

1) 불활성화(예방)
   ① 막힌 공간에서는 가연성 가스의 방출에 이어서 발생하는 폭발도 가장 심한 조건에서 화염전파가 되지 않게 하는 분위기를 만들고 이를 유지시킴으로써 방지될 수 있다. 불활성화는 크게 둘로 나눌 수 있다.
       ㉠ 산소농도를 낮추어 불활성화하는 방법 : LOC(MOC)
       ㉡ 가연성 가스의 농도를 낮추거나 높여서 연소범위 밖으로 보내 불활성화하는 방법
   ② 이는 화염이 발생하지 않도록 하기 위해 발화현상 이전에 조치하여야 한다.
   ③ 사용되는 소화약제 : 질소, 이산화탄소, 할론소화약제

   > **꼼꼼체크** NFPA 69
   > • Inerting gas : 반응하지 않거나 연소하지 않는 물질
   > • Purging gas : Inerting gas + 가연성 가스

2) 소화약제에 의한 화염 소멸
① 예혼합화염은 적절한 화학억제제가 매우 빠르게 화염면 전방에 살포되면 소멸될 수 있다.
② 이는 조기에 화염의 존재를 감지하는 폭발억제 시스템에 이용되는데, 통상 구획 내에서 미세한 압력상승을 감지하여 화학억제제의 살포가 신속하게 일어나게 함으로써 화염소멸의 목적을 달성하게 된다.
③ 전형적인 억제제로는 CF_3Br이나 CF_2BrCl과 같은 할론소화약제와 분말소화약제 같은 약제들이 있다. 질소와 이산화탄소는 급속억제에 필요한 방출률이 되기 위해서는 소요량이 너무 많이지기 때문에 적합하지 않다.

3) 물리적 냉각
① 화염방지기(flame arrester) 작동에 의한 반응대의 냉각이 주된 메커니즘이 된다.
② 이는 많은 좁고 얇은 망들로 구성되며 각각 유효내경이 소염거리보다 작아 이를 통해 라디칼을 소멸시켜 화염이 전파될 수 없게 하는 것이 원리이다.
③ 화염방지기(flame arrester)는 가연성 증기와 공기 혼합물 형성이 우려되는 배기 파이프나 덕트로의 화염전파를 방지하기 위한 목적으로 설치된다.

Section 07 화염온도(flame temperature)

01 단열화염한계온도(adiabatic flame temperature)

일반적으로 화염에는 그 이하의 온도는 없다고 하는 최저온도가 있고, 그 값은 탄화수소 화합물 등에서 약 1,300℃(1,600K)가 된다. 단, 이것은 실험실에서 나온 값으로 실제와 다를 수 있다.

02 단열화염한계온도의 계산

방출된 에너지는 일단 반응계 내에서 ① 반응하지 않는 물질 ② 연소생성물 ③ 희석물에 의해 흡수되지만, 궁극적으로 다양한 열전달 과정을 거쳐 ④ 계의 외부로 손실된다. 그러나 단열 조건을 가정한다면 이론 최대 온도인 단열화염한계온도를 아래와 같이 계산할 수 있다.

(1) 예혼합 반응계에 대해 단열 조건을 가정한다면, 이론적 최대 온도인 단열화염온도를 계산할 수 있다.

(2) **단열한계화염온도** : LFL에서의 단열화염온도
알칸(normal alkane)과 공기가 LFL로 섞여 있는 혼합기체는 상온에서 단위체적당 잠재적 열방출률이 일정하다. 따라서 완전연소 생성물의 열용량이 동일하다. 왜냐하면 일반적으로 LFL에서의 단열화염한계온도(1,600K)는 일정하기 때문이다. 예외적인 가스도 있다. 예 수소(980K), CO(1,300K), C_2H_2(1,300K)

(3) LFL에서의 단열화염한계온도는 해당 가연물의 반응성에 대한 지표 역할을 한다. 단열화염한계온도가 낮을수록 해당 가연물의 반응성은 증가한다. 이 말은 낮은 온도에서도 화염이 존재할 수 있을 정도로 반응성이 있다는 것을 의미하기 때문이다.

(4) 이러한 개념은 연소하한계의 추정과 같은 문제에 적용될 수 있다.

03 버지스-휠러(Burgess-Wheeler)의 법칙

(1) 두 값(폭발하한계와 연소열)의 곱은 일정하고 폭발하한계(LFL)의 단위를 Vol%, 연소열(ΔH_c)의 단위를 kcal/mol로 표시하면, 그 값은 약 1,050kcal/mol이 된다.

$$LFL \times \Delta H_c \fallingdotseq 1,050 \text{kcal/mol}$$

$$\frac{LFL}{100} \times \Delta H_c = \int_{T_0}^{T_f} n \cdot C_P \, dT$$

(2) 이 법칙에서 <u>폭발하한계 곱하기 열량은 연료의 종류에 관계없이 일정하다.</u> 이는 그 것에 관계되는 화염온도는 일정하고 동시에 최저가 되기 때문이다. → 단열화염한계 온도

(3) 제베타키스(Zabetakis)의 온도의존식 : 제베타키스는 버지스-휠러(Burgess-Wheeler) 법칙을 근거로 하여 연소열과 폭발하한계의 관계에서, 폭발하한계의 온도의존식을 아래와 같이 제시하였다.

$$L_T = L_{25}[1 - 7.21 \times 10^{-4}(t-25)]$$

04 화염의 온도의존

상기의 내용을 통해서 화염이 존재하기 위해서는 일정한 온도가 필요하다는 온도의 의존성을 알 수 있다.

Section 08 상에 의한 연소 구분

01 기체연소

(1) **예혼합연소** : 가연성 혼합기가 형성되어 있는 상태에서 연소인 공간연소로 관심사항이 '공기와 가연성 가스가 잘 섞였는가'이다.

(2) **확산연소** : 픽스의 법칙(Fick's law)에 따라 가연성 가스와 산소가 높은 농도에서 낮은 농도로 이동하여 두 가지가 만나서 농도가 연소범위를 이루는 면에서 화염이 발생한다. 이는 '확산'이라는 농도의 구배에 따른 이동과정을 통한 연소인 면의 연소이다. 따라서 '공기와 가연성 가스가 잘 섞이지 않았는가'가 주요 관심사항이다.

(3) **가스의 연소의 시작** : MIE(외부에너지), AIT(내부에너지) → 점화에 필요한 최소한의 에너지

> **꼼꼼체크** 가스(Gas) : 원래 고유한 형태나 부피가 없고 가스가 차지하는 용기나 함의 형태와 부피를 채우기 위해 팽창하는 물질의 물리적 상태

(4) **연소의 진행** : 예혼합연소에서는 연소속도(burning velocity), 확산연소에서는 연소속도(burning rate)

(5) **혼합기의 조성비**

  1) 혼합비(mixture ratio) = $\dfrac{\text{연료의 양(amount of fuel)}}{\text{전체의 양(total charge)}}$, 질량비 또는 몰비(massfraction or mole fraction)

  2) 당량비(eqivalence ratio) $\phi = \dfrac{\dfrac{F(\text{연료})}{O(\text{공기})}}{\dfrac{F_{st}(\text{화학양론의 연료})}{O_{st}(\text{화학양론의 공기})}}$: 혼합기의 과농도, 이바 및 양론비

  여기서, $\phi > 1$: 연료 농후
  $\phi = 1$: 이론 혼합기
  $\phi < 1$: 연료 희박

  3) 연료-산화제비(fuel-oxidant ratio) : $\dfrac{F}{O} = \dfrac{\text{연료의 질량(mass of fuel)}}{\text{산소의 질량(mass of oxidant)}}$

  4) 연공비$\left(\dfrac{\text{air(공기)}}{\text{fuel ratio(연료)}}\right)$: $\dfrac{A}{F} = \dfrac{m_a}{m_f}$

  여기서, m_a : 공기흐름량(air flow rate), m_f : 연료흐름량(fuel flow rate)

  5) 공연비$\left(\dfrac{\text{fuel(연료)}}{\text{air ratio(공기)}}\right)$: $\dfrac{F}{A} = \dfrac{m_f}{m_a}$

  6) 화학양론비(stoichiometry) : 연료와 산화제의 이론적 최적비율
  ① 연료 희박(lean) : 산소의 양 > 화학양론값
  ② 연료 과농도(rich) : 산소의 양 < 화학양론값

02 액체연소

(1) **분해연소**(**분해온도 < 증발온도**) : 중유
   가열 시 복잡한 경로를 통한 열분해에 의해 생성된 가연성 가스가 공기와 혼합 발화하여 연소가 진행되는 형태로 연소를 위해서는 반드시 열분해를 수반한다.

(2) **증발연소**(**분해온도 > 증발온도**) : 가솔린, 등유, 경유, 알코올, 아세톤
   가열 시 열분해 없이 직접 증발하여 증기가 연소하거나, 융해된 액체가 기화하여 연소하는 형태이다.

(3) **액적연소**(droplet combustion) : 벙커C유
   1) 분무연소(액적연소, spray combustion) : 액적연소 중 액체입자를 분무기를 통해 미세한 안개상으로 만들어 연소하는 현상으로 미스트 형태의 연소를 말한다.
   2) 위험성 : 가연성 액체가 부유 상태의 액적으로 흩어지는 경우 액체가 연소점 이하일지라도 발화한다. 왜냐하면 액적이 되면 산소와 접하는 면적이 커지므로 연소반응하기가 용이하다.
   3) 예를 들어 산업용 가열로, 디젤엔진이 액적연소에 해당된다.
   4) 메커니즘(mechanism)
      ① 액적의 연소에서는 완전한 증발과 높은 연소속도로서 혼합을 위해 액적의 크기가 가능한 한 작아야 한다.
      ② 액체가 직경 $10\mu m$ 이하의 미세 액적의 경우 예열대에서 완전히 증발한다.
      ③ 액적의 연소속도는 액표면으로부터의 증발속도에 의해 결정되며 난류의 정도에 의해서도 연소속도가 영향을 받는다.
      ④ 이는 반응물의 상호확산과 대류전열이 난류의 움직임에 의존되기 때문이다.
   5) 탄화수소 연료의 액적의 연소하한계 : $45 \sim 50 g/m^2$

(4) **등심연소**(wick combustion) : 석유스토브, 램프
   1) 가장 기본적인 등심연소의 형태로서 석유램프 등에서 볼 수 있다.
   2) 대류 및 복사에 의해 발생한 연료증기가 등심의 상부 및 측면에서 확산연소된다. 액체연료는 모세관현상에 의해 연료 저장통에서 등심선단으로 빨려 올라간다.
   3) 위험성은 이 또한 액적연소와 마찬가지로 인화점보다 낮은 경우에도 발화가 될 수 있다는 점이다.

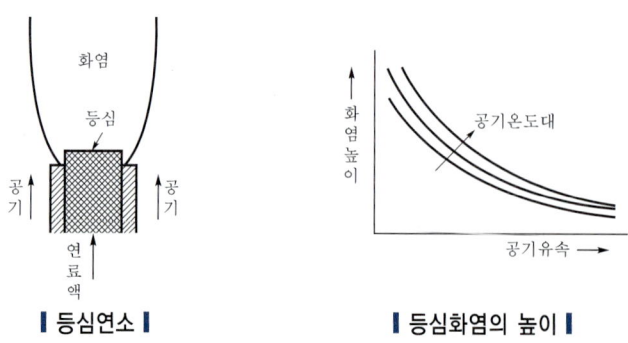

▎등심연소▎　　　　▎등심화염의 높이▎

(5) **액체연소의 시작** : 인화점(ignition point)

(6) **액체연소의 진행** : 질량감소속도(액면강하속도, 회귀속도)

03 고체연소

(1) **분해연소(분해온도<증발온도)** : 아스팔트, 플라스틱, 고무, 종이, 목재, 석탄 등으로 대부분의 고체연소가 열분해를 통해 가연성 증기를 발생시키는 분해연소에 해당된다.

(2) **증발연소(분해온도>증발온도)** : 황, 왁스, 파라핀, 나프탈렌

(3) **자기연소(5류 위험물)**
  1) 니트로 글리세린, 니트로 셀룰로오스(질화면), TNT, 피크린산
  2) 고체 가연물이 분자 내에 산소를 가지고 있어 가열 시 열분해에 의해 가스생성물과 함께 산소를 발생하며 공기 중의 산소가 부족하여도 연소가 진행되는 형태로 외부 충격이나 점화원만 있으면 급속한 연소가 가능한 상태이다. 또한 그 자체가 산소를 가지고 있어서 질식소화가 곤란하다.

(4) **표면연소(훈소)**

┃불꽃연소와 훈소의 비교┃

구 분	불꽃연소 또는 화염연소	훈 소
연소형태	불꽃을 내며 연소	불꽃 없이 빛만 내며 연소
화재구분	표면화재	심부화재
반응	기상반응(가연물 표면 위)	표면반응(가연물 표면)
에너지	고	저
표면적	커신다.	작아진다.
차원	3차원	2차원
연소속도	빠르다.	느리다.
온도	고온	저온

(5) **고체의 연소의 시작** : Tig(발화시간), CHF(임계열유속)

(6) **연소의 진행** : 연소속도(buring rate)

(7) **작열연소(glowing combustion)** : SFPE에서는 훈소와 작열을 구분하고 있지만 일반적으로 구분에 큰 의미가 없다. 따라서 국내에서는 두 가지를 하나의 연소현상으로 보고 있다. 왜냐하면, 훈소는 타는 것이고 작열은 태우는 것인데 소방에서는 태우는 것은 의미가 없기 때문이다. 하지만 SFPE에서 이를 구분한 이유는 아래와 같이 두 가지 연소가 성격이 다르기 때문에 구분하는 것이 실익이 있기 때문이다.
  1) 훈소와 작열연소의 비교
    ① 훈소(smoldering)
      ㉠ 열분해로 가연성 혼합기를 가연물 내부에서 형성하여 다량의 연기를 발생시키는 연소

　　　　　ⓒ 일반적인 화재의 형태(타는 것)
　　　　　ⓒ 훈소 발생물질 : 다공성 물질로 목재, 담배
　　　② 작열연소(glowing combustion)
　　　　　㉠ 열분해 및 휘발분을 거의 함유하지 않는 연료에서의 연소로 가연성 혼합기를 형성하지 않고 가연물 표면에서 산소와 직접반응한다.
　　　　　ⓒ 의도된 연소의 형태(태우는 것)로 열원을 이용하기 위한 것이다.
　　　　　ⓒ 작열연소 발생물질 : 숯, 코크스, 목탄, 금속분
　2) **공통점** : 무염연소(불꽃이 없다.), 연소속도가 느리다.

(8) 주 화학반응이 일어나는 장소에 따른 연소의 분류
　1) 가연물 위 : 화염연소
　2) 가연물 표면 : 작열
　3) 가연물 내부 : 훈소

Section 09 화재(fire)

01 화재의 정의

(1) 화재(火災)란 인간이 의도하지 않게 불이 난 것, 또는 고의로 불을 낸 것을 의미하며, 이로 인해 인적·물적·환경적 피해를 유발하는, 소화시설 등을 사용해서 소화할 필요가 있는 연소현상(국내)이다.

(2) 파괴적이고 제어되지 않는 가연성 고체, 액체, 기체의 연소를 말하며, 폭발을 포함한다. 단, 물리적 폭발, 과열상태는 화재로 보지 않는다.

(3) 화재(fire)란 가연성 고체, 액체 또는 기체의 폭발을 포함해서 파괴적이고 제어되지 않는 연소의 어떤 단계이다. 화재는 다음을 포함하지 않는다.
  1) 낙뢰나 방전
  2) 내부연소가 아닌 내부압력으로 인한 증기보일러, 온수탱크나 기타 압력용기의 폭발
  3) 탄약이나 기타 폭발물질의 폭발
  4) 배, 항공기 또는 기타 차량과 관련한 사고
  5) 과열 상태

02 화재의 분류

(1) 대상물별 분류
  1) 건물화재
  2) 차량화재
  3) 선박, 항공기화재
  4) 위험물화재
  5) 임야화재
  6) 기타화재

(2) 원인별 분류
  1) 실화
  2) 방화
  3) 자연발화

4) 재발화
5) 천재지변
6) 원인미상

(3) 소실정도에 따른 분류(국내 규정상에는 전소, 반소, 부분소로 구분)
1) **전소** : 70% 이상 소실, 보수 후에도 재사용이 곤란
2) **반소** : 30~70% 소실, 보수 후 사용이 가능
3) **부분소** : 30% 미만 소실
4) **즉소** : 착화 후 바로 소화된 화재로 인명피해가 없고 피해액이 경미한(동산, 부동산을 포함해서 50만원 미만) 화재

(4) 장소에 따른 분류
1) 실외화재
   ① 액면화재(pool fire) : 용기에 담겨져 있는 액체연료에 의한 화재로 연소 시 방출되는 복사열이 화재의 주요 위험요소이다.
   ② 분출화재(flame jet) : 고압의 용기에서 분출되는 액체연료에 착화된 화재로 내부압력, 분출구의 크기 등에 따라 화재의 크기가 달라진다.
   ③ 증기운 화재(flash fire) : 누출된 고압의 가연성 증기가 순간적으로 증발하고 거기에 점화원이 수반되면 압력증가를 수반하지 않고 연소하는 현상이다.
2) 실내화재 : 구획공간 내의 화재

03 최근 화재피해 증가요인

(1) **고층화, 지하시설 발달, 대형건물 증가** : 소화활동이 곤란하거나 피로도가 증가하는 어려운 소방대상물의 증가

(2) **가연물 집적** : 화재하중의 증가

(3) **새롭고 다양한 재질의 자재 등을 사용** : 가연물의 종류가 다양해지고 소화방법 또한 다양해져서 그 특성에 적합한 소화약제 및 소화방법을 필요로 한다. 특히 가볍고 불에 타기 쉬운 플라스틱 등과 같은 고분자 가연물의 사용이 증대되고 있다.

(4) **자동화 시스템 발달** : 전력이나 통신이 고장 나면 오히려 과거의 수동화된 시스템에 비해 피해가 더 증가한다.

(5) **석유류, 가스, 전기 등 대규모 연료의 사용** : 대규모 공간의 필요성으로 대규모 연료를 필요로 하고 있다.

(6) **방화** : 사회불만이나 정신이상 등으로 고려되지 않는 요인에 의한 화재로 피해가 증가한다.

04 화재의 위험성

(1) 열적 위험성

1) **화염** : 화상은 화염과의 직접적인 접촉이나 화염에 의한 복사열에 의해 발생한다.
2) **열**
   ① 인적 피해
      ㉠ 열에 의해 체온이 올라가면 뇌신경이 마비된다.
      ㉡ 열이 허파로 들어가 허파의 온도가 올라가면 혈압이 낮아져서 혈액순환이 원활하지 못하게 된다.
   ② 물적 피해 : 열로 인해 물질의 변형 및 손상 → 열경화성, 열가소성

(2) 비열적 위험성

1) **연소생성물**
   ① 일산화탄소(CO) : 독성 물질로 화재 시 가장 많이 발생하여 인명살상에 가장 큰 영향을 미치는 가스이다.
   ② 이산화탄소(CO_2) : 유독하지는 않지만 산소결핍의 원인이 되고 호흡속도를 증가시켜 다른 독성물질을 함께 흡입시킴으로써 시너지 효과를 일으킨다.
   ③ 자극성 가스 : 눈과 점막에 자극을 주어 피난행동에 장애를 주고 심하면 호흡기관을 손상시켜 사망에 이르게 한다.
   ④ 연기 : 심리적, 생리적, 시각적 해를 유발한다.
2) **산소결핍**
   ① 공기 중 산소농도는 10%가 생존을 위한 최저농도로 간주된다.
   ② 가연성 가스의 농도와 연소속도, 공간의 크기, 환기속도 등이 산소농도에 영향을 미친다.
   ③ 산소농도가 저하되면 행동능력과 판단능력이 저하되고 궁극적으로 질식의 주요 원인이 된다.

(3) 구조물의 붕괴

1) 열로 약해진 구조물은 무게를 지탱하지 못해 붕괴한다.
2) 뜨거운 구조물의 주수에 의한 급랭과 그에 따른 수축과 팽창의 차로 인한 균열 등으로 붕괴 가능성이 있다.

05 화재의 원인[58]

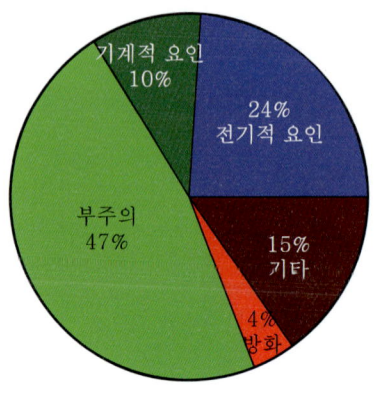

06 화재의 발생장소[59]

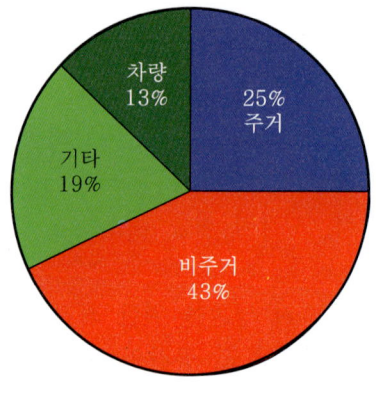

07 화재의 특징

(1) **우발성** : 화재는 방화를 제외하고는 대부분 우발적으로 발생한다.

(2) **확대성** : 화재가 발생하면 주변의 가연물로 점차 확대된다.

(3) **불안정성** : 화재는 내부조건과 외기의 영향으로 다양하게 변화가 가능하다. 따라서 예측이나 대응이 어렵다.

---

58) 2014 소방행정자료 및 통계. 소방방재청(2015)
59) 2014 소방행정자료 및 통계. 소방방재청(2015)

Section 10 기체연소 시 이상현상

01 연소기기의 화염형태

(1) 연소기기의 화염의 형태는 가연성 가스의 농도와 방출속도에 의해서 결정된다.

(2) 가연성 가스의 농도가 높고 방출속도도 크면 리프팅이 되고, 리프팅에서 방출속도가 줄어들면 다시 정상 버너연소가 된다.

(3) 가연성 가스의 농도와 방출속도가 적당하면 정상연소가 발생하고, 가연성 가스의 농도에 비해 방출속도가 현저히 낮으면 역화가 발생한다.

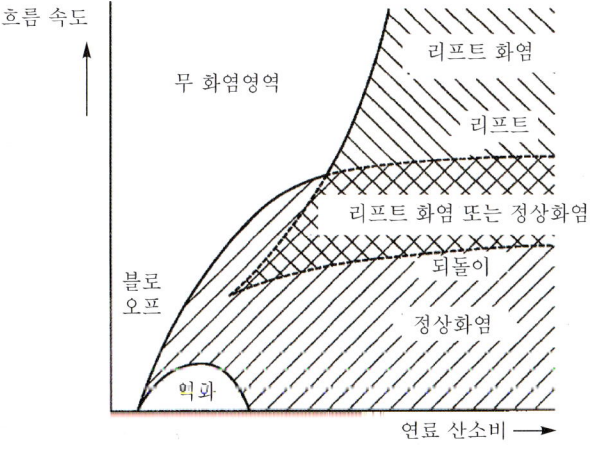

▎예혼합화염에서의 속도와 부탄의 농도에 따른 연소의 형태[60]▎

02 연소기기의 불완전연소의 원인

(1) 공기와의 접촉 및 혼합이 불충분할 경우

(2) 과대한 가스량 혹은 필요량의 공기가 없을 경우

(3) 배기가스의 배출이 불량할 경우

(4) 불꽃이 저온 물체에 접촉되어 온도가 내려갈 경우

---

60) Figure 16.15 Scheme of characteristic regions of flame stability for premixed flame. Loss Prevention in the Process Industrie

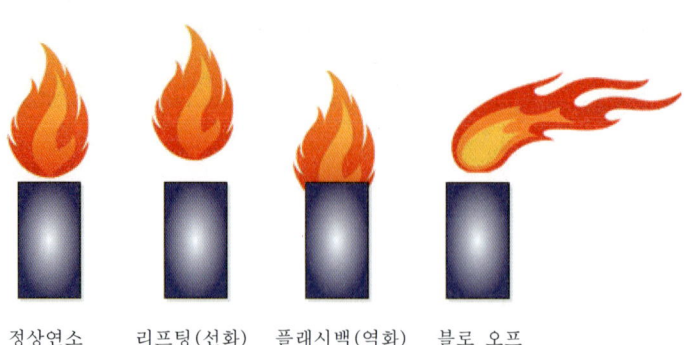

| 정상연소 | 리프팅(선화) | 플래시백(역화) | 블로 오프 |

| 불완전연소의 예 |

03 역화(back fire)

(1) 연료가 연소 시 연료의 분출속도가 연소속도보다 느릴 때 불꽃이 노즐 속으로 빨려 들어가 혼합관 속에서 연소하는 현상

(2) 역화의 원인
   1) 가연성 가스량이 적을 때
   2) 공급가스의 분출속도가 낮을 때
   3) 노즐이 크거나 부식에 의해 확대되었을 때
   4) 버너가 과열되었을 때
   5) 노즐구경이 너무 작을 때

(3) 이를 연소속도와 분출속도로 나타내면 $S_u > V_0$와 같이 된다.

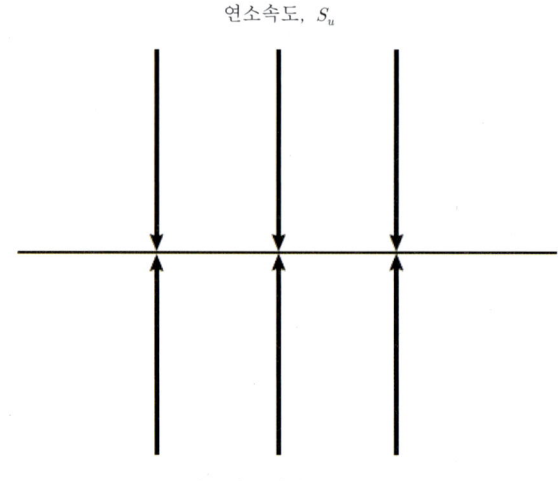

연소속도, S_u

가스의 분출속도, V_0

| 연소속도(burning velocity)와 가스의 분출속도(gas velocity)[61] |

---

61) SFPE Figure 1-9.1. Diagrammatic representation of a flat premixed flame.

04 리프팅(lifting), 부상화염(lift flame)

(1) 불꽃이 노즐 위에 들뜨는 현상으로 노즐에서 연료가스의 분출속도가 연소속도보다 빠를 때 발생한다.

(2) 리프팅의 원인
   1) 가연성 가스량이 많을 때
   2) 공급가스의 분출속도가 높을 경우
   3) 가스의 공급량에 비해서 버너가 너무 과다하게 클 경우
   4) 노즐구경이 지나치게 클 경우

(3) 이를 연소속도와 분출속도로 나타내면 $S_u < V_0$와 같이 된다.

05 황염(yellow tip)

(1) 불꽃의 색이 황색으로 변하는 것으로 연료성분 중 유리탄산이 불꽃에 타면서 황색의 빛이 발생하는 것으로 완전연소가 이루어지지 않을 때 발생한다.

(2) 황염의 원인 : 1차 공기가 부족할 때

06 블로 오프(blow off)

(1) 불꽃이 날려서 꺼지는 현상

(2) 블로 오프의 원인 : 노즐에서 연료가스의 분출속도가 연소속도보다 클 때, 주위 공기의 움직임에 따라 불꽃이 꺼지는 현상이 나타난다.

(3) 이를 연소속도와 분출속도로 나타내면 $S_u \ll V_0$와 같이 된다.

07 블로 다운(blow down)

(1) 퍼지(purge)로 불필요해진 일정량의 가스를 대기 중으로 방출하는 것을 말한다.

(2) 탱크, 용기 등의 방출로 인한 장치의 파괴 및 이에 따른 주위의 피해를 방지할 수 있도록 압력을 방출, 경감하는 것이다.

(3) 보일러의 연소계통에서 공기, 수증기 등으로 불어서 밖으로 빼는 작업을 말한다.

Section 11 기체의 발화

01 정 의

(1) 발화(ignition)는 연소가 시작되어 지속적인 연소를 개시하는 과정(NFPA921)을 말하며, 화염전파는 발화의 확대로 발화 가연물에서 주변 가연물로 발화면이 확대되는 것을 말한다.

(2) 발화온도(ignition temperature) : 특정 시험조건에서 발화하기 위해 물질이 얻어야 하는 최소온도로서 특정 시험조건에서 기록된 값을 말하며, 물체 표면의 측정치를 반영하지 않을 수 있다. 가열면의 불꽃(pilot flame)의 적용에 의한 발화는 유도 점화에너지(piloted ignition energy, J)로 표현한다. 인화원(pilot flame)이 없는 발화는 자연발화온도(AIT, SIT(Spontaneous Ignition Temperature))로 표현된다. 표준시험에서 측정된 발화온도는 발화가 잘 되는 조건에서 측정한 수치이므로 대개 실제 화재 시나리오에서의 발화온도보다 낮다.

(3) 가연성 물질의 위험도의 기준
   1) 기체 : 연소범위, 최소점화에너지(MIE)
   2) 액체 : 인화점
   3) 고체 : 발화시간(t_{ig}), 임계열유속(CHF)

02 연소범위(폭발범위)

연소반응이 가능한 한 가연성 가스와 산소농도의 범위에 있어야 한다. 왜냐하면 연소반응에서 가장 중요한 인자가 농도와 온도이므로 일정온도에서 농도가 연소가능 범위에 있지 않으면 발화가 일어나지 않는다.

03 산소(Oxygen)

(1) MOC(Minimum Oxygen Concentration)
   1) 화염이 전파되는 한계산소농도를 MOC라고 한다.
   2) MOC 아래의 산소농도에서는 화염의 전파반응이 진행되지 않는다(화학반응에 참여하는 물질의 농도부족).
   3) 따라서 발화를 예방하기 위한 대책으로 MOC를 사용할 경우에는 MOC 미만의 상태를 유지하여야 한다.

(2) MOC의 산출

1) $MOC = \left(\dfrac{\text{연료 몰수(moles fuel)}}{\text{연료 몰수(moles fuel)} + \text{공기 몰수(moles Air)}}\right)\left(\dfrac{\text{산소 몰수(moles O}_2\text{)}}{\text{연료 몰수(moles fuel)}}\right)$

2) $MOC = LFL\left(\dfrac{\text{Moles O}_2}{\text{Moles Fuel}}\right)$

3) $C_mH_xO_y + zO_2 \rightarrow mCO_2 + \dfrac{x}{2}H_2O$

4) $z = m + \dfrac{x}{4} - \dfrac{y}{2}$

04 점화원

(1) 기체의 경우는 가연물에 활성화에너지 이상의 에너지를 공급하는 점화원(ignition source)이면 충분하다.

(2) 왜냐하면 이미 기체로 존재하기 때문에 고체나 액체처럼 열분해를 통해 반응성이 용이한 기체로 만들 필요가 없기 때문이다.

(3) 따라서 기체가 전이상태가 되도록 활성화에너지만 공급해주면, 반응성이 증대되어 화학반응이 발생한다.

05 기상 가연물의 발화 위험을 추정할 수 있는 정보

(1) 최대안전틈새(MESG ; Maximum Experimental Safe Gap)

1) 내용적 0.02에 가스를 넣고(20cm³), 틈새조정장치를 이용하여 내부 폭발이 25mm (1inch)의 틈새 길이를 통하여 외부로 유출되어지는 최소 틈새를 실험적으로 측정하여 이를 폭발 외부유출한계틈새(MESG ; Maximum Experimental Safe Gap) 라고 한다.

2) 이 실험에 의하여 구해지는 틈새를 등급별로 분류하여 폭발등급으로 하고, 각 가스의 위험도로 규정한다. 왜냐하면 틈새가 작으면 작을수록 표면에 충돌하여 손실해야 화염이 전파되는 에너지를 줄일 수 있기 때문에 더 위험한 물질로 판단하는 것이다.

3) 이 틈새가 가스에 따라 달라 이를 통해 폭발등급을 구분하며 내압 방폭기기를 제조하는 기준이 된다.

4) 여러 가지 물질이 섞여 있을 때의 최대안전틈새

$$MESG_{mix} = \frac{1}{\sum \frac{X_i (물질의\ 양\ V\%)}{MESG_I}}$$

예) 아래의 표와 같은 물질이 섞여 있을 때 최대안전 틈새는?

물질	vol%
에틸렌	45
프로판	12
질소	20
메탄	3
이소프로필에테르	17.5
디에틸에테르	2.5

[풀이] $\dfrac{1}{\dfrac{0.45}{0.65}+\dfrac{0.12}{0.97}+\dfrac{0.2}{\infty}+\dfrac{0.03}{1.12}+\dfrac{0.175}{0.94}+\dfrac{0.025}{0.83}} = 0.9442$

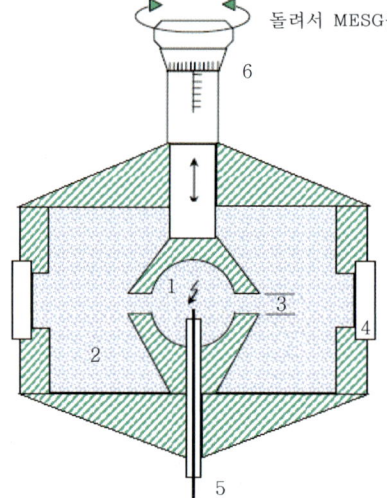

1. 내부 폭발 챔버(0.02L)
2. 외부 폭발 챔버(2.5L)
3. 틈새(폭 25mm)
4. 외부 관찰창
5. 점화장치
6. 나사(틈새조정장치)

| 최대안전틈새 측정장치[62] |

(2) **최소점화전류비(MIC ; Minimum Igniting Current ratio)** : 메탄가스를 기준으로 하며 가연성 증기를 점화시키는 전류의 크기를 상대적인 비로 나타낸 값이다.

(3) **최소발화에너지(MIE ; Minimum Ignition Energy, J)**
　1) 정의
　　① 화염이 전파되기 위한 최소에너지(이미 가연성 혼합기는 형성된 상태 : 예혼합 상태)

---

62) Determination of MESG(Maximum Experimantel Safe Gap) according to IEC 60079-1-1

② 가연성 혼합기체에 발화원으로 점화하기 위해 발화원이 필요로 하는 최소에너지
③ 전기불꽃에 의한 인화의 발생 용이도의 기준이 된다.
④ 인화성 혼합기를 점화하기 위해 필요한 최소에너지. 일반적으로 줄(Joule)로 표현되는 전기 스파크 또는 아크의 최소에너지(NFPA 53)

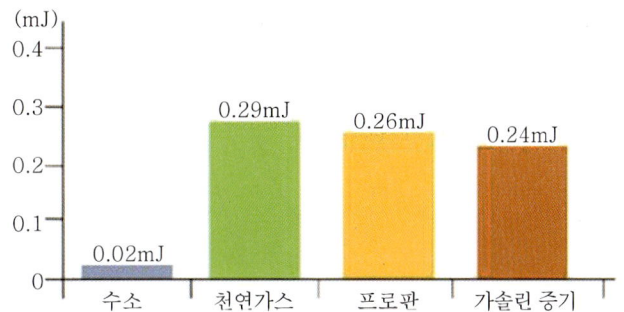

2) 증기 및 분진 등을 점화시키는 데 필요한 최소에너지이며, 탄화수소의 MIE 값은 약 0.25mJ이다.
3) 주요 인자
   ① 온도 : 반비례(온도 상승 → 분자 간 운동이 활발해진다. → MIE가 작아진다.)
   ② 압력 : 제곱에 반비례(분자 간 거리가 가까워진다. → MIE가 작아진다.)

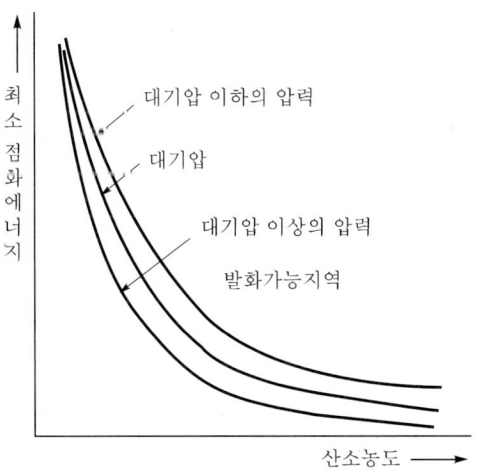

| 산소와 압력에 따른 MIE[63] |

   ③ 혼합가스의 조성비 : 최적혼합비에서 최소값을 가진다.

---

63) FIGURE 9.17.1 Effects of Variations in Oxygen Concentration and Environmental Pressure on the Minimum Ignition Energy. FPH 09 Processes and Facilities

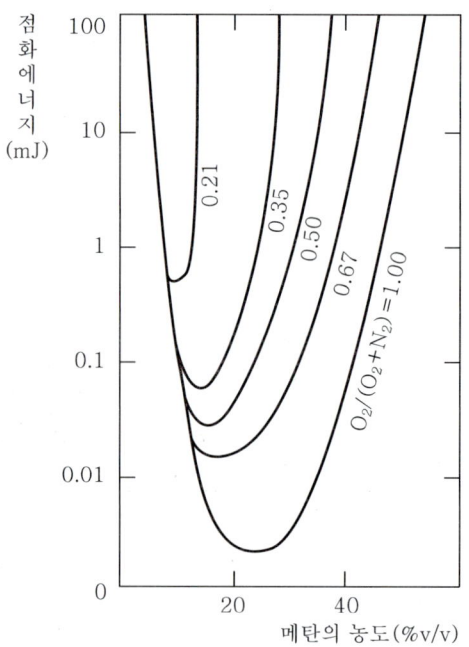

대기압에서 메탄과 공기의 혼합농도에 따른 최소점화에너지[64]

④ 혼합기 유속 : 유속과 함께 증대 → 난류가 발생하면 → MIE가 작아진다.
⑤ 산소농도 : 앞의 그림과 같이 산소농도가 증가할수록 점화에너지는 낮아진다.
⑥ 입자크기(분진)
⑦ 가연성 물질의 특징

4) 측정방법
① 가연성 혼합기체 내에 한쌍의 플랜지 전극봉을 설치한 뒤 해당 기체에 점화를 시도하는 방식

②
$$E = \frac{1}{2}CV^2$$

여기서, E : 최소발화에너지(J), C : 콘덴서 용량(F), V : 전압(V)

꼼꼼체크 최소발화에너지

$$E_{min} = \frac{d^2 \lambda}{v} \times (T_h - T_l)$$

여기서, d : 소염거리, λ : 미연소가스의 열전도도(cal/sec · cm · ℃),
T_h : 화염의 온도, T_l : 미연소가스의 온도, v : 연소속도

③
$$MIE = \frac{\pi \cdot d^2 \cdot k \cdot (T_b - T_{unb})}{BV}$$

---

64) Minimum spark ignition energies in methane-oxygen-nitrogen mixtures at 1atm pressure. B. Lewis and von Elbe. 1961. Courtesy of Academic press

여기서, MIE : 최소점화에너지(J)
d : 소염거리(quenching distance, m)
T_b : 연소가스의 온도(temperature of burnt gas products, K)
T_{unb} : 미연소가스의 온도(temperature of non-burnt gas products, K)
k : 가스의 평균 열전도도(average heat conductivity of gases between T_b and T_{unb}, W/m·K)
BV : 연소속도(burning velocity, m/s)

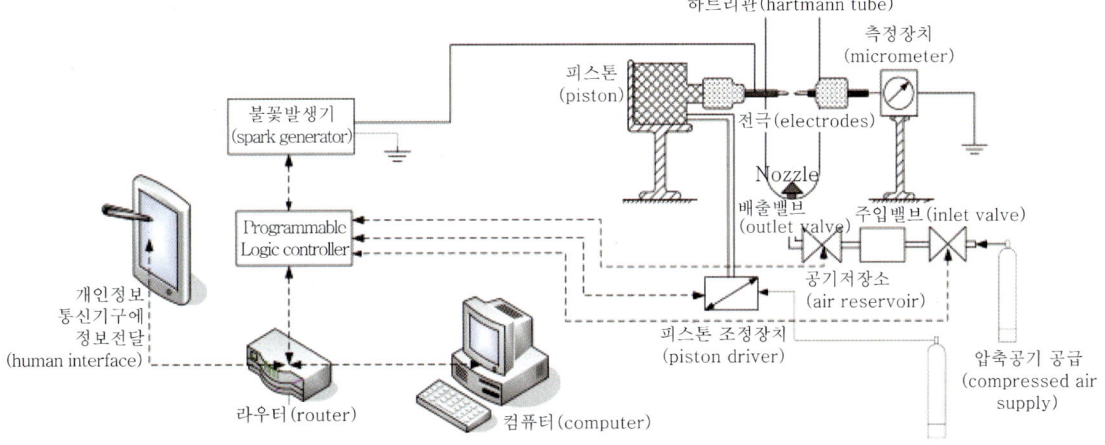

| MIE 측정장치 |

(4) 자연발화점(AIT ; Auto Ignition Temperature, 온도)

1) 스파크나 화염이 없는 상태에서 가연성 가스-공기 혼합물의 온도가 충분히 높으면 발화할 수 있다. 가연성 가스-공기 혼합물 최적의 상태에서 인화점화원(spark) 없이 발화할 수 있는 최저온도를 자동발화온도(AIT ; Auto Ignition Temperature)라 한다.

2) 자연발화의 연소시작은 열의 발생과 내부로의 축척에 의해서 이루어진다. 이에 대한 실험값이 AIT이다.

3) **매개변수** : 가스의 크기, 모양, 방향, 가스의 운동, 가스의 농도 등에 의해 상대적인 발화온도값을 가진다.

> **꼼꼼체크** AIT는 조건에 따라 달라지기 때문에 기준 실험방법을 통해 측정된 기본 AIT는 기본적으로 서로 다른 가스를 비교하기 위한 값이다. AIT의 실험조건이 열면에 의한 가연물을 가열해서 발화가 일어나는 온도값을 측정한 것이다.

4) 이황화탄소(CS_2)가 가장 낮은 온도를 가지고 있다.

5) **포화탄화수소는 분자량이 증가할수록 자연발화점(AIT)이 낮아진다.** 왜냐하면 탄화수가 증가하면 할수록 탄소-탄소 결합은 증가하고 탄소-수소 결합은 줄어들게 된다. 그런데 중요한 것은 탄소-탄소 결합보다 탄소-수소 결합이 더 결합력이 강하다는 것이다. 즉, 탄소수가 늘어날수록 단위질량당 더 적은 열을 가해도 결합이 깨지는 것이다. 하지만 연소 시에 더 많은 산소를 필요로 하므로 검은 연기를 발생하며 불완전연소한다.

6) 자연발화온도(autoignition temperature) : 유도 발화원 없이 공기 중에서 연소를 일으키거나 자립 연소에 필요한 고체, 액체, 또는 기체의 최소 온도를 말한다. 데이터는 관련된 장치 및 절차에 있다. (NFPA 49)

7) 발화온도(ignition temperature) : 독립적으로 가열하거나 가열된 요소의 자립 연소를 일으키거나 개시하기 위해 필요한 최소 온도이다. 발화온도는 일반적으로 자연발화온도[AIT(Autogeneous Ignition Temperature), AT(Autoignition Temperature), SIT(Spontaneous Ignition Temperature)]로서 보고된다. (NFPA 53)

(5) **가연성 가스의 종류의 구별(Group I과 II)**

1) Group I은 메탄(CH_4)이 함유된 지하공간(주로 광산 시설)에 적용되고, Group II는 그 밖의 시설에 적용된다.

2) Group II 내 Class A, B, C의 구별 : 최대안전틈새(MESG ; Maximum Experimental Safe Gap), 최소점화전류비(MIC ; Minimum Ignition Current Ratio) 혹은 최소점화에너지(MIE ; Minimum Iginition Energy)로 구분하는데 Group II C의 경우가 더 위험한 물질이다. 왜냐하면 점화하는 데 적은 에너지로도 가능하기 때문이다.

구 분	Group II A	Group II B	Group II C
최대안전틈새(MESG)	> 0.9mm	0.5~0.9mm	< 0.5mm
최소점화전류비(MIC)	> 0.8mm	0.45~0.8mm	< 0.45mm

3) MESG와 MIC의 등급에 해당되는 가스는 동일하다.

(6) **열면발화**

1) 인화 점화원 없이 뜨거운 열면에 의해서 발화가 발생하는 것을 열면발화라 한다.
2) 열면발화의 온도가 AIT보다 높은데 그 이유는 ① 면적, ② 유동속도, ③ 농도, ④ 압력, ⑤ 온도의 차이가 발생하기 때문이다.

06 발화 예방대책

(1) 발화가 일어나기 위해서는 물적 조건, 에너지 조건을 모두 만족해야 한다.

(2) 따라서 발화가 일어나지 않기 위해서는 두 조건 중 하나 이상을 제거하면 된다.

(3) 발화의 물적 조건에 바탕을 둔 예방대책

1) 가연성 물질 → 불연성 물질 : 발열속도가 작은 물질로 교체(불연화 또는 난연화 → 연소속도를 줄임 → 열방출률을 줄임)한다.
2) 가연성 조성을 변화시키는 방법
   ① 하한계 이하로 유지하는 방법 : 통풍이나 환기에 의한 방법
   ② 상한계 이상으로 유지하는 방법 : 휘발유의 밀폐저장

③ 제3물질 첨가
  ㉠ 불활성화
   - 이너팅(inerting) : 불활성의 물질을 첨가해서 가연성 범위 밖으로 유지하는 방법으로 이산화탄소, 수증기, 질소 등의 기체 첨가제를 이용할 수 있다.
   - 퍼징(purging) : 이너팅+가연물의 농도를 높여 연소범위 밖으로 유지하는 방법으로 이너팅보다 폭넓은 개념으로 가연성 가스도 이용할 수 있다.
  ㉡ 연소억제제를 혼입하는 방식 : 할로겐화 탄화수소를 첨가하여 이것이 라디칼포착제(radical scavenger) 역할을 한다.
3) 산화제의 조성을 변화시키는 방법 : 산소농도를 MOC 미만으로 유지한다.

(4) 발화의 에너지조건에 바탕을 둔 예방대책
1) **자연발화대책**
   ① 발열과 방열의 균형의 관점 : 발열과 방열의 균형을 유지하거나 발열보다 방열을 크게 한다. 석탄, 목분, 원면, 건초, 기타 유기물의 퇴적 등에서는 열의 방출을 좋게 하는 것이 대책상 효과가 있다. 그러나 황인, 알킬알루미늄 등과 같은 것은 상온에서 공기와 접촉하기만 하면 발화하므로 방열을 위해 공기 중에 노출하는 것은 적합하지 않다.
   ② 냉각 : 환기를 통해서 방열을 증대시켜 AIT 이하의 온도를 유지한다.
2) **점화에 의한 발화대책** : 발화원을 제거하거나, 제거할 수 없을 때는 에너지를 한계치(MIE) 이하로 유지한다.
   ① 전기회로 불꽃 : 방폭구조
   ② 정전기 제거 : 접지, 본딩, 유속제어 등
   ③ 발화원을 제거
   ④ 소염거리(flame quenching distance) : 화염이 벽면 사이를 통과할 때 틈새에 부닞혀 라디칼이 소멸되어 화염이 소회되는 틈새의 거리를 말한다. 이는 안전성 문제에 중요한 역할을 한다.
3) **열면에 의한 발화방지대책**
   ① 발화 가능한 온도의 열면 발생을 억제한다.
   ② 열면의 크기와 가연성 혼합기체의 유속이 중요하다.
   ③ 열면이 가연성 고체나 분체, 기체에 접촉하고 있는 경우 열면의 에너지가 적어도 발화가 가능하다.

> **꼼꼼체크 수소가 메탄보다 위험한 이유**
> - 발화가 매우 쉽게 일어난다.
> - 연소범위가 매우 넓다.
> - 화염전파속도가 빠르다.
> - 폭굉 발생이 가능하다.
> - MESG가 Group ⅡC로 매우 좁다. 결국 화염전파를 예방하기가 어렵다는 의미이다.

Section 12 액체의 발화

01 개요

(1) 가연성 액체는 인화점에 따라 발화 용이성을 구분할 수 있다. 따라서 인화점으로 액체가연물의 위험척도를 나타낼 수 있다.

(2) 인화점이란 표면 위의 혼합기가 점화원을 가했을 때 발화할 수 있는 최소의 액체온도를 말한다.

(3) 연소점 이상의 액체 표면 위에 체류하는 증기에 대한 발화는 전이상태의 예혼합화염으로서 연소범위 내의 증기-공기 혼합물을 소모하는 단계이다. 따라서 액체의 표면 위로 화염이 확산된다. 그 후 화염에 의해 증기의 발생을 충분히 할 수 있는 열을 공급 받으면 확산 화염으로 유지된다.

(4) 따라서, 액체가 연소점 이하일 때는 증기발생률이 낮아 화염 유지가 곤란하게 된다. 이 경우에는 연소를 하려면 가연물을 가열해서 액표면을 연소점 이상으로 상승시킬 필요가 있다.

(5) 연소점 이상에서는 화염이 안정되고 연료 표면층을 가열하여 증기발생률을 높이게 된다.

(6) 연소점이란 개방계에서 증기의 발화 후 연소가 지속될 수 있는 최소온도를 지칭한다.

02 액체 발화의 특징

(1) 가열된 액체의 표면으로부터 방출되는 증기 또는 휘발된 증기가 주위 기체(공기)와 혼합된다.

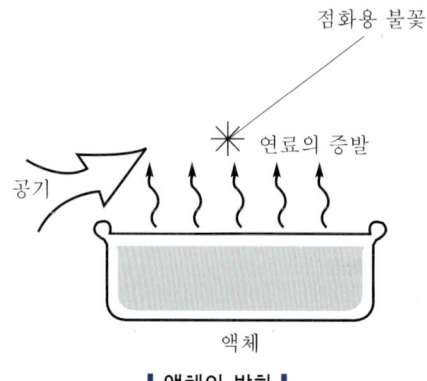

| 액체의 발화 |

(2) 혼합 특성을 결정하는 인자
1) 공기가 정지상태인지 운동상태인지의 여부
2) 액체 저장용기가 밀폐상태인지 개방상태인지의 여부
3) 중력장에 대한 기하학적 형상
4) 주위 온도에 대한 액체 표면의 상대온도
5) 공기에 대한 해당증기의 상대분자량, 즉 증기비중
6) 액체 저장용기 입구의 높이 및 특성

(3) 이렇게 형성된 혼합기체가 국소 유도발화원으로부터 예혼합화염을 발생시키기 위해서는 연소하한계(LFL)를 초과할 정도의 가연성 증기가 충분해야 한다.

(4) 발화가 일어날 수 있는 조건(LFL)에서는 착화되면 화염이 쉽게 혼합기체 속으로 퍼져가며, 해당 연소범위 내의 기상 가연물을 소진시킨 후에 화염은 소멸하게 된다.

(5) 외부의 온도가 높거나, 화염에 의해서 액체의 액면온도(bulk temperature)가 높아 증발량만 충분하다면 화염은 스스로 유지된다. 이때의 화염이 확산화염이다. 이와 같은 화염발생 및 자체 지속의 개념은 액체연료 발화과정에 있어서 핵심적인 의미를 갖고 있다. 그래서 이러한 온도를 연소점이라고 한다.

(6) 액적연소나 등심연소의 경우는 인화점 이하에서도 발화가 가능하다. 왜냐하면 산소와 접하는 면적이 증대되기 때문이다.

03 낮은 인화점 액체의 발화

(1) 인화점은 가연성 액체의 위험성을 나타내는 척도이다.

(2) 상온보다 낮은 인화점 액체는 상온에서 증기가 스파크, 정전기 화염(ignition source)에 의해 발화할 수 있기 때문에 위험하다. 왜냐하면 이미 화염을 발생시킬 수 있는 충분한 가연성 증기와 공기의 혼합기체가 액 표면에 존재하기 때문이다.

(3) 폭발력은 증기와 공기 혼합물이 밀폐상태인 경우 증대된다. 왜냐하면 압력을 배출시킬 수가 없기 때문이다.

(4) 하지만 인화점에서는 화염이 유지될 수가 없고 연소점 이상인 경우에만 유지될 수 있기 때문에 화재는 연소점 이상인 경우에 초래된다.

04 높은 인화점 액체의 발화

(1) 가연성 액체를 연소점 이상으로 열원을 통해 가열하고 점화원이 존재할 때 착화가 일어난다.

(2) 가연성 액체용기(pool)가 주변 화재에 노출된 경우 화염의 표면에서 가까운 쪽에 열을 주어 열의 효과가 국부적으로 작용하면서 액면의 온도가 상승하고, 그 온도가 인화점 이상이 되었을 경우 액 표면에 가연성 증기가 발생하여 이것이 연소범위에 도달하고 화재의 화염이 점화원으로 작용하여 착화한다.

05 화염접촉에 의한 표면 발화(화염전파로도 볼 수 있음)

(1) 발화 양상은 물질 표면에 화염이 접촉되는 경우

(2) 구분
 1) 복사열유속이 있는 경우 : 점화(ignition) + 가열(heating)
 2) 복사열유속이 없는 경우 : 점화(ignition)

(3) 그 이후에는 화염이 표면을 따라 확산되어 나가게 된다.

(4) 이런 현상은 점화에 의한 발화에서 요구되는 양보다 훨씬 적은 열유속인 경우에 발생한다. 왜냐하면 화염이 가연성 액체를 가열하는 동시에 점화까지 하기 때문이다. 이 경우 유일한 열원은 외부 열원뿐이다. 심스(Simms)와 히르드(Hird)의 연구에 의하면 화염접촉에 의한 경우는 일반적인 발화에 의한 열유속의 1/3 정도로 발생되는 것으로 조사되었다.
 1) 화염접촉에 의한 발화 최소 열유속 : $4kW/m^2$
 2) 일반적인 발화 최소 열유속 : $12kW/m^2$

06 액체 발화의 영향인자(인화점)

(1) **중력** : 가연성 증기와 공기 혼합기체의 불균질성 및 부력을 유발한다.

(2) **압력** : 증가하면 인화점도 상승한다. 이는 기화를 억제하기 때문이다.

(3) **산소** : 산소량이 일정량 이상으로 과다한 경우에는 인화점이 더 상승한다. 왜냐하면 산소가 증가하면 압력이 증가해서(질소보다 산소가 분자량이 크다.) 증기압이 낮아진다. 단, 발화에너지 감소, 소염거리 감소, 화염온도 및 속도는 증가하게 된다.

(4) **개방상태, 운동상태** : 가연성 가스의 농도를 희석시킴으로써 인화점이 상승한다.

(5) **무거운 액체** : 인화점이 상승한다.

(6) **분무된 액체 또는 미스트**(표면적 대 질량비가 높은 것) : 부피가 큰 형태에 있는 같은 액체보다 쉽게 발화될 수 있다. 분무의 경우에 액체를 인화점 및 열원에서의 발화온도 이상으로 가열하는 경우 발표된 다량의 액체(bulk liquid)의 인화점(flash point) 미만의 주변 온도에서 발화될 수 있다.

Section 13 고체의 발화

01 개요

(1) 고체 가연물은 액체와 다르게 열분해라는 복잡한 물리적, 화학적 변화를 거친 후 가연성 가스를 생성하기 때문에

(2) 액체 가연물과 같이 인화점과 표면온도를 가지고 위험성을 평가하지 않는다. 그 대신 표면온도가 발화온도까지 도달하는 시간(발화시간, t_{ig})으로 위험성을 평가한다.

(3) 발화가 일어나기 위해 필요한 시간(t)과 열유속(kW)은 발화원의 열유속, 연료의 열관성(k, ρ, c) 및 연료가 필요로 하는 최소발화에너지와 연료모양(geometry)의 함수이다. 가연물의 온도가 증가하려면 그 가연물에의 열전달속도가 전도손실, 대류손실, 복사손실, 상변화와 관련된 에너지(J)와 화학변화와 관련된 에너지의 합보다 커야 한다.

(4) **발화시간(ignition time)** : 물질에 대한 발화원의 적용과 지속적인 연소개시 사이의 시간

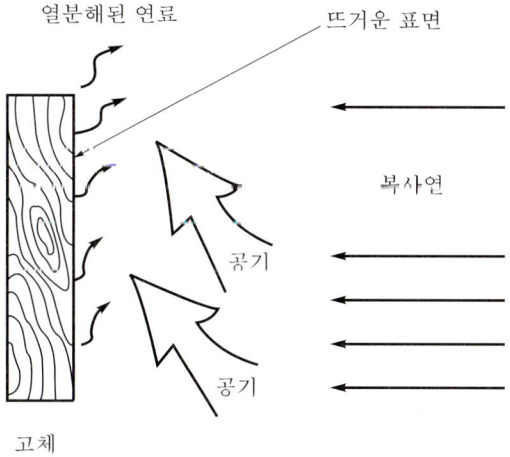

| 고체의 발화 |

02 발화시간(ignition time)

(1) 발화 시 표면온도 상승에 영향을 주는 주요 인자는 전도에 의한 열전달인데 이는 두께에 따라 다르게 계산한다.

(2) 두께가 얇은 경우는 가연물의 열용량(thermal capacity)에 의해 발화시간이 정해진다.

1) **열용량** : $\rho c l$
   ① 열용량은 밀도, 비열, 물질의 두께의 곱으로 정의된다. 이 3가지 특징은 물질이 열에 노출되었을 때 물질 내부의 온도가 얼마나 상승되었는지를 나타내준다.
   ② 따라서 물체의 두께가 큰 값에 영향을 미친다.
   ③ 열용량 : 열에 노출되었을 때 물질의 단위면적당 1℃ 상승하는 데 필요한 열량이다.

2) **미콜라와 위치맨(Mikkola and Wichman)의 식**

$$t_{ig} = \rho L_0 c \frac{(T_{ig} - T_0)}{(\dot{q}''_r - \dot{q}''_{crit})}$$

여기서, T_{ig} : 발화온도(ignition temperature, ℃)
T_0 : 최초의 온도(initial temperature, ℃)
t_{ig} : 발화될 때까지의 시간(time to ignition, sec)
ρ : 밀도(density of the material, kg/m³)
c : 비열(specific heat of the material, kJ/kg·C)
L_0 : 물질의 두께(thickness of the material, m)
$\dot{q}''_r$: 외부의 열유속(external heat flux, kW/m²)
$\dot{q}''_{crit}$: 점화를 위한 한계열유속(critical heat flux for ignition, kW/m²)

3) **ANSI/FM(4910)** : 발화시간은 순수열유속에 반비례한다.[65]

$$\frac{1}{t_{ig}} \propto \dot{q}''_e - \dot{q}''_{loss}$$

4) 얇기 때문에 가열면과 이면의 온도차를 거의 무시해도 되기 때문(k값이 무한대에 가깝다는 것임)에 열용량이 발화시간을 결정하는 중요변수가 된다.

(3) **두께가 두꺼운 경우에는 열관성(thermal inertia)에 의해 영향을 받는다.**

1) **열관성** : $k\rho c$
   ① 열관성은 열전도, 밀도 및 비열(또는 열용량)의 곱으로 정의된다. 이 3가지 특성은 물질이 열에 노출되었을 때 표면의 온도가 얼마나 상승했는가를 나타내는 지수이다.
   ② 열관성(thermal inertia) : 열에 노출되었을 때 물질의 표면온도상승률로 특징되어진다.
   ③ 고온부로부터의 에너지에 노출될 때 발포 플라스틱과 같은 낮은 열관성을 갖는 물체의 표면온도는 높은 열관성을 갖는 재료(목재판)보다 더 많이 상승할 것이다.

2) **미콜라와 위치맨(Mikkola and Wichman)의 식(1989)**

$$t_{ig} = \frac{\pi}{4} k\rho c \frac{(T_{ig} - T_0)^2}{(\dot{q}''_r - \dot{q}''_{crit})}$$

여기서, k : 전도열계수(thermal conductivity, W/m·K)

---

65) ANSI/FM Approvals 4910 June 2004 12page

3) 테월슨(Tewarson)의 식(1995)

$$t_{ig} = \frac{\pi}{4} \frac{(TRP)^2}{(\dot{q}''_r - \dot{q}''_{min})^2}$$

여기서, TRP(Thermal Response Parameter) : 열응답변수($kW \cdot sec^{\frac{1}{2}}/m^2$)
$\dot{q}''_{min}$: 점화 시 최소열유속(minimum heat flux for ignition, kW/m^2)

4) 테월슨의 식을 단순화시키면 다음과 같이 나타낼 수도 있다.

$$t_{ig} = \left(\frac{TRP}{\dot{q}''_i}\right)^2$$

5) ANSI/FM(4910) : 발화시간은 열응답변수에 비례한다.[66]

$$\sqrt{\frac{1}{t_{ig}}} = \frac{\dot{q}''_e - \dot{q}''_{loss}}{TRP}$$

여기서, $\dot{q}''_e$: 외부에서 표면에 부과하는 열유속(kW/m^2)
$\dot{q}''_{loss}$: 노출된 단위 연소지역의 열손실
TRP : 열응답변수($kW \cdot s^{-\frac{1}{2}}/m^2$)

6) 퀸티에르(Quintiere)의 식(2006)

$$t_{ig} = t_{ch} + t_r + t_d$$

여기서, t_{ch} : 가연성 혼합기가 연소를 하기 위해 혼합기마다 표시된 시간
t_r : 가연성 가스가 확산되는 시간
t_d : 열분해온도까지 가열하는 시간

발화시간을 결정하는 3가지 시간 중 앞의 두 가지(t_{ch}, t_r)는 미비하므로 $t_{ig} \approx t_d$으로 볼 수도 있다.

7) 두껍기 때문에 가열면에 전달된 열을 이면 또는 내부로 얼마나 빠르게 전도시켜 표면온도가 어느 정도 유지되는가가 중요한 관점이다.

(4) **열응답변수**(TRP ; Thermal Response Parameter)
1) **가연성 혼합 기체를 발생시키는 데 대한 가연물의 저항성** : 난연, 화재에 대한 저항성을 나타낸다.
2) **값이 클수록 해당 물질의 발화시간 증가** : 화재 확산속도는 느려진다.

$$TRP = \Delta T_{ig} \sqrt{k\rho c_p \left(\frac{\pi}{4}\right)}$$

---

66) ANSI/FM Approvals 4910 June 2004 11page

여기서, $\Delta T_{ig} : T_{ig} - T_a$(K)
k : 전도열 전달계수(kW/m · K)
ρ : 밀도(g/m^3)
c_p : 비열(kJ/g · K)

(5) 임계열유속(CHF ; Critical Heat Flux)[67]

1) 가연성 혼합기체를 발생시킬 수 없는 최대열선속 : 임계열유속(CHF) 이상이어야만 가연성 가스(LFL)가 발생할 수 있다.
2) 가열면의 열유속 또는 표면온도가 증가하거나 유량, 압력, 유체온도 등 조건이 변할 때 가열면 부근의 유체상태가 고상에서 기상으로 바뀌는 임계현상이 나타난다.
3) 따라서 그 때의 표면에서 방출되는 가연성 혼합가스가 LFL을 형성시키지 않는 최대 열유속을 임계열유속(CHF ; Critical Heat Flux)이라 한다. (ANSI/FM Approvals 4910 June 2004)
4) 임계열유속(CHF) 이상이 되었을 때, 비로서 가연물에 인화가 가능한 것을 나타내는 수치로 이를 통해 가연물의 연소성을 판단하는 중요한 지수가 되는 것이다.

Materials	Ignition Temp. T_{ig} (°C)	Thermal Inertia $k\rho c$ (kW/m^2-K)^2-sec	Critical Heat Flux for Ignition $q''_{critical}$ (kW/m^2)	Flame Spread Parameter b (s)$^{-1/2}$
PMMA Polycast (1.59 mm)	278	0.73	9	0.04
Hardboard (6.35 mm)	298	1.87	10	0.03
Carpet (Arcylic)	300	0.42	10	0.06
Fiber Insulation Board	355	0.46	14	0.07
Hardboard (3.175 mm)	365	0.88	14	0.05
PMMA Type G (1.27 cm)	378	1.02	15	0.05
Asphalt Shingle	378	0.7	15	0.06
Douglas Fire Particle Board (1.27 cm)	382	0.94	16	0.05
Plywood Plain (1.27 cm)	390	0.54	16	0.07
Plywood Plain (0.635 cm)	390	0.46	16	0.07
Foam Flexible (2.54 cm)	390	0.32	16	0.09
GRP (2.24 mm)	390	0.32	16	0.09
Hardboard (Gloss Paint) (3.4 mm)	400	1.22	17	0.05
Hardboard Nitrocellulose Paint)	400	0.79	17	0.06
GRP (1.14 mm)	400	0.72	17	0.06
Particle Board (1.27 cm Stock)	412	0.93	18	0.05
Carpet (Nylon/Wool Blend)	412	0.68	18	0.06
Gypsum Board, Wallboard (S142M)	412	0.57	18	0.07
Carpet # 2 (Wool Untreated)	435	0.25	20	0.11
Foam Rigid (2.54 cm)	435	0.03	20	0.32
Fiberglass Shingle	445	0.5	21	0.08
Polyisoyanurate (5.08 cm)	445	0.02	21	0.36
Carpet # 2 (Wool Treated)	455	0.24	22	0.12
Carpet # 1 (Wool, Stock)	465	0.11	23	0.18
Aircraft Panel Expoxy Fiberite	505	0.24	28	0.13
Gypsum Board FR (1.27 cm)	510	0.4	28	0.1
Polycarbonate (1.52 mm)	528	1.16	30	0.06
Gypsum Board (Common) (1.27 mm)	565	0.45	35	0.11
Plywood FR (1.27 cm)	620	0.76	44	0.1
Polystyrene (5.08 cm)	630	0.38	46	0.14
User Specified Value	Enter Value	Enter Value	Enter Value	Enter Value

┃ 물질의 CHF[68] ┃

---

67) 임계복사속(Critical Radiant Flux) : 임계복사속은 NFPA 253, Standard Method of RTest for Critical Radiant Flux of Floor Covering Systems Using aRadiant Heat Energy Source의 시험절차에 의해 측정된 특성
68) Reference : SFPE Engineering Guide, "Piloted Ignition of Solid Materials Under Radiant Exposure", 2002, 14page

5) 임계열유속(CHF)을 계산하는 각종 실험식

① 퀸티에르(Quintiere) & 하클로드(Harkleroad)의 식(1984)

$$CHF = 0.015(T_{ig} - T_\infty) + \sigma(T_{ig}^4 - T_\infty^4) \equiv h_{ig}(T_{ig} - T_\infty)$$

② 미콜라와 위치맨(Mikkola and Wichman)의 식(1989)

$$CHF = h_c(T_{ig} - T_\infty) + \varepsilon\sigma(T_{ig}^4 - T_\infty^4)$$

여기서, ε : 1
h_c : $15 W/m^2 \cdot K$

③ 얀센스(Janssens)의 식(1991)

$$CHF = h_c(T_{ig} - T_\infty) + \varepsilon\sigma(T_{ig}^4 - T_\infty^4) \equiv h_{ig}(T_{ig} - T_\infty)$$

03 발화

(1) 정의

1) 물질 표면을 가열하여 열분해를 통해 발생한 증기가 공기와 혼합해 가연성 혼합기체를 형성하고 착화되어 화재가 시작되는 과정이다.
2) 관련 가연물, 산화제 계가 지속형 발열반응을 뒷받침할 수 있는 상태로 넘어가는 단계이다.

(2) 발화과정의 역학 측면에서의 의의

1) **방화 전략에서 첫 번째 단계는 발화가 일어나기 어렵게 하는 것이다.**
2) **화염전파** : 연속적으로 주변으로 발화되는 과정
3) **전실화재(F.O)** : 공간 전체의 가연물에 발화가 일시적으로 확대되는 과정

(3) 영향인자

1) 열물리적 특성
   ① 초기 온도
   ② 열전도도
   ③ 두께 : 발화온도에 노출되었을 때 얇은 물질은 두꺼운 물질보다 더 빨리 발화한다(예 종이와 합판). 왜냐하면 열손실이 더 적기 때문이다. 따라서 얇은 물질은 물질 자체의 온도상승인 열용량이 관심사항이고, 두꺼운 물질은 물질 표면의 온도상승인 열관성이 관심사항인 것이다.

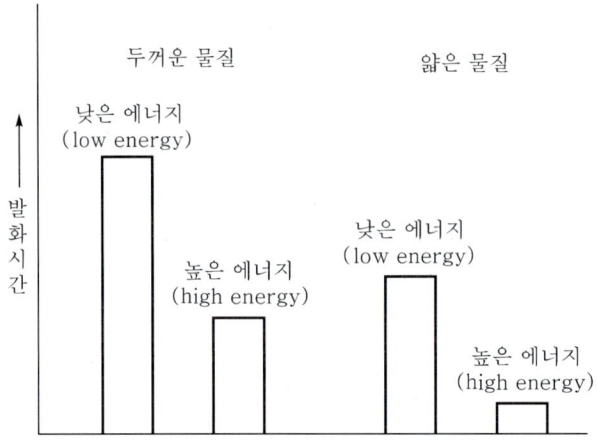

▎두꺼운 물질 및 얇은 물질의 발화시간 대 에너지원의 관계[69] ▎

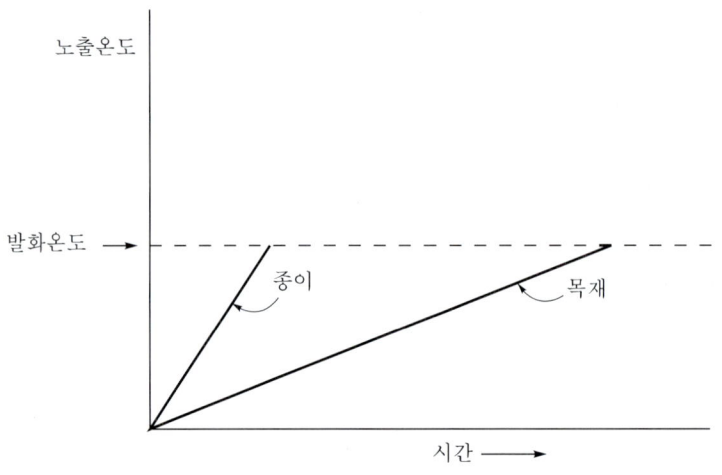

▎발화온도에 노출 시 발화시간 대 물질두께의 관계[70] ▎

④ 밀도
  ㉠ 같은 종류의 고밀도 물질(목재, 플라스틱)은 저밀도 물질보다 더 빨리 발화원으로부터 에너지를 전도시킨다. 고밀도 물질은 분자 간의 거리가 짧아 진동에너지 전달이 용이하고 따라서 보다 빠른 열전달이 가능하다.
  ㉡ 반면에 저밀도 발포플라스틱은 고밀도 플라스틱보다 훨씬 더 빠르게 발화될 것이다. 왜냐하면 분자와 분자 간의 거리가 길어 진동에너지 전달이 그만큼 용이하지 않기 때문에 열전달이 적어서 열손실이 적기 때문이다. 예를 들어, 동일한 발화원이 주어질 때 참나무는 부드러운 소나무보다 발화하는 데 더 오래 걸린다.

---

69) NFPA 921(2002) 5.3.1(a)
70) NFPA 921(2002) 5.3.1(b)

⑤ 질량에 대한 표면적의 양 : 주어진 질량에 대한 표면적의 양(표면적 대 질량비)은 발화에 필요한 에너지의 양에도 영향을 준다. 예를 들어 성냥개비 하나로 얇은 소나무 껍데기 1kg을 발화시키는 것은 상대적으로 쉬우나, 반면에 같은 성냥개비로 1kg의 딱딱한 나무토막을 발화시키는 것은 어려운 것과 같은 것이다.

2) 형상적 특성
① 치수
② 형상 : 질량 대 면적비가 더 높기 때문에 가연성 물질의 모서리는 평면보다 더 쉽게 연소한다.

3) 화학적 특성 : 열분해 반응열, 열방출률에 영향을 주는 요소
① 연료의 조성
② 난연제의 존재 유무
③ 촉매 : 활성화에너지를 낮추어 준다.

(4) 유도발화 / 자연발화의 화염발화

1) 유도발화
① 열원에 의해 형성된 가연성 가스와 산소의 혼합기체가 스파크나 화염인 유도점화원(pilot ignition)에 의해서 발화하는 것이다.

 열원(energy source) : 쉽게 발화될 수 있는 인화성 혼합가스나 증기를 발화시키기에 충분한 에너지를 방출할 수 있는 항목이나 물질

② 가연성 증기와 공기의 혼합물에 스파크 등으로 점화에너지를 공급해 주어 발화가 이루어진다. 이때의 점화에너지는 0.2~0.4mJ 정도면 된다.

2) 자연발화(AIT)
① 유도점화원(spark, 화염)이 없이도 발화기 이루어지므로 표면에서 발생하는 것보다 높은 열류(열면)가 필요하다. 왜냐하면 시험 시 외부의 열면에 의해 열전달을 받으면서 시험체의 다른 부분은 열의 손실이 발생하기 때문이다.
② 자연발화온도 시험 시에는 가연물을 열면과 접속시켜 발화하는 온도를 측정한다.
③ 이는 결국 자연발화라는 것이 주어진 환경에 따라 자체열 축적에 의한 발화이기 때문이다.

(5) 자기가열 및 자기발화(self-heating and self-ignition)

1) 자기가열(self-heating) : 외부에서 열유입 없이 물질의 온도를 상승시키는 과정이다.
2) 발화점까지 물질의 자기가열은 자기발화를 일으킨다.
3) 산소와의 결합력이 있는 대부분의 유기물질은 열방출과 함께 어떤 임계온도에서 산화한다. 일반적으로 자기가열과 자기발화는 동식물의 고체와 기름 등과 같은 유기물질 내에서 대부분 발생한다.
4) 자동차유 또는 윤활유 등과 같은 물질은 산소와의 결합력이 낮기 때문에 자기가열과 자기발열이 일어나지 않는다.
5) 금속 분말과 같은 무기물은 환기가 불량한 상태에서 자기가열과 자기발열을 일으킨다.

6) 자기발열과 자기발화의 제어 3요소
   ① 열생성 속도 : 일반적으로 자기발화가 일어나기 위해, 자기발화가 일어나는 물질에 의한 열생성 속도는 열이 흩어져서 없어지거나 직근으로 전달하는 속도보다 더 빨라야 열축적이 가능하다.
   ② 환기 효과 : 적당한 공기는 자기발열을 증가시키지만 너무 많은 공기는 냉각시킨다.
   ③ 근처에 있는 물질에 대한 단열 효과 : 열생성 효과와 열손실 효과의 대소 차이에 의해서 열축적이 이루어진다.
7) 자기발열하기 쉬운 일반적인 물질

물질	성향
숯(charcoal)	높음
생선가루(fish meal)	높음
아마씨 오일 넝마(linseed oiled rags)	높음
양조곡물(brewing grains)	중간
라텍스 고무발(latex form rubber)	중간
건초(hay)	중간
비료(manure)	중간
울 폐기물(wool wastes)	중간
넝마(baled rags)	가변적(중간 이하)
톱밥(sawdust)	낮음
곡식(grain)	매우 낮음

04 자연발화 지연시간(auto ignition time delay) → 가연성 가스

(1) 용기에 혼합기가 도입되고부터 온도 및 연쇄활성종의 농도에 의해 폭주가 시작될 때까지의 시간을 말한다.

(2) 지연시간 실제 측정방법
   1) 예열된 진공용기에 혼합기를 도입하는 방법
   2) 급속압축 연소장치를 이용하는 방법
   3) 충격파 관을 이용하는 방법
   4) 전기로 안에 연료를 분사하는 방법
   5) 고온 공기류 혹은 가스류 중에 연료를 분사하는 방법

(3) 온도를 AIT 이상으로 상승시킨 혼합기도 즉시 발화가 일어나지 않고 발화되는 데는 시간지연이 필요하며 AIT가 높은 물질일수록 시간지연은 짧아진다.
   1) 지연시간(τ)의 계산식으로 다음과 같은 세미노프(Semenov)식이 제시되어 있다.

$$\log J = \frac{52.55E}{T} + B$$

여기서, J : 발화지연시간(sec), E : 활성화에 필요한 에너지(kJ/mol),
T : 자연발화온도, B : 상수

2) 발화시간 지연의 인자
　① 활성화에 필요한 에너지의 양 : 물체를 활성화(분자 간의 결합력을 끊어버리고 자유로운 상태가 되는 것)에 필요한 에너지가 많이 소요되는 물질일수록 발화시간이 지연된다.
　② 물체의 주변 온도 : 온도가 높을수록 에너지가 높은 것이고 분자 간의 결합을 끊고 화학반응에 참여할 가능성이 높다.

(4) 화염의 확산(발화의 이동)
　1) **열분해 구역(pyrolysis zone)** : 가연물이 열분해되어 가연성 증기가 발생하는 영역
　2) **열분해 선단** : 열분해 구역 앞 가장자리
　3) **화재확산** : 외부 열원에 의해 공급되는 열유속과 발화구역 내에서 연소하는 물질의 화염강도에 따라 열분해 선단 및 화염이 발화구역을 벗어나 주변 미연소지역으로 이동하는 것이다.

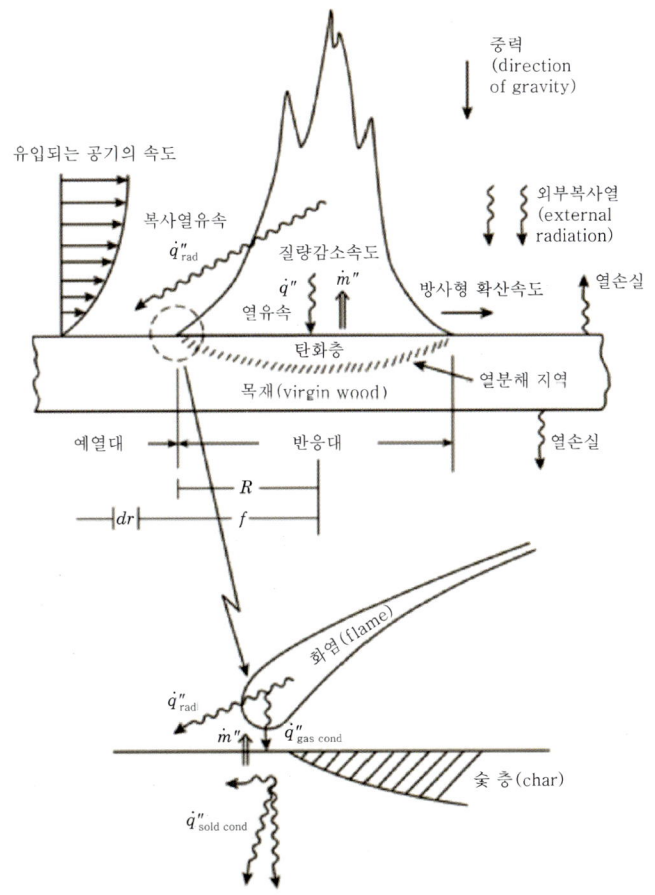

┃ **나무 위에서 화염의 수평전파**[71] ┃

　4) **화재확산속도** : 가연물 표면상에서 일어나는 열분해 선단의 이동속도

---
71) Flame Spread on a Horizontal Surface of Wood. [Atlopfetljrom Afreya(1984)]

Section 14 화염확산

01 화염확산(확산연소)

(1) 정의
1) 화염의 경계면이 이동하는 과정을 말한다.
2) 발화면이 전진하는 것이고 전진화염의 선단이 연료를 연소점까지 올리기 위한 열원 또는 점화원으로 작용하면서 주변의 미연소지역으로 이동한다.

(2) 기초이론
1) 화염확산을 위해서는 점화에 의한 표면온도가 연소점 이상이 되어야 한다.
2) 화염 자체가 점화원으로 작용한다.
3) 화염은 앞의 연료를 가열(전도, 대류, 복사)하여 고체의 표면온도를 연소점 이상으로 가열시키는 역할을 한다. 즉, 화염에 의해 열분해되고 점화(인화)된다.
4) 화염의 확산을 상에 의해서 분류하면 액상표면에서의 화염전파와 고상표면에서의 화염전파가 있다.
5) 확산을 시키는 두 가지 효과
   ① 발화시간(t_{ig})
   ② 화염이 영향을 미치는 거리(δ_f)
6) 고상의 화염확산은 상향확산과 하향·측면확산으로 구분할 수 있다. 상향확산은 연소생성물의 이동방향과 부력이 일치하므로 풍조확산이라고도 하고, 하향·측면확산은 상향과 달리 풍조흐름과 반대이므로 역풍확산이라고도 한다.

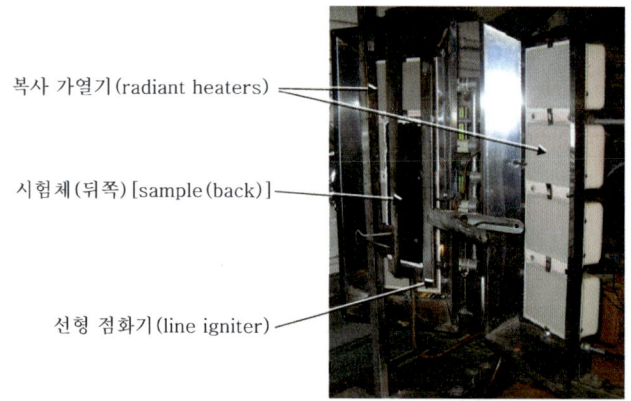

∥ 화염확산 측정장비 ∥

(3) 액상의 화염확산
1) 액표면의 화염전파 시 액표면의 온도가 인화점 위에 위치할 경우에 가능하다.

2) 인화점 이하이라면 먼저 인화점까지 액의 표면온도를 가열한 후에 확산될 것이다. 가열하여 액의 표면장력을 낮추고 표면장력의 구동류를 발생시켜 액을 순환시키면서 화염이 확산하게 된다.
3) 인화점 이상이라면 액표면에 이미 가연성 혼합기가 형성되어 있으므로 기상과 같이 액표면에 화염이 확산되어 나아갈 것이다.
4) 대부분의 용기화재의 화염확산은 역풍확산이다. 왜냐하면 용기 내에서는 하향인 액면강하로 진행되기 때문이다. 용기 내에서의 흐름은 표면장력에 의한 영향을 받고 매우 얇은 두께의 유체는 표면장력에 의해서 흐름이 느려지게 된다.

(4) 화염확산의 영향인자[72]
1) 가연물이 수직방향 또는 수평방향에 있는지 여부
2) 화염의 전파의 방향
3) 가연물질의 두께
4) 물질의 특성 : 특히 밀도
5) 주위 환경 : 산소농도, 바람

(5) 화염확산속도 $V = \dfrac{\delta_f}{t_{ig}}$

1) 사이벌킨(Sibulkin) and 킴(Kim)의 화염의 확산속도 : 화염확산을 발화가 퍼져나가는 과정으로 보았다.

① 얇은 물체

$$V_p = \dfrac{\dot{q}_f'' \delta_f}{d\rho c_p (T_{ig} - T_s)}$$

㉠ $\dot{q}$(열량)$= \rho$(밀도)V_p(속도)A(면적)c_p(비열)ΔT(온도차)에서 면적을 폭과 길이로 분해하면,

㉡ $\dot{q}$(열량)$= \rho$(밀도)V_p(속도)w(폭)l(길이)c_p(비열)ΔT(온도차)이다. 이것을 속도에 관해서 정리하고, 화염에 영향이 미치는 거리인 δ_f를 분자와 분모에 모두 곱하면,

㉢ $\dfrac{\dot{q}\delta_f}{\rho c_p d \Delta T w \delta_f} = V$, 여기서 $\dfrac{\dot{q}}{w\delta_f} = \dot{q}''$이므로

㉣ $\dfrac{\dot{q}''\delta_f}{\rho c_p d \Delta T} = V$ 그리고, $\dfrac{\dot{q}''}{\rho c_p d \Delta T} = \dfrac{1}{t_{ig}}$

㉤ 따라서, $V = \dfrac{\delta_f}{t_{ig}}$

$\delta_f \approx x_f - x_p$

---

72) Loss_Prevention_in_the_Process_Industries_2E_VOLUME2 FIRE 16/245

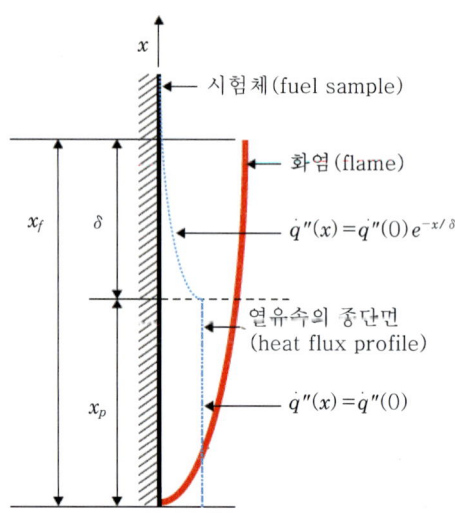

여기서, x_p : 열분해 높이, x_f : 화염의 높이, δ_f : 미리 가열된 거리,
$\dot{q}''(x)$: 점선에서의 열복사

∥ 화재확산[73] ∥

② 두꺼운 물체

$$V_p = \frac{\dot{q_f}''^2 \delta_f}{k\rho c_p (T_{ig} - T_s)^2}$$

여기서, V_p : 화재확산속도(flame spread velocity)
$\dot{q_f}''$: 열유속(flame heat flux)
δ_f : 미리 가열된 길이(preheating length)
k : 열전도도(thermal conductivity)
c_p : 비열(specific thermal capacity)
ρ : 밀도(mass density)
T_{ig} : 발화온도(ignition temperature)
T_s : 온도(temperature)

화염확산속도 :   10cm/min   5cm/min

t초 후의
화재확산범위 : $\pi(10t)^2$ $\pi(5t)^2$

∥ 화염의 수평확산(평면도) → Radial spread velocity ∥

---

73) The upward flame spread model proposed by Sibulkin and Kim. Characterizing the Flammability of Storage Commodities Using an Experimentally Determined B-number by Kristopher Overholt December 2009

02 화염확산 전파방향

(1) 하향 또는 측향 확산

1) 풍조흐름과 반대방향의 흐름이다. 따라서 가연물이 화염, 뜨거운 가스와 접촉되지 않는다. 즉, 그만큼 열공급이 원활하게 이루어지지 못하다는 것으로 화염의 전파가 원활하지 못하다.

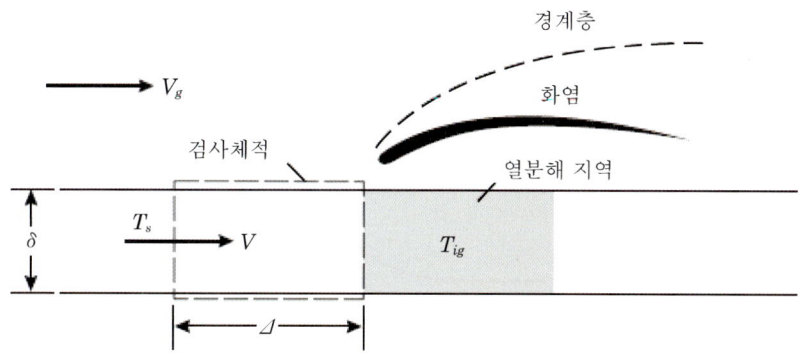

역풍방향 화재확산의 에너지의 보존 분석[74]

2) 상기 그림과 같이 가열해야 하는 검사체적에 대하여 열공급을 하여야 하는데 이것이 풍조방향과 반대가 됨으로써 가열이 용이치 않다. 공기의 흐름이 공급된 열을 냉각시키기 때문이다.

3) 하향 화염확산은 표면온도가 임계값 이상인 경우에만 연속적인 화염확산이 일어난다. 확산을 위한 합판의 임계온도는 일반적으로 120℃로 보고 있다.

4) 따라서 합판은 120℃ 이상 표면온도가 올라가야 확산속도가 증가하며, 120℃ 이하가 되면 확산이 연속적으로 이루어지지 않는다.(NFPA)

5) 합판의 경우 확산의 최저온도가 120℃ 이상인 경우 하향확산이 진행되고, 390℃인 경우 확산속도는 무한에 가까워진다.

① 왜냐하면 $t_{ig} = \frac{\pi}{4} k\rho c \frac{(T_{ig} - T_0)^2}{(\dot{q}_r'' - \dot{q}_{crit}'')^2}$ 에서 $(T_{ig} - T_0)$의 값이 최소 270(120℃) 이하일 때 화염전파가 이루어지는 임계값이 된다. 합판의 표면온도가 390℃가 되면 $(T_{ig} - T_0)$의 값이 0이 되어 착화시간이 0에 가까워지므로 확산속도가 무한에 가까워진다고 볼 수 있다(여기서, 합판의 T_{ig}는 390℃로 본다). 하지만 이는 열손실 등을 고려하지 않은 실험값으로 실제는 손실 등이 있어 그러하지 아니하다.

---

[74] Figure 2-12.1. Energy conservation analysis in opposed flow spread. SFPE 2-12 Surface Flame Spread 2-248

② 화염확산속도식은 $v = \dfrac{\delta_f}{t_{ig}}$으로 화염이 영향을 미치는 거리($\delta_f$)에 비례하고 착화시간($t_{ig}$)에 반비례한다.

6) 하향 확산속도는 재료마다 다르고, 어떤 경우는 난연제가 첨가된 경우 확산속도는 느려진다.

7) 확산속도는 아래 그림과 같이 방위각에 따라 영향을 받는다. 왜냐하면 방위각에 따라서 화염이 영향을 미치는 거리(δ_f)가 영향을 받기 때문이다.

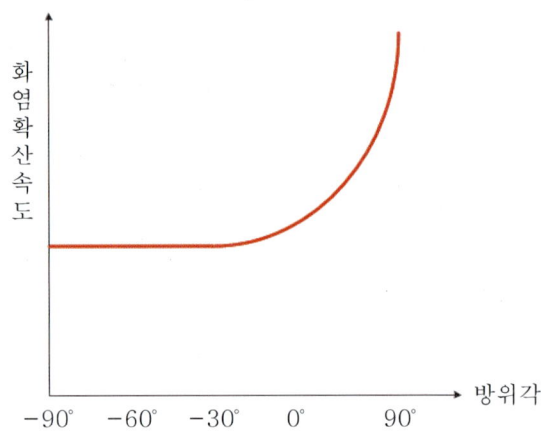

| 방위각에 따른 화염의 확산속도 |

8) 위의 그림을 보면 직각을 이루는 90° 상방향이 될수록 확산속도는 크게 증가함을 알 수 있다.

(2) 상향 풍조확산

1) 아래의 그림과 같이 공기흐름방향과 화재의 확산방향이 일치한다.

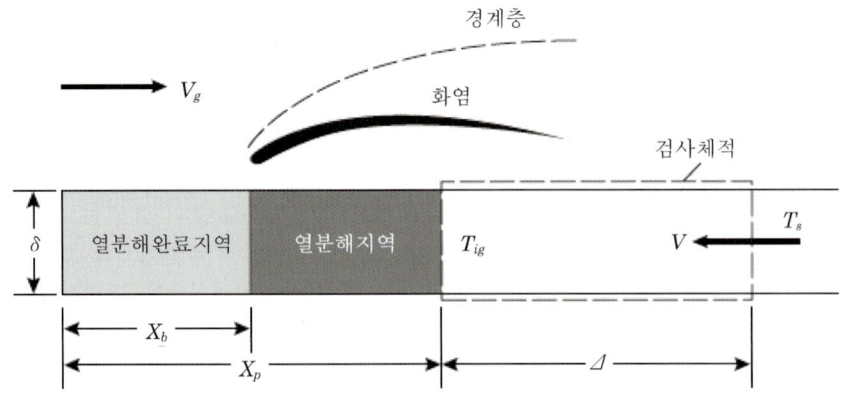

| 상향 풍조방향의 화염확산[75] |

---

75) Figure 2-12.5. Energy conservation in wind-aided flamespread. SFPE 2-12 Surface Flame Spread 2-252

▌수직확산▌

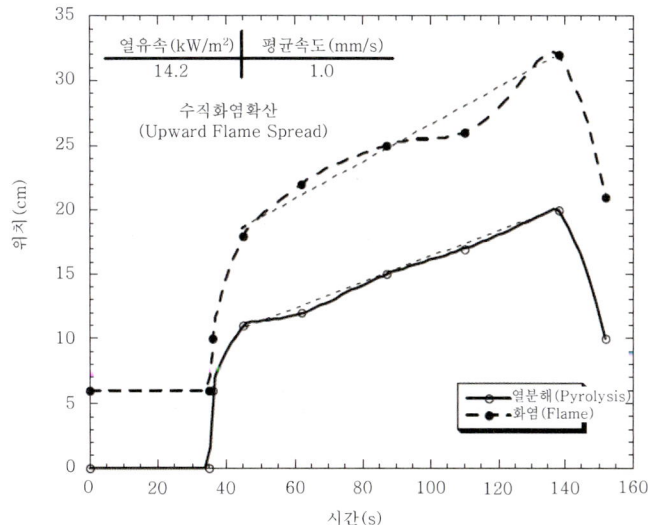

▌열분해 및 화염선단의 수직확산[76]▌

2) 정체된 공기하에서 풍조확산은 화재 자체에서 기인한 부력흐름에 의해서만 일어난다.
3) 화염확산을 하는 데 필요한 가열은 확장된 화염으로부터의 열전달, 연소생성물로부터의 열전달을 통해 이루어진다. 따라서 이러한 것은 화염확산이 이루어질 수 있는 검사체적에 충분한 열전달이 될 수 있다.
4) 화염의 길이는 화재로부터의 열방출률에 기인한다.
5) 실내화재 시 에너지 방출로 인해 실내온도가 증가하고 가연물의 온도가 증가하여 연소속도가 증가하게 된다.
6) 표면 방위가 +90° 상방향이 될수록 화염확산속도가 증가한다. 풍조확산이 되면서 화염의 길이가 크게 증가하기 때문이다.

상향방향의 화염확산
속도를 20이라 할 수 있다.

수평방향의 화염확산
속도를 1이라 하면

하향방향의 화염확산
속도를 0.3이라 할 수 있다.

▌전파방향에 따른 화염확산속도의 상대적 비▌

---

76) Flammability Properties of Aircraft Carbon-Fiber Structural Composite October 2007에서 발췌

7) 구획실의 화염의 확산속도는 ① < ② < ③이 된다. 그 이유는 ③의 화염이 영향을 미치는 길이(δ_f)가 가장 크고 그 다음은 ②이며, ①은 가장 작기 때문이다. 화염이 영향을 미치는 길이(δ_f)가 길어진 이유는 산소의 부족으로 연료지배형태가 되므로, 더 많은 산소와 접촉하기 위해서이다. 또한 공기의 유입이 적어서 냉각효과에 의한 손실이 적기 때문이다.

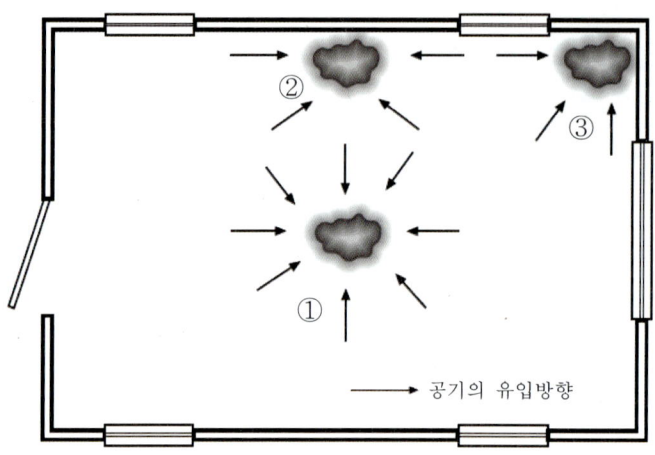

┃ 화염의 위치에 따른 공기의 유입방향 ┃

(3) 고체표면 화염확산의 영향인자

1) **화학적 인자** : 연료조성, 난연제 존재 유무

2) **물리적 인자**

   ① 연료의 두께

   ㉠ 연료의 두께가 얇다는 것은 열전도도(k)값이 무한대라는 가정이므로 열용량이 중요하다는 것이고, 보편적인 가연물에서 연료의 두께가 2mm 이상으로 두껍다는 것은 열관성의 영향을 받는다는 것이다. 따라서 고체가연물에서 두꺼운 물체와 얇은 물체를 구분하는 두께의 기준은 2mm이다.

   ㉡ 얇은 물체는 두꺼울수록 확산속도가 느리다($V \propto l^{-1}$).

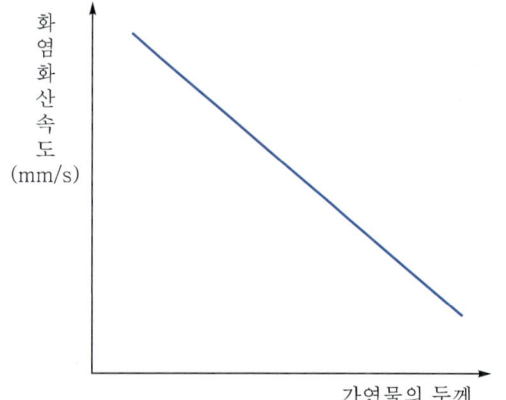

   ㉢ 두꺼운 물체의 경우 두께보다는 열관성이 더 큰 영향을 미친다.

② 열관성($k\rho c$, thermal inertia) : 관성(inertia)은 움직이고 있는 것이 계속 움직이려고 하는 것이다. 고체의 발화는 표면온도에 의해 결정되는데, 외부에서부터 가연물 표면에 도달한 열유속이 관성이 크다는 것은 그 열유속이 표면에 온도를 높이지 않고 통과하는, 즉 움직이는 것이다. 그래서 열관성이 크다는 것은 표면에 도달하는 열유속이 표면온도를 높이지 못한다는 것이며, 따라서 발화시간이 길어진다. 즉, 화염확산과 열관성은 반비례한다. 열관성의 관심사항은 표면온도이지 이면의 온도는 아니다. 열관성과 비교되는 것에 열확산율이 있으며, 열확산의 관심사항은 이면온도이다. 그래서 열확산율은 내화와 관련 있는 개념이다.
  ㉠ 밀도(ρ)
  ㉡ 열용량(c)
  ㉢ 열전도도(k)

③ 기하학적 형상
  ㉠ 폭 : V(화염전파속도)= 폭$^{0.5}$
  ㉡ 모서리의 존재 : V(화염전파속도)= θ(모서리의 각도)$^{\frac{4}{3}}$

④ 연속성 : 가연물이 연속적으로 이어져 있는가 아니면 단속적으로 배치되어 있는가로, 연속적으로 배치되어 있으면 확산이 용이하고 불연속적으로 배치되어 있으면 확산에 장애가 된다.

⑤ 표면방위 : 가연물이 어느 방향으로 놓여있는가에 따라 화염확산의 영향을 받는다.

⑥ 전파방향
  ㉠ 상향
  ㉡ 하향 또는 측향

⑦ 초기온도 : 발화온도까지 가열해야 하는데 초기온도가 높을수록 ($T_{ig} - T_0$)의 값이 적어지고 발화시간이 줄어든다.

3) 환경 인자
  ① 대기의 조성 : 산소가 많을수록 확산속도는 증가한다.
  ② 대기의 온도 : 온도가 증가할수록 확산속도도 증가한다. 왜냐하면, 초기 대기의 온도가 높을수록 화염 전면의 미연 연료부분을 연소점까지 올리는 데 적은 열량이 필요하기 때문이다.
  ③ 투입되는 복사열류 : $V = \dfrac{\dot{q}'' \cdot \delta_f}{\rho c l (T_{ig} - T_s)}$ 의 식을 보면 투입복사열류가 많을수록 발화면이 미연 연료를 연소점까지 상승시키게 되어 화염확산속도 증가 열원으로 작용한다. → 열의 귀환(feedback)
  ④ 대기압 : 대기압 상승으로 화염확산속도가 높아지는데, 이는 대기압 상승으로 산소의 분압이 증가함으로써 화염의 안정성이 높아지기 때문이다.

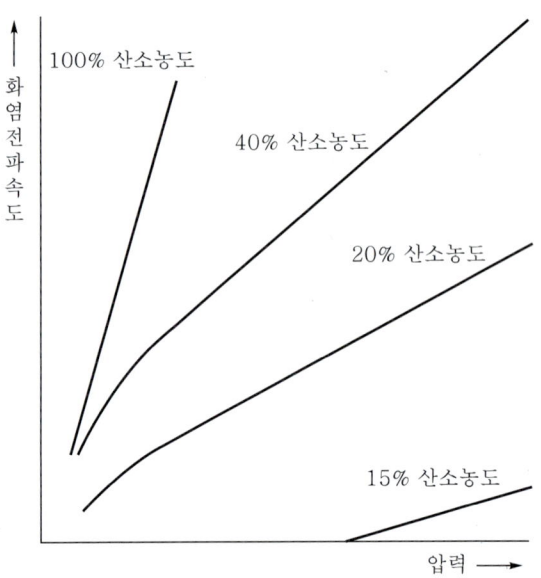

산소농도와 압력에 따른 화염전파속도의 크기[77]

⑤ 공기의 이동(바람)
   ㉠ 토마스(Thomas)의 풍조화염확산식

$$V = \frac{(1+V_{\text{wind}}) \times C}{\rho}$$

여기서, V : 화염확산속도
V_{wind} : 바람의 속도
C(상수) : 가공되지 않은 연료 약 0.07kg/m^2,
직경이 3cm인 나무토막 약 0.05kg/m^2
ρ : 겉보기 밀도(kg/m^3)

㉡ 화재의 온도에 의한 부력 또는 대기의 자연바람에 기인하는 흐름 등이 화염확산을 돕는다. 따라서 이를 풍조확산이라 하며 그 반대를 역풍확산이라고 한다.

㉢ 공기의 이동은 화염을 굴절시키고 열전달을 증대시키며 산소의 공급량을 증대시킨다. 따라서 충분히 큰 공기속도는 확산속도를 증가시킨다. 하지만 2m/sec 이상의 공기의 이동은 상기의 효과보다는 냉각효과가 더 크기 때문에 화염소멸을 초래할 수 있다.

㉣ 또한 물체의 겉보기 밀도가 작을수록 화염의 확산속도가 빠르다. 따라서 방화림을 설치하는 경우에는 겉보기 밀도가 높은 나무를 선택해야 한다.

---

77) FIGURE 9.17.1 Effects of Variations in Oxygen Concentration and Environmental Pressure on the Minimum Ignition EnergyFPH 09 Processes and Facilities CHAPTER 17 Oxygen-Enriched Atmospheres 9-233

꼼꼼체크 전형적인 화염의 확산속도

구 분	확산속도(cm/s)
훈소	0.001~0.01
측향 or 하향 확산(두꺼운 고체)	0.1
바람에 의한 확산	1.0~100
상향 확산(두꺼운 고체)	1.0~100
액체의 수평확산	10~100(층류)
예혼합화염	~10,000(폭굉)

Section 15. 인화점 & 자연발화점

01 개요

(1) 발화는 물질조건인 연소범위와 에너지조건인 발화에너지를 모두 만족하여야 한다. 열에너지의 순증가를 위해서는 발열이 방열보다 커야만 열축적이 이루어지고 그것을 통해서 열분해됨으로써 가연성 증기를 발생시켜 연소범위를 형성할 수 있다.

(2) 발화를 2가지 형태로 구분하면, 가연물을 가열하여 가연성 증기를 발생시켜 발화시키는 열원과, 이미 가연성 증기가 있는 상태에서 점화에너지만 공급하는 형태로 나눌 수가 있다. 다시 열원은 내부열원에 의해 가연성 증기가 발생하는 자연발화와 외부열원에 의해 발생하는 인화에 의한 발화(또는 유도발화)로 구분할 수 있다. 또한, 점화원은 스파크나 불꽃과 같은 점화원(pilot)과 뜨거운 열면으로 구분할 수 있다.

(3) 자연발화는 내부의 열축적에 의해 가연성 증기를 발생시켜 연소를 진행해야 하므로 가연물의 표면에 발화에 필요한 열유속이 형성되기 위해서는 표면온도가 인화에 의한 발화보다 높아야 한다. 인화는 외부의 점화원에 의해 발화하는 것으로 화염으로부터 복사에너지가 공급됨으로써 상대적으로 낮은 온도에서 발화가 이루어진다.

02 인화

(1) **유도발화** : 외부 점화원에 의해서 유도된 발화
(2) 스파크나 유도화염과 같은 국소가열을 통해 발생한다.
(3) **시험방법** : 국소적인 화염을 발생시킨 후에 점화장치로부터 화염이 확산되어 가는지를 관찰한다.
(4) **인화점(flash point)** : 액체 가연물의 화재위험성에 대한 중요한 척도
　1) 정의
　　① 액체에 있어서 액면상의 증기압은 액체온도에 의존한다(포화증기압 곡선). 따라서 인화가 되려면 최소한 포화증기압 곡선상의 기상에 위치하고 있어야 하며, 그 농도범위가 연소범위를 형성한 물질적 조건을 만족하지 못하면 외부의 점화원에 의한 활성화에너지가 공급되어도 인화가 되지 않는다. 이러한 물질조건이 충족된 액체의 최저온도를 인화점(flash point)이라고 한다.
　　② 포화증기압 곡선상과 만나는 가연성 혼합기체가 연소범위의 하한에 달하는 최저온도이다.

③ 증기압이 공기 중에 가연물 증기로 이루어져서 연소하한계를 형성하기에 겨우 충분한 온도이다.

④ 소형 가스화염이 순간적으로 표면상을 휩쓸고 지나갈 경우, 증발 표면 바로 위에 존재하는 가연성 혼합기체가 화염의 전파를 순간적으로 뒷받침할 수 있는 온도이다. → 점화원 존재 시 발화가 일어나는 최저온도

⑤ 액체의 인화점(flash point of a liquid) : 시험연구소의 시험에 의해서 결정된 바와 같이 액체가 그 표면을 가로질러 순간적 화염을 지속하기에 충분할 정도로 증기를 발생할 수 있는 액체의 최저온도이다. (NFPA921)

2) 인화점에 영향을 주는 주요 인자
① 중력
② 압력
③ 산소
④ 개방상태, 운동상태
⑤ 무거운 액체

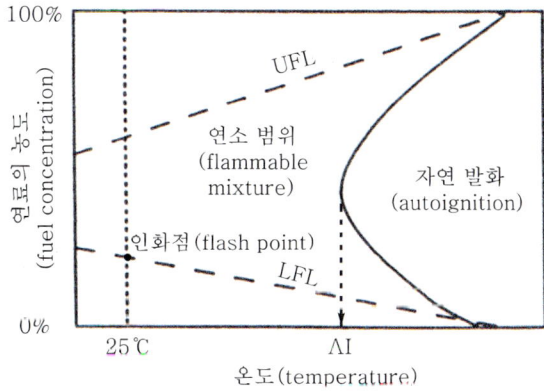

∥ 연소한계 곡선상에서 인화점[78] ∥

Liquid	인화점 (flash point, ℃) (Closed Cup)	인화점 (flash point, ℃) (Open Cup)	연소점 (fire point, ℃)
에탄올(ethanol) C_2H_5OH	13	18	18
엔-데칸(n-decane) $C_{10}H_{22}$	46	52	61.5
연료유(fuel oil)	-	133	164
북아메리카 디젤유 (diesel fuel, North America)	-	82~166	103~200

∥ 각종 테스트를 통한 인화점 ∥

---

78) Chart Demonstrating the Effect of Temperature on the Flammable/Explosive Range of Gases. (Source : GexCon-Gas Explosion Handbook, Figure 4.5)

(5) 연소점(fire point)

1) 연소점이란 발화 후 연소를 지속시킬 만큼 충분한 증기를 발생시킬 수 있는 최소온도로서 인화점보다 5~10℃가 높다.
2) 외부 점화원인 불꽃을 제거해도 연소가 지속되는 온도이다. 자체 불꽃이 점화원이 되므로 외부에서 공급되는 점화원은 필요 없다는 개념이다.
3) 최소한 불꽃이 5초 이상 지속되는 온도이다.
4) ASTM D 92, Cleaveland Open Cup Test Method에 의해 측정된 것으로서, 계속적인 연소를 지속할 수 있도록 충분히 빠른 속도로 증기가 방출되는 개방 컨테이너 액체의 최저 온도이다(NFPA 35). 보통의 경우 인화점보다 10℃ 정도 높다.

(6) 인화점, 비점과 탄소수의 관계

1) 탄화수소에 있어서, 인화점과 비점 및 탄소수와의 사이에는 근사적으로 다음과 같은 관계가 있다.
   ① $T_f = 0.694 T_B - 73.7$
   ② $T_f = 0.682 T_B - 77.7$
   ③ $(T_f + 277.3)^2 = 10,410 n$

   여기서, T_f : 인화점, T_B : 비점(℃), n : 탄소수

2) 이를 통해 인화점은 비점보다 낮고, 인화점은 탄소수가 증가할수록 높아진다는 것을 알 수 있다. 단, 식용유 등은 그러하지 않을 수도 있다.

(7) 고체에서의 인화점

1) 고체에서는 고형 알코올과 같이 휘발성이 있는 것을 제외하고는 열분해를 통해 가연성 증기가 연소범위를 이루므로, 인화점보다는 발화시간을 위험의 척도로 본다.
2) 고체의 인화점과 연소점은 표면가열상태에 따라 다르며, 따라서 이것이 액체에서와 같이 위험성의 척도가 되지는 못한다. 따라서 고체에서 인화점과 연소점을 구분하고 표시하는 것은 실익이 없다.
3) 고체에서의 연소점은 단순히 표면온도로 정의될 수 있다.

03 인화점 측정방법

(1) 태그 밀폐 시험기에 의한 인화점

1) ASTM D 56 Flash Point by Tag Closed Tester
   ① 이 시험방법은 태그 밀폐식(Tag Closed Tester)에 의해서 점도가 낮고 인화점이 93℃(200°F) 이하인 액체의 인화점 측정 시 사용한다.
   ② 인화점이 −18℃에서 163℃(0°F에서 325°F), 연소점이 163℃(325°F)까지인 액체의 인화점과 발화점을 측정한다.

2) 국내 기준(위험물안전관리법)

① 0℃ 미만은 당해 측정결과로 인화점을 측정한다.

② 0℃ 이상~80℃ 이하 : 동점도를 측정한다.
  ㉠ 동점도 10mm^2/s 미만은 당해 측정결과를 사용한다.
  ㉡ 동점도 10mm^2/s 이상은 세타 밀폐식 인화점측정기로 측정한다.

③ 태그 밀폐식 인화점측정기에 의한 인화점 측정시험(위험물안전관리 세부기준 제14조) : 다음에 정한 방법에 의한다.

  ㉠ 시험장소는 기압 1기압, 무풍의 장소로 할 것

  ㉡ 「원유 및 석유제품 인화점 시험방법」(KS M 2010)에 의한 태그(Tag) 밀폐식 인화점측정기의 시료컵에 시험물품 50cm^{3}를 넣고 시험물품의 표면의 기포를 제거한 후 뚜껑을 덮을 것

  ㉢ 시험불꽃을 점화하고 화염의 크기를 직경이 4mm가 되도록 조정할 것

  ㉣ 시험물품의 온도가 60초간 1℃의 비율로 상승하도록 수조를 가열하고 시험물품의 온도가 설정온도보다 5℃ 낮은 온도에 도달하면 개폐기를 작동하여 시험불꽃을 시료컵에 1초간 노출시키고 닫을 것. 이 경우 시험불꽃을 급격히 상하로 움직이지 아니하여야 한다.

  ㉤ 위 ㉣의 방법에 의하여 인화하지 않는 경우에는 시험물품의 온도가 0.5℃ 상승할 때마다 개폐기를 작동하여 시험불꽃을 시료컵에 1초간 노출시키고 닫는 조작을 인화할 때까지 반복할 것

  ㉥ 위 ㉤의 방법에 의하여 인화한 온도가 60℃ 미만의 온도이고 설정온도와의 차가 2℃를 초과하지 않는 경우에는 당해 온도를 인화점으로 할 것

  ㉦ 위 ㉣의 방법에 의하여 인화한 경우 및 ㉤의 방법에 의하여 인화한 온도와 설정온도와의 차가 2℃를 초과하는 경우에는 위 ㉡ 내지 ㉤에 의한 방법으로 반복하여 실시할 것

  ㉧ 위 ㉥의 방법 및 ㉦의 방법에 의하여 인화한 온도가 60℃ 이상의 온도인 경우에는 아래 ㉨ 내지 ㉪의 순서에 의하여 실시할 것

  ㉨ 위 ㉡ 및 ㉢과 같은 순서로 실시할 것

  ㉩ 시험물품의 온도가 60초간 3℃의 비율로 상승하도록 수조를 가열하고 시험물품의 온도가 설정온도보다 5℃ 낮은 온도에 도달하면 개폐기를 작동하여 시험불꽃을 시료컵에 1초간 노출시키고 닫을 것. 이 경우 시험불꽃을 급격히 상하로 움직이지 아니하여야 한다.

  ㉪ 위 ㉩의 방법에 의하여 인화하지 않는 경우에는 시험물품의 온도가 1℃ 상승마다 개폐기를 작동하여 시험불꽃을 시료컵에 1초간 노출시키고 닫는 조작을 인화할 때까지 반복할 것

ⓔ 위 ㉠의 방법에 의하여 인화한 온도와 설정온도와의 차가 2℃를 초과하지 않는 경우에는 당해 온도를 인화점으로 할 것
ⓕ 위 ㉢의 방법에 의하여 인화한 경우 및 위 ㉠의 방법에 의하여 인화한 온도 와 설정온도와의 차가 2℃를 초과하는 경우에는 위 ㉢ 내지 ㉠과 같은 순서 로 반복하여 실시할 것

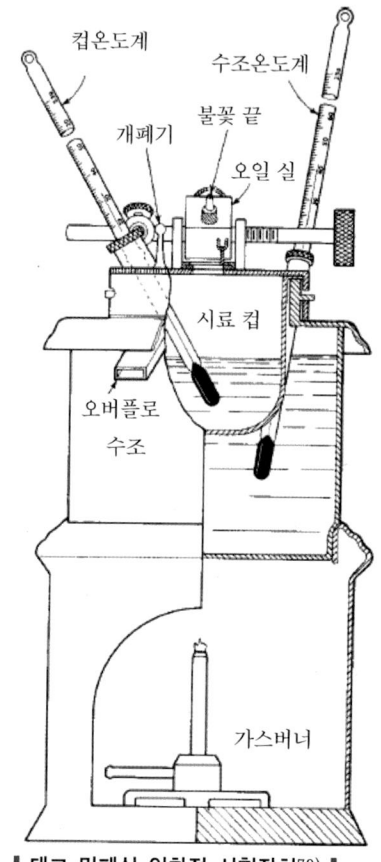

┃ 태그 밀폐식 인화점 시험장치[79] ┃

(2) 펜스키 마텐스(Pensky-Martens) Closed Tester에 의한 인화점(ASTM D 93)
1) 아스팔트 및 시험 중 표면막을 형성하는 액체와 부유입자를 포함하는 물질 시험 방법
2) 연료유, 윤활유, 고체부유물질, 시험 조건에서 표면막을 형성하는 경향이 있는 액체와 그 외의 액체
3) 국내에는 시험기준이 없다.

---

[79] FIG. 1 Tag Closed Flash Tester (Manual) ASTM D56-05 Standard Test Method for Flash Point by Tag Closed Cup Tester

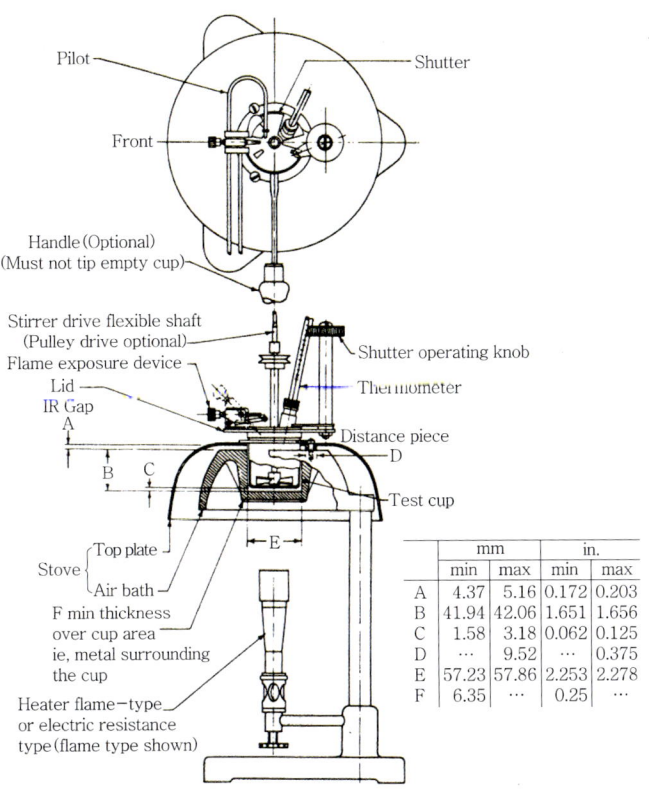

┃ 펜스키 마텐스 밀폐식 인화점 시험장치[80] ┃

(3) 클리블랜드(Cleveland) Open Cup에 의한 인화점 및 연소점

1) ASTM D 92(Flash and Fire Points by Cleveland Open Cup)(ASTM D 92) : 유류를 제외한 모든 석유제품과 개방식 인화점이 79℃(175℉) 미만인 것의 인화점 및 연소점(fire points)을 측정한다.

2) 국내기준
   ① 측정결과가 80℃를 초과하는 경우에는 클리블랜드 개방식 인화점측정기의 규정에 의한 방법으로 다시 측정한다.
   ② 클리블랜드 개방식 인화점측정기에 의한 인화점 측정시험(위험물안전관리 세부기준 제16조) : 다음에 정한 방법에 의한다.
      ㉠ 시험장소는 기압 1기압, 무풍의 장소로 할 것
      ㉡ 「원유 및 석유제품 인화점 시험방법」(KS M 2010)에 의한 클리블랜드 개방식 인화점측정기의 시료컵의 표선(標線)까지 시험물품을 채우고 시험물품의 표면의 기포를 제거할 것

---

[80] FIG. A1.1 Pensky-Martens Closed Flash Tester ASTM D93-02a Standard Test Methods for Flash Point by Pensky-Martens Closed Cup Tester

ⓒ 시험불꽃을 점화하고 화염의 크기를 직경 4mm가 되도록 조정할 것

ⓔ 시험물품의 온도가 60초간 14℃의 비율로 상승하도록 가열하고 설정온도보다 55℃ 낮은 온도에 달하면 가열을 조절하여 설정온도보다 28℃ 낮은 온도에서 60초간 5.5℃의 비율로 온도가 상승하도록 할 것

ⓜ 시험물품의 온도가 설정온도보다 28℃ 낮은 온도에 달하면 시험불꽃을 시료컵의 중심을 횡단하여 일직선으로 1초간 통과시킬 것. 이 경우 시험불꽃의 중심을 시료컵 위쪽 가장자리의 상방 2mm 이하에서 수평으로 움직여야 한다.

ⓗ 위 ⓜ의 방법에 의하여 인화하지 않는 경우에는 시험물품의 온도가 2℃ 상승할 때마다 시험불꽃을 시료컵의 중심을 횡단하여 일직선으로 1초간 통과시키는 조작을 인화할 때까지 반복할 것

ⓢ 위 ⓗ의 방법에 의하여 인화한 온도와 설정온도와의 차가 4℃를 초과하지 않는 경우에는 당해 온도를 인화점으로 할 것

ⓞ 위 ⓜ의 방법에 의하여 인화한 경우 및 위 ⓗ의 방법에 의하여 인화한 온도와 설정온도와의 차가 4℃를 초과하는 경우에는 위 ⓛ 내지 ⓗ과 같은 순서로 반복하여 실시할 것

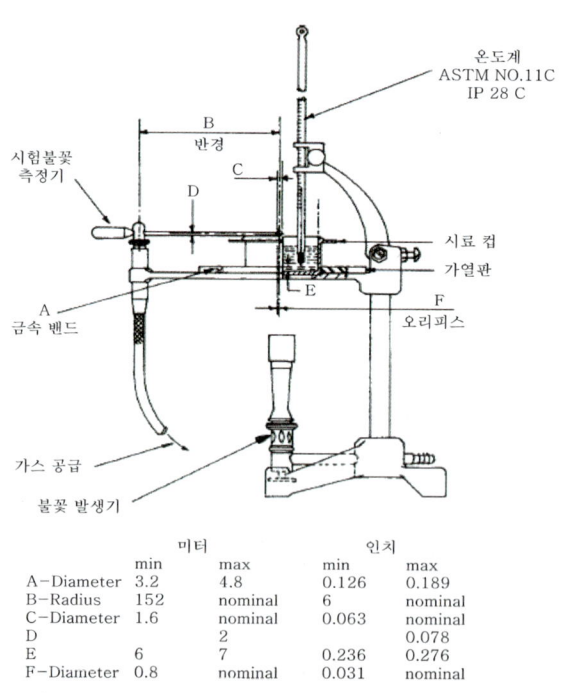

클리블랜드 개방식 인화점 시험장치[81]

---

81) FIG. 1 Cleveland Open Cup Apparatusr ASTM D92-05 Standard Test Method for Flash and Fire Points by Cleveland Open Cup Tester

(4) 세타 밀폐식(Seta flash closed tester)에 의한 인화점

1) ASTM D 3828
① 80℃ 이하는 당해 측정결과를 사용한다.
② 80℃ 초과는 클리블랜드 개방식으로 재측정한다.

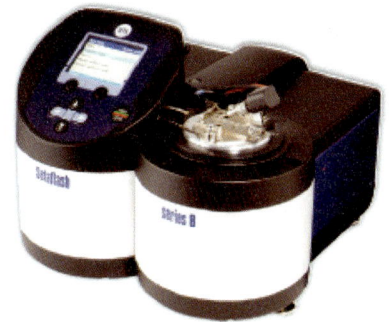
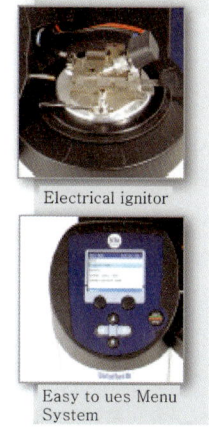

Series 8 Closed Cup Tester

Series 8 'ActiveCool' Closed Cup Tester

Series 8 'ActiveCool' (Corrosion Resisting)

- Flash/No Flash & Ramp modes
- Electric ignitor(with gas option)
- Automatic dipping and flash detection
- ActiveCool electronic Peltier cooling
- 64 Test memory&RS232 interface
- ℃ or °F temperature display

┃ 세타 밀폐식 인화점 시험장치[82] ┃

2) 국내기준
① 0℃ 이상~80℃ 이하. 동점노즐 측정하여 동점도가 $10mm^2/s$ 이상인 경우에 세타 밀폐식 인화점측정기로 측정한다.
② 세타 밀폐식 인화점측정기에 의한 인화점 측정시험(위험물안전관리 세부기준 제15조) : 다음에 정한 방법에 의한다.
  ㉠ 시험장소는 기압 1기압, 무풍의 장소로 할 것
  ㉡ 세타 밀폐식 인화점측정기의 시료컵을 설정온도까지 가열 또는 냉각하여 시험물품(설정온도가 상온보다 낮은 온도인 경우에는 설정온도까지 냉각한 것) 2mL를 시료컵에 넣고 즉시 뚜껑 및 개폐기를 닫을 것
  ㉢ 시료컵의 온도를 1분간 설정온도로 유지할 것
  ㉣ 시험불꽃을 점화하고 화염의 크기를 직경 4mm가 되도록 조정할 것

---

[82] http://www.stanhope-seta.co.uk에서 발췌

ⓜ 1분 경과 후 개폐기를 작동하여 시험불꽃을 시료컵에 2.5초간 노출시키고 닫을 것. 이 경우 시험불꽃을 급격히 상하로 움직이지 아니하여야 한다.

ⓑ 위 ⓜ의 방법에 의하여 인화한 경우에는 인화하지 않을 때까지 설정온도를 낮추고, 인화하지 않는 경우에는 인화할 때까지 설정온도를 높여 위 ⓛ 내지 ⓜ의 조작을 반복하여 인화점을 측정할 것

꼼꼼체크 인화점 시험방법 및 종류(ASTM)

인화점의 종류	인화점의 시험방법	적용기준	적용유종
밀폐식 인화점	태그 밀폐식	점도가 낮고 인화점이 93℃(200°F) 이하인 액체	원유, 가솔린, 등유, 항공터빈연료유
	신속 평형법	인화점이 110℃ 이하인 시료	원유, 등유, 경유, 중유, 항공터빈연료유
	펜스키 마텐스 밀폐식	아스팔트 및 시험 중 표면막을 형성하는 액체와 부유입자를 포함하는 물질 시험방법	원유, 경유, 중유, 전기절연유, 방청유, 절삭유
개방식 인화점	클리블랜드 개방식	유류를 제외한 모든 석유제품과 개방식 인화점이 79℃(175°F) 미만인 것의 연소점 및 인화점 측정	석유아스팔트, 유동파라핀, 에어필터유, 석유왁스, 방청유, 전기절연유, 열처리유, 절삭유제, 각종 윤활유

꼼꼼체크 인화점 시험방법에 따른 승온속도

시험방법	시료컵 용량	예상 인화점	승온속도	시험불꽃을 대는 조작의 온도간격
태그 밀폐식	50±0.5mL	60℃ 미만	1℃/(60±6)초	0.5℃마다
		60℃ 이상	3℃/(60±6)초	1.0℃마다
펜스키 마텐스 밀폐식	약 70mL	110℃ 이하	5~6℃/분	1.0℃마다
		110℃ 초과		2.0℃마다
클리블랜드 개방식	약 80mL	80℃ 이상	(5.5±0.5)℃/분	2.0℃마다

04 자연발화점(AIT ; Auto Ignition Temperature)

(1) 자연발화는 공기 중의 물질이 화염, 불꽃 등의 점화원과 직접적인 접촉 없이 주위로부터 충분한 에너지를 받아서 스스로 점화되는 현상을 말하며, 자연발화점은 자연발화 현상이 일어날 수 있는 최저온도를 말한다.

(2) 일반적으로 자연발화의 발생 메커니즘은 열발화 이론에서 출발한다. 물질의 온도를 상승시키는 열원의 종류에 따라서 자연발화(spontaneous ignition), 자동발화(autoignition), 자기발화(pyrophoric ignition)로 구분되기는 하나, 일반적으로 화재폭발 특성과 관련된 자연발화는 열면으로 가열하면서 물질의 최저발화온도를 측정하는 자동발화를 의미한다.

- 자연발화(spontaneous ignition) : 상온에서 물질 내부에 열이 축적되어 발생하는 발화
- 자동발화(auto ignition) : 물질을 가열해서 일정 온도에서 외부 점화원 없이 발화
- 자기발화(pyrophoric ignition) : 자기반응성 물질이 공기 중 수분이나 산소와 반응한 후 그 반응열에 의해서 열이 축적되어 발화

(3) 기본적으로 자연발화는 물질 내부의 발열속도가 물질 외부로의 방열속도를 추월하여 물질 내부에 축적된 에너지가 해당 물질의 산화반응(발화반응)을 위한 활성화에너지를 초과하는 경우 발생한다.

(4) 자연발화점은 물질의 고유한 성질이 아니며, 측정하고자 하는 시료의 성상, 산소농도, 시험장치 내의 용기크기 및 가열속도 등의 다양한 인자에 의해서 값이 변화될 수 있다는 실험값이다.

(5) **자연발화점 측정방법(DIN 51794)**
   1) 적용 대상 : 인화성 액체 및 가스, 석유제품이나 그 혼합물
   2) 조건 및 주의사항 : 기본적으로 자연발화점이 75~650℃ 이내인 시료는 측정이 가능하나, 발화지연시간이 길거나 측정기간 중 물질변화(분해, 반응 등)나 상변화가 발생하는 시료는 측정결과의 신뢰도에 영향을 주기 때문에 적용 전에 신중히 검토해야 하고, 폭발성 물질은 적용을 금지한다.
   3) **측정기기**

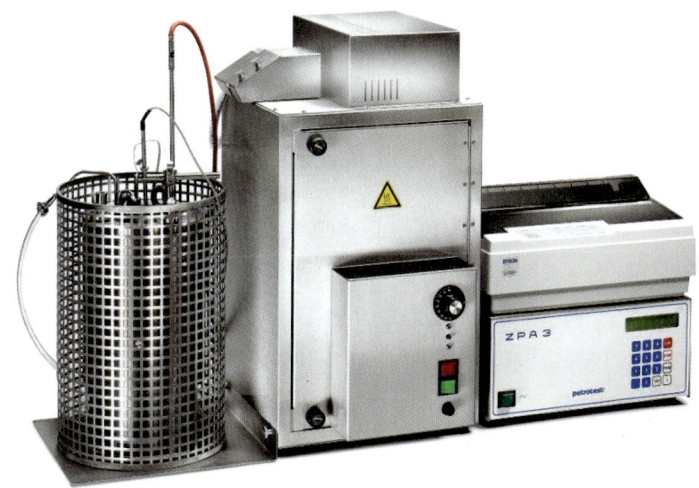

┃ 자연발화측정기기(semiautomatic autoignition tester) ┃

① 고체 : 승온법, Krupp 시험기, 정온법(고압법) 시험기
② 액체 : Crusible법, ASTM법 측정기
③ 기체 : MIT 고속압축측정기, Dixon & Coward 측정기

4) **발화점 측정방법** : 발화온도의 측정은 일반적으로 대기압하에서 행한다.
① 고체시료의 발화점 측정방법 : 승온법, 유적법
② 액체시료의 발화점 측정방법 : 도가니법, ASTM법, 예열법, 유적법
③ 기체시료의 발화점 측정방법 : 충격파법, 예열법
④ 측정방법의 구분
㉠ 승온법 : 시료의 온도를 정해진 가열속도로 상승시켜 발화되는 온도를 측정하는 방법이다.
- 장점
  - 조작이 용이하다.
- 단점
  - 해석이 어렵다.
  - 이미 시료가 예열되어 있는 상태가 되어버린다.
㉡ 정온법 : 시료를 일정 온도가 설정된 실험장소에 갑자기 넣어서 온도를 측정한다.
- 장점
  - 해석이 쉽다.
  - 시료가 예열되지 않는다.
- 단점
  - 조작이 까다롭다.

> **꼼꼼체크 고체, 액체 시료의 측정방법**
> - 유적법 : 분말, 기름방울 같은 것을 일정 온도를 지니고 있는 금속자재 또는 유리제 등의 용기에 떨어뜨려서 발화의 유무를 확인하는 방법이다.
> - 도가니법 : 전열기 내부에 스테인리스 강제의 블록을 두어 온도가 일정하게 유지되도록 하고 그 안에 경질유리제 삼각플라스크를 놓고 가열한 삼각플라스크 밑바닥에 잘게 절단한 시료를 투하하여 반사경을 사용하여 발화 유무를 확인하며, 그때의 온도를 열전대를 삽입하여 측정하는 방법이다.

5) **시험 절차**
① 기본적으로 하나의 시료에 대해서 3단계의 시험을 수행한다.
② 예비시험 : 5℃/min의 속도로 플라스크를 가열한 후 측정대상 시료의 예상 발화점(임의 결정)의 전후 100℃ 범위에서 20℃ 간격으로 샘플을 투입하여 발화 여부를 측정한다.
③ 본시험 : 예비시험에서 측정된 발화온도를 기준으로 ±5℃ 단위로 온도를 조절하여 샘플을 투입, 발화가 되는 최저온도를 결정한다.

④ 최종시험 : 본시험에서 결정된 발화온도를 기준으로 ±2℃ 단위로 온도를 조절하여 샘플을 투입, 발화가 되는 최저온도를 자연발화점으로 결정한다.

6) 결과 평가

① 3단계의 시험을 통해서 결정된 측정값 중 가장 낮은 온도를 최종 자연발화점으로 결정하며, 총 3회 측정하여 반복성 및 재현성 최대허용편차에 들어오는 결과값에 대하여 통계적 절차를 거친 후 5℃ 단위로 절삭하여 해당 시료의 최종 자연발화점으로 결정한다.

② 자연발화의 경우에는 비교적 부피가 큰 반응 가스 내에서 스스로 화염이 발생하는 것을 관찰한다.

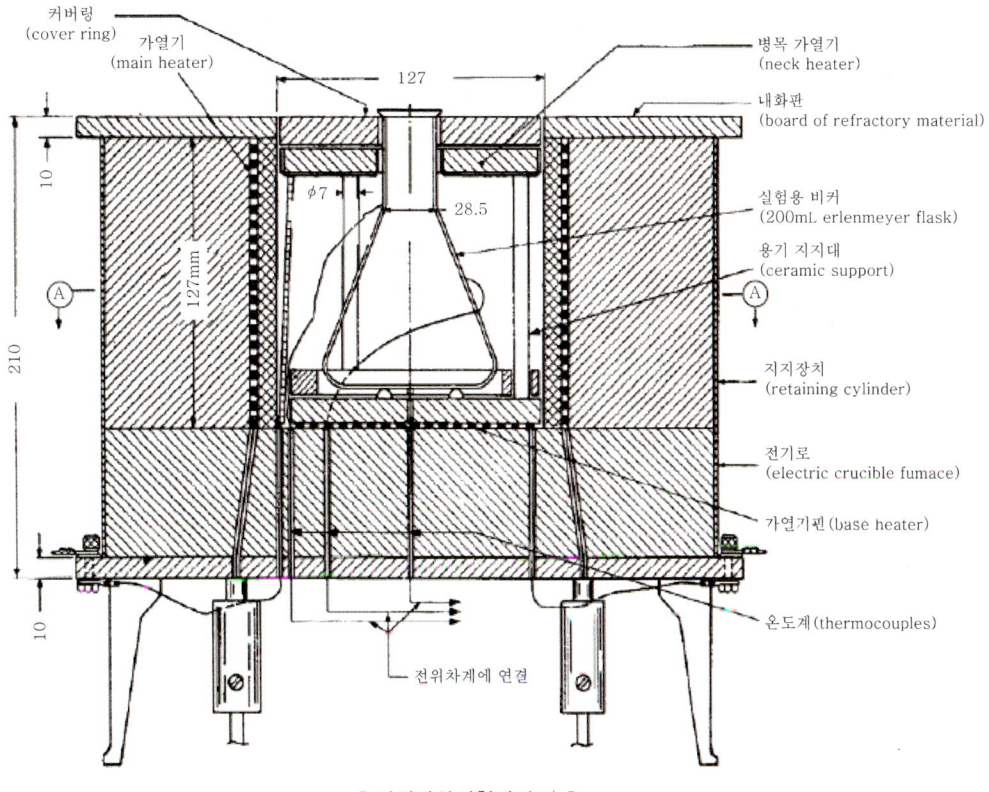

┃ 자연발화시험장치[83] ┃

(6) 영향인자(AIT가 낮아지는 조건) : 실험실의 값이므로 실험조건에 영향을 받아 값의 변화가 가능하다.

1) 발화지연시간 : 작을수록 발화가 용이하다.
2) 촉매
3) 환경 : 압력, 산소농도
4) 흐름상태

---

83) Figure A.1 - Test apparatus assembly. 60079-20-1/FDIS ⓒ IEC. 19page

5) 증기온도
6) **분자량** : 분자량이 클수록 AIT는 감소한다.
7) **용기의 크기** : 클수록 AIT는 감소한다.
8) 발화공간의 형태와 크기
9) 가열속도
10) 시험방법
11) 용기벽의 재질

(7) 위험성 분류($T_1 - T_6$) : 표면의 온도(열면온도)가 AIT(T)값 이상이 되면 유도점화원이 없어도 해당 물질이 발화한다. 이는 자연발화시험과 마찬가지로 일정 면의 온도가 얼마까지 상승할 수 있는가를 나타내고 온도등급 이하의 장소에 물질을 저장함으로써 표면온도에 의한 발화를 제한할 수 있다.

T_1	T_2	T_3	T_4	T_5	T_6
450≥	300≥	200≥	135≥	100≥	85≥

(8) AIT는 실험 시 조건인 압력, 조성 등에 의해 복잡하게 변한다.
1) 예를 들어 상당수의 탄화수소류는 2가지 이상의 AIT를 갖고 있으며, 주위 온도가 떨어질 때 발화되는 현상을 나타내는 경우도 있다.
2) 따라서 AIT를 고유물성값이라 하지 않는다.

05 자연발화이론

(1) 열발화이론 : 세메노프(Semenov)
1) 가연성 혼합기의 최소발화온도 존재에 의해 개발된 열폭발이론
   ① 임의 형상의 가연성 혼합기를 외부에서 가열하였을 때 자연발화가 일어나기 위한 조건
      ㉠ 가열온도가 일정 이상이어야 한다.
      ㉡ 내부온도가 가열온도보다 일정 값 이상 높아야 한다.
   ② 자연발화가 일어나기 위해서는 발생열이 방산열보다 커야 하며, 발생열의 온도 의존은 아레니우스(Arrhenius)의 반응속도관계에 의하며, 방산열은 뉴턴(Newton)의 냉각법칙을 따른다.

> **꼼꼼체크 뉴턴의 냉각법칙**
> - 시간에 따른 물체의 온도변화는 그 물체의 온도와 주위 물체의 온도차에 비례한다는 법칙으로 온도차가 작을 때만 사용 가능하다.
> - $\frac{dT}{dt} = -k(T-S)$
>   여기서, T : 물체의 온도, S : 물체 주위의 온도, k : 초기 조건으로 구해지는 상수

2) 전제조건
   ① 반응혼합기 내 온도는 일정한 것으로 가정한다.
   ② 내부온도는 공간적으로도 균일하다고 본다.
   ③ 반응물 소비는 무시할 정도로서 아레니우스의 온도의존성에 따르는 것으로 가정한다.
   ④ 반응물체 내부의 온도는 공간적으로 균일하다. 즉 K값이 무한대에 가깝다.
   ⑤ 열발생의 원인은 단순 적분에 의한 1차 화학반응 때문이다.
   ⑥ 반응열과 활성화에너지는 모두 발화거동을 뒷받침하기에 충분히 크다.
3) 액체의 경우는 세메노프(Semenov) 이론을, 고체의 경우는 프랭크 카메네스키(Frank-Kamenetskii) 이론을 적용한다.
4) 세메노프(Semenov) 열발화이론의 도표상 이해

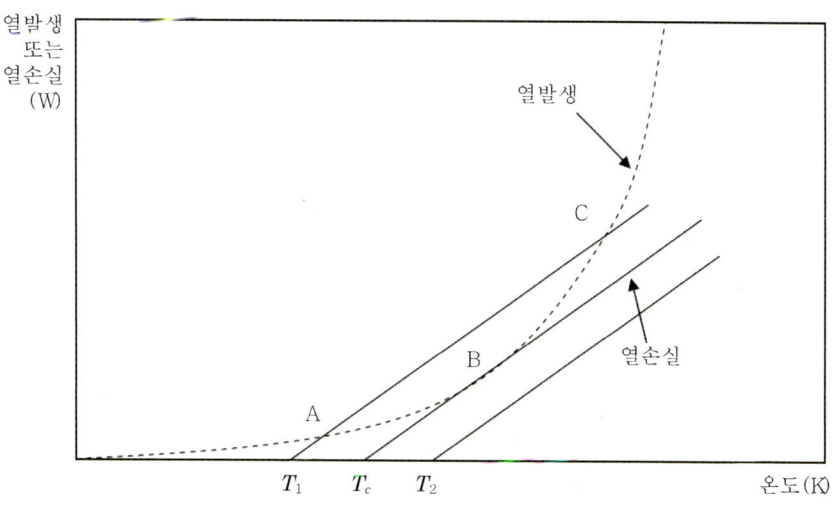

∥ 세메노프 이론으로 표현 열발화이론 ∥

① 열이 발생에서 T_1의 온도로 손실이 일어날 경우 점A와 점C 사이에서는 열의 발생보다 손실이 많아 발화가 일어나지 않는다.
② T_1의 온도로 손실이 일어날 경우 점C 이후에는 열의 발생이 많아져서 내부온도는 계속 상승하여 결국에는 자연발화가 발생한다.
③ T_c의 손실이 발생하는 경우에는 열의 발생곡선과 만나는 점B를 임계점으로 하여 그 외 부분에서는 내부온도가 계속 상승하여 자연발화가 발생한다. 따라서 점B가 자연발화를 발생시키는 한계이고 그 한계 이상의 열손실이 발생해야 발화를 예방할 수 있다.
④ T_2의 손실이 발생하는 경우에는 열의 발생곡선이 손실보다 높으므로 모든 영역에서 자연발화가 발생할 수 있다.
⑤ 자연발화는 가열온도가 일정 이상이 되어야 하며, 그림에 있어서 발화온도(내부온도)와 가열온도의 차 $\left(T_{s,cr} - T_{a,cr} = \Delta T_{cr} = \dfrac{RT_{a,cr}^2}{E} \right)$가 일정값($≒20K$) 이상일 때 '발열량(발열속도) ≥ 방열량(방열속도)'가 되어 자연발화한다.

⑥ 세메노프(Semenov) 이론은 자연발화가 일어날 수 있는 온도차, $\dfrac{RT_{a,\,\mathrm{cr}}^2}{E}$를 규정한 것이다.
   ㉠ $T_{s,\mathrm{cr}}$: 내부온도
   ㉡ $T_{a,\mathrm{cr}}$: 가열온도
   ㉢ E : 활성화에너지(내부에너지)

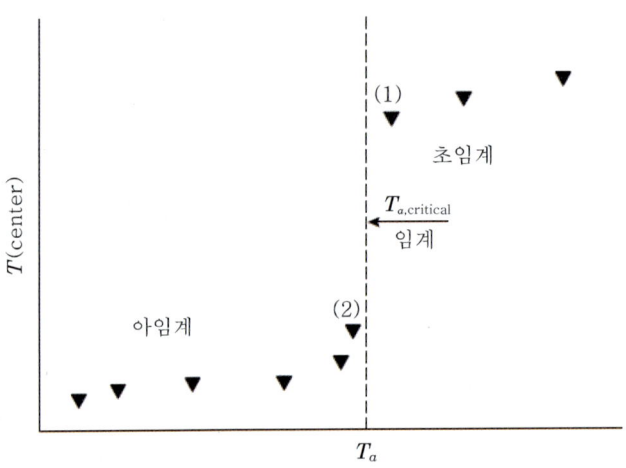

| 자연발화에서 내부가열의 임계점[84] |

(2) 열발화이론 : 프랭크-카메네스키(Frank-Kamenetskii)

  1) 전제조건
   ① 반응속도가 단순한 아레니우스(Arrhenius)식으로 표현될 수 있다.
   ② 반응물의 소모가 없다.
   ③ Biot No.가 충분히 커서(K값이 작은 특정값을 가지고 있다.) 반응 체적 내에서의 전도에 의해 열손실률이 결정될 수 있다.
   ④ 시스템의 열특성치들이 온도에 따라 변하지 않고 일정하다.

  2) 식[85]

   ① 프랭크-카메네스키 수(Frank – Kamenetskii number) : $\delta = \dfrac{x_0^{\,2} Q \rho A \exp\left(-\dfrac{E}{RT_a}\right)}{K\dfrac{RT_a^2}{E}}$

   여기서, x_0 : 시료의 특성 치수의 반, T_a : 주위온도, E : 활성화에너지

---

84) Figure 2-10.5. Typical experimental results for criticality tests. SFPE 2-10 Spontaneous Combustion and Self-Heating 2-217page
85) (4.3) A study of delayed spontaneous insulation fires Igor Goldfarb, Ann Zinoviev. 497page

② 상기 식을 정리하면 $\ln\left(\dfrac{\delta T_a^2}{x_0^2 \rho}\right) = \ln\left(\dfrac{EAQ}{Rk}\right) - \dfrac{E}{RT_a}$ 로 나타낼 수 있다.

③ 발화지연의 식 : $\ln(t_{\text{delay}}) = \left(\dfrac{E}{BT_{G0}} - \ln(A)\right) + \ln(\tau_{\text{delay}})$

④ 발화지연은 열생성과 열손실 사이의 차이로 인해서 발생한다.

(3) SFPE : 발열 > 방열 → 발화가 발생한다.

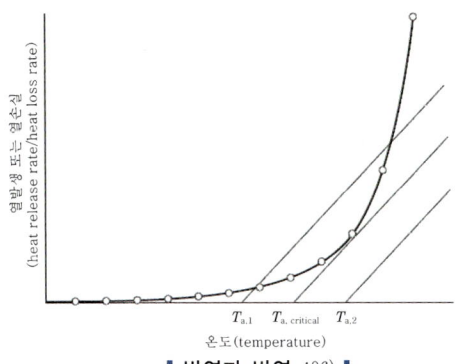

▌ 발열과 방열 1[86] ▐

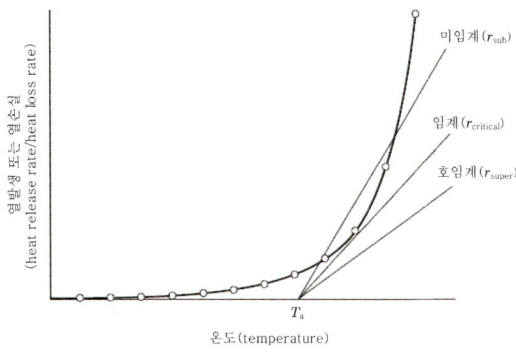

▌ 발열과 방열 2[87] ▐

1) $T_{a,\,\text{critical}}$: 임계온도로 방열과 발열이 균형을 일으키는 점으로 이 점 이후부터 발화가 가능하다.

2) $T_{a,1}$: 발열보다 방열이 많은 경우로 열손실이 많아 발화가 이루어지지 않는다.

3) $T_{a,2}$: 방열보다 발열이 많은 경우로 열축적이 이루어져 발화가 발생한다.

---

86) Figure 2-10.1. Typical Arrhenius heat-release and loss curves. SFPE 2-10 Spontaneous Combustion and Self-Heating 2-213page

87) Figure 2-10.2. Disappearance of balance points with body size increase. SFPE 2-10 Spontaneous Combustion and Self-Heating 2-214page

Section 16 고체의 열분해

01 개 요

(1) 연소반응이 발생하기 위해서는 전이상태인 라디칼들이 발생하여 유효한 충돌을 해야 하는데, 고체의 경우는 분자 간의 결합 및 분자 내 결합력이 강하므로 이를 끊어서 라디칼이 발생하는 열분해과정이 선행되어야 한다. 열분해 이후의 과정은 다른 상의 연소과정과 동일하다.

(2) 고체의 열분해는 크게 물리적 변화(탄화, 용융, 팽창)와 화학적 변화(가교화, 고리화, 제거화)로 나눌 수 있으며, 각 물질마다의 결합구조의 특성에 따라 다른 특성을 나타낸다. 고체 물질의 화학적 변화를 통해 가연성 가스가 발생하고 이 가스는 고체 물질 위에서 연소할 수 있다.

(3) 또한 고체 표면온도에 따라 열분해가 결정되므로 표면온도에 도달하는 시간이 고체의 연소에 중요한 변수이며, 표면도달시간은 열관성, 두께와 상관관계가 있다.

02 열분해(pyrolysis)

(1) 물질에 높은 온도로 가열하여 일어나는 화학물질의 분해반응을 가리킨다. 열분해는 일반적으로 430℃(800°F) 이상의 온도에서 발생한다.

　1) 열분해의 연속과정을 단계별로 구분하면 아래와 같은 그림으로 나타낼 수 있다.[88]

| 열의 공급 | 분해반응 | 가연성 증기 발생 | 산소와 혼합 | 연소 |

　2) 또한 열분해를 구분하면 아래와 같은 그림으로 나타낼 수 있다.[89]

---

[88] MECHANISMS OF PYROLYSIS Jim Jones 2011 massey university
[89] MECHANISMS OF PYROLYSIS Jim Jones 2011 massey university

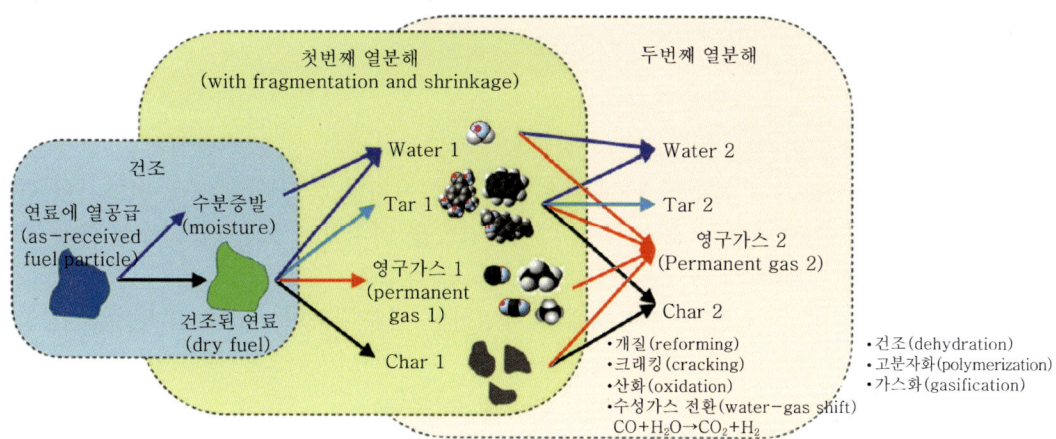

▎열분해 과정[90] ▎

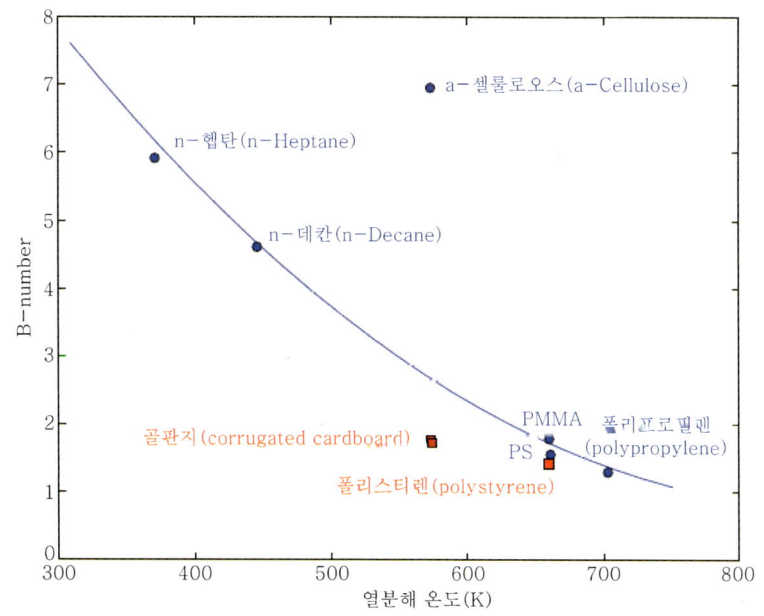

※ B-number : 위험수준을 나타내는 지수로 높을수록 위험성이 크다.
연료로부터 에너지를 받아서 기상화 시키는 정도에 의해서 결정되는 지수이다.

▎연료 종류에 따른 열분해 온도[91] ▎

---

90) MECHANISMS OF PYROLYSIS Jim Jones 2011 massey university
91) Characterizing the Flammability of Storage Commodities Using an Experimentally Determined B-number by Kristopher Overholt Fire Protection Engineering December 2009

(2) 물리적 변화

1) 탄화(carbonization)
   ① 정의
      ㉠ 유기 화합물이 열분해나 화학적 변화에 의하여 탄소로 변화하는 현상을 탄화(char)라 하는데 탄화는 화학적 변화이지만 물리적 구조를 변화시켜 열분해 과정(가연성 가스 생성)에 큰 영향을 미치므로 이를 물리적 변화에 포함시킨다.
      ㉡ 유기물을 적당한 조건하에서 가열하면 열분해하여 비결정성 탄소를 생성하는 현상을 말한다.
         - 공기를 차단하고 목재를 태우면 숯(목탄)
         - 석탄을 건류하면 코크스가 되는 현상

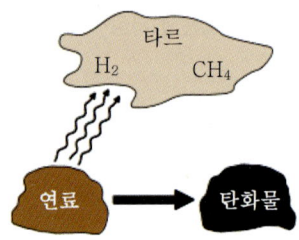

   ② 탄화물(char) : 타버리거나 검게 된 형태의 탄소질 물질
   ③ 탄화물 부풀림(char blisters) : 열분해나 연소로 인해 목재 등의 물질에 형성된 탄화물 표면의 균열과 갈라진 틈으로 분리된 탄화물의 볼록한 부분
   ④ 연소에서 탄화의 역할
      ㉠ 긍정적 역할
         - 생성된 저밀도의 탄화층은 외부 열원과 아직 열분해되지 않은 가연물의 단열재 역할로 열의 전달을 차단하는 장벽 역할을 한다.
         - 가연물을 분해시키는 에너지원이 휘발성 물질의 연소에너지라면 표면에 가해지는 열유속도 줄어들어 질량분해속도(mass loss rate)를 감소시킨다.
      ㉡ 부정적 역할
         - 훈소를 일으킴으로써 독성이 증가한다.
         - 화재 감지의 어려움, 단열효과로 열을 머금고 있어 재발화 위험이 크다.
   ⑤ 탄화증대 방법 : 교차 결합 및 사슬 강화

2) 부풀어 오름 or 팽창
   ① 열팽창(thermal expansion) : 온도의 상승과 함께 물체의 길이, 체적, 표면적에 따라 비례적으로 증가한다. 열팽창계수라 불리는 단위 온도당 증가량은 물질에 따라 다르다.
   ② 밀도가 감소하여 미열분해 가연물로의 열전달을 방해하여 열분해속도를 낮추는 현상으로 현재 방염 코팅의 주 원리가 이 팽창을 이용한 것이다.

3) 용융(melting) : 열에 의해 고체가연물이 액상화하는 현상
   ① 열가소성 : 기화되기 전에 열에너지에 의해 녹는 물질로 열분해율이 증가하고 점성이 감소하여 열방출률과 화염확산에 영향을 주어서 화재위험성이 증가하게 된다.
   ② 열경화성

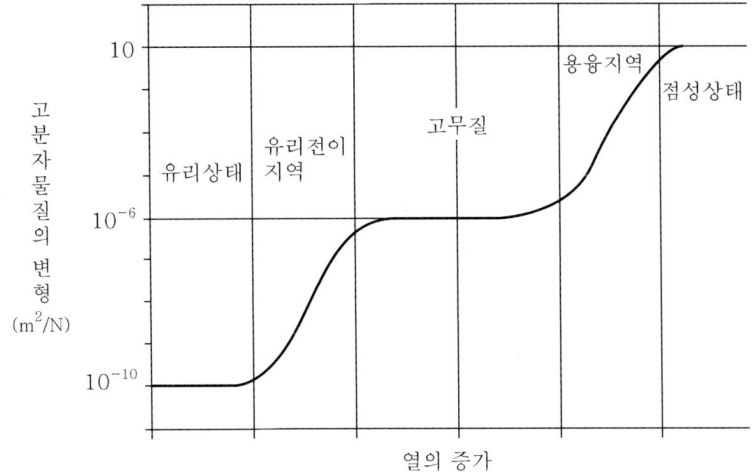

∥ 열의 증가에 따른 고분자의 변형[92] ∥

- 유리상태 : 결정의 강성(rigidity)과 액체의 무질서한 분자구조가 결합된 제4의 상태로 고분자가 유리와 같이 딱딱하며 부러지기 쉬운 상태(brittle)를 보인다. 고분자의 사슬이 전반적으로 얼어서 움직이지 못하는 상태이다.
- 유리전이상태 : 가죽과 같이 질긴 상태에서 유연한 상태로 전이가 일어난다. 몇 도의 온도 변화로 고분자의 경직도(stiffness)가 급격히 감소한다.
- 고무질상태 : 고분자의 확산운동이 더욱 증가한다. 광범위(분자 전체 범위) 확산운동은 여전히 제약을 받는다.
- 점성상태 : 액체와 같은 흐름을 나타내는 영역으로 분자 간의 얽힘(entanglement)이 충분한 열에너지에 의해 흐름이 장애로 작용하지 않는다.

(3) 화학적 변화
   1) 가교화(cross-link)

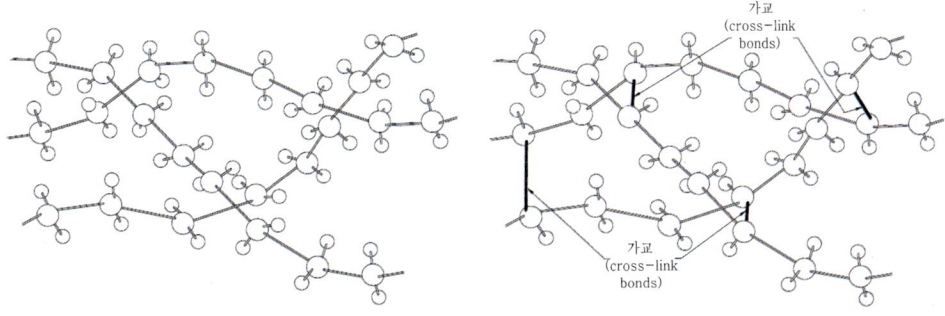

---

92) SFPE 1-07 Thermal Decomposition of Polymers 1-112 Figure 1-7.2. Idealized view of effect on deformability of thermoplastics with increasing temperature.

① 사슬모양의 구조를 가진 천연 및 합성 고분자를 다양한 방법으로 결합시켜 새로운 화학결합을 만들어 3차원 망상구조를 지니게 하는 반응으로 다리걸침이라고도 한다. 즉, 중합체가 되는 반응이다. 에너지를 받아 탄소와 수소의 결합선이 분리되고 남은 결합선끼리 이중, 삼중결합을 하면서 결합력이 증가한다.

② 가교화를 통해 결합력이 증가함으로써 열가소성이 열경화성으로 바뀔 수 있고, 열분해도 어려워진다.

③ 가교화되어 있는 경우는 온도가 높게 올라가더라도 녹아서 유동성을 나타내지 않고 경화되어 버린다. 물질의 성질을 바꾸어 준다.

2) 제거반응(elimination reactions)

① 제거반응이란 어떤 분자에서 그 분자를 구성하는 원자들 중 일부가 빠져나가 새로운 분자가 형성되는 반응이다.

② Cl의 제거반응 : $- CH_2 - CHCl - \rightarrow - CH = CH - + HCl$

3) 고리화 반응(cyclization reactions) : 사슬모양의 유기화합물이 고리모양의 중합체로 바뀌는 반응

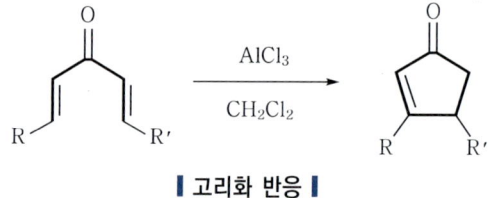

| 고리화 반응 |

03 발화시간

자세한 내용은 뒤 페이지 참조

04 열의 귀환(feed back)

(1) 열분해가 발생할 경우, 이러한 과정이 스스로 지속(self-sustaining)되도록 하기 위해서는 연소생성물(화염 등)이 고체가연물에 충분한 열을 되돌려줘 가연성 가스가 계속 생성되도록 하여야 한다.

(2) 즉, 가연물로 전달된 열은 가연성 가스를 생성하고 이 물질은 가연물 위에서 공기 속의 산소와 반응해 열을 발생시키며, 이 열 중 일부는 다시 가연물로 전달되는 과정이 반복된다.

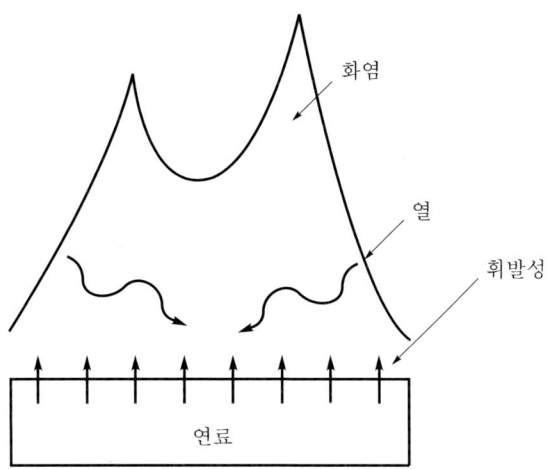

지속적인 연소를 위한 에너지의 귀환 과정[93]

05 화염에 의한 연료의 가상화[94]

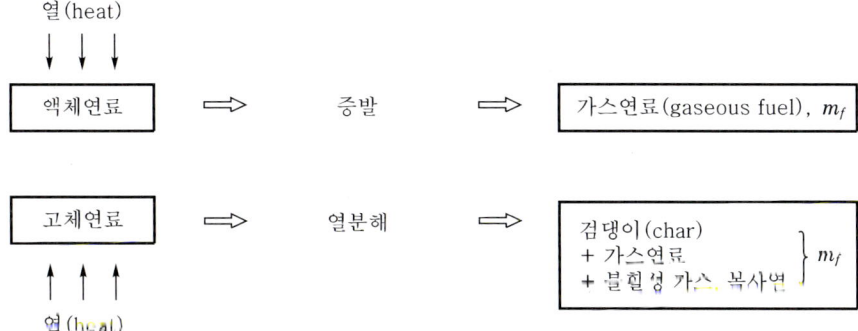

---

93) Figure 1-7.1. Energy feedback loop required for sustained burning. Thermal Decomposition of Polymers 1-111 SFPE 1-07 Thermal Decomposition of Polymers
94) FIGURE 9.1 Fuel gasification in fire. Enclosure Fire Dynamics. Bjorn Karlsson James G. Quintiere(2000)

Section 17. 목재의 열분해

01 개요

목재류는 가연물로서 외부에서 열을 가하면 수분을 잃고 탄화되다가 일정 온도 이상이 되면 발화되어 연소가 시작된다.

02 목재의 화학 특성

(1) 실험식(셀룰로오스) : CH_2O

(2) 분자식(셀룰로오스) : $C_6H_{10}O_5 + 6O_2 \rightarrow 6CO_2 + 5H_2O$

(3) 필요공기량 : 1g당 $5.7g_{air}$

(4) 목재의 화염연소는 목재의 열분해로 인해 발생하는 휘발성 기체의 산화와 관계있는 반면, 잔류 탄화물의 연소는 가연물의 표면 산화에 의해 발생한다.

(5) 목재의 깊은 층에서 열분해가 될 경우 휘발성 생성물질은 반드시 그 위에 형성되어 있는 탄화층을 통과하여 표면에 도달하게 된다.

03 목재의 구성

(1) 구성
  1) 셀룰로오스(cellulose) : 50%
  2) 헤미(세미) 셀룰로오스(hemi-cellulose) : 25%
  3) 리그닌(lignin) : 25%

(2) 분해 순서
  1) 헤미(세미) 셀룰로오스(hemi-cellulose) : 500K
  2) 셀룰로오스(cellulose) : 500~600K
  3) 리그닌(lignin) : 600~750K

 리그닌(lignin) : 셀룰로오스와 함께 목재를 이루는 주성분으로서 지용성 페놀고분자이 며 재(材)를 이루는 세포들의 세포벽에 많이 들어 있는데, 연재 속에는 약 24~35%, 경재 속에는 17~25% 정도 들어 있다.

(3) 리그닌의 분해는 전체적인 탄화율에 큰 영향을 미친다. 왜냐하면 리그닌이 교차결합 구조로 가열 시 50%가 휘발되고 나머지는 탄화층이 형성되기 때문이다. 셀룰로오스는 선형구조로서 300℃로 오래 가열하면 약 5% 정도만 숯으로 남는다. 목재를 450℃ 이상으로 가열하면 일반적으로 약 15~20%의 숯을 남긴다.

(4) 복사 가열로 인해 발생하는 목재의 유도발화는 표면온도가 600~650K일 때 관찰되고 있다.

04 목재의 연소

(1) 목재는 합성고분자와는 달리 비균질성, 비균등성 물질이다.

(2) 높은 분자량의 자연고분자 물질의 복합체이고, 그 중 셀룰로오스, 반셀룰로오스, 리그닌의 비율은 종에 따라 변한다.

(3) **목재판과 막대기의 연소**
  1) 나뭇결로 형성된 구조 때문에 특성치는 나뭇결의 방향에 따라 변하게 된다.
  2) **나뭇결과 평행인 곳** : 열전도도가 수직인 경우보다 약 2배 빨라서 발화나 화염전파가 어렵고 분해가스의 침투성에도 큰 차이가 발생한다. 즉, 나무 표면 아래에서 발생된 휘발분은 나뭇결을 따라 이동한다.
  3) 나뭇결과 직각인 작은 균열들이 숯에서 나타날 때 표면에서 먼저 발생하고, 이로 인해 내부로 열전달이 잘 되고 휘발분이 쉽게 도망간다.
  4) 균열들은 깊이가 증가함에 따라 점차 균열 폭이 넓어지는 형태가 되며 마지 논바닥이 갈라지거나 악어등과 같이 갈라진 형태가 된다.
  5) L_v(기화열)값은 대략 1,800~7,000J/g이다.
  6) 목재의 발열량 : 4,500kcal/kg

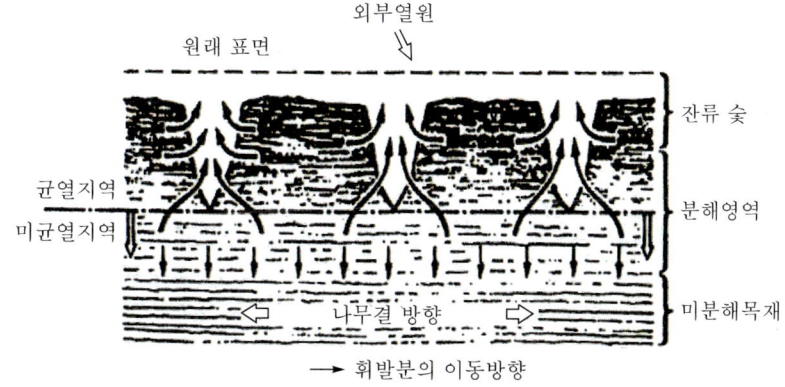

‖ 목재연소의 단면 ‖

(4) 통나무의 연소
1) 여러 층이 겹겹이 쌓인 형태, 나무 막대들이 가로질러 구성된 형태이다.
2) 통나무 사이에 가두어진 열이나 연소면 간 상호 교차복사에 의해 막대기 나무의 단면이 효과적으로 연소가 된다.

(5) 목재의 연소특성
1) 열분해 온도가 다른 중합체에 비해 높다.
2) 탄화율이 크다. 따라서 숯을 형성하게 된다.
3) 수분에 의한 영향이 크다. 목재에 물리적·화학적으로 물이 함유되어 있다.
4) 일산화탄소(CO) 생성률이 다른 고분자화합물에 비해 크다. 이는 자체적으로 산소를 가지고 있기 때문이다.
5) 다공성 물질로 심부화재 가능성이 높다.

05 발화와 연소에 영향을 미치는 요인

(1) 물체의 외형
1) 표면적이 커지면 공기와의 접촉 부분이 많아지고 입자 표면에서 전도열의 방출이 적어진다.
2) 두께가 얇아짐으로써 발화와 화염전파가 더 쉽게 된다.
3) 따라서 잘고 얇은 가연물이 두텁고 큰 쪽보다 더 잘 탄다. 그 이유는 아래의 그림과 같이 같은 물체라도 세분화하면 공기와 접촉하는 표면적이 증가하기 때문이다.

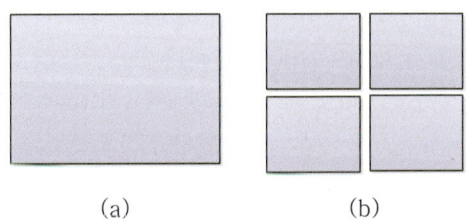

┃물체의 외형에 따른 표면적┃

(a)의 한 변을 2라고 하면 (a)의 전체의 길이는 8이다. 하지만 (b)는 하나의 사각형의 길이가 4로 전체의 길이는 16이다. (a)에 비해서 (b)가 길이가 2배가 된 것이다. 이를 면적에 적용시키면 4배, 체적에 적용시키면 8배의 차이가 발생한다.

(2) 열전도
1) 목재는 열전도도가 낮고 단열효과가 높다.
2) 철과 알루미늄은 목재에 비해서 열전도도가 각각 350배와 1,000배이다. 따라서 철이나 알루미늄은 타기 어렵고 목재는 용이하게 발화하여 연소한다.

(3) 수분함량

1) 일반적으로 목재류의 수분함량이 15% 이상이면 비교적 고온에서 장시간 접촉해도 발화하기 어렵다. 따라서 추운 계절에 난방으로 습도가 낮아지면 이때 목재는 여름의 습도가 높을 때보다 훨씬 발화하기 쉽게 된다.
2) 목재, 종이 등과 같이 쉽게 흡습하는 물질은 대기 중의 습도에 의해서 발화성이 상당히 좌우되는데, 화재예방의 차원에서 실효습도라는 용어가 사용된다.

> **실효습도** : 당일의 평균습도 이외에 전날, 그 이전의 영향을 고려한 습도를 말한다. 예를 들면 오늘은 습도가 높아도 그 전날까지 1주일간은 습도가 낮았다면 목재 안의 수분은 적어 화재가 발생했을 때 습도가 낮은 날과 마찬가지로 연소의 위험성이 커진다.
>
> 실효습도 $H_e = (1-r)(H_0 + r \cdot H_1 + r^2 \cdot H_2 + \cdots + r^n \cdot H_{n-1})$
>
> 여기서, H_0 : 당일 평균 상대습도
> H_1 : 전일 평균 상대습도
> H_2 : 전전일 평균 상대습도
> r : 상수(보통 0.7을 적용한다.)

3) 셀룰로오스 물질의 경우에 가열 시 항상 발생하는 중요한 변화가 흡수된 수분의 이탈이다.
4) 물은 물리적·화학적으로 흡수되므로 수분이탈 온도 및 속도는 물질마다 다르다. 물리적 수분이탈에 대한 활성화에너지는 30~40kJ/mol이고, 개시반응온도는 물의 끓는점보다 다소 낮다.

> **목재에 물리적·화학적 함유된 수분** : 목재 내에 존재하는 수분은 세포내강과 같은 빈 공간에 물의 상태로 존재하는 자유수와 세포벽 내의 미세한 극극에 물분자이 상태로 존재하면서 목재외 성분과 수소결합 또는 극성결합을 이루는 결합수로 구분할 수 있다. 회재로 인한 가열이 있는 경우에는 먼저 자유수가 증발되고 난 후에 결합수가 증발된다. 자유수가 모두 없어지고 결합수로 포화된 상태를 섬유포화점(fiber saturation point)이라고 하고 이 점 이하가 되면 결합수의 이동이 발생하면서 목재가 뒤틀어지고 수축됨으로써 목재 구조물의 붕괴가 유발될 수 있다.

(4) 열유속과 시간(kW×t)

1) 발화는 열유속과 시간의 함수이다.
2) 낮은 온도라도 발화온도가 될 때까지 장시간 가연물에 열이 공급되면 발화하게 된다.
3) 짧은 시간이라도 높은 온도(높은 열유속)를 받으면 발화하는데 이를 통해 가열하는 시간과 속도가 상호영향을 주는 것을 알 수 있다.

(5) 자연발화
: 목재나 목재가공품에 기름을 흡수시켜서 통풍이 불량한 곳에 장시간 방치해두면 자체 열축적에 의해 자연발화하게 된다.

(6) 연소속도
: 연소속도는 가연물의 외형, 공기 공급상태, 수분함량, 기타 복합적인 요인들에 의해 영향을 받는다.

(7) **화염전파속도** : 가연물 표면에서의 조기발화와 빠른 화염전파속도는 상대습도가 낮아 가연물의 수분함량이 낮아지는 겨울철에 높다. 또한 전파방향이나 방위에 따라서 전파속도는 상이하게 나타난다. 가연성 액체나 기체에 비해 고체의 화염전파속도는 열분해를 통해 가연성 증기를 발생시켜야 하므로 상대적으로 낮다.

(8) **연소물질의 양** : 가연물의 양이 많을수록 발화의 가능성은 커지게 된다. 또한 일단 발화되면 화재하중이 커지고 연소시간의 경과에 따라 실내온도 상승도 높아지게 되므로 화재강도도 커지게 된다.

(9) **목재의 밀도** : 저밀도의 목재는 고밀도의 목재에 비해서 열전도도가 낮고 내부에 공기를 많이 포함하고 있어서 고밀도의 목재보다 발화시간이 짧아진다.

06 목재 열분해 생성물

(1) **레보글루코산(laevoglucosan)**
  1) 분자식 : $C_6H_{10}O_5$
  2) 셀룰로오스(cellulose) → 레보글루코산(laevoglucosan)
  3) 레보글루코산(laevoglucosan) → 2 메틸 글리옥살(methyl glyoxal)+물(water)

(2) **탄화물**

(3) **고분자 반-액체(타르)**

07 셀룰로오스 분해과정

(1) **수분의 단순 제거 외의 4가지 과정**
  1) 셀룰로오스 사슬의 교차결합 : 이때 수분이 생성(탈수)된다.
  2) 셀룰로오스 사슬의 분해(unzipping) : 단합체로부터 레보글루코산(laevoglucosan) (신속하게 분해되어 작은 휘발성 화합물을 생성시킴)이 형성된다.
  3) 탄화물과 휘발성 물질을 발생시키는 탈수 생성물이 분해된다.
  4) 레보글루코산(laevoglucosan)이 추가로 분해되어 더 작은 휘발성 물질을 발생시킬 수 있다. 레보글루코산(laevoglucosan) 중 일부는 재중합될 수도 있다.

(2) 온도가 550K 미만인 경우에는 탈수반응 및 분해(unzipping)반응이 비교적 완만한 속도로 진행되어 셀룰로오스의 기본 골격이 유지된다.

(3) 온도가 증가할수록 분해(unzipping)가 활발하게 진행된다.

(4) 탄화물의 수율은 가열속도에 따라 크게 달라진다.
   1) 가열속도가 매우 높을 경우 탄화물이 전혀 생성되지 않는다.
   2) 500K에서 예열하면 탄화율이 30%에 이른다. 이는 궁극적인 탄화에 있어서 저온 탈수 반응이 갖는 중요성 때문이기도 하지만, 가열속도가 느려지면서 레보글루코산(laevoglucosan)의 재중합 가능성이 증대되기 때문이기도 하다.

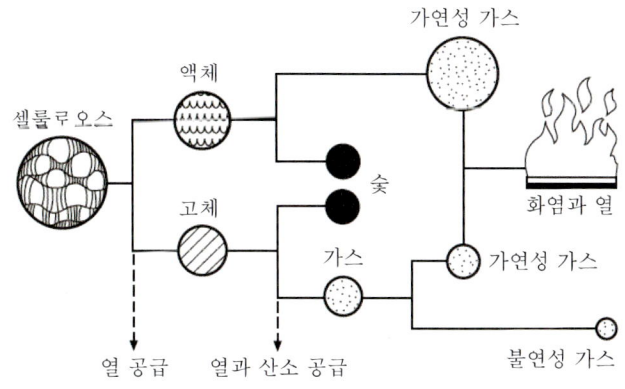

| 목재의 분해과정 |

08 목재의 발화

(1) 온도에 따른 목재의 열분해 현상
   1) 100℃ : 목재 내의 흡착수가 방출되며 열분해가 서서히 시작된다.
   2) 150℃ : 분해속도가 빨라진다.
   3) 180 ~ 300℃ : 반 셀룰로오스(hermicellulose)가 급속도로 분해된다.
   4) 240 ~ 400℃ : 셀룰로오스(cellulose)가 급속도로 분해된다.
   5) 250 ~ 550℃ : 리그닌(lignin)이 급속도로 분해된다. 온도가 260℃ 이상으로 상승하게 되면 목재 내부의 결합수가 증발하고 열분해 생성물이 증대된다. 따라서 이 지점의 온도를 목재의 인화점이라고 한다.
   6) 250℃, 300℃ 및 400℃ 부근에서 각각 발열 피크 발생 : 이 온도에서 목재는 왕성하게 분해됨과 동시에 발열반응(exothermic reaction)을 일으킨다.
   7) 상기 과정은 서서히 가열 시에 발생되고 급격한 가열 시에는 275℃ 부근에서 피크가 한번만 나타난다. 이때에는 심한 발열과 가연성 가스가 단시간 내에 다량 생성되는 급탄화 현상을 나타낸다.

(2) **목재발화의 4단계** : 가열에 의한 목재의 분해는 다음과 같은 4단계의 복합적인 과정이다.

1) **1단계 : 열분해**
   200℃ 이하에서 목재가 방사열, 고온공기에 의해서 가열될 때 수증기, 이산화탄소 등 가연성 가스가 발생하기 시작하는 단계이다. 이 단계에서는 탈수가 완료된다. 목재의 가열이 시작되는 단계이고, 목재의 색상은 갈색을 띤다.

2) **2단계 : 인화**
   200~280℃ 사이로 수증기 발생이 적고 이산화탄소가 발생하기 시작하여 아직 1차적인 흡열반응 상태이며, 점점 인화점(260℃)에 도달하게 된다. 목재의 색상은 갈색에서 흑갈색으로 변화된다.

3) **3단계 : 숯의 발생**
   280~450℃ 사이로 가연성 가스와 입자들의 발열반응(연소)으로 탄화물질로부터 숯이 되는 2차적인 반응단계이다.

4) **4단계 : 발화**
   450℃ 이상으로 현저한 촉매활동으로 목탄이 생성되어 지속적인 연소(발화점)가 계속되는 단계로서 발화점에 도달하게 된다.

Section 18 고분자 물질의 연소

01 고분자 물질의 정의

(1) 분자량을 기준으로 일만 이상을 고분자 화합물이라 한다.
  1) 천연고분자 화합물 : 탄수화물, 단백질, 고무
  2) 합성고분자 화합물 : 합성수지, 합성고무, 합성섬유

(2) 단량체(monomer) : 단량체(單量體)는 고분자를 형성하는 '단위분자'이다.
  1) NFPA 35의 정의 : 단량체(monomers) 스스로 중합하거나 중합체를 생성하는 다른 단량체와 중합하는 반응물질을 포함하는 불포화 유기화합물
  2) 화학에서의 정의 : 분자당 4개에서 100개의 원자로 구성된 상대적으로 간단한 구조를 가진 분자의 단위체이다.
  3) 단량체는 액체(스티렌, 아크릴산에틸), 기체(부타디엔, 염화비닐), 또는 고체(아크릴아미드)일 수도 있으며, 다른 유기화합물에서 발생하는 같은 인화성의 특징을 나타내고 있다. 또한 제어할 수 없는 중합반응이 일어났을 때 방출되는 발열로 인해 위험을 내포하고 있다.

(3) 중합체[poly(많다)mer(기본단위)] : 단량체(monomer)가 반복되어 연결된 고분자(macromolecule)의 한 종류이다. 대개는 화학적 합성에 의한 고분자를 '중합체'라고 한다. 합성고분자(만들어 낸 고분자 화합물)는 크게 부가중합체와 축합중합체의 두 종류로 구분할 수 있다.

  1) 첨가중합반응(addition polymerization)
     ① 단위체가 하나 이상의 이중결합을 가진 것이 분리되면서 홀전자가 간단히 연결된 형태이다.

     ② 종류 : PVC, 폴리에틸렌, 폴리프로필렌, 테프론

  2) 축합중합반응(condensation polymerization)
     ① 단위체가 중합될 때 물이나 염산 같은 작은 분자를 잃으면서 형성된다. 따라서 축합중합체를 만드는 단위체는 양 끝에 반드시 작용기를 하나씩 가져야 한다.

② 종류 : 나일론(nylon), 폴리에스터(polyester)

> **꼼꼼체크** 해중합(depolymerization) : 중합반응의 역반응으로 가연성 고체에 열이 공급되어 분자 간의 사슬이 끊어져 단량체나 저분자량의 기체로 변하는 현상

(4) 중합체는 열이 가해지면, 물리·화학적 변화를 거치게 된다.

(5) **열분해**

1) 열로 인해 발생하는 광범위한 화학종의 변환과정
2) **열분해(pyrolysis)** : 열을 이용하여 복합 분자의 일부를 단일 단위로 파괴하는 것 (NFPA 49)

(6) 열분해가 발생할 경우, 고체 물질의 화학적 변화를 통해 기상 가연성 증기가 발생하고, 이 증기는 고체물질 위에서 활성화에너지 이상을 공급받으면 산소와 반응하여 연소한다.

02 중합체 분류 : 화학조성에 의한 분류

(1) **탄소질 중합체(CH)** : PP, PE, PS

(2) **산소(CHO)** : 셀룰로오스, 폴리아크릴, 폴리에스테르

(3) **질소(CHON)** : 나일론, 폴리우레탄, 폴리아크릴로니트릴

(4) **CH + 할로겐족**

1) 염소 : PVC, CPVC
2) 불소 : 테프론(높은 열적·화학적 불활성)

03 물리적 과정

(1) **열경화성(thermoset plastics)**

1) 용융/용해되지 않으므로 일단 성형되고 나면 가열해도 단순한 상 변화가 발생할 수

없다. 즉, 제조과정에서 영구 형태로 굳어져 가열하였을 때 공통적으로 부드러워지지 않는 고분자 물질이다.

2) 특징
   ① 열분해(화학적 변화)를 거치면서 탄화물과 가연성 가스를 생성한다.
   ② L_V(기화열)가 증가하여 열가소성에 비해 연소속도가 감소한다.
   ③ 훈소의 우려가 있으므로 독성, 재발화 등의 위험이 있다.
   ④ 연소 시 탄화하여 단열층을 생성하기 때문에 표면온도가 400~500℃ 증가한다.
   ⑤ 구조 : 가교사슬구조(다리모양에 사슬이 연결된 구조)나 고리구조 형태

3) 분해 메커니즘
   ① 교차결합구조로서 가열했을 때 용융되지 않는다.
   ② 대신에 높은 온도에서 분해되어 고체로부터 직접 휘발성분을 생성한다.

4) 가교를 건설하는 데 첨가되는 물질
   ① 경화제(hardner) : 열경화성 수지에 첨가하여 가교결합을 일으켜 경화시키는 약제
   ② 가교제(cross-linking agent) : 수지에 굳기나 탄력성 등 기계적 강도와 화학적 안정성을 제공한다.

5) 열경화성이 되는 이유 : 서로 그물이나 고리형태로 연결되어 있어 한 점을 잡아당기면 전체가 딸려오고 따라서 분해가 어렵다.

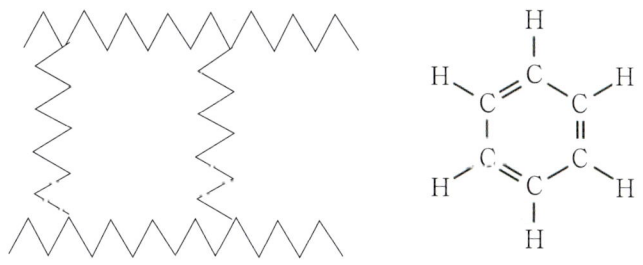

❙ 가교사슬구조와 고리구조 ❙

(2) **열가소성(thermoplastic)** : 용융, 전이
   1) 물리적 거동은 분자의 밀집도(결정도)에 따라 달라진다.
   2) 특징
      ① 가열을 통해 비가역적 변화 없이 해당 물질을 연화시킬 수 있다. 즉, 열에 노출되면 부드러워지고 녹고 흐르는 상태에 도달할 수 있는 고분자 물질로 한번 성형한 후 분쇄하여 다시 가열, 용융, 성형할 수 있다. 단, 이때 가열온도가 최소 열분해온도를 초과하지 않아야 한다.
      ② 용융, 중합, 분해 등을 거치면서 가연성 증기가 발생한다.
      ③ 액체와 같은 유동성이 있어 화염전파속도가 증가할 우려가 있다. 단, 일부 열가

소성 물질은 가열 및 연소 중에 흐르는 경향이 눈에 띄게 나타나지 않는다. PE는 쉽게 녹고 흐르는 반면에 PMMA는 화재 상황에서 약간의 유동현상을 보일 뿐이다.

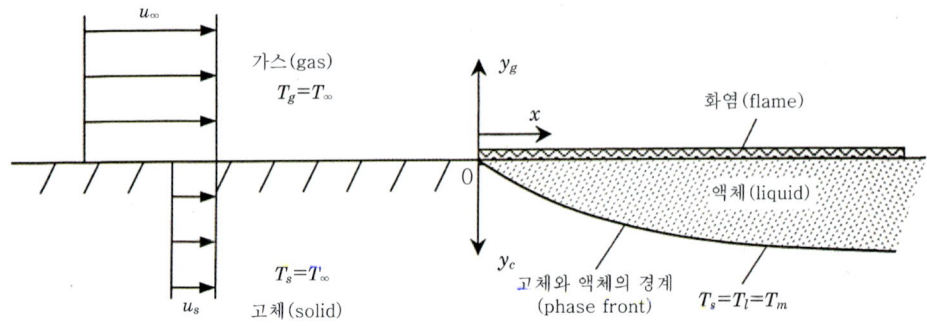

열가소성 물질의 화염전파[95]

④ 연소 시 표면온도가 250~400℃에 이른다.

⑤ 구조 : 선형사슬구조나 선형사슬이 연결된 곁사슬 달린 사슬구조 형태를 가진다. 사슬이 분리되면서 연소가 진행된다.

⑥ 열가소성을 가지는 이유 : 사슬구조형태에서 에너지를 받게 되면 늘어져서 액체와 같은 느슨한 구조가 되기 때문이다.

3) 분해 메커니즘

① 열가소성 플라스틱의 온도를 T_g 이상으로 올리면 처음에는 가죽상(leathery)으로부터

② 점차 고무상(rubbery)으로 변한 후,

③ 결국 용융온도 T_m 이상에서는 온도증가에 따라 점도가 감소하는 점성유체가 된다.

④ 폴리머(polymer)의 경우 시간이 지남에 따른 응고와 온도의 영향에 따라 점성이 계속 변화하게 된다.

⑤ 유체상태의 중합체(polymer)의 점성은 MFI(MI)를 통해 수치화할 수 있다. MFI는 Melt Index, Melt Flow Index의 약자로 용융지수, 용융흐름지수라고 표현할 수 있다.

㉠ MFI 영향요소
- 분자량(molecular weight distribution)
- 다른 단량체의 존재(the presence of comonomers)
- 결정도(the degree of chain branching, crystallinity)

㉡ 중합체(polymer)의 MFI는 위의 여러 물성치의 영향을 받지만 온도에 따라 변화하기 때문에 기준온도와 기준시간(10분)을 기준으로 상대적으로 비교해야 한다.

---

95) Opposed-Flow Flame Spread Over Polymeric Materials : Influence of Phase Change GUANYU ZHENG, INDREK S. WICHMAN,* and ANDRE' BE'NARD Department of Mechanical Engineering, Michigan State University, East Lansing, MI 48824, USA에서 발췌

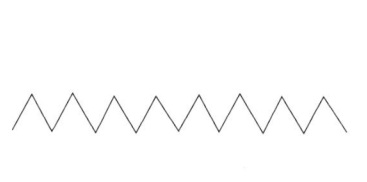
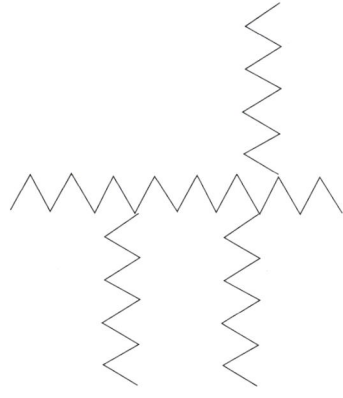

| 선형사슬구조 | | 곁사슬 달린사슬(그라프트 사슬) |

⑥ 선형사슬구조보다 곁사슬 달린 사슬구조 형태가 용융온도와 점도가 높다. 즉, 연소하기 더 어렵다.
   4) 녹는점을 상승시키는 방법 : 분자 간의 결합력을 키우는 방법이다.
      ① 중합체의 강성을 높인다.
      ② 중합체 간의 상호작용 증대(사슬의 강성 증가)
      ③ 가교화(cross-linking)
      ④ 결정성을 높인다.
   5) 종류 : PE, PS, PVC, ABS 등
(3) **탄화** : 중합체는 휘발성질을 갖고 있지 않아 분자가 증발할 수 있도록 보다 작은 분자로 쪼개져야 한다. 이때 가연물 중 휘발성이 큰 것은 증발하고, 탄소와 같이 휘발성이 낮은 일부는 증발하지 못하고 잔류하여 집합체를 이루는 현상을 말한다.

04 화학적 과정 : 인화성 물질(가스)의 생성

(1) **무작위 사슬 절단(random-chain scission)** : 열을 받으면 중합체 내의 무작위 위치에서 사슬이 우선적으로 절단된다.

(2) **말단 사슬 절단(end-chain scission)** : 무작위 사슬 절단 이후에 더 지속적으로 열을 받으면 사슬의 말단부가 끊어지기 시작한다.

(3) **사슬분리(chain-Stripping)** : 중합체의 일부가 아닌 원자나 기가 분리되는 과정이다. 즉, 고분자 뼈대는 그대로 있고 분자 종이 주 사슬로부터 떨어져나가는 과정이다.
   예 PVC의 열분해가 있으며 약 250℃에서 HCl 분자를 잃기 시작하고 뒤에 숯과 같은 잔사를 남긴다.
   $R - (CH_2CHCl)n - R \rightarrow R - (CH=CH)n\ R' + nHCl$

(4) **가교화(Cross-Linking)** : 열분해과정에서 중합체 간에 결합이 형성되는 경우 상대적으로 휘발화가 용이하지 않은 결합력이 강한 구조를 생성한다.

(5) 제거반응

1) 사슬분리(chain-stripping)에 의해 분리된 원자나 기가 서로 결합을 통해 제거되는 반응
2) 예를 들어 H와 Cl이 사슬분리(chain-stripping)에 의해 분리되었다가 결합하면서 원자와 기(radical) 등이 제거되는 반응

(6) 고리화 반응 : 열분해과정에서 육각형 또는 오각형의 고리화가 발생한다.

05 연소 메커니즘

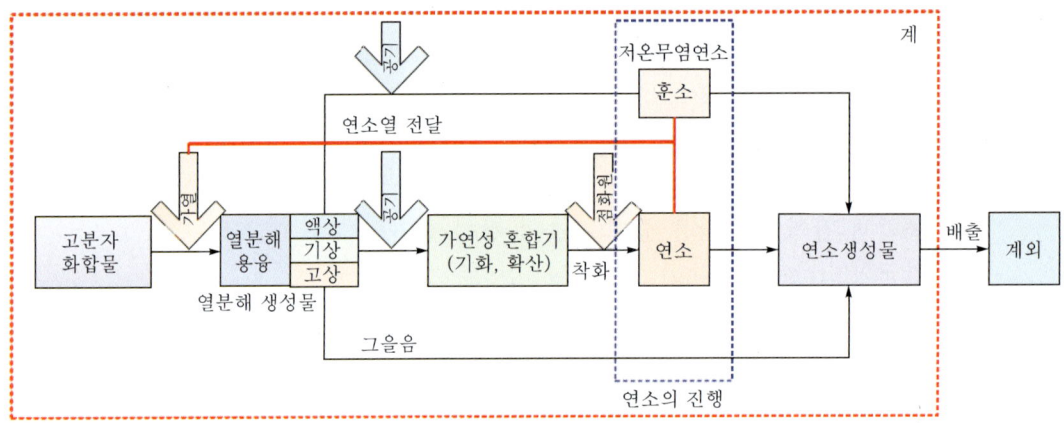

┃ 연소의 진행과정 ┃

(1) 가열(heating or primary thermal)

1) 외부열량을 공급받아 복사, 대류, 전도의 열전달기구에 의해 고분자 물질의 온도가 상승한다.
2) 온도상승속도는 공급열 유입속도, 공급체와 수용체의 온도차이, 고분자 물질의 비열, 열전도율, 융해열, 증발열 등에 의해 결정된다.

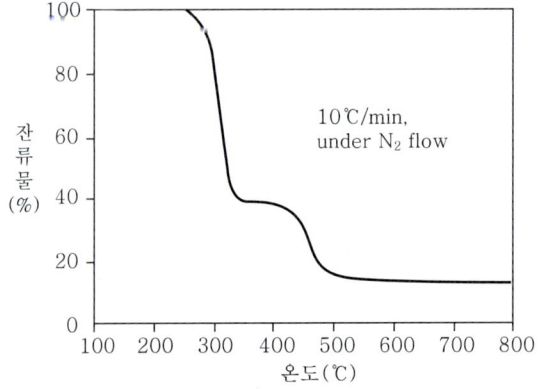

┃ PVC의 열분해에 따른 잔존물의 변화 ┃

(2) **최초의 화학반응**(primary chemical) : 외부열량에 의해서 화학반응이 시작되고 자유라디칼이 형성된다.

(3) **고분자 물질 분해**(polymer decomposition) : 열에 의해 고분자 물질은 다음과 같은 분해물질을 생성한다.
  1) 가연성 가스 : 고분자 물질의 종류에 따라 다르나 메탄, 에탄, 에틸렌, 아세톤, 일산화탄소 등을 생성한다.
  2) 불연성 가스 : 이산화탄소, 염화수소가스, 브롬산가스, 수증기 → 완전연소생성물
  3) 액체 : 고분자나 유기화합물의 분해물, 알데히드, 케톤류, 방향족 탄화수소
  4) 고체 : 타르, 탄화물, 미반응 물질

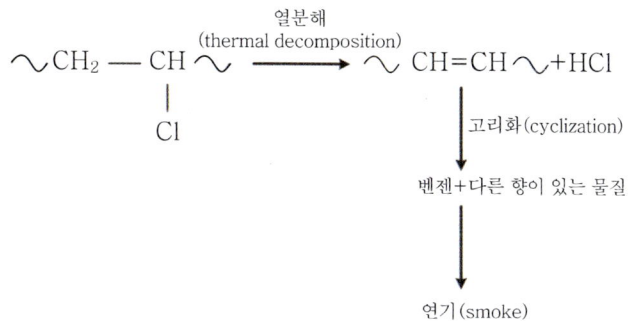

┃ PVC의 열분해 과정 ┃

(4) **점화**(ignition) : 점화는 스파크(에너지 관점)나 열면(온도관점)과 같은 외부 점화원, 열 축적에 의한 내부 점화원, 온도, 혼합가스의 조성 등에 의해 결정된다.

(5) **연소**(combustion)
  1) 단위질량의 연소의 결과로 일정한 양의 열, 빛, 연소생성물이 발생한다.
  2) 화재 초기의 연소열은 가연물의 표면에서의 열전도량을 늘리고 가스의 팽창으로 열의 대류량도 늘린다.
  3) 화재가 성장함에 따라 화염의 복사열로 가연물 표면을 가열함으로써 열전도량을 늘린다. 이때 구획실 내의 가연물에서 복사열의 열분해에 의해 가연성 증기가 일시에 발생하고 가연물의 표면온도가 발화온도 이상이 되는데 이 단계를 전실화재(flashover)라고 한다. 이 단계에 도달하면 소화가 어려워지고 실내가 화염으로 뒤덮인다.
  4) 합성고분자의 연소속도

$$\dot{m}'' = \frac{\dot{q}_F'' - \dot{q}_L''}{L_v}$$

여기서, $\dot{m}''$: 질량감소속도(연소속도, $kg/s \cdot m^2$)
$\dot{q}_F''$: 연소 시 발생하는 열류(kW/m^2)
$\dot{q}_L''$: 연소 시 발생하는 손실열류(kW/m^2)
L_v : 기화열(kW/kg)

① 연소되는 고체 표면의 온도는 전형적으로 350℃ 이상 높은 편이다.
② 휘발분 생성에 필요한 열, 즉 기화열(L_v)은 고체에서는 화학적 분해가 일어나기 때문에 액체의 경우보다 상당히 크다. 왜냐하면 분자 간의 결합력이 액체보다 고체의 경우가 더 크기 때문이다. 따라서 일반적으로 액체가 고체에 비해 적은 열로도 쉽게 연소되는 것이다.
    예 고체 폴리스티렌 $L_v = 1.76 kJ/g$, 액체 스틸렌 모노머 $L_v = 0.64 kJ/g$
③ 목재나 열경화성 수지와 같이 가열에 따라 탄화층을 생성하는 물질은 표면에 탄화층을 구축하여 바로 아래 연료층을 차폐하려는 경향이 있다. 이것이 단열층을 형성해서 훈소의 경우는 쉽게 열을 빼앗기지 않고 지속적으로 연소를 가능하게 한다. 하지만 이 탄화층 때문에 산소의 접근이 원활하지 못하여 연소반응이 활발하게 진행될 수 없다.
④ 전체 열손실이 0이 되거나 외부 열원에 의해 보상되는 경우에는 그 물질이 나타낼 수 있는 최고 연소속도가 된다.
⑤ 한번 화염확산 지역이 증가하고 나면 화염과 주위의 다른 연소표면 사이에 교차복사가 일어나서 연소속도와 확산속도는 모두 증가하게 된다.
⑥ 최성기에는 실내의 공기가 다량 소모되어 가연성 가스에 비해 부족해지므로 연소속도는 질량감소속도가 아니라 공기유입속도에 의해 결정된다.
⑦ 구획실과 자유공간은 공기의 유입이 다르므로 시간에 따른 질량감소속도도 공간의 특성에 따라서 달라진다. 구획실은 단열 때문에 자유공간에 비해 높은 질량감소를 이룰 수 있지만 제한된 산소로 인해 짧은 연소시간을 가지게 된다.

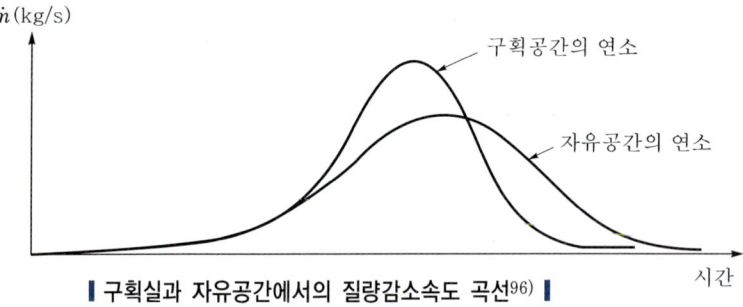

▮ **구획실과 자유공간에서의 질량감소속도 곡선**[96] ▮

5) 가연성비(물체의 상대적 위험성을 판단하기 위함)

$$가연성비(HRP) = \frac{\Delta H_c}{L_v}$$

---

96) FIGURE 3.2 The enclosure effect on mass loss rate. Enclosure Fire Dynamics. Bjorn Karlsson and James G. Quintiere(2000)

① 가연성 고체의 가연성비 : 3~30
② 액체는 고체에 비해 훨씬 큰 값 : 액체의 경우는 기화열이 고체보다는 적기 때문에 가연성비가 고체에 비해 크다. 따라서 고체가 액체에 비해 덜 위험하다. 액체의 경우 가연성비에 따른 영향이 고체보다 훨씬 크다.
  예 헵탄 93, 메탄올 16.5 정도
③ 화재억제제는 ΔH_c(연소열)와 L_v(기화열)를 변화시켜 가연성비를 낮춘다. 이것이 난연화의 원리이다.

(6) 화염전파(flame propagation)

1) 화염전파(flame propagation)=화염확산(flame spread) : 화재가 한 곳에서 다른 곳으로, 즉 화염선단이 이동하는 것이다. 화염선단은 화염의 끝부분으로 이것이 미연소영역으로 이동하는 것이 화염확산이다.
2) 연소확대가 일어나기 위해서는 순연소열은 충분히 커야 한다. 같은 질량이라도 표면에 노출된 쪽이 내부보다는 외부의 열을 받아들이기가 용이하므로 이 단계에 이르기가 쉽다.
3) 고분자 물질에서 표면의 화염전파는 연소확대의 실질적인 방법이다. 특히, 고분자 물질의 화염전파는 복사뿐만 아니라 고체연료에서 전형적인 전도에 큰 영향을 받는다. 왜냐하면 고체물질의 분자조직이 서로 강한 힘으로 결합하고 있어 이를 통해 열이 전달되기가 다른 물질에 비해서 쉽기 때문이다.
4) 확산화염 화염전파속도

$$V = \frac{\delta_f (\text{화염이 영향을 마치는 길이})}{t_{ig}(\text{발화시간})}$$

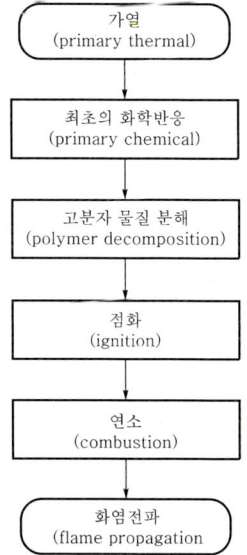

| 연소의 진행(the combustion process) |

(7) **훈소(smoldering)**
   1) 열분해에 의한 가연성 생성물이 바람에 의해 그 농도가 현저히 희석되든지, 공간이 밀폐되어 있어서 산소공급이 부족하게 되면, 가연성 혼합기가 형성되지 않고 분해 생성물이 화염을 통하지 않는 직접경로로 계 밖으로 나가게 되는데 이를 훈소라고 한다.
   2) 훈소에서는 분해생성물이 화염이라는 고온의 장을 통과하지 않으므로 그대로의 모양으로 외부에 방출되기 쉽고, 분자량이 큰 특유의 냄새가 나는 물질이나 독성물질이 발생한다. 따라서 화재발생 초기에 인명피해의 주요 원인이 된다.

06 고분자 물질의 화재위험성

(1) **가연성 물질의 열에 의한 변형**
   1) **열가소성** : 액체의 화재성상, 기화열 L(kJ/kg)이 작아 열방출률(HRR)이 크다.
   2) **열경화성** : 탄화되어 훈소형태의 연소를 한다.

(2) **화재강도 → 화재가혹도**
   1) 열방출률(HRR)이 커서 화재강도가 크고 따라서 화재가혹도가 커진다.
   2) 검댕이(soot)가 다량 함유됨에 따라 복사열량이 크게 증가한다. 이는 검댕이가 흑체와 유사한 효과를 나타내기 때문이다.

(3) **발연량** : 고분자 물질은 발연계수가 커서 발연량이 크다. 여기서의 연기는 구획화재에서의 연기와는 다른 개념인 열분해에 의해 생긴 생성물을 나타낸다.

$$K = C_s \frac{V}{W}$$

여기서, K : 발연량
       C_s : 발연계수
       V : 발생한 연기의 체적(m³)
       W : 재료의 분해 또는 연소 중량(kg)

(4) **연기의 색(농연)**
   1) 고분자 물질은 2중, 3중 결합에 따른 검댕이(soot)의 발생으로 다량의 검은색 농연이 발생한다.
   2) 검은색 농연으로 인해 감광계수가 크므로 가시거리가 짧아 피난 시 장애가 발생한다.

(5) **유독성 물질** : 합성고분자 연소 시 다량의 독성 유기화합물이 발생한다.

07 고분자 물질의 방화대책

(1) **연소억제제 첨가** : 발화하기 어렵게 하고 일단 발화되더라도 화염전파속도를 느리게 한다.
   1) 숯(탄화층)의 생성을 촉진하여 가연성 가스의 농도를 낮춘다.
   2) 유리질 격리층을 형성한다. 이를 이용한 소화약제가 제3종 분말 메타인산이다.
   3) 연소열을 제거한다.
   4) 연소반응을 방해하는 화학반응을 진행하여 내화성을 개선한다. → 흡열반응, 고리화, 가교화

(2) **연소확대가 되지 않는 플라스틱을 사용**(NFP ; Non-Fire-Propagating Plastic)
   1) 미국 FM Global이 1997년에 제정한 반도체공장 클린룸용 재료의 난연 규격(FM 4910)
   2) 시험기준
      ① 연소지수 FPI(Fire Propagation Index) ≤ 6.0
      ② 발연지수 SDI(Smoke Damage Index) ≤ 0.4
      ③ 부식지수 CDI(Corrosion Damage Index) ≤ 1.1

(3) **소화방법** : 물과 반응하여 가연성 가스나 열을 발생시키는 물질도 아니고 산소를 함유한 물질도 거의 없으므로 일반적 소화방법인 냉각소화를 이용한다. 즉, 물에 의한 소화를 한다.

08 결 론

(1) 현재 사용하는 물질의 대부분이 고분자 물질로 열적으로 안정한 중합제의 개발은 광범위한 관심을 모으고 있는 영역이다.

(2) 안정된 중합체를 위해서 사슬 간의 상호작용을 증대시키거나 사슬 강화를 통해 내화 특성을 개선할 수 있다.

(3) 내화 특성을 개선할 경우 가공성과 함께 여러 가지 우수한 특성이 약화되는 경우가 많이 발생하여 고분자 화합물의 장점을 잃어버리는 경우가 많다. 따라서 고분자 화합물의 장점을 가지면서도 내화특성을 가진 물질의 개발이 필요하다.

> **꼼꼼체크**
> - 플라스틱의 특징
>   - 열을 이용하면 다양한 형상(모양)을 만들 수 있다.
>   - 산성과 염기성에 반응성이 작아 잘 견딘다.
>   - 탄성이 있어서 충격을 잘 흡수한다.
>   - 자유전자가 없어서 전기가 통하지 않는다.
>   - 밀도가 낮아 가볍다.

- 우레탄 : N=C=O(이소시아네이트기) + OH(수산기) 결합을 우레탄 결합이라 한다.
  - 우레탄 결합 : OH + NCO
  - 우레탄 결합 + 소량의 물 : CO_2가 발생하면서 발포된다.
  - 폴리우레탄이 연소할 경우 : CO와 HCN이 다량 발생한다.
- 스티로폼
  - 스티로 → 폴리스티렌(PS)
  - 폼 → 기포
  - 기포가 들어가는 기포구조(closed-cell foam) : 공기가 포 안에 갇혀 움직이지 못하는 구조로, 따라서 탄성력이 떨어진다. 또한 폴리스티렌의 구조로 분자수가 적다. 97~98%가 공기이다. 따라서 열전도를 위한 자유전자의 충돌이 적다. 열전달이 적다.
  - 기체는 분자와 분자 간의 거리가 길다. 단열성이 우수하다. → 스티로폼은 고체인데 분자 사이에 공기로 가득차 있어 분자와 분자 간의 거리가 길다. 자유전자의 충돌이 어렵다.
- 탄화수소 화합물의 구조

```
      H   H
      |   |
  H - C - C - H     PS     탄소함량이 많다.
      |   |
      H   벤젠고리

      H   H
      |   |
  H - C - C - H     PE     탄소함량이 적다.
      |   |
      H   H

      H   H
      |   |
  H - C - C - H     PP
      |   |
      H   CH₃
```

- 플라스틱 자체가 썩지 않는 것이 문제가 아니라 그것을 만들기 위해서 유한 자원을 소모하고 그로 인해 환경피해가 발생하는 것이 문제이다.
- 탄화수소의 성질

　　　탄소수가 적을수록　　　　　　탄소수가 많을수록
　　　비점 ↓ LFL ↑　◀　C　▶　자연발화 ↓, 발열량 ↑

Section 19. 화염전파지수 (FPI ; Fire Propagation Index)

01 정 의

대규모 화재를 지배하고 있는 고도의 화염복사 조건하에서 열적으로 두꺼운 물질의 화재확산 거동을 설명하는 지표로 연소능력을 지수로 나타낸 연소지수이다.

02 구 성

(1) **열저항변수(TRP)** : 물질의 발화에 저항하는 능력으로 단위는 $kW/m^2 \cdot \sqrt{sec}$ 이다.
(2) **단위미터당 화학적 발열량(화염전파열량)** Q_{ch} : 화염의 전파를 나타내며 단위는 kW/m이다.

$$FPI = \frac{750 Q_{ch}^{\frac{1}{3}}}{TRP}$$

여기서, Q_{ch} : 단위미터당 화학적 발열량(kW/m)
  TRP : 열저항 변수
  750 : 플래시오버의 열방출률을 기준으로 한 값이다(최성기 3,000 → 3,000×0.5 → 1,500×0.5(최성기 절반의 열방출률)).

03 품질검사기관(FMRC ; Factory Mutual Research Corporation) 기준

(1) FPI < 7 : 비확산 그룹
  1) 발화구역을 벗어나는 화산이 일어나지 않는 물질
  2) 화염이 임계 소멸 상태에 있는 경우
(2) 7 < FPI < 10 : 감속 확산
  1) 화재가 확산되어 발화구역을 벗어나지만 그 속도가 점차 감소하는 물질
  2) 발화구역을 벗어나는 화재확산이 제한적인 경우
(3) 10 < FPI < 20 : 화재가 발화구역을 벗어나서 서서히 확산하는 물질
(4) 20 < FPI : 화재가 발화구역을 벗어나서 급속히 확산하는 물질

04 FPI를 이용한 물질 분류 : 케이블의 불연성 용도에 대한 방화 필요성 측면

(1) 그룹 1(Group 1) : 방화조치가 필요하지 않다.

(2) 그룹 2(Group 2) : 경우에 따라 방화조치 없이 사용할 수 있다.

(3) 그룹 3(Group 3) : 방화조치가 필요하다.

05 화재 내에서 발생하는 열과 화합물을 지배하는 개념

(1) **발화** : CHF[임계복사속(Critical Radiant Flux, W/cm^2)], TRP(열저항변수)

(2) **화염전파** : FPI(화염전파지수)

  1) 내부 및 외부 열원으로부터 나오는 열에 물질의 표면이 노출될 경우
    ① 열에 의한 가연물 표면의 열분해로 가연성 기체가 발생하여 공기와 혼합 기체가 형성된다.
    ② 그 기체가 인화하면서 발화구역 내의 표면상에 화염이 자리 잡는다.
  2) 해당 물질의 증기는 화염 내에서 연소하면서 특정 속도(화학열 방출속도로 정의)로 열을 방출한다.
  3) 화학열 방출속도의 일부는 해당 고체를 통과하는 전도 및 화염으로부터 나오는 대류 및 복사 열유속의 형태로 발화구역을 벗어난다.
  4) 발화구역을 벗어나는 열유속이 해당 물질의 CHF, TRP 그리고 가스화 요구사항을 충족시키면 열분해 및 화염 선단이 발화구역을 벗어나면서 주변으로 확대된다.
  5) 연소 표면적의 증가로 인해 화염높이, 화학열 방출속도 및 열분해 선단 전방으로 전달되는 열유속이 모두 증가한다.

> • FPI(Fire Performance Index) : 최성기 화재 시에 F.O가 발생하는 시간을 예측할 수 있다.
>
> $$FPI = \frac{T_{ig}}{PHR}$$: 화재의 위험도를 나타내기 위한 지수
>
> 여기서, T_{ig} : 발화시간
> PHR : HRR의 피크치
>
> • SDI(Smoke Development Index or Smoke Demage Index)[97] : $FPI \times$ 연기생성률 (smoke yield)
> 여기서, 연기생성률 : 중합 물질의 연소로 인해 발생하는 단위 질량의 증기에 포함되어 있는 연기발생 총량의 비
>
> • SGR(Smoke Generation Rate)[98]
> $G_s = 0.157 \lambda \cdot D \cdot \dot{v}$
> 여기서, λ : 빛의 파장 or 주파수(0.6328~0.6348μm(마이크로미터, 10^{-6}))
> D : 광학밀도
> $\dot{v}$: 시험덕트 흐름속도(m^3/s)

---

[97] ANSI/FM Approvals 4910 June 2004 14page
[98] ANSI/FM Approvals 4910 June 2004 14page

Section 20. 연소속도(buring velocity) / 연소속도(buring rate)

01 개요

연소속도에는 Buring velocity와 Buring rate가 있는데 국내에서는 둘을 같은 용어로 혼용해서 사용함으로써 개념의 혼란이 발생하고 있다. 따라서 두 개념을 명확히 파악함으로써 연소의 과정에 대한 적절한 이해가 가능하다.

02 연소속도(buring velocity)

(1) 개요

1) 가연성 혼합기가 형성되어 있는 상태에서의 화염전파이므로 예혼합연소가 전제이다. 예혼합에서 주요 피해요인은 압력의 증가이고 압력의 증가와 관계가 깊은 요소가 화염전파속도(flame speed)인데, 이 화염전파속도는 실제 전파되는 속도로 상황에 따라 다양한 값을 가진다. 따라서 이를 통해 가스의 위험성(크기 또는 결과)을 예측하기가 곤란하므로 어느 특정된 상태(specific)에서 화염의 전파속도를 측정한 것을 연소속도(buring velocity)라고 한다. 즉, 실험실에서 측정한 값으로 비교가 가능한 일정한 값이다. 따라서 Buring velocity는 주로 내연기관의 예혼합연소에서 다루고 있다.

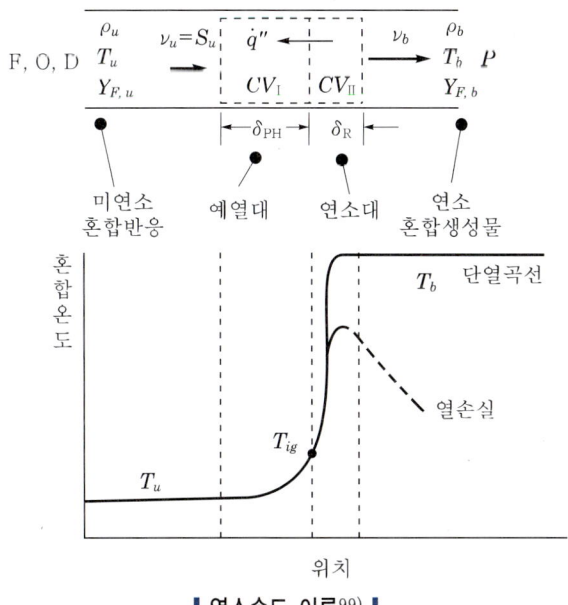

| 연소속도 이론[99] |

---

99) Figure 4.10 Burning velocity theory, Fundamentals of Fire Phenomena, James G. Quintiere, University of Maryland, USA

> **꼼꼼체크** **특정된 상태** : 상온상압에서 층류일 때의 화염

    2) 화염전면의 미연소가스 속도와 관련 있는 화염전파속도(NFPA 68)
    3) 연소속도는 불꽃 부근의 유동이나 압력, 온도, 혼합물의 종류에 따라 달라진다.

(2) 층류 연소속도(laminar burning velocity) → 연소기기

  1) **층류 화염면에 수직한 방향으로 들어오는 미연 혼합기의 속도** : 혼합기의 연소특성을 대변하는 물리량으로서 연소시스템의 특성값이다.

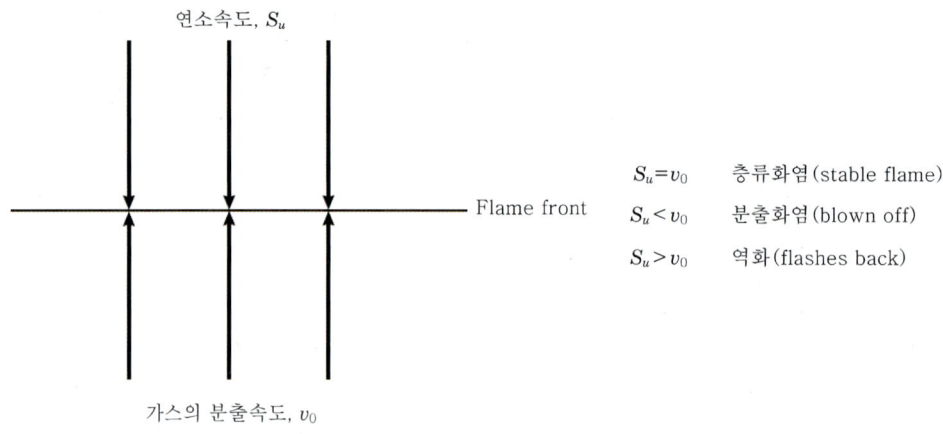

∥ 연소속도와 가스의 분출속도[100] ∥

  2) **영향요소**
    ① **혼합물의 조성** : LFL, UFL은 연소가 시작되는 임계점이다. 양론 혼합물보다 연료가 약간 많은 경우 연소속도가 최고가 된다.
    ② **온도**
       ㉠ 아레니우스(Arrhenius)식 : 온도의 증가에 따라 연소속도는 증가한다.
$$K = Ae^{-\frac{E}{RT}}$$
       ㉡ 자베타키스(Zabetakis)식 : $S_u = 0.1 + 3 \times 10^{-6} T^2$ [m/s]
       ㉢ 일반식 : $S_u = A + BT^n$
    ③ **압력**
       ㉠ 연소속도와 압력은 일반적으로 반비례관계 : $S_u \propto \dfrac{1}{P^n}$
       ㉡ 0.5~20atm에서는 압력이 증가할수록 연소속도는 감소한다.[101]
       ㉢ 하지만 메탄과 산소가 양론비로 섞인 경우에 압력이 0.2~2atm인 경우에는 압력이 증가함에 따라 연소속도가 증가한다.
    ④ **제3물질 첨가**
       ㉠ 질소나 이산화탄소 같은 첨가제는 불활성 가스로 가연성 가스의 희석제로 작용하여 혼합물의 연료 단위질량당 열용량을 증가시켜 화염온도를 감소시

---

100) SFPE Figure 1-9.1. Diagrammatic representation of a flat premixed flame.
101) Loss Prevention in the Process Industries 16-22에서 발췌

Section 20
연소속도(buring velocity)/연소속도(buring rate)

키며 화염전파가 불가능하게 되는 한계값 이하가 되도록 한다. 연소에 불필요한 질소나 이산화탄소까지 가열함으로써 전체의 온도를 상승시키는 열용량을 증가시킨다.

ⓒ 미연소의 증기와 공기 혼합물 속에 화학반응 억제제가 존재하면 화염온도의 감소에는 상관없이 연소속도가 상당히 감소한다. 이는 할로겐 함유 억제제의 효과로 인해 라디칼이 감소해 화학반응이 억제되기 때문이다.

ⓒ 억제제는 연소속도를 감소시키며, 발생열량과 온도도 감소시킨다.

꼼꼼체크 피크농도 : 연소조성도에서 결정되는데 이는 대부분의 반응성 증기-공기 혼합물을 비가연성으로 만들게 하는 첨가 소화약제의 최소농도, 공기 중에 연소되고 있는 연료기체에 소화약제를 혼합하여 연소가 정지되는 최소농도를 피크농도라고 한다. 피크농도는 예혼합상태를 다루는 것으로 화재보다는 폭발이 적합하다.

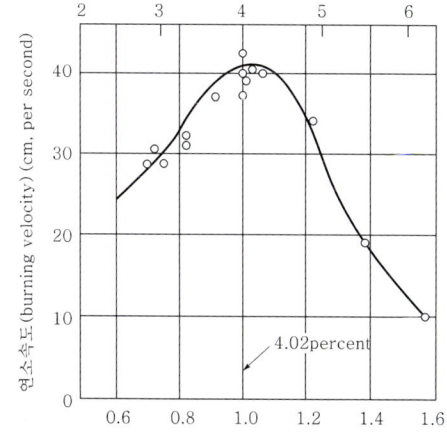

| 프로판과 공기 혼합가스의 층류 연소속도 | | 탄화수소의 층류 연소속도[102] |

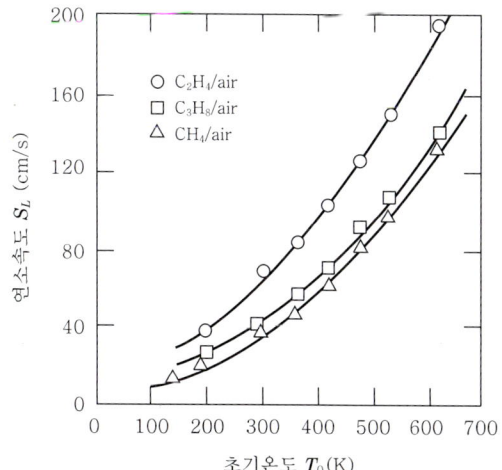

| 연소속도에 미치는 초기온도의 영향 |

---

102) Figure 4.8 Typical burning velocities(taken from Zabetakis [5]). Fundamentals of Fire Phenomena. James G. Quintiere. University of Maryland, USA

⑤ 난류정도 : 연소속도는 연소파의 평면이 정지된 가연성 혼합물 속으로 전파해가는 속도로 층류에 적용되므로, 난류혼합물에는 적용이 불가하다.

(3) 난류의 연소속도
1) 미연가스 속의 난류성에 의해 화염이 혼합기 속을 전파해가는 속도가 증가하며 이는 가스 폭발의 양상에 중요한 역할을 한다.
2) 그 메커니즘은 화염 전면에서의 와류혼합의 결과에 의한 열전달과 반응종의 이송 과정의 효율을 상승시킨다.
3) 점화에 따른 난류발생으로 폭굉이 될 정도의 충분한 화염가속을 일으킨다.

(4) 화염전파속도 = (연소속도×화염면적비) + 미연소가스의 이동속도

03 연소속도(buring rate)와 Heat Release Rate(HRR, 열방출률)

(1) 개요 : 화학반응에 참여하는 물질의 단위시간당 소비량
1) 확산화염의 경우 가연물과 공기가 서로 반대방향에서 농도구배에 의해 접근하면서 연소하는 형태로 가연물과 공기 중 제한된 요소에 의해 연소속도가 영향을 받는다. 따라서 주변 환경에 의한 영향을 받게 되어 값이 상황에 따라서 다르기 때문에 상대적 비교가 곤란하다.
2) 연소속도의 계산으로 화염의 크기, 화재양상, 화재의 열방출속도(q'') 평가 가능 : 성능위주 방화설계 및 화재조사 분야의 중요한 요소이다.
3) 화재 성장의 3요소
   ① 발화
   ② 화염확산
   ③ 연소속도

(2) 화재의 성장에 따른 연소속도(buring rate)
1) 전 전실화재(Pre F.O)에서의 Buring rate
   ① 연료지배형으로 공기는 충분하고 가연물이 부족(즉, 분해된 가연물이 모두 연소)한 연소 형태이다. 발생한 가연성 증기는 모두 연소가 가능하고, 따라서 가연성 가스를 발생시키는 가연물의 질량감소속도가 연소속도가 된다.
   ② 질량감소속도($\dot{m}''$)= 연소속도이고, 다음의 식으로 나타낸다.

$$\dot{m}'' = \frac{\dot{q}''}{L_v}$$

여기서, $\dot{m}''$: 질량감소속도(kg/m² · s)
$\dot{q}''$: 열유속(kW/m²)
L_v : 기화열(kJ/g)

Section 20
연소속도(buring velocity)/연소속도(buring rate)

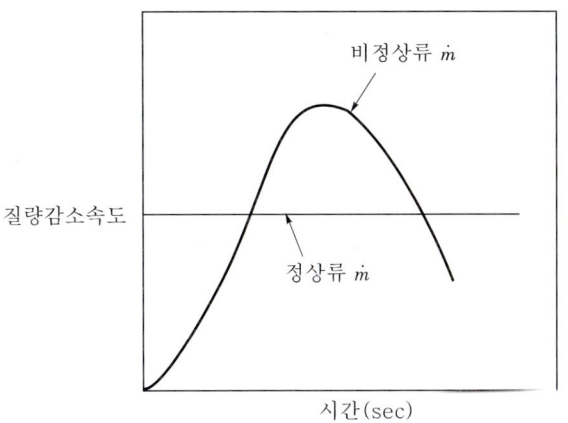

▌정상류와 비정상류의 연소속도에서의 질량감소속도의 변화[103] ▌

- ㉠ 질량감소속도(mass burning flux, $\dot{m}''$) : 단위면적낭 질량연소속도로 질량연소흐름이라고도 하며 단위는 $kg/m^2 \cdot s$ 이다.
- ㉡ 열유속(heat flux, $\dot{q}''$) : 단위표면적당 열전달속도로 단위는 kW/m^2, $kJ/m^2/s$ 또는 $Btu/ft^2/s$ 이다.
- ㉢ 기화열(evaporation heat, L_v) : 액체나 고체가 기체로 되면서 주위에서 빼앗는 열량으로 단위는 kJ/g 이다.

③ 열유속은 연료 표면에서의 구성열류의 산술적 합이다. 즉, 화염으로부터의 열류와 외부열류를 합한 값에서 표면에서의 재복사 방출열류를 뺀 값이 순열류(들어온 열량 – 나간 열량)이다. 재복사는 복사에너지가 표면으로부터 방출되는 것을 말한다.

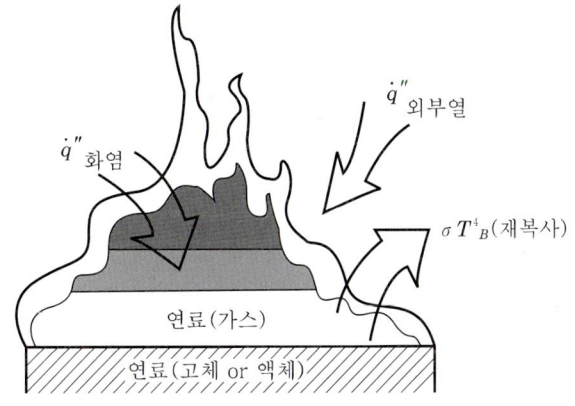

▌화재시 열류의 구성 ▌

④ 이때 액체는 표면이 비점 상태가 될 것이며 열가소성 수지의 경우도 액체와 같은 양상을 가지게 된다.

---

103) FPH 03-09 Closed Form Enclosure Fire Calculations FIGURE 3.9.2 Steady and Unsteady Burning Rates

⑤ 전형적인 질량 연소 흐름의 범위(전형적인 연소속도) : $5 \sim 50 \text{g/m}^2 \cdot \text{s}$
$5 \text{g/m}^2 \cdot \text{s}$ 이하가 되면 화학반응으로는 화염을 지속할 수 있는 에너지 생산을 하지 못하므로 연소가 지속되지 못한다.

2) 후 전실화재(Post F.O) : 개구부를 통한 공기유입속도 $m_a = 0.5A\sqrt{H}$
① 환기지배형으로 질량감소속도>연소속도이고, 따라서 질량이 감소되어 가연성 증기가 발생하는 양보다 이와 반응하는 산소의 양이 적어 유입되는 산소량에 의해 연소속도가 결정된다. 따라서 연소속도는 개구부를 통한 공기유입률 $0.5A\sqrt{H}$[kg/s]와 관계가 있다.
② m_a(공기량) : 개구부를 통해 유입되는 공기량(kg/s)
③ A(개구부의 단면적) : 개구부의 크기(m^2)
④ H(개구부의 높이) : 개구부의 높이(m)
⑤ 유입되는 공기량은 $0.5A\sqrt{H}$[kg/s]이고 목재의 경우 목재 1kg이 연소하기 위해서는 약 5.7kg의 공기가 필요하다. 따라서 0.5를 5.7로 나누면 연소속도는 $0.09A\sqrt{H}$[kg/s]이고 이를 다시 분당으로 나타내면 $5.5 \sim 6.0A\sqrt{H}$[kg/min]으로 나타낼 수 있다.

(3) **열방출률(HRR ; Heat Release Rate)** : 연소에 의해서 생성되는 단위시간당 열에너지이다. 연료의 열방출률은 연료의 화학식과 물리적 구조 및 산화제 공급과 관련되어 있으며, 대개 Btu/s 또는 kW로 표현한다. 이는 화재의 크기 또는 화재의 크기에 의한 손상에 대한 잠재력을 나타낸다.

1) 전 전실화재(Pre F.O)에서의 HRR
① 가연물의 질량감소속도(mass loss rate)와 가연물의 면적, 연소열의 곱으로 다음과 같이 표시한다.
②
$$\dot{Q}''(\text{HRR}) = \dot{m}'' \cdot A \cdot \Delta H_c$$

여기서, $\dot{m}''$: 질량연소율($\text{g/m}^2 \cdot \text{s}$)
A : 증발이 관여된 면적(m^2)
ΔH_c : 연소열(kJ/g)

꼼꼼체크 • 연소열(ΔH_c)
- 단위질량의 증발된 연료가 반응할 때 방출되는 화학에너지라고 정의할 수 있다.
- 숯의 생성이나 검댕이나 일산화탄소와 같은 불완전연소 생성물의 생성 모두 화염기간 동안 연소열을 감소시킨다.
- 화학첨가제(억제제) 또한 이러한 역할을 하며, 이것이 물질별로 ΔH_c가 측정되어야 하는 이유가 된다.
• 유효연소열
- 이론연소열과 대비되며 화재에서 화염발생기간 동안의 연소열을 말한다.
- 기체나 액체연료에서 가장 높고 숯생성 고체에서 가장 낮다.

2) 후 전실화재(Post F.O)에서의 HRR
   ① 최성기 이후에는 환기지배형 화재로 발생하는 가연성 가스에 비해 산소가 부족한 실정이다. 따라서 연소는 산소의 양에 의해 결정된다. 그러므로 공기유입량이 열방출률이 되는 것이다.
   ② 연소 시 사용되는 공기량은 손튼(Thorton)의 법칙에 의해 3,000kJ/air · kg로 일정하므로 이를 이용하여 열방출률을 나타낸다.

   > **꼼꼼체크** 손튼(Thorton)의 법칙 : 연소되는 가연물의 종류에 상관없이 소비되는 공기량당 열량은 3,000KJ/air · kg으로 일정하다.

   ③ $HRR = 0.5A\sqrt{H} \times 3,000 [\text{kg/s} \times \text{kJ/kg} = \text{kJ/s} = \text{kW}] = 1,500A\sqrt{H}$ [kW]

(4) 발화점이 동일한 상황하에서 연소속도(burning rate)의 수치가 0이면 일단 전혀 타오르지 않으며, 이 수치가 높을수록 발화된 이후 얼마나 강하게 연소를 시키는지에 대한 속성을 나타낸다.

(5) **열방출변수(HRP ; Heat Release Parameter) or 가연성비**
   1) 연소속도(buring rate)는 상대적 비교가 곤란하다. 왜냐하면 주어진 각종 환경에 의해 값이 다양하게 변화됨으로써 이를 가지고 서로 크기를 비교할 수가 없기 때문이다. 따라서 위험의 크기를 비교하기 위해 만들어낸 개념이 열방출변수(HRP)이다.
   2) 열방출변수의 정의
      ① 흡수되는 에너지당 생성되는 에너지양(J)
      ② 기화열에 대한 연소열의 비

   $$HRP = \frac{\Delta H_c}{L_v}$$

   여기서, ΔH_c : 연소열, L_v : 기화열

   3) 열방출변수라는 변화하지 않는 고정 값을 이용해서 상대적으로 어떤 것이 더 위험하고, 어떤 것이 덜 위험한지를 알 수가 있다. 따라서 화재 위험성평가에서 열방출변수는 위험성을 판단하는 중요 자료로 이용된다.

04 Burning velocity와 Burning rate의 비교

구 분	Burning velocity	Burning rate
연소	예혼합연소	확산연소
측정값	일정조건하에서 측정한 값으로 고정된 값을 가진다.	환경이나 조건에 따라 상이한 값을 가진다.
상대적 비교	비교가 가능하다.	조건에 따라 상이하므로 비교가 곤란하다. 따라서 가연성비를 사용한다.
사용처	폭발에서의 과압에 의한 피해 예측	화재에서의 열적 피해 예측

Section 21 열전달

01 개요

(1) 열전달은 가연물의 가연성 가스 생성, 화재의 성장·확산·소멸(에너지 발산의 감소) 및 소화의 영향 및 화재에 의한 피해를 설명하는 중요한 요소이다.

(2) **열전달**의 정의 : 두 지점 사이의 온도차이에 의해 열구배가 발생하고 구배에 의해 한 지점에서 다른 지점으로 열이 흐르는 에너지의 흐름이다.

(3) 열전달은 3가지 메커니즘에 의해 이루어진다. 전도, 대류 및 복사이다.
  1) **전도** : 매개체를 통해 온도가 높은 지점에서 상대적으로 온도가 낮은 지점으로 에너지가 확산한다.
  2) **복사** : 전자파에 의해 빛의 속도로 에너지가 전달되며, 매개체가 필요 없다.
  3) **대류** : 전도 및 복사 효과와 전달매체의 이동 효과가 조합되어 발생한다.

02 온도와 열(temperature & heat)

(1) 온도
  1) 물질 간의 열이동 여부를 결정해 주는 유일한 변수로 주어진 물체가 주위와 열적으로 평형상태에 있는지 혹은 열교환을 하고 있는지를 판단하는 기준이 된다. 물질 안의 입자들의 운동을 나타낸다. 따라서 물체의 질량과는 무관하다.
  2) 온도는 어떤 물질의 분자활동의 정도를 물의 어는점과 같은 기준온도와 비교하여 나타내는 측정치이다.

(2) **열** : 열은 물체의 온도를 유지하거나 바꾸는 데 필요한 에너지로 상대적 개념이다. 동일한 열을 가진 상태가 아니면 이동(흐름)이 발생한다. → 열전달
  1) **열용량**(heat capacity, C_p)
    ① 어떤 물질의 온도를 1℃ 올리는 데 필요한 열량(단위 : J/℃)
    ② 열용량 = 질량×비열용량
  2) **비열용량**(比熱容量, specific heat capacity) 또는 비열 : 단위질량(1g)의 물질 온도를 1℃ 높이는 데 드는 열에너지(단위 : J/g·℃)

(3) 화재 시 열은 항상 고온매체에서 저온매체로 이동한다. 열전달은 단위시간당 에너지 흐름의 항목으로 측정된다(Btu/sec 또는 kW).

(4) 화재 시 발생하는 연소속도(burning rate)

$$\dot{m}'' = \frac{\dot{Q}''_{flame} - \dot{Q}''_{loss}}{L_g} \text{[kg/sec]} \quad \text{또는} \quad \dot{m}'' = \frac{\dot{q}''}{L_v}$$

여기서, $\dot{m}''$: 가연물의 질량감소율(연소속도)

$\dot{Q}''_{flame}$: 화염에서 가연물 표면으로 방사되는 열유속(kW/m^2)

$\dot{Q}''_{loss}$: 가연물의 표면에서 손실되는 열유속(kW/m^2)

L_g : 가연물의 증발열(kJ/kg)

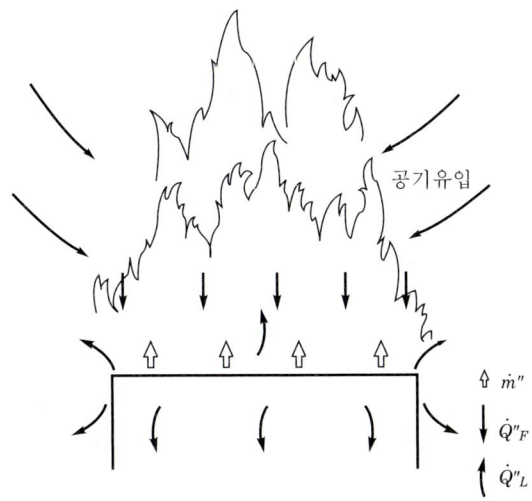

여기서, $\dot{m}''$: 질량감소속도, $\dot{Q}''_F$: 화염에서 방출되는 열량, $\dot{Q}''_L$: 열손실량

| 표면에서 연소하는 그림[104] |

03 전도(conduction) : 발화, 확산, 내화

(1) **정의** : 고체 또는 정지된 유체를 통해 온도가 높은 지점에서 상대적으로 온도가 낮은 지점으로 에너지가 확산되는 현상

1) 분자 세계에서 열전도(conduction)란 온도가 높은 지역에 위치한 보다 활동적인 분자의 운동이 온도가 낮은 지역에 위치한 분자들과 불규칙하게 충돌하는 등 상호 교류를 한 결과 온도가 높은 쪽에서 낮은 쪽으로 에너지 전달이 일어난다.

2) 아래 그림에서 보듯이 기체나 액체의 경우는 분자충돌이나 확산 등에 의해 에너지 전달이 일어난다.

---

[104] Figure 1.4 Schematic representation of a burning surface, showing the heat and mass transfer processes. $\dot{m}''$, mass flux from the surface ; $\dot{Q}''_F$ heat flux from the flame to the surface; $\dot{Q}''_L$ heat losses (expressed as a flux from the surface) An Introduction to Fire Dynamics, Third Edition. Dougal Drysdale.

3) 고체에서 부도체의 경우에는 격자진동, 양도체의 경우에는 자유전자의 이동에 의해 에너지 교류가 일어난 결과가 열전도 현상이다. 전도의 열전달은 자유전자가 계속 부딪히고 자유전자끼리 서로 부딪히며 에너지를 전달하는 메커니즘으로 되어 있다. 따라서 목재 등의 부도체가 열전도가 적은 이유는 자유전자가 적기 때문이다. 또한 모, 모피, 오리털 등이 절연체로 쓰이는 이유는 털 조직 사이에 공기 공간이 많이 포함되어 있기 때문이다.

기 체	액 체	고 체
• 분자충돌 • 분자확산	• 분자충돌 • 분자확산	• 격자진동 • 자유전자의 이동

(2) 고체의 표면에서 매질을 통한 내부로의 열흐름(전달)

1) 분자의 운동(진동)에 의해 에너지가 이동한다.

2) 에너지는 가열된 영역에서 미가열된 영역으로 온도 차이와 물질의 물리적 특성(물질의 열전도도(k))에 의한 비율로 전달된다.

(3) 열전도열량은 열전도율, 전열면적, 온도차에 비례하고 고체의 두께와는 반비례한다.

$$\dot{q}'' = \frac{kA(T_2 - T_1)}{l}$$

여기서, k : 열유동률 또는 열전도도(kW/m·℃)
　　　　$T_2 - T_1$: 온도차(℃)
　　　　A : 면적(m²)
　　　　l : 두께(m)

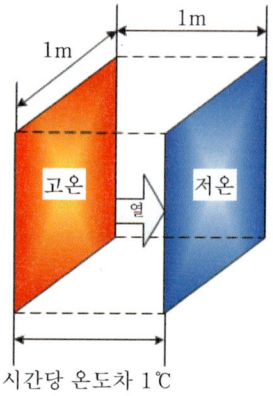

1) 열전도도(k)가 높으면, 물질을 통한 열전달속도는 높다. 플라스틱이나 유리는 낮은 열전도도를 가진 반면 금속은 높은 열전도도를 가지고 있다. 다른 특성이 같다면 고밀도 물질이 저밀도 물질보다 열을 빨리 전도한다. 왜냐하면 자유전자와 자유전자가 서로 부딪히며 에너지가 전해지는데 고밀도 물질이 자유전자가 더 많아서 열전달이 용이하다. 이 점이 스티로폼 같은 저밀도 물질이 좋은 단열재가 되는 이유이다. 마찬가지로 열용량이 높은 물질은 낮은 열용량값(heat capacity values)을 가진 물질보다 온도를 올리는 데 더 많은 에너지를 필요로 한다.
2) 고체의 한 부분이 높은 온도에 노출되고 그 고체의 다른 부분이 낮은 온도에 노출될 때 열에너지가 높은 온도영역에서 낮은 온도영역으로 고체를 통해서 그리고 안쪽으로 전달된다.
3) 전도는 또한 화재확산의 한 메커니즘이다. 금속 벽을 통해서나 배관이나 구조강재를 따라 전도된 열은 가열된 금속과 접촉된 곳에서 가연물의 발화를 유발시킬 수 있다. 못, 못판(nail plates)이나 볼트 등의 금속제 체결장치를 통한 열전도는 화재확산이나 구조물 붕괴를 야기할 수 있다.

(4) 영향인자
1) 온도 차이($T_2 - T_1$)
2) 전도력(conductance)
① 열전도도(kW/m · K 또는 kcal/h · m · K)
② 정상유동 경로의 단면적
③ 유동 경로의 길이

(5) 푸리에(Fourier)의 열전도 법칙 : 열전달률과 온도구배 간의 관계

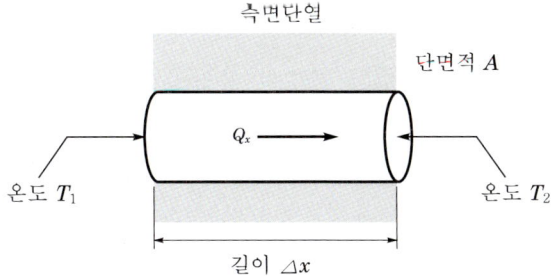

1) $\dfrac{Q_x(\text{열량})}{A(\text{단위면적})} = -k(\text{물질의 고유상수})\dfrac{dT(\text{온도변화})}{dx(\text{거리변화})}$

2) $\dfrac{dT(\text{온도변화})}{dx(\text{거리변화})}$ 는 거리에 따른 온도변화, 즉 온도구배이다.

3) 이를 열전도도로 정리하면 $k = \dfrac{\left(\dfrac{Q_x}{A}\right)}{\left(\dfrac{dT}{dx}\right)}$ 이다.

4) 즉, 온도구배에 대해 단위면적당 전달되는 열량이 열전도도이다.
5) 이는 다음을 의미한다.
   ① 다른 조건들이 같을 때 열량은 단면적(A)에 비례한다.
   ② 다른 조건들이 같을 때 열량은 거리(dx)에 반비례한다.
   ③ 다른 조건들이 같을 때 열량은 온도차(dT)에 비례한다.

(6) 가연성 고체에서의 발화, 화염확산 및 화재저항과의 관계

1) 발화 : 고체 가연물의 발화는 표면온도에 의해서 결정되고 표면온도는 열관성(thermal inertia, $k\rho c$)에 의해서 결정된다.
   ① 열관성은 고체 가연물의 발화시간과 관련 있는 값으로 전도율(k), 밀도(ρ), 비열(c)의 곱으로 나타낸다.
   ② 열관성은 가연물에 열이 전달되었을 때 물질의 표면온도가 얼마나 쉽게 상승하는가를 나타내는 수치이다.
   ③ 열관성도 일반적인 관성의 개념과 같이 외부의 열이 가연물 표면에 전달된 후 계속해서 가연물 내부로 가려는 정도를 나타내는 값이다.
   ④ 열관성이 크다는 의미는 가연물 표면에 전달된 열이 내부로 전달이 많이 된다는 것을 의미하고 따라서 이는 발화시간이 증가한다는 것을 의미한다. 열관성이 작다는 의미는 가연물 표면에 전달된 열이 내부로 적게 전달되어 표면온도가 높아진다는 것을 의미한다.
   ⑤ 열관성에서 가장 중요한 인자는 밀도이고 이러한 밀도의 변화로 전도율과 비열이 영향을 받는다. 그래서 밀도가 작을수록 k, c 값이 작아지므로 결국에는 열관성이 작아져서 발화시간이 짧아진다.
   ⑥ 따라서 물질의 열관성은 화재의 개시와 초기단계(플래시오버까지)에서 가장 중요하다.
   ⑦ 물질 내부로의 열의 전도는 전도가 물질의 표면온도에 영향을 주므로 발화의 중요한 한 요소(aspect)이다. 열관성은 얼마나 빨리 표면온도가 올라갈 것인가에 대한 중요한 한 인자(factor)이다. 따라서 물질의 열관성이 더 낮을수록 일정한 열공급 시 표면온도가 더 빨리 상승하는 위험한 물질이다.

2) 내화 : 이면온도(가열체의 반대편 온도) → $\alpha = k/\rho C_p$ (열확산율)
   ① 열확산율 $\alpha = \dfrac{k}{\rho \cdot C_p}$, SI-units : $\left[\dfrac{J}{s \cdot K \cdot m} \cdot \dfrac{m^3}{kg} \cdot \dfrac{kg \cdot K}{J}\right] = \left[\dfrac{m^2}{s}\right]$
   ② 열확산율(α) 값이 크다는 것은 선형 정상상태(linear steady state)에 이르는 시간이 빠르다는 것이고, 그러면 그만큼 이면온도가 빠르게 상승한다는 것이다.

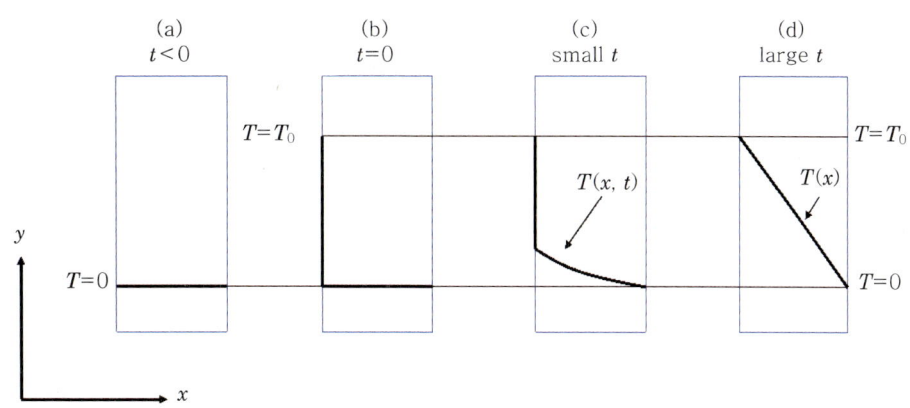

여기서, t : 경과시간(s), T : 최종온도, T_0 : 초기온도

┃ **시간에 따른 벽체의 온도의 전달**[105] ┃

꼼꼼체크 정상상태 : 변수가 시간에 따른 값의 변화하지 않는 변수에 관한 체계

③ 소방측면에서의 내화에는 이면온도가 중요한 요소이다. 왜냐하면 이면온도가 높으면 이면에 있는 가연물이 발화하기 때문에 이면의 발화를 방지하기 위해서 이다. 따라서 이면의 열상승률을 나타내는 지수가 열확산율이다.

④ 열확산율
  ㉠ 물질의 체적비열에 대한 열전도도의 비
  ㉡ 물질의 열에 노출된 표면적으로부터 내부(이면)로 전달되는 열의 확산속도

3) 동점성계수
① 성격이 열확산율과 유사하다.
② 열확산율은 정상상태로 열이 이동한다는 것이고, 동점성계수는 정상상태로 속도(velocity)가 이동한다는 것이다.

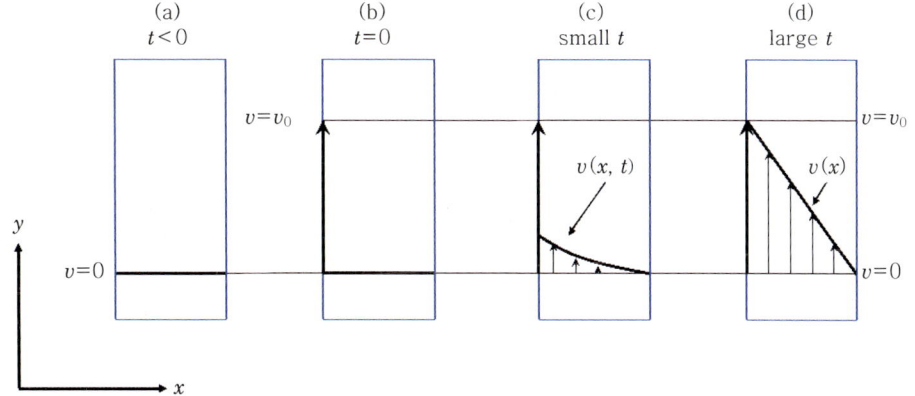

┃ **시간에 따른 벽체의 속도의 전달**[106] ┃

---

105) transport-phenomena Figure 2 : Build-up of temperature profile in a window
106) transport-phenomena Figure 3 : Build-up of velocity profile in a Newtonian fluid

③ $v = \dfrac{\mu}{\rho}$, SI−units : $\left[\text{Pa}\cdot\text{s}\cdot\dfrac{\text{m}^3}{\text{kg}}\right] = \left[\dfrac{\text{kg}}{\text{m}\cdot\text{s}}\cdot\dfrac{\text{m}^3}{\text{kg}}\right] = \left[\dfrac{\text{m}^2}{\text{s}}\right]$

(7) 위의 식은 시간에 따라 열전도도가 변하지 않는다는 것을 나타내지만, 일반적으로 열전달은 열이 벽을 통과하는 데 얼마간의 시간이 소요된다. 즉, 관통시간이 지난 후 일반적인 전도가 이루어진다.

$$t_H(\text{관통시간}) = \dfrac{\rho \cdot c}{K} \cdot \dfrac{l^2}{16} \text{ 또는 } \dfrac{l^2}{16\alpha}$$

여기서, $\alpha = K/\rho \cdot c$

(8) 참고
1) 수분을 함유하는 다공성 물질(목재)의 경우에는 고체 내에서 발생하는 수분의 출입과 관련된 열적 효과로 인해 열전도만 발생한다는 가정을 기반으로 하는 계산 결과와는 크게 다른 온도 차이가 발생할 수 있다.
2) 건물의 반자용 재료로 많이 사용되는 석고나 광물질 섬유의 경우 작은 열전도율 때문에 화재 시 반자와 천장 사이의 공간으로 화열이 침투하는 것을 막아주지만,
3) 콘크리트 속의 철재는 열전도율이 커서 여기에 접촉된 가연물에 열이 전달되어 화재 확대 현상을 초래할 수 있다.
4) 선박화재에서는 철재 바닥과 칸막이벽을 통한 직접적인 열전도가 원인이 되어 화재가 확대되는 경우가 많다.

03 대류 : 이동 매체에서의 전도, 유체의 운동에 의한 열의 전달

(1) 대류(convection)
1) 정의 : 기체나 액체와 같은 유체에서 주변의 더 차가운 부분(열의 구배가 형성)으로 순환에 의한 열에너지의 이동
① 분자적 관점에서 볼 때 대류(convection) 열전달은 존재하지 않는다. 전도에 관한 연속체적 관점에서 언급했던 바와 같이 대류효과는 유체의 유동에 따른 물리량의 시간 변화와 관련된 효과이기 때문에 분자들은 이러한 거시적 운동에 대하여 알지 못한다고 가정하고 전도와 대류가 서로 간섭하지 않는 것으로 취급한다.
② 연속체 관점에서는 '대류'라는 이름이 암시하는 것처럼 대류효과는 매질의 유동과 관련하여 나타나는 현상이다. 열복사 수준이 낮은 초기 상태에서 열전달의 중요한 현상이다.

2) 대류의 특징
   ① 물질의 성질이 아니다.
   ② 유동의 형태(층류 혹은 난류)
   ③ 열전달면의 기하학적 형태와 흐름 단면적
   ④ 유체의 열역학적 성질(열전도도, 점성계수, 비열)
   ⑤ 열전달면에 따른 위치

3) 열은 고온기체가 차가운 표면을 지나갈 때 대류에 의해서 고체로 전달된다. 고체로의 열전달속도는 온도차, 고온기체에 노출된 표면적 및 고온기체 속도의 함수이다. 기체의 속도가 더 빠르면 대류 열전달계수(h) 값이 더 커진다.

4) 대류는 화재의 초기에, 고온기체를 발화지점에서 발화실의 상부와 건물 전체를 통해 확산하는 데 중요한 역할을 한다. 플래시오버가 가까워짐에 따라 실의 온도가 상승하고 대류는 계속되나, 복사열의 역할이 급속히 증가하고 지배적인 열전달 메커니즘이 된다. 플래시오버 이후에도, 대류는 건물 전체를 통한 기체 및 미연소 연료의 확산에서 중요한 작용을 할 수 있다. 이는 화재나 독성 또는 손상을 주는 연소생성물을 멀리 떨어진 지역까지 확산시킬 수 있다.

(2) 식

$$q'' = h \cdot A \cdot (T_\infty - T_s)[\text{kW/m}^2]$$

여기서, h : 대류전열계수($\text{kW/m}^2 \cdot \text{K}$)

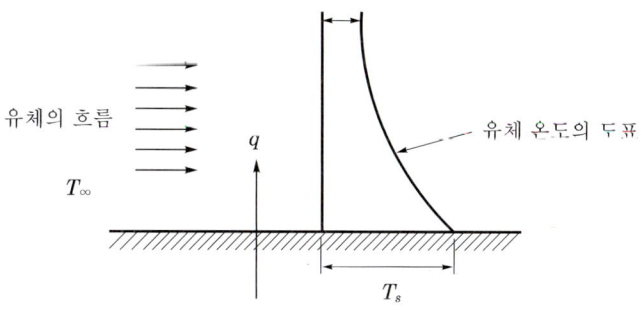

∥ 대류 열전달 ∥

(3) 화재에 의해 발생한 에너지를 고온 가스의 유동을 통해 주변 환경으로 전달한다.

(4) 대류 열전달을 결정하는 영향인자
1) 시스템의 기하학
2) 흐름의 특징(층류 또는 난류)
3) 유체의 성질
4) 표면과 유체 사이의 온도차

(5) 기본 법칙

1) **뉴턴(Newton)의 점성법칙(viscosity law of Newton)**
   ① 운동량 변화율과 속도구배의 관계

   $$\tau = \mu \frac{du}{dy}$$

   ② 기체의 점성은 온도가 증가함에 따라 증가(온도의 제곱근)하는 반면에 액체의 점성은 감소한다.

2) **뉴턴(Newton)의 냉각법칙**
   ① 시간에 따른 물체의 온도변화는 그 물체의 온도와 주위 물체의 온도차에 비례한다는 법칙으로 온도차가 작을 때 근사적으로 사용할 수 있다.
   ② 대부분 대류 열전달에서 가장 관심 있는 곳은 고체면과 유체가 만나는 곳이기 때문에 대류 해석결과를 다음의 Newton의 냉각법칙을 써서 나타낸다.

   $$\frac{dT}{dt} = -k(T-S)$$

   여기서, T : 물체의 온도(℃)
   S : 물체 주위의 온도(℃)
   k : 상수

3) **픽스(Fick's)의 물질확산법칙** : 물질이동률과 농도구배 간의 관계
4) **푸리에(Fourier)의 열전도법칙** : 열전달률과 온도구배 간의 관계

(6) 유체의 움직임

1) **자연(부력 대류) 밀도 차이에 의해 구동**

   $$Nu = f(Pr, Gr)$$

   자연적인 대류의 경우 Nusselt number(Nu)는 Grashof number와 Prandtl number에 의존한다.

2) **외력에 의한 흐름의 결과 (강제 대류)**

   $$Nu = f(Re, Pr)$$

   강제적인 대류의 경우 Nusselt number(Nu)는 Reynolds number와 Prandtl number에 의존한다.
   ① Fan, Blower(송풍기) : 기체를 강제 대류시킨다.
   ② Agitator(교반기) : 액체를 강제 대류시킨다.

(7) 난류효과(effect of turbulence)

1) 강제대류 및 자연대류 유동에서 발생한 작은 교란은 하류로 갈수록 증폭될 수 있는데 이에 따라 유동이 층류에서 난류로 전이될 수 있다.

2) 난류 경계층 내의 유체유동은 고도로 불규칙적이고 속도변동 특성을 나타낸다. 이와 같은 속도변동 현상은 운동량 및 에너지 전달을 심화시키고, 이에 따라 표면 마찰과 대류 열전달을 증가시킨다.
3) 이때 층/난류 여부는 강제 유동의 경우 레이놀즈수(Re)에 달려 있으며, 자연대류 유동의 경우에는 그라쇼프수(Gr)에 따라 달라진다.
   ① 강제유동 또는 강제대류

$$Re = \frac{\text{Inertial stress}}{\text{Viscous stress}} = \frac{관성력}{점성력} = 연속적인\ 유동$$

   ㉠ 레이놀즈수(Reynolds number)는 유체의 유동이 난류(turbulent) 또는 층류(laminar)인가를 판단하는 데 사용되며, 기준값 이상이 되면 유체에서 난류가 형성된다.
   ㉡ 일반적으로 대류 열전달계수를 계산할 때 유체가 난류 또는 층류인가에 따라서 별도의 관계식이 적용되며, 난류 상태에 있을 때 대류 열전달계수의 값이 상대적으로 매우 크다.
   ㉢ 레이놀즈수
      • 원관
        – 층류 : $Re < 2,100$
        – 천이구역 : $2,100 < Re < 4,000$
        – 난류 : $Re > 4,000$
      • 평면 위의 흐름
        – 층류 : $Re < 5 \times 10^5$
        – 난류 : $Re > 5 \times 10^5$
   ② 자연유동 또는 자연대류

$$Gr = \frac{\text{Buoyancy force}}{\text{Viscous drag}} = \frac{부력}{점성력} = \frac{g\beta\Delta TL^3}{\nu^2} = 불연속적인\ 유동$$

   ㉠ 그라쇼프수(Grashof number)는 자연대류 내에서 강제대류의 Re와 같은 역할을 한다.
   ㉡ 왜냐하면 자연대류의 부력은 강제대류의 관성력과 같기 때문이다.
   ③ 관성력이 지배 : $\dfrac{Gr}{Re^2} \leq 1$
   ④ 부력이 지배 : $\dfrac{Gr}{Re^2} \geq 1$
   ⑤ 비슷 : $\dfrac{Gr}{Re^2} \fallingdotseq 1$
4) 난류효과가 클수록 감지기나 헤드에 열을 더 잘 전달한다는 뜻이다.

(8) 액체가 관련되어 있는 경우에는 온도에 따른 표면장력의 변화가 열전달과정을 지배하는 표면 아래의 대류를 유도하는 것으로 밝혀져 있다(표면장력의 구동류).

(9) 열감지기나 스프링클러의 헤드의 동작은 대류 열전달에 의해 동작한다.

(10) 대류는 유체의 물성값이 아니라 유동형태에 의존한다.

(11) **대류와 관련 있는 무차원수**

1) 프란틀수(Prandtl number)
   ① 운동량의 퍼짐도(운동량확산계수)와 열적 퍼짐도(열확산계수)의 비를 근사적으로 표현하는 무차원수이다.
   ② 공식

$$Pr = \frac{\nu}{\alpha}$$

   여기서, ν : 동점성계수(유체의 점성에 의한 운동량 전도율)
   α : 확산율(유체의 열전도에 의한 열확산율)

2) 비오트수(Biot Number : Bi)
   ① 표면과 유동량 사이의 온도차에 의한 고체 내부에서의 온도강하척도를 나타낸다.
   ② 공식

$$Bi = \frac{hL}{k_{\text{solid}}}$$

   여기서, h : 대류 열전달계수(W/m² · K)
   L : 특성길이(m)
   k_{solid} : 고체의 열전도도(W/m · K)

   ③ 대류는 면으로 작용을 하기 때문에 길이를 곱해 주게 된다면 무차원수가 된다.
   ④ Bi가 아주 작다는 것은 k값이 크다는 뜻(즉, 고체의 표면에 열을 받았을 경우 즉시 이면에 온도로 전달된다는 의미)이다. 그러므로 이것은 얇은 물질을 의미하는 것이다.
   ⑤ Bi가 크다는 뜻은 k값이 작다는 뜻으로 결국 표면온도가 k값에 영향을 받는 두꺼운 물질이라는 것이다.
   ⑥ 고체 표면의 열전달계수/고체 내부의 전도열전달=대류/전도

3) 너셀수(Nusselt Number : Nu)
   ① 표면에서의 무차원 온도구배와 같으며 표면에서 일어나는 대류열전달의 척도가 된다.
   ② 정지된 유체에서의 열전달률(k값은 일정)로 유동하는 유체의 열전달률을 나눈 값으로 Nu를 알게 되면 유동의 상태를 알 수가 있다.

③ 공식

$$Nu = \frac{hL}{k_{liquid}}$$

④ Nu는 유체가 정지되었을 때 전도에 의한 열전달량분의 흐름에 의한 대류 열전달량의 비율을 나타낸다. 따라서 Nu가 크다는 것은 유체의 흐름속도가 빠르다는 것을 의미한다.

⑤ Bi와의 차이로는 Bi는 고체, Nu는 유체의 열전달량이라는 점이고, Nu는 h값이, Bi는 k값이 주요 관심사항인 것이다.

4) 프루드수(Froude Number : Fr)

①

$$Fr = \frac{v^2}{gL}$$

여기서, v : 속도(m/s)
g : 가속도(m/s^2)
L : 대표길이 또는 특성길이(m)

②

$$Fr = \frac{관성력}{중력} = \frac{Re}{Gr}$$

㉠ Fr가 크면 펌프나, 팬과 같은 외부 힘에 의해서 유동하는 것이고, 반대로 Fr가 작으면 부력이 유체유동의 주 원인을 나타내는 것이다.
㉡ 터널의 축소 모델링을 가지고 프루드 모델링이라고 하며, 상사의 법칙에 의한 축소를 실제 크기에 적용할 때 사용한다.

04 복 사

(1) 정의
1) 복사(radiation) : 복사에너지(전자기파)에 의한 열전달
2) 복사열(radiant heat) : 광파보다 길고 전파보다 짧은 전자기파에 의해 운반되는 열에너지이다. 복사열[전자기파복사(electromagnetic radiation)]은 복사열을 흡수할 수 있는 어떠한 물질, 특히 고체와 불투명체의 온도를 상당히 증가시킨다.
3) 모든 물체는 그 물체가 가지고 있는 온도에 의한 에너지를 방출하는데(예외, 절대영도) 이때 방출하는 에너지를 열복사(thermal radiation)라 한다. 즉, 일반적인 열에너지가 빛에너지의 횡파형태로 방출되는 것을 말한다.
① 열복사(radiation)는 진동 등 물질을 구성하는 전자들의 활동 결과 발생하는 것으로 알려져 있다.

② 따라서 유한한 온도를(절대온도 0이 아닌) 가진 모든 물질은 기체, 액체, 고체를 불문하고 열적으로 들떠 있는 여기상태(thermally excited state)에서 바닥상태로 이동하게 되면서 에너지인 열복사선을 방출한다.
③ 이러한 방출은 물질의 분자들이 공간에 분포되어 있는 상태에서 발생하기 때문에 공간 현상으로 나타난다.
④ 자유 표면을 탈출한 복사에너지는 진공이라 할지라도 전자기파 형태로 자유롭게 전파할 수 있기 때문에 열전달 방식 중 유일하게 매질이 없는 공간을 통하여도 전달이 가능하다.

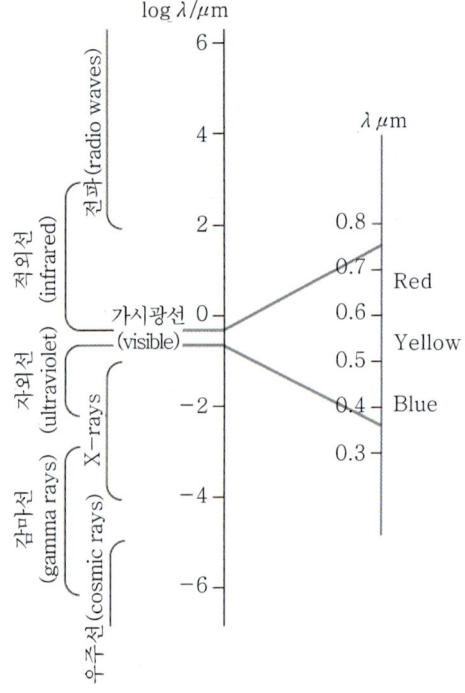

▮ 파장별 전자기파의 종류[107] ▮

(2) 스테판-볼츠만 법칙(최고 가능 출력)

1)
$$q'' = \varepsilon \sigma T^4$$

여기서, q'' : 목표물에 보낼 수 있는 복사선속의 분율
  ε : 방사율
  • 고체, 액체의 표면 : 0.8 ± 0.2
  • 화염두께에 의존

---

107) FPH 02-01 Physics and Chemistry of Fire. FIGURE 2.1.5 Electromagnetic Spectrum (Source: D. D. Drysdale, *An Introduction to Fire Dynamics*, 2nd ed., John Wiley & Sons, Chichester, UK, 1999, Figure 2.16. Copyright 1999. Copyright John Wiley & Sons Limited. Reproduced by permission.)

σ : s-b 상수 $5.67 \times 10^{-11} [\text{kW/m}^2 \cdot \text{K}^4]$

T : 절대온도(K)

2) 복사열 전달속도는 복사체와 목적물의 절대온도의 4승의 차이와 밀접하게 관련되어 있다($q \propto \sigma T^4$). 고온에서 작은 온도차의 증가는 복사에너지 전달의 막대한 증가를 일으킨다. 차가운 물체의 온도변화 없이 고온 물체의 절대온도를 2배로 하면 두 물체 간의 복사열의 증가는 16배가 된다.

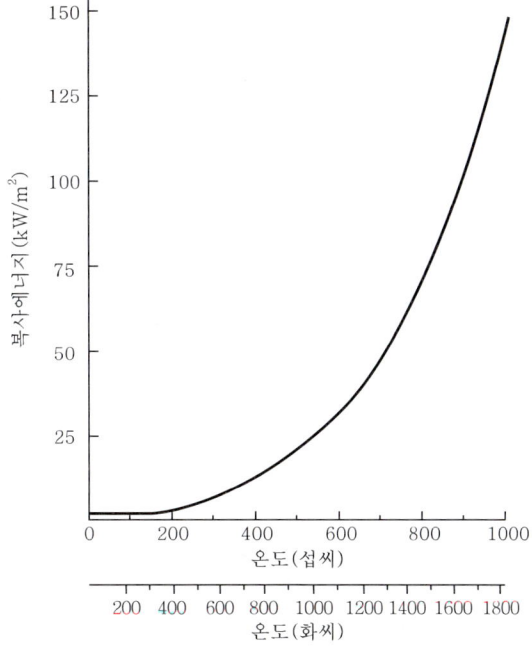

복사에너지와 온도의 관계

(3) 복표불에 대한 복사 열유속(복사체 에너지양을 Q라 할 때)

1) 영향인자
   ① 온도
   ② 경계매질
   ③ 표면의 기하학적 특성
   ④ 방향
   ⑤ 거리

2) 형상계수(shape factor) 또는 배치계수에 의한 계산(목표물이 화염두께의 2배 이하로 떨어진 경우)
   ① 목표물이 받는 단위면적당 열유속(kW/m^2)
   ② 두 표면 간의 기하학적 관계

$$\dot{q}'' = Q \cdot F_{12}$$

여기서, F_{12} : 형상계수

 아래와 같이 복사열을 받는다고 가정했을 경우에는

어떠한 i 및 j에 대하여도 $\sum_{j=1}^{N} F_{ij} = 1$ 이고,

또한 $A_i F_{ij} = A_j F_{ji}$

수학적 표현 $A_i F_{ij} = \int_{A_i} \int_{A_j} \dfrac{\cos\theta_i \cos\theta_j}{\pi S_{i-j}^2} dA_i dA_j$

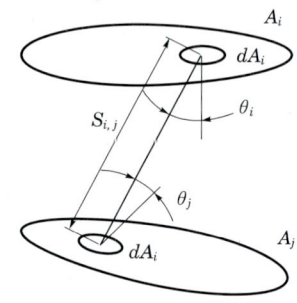

③ 하나의 표면에서 나와 다른 표면에 의해 차단되는 복사선속의 분율을 형상계수라고 한다.
④ 형상계수 영향인자
   ㉠ 기하학적 형상
   ㉡ 방향

3) 목표물이 화염두께의 2배 이상 떨어진 경우에는 상기 형상인자를 단순화하여 아래와 같은 식(Modak' simple method)을 이용한다.
① 잠재적인 손상과 원격발화 가능성을 평가하기 위해 사용한다.

$$q'' = \dfrac{Q\,X_L}{4\pi R^2}$$

여기서, Q : 화재 시 연소에너지 방출속도(kW)
X_L : 총 발열량 중 복사에너지로 방출되는 비율(0.3~0.6)
   → X_L은 Soot의 발생량 결정
R : 목표물까지의 거리

② 열전달속도는 또한 복사체와 목적물 간의 거리에 의해서도 크게 영향을 받는다. 거리가 증가함에 따라 단위면적에 전달되는 에너지의 양은 복사원의 크기와 목적물에 대한 거리와 관련하여 감소한다.

③ 복사체와 목적물 간의 각도에 의한 영향[108] : $q'' = \dfrac{Q_r \cos\theta}{4\pi R^2}$

---

108) Figure 3-11.9. Nomenclature for use with the point source model. SFPA

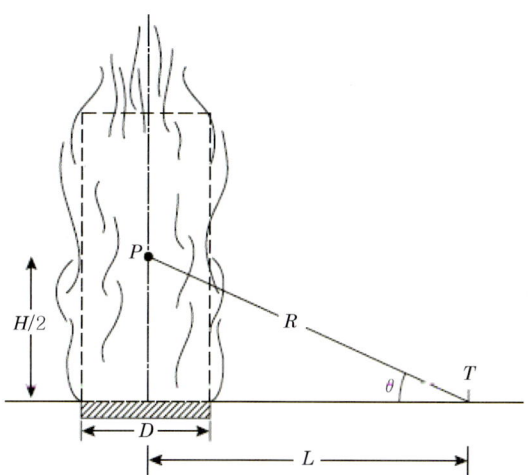

(4) 화재에 의해 손상 받을 수 있는 최소값

1) 노출된 피부에 통증 : $1kW/m^2$
2) 화상 : $4kW/m^2$

사람이 4~6초 동안 복사열을 받아 화상을 입는 정도는 다음과 같다.
① 1도 화상을 받는 한계 : $3cal/cm^2 \cdot s$
② 2도 화상을 받는 한계 : $6cal/cm^2 \cdot s$
③ 3도 화상을 받는 한계 : $9cal/cm^2 \cdot s$

3) 물체의 발화
① $20kW/m^2$
② 일반적으로 실내화재에서 연기층의 온도가 500℃일 때에 해당되며, 이때 종종 F.O가 발생한다.

(5) 복사열은 구획 내에서의 화재의 성장과 확산을 결정하는 주요 요소로서 목표물에 대한 복사열유속의 계산은 잠재적 위험과 점화의 가능성을 평가하는 데 있어 중요하다. 뜨거운 연기, 벽에 의한 복사는 화재성장에 주요한 요소로 구획화재에서 성장기 동안 뜨거운 연기성 가스는 천장 아래에 축적되어 아래쪽으로 복사되므로 최성기의 개시를 촉진시킨다.

(6) 복사열 흡수

1) 복사에너지는 직선으로 전달되고, 중간매체에 의해서 감소하거나 차단된다.
2) 일반적으로 대기의 복사투과도는 수증기와 이산화탄소에 의한 복사열의 흡수효과에 의해 결정된다.
3) 대개 산소나 질소 같은 단원자 기체들은 열복사에너지를 흡수하지 않지만, 이산화탄소, 수증기, 암모니아, 탄화수소 기체 등 다원자 가스는 복사에너지를 흡수한다. 그리고 흡수한 만큼 방사함으로써 이들이 온실가스가 되는 것이다.

① 수증기의 주요 흡수 대역 : $1.8\mu m$, $2.7\mu m$, $6.27\mu m$

② 이산화탄소의 주요 흡수 대역 : $2.7\mu m$, $4.3\mu m$, $11.4 \sim 20\mu m$에서 흡수가 일어난다.

4) 가스층을 통과하는 파장 λ의 단색체 복사 빔을 생각해 보면, 얇은 층 d_x를 통해 빔이 통과할 때 강도의 감소는 강도($I_{\lambda x}$), 층의 두께(d_x), 그리고 층 내의 흡수종의 농도(C)에 비례한다.

$$dI_\lambda = K_A \cdot C \cdot I_{\lambda x} \cdot d_x$$

여기서, K_A : 비례상수로서 단색체 흡수계수

이를 층의 두께 $x = 0$에서 $x = L$까지 적분하면, $I_{\lambda L} - I_{\lambda 0}\exp(-K_\lambda CL)$로 나타낼 수 있으며, 여기서, $I_{\lambda 0}$는 $x = 0$에서의 입사강도이다. 이 식이 램버트 비어(Lambert-Beer) 법칙이다.

5) 그러므로, 이제 단색체 흡수는 다음과 같이 표현된다.

$$a_\lambda = (I_{\lambda 0} - I_{\lambda L})/I_{\lambda o} = 1 - \text{epx}(-K_\lambda CL)$$

6) 이것은 또한 키르히호프(Kirchhoff) 법칙에 의해 같은 파장 λ에서의 단색체 복사능 ε와 같게 된다. 이 식에서 $L \to \infty$에 따라 a_λ(흡수율)와 ε_λ(방사율)는 1에 접근하게 됨을 알 수 있다.

(7) 흑체(black body)

1) 들어오는 모든 복사에너지를 흡수하고 또 완전히 방사하는 이상적인 물체

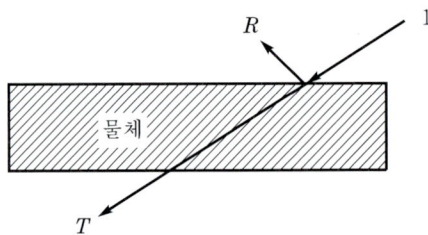

2) 흡수율 + 반사율(R) + 투과율(T) = 1
3) 흡수율이 1인 이상적인 물체(받은 만큼 내어준다.)

• 표면효과 : 고체가연물이 복사열을 흡수한 후 그 흡수한 양만큼을 다시 반사하는데 표면이 매끄러우면 복사열을 흡수하지 못하여 반사하지 못하게 된다. 따라서 복사열의 방사는 표면의 형태와 상관관계가 깊다.

• 회색체(gray body) : 어떤 물체 표면의 복사가 모든 파장에 걸쳐서 이루어진다고 하면, 각 파장에 있어서의 복사의 세기가 그 물체와 같은 온도인 완전흑체의 통일 파장의 복사와 항상 일정한 비율로 작아지는 표면을 가지는 물체를 회색체라고 한다. 즉, 복사능이 그 물체의 절대온도의 4제곱에 비례하는 비흑체를 말한다. 공학적으로 흑체를 제외한 다른 모든 고체를 회색체로 본다.

(8) 방사율(emissivity, ε)

1) 흑체의 복사세기와 비흑체 물질의 복사세기의 비
2) 흡수율이 곧 방사율로 흡수한 만큼 방사한다.
3) 화염에서의 방사율 $\varepsilon = 1 - e^{-kl}$
   여기서, k : 흡수계수
   l : 화염두께
   e : 자연상수(2.7182)
4) 흡수계수(k)
   ① 흡수계수가 크다는 것은 방사율이 크다는 것이다.
   ② 화염 내의 검댕이(soot)의 존재는 열손실을 초래하는데 일반적으로 얘기하면 화염에 검댕이(soot)가 많을수록 그 평균온도는 낮아진다. 단, 방사율이 증가하여 복사에너지 양은 증가한다.
      ㉠ 검댕이가 없는 메탄올 화염은 평균온도가 1,200℃이다.
      ㉡ 검댕이가 많은 화염인 등유나 벤젠은 각각 990℃, 921℃이다.
5) 난류성 화염의 경우는 방사율(ε)값이 1에 가깝다. 즉, 흑체에 가까워진다. 따라서 열복사량이 증가한다.

Section 22. 벽체의 열전달(열통과율)

01 벽체의 열전달 계산

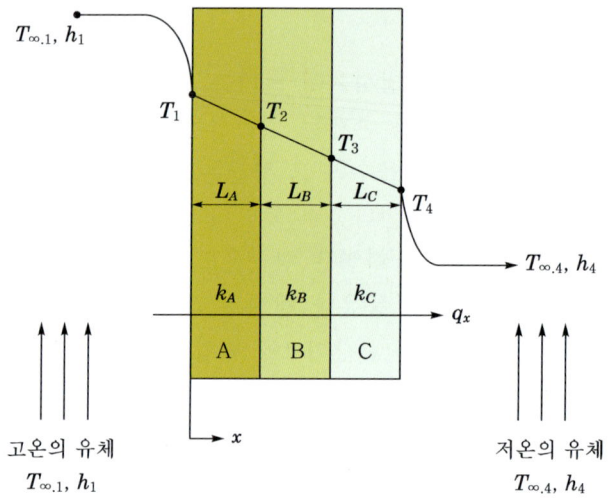

(1) 통과열량 계산(q_x) 산출

$$q_x = \frac{T_{\infty.1} - T_1}{\frac{1}{h_1 A}} = \frac{T_1 - T_2}{\frac{L_A}{k_A A}} = \frac{T_2 - T_3}{\frac{L_B}{k_B A}} = \frac{T_4 - T_4}{\frac{L_C}{k_C A}} = \frac{T_4 - T_{\infty.4}}{\frac{1}{h_4 A}}$$

$$= \frac{T_{\infty.1} - T_{\infty.4}}{\frac{1}{h_1 A} + \frac{L_A}{k_A A} + \frac{L_B}{k_B A} + \frac{L_C}{k_C A} + \frac{1}{h_4 A}}$$

(2) 열통과율(K) 산출

$$K = \frac{1}{\frac{1}{h_1} + \frac{L_A}{k_A} + \frac{L_B}{k_B} + \frac{L_C}{k_C} + \frac{1}{h_2}} = \frac{1}{R(f)}$$

여기서, K : 열통과율, 열관류율, 전열계수(kcal/m² · h · ℃)
　　　　　→ 고체와 유체 사이에서 전체적인 열의 이동속도
　　　$R(f)$: 열저항, 오염계수(m² · h · ℃/kcal)
　　　h : 열전달률(kcal/m² · h · ℃)
　　　k : 열전도율(kcal/m · h · ℃)
　　　L : 고체의 두께(m)

(3) 열량(q) 산출

$$q = K \times A \times \Delta T$$

여기서, q : 열량
　　　A : 면적
　　　ΔT : 고온부와 저온부의 온도차

Section 23. 연소생성물의 생성

01 개요

(1) **연소생성물(combustion products)** : 연소에 의해서 생성되는 열, 기체, 고체 미립자와 액체 에어로졸

(2) 화재위험의 특성은 물질의 표면 및 증기와 산소 간의 화학반응의 결과로 발생하는 단위시간당 열에너지와 생성물로 결정된다.
   1) 열적 위험(thermal hazard) : 열방출률(HRR)
   2) 비열적 위험(non-thermal hazard) : 연소생성물의 발생률(연기, 유독가스)

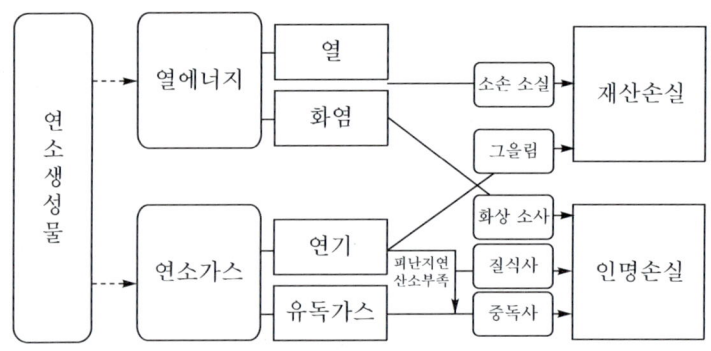

┃ 연소현상에 의한 화재손실[109] ┃

(3) 화학반응의 속도는 농도와 온도의 지배를 받게 되므로 발생하는 장소 및 강도에 따라 연소생성률이 다르다.

02 화학반응 위치

(1) **확산화염** : 기체 상태로 가연물 위

(2) **훈소(smoldering)** : 연소반응이 고체의 표면 아래 내부에서 진행
   1) 해당 물질의 보다 깊은 층에서 열분해가 될 경우 휘발성 생성물질은 반드시 그 위에 형성되어 있는 탄화물을 통과해 표면에 도달해야 한다.

---

[109] 중앙소방학교, 교육자료 2006 참조 재구성

2) 이 이동기간 동안 고온의 탄소로 인해 휘발성 물질이 내부에서 2차 반응이 발생할 수도 있다.

(3) 작열(glowing) : 고체-기체 경계면에서 진행

03 환원반응구역(reduction zone)과 산화반응구역(oxidation zone)

(1) 화합물(연기, 독성, 부식성 등)은 비열적 위험이 큰 인자로, 해당 물질의 화학적 성질 및 생성률에 대한 분석은 인명 및 재산의 보호에 있어서 중요한 역할을 수행한다.

(2) 화재에서는 물질의 기화 및 분해 그리고 확산화염 등의 형태로 여러 종이 공기와 혼합, 연소됨에 따라 다양한 화합물이 생성된다.

(3) 일반적으로 연소생성물의 발생과 확산화염 내의 산소 소비는 다음과 같은 2개의 영역으로 구분한다.

1) 환원반응구역(reduction zone)
① 물질이 용융, 분해 혹은 기화하고 때에 따라서는 여러 가지 화학종을 발생시키며, 이 화학종들은 화학반응을 통해 일산화탄소(CO), 탄화수소 그리고 기타 중간 생성물을 형성한다.
② 이 구역에서는 미량의 산소만이 소비된다(산소 가용성이 적다).
③ 연기, 일산화탄소(CO), 탄화수소 그리고 기타 생성물로 전환되는 정도는 해당 물질의 화학적 성질에 따라 달라진다.
예 목재, 열경화성 수지

2) 산화반응구역(oxidation zone)
① 환원반응구역의 생성물이 다양한 정도의 효율로 공기 중의 산소와 반응하여 화학열과 함께 다양한 분량의 완전 연소생성물(CO_2, H_2O)을 발생시킨다.
② 반응효율이 낮아질수록 화재로부터 방출되는 환원반응구역 생성물의 양이 증가한다. 특히, 난류확산 화염에서 공기의 다량 유입에 따른 화염의 불안정으로 불완전 연소생성물의 양이 증가한다.
③ 반응효율의 결정인자
㉠ 당량비(공기량)
㉡ 화재실 온도
㉢ 생성물과 공기 간의 혼합상태
④ 이 구역에서 다량의 산소가 소비된다.

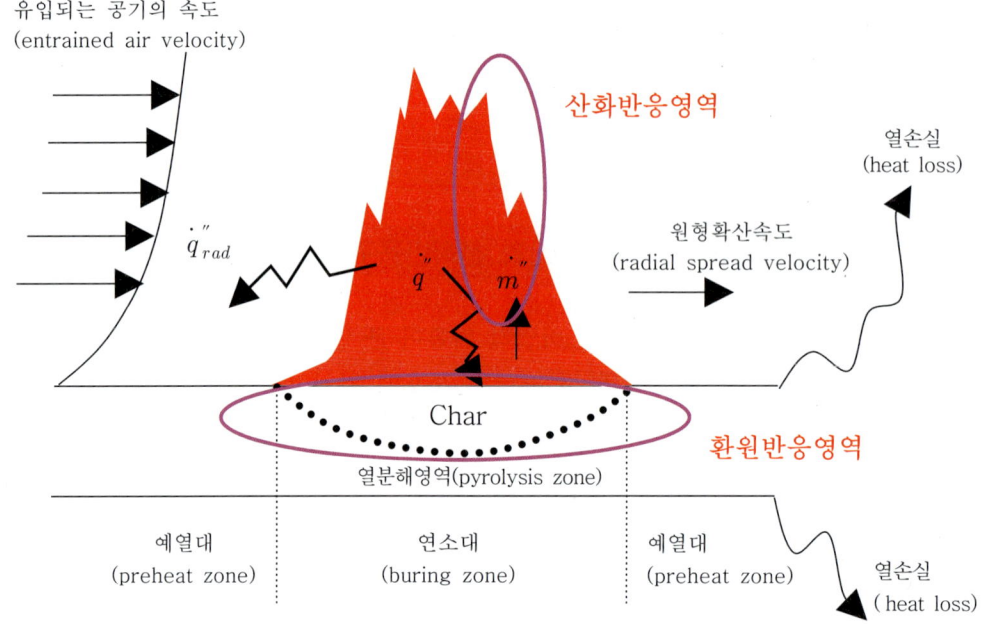

04 연소생성물 생성의 3가지 변수 : 연료의 조성, 화재의 형태, 환기

(1) **연료의 조성** : 가연물이 어떠한 원소로 구성되어 있는가에 따라 다른 열분해 연소생성물이 발생한다.

(2) **화재의 형태**
  1) 훈소 : 가스 온도가 낮고 화염이 발생하지 않는 특성을 갖는 속도가 느린 연소 과정
  2) 연료지배형
     ① F.O 이전으로 열분해된 가연성 가스가 모두 연소하는 과정으로 가연물에 의해 연소가 결정된다.
     ② 최성기 이후 쇠퇴기에는 더 이상 연소할 것이 부족하게 되어 가연물에 의해 연소가 결정된다.
  3) 환기지배형 : F.O 이후 산소부족으로 인한 불완전연소의 과정으로 산소에 의해 연소가 결정된다.

(3) **환기**
  1) 양호한 환기(well-ventilated) : 환기지배형 화재에 비해서는 독성성분의 발생은 적다. 하지만 독성관련 사항은 가연물의 화학적 조성과 관련이 깊어 독성성분이 없어지지는 않는다.
  2) 부족한 환기 : 당량비(ϕ)>1, 환기 부족상태, 분해생성물은 완전연소되지 않는다.

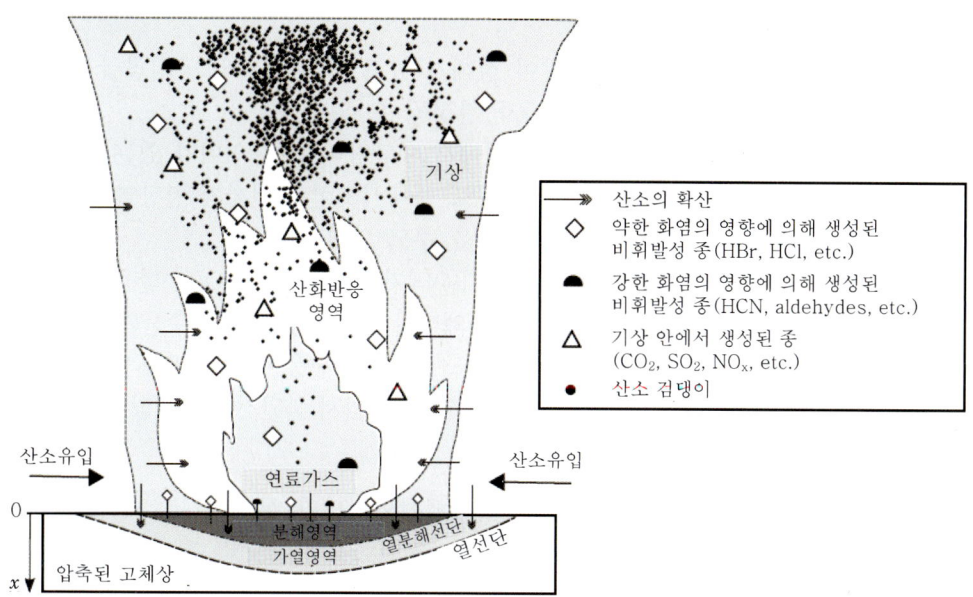

┃ 고분자 물질의 연소생성물 개념도[110] ┃

05 수율과 농도

(1) **수율의 정의** : 연소연료의 단위질량당 각 생성물의 질량, 즉 어떤 가연물이 연소하면 얼마만큼의 특정 물질이 나오는가가 수율이다. 예로서 CO의 수율은, $y_{co} = \dfrac{m_{co}}{m}$ 이다. 여기서, m : 연소연료의 단위질량, m_{co} : 각 생성물의 질량(여기서는 일산화탄소)

(2) **화재 시 생성물 수율**

1) 화재로의 공기공급이 어떤 방법으로든 제한되는 경우, 예로서 환기가 제한되는 밀폐공간(구획공간) 내 연소의 경우, 불완전연소 생성물의 수율이 증가할 것이다.

2) 이 경우 통상 예혼합연료/공기혼합물과 관계되는 용어로서 다음과 같이 표현되는 당량비(ϕ)의 개념을 도입하는 것이 편리하다. ϕ(당량비)=실제 연공비/양론 연공비

꼼꼼체크 ϕ(당량비)를 보다 쉽게 표현하면 $\phi = \dfrac{\text{실제 가연물의 양}}{\text{양론 가연물의 양}}$ 으로 표현할 수 있다.

3) 여기서 양론 연공비란 연료와 공기의 혼합비가 화학양론에 따라 정해지는 비율을 의미한다. 연료의 양을 기준으로 연료가 "희박" 아니면 "과잉"이라는 것은 각각 $\phi < 1$ 아니면 $\phi > 1$의 상태를 의미한다.

---

[110] Fig. 4. Production of gaseous species from the devolatilization process of solid phase. Modelling Reaction-to-fire of Polymer-based Composite Laminate Damien M. Marquis and Eric Guillaume Laboratoire national de metrologie et d'essais (LNE) France

(3) 불완전연소 생성물의 수율

1) 확산화염 상태에서 연료공급률이 정해져 있고, 화염으로의 공기공급률이 추정되거나 측정될 수 있다면 당량비(ϕ)가 결정될 수 있다.
2) 따라서 개방계의 자유연소 확산화염에서는 당량비가 큰 의미가 있는 것은 아니지만, 이에 대한 개념이 구획화재에서 적어도 플래시오버 이전까지 천장열기류(ceiling jet flow)의 조성에 대한 해석에는 도움을 주고 있다.
3) 온도 또는 산소농도가 낮으면 수산화기(OH)가 일산화탄소(CO)와 반응하여 이산화탄소로 전환되는 비율의 감소를 초래한다. 왜냐하면 탄소입자(C)와 수산화기(OH)의 반응에 더 적은 에너지가 소요되므로 낮은 온도에서는 이 반응이 더 활발해지고 수산화기(OH)와 일산화탄소(CO)의 반응은 줄어들게 된다. 따라서 불완전연소가 많이 발생하게 된다.

(4) 농도

1) 수율은 화재로부터 무엇이 얼마만큼 생성되느냐가 문제이나 그 위험성은 연기의 농도이다. 이러한 독성의 농도를 대표적인 비열적 피해라 할 수 있다.
2) 연기란 화재로부터 생겨나서 부력에 의해 화원으로부터 멀어지는 가스흐름으로 더 이상의 화학반응이 없이 공기와 혼합되는 것이며, 공기와 혼합되는 독성생성물의 양에 따라 농도가 결정되고 유입되는 공기량에 의해 연기의 양이 결정된다.

06 열적 피해

(1) 인적 피해

1) 생리적 방어능력을 초과하면 사망에까지도 이르게 한다. 열기가 폐에 침투 시 혈압의 감소 → 혈액순환장애 → 모세혈관 파열
   ① NRCC(캐나다 국립방재연구소) : 140℃가 생존할 수 있는 호흡공기온도의 최대치
   ② 화상
      ㉠ 1도화상 : 홍반성, 단지 피부가 붉게 되는 현상
      ㉡ 2도화상 : 수포성, 수포가 생성
      ㉢ 3도화상 : 괴사성, 피부가 괴사하는 화상
      ㉣ 4도화상 : 흑색성, 피부뿐 아니라 표피 내부층까지 까맣게 탄 경우
2) 특히 습도가 높으면 열에너지를 효과적으로 전달한다(수증기의 열 흡수 및 방사 능력이 우수).
3) 복사 열류의 한계
   ① $1kW/m^2$: 노출된 피부에 통증이 발생하는 복사열의 강도(여름철 태양에 노출된 복사열의 강도)
   ② $2.5kW/m^2$: 3분 이내는 심각한 고통 없이 견딜 수 있는 복사열 강도
   ③ $4kW/m^2$: 단기간에 화상을 유발하는 복사열 강도
   ④ $5kW/m^2$: 부상위험 때문에 화재진압 시 접근이 불가능한 복사열 강도
   ⑤ $10kW/m^2$: 사망 가능한 복사열 강도

공기온도에 따른 인간의 반응 및 생리적 영향[111]

공기온도(℃)	인간의 반응 및 생리적 영향
20~22	쾌적한 조건(습도, 공기의 흐름, 기타 요인에 의함)
55~60	1시간 정도는 견딜 수 있음(열사병 발생 가능)
100	습기 찬 공기는 피부를 화끈거리게 한다.
115	20분 동안 견딜 수 있다.
120	15분 이내 견딜 수 없는 상태가 된다.
127	코를 통하여 어렵게 호흡한다.
130	5분 이내 견딜 수 없는 상태가 된다.
149	입을 통하여 어렵게 호흡한다(피난을 위한 한계온도).
175	30초 이내에 피부가 말라 회복할 수 없는 상처가 된다.
199	4분 이내 견딜 수 없는 상태가 된다(호흡 시스템 한계).

(2) 물적 피해

1) 내장재 : $20kW/m^2$ 이상이면 바닥면의 가연물을 발화시킬 수 있는 화재강도
2) 구조부재
   ① 폭렬
   ② 열적 팽창
      ㉠ 열적 응력
      ㉡ 기계적 응력

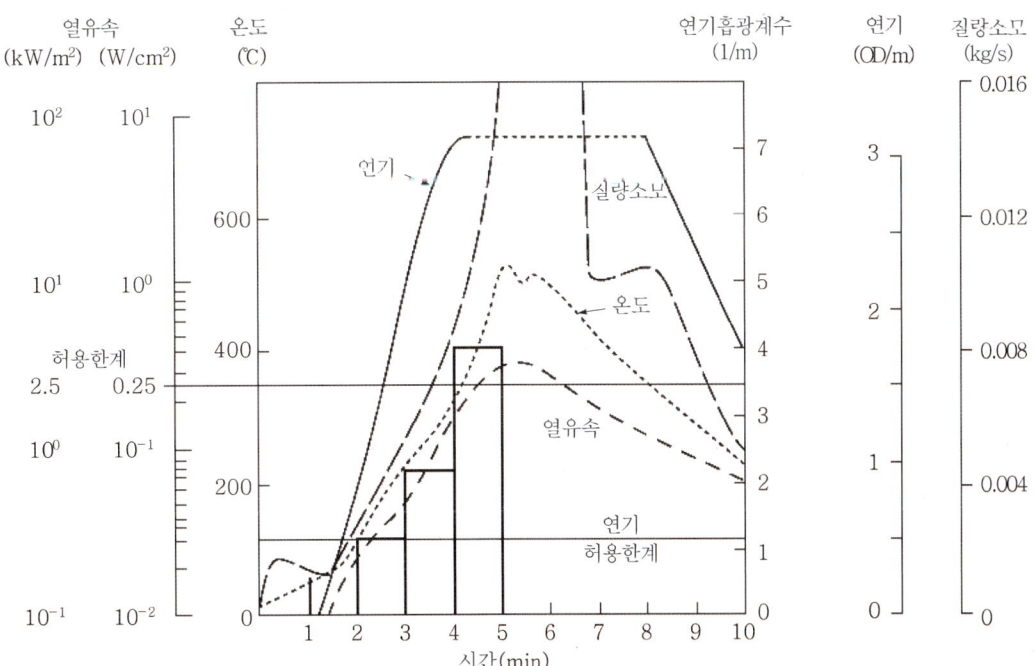

시간의 경과에 따른 연기, 열, 온도, 질량감소의 변화[112]

---

111) 중앙소방학교 2006, 박재성 2004 참조 재구성
112) SFPE 2-06 Toxicity Assessment of Combustion Products 2-130

07 화염과 연기의 생성

(1) 화염
1) 화염연소 중에 발생하는 연기는 일반적으로 탄소원소(검댕이, soot)의 함량이 크다.
2) 화염연소는 비교적 높은 에너지(산화반응영역)를 가지고 있으므로 불완전연소 생성물이 적다.
3) **흑색** : 화염연소 중에 발생하는 고체 탄소입자인 검댕이 혹은 그을음에 의해서 흑색이 발생한다.

(2) 열분해
1) 복사 열유속 등에 의한 열공급의 결과로 화염 등에 인접한 가연물 표면에서 발생한다.
2) 열분해되는 표면의 온도는 약 300~600℃ 정도로 기상 화염온도인 약 900~1,200℃ 보다는 훨씬 낮다.
3) 증기압의 낮은 성분은 응축되면서 연기 액적(옅은 색)을 형성할 수도 있다.

(3) 훈소
1) 연소가 자체 지속한다.
2) **옅은 색** : 훈소 및 가연물 열분해 중에 발생하는 액적으로 가연물의 종류에 따라 다양한 색상을 나타낸다.

(4) 수증기 : 가연물이 목재와 같이 수분을 다량 함유하고 있는 경우 수분의 증발로 하얀 연기(백연)가 발생한다.

(5) 연기

Section 24. 연소 시 생성되는 가스

01 개요

(1) 연소 시에 생성되는 연기성, 독성, 부식성 그리고 방향성의 화합물은 비열적 손상의 주요 영향인자이다.

(2) 화재에서 이러한 화합물들은 재료의 열분해나 기화 또는 확산화염 속에서 공기와 함께 기상 종들이 연소되어 발생한다.

(3) 확산화염 속에서 연소생성물의 발생과 산소의 소모는 환원영역과 산화영역의 두 영역에서 일어난다.

(4) 이들의 화학적 성질이나 발생 메커니즘(mechanism)에 대한 평가는 인명과 재산의 보호를 위해 매우 중요하다.

02 연소생성물 상의 다른 구분

(1) **기체에서 발생하는 분해생성물** : 휘발성 물질, 탄화수소계열, 무기산 등

(2) **액체에서 발생하는 분해생성물** : 알데이드, 케톤류, 방향족 탄화수소 등

(3) **고체에서 발생하는 분해생성물** : 니트, 탄화물, 미반응 물질 등

03 연소 시 생성되는 가스

(1) **마취성 가스** : 황화수소(H_2S), 케톤(ketone)류, HCN, CO

　1) 정의 : 고통 없이 의식을 잃는 상태(혼수상태)를 일으키는 가스로 농도와 시간의 함수이다.

　2) 종류

　　① 케톤(ketone)류 : 보통 폐에는 거의 영향을 주지 않는다. 그러나 호흡기를 통해 신경에 도달하면 정신착란, 심지어는 의식불명까지 불러일으킨다. 메틸에틸케톤(MEK)과 아이소부틸케톤(isobutyl ketone)은 지독한 냄새를 가지며 이를 흡입하면 곧 의식을 상실한다.

② 황화수소(H_2S) 가스
  ㉠ 폐에 자극을 주기 전에 신경계통에 충격을 가한다. 방염물질로 쓰이는 할로겐화합물도 어느 정도 이러한 성질이 있다.
  ㉡ 나무, 고무, 가죽, 고기, 머리카락 등과 같이 유황을 함유하고 있는 물질이 불완전연소할 때 발생한다. 1시간 치사농도는 0.1% 정도이다. 계란 썩는 냄새가 나며 치명적인 독성이 있다.

꼼꼼체크 황화합물
- 황을 포함하는 화합물의 불완전연소 : H_2S(황화수소) 발생
- 황을 포함하는 화합물 : 고무, 가죽, 모피
- 특징 : 계란 썩는 냄새 → 자극성 → 호흡기에 영향
- 황을 포함하는 화합물의 완전연소 : SO_2(이산화황) 발생

③ 일산화탄소(CO)
  ㉠ 일산화탄소는 석유, 석탄, 도시가스 등을 비롯하여 모든 물질에서 산소부족의 상태에서 불완전연소할 때 발생하는 유독가스이다. 또한 일산화탄소는 화재중독사 대부분의 원인 물질이라고도 할 수 있다. 왜냐하면, 독성은 그다지 크지 않지만, 화재 시 많이 발생하는 독성물질이기 때문이다.
  ㉡ 체내에 침투 시 헤모글로빈과의 결합력이 산소의 300배로 혈액 안에 산소전달을 방해함으로써 혈액 안의 산소결핍으로 쓰러지게 한다.

④ 시안화수소(HCN) : 질소를 함유한 물질이 불완전연소할 때 발생한다.
  ㉠ 그 효과가 CO에 비해서 상대적으로 빠르게 일어난다(약 20배).
  ㉡ 거의 전량 혈액 속에 존재하는 CO와 달리 세포조직이 산소의 사용을 방해한다.
  ㉢ HCN는 플라스틱, 모직, 견직물 등이 불완전연소할 때 발생한다.
  ㉣ HCN의 독성은 지극히 커서 0.3% 농도에서 거의 즉사한다. 흔히 청산가리라고 하는 것이다.

⑤ 이산화질소(NO_2) : 독성이 지극히 커서 0.02~0.07% 농도에 잠깐 노출되어도 치명적이며, 질소함유물의 고온연소 시에 많이 발생한다.

(2) 자극성 가스(irritation gas)
1) 정의 : 직접 접촉한 조직에 발적, 종창, 열, 통증 등을 일으키는 가스이며 피부, 눈의 각막, 결막 특히 호흡기의 점막이 자극된다. 따라서 시각장애 및 호흡장애를 유발한다. 자극성 가스는 농도의 함수이다.
2) 구분
  ① 신경계 자극 : 피부와 눈을 자극
  ② 호흡계 자극 : 폐를 자극 → 기침유발 → 기관지염

3) 종류

① 아크롤레인(CH_2CHCHO)
  ㉠ 허용농도 0.1ppm으로 자극성, 신경계와 호흡계를 동시에 자극한다. 따라서 흡입 시 기관지에 염증을 일으키고 고농도를 흡입 시에는 폐수종을 일으킨다.
  ㉡ 셀룰로이드계의 훈소화재와 폴리에틸렌의 열분해 시 발생한다.

> **꼼꼼체크** 폐수종 또는 폐부종(pulmonary edema) : 폐는 산소를 몸으로 들여오기 위한 장기이며 폐의 내부에 있는 허파꽈리라는 곳에서 공기 순환이 일어난다. 이 허파꽈리라는 호흡을 할 공간이 물로 가득차 있게 됨으로써 호흡을 할 수 없게 되는 것이다.

② 염화수소(HCl)
  ㉠ 사람이 흡입하면 가공할 만큼 감각을 마비시키는 자극성 독성가스이다.
  ㉡ 이 가스는 금속을 부식시킬 뿐만 아니라 호흡기도 부식시킨다.
  ㉢ 사람이 짧은 시간 내에 HCl 가스가 50ppm 정도 있는 곳에 있으면 치명적이지는 않으나, 자극에 의해서 사람의 행동은 그 자리에서 정지되어 도피할 수 있는 능력을 상실한다. 1,000ppm 농도에서 수 분 내에 치명적이다.
  ㉣ 만약 눈에 들어가면 염산으로 작용하여 격렬한 통증을 느끼게 하며 눈물이 쏟아져 나온다.
  ㉤ 염화수소는 폴리염화비닐 등 염소가 포함된 물질이 탈 때 생성된다.

③ 암모니아(NH_3)
  ㉠ 이 가스는 사람의 시각능력을 저하시켜 피난로를 찾는 데 크게 방해된다.
  ㉡ 나무, 실크, 페놀수지 등 질소함유물이 탈 때 생성되는 자극성 가스로 냉동시설의 냉매로 누 사용된다.
  ㉢ 눈, 코, 인후, 폐에 자극이 큰 휘발성이 강한 물질로 인체에 흡입 시에는 소화기계의 점막에 수포를 일으키고 피부에는 홍반, 눈에는 결막염과 각막혼탁 등을 일으킬 수 있다. 30분 치사농도는 0.5% 정도이다.

④ 할로겐화 수소가스(HF) : 유리를 부식시킬 정도로 독성이 강하므로 사람의 시력을 상실케 한다.

⑤ 이산화황(SO_2) : 황이 함유된 물질이 완전연소할 때 생성된다. 자극성이며 약 0.05%의 농도에 단시간 노출되어도 위험하나 일반적으로 발생량이 적어서 그다지 위험하지는 않다. 금속의 부식성이 크다.

⑥ 포스겐($COCl_2$) : 염소 함유물질이 화염과 접촉할 때 발생한다. 독성은 매우 강하나 일반적인 물질이 탈 때는 거의 발생하지 않는다. 열가소성 수지인 PVC, 수지류 등이 탈 때 많이 발생한다. 5~10ppm의 저농도에서도 폐수종을 일으킬 수 있는 맹독성 물질이다.

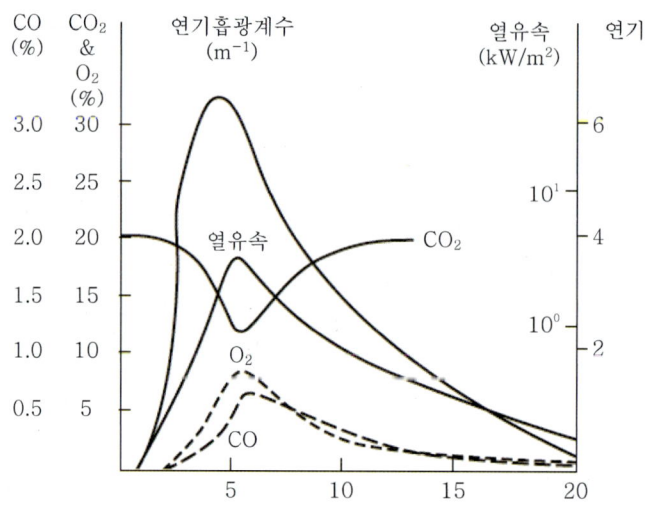

시간의 경과에 따른 연소생성물과 열의 변화[113]

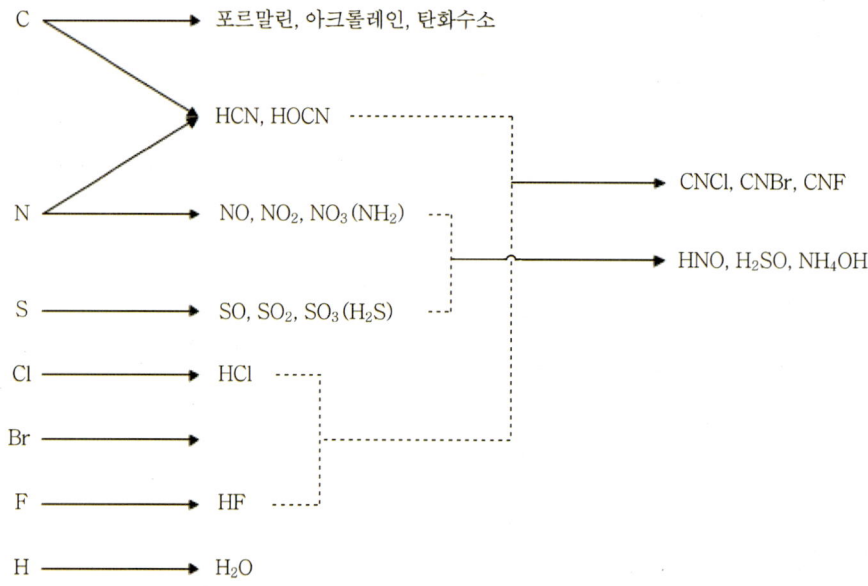

가연물의 구성요소에 따른 연소 시 생성물

(3) 이산화탄소(CO_2)

1) 이산화탄소는 연소생성 가스의 일종으로 인체에서도 에너지 대사의 결과로 산출된다. 따라서 체내에도 일정량이 존재하는데 과잉분은 체외로 배출된다. 공기 중에 0.03% 존재하며, 천연가스 광천 속에 함유된 것이 많다.

2) 화재 시 다량 발생한다.

---

113) SFPE 2-06 Toxicity Assessment of Combustion Products 2-103

3) 위험성 : 특별한 독성은 없다.
   ① 농도가 증가함에 따라 산소농도가 감소한다.
   ② 흡입주기와 흡입량 증가, 호흡속도의 증가, 이러한 이유로 다른 독성 물질을 다량 흡입하게 되는 원인이 된다.

4) 호흡 중의 이산화탄소 농도에 대한 증상

이산화탄소 농도(%)	영 향	반응이유
0.038[114]	대기 중 농도	
0.5	안전한계농도	
2	50% 호흡이 증가하고 불쾌감이 있다.	몸속에 CO_2 방출이 활발해지기 때문이다.
3	100% 호흡 증가	
4	300% 호흡이 증가하고 눈에 자극 및 현기증이 있다.	각막의 산소소비량이 높아 산소가 부족하기 때문이다.
8	10분간 노출 시 호흡이 곤란해지고 정신이 산만해진다.	외부의 CO_2 농도가 더 높기 때문에 폐로 호흡 시 CO_2 농도가 감소하지 않는다.
10	시력장애, 1분 이내 의식 상실	각막에 산소공급이 중단된다.
20	중추신경마비, 단시간 내 사망	뇌에 산소공급이 중단된다.

5) 미국안전위생국은 탈출한계농도(30분 이내에 탈출이 어려운 농도)를 5%로 제안하고 있다.

(4) 산소결핍(anoxia)

1) 인간이 살아가기 위해서는 대기 중의 산소(O_2)를 호흡해야 한다. 대기는 산소를 포함한 여러 종류의 가스로 구성되어 있는데, 일반적인 환경에서 대기는 20.9% v/v 의 산소를 포함하고 있다. 산소농도가 19.5% v/v 이하로 떨어지면 산소결핍으로 간주하며, 16% v/v 미만인 경우에는 인간에게 안전하지 않은 환경으로 취급한다.

2) 산소결핍이 발생하는 원인
   ① 환기 불량
   ② 연소
   ③ 산화
   ④ 기타 화학반응

---

[114] 과거에는 0.033이였지만 NFPA 2008버전에서는 0.038로 기재되어 있다. 지구온난화로 점점 증가 추세이다.

3) 산소농도 저하가 인체에 미치는 영향

공기 중의 O_2 농도(%)	증상
20.9(정상)	정상(공기 중에 포함되어 있는 O_2 정상치)
16~12(고갈)	근육이 말을 듣지를 않는다. 인간의 행동능력이 저하된다.
12~10	급속한 피로감, 산소부족으로 판단력 저하
10~6	구토, 단기간에 의식불명, 신선한 공기가 공급되면 소생은 가능하다.
6 이하(치명적)	수분내 질식으로 인한 사망

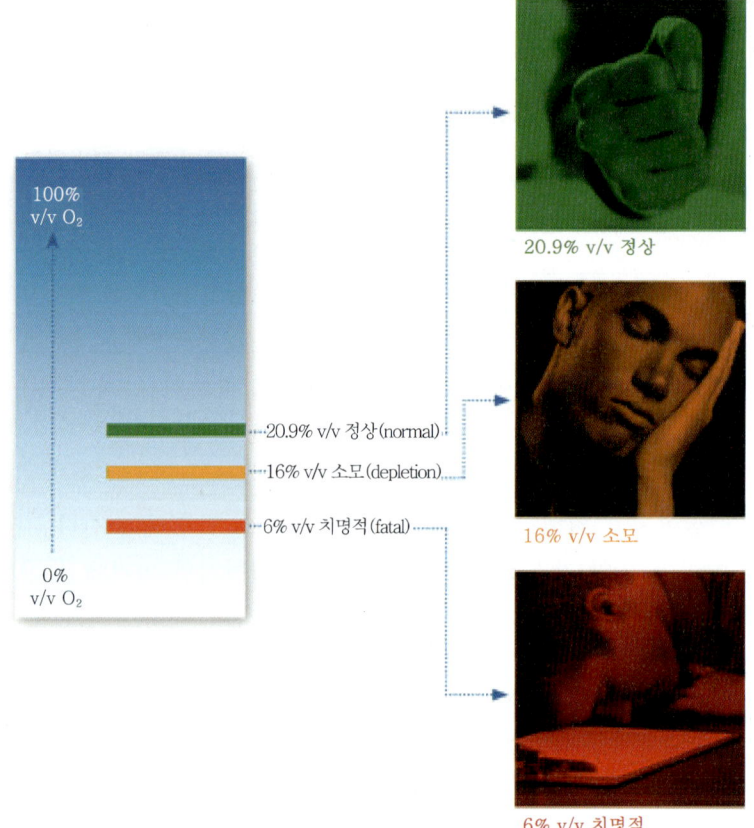

공기 중 산소결핍에 따른 생리적 영향[115]

다환(핵)방향족 탄화수소(PAHs)
- 두 개 이상의 벤젠고리를 가지는 방향족 화합물로 피부자극 및 발암성이 있는 연소생성물
- 쓰레기나 고체가연물이 연소할 때 발생

---

115) http://www.honeywellanalytics.com/ko-KR/gasdetection/gashazards/Pages/GasHazards.aspx에서 발췌

Section 25 일산화탄소(CO)

01 개요

(1) 화재 발생 시 주요 독성물질 중에서 가장 많이 발생하는 위험한 연소생성물이 일산화탄소(CO)이다. 따라서 화재 중에 사망에 이르는 중요한 이유 중 하나로 가장 주의해야 할 마취성 가스이다.

(2) 일산화탄소(CO)의 발생에 가장 많은 영향을 미치는 환경(외부) 인자는 온도와 당량비이다.

02 특성 및 위험성

(1) 환각과 의식상실을 유발해 피난을 방해하거나 불가능하게 한다.

(2) 일산화탄소(CO) 섭취 및 중독 현상은 낮은 농도에서는 매우 완만하게 진행된다.

(3) 하지만 일정 농도 이상에서는 질식 영향이 급격하게 일어나고, 그로 인한 무력화 정도가 매우 빠른 속도로 심각한 수준에 이른다. 일산화탄소를 흡입하게 되면 체내에 산소가 공급되는 것이 아니라 일산화탄소가 공급되게 되며 이로 인하여 인체에 중독 증상을 일으키게 된다.

(4) 왜냐하면 일산화탄소는 산소를 운반하는 헤모글로빈과의 친화력이 커서 혈액 내의 산소부족을 유발(산소의 300배 결합력)한다.

(5) 따라서 일산화탄소와 헤모글로빈의 결합물질인 COHb(카르복실 헤모글로빈)의 혈액 내 농도로 위험성이 결정된다.

(6) 3,200ppm의 낮은 농도에서 0.5시간 내에 치사상태가 된다.

(7) **생존 허용 기준**
   1) 스프링클러 작동 전 : 900ppm
   2) 스프링클러 작동 후 : 400ppm

03 생성/발생 메커니즘

(1) 모든 화학(화재) 반응 중간에 CO가 생성된다.
생성된 CO가 CO_2로 전환되는 비율이 CO 농도의 중요한 요소이고, 이것을 결정하는 인자가 온도, 당량비이다.

(2) CO에서 CO_2로의 전환 메커니즘은 크게 2가지이다. 이는 고온반응과 화염반응으로 구분된다.

   1) 고온반응 : $CO + \frac{1}{2}O_2 \rightarrow CO_2$

      ① 이때의 화학반응에는 고온이 필요하다.
      ② 작열의 경우 CO의 발생이 적은 이유는 표면이 고온이기 때문이고, 훈소의 경우 CO의 발생이 많은 이유는 저온이기 때문이다.

   2) 화염반응 : $CO + OH \rightarrow CO_2 + H$ (화염반응은 고온반응의 반응온도보다 비교적 낮은 온도에서 이루어진다.)

(3) 훈소의 경우 저온무염연소이므로 CO가 그대로 계 밖으로 배출된다(산화반응영역을 통과하지 못해서 이산화탄소로 반응하지 못한다).

   1) 온도가 낮은(800K 이하) 관계로 CO가 CO_2로 변환되지 않는다.
      $OH + CO \rightarrow CO_2 + H$
      $H + O_2 \rightarrow OH + O$ ·· ⓐ 분기반응
      $H + O_2 + M \rightarrow HO_2 + M$ ·· ⓑ 분자반응
      저온에서 ⓐ < ⓑ

   2) 주택화재 인명피해의 주요 원인이 된다.

(4) 최성기의 환기지배형 화재에서는 CO 농도는 산소농도에 의해서 영향을 받는다. 이미 충분한 에너지가 공급되어 있고, 따라서 C와 반응이 가능한 산소의 농도가 얼마나 되는가가 CO 농도를 결정하게 된다.

(5) 목재는 산소를 함유한 가연물이므로, 혼입된 공기로부터 CO를 형성하기 위해 추가로 산소가 필요하지 않다. 이로 인해 목재는 산소부족 분위기 속에서 CO를 형성한다. 숯을 만들 때 공기가 들어가지 못하게 땅에 묻는 이유가 바로 이것 때문이다.

   1) 환기구가 있는 구획실의 상부층에서 목재가 연소하는 경우 CO의 양이 2~3배 증가한다.
   2) 산소를 포함한 탄화수소 > 탄화수소 > 방향족 순으로 CO의 양이 발생한다.
   3) 고분자 화합물의 CO의 발생량은 목재 > PMMA > Nylon > PE > PP > PS 순으로 나타낼 수 있다.

하지만 연기생성효율은 방향족 C-H 구조를 갖는 중합체인 PS가 가장 높고 지방족 C-H-O 구조를 갖는 중합체가 생성효율이 가장 낮다.

공기 중의 CO 농도에 따른 중독상태

공기 중의 CO 농도(ppm)	중독상태
200	2~3시간 노출 시에 가벼운 두통
400	1~2시간 노출 시에 두통
800	45분 노출 시에 두통·메스꺼움·구토, 2시간 노출 시에 실신
1,600	20분 노출 시에 두통·메스꺼움·구토, 2시간 노출 시에 사망
3,200	5~10분 노출 시에 두통·메스꺼움, 30분 노출 시에 사망
6,400	1~2분 노출 시에 두통·메스꺼움, 10~15분 노출 시에 사망
12,800	1~3분 노출 시에 사망

04 결론

(1) CO는 화염의 환원반응구역에서 해당 가연물의 산화 열분해 결과로 생성된 후 산화반응구역에서 CO_2로 전환(산화)되어 계 외로 배출된다.

(2) CO의 발생 수율은 연료지배형에서는 온도에 반비례하고, 환기지배형에서는 산소농도에 반비례한다.

(3) CO_2의 생성효율은 가연물 화학구조의 영향을 받지 않는 반면, CO의 생성효율은 해당 가연물의 화학구조에 따라 달라진다.

(4) CO는 화재 인명피해 원인의 대부분을 차지하므로 CO의 화학적 성질 및 생성률에 대한 사정은 인명 및 재산의 보호에 있어서 큰 의미를 갖고 있다.

 CO와 헤모글로빈의 결합력은 산소의 300배이며, 결합된 결합체의 수명은 100일이고 결합력이 강해 좀처럼 떨어지지 않는다.

Section 26. 화재상황에 따른 연소생성물의 유해성

01 개 요

(1) 화재로 인한 인명피해의 대부분은 연소생성물의 독성에 의한 피해가 그 원인이며, 그 연소생성물에 얼마나 노출되었는가, 어느 정도 시간에 노출되었는가에 따라 피해 정도가 결정된다.

(2) 즉, 노출농도와 시간에 의해서 결정된다. 그리고 이러한 연소생성물에 의해서 피난의 무력화가 발생하여 피난시간 지연이 발생한다.

(3) 무력화란 정상적인 행동을 할 수 없는 상태를 말하며, 피난무력화는 연소생성물 등에 노출되어 피난을 할 수 없게 되는 상태를 말한다.

02 화재단계별 연소생성물의 구분

(1) **비화염 열분해 및 훈소화재**
   1) 연소물질은 마취성 또는 자극성 가스 및 입자 혼합물을 포함하고 있는 열분해생성물 및 산화반응 잔류물을 생성한다.
   2) 화염이 없는 저온으로 완전연소(산화반응)가 되지 않아 그대로 계 밖으로 배출된다. 따라서 에너지가 낮은 액적형태를 띤다. 이러한 화재를 훈소화재라고 한다.
   3) 훈소화재의 연기 주성분은 신체 내로 흡입되기 쉬운 매우 작은 액체입자로 비열적 피해가 크다.

(2) **초기 발달단계 화염화재** : 화염의 발달로 산화반응영역에서 활발한 반응이 발생해서 완전생성물이 증가하고 연기량도 적다.

(3) **산소량이 부족한 화염화재**
   1) 일산화탄소(CO)의 발생비율은 일반적으로 비화염 조건보다 더 낮지만 산소량이 풍부한 화염화재보다는 높다.
   2) 그러나 해당 화재는 빠르게 성장하므로, 독성 생성물의 생성률은 매우 높은 경우가 많다.

(4) **최성기 혹은 전실화재(F.O) 후 화재** : 화염이 최고로 발달하지만 공기량이 부족하여 연기량(불완전연소에 의한 연기량)이 많다.

(5) **쇠퇴기** : 연료가 대부분 연소하여 연료가 부족한 연료지배형 화재가 된다. 산소는 충분하지만 열량이 부족하여 훈소화재가 진행될 수도 있다. 밀폐공간에서는 산소량이

부족해서 성장기에서 바로 쇠퇴기가 될 수 있는데 이 경우에는 산소공급으로 화재가 급격하게 성장할 수 있다.

03 연기의 유해성

(1) 심리적인 유해성
  1) 피난자는 비교적 옅은 연기 중에서 불안감을 느끼기 시작한다. 이러한 불안감이 경쟁적 관계와 같이 형성되면 패닉에 빠진다.
  2) 화재 연기에 노출된 상태에서 피난자들의 명확한 사고능력과 행동능력은 연기농도의 증가에 따라 감소한다.
  3) 이때 사고능력의 한계값은 내부구조를 얼마나 숙지하고 있느냐에 따라 결정된다. 그래서 불특정 다수인이 이용하는 건축물의 피난계획 시에는 불특정 다수인 피난자의 심리적 유해성을 고려하여야 한다.

(2) 시각적 유해성 : 연기가 빛을 흡수하거나 반사해서 시각적 장애를 준다. 따라서 행동능력에 큰 제약을 주게 된다.

(3) 생리적인 유해성(독성)
  1) 산소농도 감소 및 이산화탄소 증가에 의한 질식
  2) CO, HCN 등의 마취성 가스에 의한 무기력 및 산소부족
  3) HF, HCl, HBr 등의 자극성 가스에 의한 피부, 기도 및 폐의 손상
  4) 연기를 흡입하여 기관지, 폐에 화상을 입어 호흡곤란이 되는 열해
  5) 연기 입자가 눈이나 폐에 주는 자극

04 무력화

(1) 정의 : 인간이 적절히 활동할 수 없으며, 해를 입지 않은 채로 탈출할 수 없는 상태를 말한다.

(2) 내용
  1) 연기의 흡광도와 자극성 연기 및 생성물이 눈에 미치는 고통스런 영향으로 인해 발생하는 시력 손상
  2) 자극성 연기 흡입으로 인한 기도 통증 및 호흡곤란
  3) 독성 가스 흡입으로 인한 질식과 그로 인한 착란 및 의식상실
  4) 노출된 피부 등에 열의 영향으로 인한 화상이나 고열로 인한 탈진

(3) 다음 그림과 같이 마취성 가스의 농도가 증가하면 무력화시간은 짧아진다.

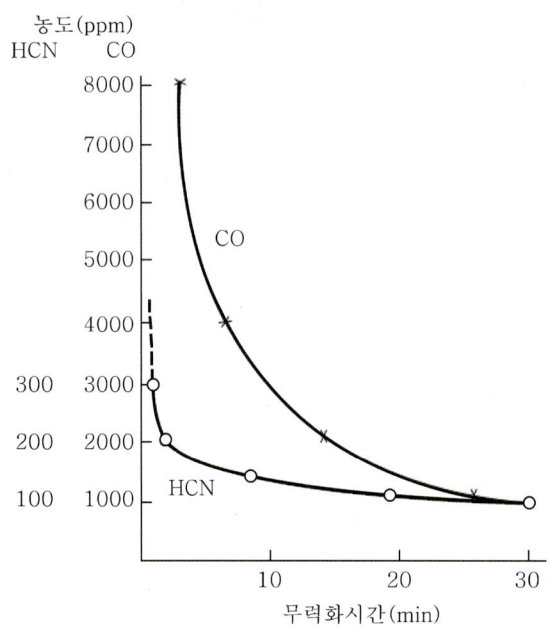

마취성 가스의 농도에 따른 무력화시간[116]

05 화재 시나리오에 따른 무력화의 기본 유형

(1) 훈소화재
1) 희생자가 발화실 내에 있을 수도 있고 멀리 떨어진 위치에 있을 수도 있는 화재
2) 이러한 조건하에서는 독성 물질이 형성된다 하더라도 발생률이 낮고, 연기 밀도가 높은 경우는 거의 없으며, 실내 온도도 비교적 낮은 편이다. 따라서 조기에 경보가 될 경우 충분한 탈출시간을 부여 받게 되지만, 위험을 인지하지 못할 경우(예 취침 중), 일산화탄소(CO) 등에 의한 질식 또는 급기상태가 안 좋은 경우에는 저산소와 일산화탄소의 중독에 의한 피해를 입을 수 있다. 이것이 대부분 주택화재 인명피해의 원인이다. 따라서 주택이나 주거장소에는 연기감지기나 CO감지기의 필요성이 있다.

(2) 성장기 화재
1) 희생자가 발화실 내에 있는 화재
2) 고온과 열복사, 연기, 그리고 저산소를 수반하는 고농도의 일산화탄소(CO), 이산화탄소(CO_2)에 동시에 직면하게 될 가능성이 높다.

---

[116] Figure 2-6.6. Comparison of the relationship between time to incapacitation and concentration for HCN and CO exposures in primates. Time and concentration are equivalent for CO; for HCN, a small increase in concentration causes a large decrease in time to incapacitation. SFPE 2-06 Toxicity Assessment of Combustion Products.

3) 고려 사항
　① 희생자의 거동(소화 등)
　② 화재성장속도
　③ 충분한 피난시간

(3) 전실화재

1) 희생자가 발화실 내에 있는 화재
2) 화염화재가 가용 산소를 빠르게 소진시키고, 연소가 시작된지 수 분 후에 산소농도가 떨어짐에 따라 연소효율이 저하되면서 CO 및 기타 독성생성물 농도가 높은 연기를 생성하게 된다.
3) 소규모 화재의 경우에는 화재성장을 지연시키는 재료인 불연 또는 난연재료의 사용과 함께 이를 조기에 감지하고 경보를 통해 피난을 하게 함으로써 거주자의 생존 가능성을 크게 증대시킬 수 있다.
4) 건축물, 내장재 그리고 거주자 간의 복잡한 상호작용의 결과로 화재 중에 위험상황이 발달하게 된다. 따라서 소규모 구획실의 위험성을 평가할 때는 연소생성물의 독성효능뿐 아니라 전반적인 화재리스크 해당 품목의 연소 거동을 고려하는 것이 중요하다.

(4) 최성기 화재, 전실화재 후 화재

1) 희생자가 화재로부터 멀리 떨어져 있는 화재
2) 발화구획에 화재가 국한될 수 있지만, 다량의 독성 연기가 형성되어 건축물 전체로 퍼져 나가면서 발화실로부터 멀리 떨어진 장소에서도 치사 수준의 분위기가 형성될 수 있다.
3) 작은 화재라도 기하급수적으로 화재가 성장할 수 있다.
4) 열방출이 최대를 이루며 열로 인한 구조적 문제를 발생시킬 수가 있다.

(5) 쇠퇴기

1) 쇠퇴기는 구획실 내의 연료가 소비되어 더 이상 산소가 부족한 상태가 아니라 연료가 부족한 상태로 열방출률이 점차 감소하며 열감소율은 최성기 지속시간에 영향을 받는 연료지배형 화재이다.
2) 산소공급 부족으로 성장기에서 훈소화재로 전이된 경우는 산소가 공급되면 다시 화염화재로의 성장이 가능하다.

06 무력화 위험 완화

(1) 훈소화재

1) 스스로 화재가 소멸되도록 불연, 난연재료를 설계한다.

2) 분해 중에 일산화탄소(CO) 등 독성물질을 제외한 다른 생성물이 생성되도록 한다.

3) 연기 또는 CO감지기 경보를 통한 조기경보가 필요하다.

(2) 성장기, 전실화재 : 일단 발화가 일어난 후에는 성장률을 제한하는 조치를 통해 소규모 화재를 진화하거나 화재로부터 탈출할 수 있는 시간을 확보하는 것이 필요하다.

(3) 최성기 화재 : 최초 발화실 내부에 화재 및 가스를 국한시키는 조치가 필요하다.

(4) 쇠퇴기 화재 : 산소부족으로 훈소화재로 전이되거나 가연성 가스가 가득 차 있는 공간에는 산소공급이 되지 않도록 한다. 왜냐하면 화재가 재성장할 우려가 있기 때문이다. 하지만 최성기를 거쳐 가연물이 모두 연소하고 점차 쇠퇴한 경우에는 자연적으로 소화된다.

Section 27 독성가스와 허용농도

01 독성가스의 정의

(1) 인체에 유해한 독성을 가진 가스로서 허용농도가 5,000ppm 이하인 것을 말한다 (2008.7.16.개정 : 200 → 5,000).

(2) 공기 중에 일정량 이상 존재하는 경우 인체에 유해한 독성을 가진 가스로서 허용농도가 100만분의 5,000 이하인 것을 말한다. LC50(치사농도[致死濃度] 50 : Lethal Concentration 50)으로 표시한다.

주요 독성가스의 허용농도

독성가스 명칭	허용농도(ppm) TLV-TWA	LC50	독성가스 명칭	허용농도(ppm) TLV-TWA	LC50
알진(AsH_3)	0.05	20	황화수소(H_2S)	10	444
니켈카르보닐	0.05		메틸아민(CH_3NH_2)	10	
디보레인(B_2H_6)	0.1		디메틸아민($(CH_3)_2NH$)	10	
포스겐($COCl_2$)	0.1	5	에틸아민	10	
브롬(Br_2)	0.1		벤젠(C_6H_6)	10	
불소(F_2)	0.1	185	트리메틸아민($(CH_3)_3N$)	10	
오존(O_3)	0.1		브롬화메틸(CH_3Br)	20	850
인화수소(PH_3)	0.3	20	이황화탄소(CS_2)	20	
모노실란	0.5		아크릴로니트릴(CH_2CHCN)	20	666
염소(Cl_2)	1	293	암모니아(NH_3)	25	
불화수소(HF)	3	966	산화질소(NO)	25	
염화수소(HCl)	5	3,124	일산화탄소(CO)	50	3,760
아황산가스(SO_2)	2	2,520	산화에틸렌(C_2H_4O)	50	2,900
브롬알데히드	5		염화메탄(CH_3Cl)	50	
염화비닐(C_2H_3Cl)	5		아세트알데히드	200	
시안화수소(HCN)	10	140	이산화탄소(CO_2)	5,000	

02 허용농도의 정의

(1) 공기 중에 노출되더라도 통상적인 사람에게는 건강상 나쁜 영향을 미치지 아니하는 정도의 공기 중의 가스농도를 말한다.

(2) 근로자가 유해요인에 노출되는 경우 허용농도 이하 수준에서는 거의 모든 근로자에게 건강상 나쁜 영향을 미치지 아니하는 농도를 말한다.

03 허용농도의 종류

(1) 미국 ACGIH(American Conference of Governmental Industrial Hygienists)는 최대허용농도(MAC ; Maximum Allowable Concentrations)를 발표했는데, 이후에 그 이름을 '허용한도'라는 의미의 TLV(Threshold Limit Value)로 변경했다.

(2) TLV(Threshold Limit Value)
  1) 정의 : 거의 모든 근로자들이 평생 일하는 기간 내에 매일같이 노출되더라도 건강에 나쁜 영향을 미치지 않는다고 인정되는 노출한도(ACGIH[117])
  2) ACGIH에서는 서로 다른 종류의 TLV 형태들을 아래와 같이 정의한다.
    ① 시간가중평균 노출한도(TLV-TWA ; Time-Weighted Average) : 거의 모든 근로자들의 통상적인 1일 작업시간인 8시간과 1주 작업시간인 40시간 동안 매일 반복적으로 노출되더라도 해가 없다고 인정되는 시간가중 평균농도
    ② 단시간 노출한도(TLV-STEL ; Short-Term Exposure Limit) : 근로자들이 단시간(15분) 동안 지속적으로 노출되더라도 자극을 느끼거나 만성 또는 회복 불가능한 조직손상, 호흡곤란의 문제없이 노출 가능한 농도를 말한다. STEL은 15분간의 TWA 노출로 정의되며, 근무하는 날의 어느 때에도 초과되어서는 안 된다. 아래와 같은 증상이 나타나지 않는 허용농도를 말한다.
      ㉠ 참을 수 없는 자극
      ㉡ 만성적 또는 비가역적 조직의 변화
      ㉢ 사고를 일으킬 수 있는 정도의 혼수상태, 자위력 손상 또는 작업능률 감소
    ③ 최고노출한도(TLV-C ; Ceiling) : 근무 중 어떤 순간에도 초과하여 노출되어서는 안 되는 농도
  3) STEL 값이 제시되지 않은 경우에는 일반적으로 TLV-TWA에 의한 대체한도(excursion limits) 권고안을 적용한다. 이 경우, 근로자에 대한 대체 노출한도는 1일 근무시간 중 TLV-TWA를 3회 초과할 수 있지만 총 30분 이내에서만 가능하며, 하루에 TLV-TWA를 5회 이상 초과하는 일은 없어야 한다. 즉 4회까지만 가능하다.

---

117) ACGIH는 대학과 정부기관의 직업위생 전문가로 이루어진 기관으로, 사기업의 위생 전문가는 준회원으로 가입할 수 있다. 매년 각기 다른 위원회에서 새로운 허용한도나 최상의 근무실천가이드를 제안한다. TLV 목록에서는 700가지 이상의 화학물질과 그 물질들에 대한 생물학적 노출지수가 포함되어 있다.

(3) **IDLH(Immediate Dangerous to Life & Health)** : NIOSH(National Institute of Occupational Safety & Health)가 제안하고 있는 농도로서 30분 이내에 구출되지 않으면 원래의 건강상태를 회복할 수 없는 농도

(4) **LD50(Lethal Dose Fifty)** : LD는 액체나 고체화합물의 치사량 기호로 실험동물에 화학물질 등을 투여한 경우 50%가 사망하는 투여량으로 단위는 [mg(독성물질의 양)/kg(동물체중)]이다. 그 물질이 인체에 대해서도 흰쥐의 경우와 같이 치사적인 작용을 준다고 추정해서 체중이 $W[kg]$인 경우의 치사량을 $LD_{50} \times W$라 한다. Dose는 복용량을 나타낸다. 복용량은 농도와 시간의 함수이다.

(5) **LC50(Lethal Concentration Fifty)** : LC는 가스 및 증기화합물의 치사량 기호로 실험동물에 화학물질 등을 일정시간(통상 4시간이 기준, NFPA에서는 보통 30분 단위를 적용) 흡입시킨 후 50%가 사망하는 약품농도로 통상 ppm으로 나타낸다.

(6) **비상대응계획수립지침(ERPG ; Emergency Response Planning Guidelines)**
   1) ERPGs는 근로자의 노출 및 독성화학 물질의 증가에 따른 근로자의 노출과 대응수준을 결정하는 방법으로 산업분야에서 널리 사용되고 있다. ERPGs는 종종 위험성 평가방법인 Process Hazards Analyses(PHAs)와 HAZOPs에도 사용된다.
   2) 미국 산업위생협회[The American Industrial Hygiene Association(AIHA)]에 의한 정의 : 사람이 문제의 화학물질에 노출된 결과로 악영향을 관찰할 수 있는 예상농도
   3) ERPGs의 구분(KOSHA CODE P-12-1998)
      ① ERPG-1 : 거의 모든 사람이 1시간 동안 노출되어도 오염물질의 냄새를 인지하지 못하거나 건강상 영향이 나타나지 않는 공기 중의 최대농도
         • ERPG 1 농도가정(ERPG-1이 없을 때)
           - 취기 전단 농도
           - ERPG-2를 10으로 나눈 값
      ② ERPG-2 : 거의 모든 사람이 1시간 동안 노출되어도 보호조치 불능의 증상을 유발하거나 회복 불가능 또는 심각한 건강상의 영향이 나타나지 않는 공기 중의 최대농도 → 보호장비를 착용해야만 하는 농도
         • ERPG-2 농도가정(ERPG-2가 없을 때)
           - STEL 또는 Ceiling 값
           - TWA 농도의 3배 값
      ③ ERPG-3 : 거의 모든 사람이 1시간 동안 노출되어도 생명의 위험을 느끼지 않는 공기 중의 최대농도 → 보호장비를 착용해도 위험한 농도
         • ERPG-3 농도가정(ERPG-3이 없을 때)
           - LC50을 30으로 나눈 값
           - ERPG-2의 5배 값

4) ERPGs의 이용(KOSHA CODE P-12-1998)
   ① 화학물질폭로영향지수(CEI)의 계산에 활용

$$CEI = 655.1 \sqrt{\frac{AQ}{ERPG-2}}$$

여기서, $ERPG-2$의 단위 : mg/m^3
AQ : 대기확산량

   ② 위험거리(HD)의 산정에 활용

$$HD = 6551 \sqrt{\frac{AQ}{ERPG}} \, [m]$$

5) 소방에서 ERPGs : 소화 시 불화수소(HF)가 생성되는 상황인 경우 TLV를 이용하는 것보다 적합하다.
   ① ERPG-1 : 화학물질의 냄새를 감지, 2ppm
   ② ERPG-2 : 피난, 은신, 마스크 사용과 같은 위험 경감조치를 취해야 하는 때, 50ppm
   ③ ERPG-3 : 동물시험 자료에 기초한 것으로 거의 모든 사람에게 적용 가능한 치명적이지 않은 노출의 최후 단계, 170ppm

(7) **혼합물질의 허용농도** : 유해물질이 단독으로 공기 중에 존재하고 있지 않고 2종 또는 그 이상의 물질로 된 경우, 혼재하는 물질 간에 유해성이 서로 다른 부위에 작용한다는 증거가 없는 한 유해작용은 가중되므로 다음 식에 의하여 산출한 수치가 1을 초과하는 경우에는 허용농도를 초과하는 것으로 판단한다.

$$1 = \frac{C_1}{T_1} + \frac{C_2}{T_2} + \frac{C_3}{T_3} + \cdots\cdots \frac{C_i}{T_i}$$

여기서, C : 각 성분의 흡입공기 중 평균농도
T : 각 성분의 허용농도

(8) **FED(Fractional Effective Dose)**
1) 각각의 독성물질이 혼재한 상태의 전체적인 독성 영향을 정량적으로 평가하기 위한 방법이다.
2) 즉, 독성물질의 농도와 노출시간에 따른 독성농도 값과의 상대적인 비로 독성물질에 대한 누적 흡입에 따른 사망 또는 장애가 남을 수 있는 영향을 나타낸다. Dose로 복용량을 나타낸다. 따라서 농도와 시간의 함수이다.
3) 예를 들어 일산화탄소와 시안화수소가 혼합되어 있는 경우, 각각의 개별적인 LC50의 값은 다르지만, FED 측정을 통해 단일화된 수치의 값으로 표현이 가능하다.

4)
$$FED = \frac{\sum_{i=1}^{n} C_i \Delta t}{LCt_{50}} \text{ 또는 } FED_i = \frac{r(C_i t)}{C_i t}$$

여기서, FED : Fractional Effective Dose at the end of interval i 무차원수 (dimensionless)

C_i : 물질이 연소 시 발생하는 독성가스의 농도(concentration of material burned at interval i, g/m^3(lb/ft^3))

Δt : 노출시간(time interval, min)

LCt_{50} : 시험결과에 따른 치명적인 노출량(lethal exposure dose from test data, g·m^{-3}·min(lb·ft^{-3}·min))

r : 시간당 복용량

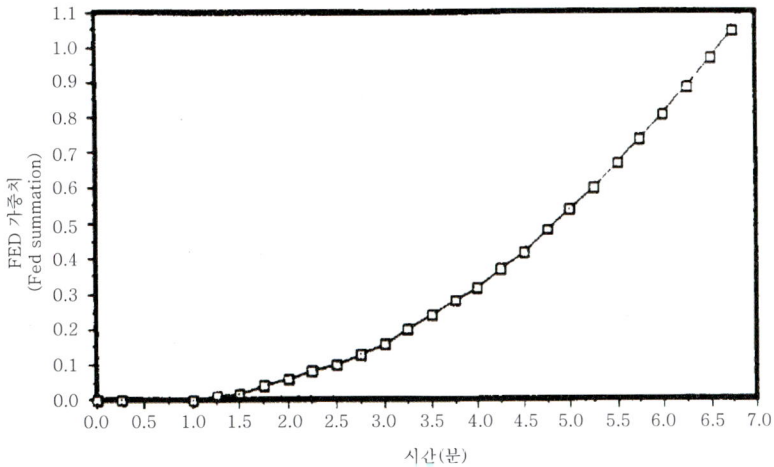

｜ 하나의 물질인 경우의 FED ｜

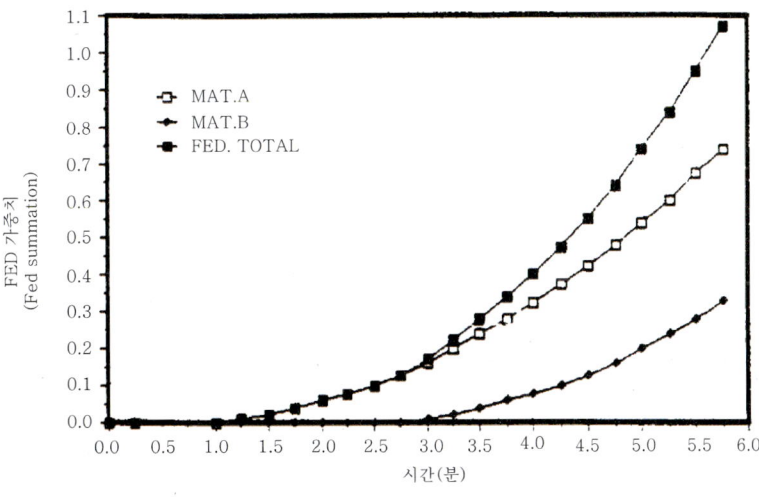

물질A + 물질B(Material A + Material B)

｜ 두 개의 물질의 합성 FED ｜

(9) FEC : 자극성 가스인 HCl, HBr, HF, SO₂, NO₂의 독성계산 시 사용한다(농도의 함수).

$$FEC = \frac{f_{HCl}}{F_{HCl}} + \frac{f_{HBr}}{F_{HBr}} + \frac{f_{HF}}{F_{HF}} + \frac{f_{SO_2}}{F_{SO_2}} + \frac{f_{NO_2}}{F_{NO_2}} + \frac{f_{acrolein}}{F_{acrolein}} + \frac{f_{formalde_{hyde}}}{F_{formalde_{hyde}}} + 3\frac{f_{irritant}}{F_{irritant}}$$

04 독성지수(toxic factor)

(1) 정의 : 독성지수는 재료의 단위중량당 발생하는 유해가스량

(2) 재료의 발열량이나 발연계수와 대응하는 정적인 개념이다.

(3) **정적 독성지수**

$$t = \frac{c}{c_f}$$

여기서, c : 지금 가스농도
c_f : 그 가스를 30분간 인간에게 노출시켰을 때 치명적인 영향을 줄 때의 농도

(4) 정적 독성지수는 무차원의 값을 가지며 일반적으로 0.01~20의 범위에 있다.

(5) **재료의 독성지수**

$$T = t \times \frac{V}{W}$$

여기서, V : 용적
W : 재료의 중량, 일반적으로 1~1,200 정도

(6) 2종 이상의 가스가 혼재하고 있는 경우는 $t = \sum t_i$, $T = \sum T_i$

(7) **동적 독성지수(dynamic toxic factor)** : 정적 독성지수의 생각을 다시 발전시켜 발열속도나 발연속도에 대응하는 개념으로 유해가스의 위험성을 단순히 화재 시에 발생하는 연소생성물의 총량보다도 오히려 속도로 생각하여 시간단위 면적당에서 생성되는 유해가스의 독성인 동적 독성지수로 나타냈다.

$$T_d = \frac{v}{A \cdot c_f}$$

여기서, v : 연소생성물의 용적발생속도(m³/min)
A : 면적

(8) 2종 이상의 가스가 혼재하고 있는 경우는 $T_d = \frac{1}{A} \sum \left(\frac{v}{c_f}\right)_i$

05 NFPA 901의 독성물질의 구분

독성물질(toxic materials)이란 직접 또는 간접, 일시적 또는 영구적인 접촉, 흡입 또는 섭취의 노출로 인해 생명이나 건강에 위험을 주는 물질로서 다음과 같이 분류할 수 있다.

(1) Class1 : 노출 시 즉각적인 의료처치를 취하지 않으면 자극적이지만 경미한 잔여부상을 일으킬 수 있는 물질

(2) Class2 : 과다하거나 계속적인 노출 시 즉각적 의료처치를 취하지 않는다면 일시적 무능력이나 잔여 부상의 가능성을 일으킬 수 있는 물질

(3) Class3 : 짧은 노출 시 즉각적 의료처치를 취해도 심각한 일시적 또는 잔여 부상을 일으킬 수 있는 물질

(4) Class4 : 극히 짧은 노출 시 즉각적 의료처치를 취해도 사망이나 심각한 잔여 부상을 일으킬 수 있는 물질

Section 28. 연기(smoke)

01 개 요

(1) 연기에 의하여 가시도가 떨어지고 점유자의 피난이 지연될 수 있다. 또한 연기는 점유자를 허용될 수 없는 오랜 시간 동안 연소생성물에 노출시키는 원인이 된다.

(2) 연기에 의한 위험성을 분석하기 위해서는 정량적 평가가 필요하다.

(3) 연기의 정량적 평가는 크게 가시거리, 일산화탄소의 농도, 연기발생량의 3가지로 구성된다.

02 정 의

(1) 소방에서의 연기의 정의
 1) 연소되는 물질로부터 방출되는 뜨거운 증기와 가스류(연소가스)
 2) 미연소 분해생성물(탄소 및 미연소 유기물 등) 및 응축 물질
 3) 위의 구성 요소들이 혼합되어 있는 공기(entrainment)

(2) 일반적인 정의
 1) 연기는 연소의 결과로 생성되어 공기 중에 부유하고 있는 고체, 액체의 미립자를 총칭하는 말이다.
 2) 크기로 제한한다면 $0.01 \sim 10 \mu m$ 정도의 미립자이다.
 3) 화재 시의 연기는 연기입자를 특별히 분리하지 않고 Gas 성분을 포함하여 지칭한다.
 4) 연기는 자체가 뜨거운 고온을 지니고 있어 연기입자를 포함하는 열기류라는 뜻이기도 하다.

(3) 월터 해슬러(Walter Haessler)의 정의
 1) 연기는 불완전연소 시 발생하는 낮은 증기압을 가진 입자로 구성된 기체 확산운동으로 이루어지며,
 2) 고체의 탄소입자가 연소열로 파괴, 희석되어 고분자 탄소화합물의 미립자를 만든다.
 3) 연기의 기본성질은 불안정성이다. 따라서 활발한 브라운운동 상태에서 안개상의 입자들은 서로 충돌하면서 응축하여 덩어리를 형성한다.
 4) 이러한 운동과정을 통해 입자의 수가 상당한 수준으로 감소하며 안정된 큰 덩어리가 되면 침전작용으로 연기는 사라진다. 연기는 크기는 $1g/m^2$ 미만이다.

03 연기의 특징

(1) 감광의 특징을 가지고 있어 광선을 흡수한다. → 시각적 해, 심리적 해
(2) 유독가스를 다량 함유하고 있다. → 생리적 해
(3) 연기가 발생함에 따라 상대적으로 산소농도를 낮추어 산소결핍을 발생시킨다. → 생리적 해
(4) 연기가 고열이므로 이를 통해 복사열 방사나 대류로 가연물에 열전달을 한다. → 화재의 확대

04 연기의 발생 메커니즘

(1) 입자상의 연기는 불완전연소의 결과로 발생하는 생성물이다. 이는 훈소와 화염연소의 두 경우에 다 발생하지만 그 입자의 형태나 성질은 상이하다. 연기의 90% 이상은 탄소화합물이다.

(2) **화염연소** : 유기물질이 열분해를 통해 휘발분이 발생하고 부력에 의해 그 휘발분이 상승하여 공기와 섞이면서 연소범위를 형성한다. 연소하면서 화염이 발생하는데, 이 때 불완전 연소물질이 부유하면서 빛과 산란을 하게 되고 그것이 눈에 연기로 보이는 것이다. 이때의 연기는 거의 전부가 고체입자로 구성된다.
   1) 1단계에서는 열에 의해서 열분해가스 및 증기 등이 발생한다.
      ① 160~360℃에서는 탄산가스, 일산화탄소 등이 발생한다.
      ② 360~432℃에서는 수소, 아세틸렌 등이 발생한다.
      ③ 온도 증가에 따라 각종 탄화수소류의 가스가 발생한다.
   2) 2단계에서는 이와 같이 발생한 가연성 가스들이 계속 공급되는 열에 의해서 산소와 결합하여 연소가 일어나 연소생성물이 생기는데 이 연소생성물이 바로 연기이다.
   3) 이러한 열분해가스의 연소와 병행하여 증발되고 남은 잔재물인 탄화목탄이 연소하게 되는데 이것은 탄소가 주성분이고 그 밖에 미량의 철, 이산화규소 등의 무기물이 포함되어 있다.

(3) **훈소**
   1) 연기는 유기물질(탄화수소화합물)이 열분해를 통해 휘발분이 발생하고 부력에 의해 그 휘발분이 상승하는 것은 화염연소와 같지만
   2) 분자량이 높은 고분자화합물의 불완전 연소물질은 연소면 상부의 차가운 공기와 열교환(열전달)을 통해 응축되어 타르 액적이나 비점이 높은 액체입자로 구성되어 안개상이 된다.
   3) 이들은 정체된 공기 중에서 서로 응축되어 직경이 약 $1\mu m$ 정도가 되고 그 밖에 여러 크기의 입자들로 분포되며, 표면에 집적되어 기름성분의 찌꺼기가 된다.

4) 훈소는 화염연소와는 달리 화염과 같은 산화반응영역이 없어 불완전연소 생성물이 많이 발생하고 낮은 열전달로 액체의 연기를 형성하게 된다. 예를 들어 고깃집에서 고기를 구워먹고 나면 안경에 기름성분이 잔뜩끼어 있는데 이것이 바로 액적이 안경표면에 흡착된 것이다.

(4) 완전연소가 된다면 가연물이 완전연소 생성물인 수증기나 이산화탄소로 전환될 것이나 이런 경우는 일반적인 화재에서는 발생하기가 곤란하다. 왜냐하면 일반적인 화재에서는 가연성 증기와 산소의 혼합에 의한 부력유도 난류흐름이 생기게 되며, 이 난류흐름에도 농도구배가 존재하여 저산소영역(환원영역 주변)에서는 휘발분의 산소가 부족하고 에너지가 충분하지 못해 방향족 탄화수화합물(타르)이나 검댕이 형태로 대기 중에 방출되기 때문이다.

05 연기의 발생량

(1) 재료에 따른 발연계수

$$K = K_s \frac{V}{W}$$

여기서, K : 발연계수
K_s : 감광계수
V : 체적
W : 질량

상기 식은 불완전연소된 물질을 연기로 보는 관점으로 과거의 관점이다(독성 측면).

(2) 온도에 따른 발연계수

$$K = A - BT$$

여기서, A, B : 재료에 따라 변하는 상수

상기 식은 불완전연소된 물질을 연기로 보는 관점으로 과거의 관점이다(독성 측면).

(3) 화재실의 높이와 화염의 둘레에 따른 발연량 : 현재 연기발생량을 계산하는 방법은 토마스식과 헤스케스테이드식으로 구분된다. 현재 NFPA 204에서는 헤스케스테이드식을 사용하고 있다. 이는 유입되는 공기량을 연기로 보는 관점으로 최근에 연기량(플럼량)을 파악하는 관점이다.

1) **토마스(Thomas)의 연기발생**
① 화재플럼(plume)에 관한 실험식으로 화원의 직경이 크고 화염의 높이가 낮을 때 적용하며 직경이 크면서 화염의 높이가 낮은 위험물 저장탱크와 같은 경우 실제 연소열량과 실험결과가 다르다는 것에 중점을 둔 실험식이다.

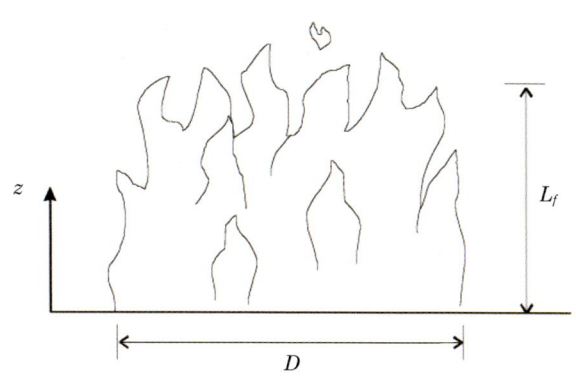

▌토마스의 실험모델[110] ▌

$$m = 0.096 P Y^{\frac{3}{2}} \sqrt{g\rho_a \rho_f} \quad \cdots\cdots\cdots \text{ⓐ}$$

여기서, m : 연기 발생량(kg/s)
  P : 화원의 둘레(m)
  Y : 바닥에서 청결층까지의 높이(m)
  ρ_a : 공기밀도
  ρ_f : 화염가스밀도

가스밀도는 가스의 절대온도에 반비례 $\dfrac{\rho_f}{\rho_a} = \dfrac{T_a}{T_f}$

따라서, $\rho_f = \dfrac{\rho_a T_a}{T_f}$ $\cdots\cdots\cdots$ ⓑ

ⓐ에 ⓑ를 적용하면 $m[\text{kg/s}] = 0.096 P[\text{m}] Y^{\frac{3}{2}}[\text{m}] \sqrt{g\rho_a[\text{kg/m}^3]\dfrac{\rho_a T_a}{T_f}}$

$$m = 0.096 \rho_a Y^{\frac{3}{2}} \sqrt{g\dfrac{T_a}{T_f}} \quad \cdots\cdots\cdots \text{ⓒ}$$

여기서, $T_a = 290\text{K}(17℃)$: 주위공기온도, $T_f = 1{,}100\text{K}(827℃)$: 화염온도
$\rho_a = \dfrac{353}{290} = 1.22\text{kg/m}^3$, $\rho_f = \dfrac{353}{1{,}100} = 0.32\text{kg/m}^3$, 이 내용을 ⓒ에 적용하면,

$$m = 0.096 P 1.22 Y^{\frac{3}{2}} \sqrt{g\dfrac{290}{1{,}100}}$$

$$m = 0.06 P Y^{\frac{3}{2}} \sqrt{g}$$

② $$M = 0.188\, P\, Y^{\frac{3}{2}} [\text{kg/s}]$$

여기서, P : 화재의 크기(둘레)(m), Y : 천장공간높이(연기층까지의 높이)

---

118) FIGURE 4.13 Characteristic sketch of the Thomas plume. Fire Plumes and Flame Heights. 2000 by CRC Press LLC

㉠ 상기 식은 강당, 스타디움, 넓은 개방된 사무실, 아트리움과 같이 천장이 높은 공간에서 화재 위치가 공간의 중앙에 위치한 경우를 전제로 한 연기의 생성을 계산하는 식이다.

㉡ 영국의 BRE에서는 청결층의 높이가 화재크기의 제곱근 10배보다 작거나 같은 경우(Y(청결층의 높이, m) $\leq 10\sqrt{A_f}$(화재의 크기, m²))에만 한정하여 상기 식으로 연기발생량을 계산할 수 있게 하고 있다.

$$m = C_e(상수) \cdot P \cdot Y^{\frac{3}{2}}$$

여기서, m : 연기발생량, kg/s
P : 화원의 둘레(m)
Y : 청결층 높이(m)
$C_e = 0.19$: 강당, 스타디움, 넓게 개방된 사무실, 아트리움과 같이 높은 천장
$C_e = 0.21$: 천장이 높지 않은 넓게 개방된 사무실, $Y \leq 3\sqrt{A_f}$
$C_e = 0.34$: 작은 사무실, 호텔객실, 방 안의 거실 등 작은 공간. 방의 직경이 화원직경의 5배 이하가 되는 공간이자 연소 시 공기가 편 방향으로 유입되는 구조

2) **주코스키(Zukoski)의 연기발생이론**

① 주코스키(Zukoski) Model은 Fire 플럼(plume)에 대한 이상적인 실험식이며 이론적인 접근방법이다. 실제로는 보정을 위해 화원보다 아래에 있는 가상 점열원에 의한 차를 두어야 하며 대공간의 연기층에 적용한다.

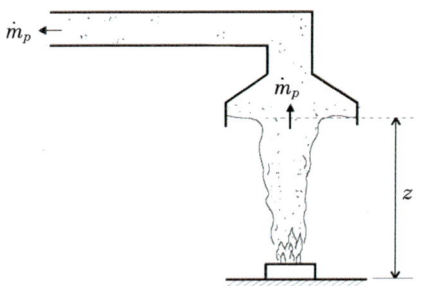

▮ 주코스키의 실험모델[119] ▮

② $m_p = m_{fuel} + m_{air}$

③
$$m_p = K Q_c^{\frac{1}{3}} Y^{\frac{5}{3}}$$

여기서, m_p : 연기발생량(kg/s)
K : 0.071
Q_c : 대류열방출률 = $0.7Q$[kW], 대류열방출률은 총열방출의 70% 정도
Y : 청결층 높이 − 가상 점열원의 높이(virtual origin)(m)
단, 대공간이나 높은 천장의 경우에는 가상 점열원의 높이를 무시해도 좋다.

---

119) FIGURE 4.8 Plume flow rate experiments. Fire Plumes and Flame Heights. 2000 by CRC Press LLC

> **꼼꼼체크** 원식은 $m_p = 0.21\left(\dfrac{\rho_\infty^2 g}{c_p T_\infty}\right) Q_c^{\frac{1}{3}} Y^{\frac{5}{3}}$ 이고, 이를 $T_\infty = 293K$, $\rho_\infty = 1.1 \text{kg/m}^3$,
> $c_p = 1.0 \text{kJ/(kg} \cdot \text{K)}$, $g = 9.81 \text{m/s}^2$을 적용하면 상기 식처럼 간편식으로 나타낼 수 있다.

④ 또한 이를 정리하면 다음 식으로 나타낼 수 있다.

$$\dot{m}_s = 0.065 \dot{Q}^{\frac{1}{3}} Y^{\frac{5}{3}}$$

여기서, m_s : 연기발생량(kg/s)

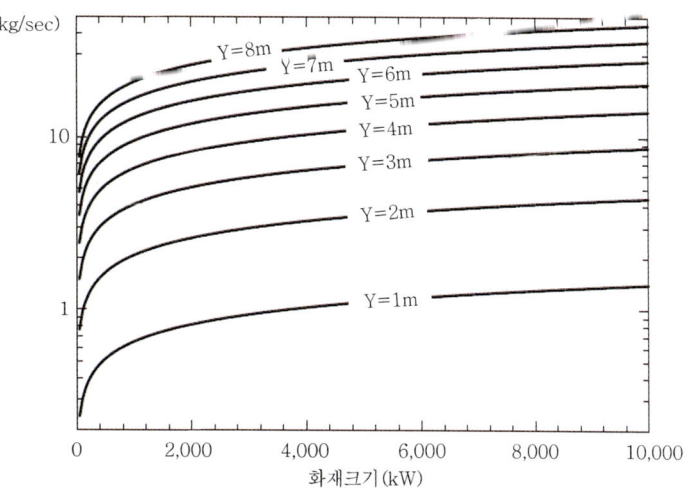

┃ 청결층 높이와 화재크기에 따른 연기발생률[120] ┃

⑤ 상기 식에 의한 연기배출량은 다음 식으로 나타낼 수 있다.

$$\dot{V}_m = 0.065\left(\dfrac{T+273}{352}\right)\dot{Q}^{\frac{1}{3}} Y^{\frac{5}{3}}$$

여기서, $\dot{V}_m$: 청결층 유지를 위한 최소배출량(m³/sec)

$\dot{Q}$: 총열방출률(total energy release rate, kJ/sec 또는 kW)

T : 구획실 연기의 온도(compartment gas temperature, ℃)

3) **헤스케스테이드(Heskestad)**

① 화재 플럼(fire plume)에 대한 실험식으로 실제 화원에서보다 더 아래에 화원이 있다고 가정한 실험식이며, 실내화재에서는 일반적으로 일치한다. 일종의 주코스키(Zukoski) Model을 보정한 경험식이다.

---

[120] FPH 03-09 Closed Form Enclosure Fire Calculations FIGURE 3.9.7 Smoke Production Rates for Steady Fires with Various Distances from the Virtual Origin

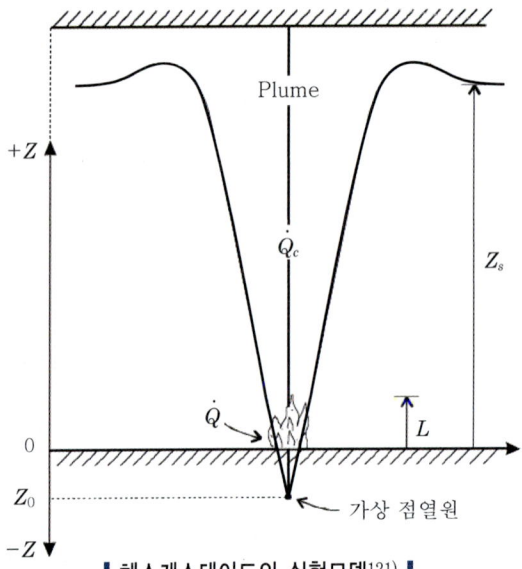

■ 헤스케스테이드의 실험모델[121] ■

㉠ $Z_0 = 0.083 \dot{Q}^{\frac{2}{5}} - 1.02D$

㉡ $L = 0.235 \dot{Q}^{\frac{2}{5}} - 1.02D$

② $Z > L$

$$\dot{m}_p = 0.071 \dot{Q}_c^{\frac{1}{3}} (Z - Z_0)^{\frac{5}{3}} + 1.92 \times 10^{-3} \cdot \dot{Q}_c$$

여기서, $\dot{m}_p$: 청결층의 높이에서의 연기의 발생량(mass flow in plume(플럼) at height z, kg/sec)
$\dot{Q}_c$: 대류열 방출률(convective heat release rate of fire, kW)
Z_c : 청결층의 높이(height above top of fuel, $Z - Z_0$, m)

③ $Z < L$

$$\dot{m}_p = 0.0056 \dot{Q}_c \cdot \frac{Z}{L}$$

④

$$\dot{m}_p = 0.071 k^{\frac{2}{3}} Q_c^{\frac{1}{3}} Z_c^{\frac{5}{3}} + 0.0018 Q_c$$

여기서, k : 벽 효과계수(wall factor)
Z_c : 청결층의 높이(height above top of fuel, m)

→ 보정 식으로 NFPA 92B의 대규모 공간과 NFPA 204의 연기발생량을 계산하는 식이다.

---

[121] FIGURE 4.10 Some plume properties discussed in this section. Fire Plumes and Flame Heights. 2000 by CRC Press LLC

4) **힝클리(Hinkley)의 연기발생량** : 힝클리 공식은 실험식으로 아래와 같다.

$$\dot{Q} = \frac{A(H-Y) \cdot 60}{\dfrac{20A}{P_f \cdot g^{\frac{1}{2}} \left(\dfrac{1}{Y^{\frac{1}{2}}} - \dfrac{1}{H^{\frac{1}{2}}} \right)}}$$

여기서, $\dot{Q}$: 연기발생률(m^3/min)
　　　　A : 구획의 바닥면적(m^2)
　　　　H : 층고(m)
　　　　Y : 청결층의 높이(m)
　　　　P_f : 화재경계(m)
　　　　　→ 큰 화염의 경우 : 12m, 중간 화염의 경우 : 6m, 작은 화염의 경우 : 4m
　　　　g : 중력가속도(m/sec^2)

(4) 연기발생량과 조성에 영향을 미치는 변수
1) 가연물의 종류
2) 청결층의 높이
3) 가연물의 열방출률
4) 화염의 높이
5) 산소농도
6) 연소가스의 농도
7) 주위의 온도
8) 난류 및 와류(eddy)

06 연기의 농도

(1) **절대농도** : 연기의 농도를 절대치를 가지고 표현하려는 것
　1) **개수농도** : 단위체적 중에 포함된 입자의 개수를 말하며 보통 [개/cm^3]로 표현한다. 단순히 입자의 개수만으로 평가되며 그 형상이나 크기 혹은 색깔과는 무관하게 된다.
　2) **중량농도** : 단위체적 중의 입자의 중량으로 나타내며 입자를 여과지로 채취하여 그 중량을 측정하는 것에 의해 구한다([mg/cm^3]로 표현).

(2) **상대농도** : 빛의 산란이나 감쇠 또는 전리 전류의 감소 등에 의하여 나타내는 방법
　1) **산란광농도** : 빛이 입자에 부딪쳐서 산란하는 성질을 이용한 것이며 산란광의 강도는 입자의 수나 입자의 지름에 의하여 지배된다.

2) 감광계수에 의한 농도-감쇠를 이용하는 것

$$K_s = \frac{1}{L} \ln \frac{I_0}{I}$$

여기서, K_s : 감광계수(1/m)
  I_0 : 연기가 없을 때 빛의 세기
  I : 연기가 있을 때의 빛의 세기
  L : 빛의 발생점과 닿는 점의 거리(m)

거리가 멀수록 감광계수는 작아지고 또 연기가 진할수록 I_0가 작아지게 되는데, 감광계수는 이 I_0의 값에 직접 비례하는 것이 아니고 자연대수의 값에 비례해서 삭아진다는 의미이다.

(3) **연기의 농도** : 화재발생 시 인명살상의 가장 중요한 독성가스로 얼마나 많은 양이 발생했는가가 주요 관심사항이 아니라, 무엇이 얼마만큼(농도) 발생했는가가 중요한 관심사항이다.

07 가시거리

자세한 내용은 뒤 페이지 참조

08 연기의 유동 및 제어

공기 구동력의 효과는 구획칸막이, 벽, 바닥 그리고 출입문 간의 압력 차이를 만들어 연기를 화원으로부터 떨어진 곳으로 전파하는 것이다.

(1) **화재 시 연기의 유동원인**
  1) HVAC(냉난방공조, heating, ventilation, air conditioning, 즉 난방, 통풍, 공기조화)
  2) 굴뚝효과(stact effect)
  3) 화재 시 온도상승으로 인한 가스의 팽창(expansion)
  4) 화재로부터 직접 생긴 부력(buoyancy)
  5) 외부 바람의 영향(wind effect)

(2) **화재 시 연기의 제어방법**
  1) **차단** : 구획으로 연기의 이동을 제한한다.
  2) **배기**(ventilation)
    ① 자연풍이나 대류 또는 선풍기에 의해서 공기를 안으로 불어넣거나 건물 안의 공기를 실외로 배출시키는 것이다.
    ② 창문과 문을 열거나 지붕에 구멍을 내어 연기와 열을 구조물에서 제거하는 진화작업이다.

3) **기류** : 방연풍속으로 연기의 이동을 억제한다.
4) **가압** : 보호 대상을 가압하여 연기의 이동압력보다 높게 형성하여 연기의 유동을 방지한다.
5) 희석

(3) 연기의 이동속도
1) **수평방향** : 0.5~1m/sec
2) **수직방향** : 2~3m/sec
3) **계단실 내의 수직이동 속도** : 3~5m/sec

09 연기의 피해

(1) 연기의 인적 피해
1) 연기에는 연소 시 발생한 다량의 연소생성물에 의한 유독가스가 다량 함유되어 있다. 이는 독성에 의한 인명피해의 주범이다.
2) 연기의 발생으로 산소의 상대적 농도가 감소한다. 따라서 질식의 우려가 있다.
3) 빛을 흡수하거나 반사함으로써 시각적 해를 유발한다.
4) 연기로 인해 식별이 곤란해지고 공포를 느낌으로써 심리적 해를 유발한다.

(2) 연기의 물적 피해
1) 고열로 인한 열분해
2) 화염을 수반하고 있어 화재확대의 주역이다.

10 결론

(1) 화재 중에 유해상황이 발달할 경우에는 광범위한 범위에 인자들이 개입한다.
1) 발화로부터 시작해 전실화재(F.O)가 일어난 후 화재와 연기가 전파되는 발달과정이다.
2) 독성
3) 화재와 구조물 및 소방설비 간의 상호작용이다.
4) 탈출 관련 인자
   ① 감시 및 경보
   ② 탈출 경로 제공, 통로 발견/이동

(2) 화재 중에 안전한 설비를 설계하기 위해서는 이러한 인자들을 모두 고려해야 한다.
아울러 궁극적인 안정성 평가는 건강과 생명을 위협할 수 있는 열 및 연기에 노출되기 전에 거주자들이 피난할 수 있는가에 따라 결정된다.

Section 29 연기의 시각적 유해성

01 개요

(1) 연기의 밀도는 연기가 가시도를 저하시키고 화재로부터의 피난과정에 방해를 하기 때문에 연기의 질을 나타내는 중요한 값이 된다. 특히 사람들이 익숙하지 않은 장소에 있을 경우에는 감소된 가시도에 의해 매우 급속히 위험한 상황에 빠질 수 있다.

(2) 연기의 가시도는 화재 시 열과 독성에 의한 피해 이전에 첫 번째 영향을 주는 것으로 피난 측면에서 가장 중요한 요소이다.

02 가시거리(L_V)

(1) 연기의 가시거리는 화재로부터 미치는 (첫 번째) 영향으로 피난 측면에서 가장 중요한 요소이다.

(2) 가시도
   1) 해당 사물과 배경 간에 어느 정도 수준의 대비(contrast)
   2)
   $$C = \frac{B}{B_0} - 1$$

   여기서, B : 해당 사물의 휘도, B_0 : 배경의 휘도

(3) 정의 : 가시도가 -0.02(경계값)까지 감소하는 거리

(4) 피난한계 가시거리
   1) 숙지 : 5m
   2) 비숙지 : 30m

(5) 영향인자
   1) 연기의 산란 및 감광계수
   2) 실내의 조명
   3) 표지판이 발광형인지 산란(반사)형인지의 여부
   4) 개인의 시력
   5) 컬러 색상
      ① 밝기를 일정하게 유지한 상태에서 색상을 바꿀 경우, 가시도 변화량은 최대 수십 % 정도밖에 되지 않는다.

② 따라서 종래에 사용하던 표지판의 가시도를 2배로 증가시키기 위해서는 밝기 (휘도)를 현저하게 증가시킬 수밖에 없다.

6) **자극성 연기농도**
① 연기의 자극은 피난객의 가시도를 떨어뜨려 결과적으로 불필요한 불안이나 패닉 현상을 유발할 수 있다.
② 자극성 연기 중의 가시도는 연기농도가 특정 수준을 초과하는 시점에 급격히 감소한다.
③ 화재 연기 중의 가시도는 흡광도뿐만 아니라 연기의 자극성에 의해서도 결정된다. 자극이 증가할수록 가시도는 급격하게 저하된다. 왜냐하면 점막자극에 의해서 눈을 뜨기가 어렵기 때문이다.

03 감광계수 & 광학밀도

(1) **감광계수(K_s)** : 램버트-비어(Lambert-Beer)의 법칙
1) 예를 들어 1m의 연기를 빛이 통과한다고 했을 때 광속의 강도가 50% 저하되는 감광계수 값을 가진다면
2) 두 번째 같은 연기를 빛이 통과할 때는 광속의 강도가 25%로 저하되고
3) 세 번째 같은 연기를 빛이 통과할 때는 광속의 강도가 12.5%로 저하되는 것을 말한다.

$$I = I_o \, e^{-K_s \cdot L}$$
$$\ln I = \ln I_o - K_s \cdot L$$
$$\ln \frac{I_o}{I} = K_s \cdot L$$

$$K_s = \frac{1}{L} \cdot \ln \frac{I_o}{I} \text{ 또는 } K_s = L^{-1} \cdot \ln\left(\frac{I_o}{I}\right) [\text{m}^{-1}]$$

(2) **광학밀도(optical density)** : 연기의 어떤 경로를 통과하는 빛의 분율에 대한 음의 대수이다. 따라서 광학밀도가 1이라는 것은 10^1으로 10%를 의미하는 것으로 입사광의 90%가 차단되고 10%만 빛이 들어온다는 것이다.

1) 광학밀도(optical density, D) : 연기를 통과한 빛의 감소를 나타내는 정도를 말한다.

$$D = \log_{10}\left(\frac{I_0}{I}\right) = -\log_{10}\left(\frac{I}{I_0}\right)$$

① 단위미터당 광학밀도(optical density per unit distance) D_u[m-1]

 현재 소방에서 사용하는 광학밀도는 단위미터당 광학밀도인데 일부 책에서는 혼동하여 이를 광학밀도로 사용하고 있다.

$$D_u = \frac{D}{L} = \frac{1}{L}\log_{10}\left(\frac{I_0}{I}\right) = -\frac{1}{L}\log_{10}\left(\frac{I}{I_0}\right)[\text{m}^{-1}]$$

② 감광계수와 광학밀도와의 관계

$$K_s = 2.3D_u$$

2) 비광학밀도(specity optical density, D_s) : 특정된 조건하의 광학밀도를 나타낸다(실험값).

① D_s(비광학밀도) $= \dfrac{D_u \cdot V}{A}$

$$D_s = \frac{D_u \cdot V}{A} = \frac{V}{A \cdot L}\log\left(\frac{I_0}{I}\right) = 132\log\left(\frac{I_0}{I}\right)$$

여기서, D_u : 광학밀도(m^{-1})
V : 연기를 가두는 용기의 용적(m^3)
A : 정해진 가열조건에 노출된 표본의 면적(m^2)

② 비광학밀도를 통해 광학밀도를 구할 수 있고, 광학밀도를 통해 감광계수를 구할 수 있으며, 이를 통해 최종적으로 가시거리를 구할 수 있다.

3) 질량광학밀도(D_m) : 질량광학밀도(mass optical density, m^2/g)(실험값)

① 질량광학밀도는 연기 내의 고체, 액체 입자들의 수율을 나타낸다.

$$D_m = \frac{D_u \cdot V_c}{m}, \quad D_u = \frac{mD_m}{V_c}$$

여기서, D_u : 광학밀도, m : 질량(g), V_c : 시험공간의 부피(m^3)

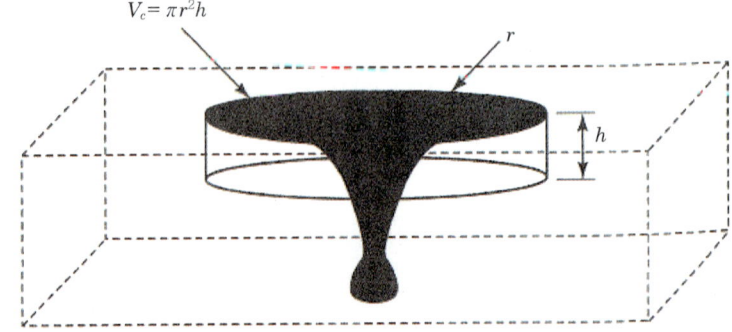

② 시험공간의 부피 계산방법 : $V_c = \pi r^2 h$

04 감광계수와 가시거리

(1) $K_s \cdot L_v = C_v$

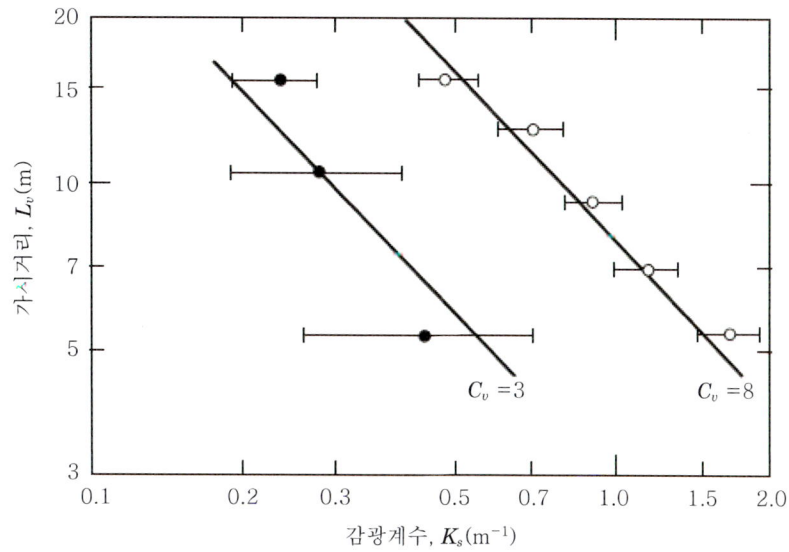

| 가시거리와 감광계수 |

(2) C_v : 물체의 조명도에 의존되는 계수
   1) 반사형 표시 : 2~4
   2) 발광형 표지 및 주간의 창 : 5~10

(3) 감광계수에 따른 가시거리의 변화[122]

감광계수	가시거리	현 상
0.1	20~30m	연감지기 동작, 건물 내 비숙지자의 피난한계농도
0.3	5m	건물 내 숙지자의 피난한계농도
0.5	3m	어두침침한 것을 느낄 정도의 농도
1	1~2m	거의 앞이 보이지 않을 정도의 농도
10	0.2~0.5m	최성기 때의 연기농도
30	-	출화실에서 연기가 분출될 때의 연기농도

(4) 가시거리(L_v, 단위 : m)

   1) 반사형일 경우(전방조명) : 가시거리 $L_v = \dfrac{1}{\text{m당 광학밀도}}$
   2) 발광형일 경우(후방조명) : 가시거리 $L_v = \dfrac{2.5}{\text{m당 광학밀도}}$
   3) 따라서 유도표지보다는 유도등이 가시거리가 길다.

---

[122] 표7 감광계수에 따른 가시거리의 변화, 화재성상 메커니즘 연구(A study on Fire Behavior Mechanism) 중앙대학교 2005년판에서 발췌

05 화재 시 어둠의 영향

(1) 어둠 속에서 인간의 행동은 방향성을 상실할 뿐만 아니라, 공포감에 의한 심리적인 압박감으로 크게 제한된다.

(2) 대피 실험에 따르면, 어둠 시 보행에서는 정상 시 속도의 30% 정도로 저하되는 결과가 나온다.

(3) 이것은 단순한 어둠 속에서이며, 이 상태에서 연기에 의한 시계불량이 가해지면 좀 더 지연되는 것으로 보인다. 일부의 조사결과에 의하면 화재 시 조도가 1Lux 이하가 되면 평상시 보행속도의 50% 이하로 저하되는 것으로 보고되고 있다.

(4) 따라서 대피 바닥면의 밝기는 최저 1Lux 정도가 필요하지만, 완전하게 조명이 사라진 상태에서는 플래시 등의 이동조명에 의한 밝기도 대피하는 데 유효하다. 왜냐하면 라이터에 의한 밝기는 고정된 조명과 달리 밝기 자체를 비추는 장소에 따라 자유로이 변할 수 있다는 이점이 있기 때문이다.

(5) 이러한 어둠 및 공포 등의 영향으로 화재 시 인간의 행동은 아래와 같은 특성을 가지게 된다.

화재 시 인간의 행동 특성

행동 특성	내 용
귀소본능	처음에 들어온 빌딩 등에서 내부 상황을 모를 경우, 들어왔던 경로를 더듬어 도망가려는 경향
일상동선지향성	일상적으로 사용하고 있는 경로를 더듬어 도망가려는 경향
향광성	시계(視界)가 차단된 경우 습성적으로 밝은 방향으로 향하여 도망가려는 경향
위험회피성	연기와 불꽃 등이 있는 경우 연기와 불꽃 등이 보이지 않는 방향으로 향하여 도망가려는 경향
추종성	스스로 판단하지 못하고 대피선두자와 대세의 사람에 대해 이끌리려는 경향
향개방성	향광성과 유사한 경향이지만, 열린 느낌이 드는 방향으로 도망가려는 경향
역시(易視)경로선택제	최초로 눈에 들어온 경로 혹은 눈에 띄기 쉬운 경로를 선택하는 경향
지근거리선택제	가까운 계단 등을 선택하거나 책상을 뛰어넘는 등 지름길로 가려는 경향
직진성	똑바로 계단과 통로를 선택하거나 부딪칠 때까지 직진하는 경향
이성적 안전지향성	안전하다고 생각하고, 안전하다고 생각되는 경로로 향하는 경향으로 옥외계단 등으로 향하는 것

06 가시거리 개선방법

(1) 표지판 크기를 크게 한다.

(2) 섬광 등을 이용하여 주목성을 개선한다.

(3) 음향 유도식 피난구 유도등을 설치한다.

(4) 이동식 섬광등을 이용한 피난유도장치를 설치한다.

(5) 반사판보다는 광원형을 설치한다. 왜냐하면 2.5배 이상 가시거리가 길기 때문이다.

  예) $50\text{m}(L) \times 75\text{m}(W) \times 10\text{m}(H)$의 건축물 실내에 폴리우레탄 매트리스가 있다. 350g의 가연물이 소비되기 전에 화재를 감지하는 것이 화재감지의 목표이다. 20~70%의 감광률의 범위에서 10% 단위로 감도설정을 조정할 수 있는 광전식 분리형 감지기를 이용할 경우 해당 화재에 대한 응답 최저감도를 계산하시오. (단, 연기는 주어진 공간에 균일하게 분포되어 있다고 가정하며, 폴리우레탄 매트리스의 질량광학밀도(D_m)는 $0.22\text{m}^2/\text{g}$이다.)

- 점감광률(O) = $100\left(1 - \dfrac{I}{I_0}\right)[\%]$

- 단위길이당 감광률(O_u) = $100\left(1 - \left(\dfrac{I}{I_0}\right)^{\frac{1}{l}}\right)\left[\dfrac{\%}{m}\right]$

- 단위길이당 광학밀도(D_u) = $\dfrac{1}{l}\log\left(\dfrac{I_0}{I}\right)[\text{m}^{-1}]$

- 감광계수(K_s) = $\dfrac{1}{l}\ln\left(\dfrac{I_0}{I}\right)$

- 단위길이당 광학밀도(D_u)와 감광률(O)의 관계

  - $D_u = \dfrac{1}{l}\log\left(\dfrac{I_0}{I}\right)$

  - $D_u \cdot l = \log\left(\dfrac{I_0}{I}\right)$

  - $\dfrac{I}{I_0} = 10^{-lD_u}$

  - $O = 100\left(1 - \dfrac{I}{I_0}\right) = 100(1 - 10^{-lD_u})$

- 단위길이당 광학밀도(D_u) = $\dfrac{D_m \cdot m}{V} = \dfrac{0.22 \times 350}{50 \times 75 \times 10} = 0.00205333\,\text{m}^{-1}$

- 감광률 = $100(1 - 10^{-50 \times 0.00205333}) = 21.05\%$

- 화재안전기준의 감광률이 5%/m 미만이면 광학밀도는 0.0220이고 감광계수는 0.051이 된다.
- 단위길이당 감광률(O_u)과 단위길이당 광학밀도(D_u)

$$O_u = 100\left(1 - \left(\frac{I}{I_0}\right)^{\frac{1}{l}}\right)$$

$$\left(\frac{I}{I_0}\right)^{\frac{1}{l}} = 1 - \frac{O_u}{100}$$

$$\frac{1}{l}\log\left(\frac{I}{I_0}\right) = \log\left(\frac{100 - O_u}{100}\right)$$

$$\frac{1}{l}\log\left(\frac{I}{I_0}\right)^{-1} = \log\left(\frac{100 - O_u}{100}\right)^{-1}$$

$$\frac{1}{l}\log\left(\frac{I_0}{I}\right) = \log\left(\frac{100}{100 - O_u}\right)$$

$$D_u = \frac{1}{l}\log\left(\frac{I_0}{I}\right) \text{이므로}$$

$$D_u = \log\left(\frac{100}{100 - O_u}\right)$$

$$O_u = 100(1 - 10^{-D_u})$$

Section 30. 발연점과 그을음

01 검댕이(soot)

(1) 연기 내에 존재하는 고체의 검은 탄소입자

(2) 그을음은 일반적으로 화염의 가연물 농후 구역에서 형성되어 고체-기체 반응을 거치면서 크기가 증가하고 곧 이어 산화되어 일산화탄소(CO) 및 이산화탄소(CO_2)와 같은 기체생성물을 생성한다.

(3) 변수
   1) 가연물의 화학구조, 농도, 온도, 화염온도, 압력, 산소농도
   2) 그을음 온도가 1,300K 미만일 경우 화염에서 그을음이 방출된다.

(4) 소방에서의 의의
   1) 가시거리에 영향을 미친다.
   2) 열복사에 영향을 미친다. 흑체와 유사한 성질을 가지고 있어, 흡수율(방사율)이 크다. 즉, 많은 열을 흡수하고, 배출한다.

 알코올의 화염은 고온이지만 주변으로 방사하는 복사열은 적다. 왜냐하면 그을음이 없어서 복사열의 방출이 적기 때문이다.

02 발연점(smoke point)

(1) 소방
   1) 가연물의 연기 방출 특성으로 그을음의 양을 추정할 수 있는 중요자료로 쓰인다. 발연점의 길이가 짧을수록 검댕이(soot) 양이 증가한다.
   2) 정의 : 연기(검댕이)가 화염 첨단으로부터 막 빠져나가는 층류 축대칭 확산화염 높이의 최소값이다.

(2) 석유화학
   1) 유지를 가열하여 그 표면에서 연속적으로 연기가 올라가기 시작하는 온도를 가리킨다. 즉, 유지가 발연되는 최저온도를 말한다. 발연점은 유지를 가열할 때 유지의 표면에서 엷은 푸른 연기(thin blue smoke)가 발생할 때의 온도를 말한다. 발연점에서 발생하는 연기(fume)는 고온으로 유지를 가열할 때 유지가 분해되어 발생하는 것이다.

Fume : 기체 가운데 성질이 유독성이거나 냄새가 짙은 가스를 말한다. 승화, 증류, 화학반응 등에 의해 발생하는 연기로, 주로 고체의 미립자로 되어 있다.

2) 영향인자
   ① 유리지방산 함량이 높을수록
   ② 노출된 유지의 표면적이 커질수록
   ③ 유지 중에 외부에서 들어간 미세한 입자모양의 물질이 많이 존재할수록 유지의 발연점은 내려간다.

Section 31. 액체가연물 화재

01 개요

(1) 액체가연물 화재를 분석하는 첫 번째 단계는 가연물의 유출(spill) 혹은 용기(pool)를 갖고 있는 물리적 형태의 특징을 설명하는 것이다.
(2) 가연물로 만들어지는 초기 유출 또는 용기의 면적은 이로 인한 화재크기와 연관된다.
(3) 용기화재(pool fire)는 저장조 내의 액면 위에서 타는 액면화재로 액체가연물이 일정한 두께 이상을 가지고 있는 장소의 화재를 말한다.
(4) 누출화재(spill fire)는 저장조 내에서 넘쳐나거나 손상에 의해 탱크 파손 시 유출된 액체가연물이 바닥으로 흐르는 비교적 얇은 표면의 액면화재를 말한다.

02 발화

(1) 예열(액온이 인화점보다 낮을 경우에만 필요하고 높을 경우에는 생략)
   1) 내부에 대류 형성 : 가열속도, 점성, 표면장력, 중력, 액체의 기하학적 형상
   2) 휘발성 : 증기가 형성될 수 있는 용이성
(2) 기화 : 가연성 가스의 기상화
(3) 혼합(기화된 가연성 가스와 공기와의 혼합)
   1) 공기의 운동, 정지
   2) 저장용기의 밀폐(Pensky-Martens), 개방(Cleveland)
   3) 주위 온도에 대한 액체 표면의 상대온도
   4) 공기에 대한 해당 증기의 상대분자량
   5) 액체 저장용기 입구 둘레의 높이 및 특성
(4) 발화원
   1) 유도발화(인화에 의한 발화)
   2) 자연발화
(5) 인화점
   1) 액체가연물의 위험성을 판단하는 기준이 된다.

2) 영향인자

① 중력 : 한계 혼합기체 내에 부력을 발생시키고 가연물-공기 혼합기체의 불균질성을 유발한다.
② 압력 : 증가하면 인화점도 상승한다.
③ 산소 : 산소농도가 증가할수록 인화점은 낮아진다.
④ 개방상태, 운동상태 : 인화점 증가
⑤ 무거운 액체 : 인화점 상승
⑥ 분무된 액체 또는 미스트(표면적 대 질량비가 높은 것)는 부피가 큰 형태에 있는 같은 액체보다 쉽게 발화될 수 있다. 분무의 경우에 액체를 인화점 및 열원에서의 발화온도 이상으로 가열하는 경우 발표된 다량의 액체(bulk liquid)의 인화점(flash point) 미만의 주변 온도에서 발화될 수 있다.

03 액체가연물의 구분

(1) 인화점에 의한 구분(NFPA 30 기준)

1) 가연성 액체(combustible liquid) : 100°F(37.8℃) 이상의 밀폐식(closed-cup) 인화점을 갖는 액체
2) 인화성 액체(flammable liquid) : 100°F(37.8℃) 미만의 밀폐식 인화점을 가지고, 100°F(37.8℃)에서 40psia(2,068.6mmHg)를 넘지 않는 리드(reid) 증기압을 가진 액체

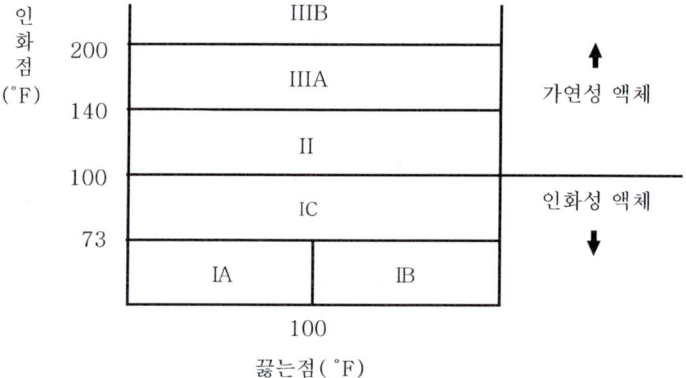

꼼꼼체크 리드 증기압(reid vapor pressure) : 연료가 증발하기 쉬운 정도나 안전성에 기준이 되는 연료증기압으로서, 기체상태의 연료의 양과 액체상태의 연료 양의 비가 4 : 1일 경우 증기압은 기온 37.8℃에서 측정했을 때의 수치를 말한다. 리드는 측정방법의 명칭이다. 증기압이 높은 연료는 베이퍼 로크(vapor lock)나 퍼컬레이션(percolation)이 발생하기 쉽다.

(2) 증기압에 의한 구분

증기압(vapor pressure) : 액체에 미치는 psia로 측정된 압력

구 분	경질유	중질유
증기압	100°F에서 2~4PSI 이상 국내 기준 등유보다 휘발도가 큰 상태 (20℃에서 증기압이 5mmHg 이상)[123]	100°F에서 2PSI 미만 국내 기준 등유보다 휘발도가 작은 상태 (20℃에서 증기압이 5mmHg 이하)
종류	휘발유(gasoline), 등유(kerosene)	원유(crude oil), 중유(bunker oil)
비점	낮다.	높다.
증기공간	증기공간이 상온에서 연소범위를 형성하므로 농도가 폭발범위를 유지할 수 있다.	증기공간이 상온에서 연소범위 이하가 되어 농도가 희박
적용탱크	FRT, Vapor space tank	CRT
예방대책	• 증기공간 자체가 없는 방식의 탱크를 사용한다. • 증기공간을 불활성 가스로 채운다.	• 증기공간을 불활성 가스로 채운다. • 화염방지기(flame arrest) • 통기관(venting)
연소속도	액면화재의 액면강하속도	비점이 높은 열파층의 하강하는 속도
특수한 화재현상		보일오버, 슬롭오버, 프로스오버

04 액체가연물의 화재 구분

(1) **용기화재(pool fire)** : 정해진 용기 또는 구덩이 내에서 발생하는 화재로 액면이 일정한 두께 이상을 가지는 화재이다.

┃용기화재┃

---

123) 환경부 휘발성 물질 산정지침(2006)

(2) 누출화재(spill fire)

1) 누출된 액체가연물이 구속되지 않은 상태에서 형성되는 얇은 가연물층의 화재이다. 즉, 용기에서 누출되어 바닥에 흐르는 액체가연물에서 발생하고 액면이 비교적 얇고 불규칙한 두께를 가지는 화재이다.
2) 영향인자
   ① 유출원
   ② 바닥의 표면 특성
   ③ 발화지점
   ④ 유체의 초기 운동량
   ⑤ 유체의 표면장력
3) 유출면적
   ① 초기 운동량, 표면장력, 바닥재의 특성에 의해서 결정된다.
   ② 유출면적은 발화 후 증가한다(155%).
4) 연소속도가 현저히 낮다. 왜냐하면 바닥을 통한 열손실이 많기 때문이다.
5) 연소면의 확대로 타 가연물의 화재로 확산될 우려가 크다.
6) 연소면의 확대로 열손실이 크다.

05 액체가연물의 물리적 특성

(1) 인화점

1) 액온이 인화점보다 낮다(아직 점화원과 접촉해도 발화가 안 된다). 따라서 연소하기 위해서는 가연물의 온도를 높여주는 예열이 필요하다.
2) 액온이 인화점보다 높다(이미 가연성 혼합기 형성). 따라서 점화원만 공급되면 가연물의 표면(혼합기 형성)은 마치 예혼합 화염전파와 같이 자동으로 전파된다. 그 후에는 확산연소의 메커니즘을 따른다.

(2) 연소점

1) 발화한 후 연소를 지속시킬 수 있는 충분한 증기를 발생시킬 수 있는 최저 온도
2) 보통 인화점보다 5~10℃ 정도 높다.
3) 불꽃이 5초 이상 지속되는 온도

(3) 비중(specific gravity)
비중(比重)은 어떤 물질의 밀도와, 표준물질(여기서는 물)의 밀도와의 비이다. 따라서 물에 대한 상대적인 밀도라고 해서 상대밀도라고도 한다. 순도, 구성물질, 온도, 압력 등 조건에 따라 달라질 수 있다.

(4) 증기압(vapor pressure)
증기가 고체 또는 액체와 동적 평형 상태에 있을 때 증기의 압력을 의미한다. 증기압이 높다는 것은 증기량의 부피비가 높다는 것을 의미한다.

(5) **증발률**(evaporation rate) : 액체 표면에서 단위시간당 증발되는 분자의 교환비 $\left(\dfrac{dE}{dt}\right)$

   1) MSDS에서 사용되는 증발률(evaporation rate) : 증발되는 정도를 상대적으로 표기함으로써 해당되는 물질에 노출되는(예를 들면 흡입) 정도를 알려주는 것이다.

   2) 증발률은 또한 끓는점(boiling point)과는 상대적 개념으로 사용될 수도 있는데, 가령 끓는점이 높을수록 증발률이 낮다고 할 수 있다.

   3) 미국 MSDS에서는 아세트산부틸(butyl acetate, 증발률=1)을 기준으로 해서 증발률을 나타낸다. 증발률이 3 이상이면 증발이 매우 빠르다고 할 수 있고, 0.8 이하이면 증발이 느리다고 할 수 있다. 물은 0.3 정도이다.

(6) **점성**(viscosity)

   1) 정의 : 유체의 흐름에 대한 저항을 말하며 운동하는 액체나 기체 내부에 나타나는 마찰력이므로 내부마찰이라고도 한다. 즉 액체의 끈끈한 성질이다.

   2) 단위
      ① 점성계수 : $N \cdot s/m^2$
      ② 동점성계수 : m^2/s

   3) 액체인화물의 점도 : 2.1~6.0cs

   4) 점성이 낮으면 : 비등점이 낮아지고 분산성이 양호(발화지연 단축)해진다.

   5) 너무 낮으면 : 관통력이 저하되고, 윤활이 불량해진다.

   6) 너무 높으면 : 기관에 잔류물이 퇴적한다.

(7) **비점**(boiling point)

   1) 증기압(vapor pressure)=대기압(atmospheric pressure)

   2) 액체의 증기압은 대기압과 동일하고 액체가 끓으면서 증발이 일어날 때의 온도

   3) 일반적으로 비점이 낮으면 인화점이 낮다.

   4) 비점이 발화점보다 높으면 재발화 위험이 있다(K급 화재).

(8) **증발잠열**(latent heat of vaporization) : 증발하면서 온도변화는 없고 상태변화만 발생하는 상태에서의 흡수되는 열량으로 증발잠열이 작다는 것은 증발속도가 빠르다는 것을 의미한다.

(9) **수용성** : 물에 녹는 성질로 소화약제 선정에 중요한 역할을 한다. 왜냐하면 희석소화로 물을 사용할 수 있기 때문이다. 따라서 위험물 지정수량에도 2배의 차이가 발생한다.

(10) **증기밀도**(vapor density)

   1) 증기 또는 가스의 공기에 대한 무게비를 증기밀도(vapor density)라고 한다.

   2) 증기밀도가 1보다 크면 공기보다 무겁고, 1보다 작으면 공기보다 가벼운 것이다.

3) 증기밀도에 따라 해당 가스 또는 증기가 누출될 때 가연물 표면 위로 확산될지 체류될지가 결정된다.

4) 따라서 이 수치는 가스검지 센서의 배치를 결정하는 기준이 된다. 대기=1.0일 때, 증기밀도가 1.0보다 작으면 해당 물질은 상승하고, 증기 밀도가 1.0보다 크면 해당 물질은 하강한다.

주요 물질의 증기밀도

가스/증기(gas/vapor)	증기 밀도(vapor density)
메탄(methane)	0.55
일산화탄소(carbon monoxide)	0.97
황화수소(hydrogen sulfide)	1.19
유증기(petrol vapour)	약 3.0

06 액체에서의 확산

(1) 액체의 표면화염확산은 고체의 표면화염에 대한 메커니즘과 유사하다.

(2) 고체와의 차이점은 고체는 연료 자체가 정지되어 있고 액체는 이동이 가능한 유체이기 때문에 부력, 표면장력 차이에 의하여 연료 자체가 이동한다는 것이다. 온도가 증가하면 표면장력이 감소하여 액체 내부에 대류현상을 일으키고, 이로 인해 가열되지 않은 액체를 향해 화염을 끌어들인다.

(3) 액체의 온도가 인화점보다 낮을 경우 화염확산은 표면장력의 구동류에 의해 지배된다. 한편 액체의 초기 체적 평균온도가 인화점을 초과할 경우에는 표면상의 모든 지점에 인화성 혼합기체가 항상 존재하게 되므로 기상효과에 의해 화염확산이 지배된다.

(4) **액체의 온도가 인화점보다 높을 경우**

1) 액면상의 어떤 위치에도 이미 연소범위 내에 들어 있는 가연성 혼합기가 형성되어 있으므로 외부로부터 발화원이 주어지면 즉시 발화하여 화염은 그 증기층을 통해서 전파되어 간다.

2) 화염이 전파되기 위해서는 인화점(flash point) 이상의 온도에 도달해야 한다. 하지만 인화점에서는 화염이 유지되지 못한다. 따라서 화염이 유지되면서 전파되기 위해서는 연소점 이상이어야 한다. 연소점은 인화점보다 약 5~10℃ 높은 것이 보통이다.

3) 이 형식의 연소확대를 예혼합연소라고 하며 화염전파의 구조는 관속의 가연성 혼합기의 화염전파와 비슷한 양상을 가진다. 전파속도는 가연성 액체의 종류에 따라 일정한 값을 가지면서 액체온도와 함께 증가하여, 증기압이 그 표면에서 양론 혼합물의 농도와 같아지는 속도까지 증가하여 양론비에서 최대값을 가진다. 이 한계치는 기본적인 연소속도(예혼합 층류 화염)의 2~3배 정도가 된다.

4) 액온이 인화점 이상인 경우 화염의 전파속도

$$V_{\max} = AS_u \sqrt{\frac{\rho_o}{\rho_f}}$$

여기서, A : 계수 2~3값을 가진다.
S_u : 연소속도
ρ_o : 액의 증기밀도
ρ_s : 화염에서 증기밀도

5) 화염전파속도 증가 → 화재성장속도 증가 → 열방출률 증가
① 발화가 되어서 화재가 전파됨에 따라 화염면이 증가하고, 이로 인해 발생열이 증가함으로써 화재성장속도가 증가하며, 화재성장속도가 증가함으로써 구획실의 열방출률이 증가한다.
② 성장률
㉠ 발화에서 최대연소속도까지의 열방출률을 시간으로 미분한 값
㉡ 시간 관련 문제 및 사건을 다룰 때 중요한 의미가 있다.
  예 • 피난 및 인명안전 조건
    • 감지 및 진압설비 동작
    • 화재전파 및 건축물 구성요소 파괴

(5) **액온이 인화점보다 낮은 경우**
1) 액면 위에 가연범위에 들어가는 증기층을 형성하지 못하고 있으므로 부분적으로 액체를 가열해서 발화하여도 그대로 화염이 전파되지는 않는다. 그러나 시간이 경과하면 스스로의 화염에 의하여 미연소 액면이 예열되므로 연소확대가 시작된다.
2) 이 형식의 연소확대를 예열형 전파라고 한다. 예열을 위한 전열은 화염전방과 같은 방향으로 진행하는 표면장력의 구동류에 의한다.
3) 표면장력
① 정의 : 액 표면에 단위길이당 작용하는 힘으로 액 표면을 최소화한다. 온도에 반비례한다.
② 가연성 액체 표면에 화재발생 시 표면장력 감소로 유체가 화염에서 퍼지는 성질을 가지게 된다. 즉, 이런 표면장력의 감소는 고체가연물과 달리 화염전파속도를 증가시키는 원인이 된다. → 표면장력에 의한 구동류
③ 표면장력 변화에 따라 일어나는 대류현상에 의해 열이 급격하게 영향 받는 지역으로 흩어진다. 이 결과 표면에 작용하는 순수한 힘 때문에 더운 액체를 가열된 지역으로부터 끌어내며 신선하고 차가운 액체가 표면 위로 올라와 그 자리를 차지하여 순환(구동류)이 되고 표면온도가 연소점 이상으로 상승한 경우 발화한다.
④ 표면장력의 구동류 : 액면이 주변 화재에 노출된 경우 국부가열로 표면장력 변화가 생겨 액체의 순환이 발생한다.
㉠ 중질유의 온도가 상승하면 대류현상으로 이동된다.

  Ⓘ 중질유가 인화점 이하가 되면 화염이 생기고, 중질유 이동방향과 같은 방향으로 화염도 이동한다.
  Ⓙ 중질유의 이동방향까지 화염도 이동한다.
 ⑤ 맥동적 연소현상
  Ⓗ 표면장력 구동류의 이동속도에 비례해서 화염의 전파속도가 빨라진다.
  Ⓘ 전파속도가 빠를 때 화염의 크기가 크게 변화된다. 이와 같은 현상을 맥동적 연소현상이라고 한다.

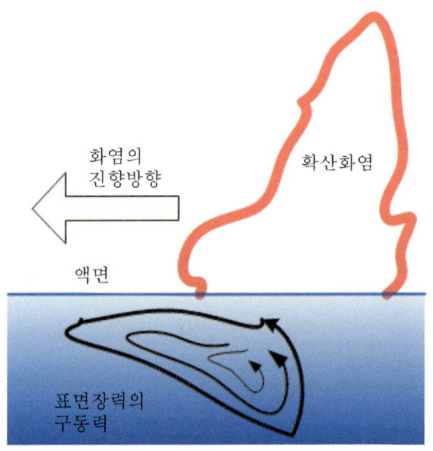

│ 표면장력의 구동류 │

(6) 화염 주기의 영향요인
1) 불규칙한 공기의 유입
2) 국부적인 혼합기 형성
3) 가스의 열팽창

(7) 바람에 의한 화염 경사
1) 개방상태의 액면화재 화염의 경사는 공기의 움직임에 의해 굴절되며, 그 정도는 바람의 세기에 의존한다.
2) 공기의 움직임은 화재플럼으로의 공기인입속도를 향상시켜 화염 내의 연소속도를 가속하며, 이때 화염의 길이는 감소한다.
3) 바람에 의해 화염확산속도(전파속도) $V = \dfrac{\delta_f}{t_{ig}}$ 의 δ_f(화염이 영향을 미치는 거리)가 증가함으로써 화염전파속도는 증가한다. 단, 2m/sec 이상일 경우에는 다량의 공기유입으로 인하여 화염이 영향을 미치는 거리 증가보다도 냉각효과가 증대되어 화염의 확산속도가 오히려 감소한다.

(8) 액면화재의 열전달
1) 용기가 작고 복사능이 낮은 층류화염 : 주로 대류에 의해 열전달이 이루어진다.
2) 화염의 크기 및 두께가 증가함에 따라 복사전열이 지배하게 된다.

07 액체가연물 화재 평가

(1) **화재성장속도** : 화염전파속도에 의해 결정(과도기간)된다.
(2) **화재 크기** : 열방출률, 화염 높이, Pool, Spill의 크기 → 화재의 영향력(피해)
  1) 액면강하속도
    ① 열방출률 : $\dot{Q}'' = \dot{m}'' \cdot \Delta H_c$
    ② 질량감소속도 : $m = y \cdot \rho$
      여기서, ρ : 밀도
      y : 가연물의 연소감쇠속도(m/s)=액면강하속도=회귀속도
    ③ 액면강하속도
    $$y = 1.27 \times 10^{-6} \times \frac{\Delta H_c(연소열)}{\Delta H_{v,sen}(현열)}[\text{m/s}] \text{ or } V = 0.076 \frac{H_0}{H_v}[\text{mm/min}]$$
    여기서, H_v : 액체의 현열, H_0 : 액체의 연소열
    ④ 액면강하속도의 영향요인
      ㉠ 액체가연물의 현열
      ㉡ 액체가연물의 연소열
      ㉢ 유류의 불순물 및 수분함량
      ㉣ 용기의 크기
      ㉤ 바람에 의한 산소공급
  2) **탄화수소(유류)의 용기에 따른 화재의 크기**
    ① 용기의 직경이 1m 이하
      ㉠ 용기의 직경증가에 따라 액면강하속도는 감소하다가 일정해신다.
      ㉡ 주된 열전달은 대류와 전도이다.
      ㉢ 단일 층류화염을 형성하지만 액면강하속도가 용기직경에 무관한 영역(1m 이상의 용기크기)에서는 화염은 불규칙한 난류화염이 된다.
      ㉣ 이러한 전이가 생기는 이유는 화염으로부터 액면에 열전달 방식의 변화에 기인한 것이다.
      ㉤ 층류영역($Re < 20$) : 탱크의 크기가 $d < 5\text{cm}$ 정도에서는 탱크가 커질수록 연소속도는 감소한다.
      ㉥ 천이영역($20 < Re < 200$) : 탱크의 크기가 5~20cm 직경범위에서는 연소속도는 감소에서 증대가 된다.
    ② 직경이 1m를 초과 : 주된 열전달은 복사이다. 따라서 용기의 직경이 더 커진다고 해도 액면강하속도의 변화는 없다.
      ㉠ y(액면강하속도) : 4mm/min
      ㉡ $m : 0.05 \text{kg/m}^2 \cdot \text{s}$(약 $50\text{g/m}^2 \cdot \text{s}$)
      ㉢ 난류영역($Re > 200$) : 탱크의 크기가 1m 이상이 되면 연소속도는 거의 일정하다.

> **꼼꼼체크** 충류화재(steady fire)
> - 구획화재에서의 최성기 화재
> - 액면화재(pool fire)

③ 액체로 열이 전달되는 지배적 방식은 플럼(plume)에서 발산되는 복사열

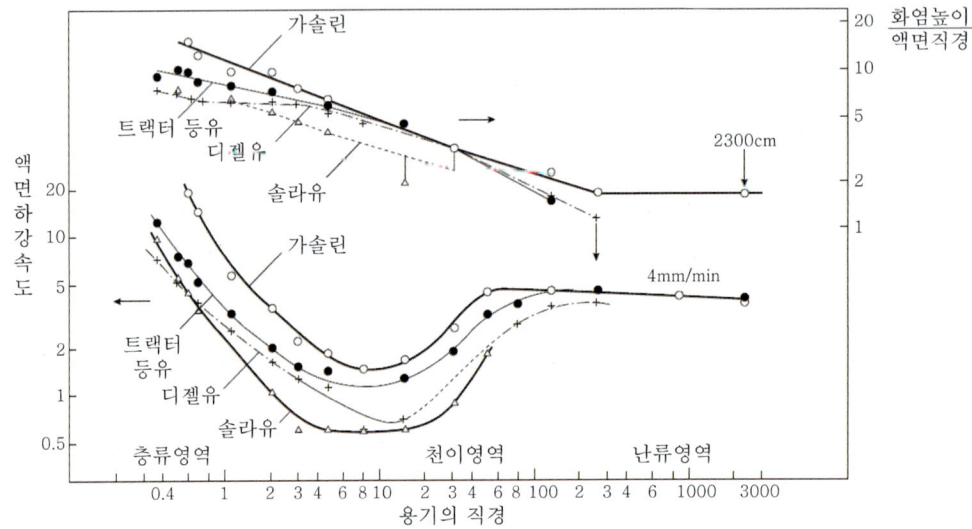

액면의 직경에 따른 액면강하속도[124]

> **꼼꼼체크** 솔라유(solar oil) : 인화점(flash point) 180°F의 연료유

④ 용기의 크기가 클수록 액체화재의 가연성 증기 발생은 증가한다. 액면적에 비례한다고 할 수 있고 공기유입량은 용기의 둘레길이에 비례한다. 따라서 용기가 클수록 불완전연소가 증가한다.

3) 알코올
  ① 복사·열선속은 유류와 비교할 때 미소한 수준이다.
  ② 직경(m)에 따라
    ㉠ $D < 0.6m : 0.015$
    ㉡ $0.6m < D < 3m : 0.022$
    ㉢ $D > 3m : 0.029$

4) 누출화재(spill fire)의 경우 액면화재(pool fire)의 1/5 수준의 열방출률이 발생한다. 왜냐하면 지면 등에 의해 열손실이 발생하기 때문이다.

5) 화염의 높이
  ① 화염높이 : 이론적인 계산에 의한 화염높이 L_f
    ㉠ $\dfrac{L_f}{D} \approx Q^{\frac{2}{5}}$

---

[124] SFPE 2-15 Liquid Fuel Fires 2-309

꼼꼼체크 프루드수 $Fr = \dfrac{v^2}{gL}$

여기서, v : 속도(m/s), g : 가속도(m/s²), L : 대표길이 or 특성길이(m)

즉, $\dot{Q} = \dot{m} \cdot \Delta H_c$ 이고 $\dot{m} = v\rho A$ 이므로 A를 D로 나타내면 D^2이며, 이를 다시 정리하여 프루드수를 열방출률과 화원의 직경으로 나타내면 $Fr \propto \dfrac{\dot{Q}^2}{D^5}$로 나타낼 수 있고, 프루드수를 다시 높이와 직경으로 나타내면 $\sqrt{Fr} \propto \dfrac{L_f}{D} \propto \sqrt{\dfrac{\dot{Q}^2}{D^5}} \propto \dfrac{\dot{Q}}{D^{\frac{5}{2}}}$

ⓒ $Q^* = \dfrac{\dot{Q}}{\rho_a C_a T_a D^2 \sqrt{gD}} = \dfrac{\dot{Q}}{1,101 D^2 \sqrt{D}}$

여기서, Q^* : 에너지 방출속도(무차원수)
ρ_a : 공기의 밀도(1.2kg/m³)
C_a : 공기의 비열(1.0kJ/kg·K)
T_a : 공기온도(293K)
$\dot{Q}$: 에너지 방출속도(kW)
g : 중력가속도(9.81m/sec²)
D : 풀(화재)의 직경(m)

ⓓ 상기 식에 의해 $\dfrac{L_f}{D} = 3.7 \dot{Q}^{\frac{2}{5}} - 1.02$로 나타낼 수 있고 이를 다시 정리하면 아래와 같다.

$$L_f = 0.23 Q^{\frac{2}{5}} - 1.02 D$$

여기서, L_f : 화염의 높이(m), Q : 열방출량(HRR), D : 화염의 직경

② 화염높이에서 에너지 방출속도를 계산할 수 있다.

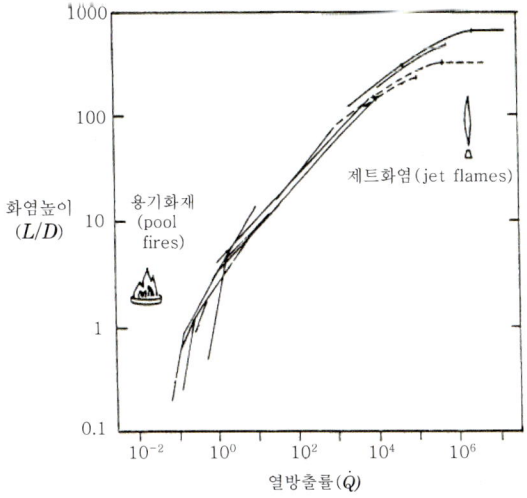

| 열방출률과 화염높이와의 관계도[125] |

---

125) FIGURE 4.4 Normalized flame height vs. dimensionless energy release rate. (Adapted from McCaffrey With permission.). Fire Plumes and Flame Heights. 2000 by CRC Press LLC

③ 화염높이를 L, 용기의 직경을 d라고 했을 때, L/d는 거의 일정하게 1.5~2이다. 그러나 용기 직경이 커져서 난류현상이 되면 L/d의 값이 1이 된다. 따라서 복사열량, 인접거리의 발화 및 재해현상을 규명하기 위해서 화염높이가 필요하다.

6) 열복사
   ① 액면화재(pool fire)의 경우 TNO(1979)에서는 열복사 추정에 다음과 같은 모델식을 사용할 것을 제안하였다.

$$I_{th} = \tau FE$$

여기서, I_{th} : 거리 x에서 받는 열복사(W/m²)
   τ : 대기의 투과성(transmissivity)(-)
   F : 기하학적 인자(-)
   E : 열유속(W/m²)

② 투과율(τ) : 투과율은 대기 중의 물의 증기압과 관련이 있으며 다음과 같이 구한다.

$$\tau = 2.02(상대습도 \times 물의 증기압 \times 화염면으로부터 물체까지의 거리)^{-0.09}$$

③ 기하학적 인자(F) : 화염에 대해 노출된 물체의 위치와 방향, 화염모양의 영향을 고려한 것으로 다음과 같이 구한다.

$$F = \sqrt{수직지형시계^2 + 수평지형시계^2}$$

7) 외부환경의 영향요인
   ① 바람
   ② 주위 기체의 압력
   ③ 주위 기체의 산소농도

(3) 화재지속시간

$$t_{FD} = \frac{M \Delta H_c}{\dot{Q}_m}$$

여기서, t_{FD} : 화재지속시간(fire duration, seconds)
   M : 연료의 양(mass of fuel, kg)
   ΔH_c : 연소열(fuel heat of combustion, kJ/kg)
   $\dot{Q}_m$: 최대 열방출률(Maximum total energy release rate from the liquid fuel fire, kJ/sec 또는 kW)

Section 32. 증기 - 공기 밀도와 증기위험도 지수

01 증기-공기 밀도

(1) 정의 : 어떤 온도와 압력에서 액체와 평형상태에 있는 증기와 공기의 혼합물이 보여주는 기체비중(증기밀도)을 말한다.

(2) 증기-공기 밀도의 영향요소
  1) 액체의 온도
  2) 그 온도에서의 증기압
  3) 액체의 분자량에 따라 달라진다.

(3) 증기-공기 밀도의 관계
  1) 증기-공기 밀도 < 1 : 온도가 액체의 비점보다 아주 낮은 경우 액체의 증기압이 상당히 낮아지므로 가연물의 표면 위의 증기-공기 혼합물은 공기가 거의 대부분을 차지하게 된다.
  2) 증기-공기 밀도 > 1 : 온도가 상승하여 비점에 가까워지면 증발이 가속되어 증기-공기 비중이 1보다 훨씬 큰 혼합기체가 되고 공기보다 무겁기 때문에 낮은 위치로 가라앉는다.
  3) 증기-공기 밀도 ≒ 1 : 1에 가까운 비중의 것은 대류에 의해 쉽게 확산되거나 희석되기 때문에 증기가 먼 거리까지 이동하기가 쉽지 않게 된다.

(4) 증기-공기 밀도의 계산
  1) 이상기체 상태 방정식을 통한 밀도계산 : $PVM = WRT \rightarrow \rho = W/V = PM/RT$
  2) 증기-공기 밀도는 액체의 온도, 그 온도에서의 증기압 및 액체의 분자량을 알면 구할 수 있다.

$$\text{증기-공기 밀도} = \frac{P_V \cdot d}{P_t} + \frac{P_t - P_r}{P_t}$$

여기서, P_t : 전압(대기압)
P_V : 포화증기압
P_r : 액체의 증기압
d : 증기비중

예 25℃에서 증기압이 76mmHg이고, 기체비중이 2인 인화성 액체에 대하여, 이 액체의 25℃에서의 증기-공기 비중을 구하면, 다음과 같다.

$P_V = 76\text{mmHg}$, $d = 2$, $P_t : 760\text{mmHg}$, $P_r = 76\text{mmHg}$을 대입하면

증기-공기 밀도 $= \dfrac{76 \times 2}{760} + \dfrac{760 - 76}{760} = 1.1$

02 증기위험도 지수(VHI ; Vapor Hazard Index)

(1) 허용농도와 포화증기농도의 비

(2) 용제분자가 공기 중에 포화하였을 때 허용농도의 몇 배로 되는가를 나타내는 값이다.

(3) 유기용제의 인체에 대한 잠재적인 위험성을 평가하는 데 적합하다.

$$VHI = \dfrac{P_{\max}}{760} \times \dfrac{10^6}{AC}$$

여기서, $P_{\max}$: 포화증기압(mmHg)
AC : 허용농도(ppm)

(4) 일반적인 위험도(H) : $H = \dfrac{H - L}{L}$

하한계가 낮을수록, 상한과 하한의 차가 클수록 화재나 폭발의 위험도가 증가한다.

- 가연물의 분자량 증가
  - 끓는점의 현저한 증가
  - 표준 증발 엔탈피의 경미한 감소
  - 인화점의 눈에 띄는 상승
  - 희박한계의 특이한 감소
  - 최소 자연발화 온도의 현저한 감소
- 나프타(naphtha) + 첨가제 → 휘발유
- 시너(thinner) : 가늘게 만드는 물건이나 물질(희석제)
- 시커너(thickener) : 증점제 점도를 늘린다.

Section 33 경질유, 중질유 탱크의 화재 특성

01 개요

(1) **경질유** : 비점이 낮고 등유보다 휘발도가 큰 상태로 20℃에서 증기압이 5mmHg 이상인 가솔린, 등유, 메탄올 등 가연성 액체

(2) **중질유** : 비점이 높고 등유보다 휘발도가 작은 상태로 20℃에서 증기압이 5mmHg 이하인 원유, 중유 등 가연성 액체

> **꼼꼼체크** 석유정제 시 원유는 API 비중의 분류기준을 이용
> - 경질유 : API 비중 ≥ 34°
> - 중질유 : API 비중 ≤ 34°

02 경질유

(1) **탱크의 특성**
1) 증기압이 높은 액체의 저장은 증발에 의한 증기압에 의해 압력이 형성됨으로써 압력탱크를 이용한다.
2) 경질유가 탱크 내에서 연소범위 내에 공간이 만들어졌을 때 점화원에 의해 착화되면 밀폐탱크의 경우 폭발이 일어나 지붕이 날아간다. 지붕이 날아가면서 압력을 배출하므로 지붕의 재질을 쉽게 날아갈 수 있는 것으로 선정한다.

(2) **예방대책**
1) FRT, Lift Roof Tank 등을 이용하여 증기공간을 최소화함으로써 폭발가능성을 저감시켜 주어야 한다.
2) 또한 증기공간에 불활성 가스를 주입시켜 폭발위험을 낮춘다.
3) 저장물과 동일한 가연성 가스를 공급하여 연소범위 밖으로 유지한다.

(3) **저장방법** : 55℃에서 과압이 형성되어 누설되지 않도록 충분한 공간용적을 확보하도록 하여야 한다.

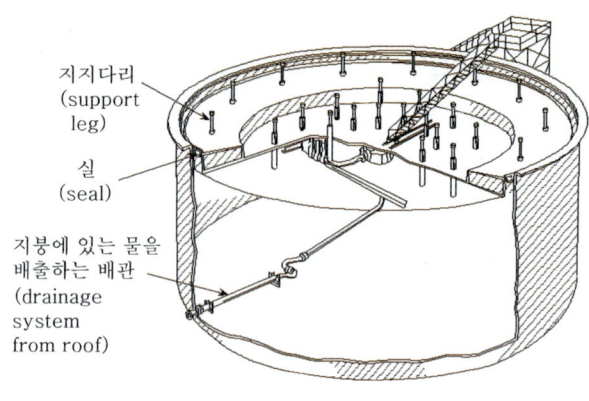

┃ 부상덮개 탱크[126] ┃

(4) 재해특성

1) 분출화재(jet flame)
2) 증기운 화재
3) 밀폐공간 폭발
4) 비등액체 증기운 폭발(BLEVE)
5) 자유공간 증기운 폭발(UVCE)

 재해의 주된 특성이 폭발이다. 왜냐하면 상온에서 가연물 표면의 가연성 증기가 연소한계 이상을 형성하는 것이 가능하기 때문이다.

03 중질유

(1) 특성

1) 중질유 저장탱크는 상온에서 가연물 표면 위의 증기부분은 휘발성이 약하기 때문에 농도가 연소범위 하한계 이하가 된다.
2) 그러나 제조과정 중 비정상적인 가열이나 화재노출로 인해 저장탱크가 인화점 또는 그 이상까지 가열될 때는 가연물의 표면 증기공간에 다량의 가연성 가스가 발생하여 체류함으로써 연소범위 내로 유지하게 된다.
3) 따라서 중질유의 경우는 가열을 요함으로써 처음에는 발화가 어렵지만 한번 연소가 개시되기 시작하면 이를 진화하기가 대단히 어렵고 큰 재해로 발전된다.

---

126) Lecture 15C.1 : Design of Tanks for the Storage of Oil and Water. WG 15C : STRUCTURAL SYSTEMS: MISCELLANEOUS. ESDEP Course

경질유, 중질유 탱크의 화재 특성

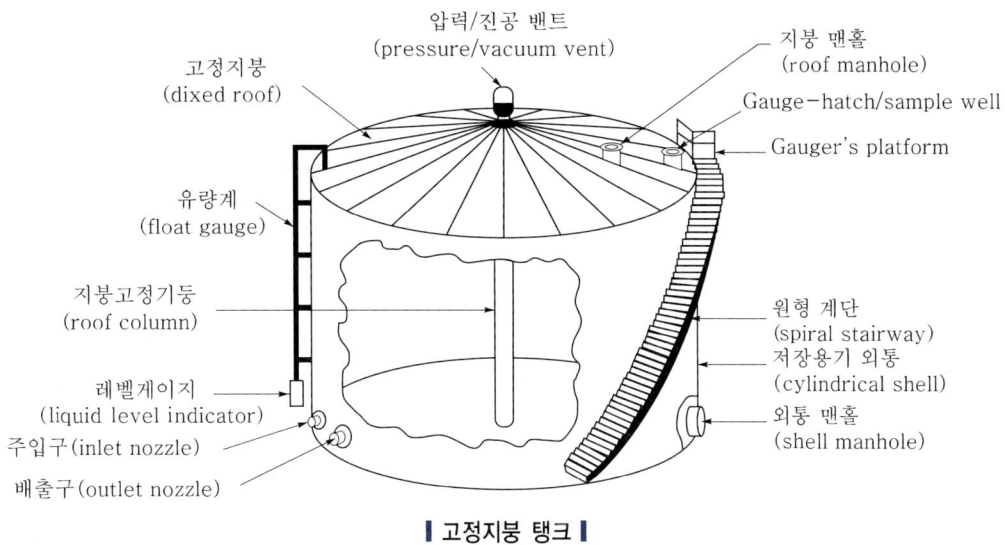

| 고정지붕 탱크 |

4) 저장된 기름의 표면부의 온도가 높아지고 이에 따라 밀도가 낮아져서 부상하게 된다. 이로 인해 고온의 열이 점점 아래로 전달되면서 층을 형성하고 이를 고온층이라 한다.

5) 이때 유면에서 아래쪽으로 전파하는 고온층을 열파라고도 한다. 그 온도는 원유에서는 100~150℃, 중유에서는 250℃ 이상이고 그 전파속도는 60cm/hr 정도이다.

6) 액면하강거리

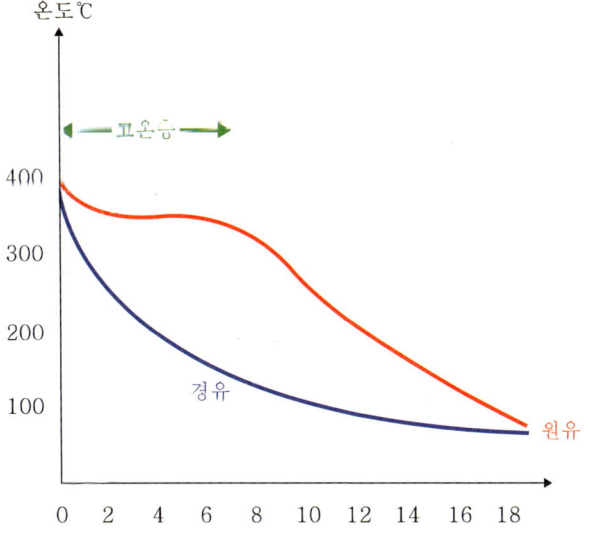

7) 고온층의 연소속도 : 원유 등 폭넓은 비점을 가진 유류화재 시 비점이 낮은 성분은 먼저 비등하고, 150℃ 이상 온도에 도달한 고비점의 유분은 직하층 저비점 성분보다 비중이 커서 하방으로 내려가 이 층이 점점 두꺼워진다. 이 고온층이 하강하는 속도를 고온층의 연소속도라 하고 보통 60cm/hr의 값을 가진다.

(2) 예방대책

1) 가연성 증기의 발생이 없으므로 CRT에 저장이 가능하다.
2) 화재 노출, 방호를 위한 물분무 설비가 필요하며 배출구(venting), 화염방지기 (frame arrest) 등이 구비되어 있어야 한다.

(3) 화재특성
: 가연물의 표면이 상온에서는 연소범위 밖에 위치하기 때문에 가열되어야 지만 연소범위의 형성이 가능하다.

1) 보일오버(boil over)
2) 슬롭오버(slop over)
3) 프로스오버(froth over)

Section 34. 중질유 화재의 물 넘침 현상

01 개요

(1) 중질유의 고온층에 물이 접촉하면서 비등하여 유류와 화염을 용기 밖으로 밀어내어 연소면의 확대를 유발시켜 화재피해를 증대시키는 현상을 중질유 화재의 물 넘침 현상이라고 한다.

(2) 이는 중질유가 휘발성이 낮아 열파층이라는 고온층이 발생하고, 이 고온층이 물과 접촉하면서 온도구배에 의해 열전달이 발생하며, 순간적으로 물이 비등하여 유면을 확대시키는 현상이다.

02 고온층 또는 열류층(heat layer, heat wave)

(1) 원유나 중질유와 같이 비점이 서로 다른 성분을 가진 제품(대표적 원유)의 저장탱크에 화재가 발생하여 장시간 진행되면 유류 중 가벼운 성분이 먼저 증발하여 연소되고 무거운 성분은 계속 축적되어 화염에 의해서 가열되어 유면 아래에 뜨거운 층을 이루게 되는데 이를 고온층 또는 열류층이라고 한다.

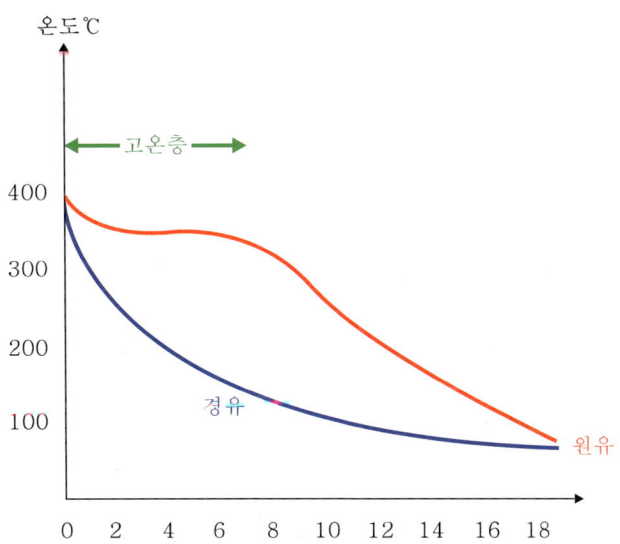

(2) 고온층의 생성과정

1) 액면 상부의 온도가 높아진다.
2) 이에 따라 액면 상부의 밀도가 낮아진다.
3) 밀도차에 의해 액면 상부는 점점 부력을 크게 받게 되고 이층이 점차 두꺼워지면서 온도를 평균화시켜 고온층을 형성하게 된다.

03 보일오버(boil-over) 현상

(1) 정의

1) 유류탱크에서 용기화재가 발생[그림 1)]할 때 나타나는 현상이다.
2) 고온층이 화재의 진행과 더불어 액면강하속도에 따라 점차 탱크바닥으로 내려가게 된다.[그림 2)]
3) 이때 탱크바닥에 물 또는 물-기름 에멀션이 존재하면 뜨거운 열류층의 온도에 의하여 물이 급격히 증발하면서 이에 수반되는 부피팽창이 일어난다.[그림 3)]
4) 수증기가 유류를 밀어내어 유류가 불이 붙은 채로 탱크 밖으로 분출되는 경우가 생기는데 이를 보일오버(boil over)라고 한다. 이는 석유류 저장탱크 화재에서 가장 경계해야 할 것 중의 하나이다. → 연소면 확대[그림 4)]

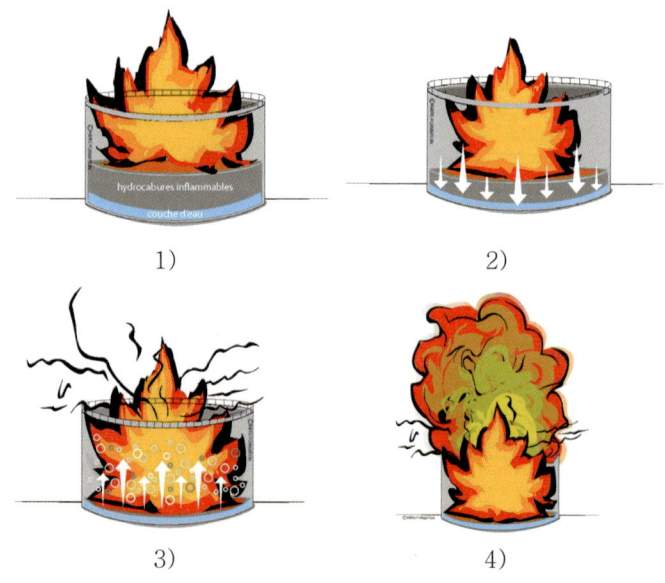

∥ 보일오버의 진행과정 ∥

(2) 보일오버(boil-over) 현상 발생의 3가지 조건
1) 유류가 광범위한 비점을 가진 성분들의 혼합물
   ① 유류에 제포성(표면장력과 점성)이 있는 경우에 보일오버가 일어나기 쉽다.
   ② 즉, 보일오버를 일으키려면 유류가 적당한 점성과 표면장력을 가지고 있어야 하는데, 대체로 원유는 다른 인화성 액체에 비해서 제포성이 큰 편이다.
2) 액면하강속도 < 열류층 하강속도 : 이 경우에만 고온층이 형성될 수 있다.
3) 저장탱크 내에 수분이 존재할 때에만 보일오버가 일어날 수 있다.

(3) 화재 시 보일오버(boil over)에 대한 대책
1) 탱크화재가 진행되고 있는 동안 어느 시점에 보일오버가 일어날 것인가를 예측함으로써 소방활동을 계획적으로 할 수 있고 또 여유를 가지고 인원과 자원을 대피하는 것이 가능하다. 이를 위해서는 다음과 같은 정보취득이 필요하다.
   ① 연소속도
   ② 고온층 하강속도
   ③ 고온층의 소재를 파악하는 등의 정보취득이 필요하다.
2) 고온층 하강속도는 대체로 시간당 60cm 정도이고 액면강하속도는 24cm/hr이다. 따라서 액면이 강하하는 속도보다 열파층이 하강하는 속도가 빨라 탱크 하부에 물이 체류하는 경우에 열파층이 먼저 물과 접하여 열전달을 진행함으로써 물의 상변화로 부피가 팽창하여 이 팽창력이 유면을 외부로 밀어낸다. 또, 고온층이 탱크의 어느 부분까지 도달했는가에 대해서는 탱크 외측에 온도표시용 도료를 바르거나 물을 뿌리면 이를 통해 알 수 있다.
3) 고온층이 탱크의 저수 위치에 근접했을 때는 Boil over의 위험이 있으므로 저워 대피해야 한다.
4) 수기시으로 탱크 하부에서 물을 배출한다.
5) 탱크 내용물의 기계적 교반(수층분의 형성을 미연에 방지하는 효과)
6) 과열방지 : 모래나 비등석을 탱크에 투입한다.
7) 탱크 외부에 물을 뿌려서 열류층의 하강을 방지한다.

04 슬롭오버(slop-over) 현상

(1) 고온층이 형성되어 있는 상태에서 소화작업으로 물을 화재연소면 표면에 주입하면 물은 뜨거운 고온층의 열전달에 의해 급격히 증발하여 유면에 거품이 일어나거나, 열류의 교란에 의하여 고온층 아래의 찬 기름이 급히 열팽창하여 유면을 밀어 올려 유류는 불이 붙은 채로 탱크 벽을 넘어서 나오게 되는데 이를 슬롭오버(slop over)라고 한다.

(2) 발생조건
1) 유류의 점성이 커야 한다.
2) 액 표면의 온도가 물의 비점보다 높은 온도인 열파층에서 발생한다.

(3) 대책 : 물분무설비나 소화전을 이용하여 탱크를 식히고 난 다음 소화약제를 투입한다.

05 프로스오버(froth-over) 현상

(1) 상기의 현상과는 달리 화재와 무관하게 발생하는 현상이다. 고온의 점성유체를 수용하고 있는 탱크에 물이 존재하거나 스며들면 유체가 증발, 팽창하면서 뜨거운 기름을 탱크 밖으로 흘러넘치게 하는 현상이다.

(2) 예를 들어 고온의 아스팔트를 잔류수가 있는 탱크에 모르고 부었을 경우 순간적으로 잔류수가 비등하면서 아스팔트를 밀어내는데 이때 거품 등이 발생하면서 나타나기 때문에 이를 프로스오버라고 한다.

(3) 대책 : 탱크 내에 물 등 열의 이동으로 인한 부피팽창이 될 요소를 사전에 점검하여 이를 제거하여야 한다.

> **꼼꼼체크 불포화지방산과 포화지방산**
> - 불포화지방산 : 2중, 3중 결합으로 융점이 낮고, 상온에서 액체이다.
> - 포화지방산 : 단일결합으로 융점이 높고, 상온에서 고체이다.

Section 35 화재의 분류

01 개요

(1) **화재의 정의** : 화재란 사람의 의도에 반하여 또는 고의로 발생하여 인적, 물적, 환경적 피해를 유발하는 소화의 필요가 있는 연소 현상을 말한다.

(2) 화재는 다양한 메커니즘으로 복잡하게 진행되기 때문에 분류가 용이하지는 않지만 대부분의 나라에서는 가연물의 종류와 성상에 따라 분류하고 있다.

(3) 이런 분류 방법은 소화방법의 적용 측면에서 실익이 있다고 할 수 있다. 즉, 어떤 소화약제를 사용해야 적응성이 있는가란 문제 때문에 분류하는 것이다.

02 국내/외 가연물별 화재 분류

구 분	국 내	NFPA	ISO
A급	일반	일반	일반
B급	유류	유류, 가스	유류
C급	전기	전기	가스
D급	금속	금속	금속
F(K)급	없음	식용유(K)	식용유(F)

Ordinary combustibles

Flammable liquids

Electrical equipment

Combustible metals

▌NFPA의 표시방법 ▌

03 일반화재

(1) 종이, 나무, 플라스틱 등의 화재
(2) A급 화재라 하며, 표시는 백색으로 한다.

(3) 화재 후 일반적으로 재를 남긴다.

(4) 소화약제로 주로 물을 사용한다.

04 유류화재

(1) 휘발유, 알코올 등의 화재로 대부분 인화성이 강한 물질로 발화 및 화염전파 위험이 크다.

(2) B급 화재라 하며, 표시는 황색으로 한다.

(3) 화재 후 재를 남기지 않는다.

(4) 소화약제는 주로 포가 사용되나, 가스계, 미세물분무(water mist) 등도 사용된다.

05 전기화재

(1) 전기가 통하고 있는 전기기기에 의한 화재

(2) 국내와 NFPA에서는 C급 화재라 하고, 표시는 청색으로 한다.

(3) 통전상태에서는 반드시 비전도성의 소화약제를 사용하여야 하나, 전원이 차단된 경우에는 일반화재인 A급 화재로 취급한다.

(4) 전기화재는 줄열에 의한 발열반응과 방전에 따른 전기불꽃에 의해서 발생한다.

06 금속화재

(1) 3류, 2류 중 금속분과 1류의 무기과산화물의 화재

(2) D급 화재라 하며, 표시는 무색으로 한다.

(3) 물 또는 CO_2와 접촉하면 가연성 가스 또는 산소를 발생시키므로 이들 소화약제의 사용을 금지하여야 한다.

(4) 화재 발생 시 특별한 소화약제가 없으므로 화재확대 방지에 주력하여야 한다.

07 식용유 화재

(1) 특징(인화점 300℃, 연소점 350℃, 발화점 400℃)

1) 식용유 화재의 경우 B급 화재에 포함시켜 분류하였으나 일반 유류화재와는 연소형태나 소화작업에 큰 차이가 있기 때문에 NFPA에서는 K급 화재, ISO에서는 F급 화재로 별도로 분류하게 되었다.
2) 일반적으로 가연성 액체의 액면온도(비점)는 가연성 증기의 AIT보다 훨씬 낮다. 따라서 소염 후의 재발화는 주로 외부 발화에너지에 의해서 발생한다.
3) 그러나, 식용유, 액체 파라핀, 왁스(cooking oils)의 경우
   ① 인화점과 자동발화온도(AIT)의 온도차가 적고,
   ② 발화점이 비점 이하인 식용유 등의 화재 시 유온이 상승하여, 바로 자동발화점 이상이 된다.
   ③ 이때는 유면상의 화염을 제거하여도 유면온도가 발화점 이상이기 때문에 재발화 위험이 매우 높다.
4) 그러므로 식용유 화재는 일반 유류화재와는 다른 소화방법이 필요한 것이다. 즉, 가연물이 자동발화온도 미만으로 냉각되어야 하고 그 온도로 냉각되는 동안 가연물 표면에 재발화가 되지 않도록 하여야 한다.
5) 개방식 측정장치(ASTM D 1310-86)를 이용하여 식용유의 인화점(flash point)과 연소점(fire point)을 측정한 결과
   ① 콩 식용유 : 인화점 338℃, 연소점 346℃
   ② 올리브유 : 인화점 320℃, 연소점 348℃
6) ASTM E659-78 장치를 사용하여 최소자연발화점(AIT)을 측정한 결과
   ① 콩 식용유 : 415℃
   ② 올리브유 : 427℃

(2) 소화

1) **제1종 분말(NaHCO$_3$)** : 1종 분말약제를 방사하면 가연물(식용유)과 직접 반응하여 비누화작용을 일으켜 비누막을 형성하여 질식소화한다. 하지만 최근에 식물성 식용유의 경우에는 거품방지제가 들어 있어 비누화작용이 일어나지 않는다. 따라서 NFPA에서는 Wet Chemical만 사용하도록 한다.

   꼼꼼체크 비누화(saponification)
   - 과거 : 유지나 밀납으로 비누를 만들어 내는 반응
   - 현재 : 에스테르가 가수분해를 일으켜 카르복실산과 알코올을 만들어 내는 에스테르의 역반응
     RCOOR′ + H$_2$O → RCOOH(친유기) + R′OH(친수기)

| 비누화 반응 |

2) 이산화탄소(CO_2)에 의한 냉각 및 질식효과
3) 규모가 작은 식용유 화재는 응급조치로 차가운 야채 등을 식용유에 넣어 소화한다 (질식과 냉각소화).
4) 최근에는 Wet chemical(강화액으로 탄산칼륨(K_2CO_3)이 주성분)의 냉각효과와 부촉매 효과를 이용한 소화약제가 사용되고 있다.

08 Wet chemical

(1) 정의
1) 소화약제인 보통 물과 탄산칼륨계(K_2CO_3), 초산칼륨계(CH_3COOK) 화학물질의 용액 또는 그것들의 화합물인 소화약제
2) Wet agent, Liquid agent라고도 하고 강화액이라고 부른다.

(2) 사용처
Wet chemical 소화설비를 사용하여 방호할 수 있는 장소와 장치는 레스토랑, 상업용 또는 공업용 후드, 플리넘(plenum), 덕트 및 관련 조리기구(자동식 소화장치)에 사용한다.

(3) 용액 특성
Wet chemical 용액은 보통 탄산칼륨(K_2CO_3)이나 초산칼륨(CH_3COOK) 또는 이것의 조합으로 되어 있고, 가압용 가스의 압력하에서 배관 또는 튜브를 통하여 방출할 수 있는 알칼리용액을 생성하기 위하여 물과 섞는다.

(4) 소화 메커니즘
1) 거품이 발생해서 가연성 액체와 산소 사이에 층을 형성하여 불꽃을 소멸시키고 가연성 증기 발생을 억제한다.
2) 수증기가 증발하면서 증발잠열에 의해 가연성 연료의 표면온도를 낮추어 줌으로써 가연성 증기 발생을 억제한다.
3) K 이온이 OH기와 반응하는 부촉매 효과로 연소를 억제한다.

(5) 관련규정
1) NFPA 17A : "Wet Chemical Extinguishing Systems"
2) NFPA 96 : Standard for the Installation of Equipment for the Removal of Smoke and Grease Laden Vapors from Commercial Cooking Equipment

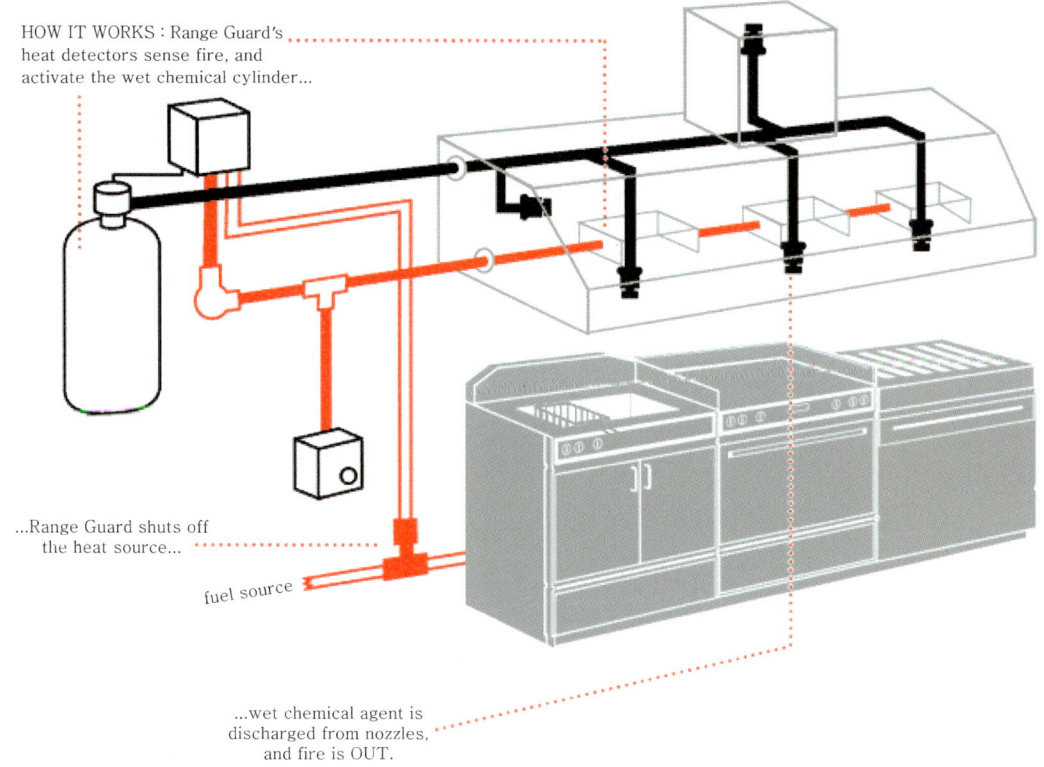

┃ 자동식 소화장치 설치 예[127] ┃

---

127) http://www.martinsfiresafety.com/fire-suppression-systems.html에서 발췌

Section 36 물리적 소화와 화학적 소화

01 개요

(1) 산화반응영역에서 H + O_2 → OH + O로 만들어진 OH기가 환원반응영역에서 만들어진 CO와 반응해서 완전연소 생성물인 CO_2를 만드는 것이 연소반응의 핵심인데, H를 만들지 않는 것이 농도를 낮추어 소화하는 방법이고, O_2를 줄이는 방법이 질식소화이다. 이 반응이 온도에 민감하므로 냉각하여 소화하는 방법 등이 있다.

(2) 이 중에서 물리적 소화는 H + O_2가 일어나지 않도록 하는 것으로 농도한계에 바탕을 둔 소화법, 냉각, 화염의 불안정화가 있고, 화학적 소화는 OH + O를 줄이는 것으로 자유라디칼 이론과 이온 이론이 있다.

02 물리적 소화

(1) **개요** : 화학반응을 수반하지 않는 방법의 소화

(2) **농도한계에 바탕을 둔 소화법**

　1) LFL이나 UFL의 범위를 초과하도록 하여 소화하는 방법

　2) **불활성 물질을 가함 없이 연소범위 밖으로 하여 소화하는 방법** : 가연성 가스의 발생을 줄이는 방법
　　① 연소하고 있는 용기를 밀폐한다.
　　② 가연성 액체에 포를 방사한다.
　　③ 수용성 알코올을 물로 희석함으로써 증발잠열을 증가시킨다.
　　④ 물분무를 이용하여 표면에 에멀션(emulsion)을 형성하여 이로 인해 가연성 가스의 농도를 낮춘다. 가연물 속에 물이 불균질하게 콜로이드 상태로 섞여 있어 증발 시 에너지를 빼앗기 때문이다.

　3) **가연성 혼합기에 불활성 물질을 첨가하여 소화하는 방법(14~15%)** : 산소농도를 낮추는 방법

　4) 농도한계는 다시 가연물이 발생하여 연소범위를 형성하면 재발화 우려가 있으므로 재발화 우려가 있는 가연물에는 적응성이 없는 소화방법이다.

　5) **가연물 제거**
　　① 불어서 가연성 증기를 날려버린다.
　　② 가스밸브를 잠근다.
　　③ 화염을 모포나 담요로 덮는다.

(3) **연소에너지 한계에 의한 소화법** : 쉽게 말해 냉각이다.
  1) 냉각소화
  2) 연소 시에 발생하는 열에너지를 가연물보다 더 많이 빠르게 흡수하는 매체를 투입함으로써 가연물의 열전달을 억제하여 소화하는 방법이다.
  3) 냉각은 결국에는 가연물의 온도상승을 억제하여 화학반응 속도를 늦추어 연소를 방해하는 소화작용이다.
  4) **증발잠열 이용** : 분무주수
  5) 냉각을 통해 가연성 증기의 발생을 억제하므로 재발화 우려가 있는 가연물에 효과적이다.

(4) **화염의 불안정화에 의한 소화법(Water mist의 운동 효과)** : 화염이 꺼지면 더 이상 화학반응에 참여하는 라디칼을 만들어 낼 수가 없다.
  화염을 불면 신선한 공기가 다량으로 들어와서 냉각시키고 가연물 표면의 가연성 가스를 밀어내어 화염이 꺼지는 현상을 이용하는 방법이다.

03 화학적 소화

(1) **자유라디칼 이론(free radical theory)**
  1) 활성화된 H^+, OH^-가 이웃하고 있는 가연물질에 화염을 전파시켜 계속 연소상태를 유지한다. 따라서 수소, 산소로부터 활성화현상 방지가 필요하다.
  2) **연소반응 억제** : 할로겐족 원소들과 반응하면 H^+, OH^-와 같은 활성기는 활성을 잃어버리고 반응성이 작은 알킬 활성기만 남게 된다.
   ① $H_2 + e \rightarrow 2H^+$(개시반응)
   ② $H^+ + O_2 \rightarrow OH^- + O^{-2}$(분기반응)
   ③ $O^{-2} + H^2 \rightarrow OH^- + H^+$(전파반응)
   ④ $OH^- + H_2 \rightarrow H_2O + H^+$
   ⑤ $CF_3Br + H^+ \rightarrow HBr + CF_3$
   ⑥ $HBr + OH^- \rightarrow H_2O + Br$(억제반응)

(2) **이온 이론(ionic theory)**[128]
  1) 산소는 탄화수소의 자유전자를 포획해서 자기 자신을 이온화한다. 하지만 브롬은 산소보다 단면이 커서 더 많은 전자를 포획할 수 있다.
  2) 따라서 할로겐 원소가 발생하면 산소의 활성화에 필요한 전자수가 부족해서 연쇄반응이 정지된다.
   $H^+ + O_2 \rightarrow OH^- + O^{-2}$(탄화수소의 자유전자를 포획하여 이온화)

---

[128] 12A[1]. Standard on Halon 1301 Fire Extinguishing Systems (1997) 12A-16page

Section 37. 건축물 내 화재성상

01 개요

(1) 건축물 내의 화재성상 연구는 점유자의 피난 및 내화구조 설계와 밀접한 관계가 있다.

(2) **구획화재(compartment fire)** : 화재가 어떤 방 한 개나 건물 내에서 비슷한 크기의 구획 내로 제한되는 것으로 산불이나 공장, 창고, 차량 등의 화재를 제외하고 대부분의 화재가 여기에 속하게 된다.

(3) 구획화재가 성장해 가면서 아래와 같은 영향을 받는다.
   1) 열축적에 의한 화재성장 → 플래시 오버(F.O), 내화
   2) 산소 부족에 의한 화재제한 → 최성기, 백드래프트(back draft)

(4) 건축물 내 화재성상을 표준화하기 위해 표준온도-시간 곡선을 사용한다. 계산식은 다음과 같다.

$$T = T_0 + 345 \log(8t + 1)$$

여기서, T_0 : 시간 $t=0$에서의 온도 T : 시간 t 초에서의 온도

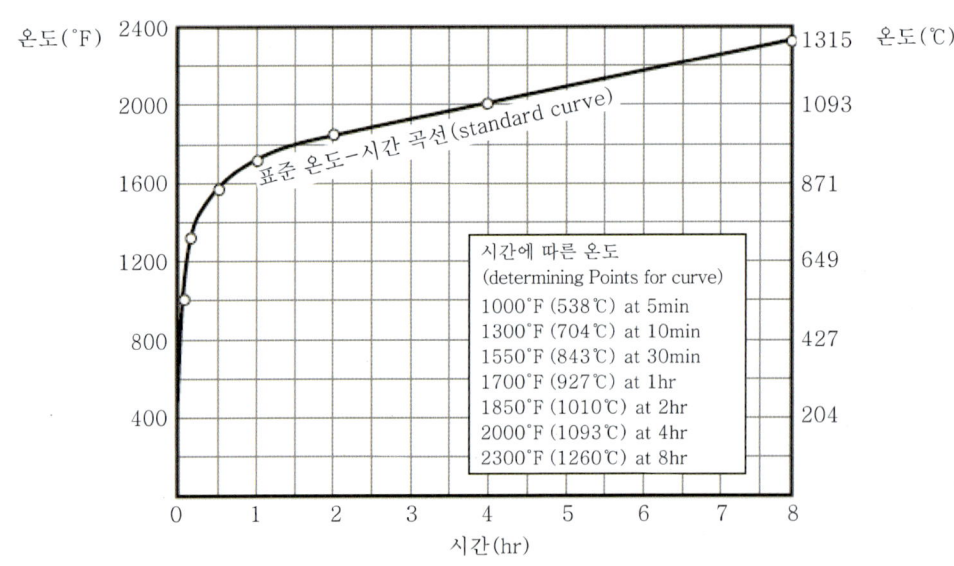

∥ 표준온도-시간 곡선[129] ∥

---

[129] FPH 18 Confining Fires CHAPTER 1 Confinement of Fire in Buildings 18-4 FIGURE 18.1.1 Standard Temperature-Time Curve

(5) 열방출속도(HRR ; Heat Release Rate)

1) 연소속도(burning rate), 열방출률 간의 정량적 관계 : $\dot{Q} = \dot{m} \cdot \Delta H_c$

2) 화재강도의 척도로서 일종의 화염크기를 정량적으로 나타내는 수치이다.

(6) 구획화재에서 열과 물질의 이동

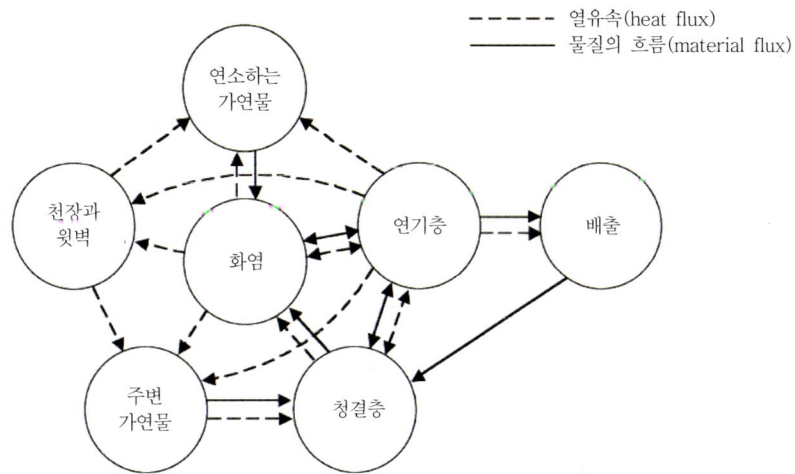

구획화재에서 발생하는 열유속과 물질의 이동[130]

(7) 구획실 화재의 단계별 구분(Walton and Thomas)

1) 발화단계(ignition)
2) 성장단계(growth)
3) 전실화재 단계(flash over)
4) 최성기 화재 단계(fully developed fire)
5) 쇠퇴기 단계(decay)

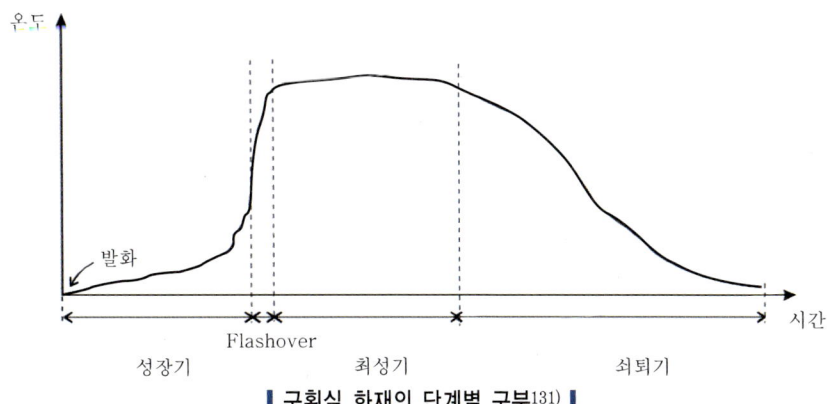

구획실 화재의 단계별 구분[131]

---

130) FIGURE 2.1 Schematic of the heat fluxes and mass fluxes occurring in an enclosure fire. Friedman, R., "Status of Mathematical Modeling of Fires," FMRC Technical Report RC81-BT-5, Factory Mutual Research Corp., Boston, 1981.

131) FIGURE 2.5 Idealized description of the temperature variation with time in an enclosure fire. Enclosure Fire Dynamics. Bjorn Karlsson and James G. Quintiere(2000)

02 발화단계

(1) 최초의 화재 시작단계, 연료로의 열귀환 시작단계이다.

(2) 점화원이 무엇인가와 최초 착화되는 물체가 무엇인가, 발화에 두 번째 착화되는 물질이 무엇인가는 화재성장에 큰 변수가 된다.

03 훈소

(1) 속도가 느린 저온무염연소이다.

(2) 주택화재의 경우 담배로 인해 시작되는 장식용 덮개류 및 침대보 화재 등이 있다.

(3) 위험성 : 불완전연소로 인한 독성, 다량의 백연 등에 의한 시각적 장애, 화염으로의 전이가 될 수 있다.

04 화재성장단계 : Pre F.O, 전실화재 전 단계

(1) 화재가 화원부 부근에 국한적으로 진행되는 단계이며, 화재의 성장은 대류와 화염확산에 의해 크게 영향을 받는다.

(2) Pre F.O로 연료지배형 화재

1) 연료지배형 화재(fuel controlled fire) : 열방출속도(HRR)와 질량감소속도($\dot{m}$)가 연료의 특성, 즉 연료량과 기하학에 의해 지배되는 화재로서 연소에 필요한 공기가 충분히 존재한다는 조건이다.

2) 따라서 화재는 대개 과잉공기나 과잉연료 조건에서 일어난다. 과잉공기가 있을 때 화재는 연료에 의해 지배되는 것으로 볼 수 있다.

3) 연료지배형 구획실 화재(fuel-controlled compartment fire)에서 모든 연소는 구획실 안에서 발생하고, 연소생성물은 대기 중에서 동일 물질을 연소하는 것과 매우 유사하다. 건축물로 구획된 실내에서 일어나는 화재라서 구획실 화재라 한다.

(3) 화재성장속도

1) 초기 열방출률은 시간의 제곱에 비례(바닥에서의 화재성장), 즉 주로 가연물 자체의 함수로 성장하고 구획실의 영향을 아주 적게 받거나 거의 받지 않는다.

① $Q = \dfrac{1,055}{t_g^2} t^2$ (for SI units)

② $Q = \dfrac{1,000}{t_g^2} t^2$ (for inch-pound units)

③ $Q = a \cdot t^2$

여기서, Q : 열방출률(HRR, kW)
a : 특정 가연물에 대해 화재성장 특성을 나타내는 상수(kW/s²)
t : 시간(sec)

④ 즉, 열방출률 Q를 $\dfrac{dH}{dt}$라고 정의하면 아래와 같이 나타낼 수 있다.

$$\dfrac{dH}{dt} = kt^p$$

여기서, k : a constant
p : 2
dH : 연소열(kJ)

⑤ 이를 다시 시간 t_1에서부터 t_2까지 적분하면,

$\displaystyle\int_{t_1}^{t_2} \dfrac{dH}{dt} = \dfrac{1}{3} kt^3$을 통해 t_1에서부터 t_2까지의 열방출량을 계산할 수 있다.

2) **피난 및 제연 시스템의 설계에 중요한 요소** : 화재성장이 빠르면 조기에 피난, 제연설비가 동작해야 하는데 만일 동작이 지연된다면, 그만큼 제어 및 진압이 지체되고 곤란해진다.

(4) **연소속도(burning rate)가 중요한 변수** : 화재의 성장기에서는 질량감소속도=질량연소속도이고, 결국 이것이 열방출률을 나타내므로 화재크기를 나타낸다고 할 수 있다.

1) 질량감소속도는 열유속의 크기에 비례하고 기화 열량에 반비례한다.

2) 식으로 나타내면, $\dot{m}'' = \dfrac{\dot{q}''}{L}$ 이다.

(5) **화재에서 유도되는 흐름** : 부력플럼으로 이는 열원에 의한 온도차(Δt)로 밀도차($\Delta \rho$)가 생기고 그 밀도차에 의한 압력차(ΔP)인 부력 때문에 발생한다. 부력은 압력차를 발생시키고 그 결과 유동이 생기게 된다.

1) 연기층 형성

① 구획실이 밀폐되거나 또는 연기가 개구부를 통하여 배출되기 전의 화재 초기단계에는 연기가 구획실 상부에 충전되어 연기층(smoke layer)을 형성한다. 연기는 구획실의 윗부분부터 차곡차곡 채우게 되고, 구획실에 일부 누설이 있을 경우에도 만일 화재의 크기가 충분히 크다면 연기층을 형성할 수 있다.

② 원자로 건물, 항공기, 산업용기 등과 같이 완전밀폐에 가까운 구역에서는 자연적으로는 화재에 의한 팽창 공기압력을 배출할 수 없으므로 이러한 공간에서는 발생된 화재에 의해 압력이 상승하고 이로 인해 구조적 파괴가 발생할 수도 있다.

③ 연기층을 형성한 연기는 용량이 증가함에 따라 아래로 하강하여 배기 개구부 밑까지 도달한다.

④ 구획실 내 연기층이 충진되고 누설되는 동안 압력은 약간 양압이 형성되어 실외로 흐름이 생기게 한다.

⑤ 만약 산소부족으로 화재가 소멸되면 냉각이 일어나고 공기가 인입(성장기에 발생하는 Back draft)된다. 이러한 공기에 의해 화재는 다시 살아나게 되고 공기 흡입(배출)을 다시 시작한다. 연기층이 계속 내려와서 개구부 아래로 내려오면 환기구에서의 유체의 흐름은 들어오고 나오는 2방향성을 가지게 된다.

2) 환기흐름

① 이때 개구부 밖의 온도가 낮으므로 유동력이 발생하여 연기가 개구부 밖으로 이동하게 된다.

② 개구부 밖으로 빠져나간 연기(대부분은 공기)만큼 실내는 공백이 발생하고 이 공백(진공)을 채우기 위해 개구부 하단으로 외부공기가 유입된다. 이때 나오는 유량과 들어가는 유량은 균형을 이루게 된다.

③ 들어오고 나오는 경계를 중성대라 하고 환기 흐름은 중성대를 기준으로 중성대 위에서는 연기가 배출되며 중성대 아래에서는 공기가 인입된다.

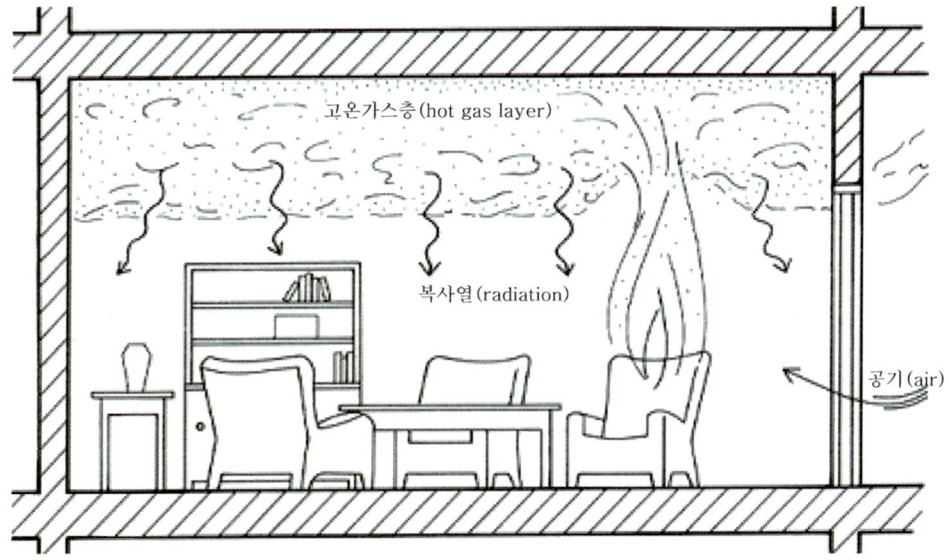

| 화재 초기의 연기층과 환기흐름 |

3) 건물 내에서의 연기 이동
   ① 빌딩 등의 한 개 층에서 화재 발생 시 화재실 내의 연기가 엘리베이터 샤프트 등의 수직관통부로 이동하면 연돌효과에 의하여 화재부력의 상승 높이보다 더 높은 상층부로 연기가 이동하게 된다.
   ② 수직관통부가 연기로 채워지면 이 수직관통부는 마치 굴뚝과 같은 효과를 띠게 된다(연돌효과, Stack effect).
   ③ 이때 연기는 개구부의 환기흐름과 같이 빌딩의 수직관통부의 중성대 위에서는 연기를 배출하고, 중성대 아래에서는 공기를 인입하는 2방향성을 가지게 된다.
   ④ 따라서 화재실에도 중성대가 있고, 건물에서도 중성대가 있다.

(6) **하나의 화재실의 화재 분석** : 하나의 개구부가 있는 경우 화재실에서 연기 유량과 온도 계산

1) **환기 흐름** : 성장기에는 유입되는 공기에 비해 발생하는 가연성 가스가 적어서 연소를 결정하는 인자가 가연성 가스 발생량이 된다. 따라서 가연물의 질량감소속도가 연소속도이다.

   ① 연소 시 발생하는 연기와 실내 공기의 온도차에 의한 밀도차 $\left(\dfrac{353}{T}\right)$로 압력차가 발생하여 환기구를 통한 흐름이 생기게 된다.
   ② 이때 나가는 연기비율과 들어오는 공기비율은 같다.
   ③ 정확한 비율은 온도차와 환기개구부의 크기에 의존한다.
   ④ 환기구에서 최고공기유입률 : $m_{a(\max)} = 0.5 A_0 \sqrt{H_0}$ [kg/s]로 이는 개구부 면적과 높이의 함수이다.
   ⑤ 환기 요소($A_0 \sqrt{H_0}$) : 공기흐름을 조절하는 주요 변수가 된다. 환기요소가 클수록 유입되는 공기량이 증가한다.

2) **구획의 온도 계산**
   ① 기본원리
      ㉠ 질량보존의 법칙 : $m_g = m_a + m_f$

         ∴ $m_a \gg m_f$

         여기서, m_g : 플럼의 발생량(kg/s)
         m_a : 공기의 유입량(kg/s)
         m_f : 가연물의 질량감소속도(kg/s)

      ㉡ 상기 식을 보면 화재성장기에서는 공기유입량이 가연물의 질량감소속도에 비해서 월등히 많은 것을 알 수 있다. 따라서 연기량을 m_a로 보는 것이다. 왜냐하면 연기의 대부분은 공기이기 때문이다.
   ② 화재발생에너지 : $Q = m_f \cdot \Delta H_c$

(7) 구획실 화재의 성장순서

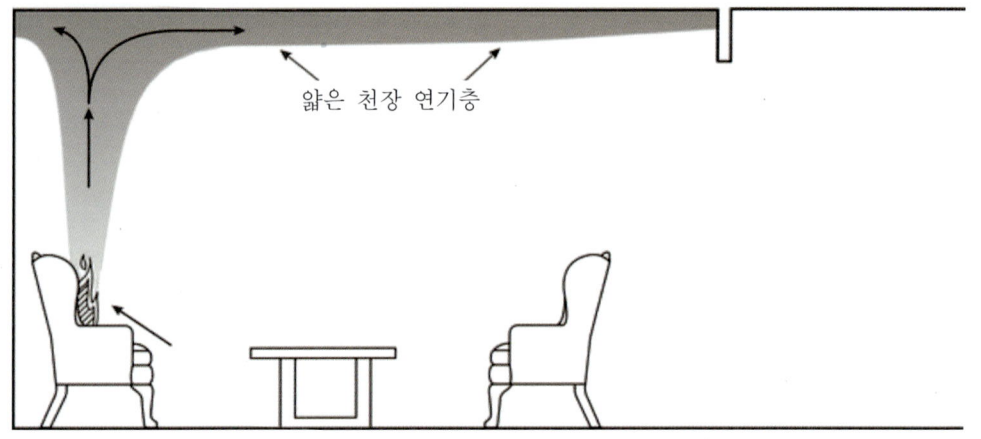

화재 초기에 천장에 플럼 형성[132]

화재실에서 천장 플럼이 확대되기 시작[133]

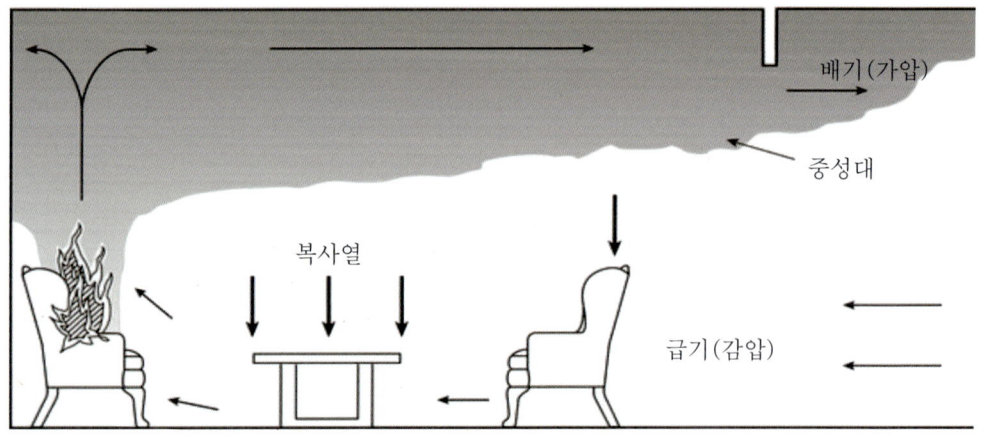

플래시오버 전의 화재실[134]

---

132) NFPA921 FIGURE 5.10.2.1 Early Compartment Fire Development.
133) NFPA921 FIGURE 5.10.2.3 Upper Layer Development in Compartment Fire.
134) NFPA921 FIGURE 5.10.2.4 Preflashover Conditions in Compartment Fire.

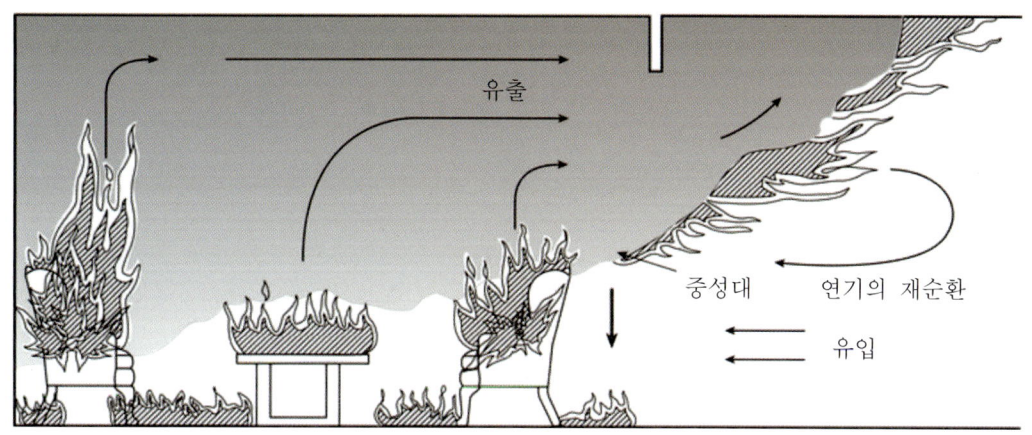

│ 플래시오버의 화재실135) │

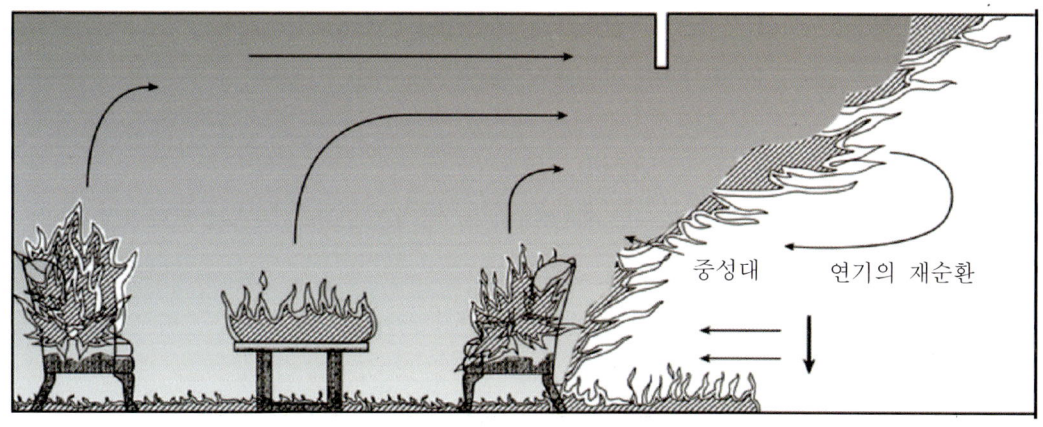

│ 플래시오버 이후의 화재실136) │

(8) 구획실 화재의 열전달과 기류이동

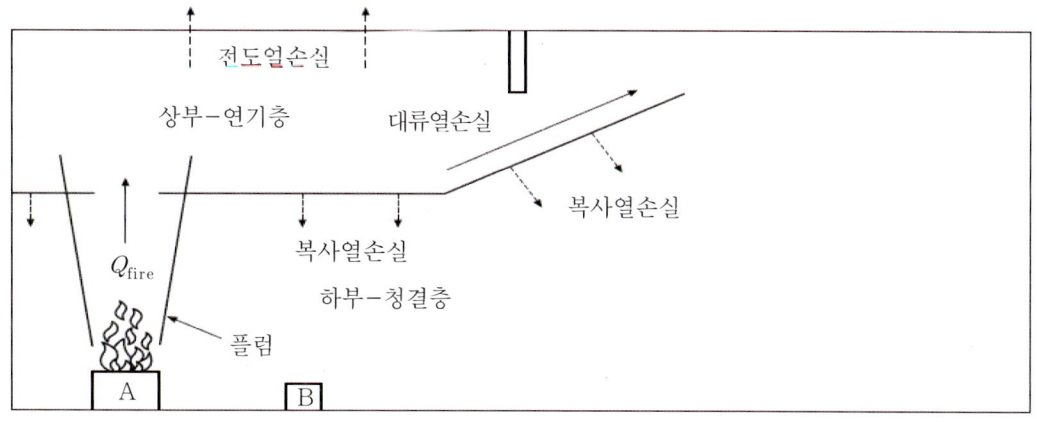

│ 화재실의 열전달137) │

---

135) NFPA921 FIGURE 5.10.2.6 Flashover Conditions in Compartment Fire.
136) NFPA921 FIGURE 5.10.2.7 Postflashover or Full Room lnvolvement in Compartment Fire.
137) FPH 02-04 Dynamics of Compartment Fire Growth FIGURE 2.4.7 Compartment Fire Zones and Heat Transfer

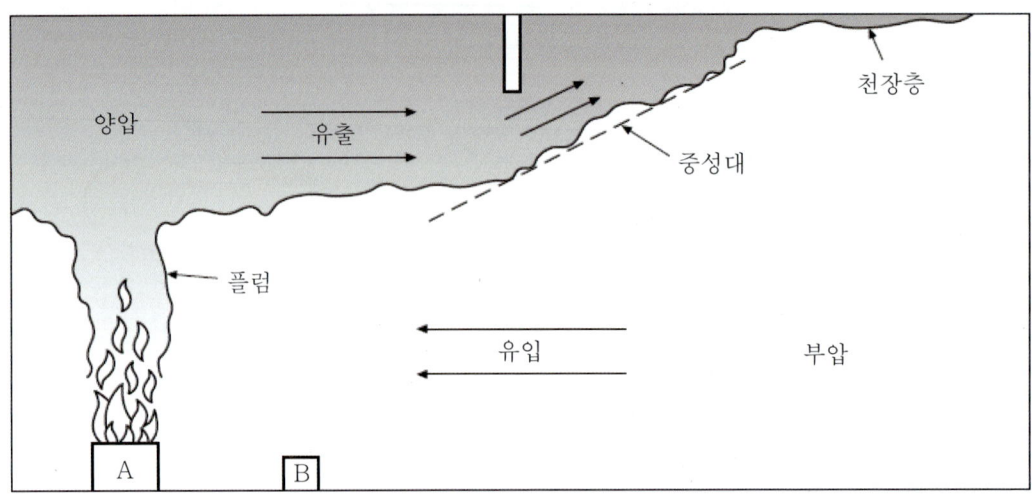

화재 시 압력분포와 기류이동[138]

05 전실화재(Flash Over) : 급격한 화재성장으로 구획실 전체가 화염에 뒤덮이는 화재

자세한 내용은 뒤 페이지 참조

06 최성기(Fully Developed Fire) : 건축물 구조 안전문제

(1) 전실화재가 일어난 후에는 그 방의 모든 가연물의 노출된 표면은 일시에 발화하기 시작할 것이고, 이때의 열방출률은 최고조에 달하며 약 1,100℃ 정도까지 온도가 상승하게 된다. 따라서 건물의 주요구조부가 높은 열응력 때문에 손상되는 것은 바로 이 기간인 최성기 동안이다.
  1) 화염이 방 전체를 에워싸는 단계이며, 모든 연료가 최고의 열방출률을 발생하여 주된 열전달은 복사 전열이 지배한다.
  2) 복사 전열에 의해 구조체의 온도가 상승하여 구조적 요소의 손상이 발생한다.
  3) 이러한 구조적 요소의 손상은 건물구조의 국부적 또는 전체적인 도괴의 원인이 된다.
  4) 따라서 전실화재 이후에는 화재에 견디는 내화성능이 필요하다.
  5) 또한 타 구획으로 화재, 화염확대의 방지를 위하여 구획화가 필요하다.

---

138) FPH 02-04 Dynamics of Compartment FIGURE 2.4.8 Compartment Fire Pressure and Airflow. Note: A=source of fire. B=target fuel.

(2) **지배이론**: 완전성장단계에서 연소속도(환기지배화재, Ventilation-controlled compartment fire)

1) 연소속도는 환기개구부의 크기와 모양에 의존한다. 왜냐하면 구획실 화재의 경우 인입되는 공기의 양보다 연소되어 생성되는 가연성 가스가 훨씬 많다. 따라서 연소범위는 양론비 이상의 가연성 가스 고농도 영역이 생성된다.

2) 구획실 내의 가용 산소가 감당할 수 있는 양보다 더 많은 가연물의 열분해가 발생하여 다량의 열축적과 가연성 증기가 축적된다. 따라서 실내 에너지방출률이 가용 산소의 양에 의해 제한받는 화재, 즉 환기지배형이 된다. 그러나 개구부가 커서 공기량 부족과는 무관하게 되는 경우는 연료지배화재가 된다.

3)
$$m_{air} = 0.5 A_0 \sqrt{H_0}$$

여기서, m_{air} : 공기유입속도(kg/s)
A_0 : 개구부 크기(m^2)
H_0 : 개구부 높이($m^{\frac{1}{2}}$)

4) 구획 내에서 화학양론적 연소가 일어난다고 하면, 목재에 대한 연소속도는 목재연소의 경우 화학양론적 공기소요량은 [5.7kg 공기/1kg 목재]이므로

5) 5.7kg 공기 : 1kg 목재 = 0.5 : x 이고

6) 따라서, $0.5/5.7 \times A_0 \sqrt{H_0} = 0.09 kg/s \times 60s/1min \times A_0 \sqrt{H_0}$

7) $m[kg/min] = 5.5 A_0 \sqrt{H_0}$ 로 나타낼 수 있다.

(3) **화재 최고온도(화재강도)**

1) 환기지배형 화재로 공기량(개구부 크기)의 영향

① 연료가 공기보다 많을 때는 최성기의 구획실(well-developed room)이니 밀폐된 구획실 화재에서 자주 발생하는 상황으로 화재는 환기에 의해 공급되는 산소의 양에 지배된다. 환기지배형 구획실 화재(ventilation-controlled compartment fire)에서 구획실 내부는 산소부족으로 불완전연소한다. 이러한 불완전연소는 다량의 일산화탄소를 생성시킬 수 있다.

② 산소가 부족한 환경에 화염이 존재한다면 그 연기층에 가연성 증기가 있고 온도가 충분하여도 그 방향으로는 화염확산이 더 이상 진행되기가 곤란하다.

③ 그러므로 연소속도는 구획실에 유입하는 공기의 양에 의해 제한될 수밖에 없다. 이 상황에서 미연소연료와 다른 미연소생성물이 농도구배에 의한 유동력으로 구획실을 벗어나 산소가 풍부한 인접 공간으로 확산한다.

④ 만일 가스가 즉시 개구부로 배출되거나 충분한 가용산소가 있는 지역으로 유입된다면, 가스는 발화온도 이상에서 발화 및 연소한다. 이를 분출화재 또는 분출화염이라고 한다.

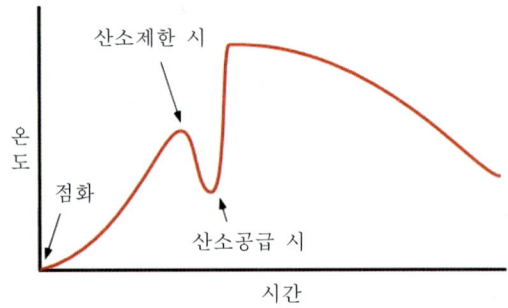

┃ 공기량이 제한되었다가 개구부가 개방되었을 때의 시간온도 곡선[139] ┃

2) 공기량 : $0.5 \times A \cdot \sqrt{H}$ [kg/sec]
3) 일반적으로 대부분의 가연물은 공기 중에서 $3kJ/g_{air}$[손튼(Thornton)의 법칙]의 열량이 발생한다.
4) Q(열방출량) = 공기량(kg/sec) × 3,000kJ/kg(손튼 법칙)
5) 질량연소속도 < 질량감소속도 상태가 돼서 질량연소속도는 공기유입속도에 의해 결정된다.
6) 바브라스커스(Babrauskas) 방법

$$T_g = T_a + (T^* - T_a) \cdot \theta_1 \cdot \theta_2 \cdot \theta_3 \cdot \theta_4 \cdot \theta_5$$

여기서, T_g : 화재실에서 발생한 가스의 온도(K)
T_a : 대기의 온도(K)
T^* : 상수로서 1,725K
θ_1 : 화학양론적 연소속도
θ_2 : 벽의 정상상태손실
θ_3 : 벽의 전이손실
θ_4 : 개구부높이의 효과
θ_5 : 연소효율

7) 환기의 지배를 받는 연소이기 때문에 연료가 가지고 있는 열용량보다 연소에 의해 발생하는 HRR이 작게 된다. 이 차이 분(연료의 열용량 − 실제 열용량)은 실내에서 연소되지 않고 미연소상태로 남아 있거나(불완전연소), 외부로 분출화염이 되어 연소한다.
8) **화재강도** : 가연물의 연소열, 비체적, 공기량, 단열정도에 따라 화재실의 온도가 결정된다.

---

139) Extreme Fire Behavior에서 발췌

$$Q_m = 1{,}500 A_o \sqrt{H_o}$$

여기서, Q_m : 최대 열방출률(maximum total energy release rate, kJ/sec 또는 kW)
A_o : 전체 개구부 면적(total opening area, m²)
H_o : 개구부의 높이(opening height, m)

(4) 화재지속시간의 주된 영향인자 : 가연물의 양, 개구부 계수

(5) 화재가혹도 : 화재최고온도×화재지속시간으로 화재의 양과 질을 함께 반영하는 것이다. 내화설계를 한마디로 나타내면 '화재저항＞화재 가혹도'가 되도록 설계하는 것이다.

(6) 최성기 이후에는 불완전연소에 의한 CO 등의 독성가스가 많이 생성되므로 이러한 독성가스 등이 농도구배에 의해 인접구역으로 확산하는 것에 주의하여야 한다.

07 감쇠기(decay)

(1) 화재의 재발화 가능성에 주의하여야 한다.

(2) 환기지배형 → 연료지배형

(3) 온도 하강 : 타는 면적이 점점 감소함에 따라서 발생한다.
  1) 감쇠기의 온도하강은 최성기 화재지속시간의 함수이다. 즉, 최성기 온도지속시간에 의해 결정된다.
  2) 길수록 온도감소율은 낮아진다.
    ① 최성기 1시간 미만 : 10℃/min
    ② 최성기 1시간 이상 : 7℃/min
    ③ 비교적 짧은 화재 : 15~20℃/min

08 결론

(1) 건축물 내의 점유자 보호 및 구조안전을 위해서는 건축물 내의 화재성상에 기초한 설계가 필수적이다.

(2) 왜냐하면 건축물 내 화재성상 예측을 통해 실제 화재의 발생과 근접한 데이터를 얻을 수 있기 때문이다.

(3) 건축물의 온도 또는 열방출률에 대한 정보는 위험상황 발생, 발화, 연소속도, 재산 및 구조물 피해, 전실화재 발생 등을 예측하는 데 중요하다.

Section 38 전실화재(flash over)

01 개요

(1) 구획화재에 있어서 실(室) 전체가 화재에 휩싸인 상황(상태)으로 인명 안전 및 구조물 안전에 많은 영향을 주는 현상이다.
  1) 실내의 가연물이 연소에 의해서 구획실 온도를 높이고 동시에 다량의 가연성 가스를 수반하는 연기를 발생시켜 구획실의 상부에 연기층을 형성한다.
  2) 또한 천장이나 벽면의 온도도 상호복사를 통해 상승하고, 이들로부터 발생하는 열복사가 바닥 위의 미연소 물질을 가열시킴으로써 바닥에 위치한 가연물의 표면온도가 일시에 발화점 이상으로 되어 화재의 진행을 순간적으로 실내 전체에 확산시키는 현상이 일어나게 되는데 이를 전실화재(flash over)라고 한다.

(2) 화재가 성장하여 초기발화로부터 열방출률(HRR)이 급격하게 증가하고 화염이 천장에 부딪치기까지를 전실화재 전 단계인 초기화재라고 하는데 초기화재는 상대적으로 열방출률이 낮고 화재가 제한적이므로 제어나 진압이 용이하다.
  1) 이 기간 동안에는 화재의 크기가 작아 비교적 적은 소화능력으로도 구조나 소화작업의 높은 성공을 기대할 수 있다.
  2) 따라서 초기화재 단계에서는 화재에 대한 빠른 감지와 그에 대한 화재대응 및 환기가 화재를 제어 또는 진압하는 데 가장 중요한 요소라 할 수 있다.

(3) 하지만 전실화재를 기점으로 화재의 대응관점이 피난이나 초기소화에서 내화로 바뀌게 되고, 연소속도를 결정하는 가장 중요한 인자가 가연물의 양에서 공기의 공급량으로 변화하므로, 화재를 분석하고 대응책을 수립하기 위해 반드시 인지하고 분석해야 하는 중요한 지점이다.

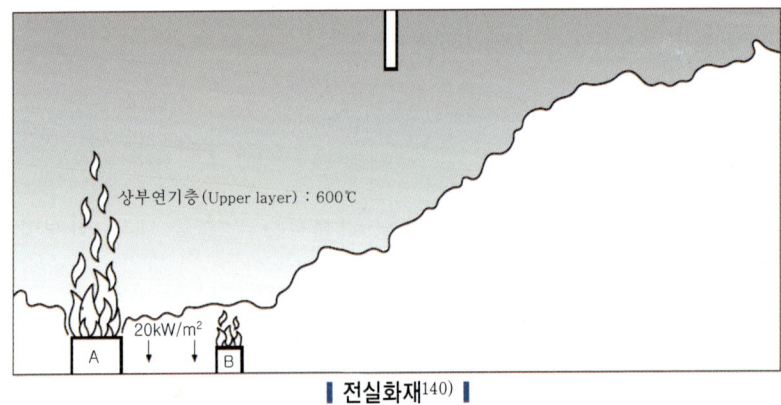

전실화재[140]

---

[140] FPH 02-04 Dynamics of Compartment Fire Growth FIGURE 2.4.9 Flashover-Transition to Full-Room Involvement.

▎후 전실화재141) ▎

02 플래시오버의 정의 : 완전 성장 화재의 시작

(1) 국부화재로부터 구획 내 모든 가연물이 타기 시작하는 큰 화재로의 전이

(2) 불완전생성물의 발생률과 화재성장률이 급격하게 증가하는 현상

(3) 성장화재에서 최성기 화재로 전이되는 현상

(4) 연료지배형 화재로부터 환기지배형 화재로 전이되는 현상

(5) ISO의 정의
   1) 구역 내 가연성 재료의 전체 표면이 갑자기 불길에 휩싸이는 순간의 전이현상
   2) 발생조건
      ① 구획실 내의 평균온도가 500℃ 전후
      ② 바닥의 열유속이 20~40kW/m^2
      ③ 산소(O_2)농도가 10%
      ④ $CO_2/CO = 150$

(6) NFPA 101
   1) 모든 노출 표면이 거의 동시에 발화온도에 도달되어 화재가 모든 공간으로 급속하게 확산되는 갇힌 화재의 성장단계
   2) 가연성 물질의 표면 온도가 상승되어, 열분해 가스가 발생하고, 구획실의 열선속이 가스 전체를 발화온도까지 올리기에 충분할 때 발생한다.

(7) NFPA 921
   1) 천장 아래에 집결된 미연소 가스나 증기가 화염으로 착화되어 실 전체가 화염으로 뒤덮이는 현상

---

141) FPH 02-04 Dynamics of Compartment Fire Growth FIGURE 2.4.10 Full-Room Involvement (Postflashover).

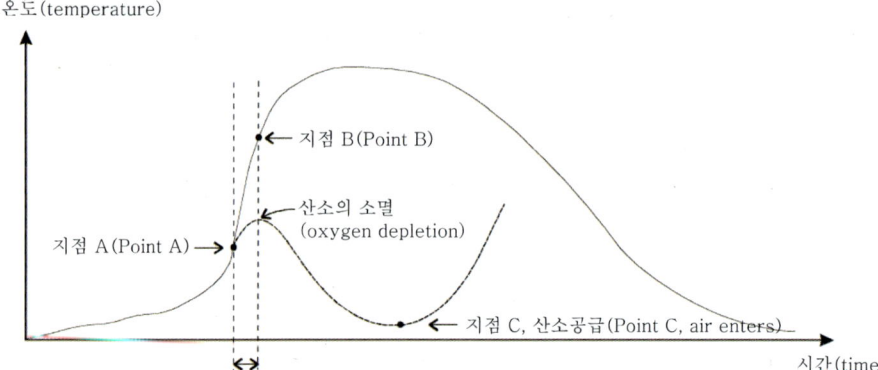

시간에 따른 화재의 성장곡선[142]

2) 내화조 건축물의 구획실 화재는 일반적으로 출화단계인 발화(ignition), 성장기(growth), 전실화재(flashover), 최성기(full developed), 감쇠기(decay)의 5단계를 거쳐 진행된다.

3) 플래시오버 전 단계 모델링의 요소
   ① 화재지배요소(fire regime) : 연료지배
   ② 질량손실속도와 열방출속도
   ③ 상층부 가스온도
   ④ 복사열류(radiant heat flux)

03 전실화재로의 화세 성장

(1) 플래시오버에 필요한 조건

1) 연기층의 평균온도는 화재의 크기(Q)와 환기요소($A_0\sqrt{H_0}$)에 영향을 받는다.

2) 워터맨(Waterman)의 실험 : 일정량의 열원 또는 가연물이 존재해야만 전실화재가 발생한다.
   ① 전실화재(F.O)가 발생하기 위해서는 최소한 20kW/m²의 복사열류가 필요하다. 이를 전실화재가 일어나기 위한 임계열유속이라고 한다.
   ② 가연물의 질량감소속도가 40g/s를 넘기 전에는 전실화재(F.O)가 일어나지 않는다. 이를 전실화재가 일어나기 위한 임계질량감소속도라고 한다.

3) 일반적인 조건
   ① 실내천장온도 : 37.7℃ 이상(1,000°F)

---

[142] Enclosure fire development in terms of gas temperatures ; some of the many possible paths a room fire may follow.

② 바닥면의 복사수열량 : $20kW/m^2$ 이상

③ 산소농도 : 15% 이하

④ 순간적인 압력상승 발생

(2) 플래시오버에 필요한 연료 및 환기조건

환기지배 조건하에서 목재에 대한 연소속도 : $m = k A_0 \sqrt{H_0}$

여기서, A_0 : 환기개구부 면적, H_0 : 환기개구부 높이, k : 상수(5.5 ~ 6.0)

(3) 플래시오버가 되기 위한 화재크기 조건

1) 메카프리(Ma Caffrey)

$$Q_{FO} = 610 \sqrt{h_k A_T A_0 \sqrt{H}}$$

여기서, Q_{FO} : F.O 시 열방출량(kW)

h_k : 열전달계수

A_T : 바닥면적

① $h_k = \left(\dfrac{k\rho c}{t}\right)^{\frac{1}{2}}, \ t \leq t_p, \ t_p = \dfrac{\rho c}{k}\left(\dfrac{\delta}{2}\right)^2$

여기서, t : 화재 발생 후 경과시간, t_p : 열관통시간

② $h_k = \left(\dfrac{k}{\delta}\right), \ t \geq t_p$ [143]

2) 토마스(Thomas)

$$Q_{FO} = 7.8 A_T + 378 A_0 \sqrt{H}$$

여기서, Q_{FO} : F.O시 열방출량(kW)

A_T : 바닥면적(m^2)

A_0 : 개구부 면적

H : 개구부 높이

3) 바브라스커스(Babrauskas)

$$Q_{FO} = 750 A_0 \sqrt{H}$$

여기서, Q_{FO} : F.O시 열방출량(kW)

A_0 : 개구부면적(m^2)

H : 개구부 높이(m)

① $\dot{m}_g \approx 0.5 A_0 \sqrt{H_0}$

② 손튼의 법칙에 의해 공기 1kg당 발열량이 3,000kJ/kg으로 일정하므로

$\dot{Q}_{stoich} = 3,000 \dot{m}_g = 3,000 (0.5 A_0 \sqrt{H_0}) = 1,500 A_0 \sqrt{H_0}$

---

[143] FPH 03-09 Closed Form Enclosure Fire Calculations

③ F.O는 최성기의 절반이므로 1,500의 절반인 $Q_{FO}[kW] = 750A_o\sqrt{H}$ 로 나타낸다.

4) 퀸티에르(Quintiere) : 소규모 구획실에서의 전실화재 조건 100kW

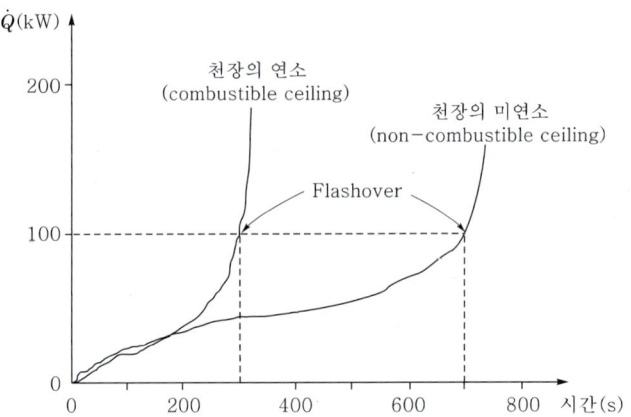

소규모 거실에서의 시간에 따른 열방출량 곡선[144]

5) 상기 식을 보면 전실화재의 화재크기 요건의 큰 변수가 환기지수임을 알 수 있다. 이는 아래의 도표를 보듯이 환기지수가 클수록 열방출량이 크기 때문이다.

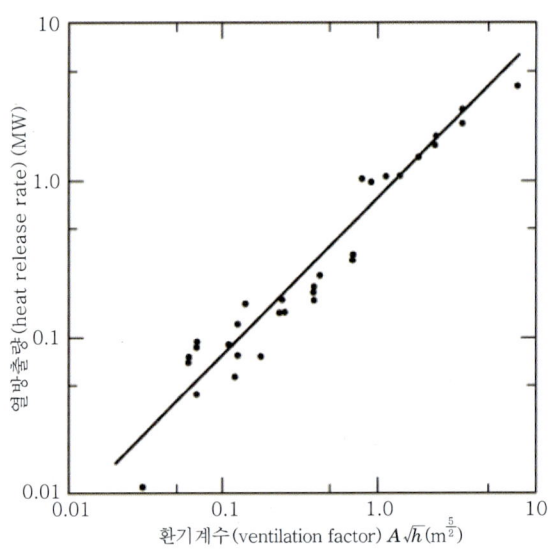

환기지수의 크기에 따른 열방출률의 변화

---

144) FIGURE 2.8 Energy release rate vs. time in a small room with particle board mounted on walls only and with particle board mounted on walls and ceiling. Flashover occurs when the energy release rate is 100kW in this compartment. Enclosure Fire Dynamics. Bjorn Karlsson and James G. Quintiere(2000)

(4) 플래시오버 시간의 영향요소(통나무를 적재해서 화재실험)[145]

1) 플래시오버 시간은 인명안전과 직접적인 연관성이 있기 때문에 연료 및 환기요소들이 초기 화재성장속도에 어떻게 영향을 미치는지를 파악하는 것이 중요하다.

2) 플래시오버 시간 구분 : $T = t_f + t_2 + t_3$
   ① t_f = 화염이 천장에 도달하는 시간(초기화재의 기준)
   ② t_2 = 통나무의 상부표면으로의 화염전달이 느린 속도에서 빠른 속도로 최종 전이되기까지의 시간
   ③ t_3 = 통나무 상부표면 전체에 걸쳐 화염이 확산되는 시간

3) t_3을 플래시오버 시간이라 한다. 이들 실험결과에 의해 다음과 같은 결론을 얻게 되었다.
   ① t_3이 구획의 모양에 의해서는 심하게 영향을 받지 않는다. 하지만 현실적으로는 구획의 모양에 의한 영향을 받는다. 특히 높이에 의한 영향을 크게 받는다. 따라서 이는 잘못 도출된 결론이다.
   ② t_3은 환기구의 크기와 연료의 연속성에는 약간만 의존된다.
   ③ t_3은 화원의 위치와 면적, 연료상(床)의 높이, 연료의 용적밀도, 그리고 라이닝 물질의 성질에 따라서 변화한다.

4) **플래시오버 시간의 영향요소(상기 시험의 영향요소)**
   ① **화원** : 화원의 위치가 중앙일 경우 t_3이 짧아진다. 단, 벽에 가연물이 없는 경우이다. 실제적으로는 중앙보다 벽에 화원이 위치할 경우에 t_3이 짧아진다.
   ② **연료높이** : 연료상이 높으면 화염은 천장에 더욱 빠르게 도달하며 거기서 가연성 표면 전체에 걸쳐 초기단계에 화재확산을 증진시킨다.
   ③ **용적밀도** : 낮은 용적밀도(겉보기밀도)의 통나무늘은 화재를 더욱 빠르게 확산시키며, 따라서 화재직경이 빠른 속도로 증가하며 플래시오버에 훨씬 빨리 도달한다. 이는 실제 화재에서 주변의 열용량이 낮은 물질로의 화재확산에 해당된다.
   ④ **라이닝물질** : 가연성 라이닝물질은 플래시오버 시간을 감소시키고, 불연성 라이닝물질은 이를 증가시킨다.
   ⑤ **열관성($k\rho c$)** : 토마스(Thomas)와 부렌(Bullen)에 의한 이론적 연구에 의하면 플래시오버 시간이 열관성 값의 제곱근에 직접 비례한다고 하였다.

(5) 가연재료에서 3~4분, 난연재료에서 5~6분, 준불연재료에서 7~8분이면 일반적으로 플래시오버에 도달한다.

---

[145] An Introduction to Fire Dynamics, Third Edition. Dougal Drysdale.에서 발췌

드라이달(Drysdale)의 화재의 구분 : 화재의 성장에는 두 번째 가연물이 무엇인지가 중요하다.
- 발화원이 첫 번째 가연물에 국한되는 경우. 이때는 가연물이 연소를 종료하고 나면 화재가 소화된다.
- 위에서 두 번째 가연물로 이어지면서 공기량이 충분한 경우. 전실화재가 발생하고 최성기까지 화재가 성장한다.
- 위에서 두 번째 가연물로 이어지는 데 공기량이 부족해서 화재가 소강상태를 이룰 때 공기의 공급이 이루어지면 백드래프트(B.D)가 발생한다.

04 발생 메커니즘

(1) 방화구획 내 가연물의 열공급을 통해 구획실 내 가연물의 표면온도를 발화온도 이상으로 상승시키는 열공급
  1) 발생이론은 크게 2가지로 구분
     ① 가연성 증기의 방사열에 의한 열공급으로 가연물의 표면이 일시에 발화온도 이상으로 상승해서 전실로 화재가 확산된다.
     ② 가연성 증기가 천장에 체류하면서 아래로 하강해서 공기와 섞여 연소한계에 도달한 경우 화원이 점화원으로 착화되면서 전실로 화재가 확산된다. 이를 Flame Over라고 한다. [NFPA 921(2012)]
  2) 발생조건 : 가연성 가스 + 열축적 + 연소에 필요한 공기 → 전실화재(flash over) 발생

(2) 가연성 증기의 방사열에 의한 열공급 순서
  1) 실내에서 화재가 발생하여 가연성 가구 등이 연소하기 시작한다. 이때의 열전달 지배전열은 전도열이다.
  2) 발생하는 화염이나 고온의 기체에 의해 벽의 일부가 타기 시작하는 동시에 고온의 기체가 천장 밑에 모이기 시작한다(Ceiling jet flow). 이때의 열전달 지배전열은 대류열이다.
  3) 고온 기체층이 두꺼워지면 그곳에서 나오는 방사열이 증가한다. 이때의 열전달 지배전열은 복사열이다.
  4) 바닥 등 실내 미연소 부분의 표면온도가 자동 발화온도에 가까워지면 실내의 가연물이 동시에 발화하여 공간이 화염으로 뒤덮히게 된다.

(3) 가연성 증기의 연소에 의한 열공급 : 과거에는 전실화재의 발생원인으로 보았으나, 요즘에는 천장열기류의 복사열에 의한 바닥의 가연물의 가열을 전실화재의 주요 원인으로 보고 있다.
  1) 열에 의해 분해된 가연성 가스가 부력에 의해 천장 부근에 축적되고 천장면을 따라 확산되면서 스스로 개구부를 향해 이동하게 된다.
  2) 천장열기류는 아래의 두 가지 상태로 구분가능하다.
     ① 연료희박조건 : 천장열기류가 연소반응이 가능한 충분한 공기를 함유하고 있는 조건이다.

② 연료농후조건 : 천장열기류에 공기유입이 적어 연기층 내 높은 농도의 가연성 가스가 존재하고 있는 조건이다.

3) 가연성 증기의 연소 위치
   ① 연료희박조건 : 산소농도가 충분하기 때문에 천장부근에서 연소가 가능하다.
   ② 연료농후조건 : 화염생성이 공기인입이 용이한 지점인 천장열기류 하부의 공기와의 경계부근에서 연소한다.

4) 플럼층의 농도범위가 연소한계에 도달하고 화염이 점화원으로 작용하여 순간적이고 폭발적인 발화가 발생한다.

5) 연소한계의 내를 화염이 전파되면서 전실로 화재가 확대되고 플럼층 내의 산소가 일시에 소모된다.

(4) F.O 발생예측(NFPA 555(Guide on Methods for Evaluating Potential for Room Flash Over)에 의한 플래시오버 발생가능성 평가방법에 관한 지침)

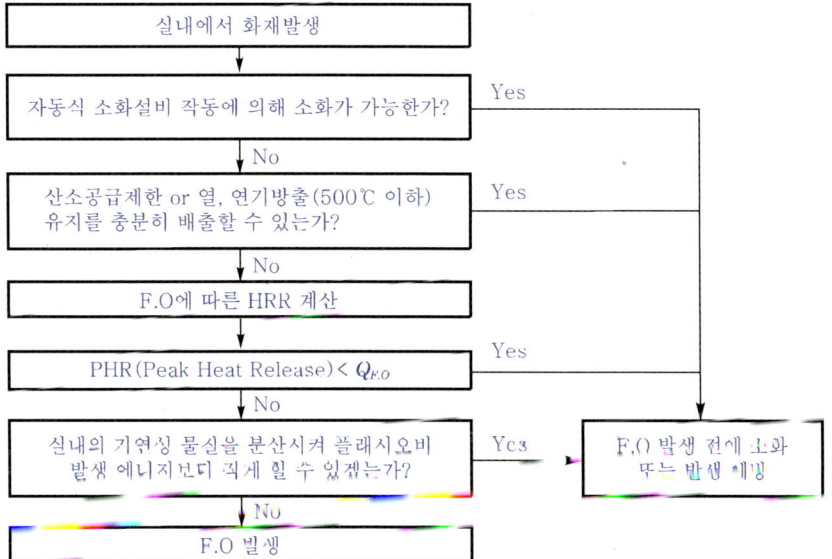

05 발생 변수

(1) **내장재료** : 내장재료가 불연, 준불연 재료인 경우는 전실화재 시간이 늦추어지거나 발생하지 않는다.

(2) **화원의 크기**
   1) 비례
   2) 화원이 작으면 재료의 연소특징이 나타나고, 화원이 크면 재료의 연소특징이 작아진다. 왜냐하면 방염이나 난연제품의 경우도 화원이 크면 쉽게 연소가 가능하기 때문이다.

(3) 개구율
1) 개구율이 작거나 크면 전실화재 시간이 늦추어지거나 발생하지 않는다.
2) 벽면적의 창면적 비율이 $\frac{1}{2} \sim \frac{1}{3}$일 경우 전실화재 시간이 가장 빠르다.
3) 하지만 창이 과도하게 커지면 유입공기에 의한 냉각효과가 열방출 효과보다 커져서 오히려 전실화재 시간이 지연되거나 발생하지 않는다.

(4) 내장재료의 부위
1) 벽보다는 천장 재료에 의해 전실화재 시간이 결정된다.
2) 그 이유는 내장재료 중에서도 천장은 가장 중요한 열 싱크(heat sink, 열의 흡수, 발산재)의 역할을 하기 때문이다.
3) 열 싱크를 통한 열의 분산율은 천장재질에 의존된다. 즉 플라스터나 석고보드와 같이 낮은 질량의 물질로 구성된 경량 천장은 철근콘크리트나 철제 데크플레이트로 구성되는 높은 질량의 천장보다 열전도도가 상당히 낮다.

(5) 구획의 단열성
: 구획화재에서 발생한 열을 외부로 적게 빼앗김으로써 열축척이 일어나고 이를 통해 구획실의 온도를 상승시킨다.

(6) 천장 높이, 구획 크기, 벽 : 구획벽 방해플럼
1) 연료더미 또는 화재플럼이 벽에 닿는다면(모서리가 아닌), 그 주위의 반원 정도에서만 공기가 플럼 안으로 들어갈 수 있다. 즉, 공기가 제한적으로 플럼 안으로 들어가게 된다는 것이다.
2) 이는 더 오랜 동안의 화염생성과 천장 열류층 가스온도의 빠른 상승을 일으킨다. 왜냐하면 적은 공기유입으로 플럼 내의 낮은 공기온도에 의한 냉각효과가 작아서 플럼 내의 온도저하가 적게 되기 때문이다.
3) 따라서 연료더미가 구획실의 중앙에 있을 때보다 벽에 있을 때 보다 빠른 시간 안에 전실화재가 발생한다. 동일한 연료더미가 구석에 위치할 때는 플럼 안으로 흘러 들어가는 기류 중 75%가 제한되어 더 오랫동안의 화염, 더 높은 플럼 및 천장 열류층의 온도, 더 짧은 시간 내의 전실화재가 발생한다고 할 수 있다.

06 특징 및 현상

(1) 개구부로부터 화염 분출
1) 화염이 천장에 충돌하게 되면 화염 전면이 충돌지점으로부터 천장면을 통해 외부로 나갈 곳을 찾으며 빠르게 이동하기 시작한다.
2) 화염면의 초기속도는 약 0.3m/sec 정도이나 경우에 따라 창이나 문을 통해 화염이 분출되어 나가는 분출화염이 되면 초기속도의 10배의 속도가 되기도 한다. 이때는 인접실로 화재가 확대되므로 피난은 이전의 대응행동이고, 전실화재 이후에는 소화작업만이 주요 대응행동이 된다.

(2) 화재실의 온도가 급격히 상승하여 최성기로 발전하게 되는 지점으로 보통 화재실 중심부는 600~800℃, 바닥면은 500℃ 정도가 된다.

(3) **전실화재 후 가스농도** : 피난의 한계지점으로 전실화재(F.O) 이전에 피난자가 대피하여야 한다.

   1) 산소는 거의 0%
   2) 일산화탄소(CO) 10~15%
   3) 이산화탄소(CO_2) 20% 이상

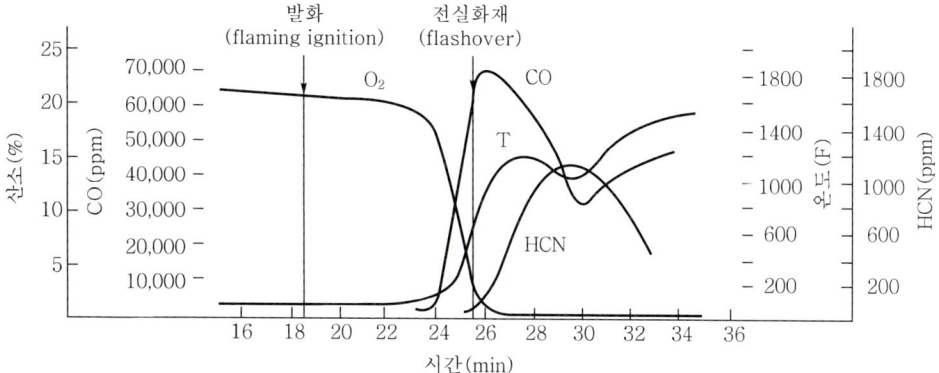

┃ 플래시오버에서 가연성 가스의 농도변화 ┃

(4) 따라서 전실화재 이후에는 피난이나 초기소화에서 내화로 관점이 바뀌게 되고, 연소속도도 질량감소속도(연료지배형 화재)에서 공기유입속도(환기지배형 화재)로 바뀌게 되어 변곡점의 역할을 하게 된다.

(5) **건축물 내 다른 점유자 위협** : 전실로 화재가 확대됨에 따라 구획실에서 나온 구획공간으로 화재가 확대된다.

화재진행	발화단계 (incipient)	성장기 (growth)	최성기 (fully developed)	쇠퇴기 (decay)
인명피해	재실자 대피가능 기간		재실자 사망추정 기간	
지배인자	연료		공기	연료
화재진압		화재진압 기간		

┃ 실내 화재진행단계 및 대피 관계[146] ┃

07 방지 또는 지연 대책 : 발생변수를 조정

(1) 내장재를 불연, 준불연화 또는 방염처리를 통해 가연물을 제한(화재하중을 줄인다)한다.

---

[146] 한국건설기술연구원 2007, 중앙소방학교 2006 참조 재구성

(2) 화재실의 온도를 낮춘다.
  1) NFPA 13 주거용 스프링클러 설비의 주목적은 벽면을 적시고 화재실의 온도를 낮추어서 인간의 생존시간을 늘려주고 피난을 원활하게 하기 위함이다.
  인명안전 = 피난시간연장 = 전실화재 방지/지연
  2) 자동식 스프링클러로 방호된 건물에서는 천장온도가 260℃ 내지 315℃를 초과하지는 않는 것으로 알려져 있다.
  3) 따라서 플래시오버에 필요한 열적 조건이 충족되지 않으므로 발생하지 않는다.

(3) 개구부 크기 조절 : 아주 크게 하거나 작게 하면 전실화재를 억제할 수 있다.
  1) 하지만 개구부의 크기 조절은 건축적 용도 및 목적에 적합하여야 하므로 조절에 어려움이 따른다. 특히 현대적 건물에서는 개구부의 크기를 확대하는 것은 건축물의 이용목적과 용도에 반하는 경우가 많아서 어렵다.
  2) 개구부를 작게 하는 것은 백드래프트(back draft)의 위험을 크게 낮춘다.

(4) 환기 : 상부의 고온층을 배출하여 전실화재를 방지, 지연시킨다. 따라서 배출구는 실의 상부에 설치하여야 한다.

08 결론

(1) 최근 건축물은 거주 환경의 거주성, 쾌적성과 에너지절약 정책에 따라 작은 구획화가 이루어지고 있는 동시에 밀폐성, 단열성이 강조되고 있다. 하지만 이러한 구획실의 경우에는 전실화재가 유발될 수 있다.

(2) 전실화재가 발생하면 화재진압이 어렵고 화염 및 연기가 건물 전체로 번지게 되므로 인명피해가 커지고 건물의 구조에도 악영향을 준다.

(3) 따라서 방재계획 시 전실화재의 방지 및 가능성을 최소화하는 대책의 수립이 중요하다.

- Roll over(롤오버) → 구획화재
  - 롤오버는 불덩어리가 천장을 따라 굴러다니는 것처럼 뿜어져 나오기 때문에 붙여진 이름이다.
  - 화재가 진행되면 가연성 연기와 열분해 물질들이 천장 부분에 쌓이게 되고 이 가연성 가스 덩어리가 인화점에 도달하여 한꺼번에 연소하기 시작하면 롤오버가 발생한다.
  - 짙고 검은 연기가 실내 천장에 체류하다가 소방관 등이 출입문을 열면 복도쪽으로 연기가 빠져 나오면서 공기와 혼합되어 급격히 불덩어리로 변한다. 긴 복도와 같은 화재현장에서 불길이 마치 사람을 향해 돌진하는 것처럼 보인다. 보통 Flash over 전에 발생한다.
- Roll over(롤오버) → LNG 저장탱크
  롤오버는 LNG 저장탱크 내에서 상, 하층의 밀도차에 의해서 상하 역전현상이 일어나면서 순간적으로 증발이 발생하는 현상이다.

Section 39 백드래프트(back draft)

01 개요

(1) 건축물 내에서의 구획된 공간에서 발생하는 화재를 구획화재(compartment fire)라 한다.

(2) 화재의 크기가 점차 증가하면서 구획의 영향을 받는다. 즉, 열전달의 증가 및 열축적의 증가에 의해 화재의 크기가 더욱 더 커지고 그에 따라서 더 많은 산소공급이 필요한데, 실내가 구획되어 유입되는 산소가 부족해지면 더 이상의 연소반응이 진행되지 못해 열공급이 지속되지 못하므로 화재의 크기가 감소한다.

(3) 결국 산소부족으로 화재는 소강상태 또는 훈소상태를 유지하고 구획된 실 내부는 단열이 되어 높은 온도(600℃)를 유지하게 된다. 이때 순간적인 산소공급이 일어나면 충분히 가열된 고온의 가연성 가스가 산소와 폭발적으로 연소반응하며 화염분출과 충격파를 발생시킨다.

02 발생 메커니즘(mechanism) 및 현상

(1) **전실화재(flashover) 이후의 구획실 화재는 밀폐상태이어서 더 이상 연소에 필요한 충분한 공기가 연소지역으로 들어올 수 없는 경우**
   1) 실내에 있는 산소는 연소반응에 참여해서 대부분이 소모됨으로써 더 이상의 연소반응이 곤란해지고,
   2) 화재는 훈소상태로 변환되면서 점차 약해진다.
   3) 이 상태에서 하부에 문이나 창과 같은 개구부가 하나 만들어지면 백드래프트 또는 연기폭발을 유발하는 조건으로 된다.
   4) 갑작스러운 문의 개방 등으로 공기가 유입되면 공기 유입방향으로 급격한 화염전파와 충격파를 발생시키며 일어나는 현상으로 주로 쇠퇴기에 발생한다. 여기서 말하는 쇠퇴기는 일반적인 구획화재의 최성기를 거치지 않고 성장기나 전실화재에서 환기가 제한되어 소멸되는 쇠퇴기를 말한다.

(2) **무염화재로 화재성장시간의 증가에 의한 가연성 가스 축적 및 구획 내 산소가 소모되는 경우**
   1) 가연성 가스와 열축적에 의한 점화원은 존재하지만 산소부족으로 화재가 성장하고 있지 않다가

2) 갑작스런 문의 개방 등으로 공기가 유입되면 공기 유입방향으로 급격한 화염전파가 일어나는 현상이다.
3) 대략 내부의 팽창가스속도는 15m/sec 정도이고 온도는 1,100℃ 내외로 분출되며, 발생시기는 성장기이다.
4) 상기 내용을 별도로 플래시백(flash back)이라고도 부른다.

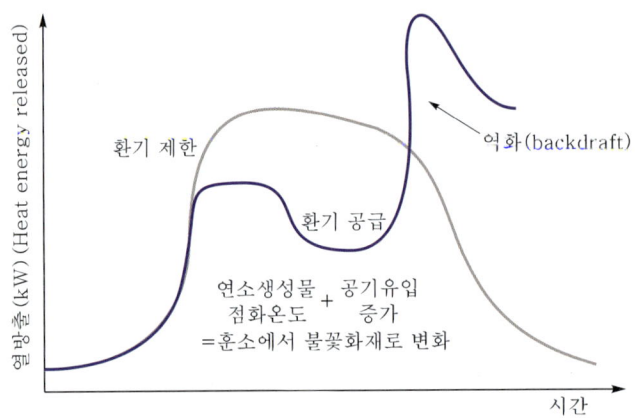

❙ 백드래프트로 화재가 재성장하는 표준온도-시간 곡선[147] ❙

03 발생 조건 및 발생 징후

(1) 발생 조건
1) 구획실이 작고 단열이 우수하다.
2) 개구부가 거의 없다(환기 불량).
3) 가연물이 많다(연소범위 상한계 밖에 위치).

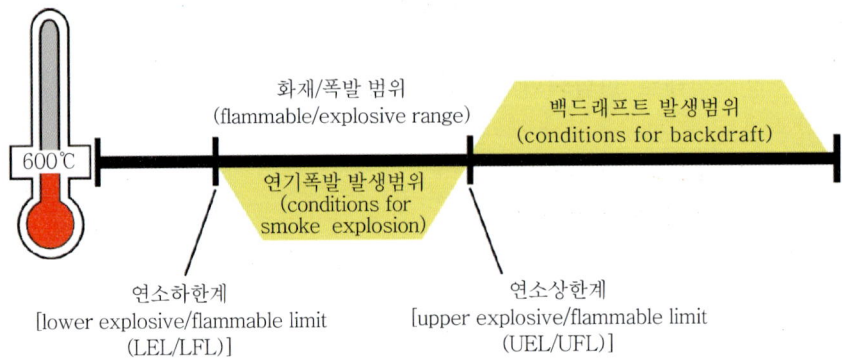

❙ 백드래프트 발생범위[148] ❙

---

147) Extreme Fire Behavior Figure 5. Backdraft
148) Extreme Fire Behavior Figure 7. Explosive/Flammable Range

- 백드래프트(backdraft) : 연소범위 밖에서 이루어지는 확산화염 → 따라서 폭발이 아니고 화재이다.
- 연기폭발(smoke explosion) : 연소범위 내에서 이루어지는 예혼합연소
- NFPA 921에서는 백드래프트(back draft)와 연기폭발(smoke explosion)을 동일한 것으로 보고 있다. 하지만 개념상 두 가지를 분리해서 해석하는 것이 더 바람직하다.

(2) **개량조건** : 실내온도 600℃, 일산화탄소(CO)의 농도 12.5~74.2%

(3) **발생징후**
  1) 창문을 통해 보면 화재실 내에 연기가 소용돌이 치고 있다.
  2) 화염은 보이지 않으나 창문이나 출입구가 만졌을 때 뜨겁다.
  3) 균열된 틈이나 작은 구멍을 통하여 건물 안으로 연기가 빨려 들어가는 현상이 발생한다.
  4) 유리창의 안쪽으로 기름성분 등이 물질이 흘러내린다.

(4) **발생시기** : 주로 쇠퇴기에 발생하지만 성장기에도 발생이 가능하다.

04 피 해

(1) 개구부를 개방하고 들어가는 사람(주로 소방관)에게 인명피해가 발생한다.
(2) 화재기 소강상태에서 다시 활성화되며 성장 또는 최성기를 유지한다.

05 방지대책

(1) **출화 방지**
  1) 점화원 방지
  2) 화재하중 감소 : 내장재 불연화

(2) **가연성 가스 축적 방지**
  1) 가연성 가스의 배출
    ① 자연적 방법으로 천장에 배출구(roof vent)나 벽면의 개구부를 개방하여 배출하는 방법
    ② 기계적인 강제배출 방법
  2) 적정한 개구부
    ① 설치면적을 고려하여야 한다.
    ② 설치위치을 고려하여야 한다.

(3) 열축적 방지
1) 스프링클러 등으로 화재실 온도를 낮춘다.
2) 소화전 등으로 주수하면서 개방한다.

(4) 산소공급 방지 : 소화활동 중 문개방 시 천천히 개방하여 산소유입을 최소화한다.

(5) 문이나 유리창의 일부를 개방시켜 화염을 분출시킨 후 진입한다. 이때 화염이 분출되는 장소로부터 격리된 장소에 위치시켜 피해를 최소화한다.

06 전실화재(flash over)와 백드래프트(back draft)의 비교

구 분	Flash over	Back draft
폭풍, 충격파	급격한 가연성 가스의 발화이나 폭풍파나 충격은 없다.	대기의 급격한 온도상승, 팽창압력 상승을 일으키고 폭풍과 충격파를 수반한다. 즉, Back Draft는 폭연을 포함한다.
화재발생단계	성장기	주로 감쇠기에 발생하나 성장기, 최성기에도 발생이 가능하다.
발생원인	열의 공급	산소의 공급
주요 차이점	열방출속도가 크게 증가한다.	열방출속도가 작게 증가한다.
방지대책	• 내장재를 불연, 준불연화 또는 방염 처리한다. • 화재실의 온도를 낮춘다. • 개구부 크기 조절 • 환기	• 출화 방지 • 가연성 가스 축적 방지 • 열축적 방지 • 산소공급 방지 • 문이나 유리창의 일부를 개방시켜 화염을 분출시킨 후 진입한다.

07 결론

백드래프트(back draft) 같은 급격한 연소확대는 구획실 밖으로의 연소확대 위험이 크고, 소방관들의 생명을 위협하는 등 위험이 크므로 열축적 방지 등 적절한 백드래프트에 대한 방화대책이 필요하다.

Section 40. 목조건물과 내화구조 건물의 화재온도 표준곡선

01 목조건물의 화재온도 표준곡선

(1) 목조건물의 발화 영향요인
1) 연소하는 물체의 외형(표면적) : 표면적이 크면 발화가 용이하다.
2) 열전도 : 목재의 열전도율은 콘크리트나 철재보다 작다.
3) 수분함유량 : 목재의 수분함량이 15% 이상이면 비교적 고온에 장시간 접촉해도 발화하기가 곤란하다. 왜냐하면 아래와 같이 수분이 증발하면서 열을 빼앗기 때문이다.
   가연물 중 수분 → 열흡수 → 증발 → 열확산 방지
4) 가열하는 속도와 시간(열원에 대한 노출시간)

(2) 목조건물의 화재 특징(내화구조와 비교)
1) 목재 자체가 산소를 가지고 있고 완전밀폐가 곤란하여 내화구조의 화재에 비해서 연소 진행속도가 빠르다.
2) 산소의 공급이 상대적으로 원활하여 연소 진행시간이 짧다.
3) 순식간에 연소하면서 상호복사를 함으로써 화재 최고온도는 높지만 유지시간은 짧다.
4) 구조적으로 공기의 유동이 내화구조에 비해 좋다.

(3) 목조건물의 화재진행(5단계)
1) 1단계 : 화재 원인에 의해 무염발화하는 단계로서 화재원인과 주변 환경에 따라 차이가 나며 유류 등의 인화는 발염발화하지만 자연발화의 경우는 장시간 무염발화한다.
2) 2단계 : 무염발화에서 발염발화로 옮겨지는 단계로 화재원인과 발생장소에 따라 차이가 나타난다.
3) 3단계 : 발염발화에서 계속 발화가 진행되는 단계로 보통 발화하는 것은 가연물의 일부가 발염발화한 상태가 아니라 천장에 불이 닿았을 시기를 말한다.
4) 4단계 : 발화에서 최성기로 발전하는 단계로 화재진행(연소속도)이 빨라지고 연기의 색깔은 백색(수증기 함유량이 높아 백색으로 보인다. 따라서 이를 백연이라고 한다.)에서 흑색으로 변한다. 창문 등으로 화염이 분출되고 최성기에 화염, 흑연, 불꽃이 강한 복사열을 발생하여 최고 1,300℃까지 도달한다.
5) 5단계 : 최성기에서 연소낙하하는 단계로 화세가 급격히 약화되며 지붕이 무너지고 벽이나 기둥이 허물어지는 시기로 최성기까지의 소요시간은 대개 10분 이내이다.

연소낙하 : 최성기를 넘어서면 화세가 급격히 약해져 지붕이나 벽이 무너지고 기둥 등이 허물어져 내리는 시기를 말한다.

6) 화재의 원인 → 무염발화 → 발염발화 → 출화(발화) → 최성기 → 연소낙하 → 진화

(4) 목조건물의 화재진행시간

1) 출화(발화) → 최성기 : 5~15분 내외
2) 최성기 → 연소낙하 : 6~9분
3) 따라서 전체의 화재진행시간은 13~24분(최대 30분 이내) 정도이다.

(5) 목재발화의 5단계 : 가열에 의한 목재의 분해는 다음과 같은 5단계의 복합적인 과정이다. 목재가열 → 수분증발 → 목재분해 → 탄화종료 → 발화

(6) 목재의 표준온도-시간 곡선

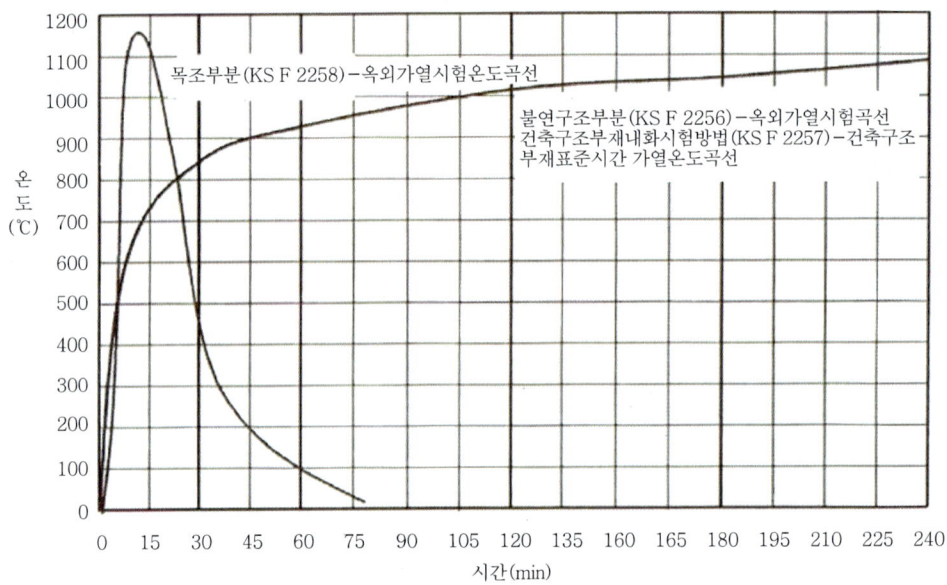

02 내화구조 건물의 화재온도 표준곡선

(1) 표준온도-시간 곡선(화재저항)

세계적으로 거의 공통의 내화시험 방법으로 규정되고 있는 「표준온도-시간 곡선」은 화재 시의 실내온도를 나타낸 것으로, 다음 식으로 표시하고 있다.(ISO 제안기준)

$$\theta - \theta_0 = 345 \log(8t+1)$$

여기서, θ : 화재 시의 실내온도(℃)
θ_0 : 화재 전의 실내온도(℃)
t : 화재경과시간(min)

Section **40**

목조건물과 내화구조 건물의 화재온도 표준곡선

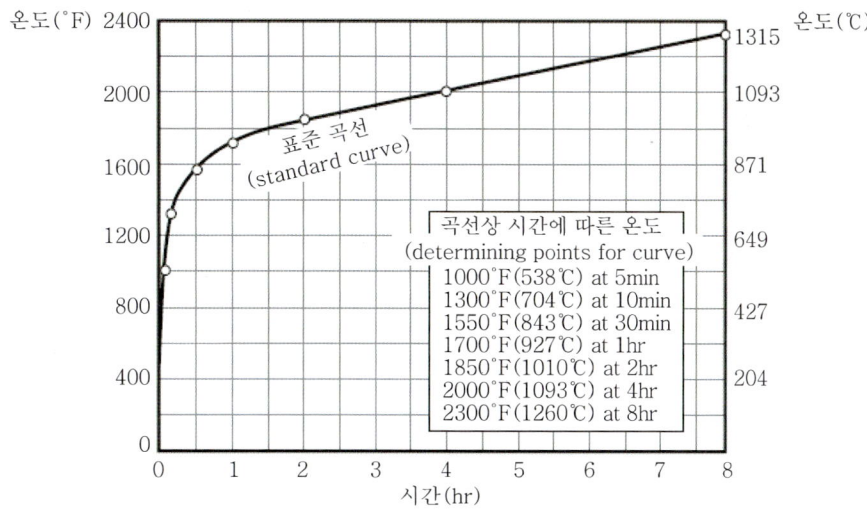

┃ 표준온도-시간 곡선[149] ┃

(2) **내화구조 건물의 화재 특징**

1) 기밀성과 단열이 목조건물에 비해 우수하여 열손실이 적으므로 장시간 일정온도 이상을 유지한다.
2) 공기의 유동조건은 목조건축물에 비해 제한적이므로 서서히 화학반응이 발생한다. 따라서 상대적으로 저온 장기 형태를 가지게 된다.

(3) **내화구조 화재의 진행단계**

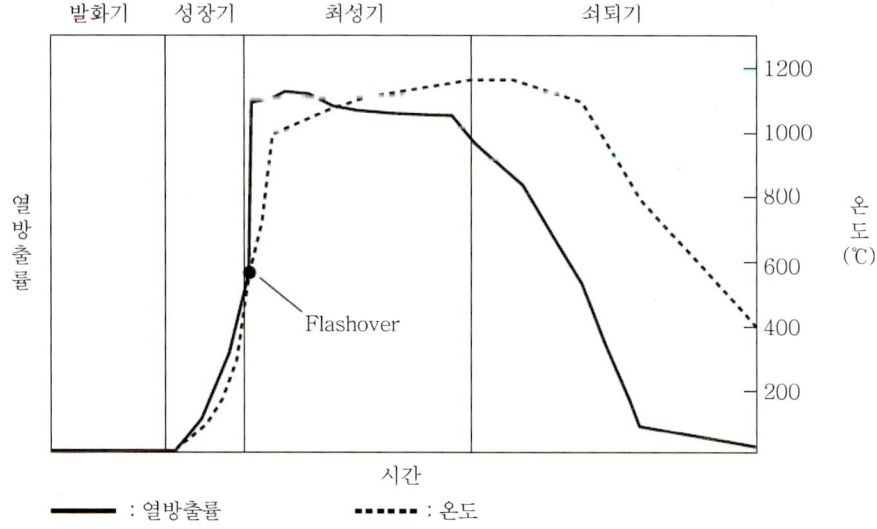

┃ 시간의 경과에 따른 HRR과 온도의 변화[150] ┃

---

149) FPH 18 Confining Fires CHAPTER 1 Confinement of Fire in Buildings 18-4 FIGURE 18.1.1 Standard Temperature-Time Curve
150) FPH 03-09 Closed Form Enclosure Fire Calculations 3-146 FIGURE 3.9.1 Enclosure Fire Development

1) **1단계** : 발화단계(incipient phase)
   ① 화원과 첫 번째, 두 번째 가연물의 제한된 연소는 안정된 열축적 현상이 발생한다.
   ② 이는 분해된 가연성 가스와 유입 산소와의 적정 혼합비에 의한 안정된 산화반응이 발생하기 때문이다.

2) **2단계** : 성장기(growth phase)
   ① 발화단계에서 발생된 열에너지의 열전달에 의해서 가연물의 열분해속도가 증가하지만 아직 온도가 낮고 유입 산소의 한계에 따른 미연소가스가 다량 방출된다. 미연소가스는 가연물의 화학종 및 특성에 따라 상이하게 발생하게 된다.
   ② 본격적인 천장 열기류 또는 화염(flame)의 형성으로 화재영역의 확대에 따라 구획실의 온도상승을 동반하게 된다.

3) **3단계** : 전실화재(flash-over) 단계
   ① 1, 2단계에서 발생된 미상 화학종의 가연성 증기가 천정면 바로 아래에 충만되어 열복사를 통해 구획실 내의 가연물을 발화온도까지 가열한 경우를 말한다.
   ② 순간적으로 실내 가연성 물질에 대하여 전면의 분해를 촉진하여 갑자기 불길에 휩싸이는 전이현상이 발생하고, 순간적으로 실내최고온도로 상승한다. 이때까지의 화재양상을 연료지배형 화재(FCF ; Fuel Controlled Fire)라 하며, 연료지배형 화재의 주된 지배요소로는 연료에 관련된 질량감소속도(분해되는 속도만큼 연소가 진행)에 기인한다.

4) **4단계** : 최성기단계(fully developed phase)
   ① 3단계의 전실화재(flash-over) 현상에서 발생된 고온에 의하여 화재실의 온도는 수 백도에서 천도에까지 이르게 된다.
   ② 공기와 가연성 분해가스의 혼합비가 일정하게 지속된다면, 가연물의 양 및 분해속도에 따라 수 분 내지 수 시간 동안 지속된다.
   ③ 이 단계의 화재지배는 충분한 연소범위 내의 혼합농도를 유지할 수 있는 유입공기량에 따른 환기지배형 화재(VCF ; Ventilation Controlled Fire)라고 한다.

5) **5단계** : 감쇠기단계(decay phase)
   ① 가연성 분해가스의 양이 소진되고, 외부공기의 유입으로 연소한계하한점(LFL) 이하로 낮아지고, 유입 냉공기로 실내온도는 강하되면서 연소반응이 완결되는 단계이다.
   ② 이 단계의 화재지배의 경우는 다 타버려서 연료가 부족한 상태가 됨으로써 연료지배형 화재(FCF ; Fuel Controlled Fire)가 된다.

(4) 목조건물과 내화구조 건물의 비교

구 분	목조건물	내화구조 건물
건물재료	목재	불연재료 (철골철근콘크리트, 철근콘크리트, 석조 등)
화재온도 표준곡선	급격한 상승과 하락을 하는 급경사 곡선	완만한 상승과 하락을 하는 완경사 곡선
공기조건	공기의 유통이 가능한 구조	소량의 공기의 유입이 일정하게 유지되는 구조
최고온도	1,100~1,300℃	1,000℃
최성기 도달시간	화재개시 후 7~8분	화재개시 후 10~30분
온도곡선	옥외 가열시험 온도곡선 건축물 목조부분의 방화시험방법 (KS F 2258)	옥내 가열시험 온도곡선 건축구조부재의 내화시험방법 (KS F 2257-1)
화재특징	고온단기형	저온장기형
표준시간-온도 곡선	• 550(3급 가열) • 840(2급 가열) • 1,120도(1급 가열)	• 925(1시간 내화) • 1,010(2시간 내화) • 1,050(3시간 내화)

화재의 성장

01 화재성장의 3요소

(1) **발화(ignition)** : 화재성장의 시작점
(2) **연소속도(burning rate)** : 화재 경계 내에서의 단위면적 연료의 감소로 표현(최성기 이후는 공기유입량으로 결정)
(3) **화염확산(fire spread)** : 화재 경계면이 이동하는 과정

02 고체의 발화(ignition)

(1) 발화는 화재성장의 시작점이다.
(2) **얇은 재료의 발화시간**(2mm 이하) : $\rho c l$(열용량 ρc만을 지칭하기도 한다.)

$$t_{ig} = \rho c l \cdot \frac{T_{ig} - T_0}{\dot{q}''}$$

$$\frac{1}{t_{ig}} \propto \dot{q}_e'' - \dot{q}_{loss}''$$

(3) **두꺼운 재료의 발화시간** : $k\rho c$(열관성)

$$t_{ig} = C k \rho c \cdot \left(\frac{T_{ig} - T_0}{\dot{q}''}\right)^2$$

$$\sqrt{\frac{1}{t_{ig}}} = \frac{\dot{q}_e'' - \dot{q}''_{loss}}{TRP}$$

(4) 열관통시간$(t_r) = \dfrac{l^2}{16\alpha}$ (여기서, $\alpha = \dfrac{k}{\rho c}$ ∴ $\dfrac{l^2}{16} \cdot \dfrac{\rho c}{k}$, 실제의 가열깊이 $= 4\sqrt{\alpha T_{ig}}$)

03 Pre F.O의 연소속도(buring rate)

(1) 화재초기의 연소 조건 중 산소는 충분하므로 종속조건인 가연성 가스의 양의 지배를 받게 된다. 따라서 연소속도는 화재 시 단위시간당 소비되는 고체 또는 액체의 질량으로 나타낼 수 있다.

$$\dot{m}'' = \frac{\dot{q}''}{L}$$

여기서, $\dot{m}''$: 단위면적당 감소하는 질량손실(g/m² · s)
$\dot{q}''$ (열유속) : 단위면적당 받은 열복사(kW/m²)
L(기화열) : 고체 물질을 휘발성 물질로 전환시키는 데 필요한 열량(kJ/g)

(2) 연소속도의 영향요소
1) 연료의 물성
2) 방향 또는 모양
3) 연소면적

(3) 소화대책
1) 물로 냉각하여 화재를 진압하는 것은 질량손실률의 감소에 의한 소화이다.
2) 화학적 난연재는 기화를 보다 어렵게 함으로써 L의 값을 증가시킨다.

(4) 의의
1) 열방출률(HRR) : $Q = \dot{m}'' \cdot A \cdot \Delta H_c$
2) 가연성비(HRP) : ΔH와 L의 비 $\left(HRP = \dfrac{\Delta H_c}{L}\right)$는 화재위험도평가의 중요한 변수이다.
   ① 직접적인 화재크기와 손상가능성 지표
   ② 화염의 높이
   ③ 복사 열유속
   ④ F.O 발생 가능성
3) 독성가스 방출률
   ① m(가연물, g)×y[가스 발생비율, g/g(가스발생량/가연물의 양)]
   ② 방염 : 독성가스 발생률을 증가시키는 반면, 질량손실률을 현저히 떨어뜨림으로써 화재위험을 낮춘다.

04 Post F.O의 연소속도(buring rate)

(1) 공기의 유입정도 : 최대 공기흐름 속도는 다음 식으로 나타낸다.

$$m_{\text{air max}} = 0.5 A_0 \sqrt{H_0}$$

여기서, A_0 : 흐름의 면적(m²)
H_0 : 개구부의 높이(m²)
$A_0\sqrt{H_0}$: 개구지수(ventilation factor)

(2) $HRR = 0.5A\sqrt{H} \times 13\,\text{kJ/g}(산소)$

(3) 유입공기량＝연소속도

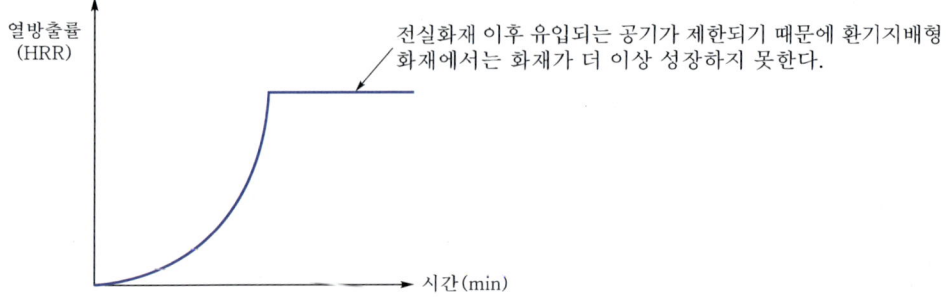

05 연소속도에 영향을 미치는 인자

자세한 내용은 뒤 페이지 참조

06 화염확산(flame spread)

(1) 화염확산이란 화염 경계면이 이동하는 과정으로 화염이 확대되는 것이 아니라 연료를 휘발시키거나 공급하는 영역이 확대되는 것이다.

(2) 고체 표면에서 화염확산

  1) 화재확산 증가 → 연소속도 증가

  2) 화염확산속도 $V = \dfrac{\delta_f}{t_{ig}}$

  3) 상향 전파와 풍조확산 : 상향 및 풍조확산의 경우 δ_f가 급격히 증가한다.

  4) 하향 또는 측면확산
     ① 일반적으로 공기흐름과 연료에 의존하며 확산에 필요한 최소온도(120℃) 이하에서는 확산이 일어나지 않는다.
     ② 하향 및 측면확산은 아주 낮은 속도이며, 확산면의 1mm 이하를 가열한다.

07 화재성장의 영향요소

(1) 화염전파속도
  1) 화염이 주변으로 전파됨으로써 연소면을 확대시킨다(πr^2).
  2) 화원을 중심으로 원형태로 확대되므로 방사형 확산(radial spread)이라고 한다.

(2) 이격거리 : 가연물의 배치
  1) 직접 화염접촉이 일어나는 거리(열원에 의한 직접적 가열)
  2) 복사열이 유효하게 영향을 미치는 거리(거리의 제곱에 반비례) : 복사 열전달의 메커니즘에 의해 확산
  3) 팡(Fang)과 바브라스커스(Babrauskas)의 실험 : 1m 이내에는 발화온도까지 상승시킬 수 있는 복사열류를 전달할 수 있지만, 1m 이상 이격거리를 가지면 $20kW/m^2$ 이상의 열류가 전달되지 않아서 발화시킬 수 없다.

(3) 교차복사 : 멀리 떨어진 장소에도 화염이 확산되는 중요한 요소
  1) 통합배치계수(교차배치계수)가 적용되는 연소표면 주변에서의 열축적
  2) 유체흐름의 동적 모멘텀 생성으로 인한 높은 열전달률이 얻어져서 화염확산이 급속히 증진된다.

(4) 화재성장곡선

$$Q(HRR) = \alpha_f (t - t_0)^2$$

여기서, α_f : 화재성장계수(kW/s^2)

t_0 : 잠복기(s) → 최초 발화 물건의 위치의 특성과 산소 화원의 성질에 좌우된다.

(5) 공간의 밀폐성 : 산소공급이 원활한지 원활하지 않은지 여부

(6) 공간의 단열성 : 열손실이 줄어든다.

(7) 가연물의 형태와 배치

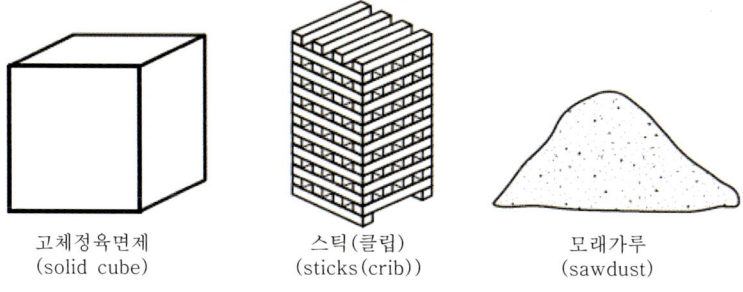

고체정육면체 (solid cube)　　스틱(크립) (sticks(crib))　　모래가루 (sawdust)

| 가연물의 형태와 배치[151] |

---

151) FPH 03-07 Fire Hazard Analysis Techniques 3-127 FIGURE 3.7.3 Dependence of Fire Growth on Fuel Form and Arrangements

 **액체가 고체보다 위험한 이유**

에너지 방출속도(Q)는 직접적으로 화재의 크기와 손상가능성을 나타낸다.

$Q = \dot{m}'' \cdot A \cdot \Delta H_c$

$\dot{m}'' = \dfrac{\dot{q}''}{L}$

$Q = q \cdot A \cdot (\Delta H_c / L)$

$\Delta H_c / L$은 연료의 기화에 요구되는 에너지당 방출된 에너지를 나타내는데 액체 연료의 $\Delta H_c / L$ 값이 고체의 $\Delta H_c / L$보다 크다.

예 가솔린 : 40/-33, 나일론 6/6

Section 42 화재성장곡선

01 개요

(1) 화재는 제어되지 않는 연소과정이며 감지될 수 있는 충분한 양의 빛과 에너지를 발산하는 화학반응을 말한다.

(2) 화재의 온도 및 속도 모델링을 위해 시간에 따라 지속적으로 성장하는 열방출률을 가진 함수 형태의 관계식을 제시했다.

(3) 이를 통해 빠른 화재성장에 따라서 화재의 감지, 조기 진압 및 제어의 필요성이 대두된다. 화재를 조기에 감지 및 진압하지 못하면 화재의 열방출량이 화재의 진압 및 제어의 범위를 벗어나 소화 불능의 상태에 빠지게 된다. 따라서 화재성장곡선의 이해는 화재를 분석하고 진압하는 데 유용한 가치를 제공해 준다.

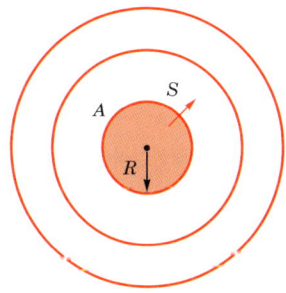

∥ 원형 화염전파[152] ∥

$\dfrac{dR}{dt} = S =$ 원형 화염전파속도(flame spread rate)

만약, S(화염전파속도)를 고정값이라고 하면(constant) $R = St$로 나타낼 수 있다.

$A = \pi R^2 = \pi (St)^2$

$\dot{Q} = \Delta h_c \dot{m}'' A = \pi \Delta h_c \dot{m}'' S^2 t^2$

$\dot{Q} = \pi \Delta h_c \dot{m}'' S^2 t^2 = at^2$

02 주요 인자

(1) 화재성장곡선은 화재 자체에 의존하는 것이 아니라 화염전파속도에 의존한다.

---

[152] Introduction to Fire Dynamics for Structural Engineers, Training School for Young Researchers COST TU 0904, Malta, April 2012

(2)
$$Q(HRR) = \alpha_f (t - t_0)^2$$

여기서, α_f : 화재성장계수(kW/s^2)
t_0 : 잠복기(s) → 최초 발화 물건의 위치와 특성치 같은 화원의 성질에 좌우된다. 너무 작아서 무시할 수도 있다.
Q : 일정 시간의 열방출률(kW)

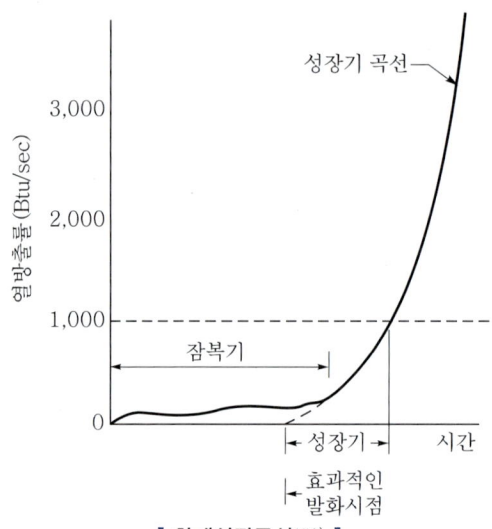

▌화재성장곡선[153]▐

1) Slow $Q = 0.00293t^2$
2) Medium $Q = 0.01172t^2$
3) Fast $Q = 0.0469t^2$
4) Ultrafast $Q = 0.1876t^2$

▌화재성장계수[154]▐

화재성장속도	화재성장계수 (kJ/sec^3 or kW/sec^2)
느림(slow)	0.0029
중간(medium)	0.0117
빠름(fast)	0.0469
매우 빠름(ultrafast)	0.1876

---

153) FIGURE C.2(a) Conceptual illustration of continuous fire growth. NFPA 92B Guide for Smoke Management Systems in Malls, Atria, and Large Areas 2000 Edition 92B-47
154) FPH 03-09 Closed Form Enclosure Fire Calculations 3-150 TABLE 3.9.3 Fire Growth Rate Constants

03 화재성장시간

(1) NFPA 72에서는 화재강도를 설명하기 위해 α 대신 '화재성장시간'이라는 상수 t_g를 사용하고 있다.

(2) 화재성장시간은 먹급수 화재가 1,055kW의 열방출률에 도달하는 시점으로 정의한다.

  1) $Q = \left(\dfrac{1,055}{t_g^2}\right)t^2$

   여기서, Q : 열량(kW)
   t_g : 화재성장시간(열방출률이 1,055kW 또는 1,000Btu가 되는 시간)
   t : 화재가 개시되어 현재(예측) 시점까지의 시간

  2) Slow : 600s, Medium : 300s, Fast : 150s, Ultrafast : 75s

등급(class)	1,000Btu/sec에 도달하는 시간 (time to reach 1,000Btu/sec)
매우 빠름(ultra-fast)	75sec
빠름(fast)	150sec
중간(medium)	300sec
느림(slow)	600sec

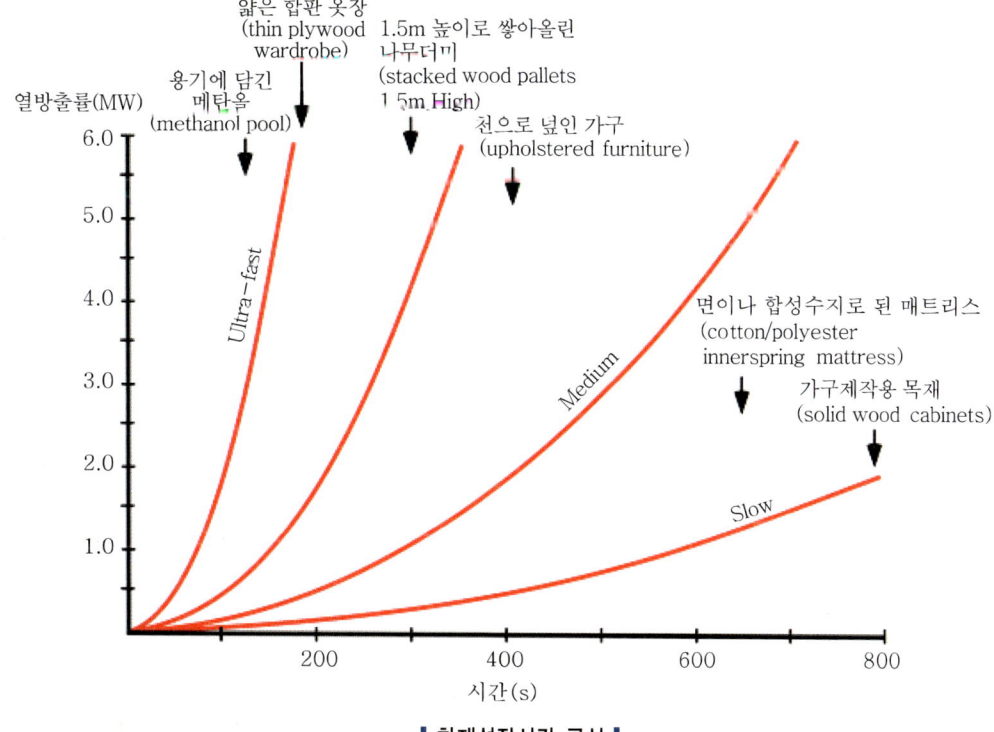

| 화재성장시간 곡선 |

(3) 설계화재 시 건물의 용도에 따른 화재성장시간 곡선의 선정[155]

건축물의 용도(type of occupancy)	화재성장속도(growth rate α)
주거 등(dwellings, etc.)	중간(medium)
호텔, 의료시설 등(hotels, nursing homes, etc.)	빠름(fast)
쇼핑센터, 극장 등(shopping centers, entertainment centers)	매우 빠름(ultra fast)
학교, 사무실(schools, offices)	빠름(fast)
위험물을 취급하는 산업시설(hazardous industries)	지정되어 있지 않음(not specified)

04 열방출률(열방출속도, Heat Release Rate)

(1) 거실 내에서의 전체 가연물 하중은 전실화재 이전에는 주어진 화재의 성장속도와 상관관계가 없다. 이 성장단계 동안 화재성장속도는 각각 배치된 연료의 연소로부터 나오는 열방출률(HRR)에 의해 결정된다.

(2) 이는 연료의 화학적 및 물리적 특성과 연료 배치의 표면적에 의해 제어된다. HRR은 Btu/sec 또는 kW의 개념으로 표현한다.

(3) 일반화된 HRR 곡선은 초기성장단계(growth), 연소의 안정단계(steady state), 그리고 감쇠단계(decay)로 구분하여 나타낼 수 있다.

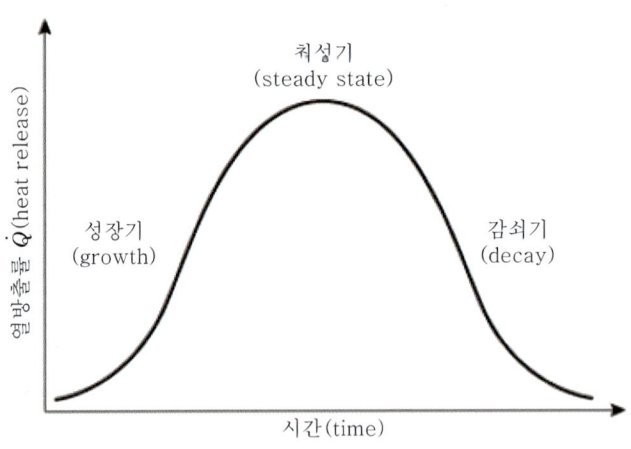

│ 일반화된 HRR 곡선 │

(4) 측정된 HRR의 가장 큰 값을 최고열방출률(Peak HRR)이라고 정의한다. 이 값은 단지 비교목적의 대표값을 나타낸 것이다. 동일한 연료라도 이것이 주어진 상황에 따라서 상이한 열방출률(HRR) 값을 가질 수 있다. 즉, 열방출률(HRR)은 주어진 환경

---

155) TABLE 3.7 Typical Growth Rates Recommended for Various Types of Occupancies. Enclosure Fire Dynamics. Bjorn Karlsson and James G. Quintiere(2000)

등에 영향을 받아 같은 연료라도 상이한 값을 가질 수 있고 따라서 이를 위험성평가에 이용하거나 비교하기가 곤란하다. 왜냐하면 상황에 따라 변화하므로 이를 객관적인 수치로 이용하기가 곤란하기 때문이다. 따라서 상대적인 위험을 비교하기 위한 지수가 필요한 것이고 이를 위해서 가연성비(HRP)를 이용한다.

1) 전 전실화재(pre F.O)에서의 열방출률(HRR) : 가연물의 질량감소속도(mass loss rate)와 가연물의 면적과 연소열의 곱으로 아래와 같이 나타낸다.

$$Q(HRR) = \dot{m}'' \cdot A \cdot \Delta H_c$$

2) 후 전실화재(post F.O)에서의 열방출률(HRR) : 개구부를 통한 공기유입속도에다 손튼의 법칙에 의해 3,000kJ/air·kg의 곱으로 아래와 같이 나타낸다.

$$Q(HRR) = 0.5A\sqrt{H} \times 3,000 \text{kJ/air} \cdot \text{kg}$$

3) 가연성비(HRP)

$$HRP = \frac{\Delta H_c}{L}$$

여기서, ΔH_c : 연소열(kW)
L : 기화열(kJ/s)

(5) **열방출속도 영향인자(Heat Release Rate factors)**

1) **표면적 대 질량비(surface area to mass ratio)**
   ① 예를 들어 소나무 대팻밥과 같은 무게의 나무토막을 보면 대팻밥이 훨씬 잘 타는 것을 알 수 있다.
   ② 이는 표면적이 클수록 화학반응에 유리하기 때문이다. 왜냐하면 표면적이 클수록 상대적으로 산소와 접하는 면적이 증대되기 때문이다.

2) **열관성($k\rho c$)**
   ① k : 전도열계수
   ② ρ : 밀도(부드러운 소나무는 참나무보다 더 빨리 타고, 무게가 가벼운 발포플라스틱은 좀 더 밀도가 높은 경질플라스틱보다 더 빨리 탄다.)
   ③ c : 비열
   ④ 열방출속도에서 열관성이 중요 영향인자가 되는 이유는 열관성이 가연물의 발화시간을 결정하는 요소이기 때문이다.

Section 43 화재플럼(fire plume)

01 개요

(1) 정의
　1) 불은 직접 눈에 보이는 화염과 눈에는 보이지 않는 고온의 가스층으로 나눌 수가 있다. 화염은 연소물의 상단에서 직접 반응이 일어나는 부분으로 이를 통해 생성된 고온 가스는 부력에 의해서 위로 상승하는데 이러한 뜨거운 가스를 플럼(plume)이라고 한다.
　2) 플럼(plume) : 대류기둥(convection column), 열상승기류(thermal updraft), 열기둥(thermal column)이라고도 한다.

(2) 모든 화재에는 열에 의한 부력이 수반되며, 이는 흐름형태와 화염성질을 결정한다. 이러한 화염을 포함하는 부력유동을 플럼이라 한다. 이 흐름형태는 불의 성장을 지배하고 공급되는 공기를 흡수하며 연기의 특성을 나타낸다.

(3) 화재플럼의 해석을 위해 필요한 세 가지 요소
　1) 화염높이
　2) 화염의 평균온도
　3) 에너지 방출속도

02 플럼의 구분(Mc Caffrey)

(1) **연속화염영역**(continuous flame) : 항상 화염이 존재하는 영역
(2) **간헐화염영역**(intermittent flame) : 화염이 간헐적으로 존재하는 영역
(3) **부력플럼영역**(buoyant plume) : 화염은 존재하지 않고 연소가스가 주위의 공기를 유입해 상승하는 영역이다.

Section 43
화재플럼(fire plume)

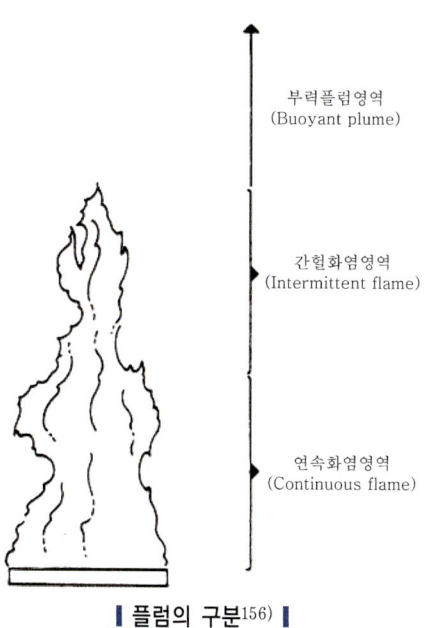

▌플럼의 구분[156]▌

03 화염높이

(1) 플럼은 상승하면서 주위의 차가운 공기를 플럼 내부로 유입시킨다. 왜냐하면 화재 플럼의 중심은 온도가 높아 높은 부력을 가지지만, 플럼의 가장자리는 외부의 상대적으로 차가운 공기와 접하면서 온도가 내려가 부력이 점점 약해지면서 상대적인 속도 차에 의한 와류가 생기고 그 와류에 의해서 공기의 유입(entrainment)이 생긴다.

▌벽으로부터 멀리 떨어진 천장 열기류의 공기흐름[157]▌ ▌난류화재 플럼 중심선의 온도차와 속도의 변화[158]▌

---

156) FIGURE 4.5 The three zones of the axisymmetric buoyant plume. (Adapted from Mc Caffrey). Fire Plumes and Flame Heights. 2000 by CRC Press LLC
157) FIGURE 2.4.3 Fire Under Ceiling, Far from Walls. Note : A = source of fire. 2-53 FPH 02-04 Dynamics of Compartment Fire Growth
158) Figure 2-1.1. Features of a turbulent fire Plume, including axial variations on the centerline of mean excess temperature, ΔT_0, and mean velocity, u_0. SFPE 2-01 Fire Plumes, Flame Height, and Air Entrainment 2-1

495

(2) 화염 속으로 공기가 인입되는 동적 작용의 증가에 의해 계속적으로 증가되는 가스와 연기를 화염 속으로 끌어들이는 회전운동이 생기게 된다. 이 단계에도 외부 공기는 계속 들어오게 된다. 이러한 모양은 상기 그림에서와 같이 역삼각형 형태의 플럼형태를 만들어낸다.

(3) 실제 화재에 의한 화염은 부력에 의한 화염으로 화염이 커져서 난류가 된다. 이때 연소기기 노즐에 의한 화염의 길이와 혼돈되지 않도록 주의하여야 한다. 국내 일부 책에서는 이 둘을 같은 것으로 보고 설명하는 오류를 범하고 있다.

(4) 화염의 높이는 화재의 감지, 소화시스템의 설계, 건물 구조부의 열전달, 연기의 생성량에 직접적인 영향을 미치는 중요한 요소이다. 화염의 높이를 정하기 위해서는 화염의 평균높이를 정해야 하는데 이는 산술평균값으로 한다.

(5) **화염의 맥동주파수**
   1) 대부분의 화재는 난류성 유동으로 와류에 의해서 화염은 매우 불안정하게 흔들리며 깜박거린다.
   2) 이 깜박거림은 특정한 주기를 가지고 수축과 발산을 하는데 이로 인해 화염의 높이는 일정하지 않고 움직이게 되는 간헐화염영역이 발생하는 것이다.
   3)
   $$f = \frac{1.5}{D}$$
   여기서, f : 화염의 맥동주파수(Hz), D : 화원의 직경(m)

(6) **축대칭 화재에서 평균화염의 높이**
   1) NFPA 92B
   $$z = 0.166 \left(\frac{Q}{k}\right)^{\frac{2}{5}}$$
   여기서, z : 화염의 평균 높이(m), Q : HRR(kW), k : 벽 효과계수(보통의 경우 1)

   이 식은 화재의 크기에 비해 천장이 매우 높은 아트리움과 같은 공간에서 평균화염의 높이를 추정하는 데 사용된다.

   2) **헤스케스테이드(Heskestad)의 식** : 층고가 낮은 일반건물의 화재에서 평균화염의 높이를 추정하는 데 사용된다.
   $$z[\text{m}] = A \cdot Q^{\frac{2}{5}} - 1.02D$$
   여기서, A : 0.235 (단, H_2, C_2H_2 : 0.211, 가솔린 : 0.2)
   Q : 대류 열방출률(the convective Heat Release Rate, kW)
   D : 화원의 직경(m), $D = 2\sqrt{\frac{A_f}{\pi}}$
   A_f : 화원의 면적(area of the fire, m²)

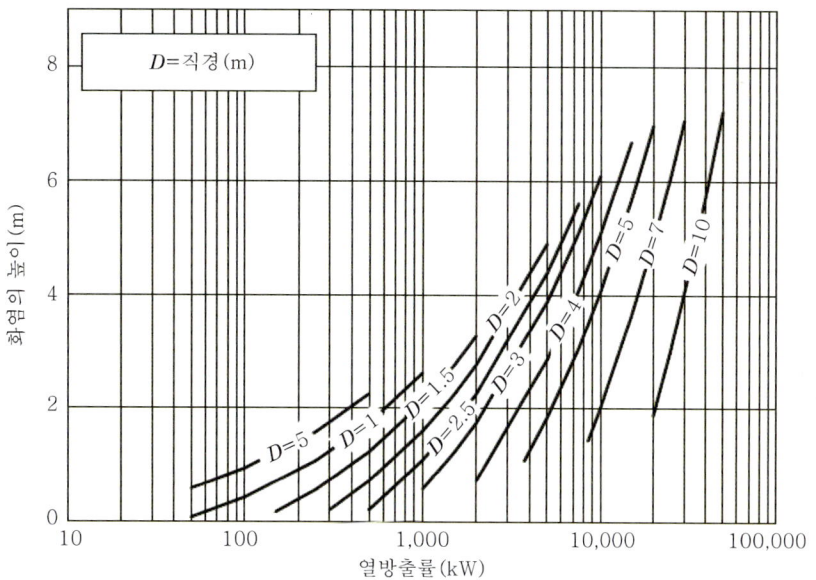

❚ 화원직경의 다양한 크기에 따른 화재의 화염 높이[159] ❚

3) NFPA 921[160]

$$H_f = 0.174 k Q^{\frac{2}{5}}$$

여기서, H_f : 화염높이(m), k : 벽 효과계수, Q : 연료 열방출률(kW)

① 화염높이가 알려지면 다음 식을 이용해 열방출률 Q를 구할 수 있다.

$$Q[\text{kW}] = \frac{79.18 H_f^{\frac{5}{2}}}{k}$$

사용되는 k값은

$k = 1$: 근처에 벽이 없는 경우

$k = 2$: 연료가 벽에 있을 경우

$k = 4$: 연료가 코너에 있을 경우

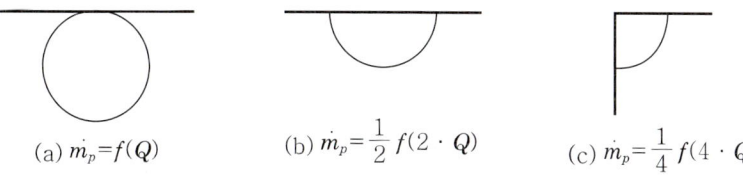

❚ 주변환경에 따른 k값의 변화[161] ❚

---

159) FIGURE 3.9.5 Flame Heights for Steady Fires with Various Diameters Plotted Using Equation 11 3-135 FPH 03-09 Closed Form Enclosure Fire Calculations

160) FIGURE 4.15 Fire sources near walls and corners. Fire Plumes and Flame Heights. 2000 by CRC Press LLC

161) FIGURE 18.3.2 Wall Factors for Fuel Package Locations. 18-44Page. FPH 18-03 Smoke Movement in Buildings

② 근처에 벽이 없는($k=1$) 150kW의 대표적인 휴지통 화재의 경우 1.3m(4.3ft)의 화염 플룸이 발생한다. 장식의자의 경우 열 Q가 500kW 정도이면 플럼 높이는 대략 2.1m(6.9ft)가 된다.

4) NFPA 72

$$h_f = 0.182(kQ)^{\frac{2}{5}} \text{ (for SI units)}$$

여기서, h_f : 화염의 높이
k : 벽 효과계수
Q : 연료 열방출률(kW)

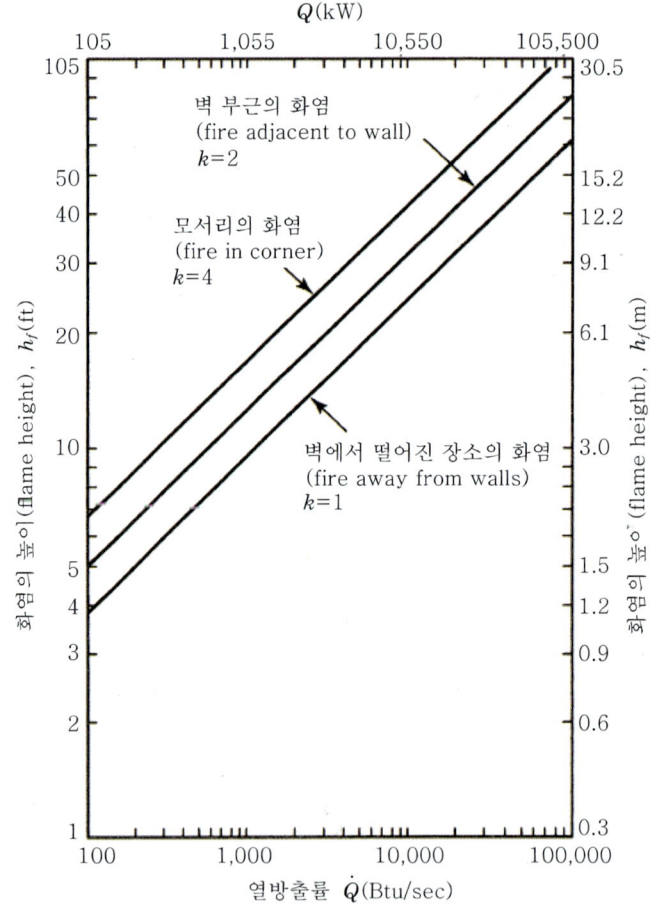

| 열방출률(Q)과 화염의 높이(h_f)[162] |

---

162) FIGURE B.2.3.2.4.1 Heat Release Rate vs. Flame Height 2010 National Fire Alarm and signal Code Handbook Section 8.2 Performance-Based Approach to Designing and Analyzing Fire Detection Systems 736

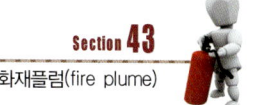

(7) 축대칭화재에서 화원의 직경

1)
$$D = \sqrt{\frac{4Q}{\pi \dot{Q}''}}$$

여기서, D : 화원의 직경(m), Q : 총열방출률(kW), $\dot{Q}''$: 단위면적당 열방출률(kW/m²)

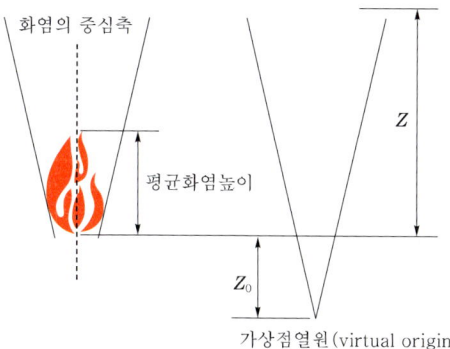

2) **가상점열원(virtual origin)** : 가상으로 점열원이 시작되는 지점을 잡은 것으로 이것이 짧으면 짧을수록 열방출률이 줄어들고 길면 길수록 열방출률이 커진다.

$$Z_o = -1.02D + 0.083 Q^{\frac{2}{5}}$$

여기서, Z_o : 가상점열원의 길이(m)
D : 화원의 직경(m)
Q : 총열방출률(kJ/sec 또는 kW)

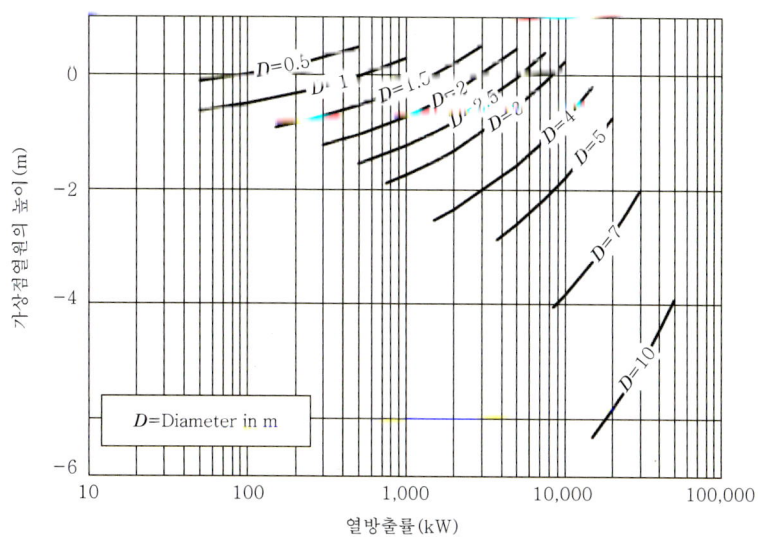

∥ 가상점열원의 높이에 따른 열방출률의 변화[163] ∥

---

163) FIGURE 3.9.6 Virtual Origins for Steady Fires with Various Diameters 3-155 FPH 03-09 Closed Form Enclosure Fire Calculations

① 화염 상부 플럼의 발원지처럼 보이는 지점이다.
② 열방출률이 낮고 화재직경이 충분히 큰 경우 음수값을 가진다. 즉, 가상점열원이 길면(음의 방향) 연기량은 증가한다는 것이다.
③ 소방의 의의 : 연기량 발생을 알기 위해서 필요하다.

04 화염 온도 및 속도

(1) 플럼(Plume)의 온도는 플럼으로부터 발생하는 화학종 생성량에 큰 영향을 미친다. 왜냐하면 화재 시 발생하는 가스의 모든 연소작용은 상승하는 가시화염(산화반응영역) 내에서만 일어나기 때문이다. 따라서 화염온도가 일정온도(단열한계화염온도 (adiabatic Flame Temperature, 1,600K)) 이하가 되면 연소작용이 더 이상 지속되지 않는다. 이는 적절한 산화반응영역이 활성화되어 있지 않기 때문이다.

(2) 화염 중 가장 온도가 높은 부분은 화염 끝부분이며 그 온도는 1,300℃를 넘기도 한다. 화염 내의 온도는 항상 이보다 낮으며 1,100℃ 정도를 넘지는 않는 것으로 알려져 있다.

(3) **분출화염(jet flames)**

1) 유입공기질량속도

$$m_a[\text{kg/s}] = \rho_a \cdot D \cdot L_f \cdot V_e$$

여기서, ρ_a : 공기밀도(kg/m^3), D : 화염의 두께, L_f : 화염의 길이, V_e : 분출속도

2) 연료공급속도

$$m_f[\text{kg/s}] = \rho_f \cdot V_e \frac{\pi}{4} \cdot D^2$$

$$\therefore \frac{L_f}{D} \approx \frac{\rho_f}{\rho_a}$$

(4) 화재플럼의 온도와 속도

1) 온도

$$T_p = \frac{Q_c}{\dot{m} C_p} + T_0$$

여기서, T_p : 플럼의 평균온도(℃)
$\dot{m}$: 플럼의 질량발생률(kg/sec)
T_0 : 최초의 온도(℃)

꼼꼼체크 $\dot{m} = 0.071 k^{\frac{2}{3}} Q_c^{\frac{1}{3}} Z_c^{\frac{5}{3}} + 0.0018 Q_c$

여기서, Q_c : 대류 열방출률(kW)
C_p : 플럼가스의 비열(1.00kJ/kg℃)
T_o : 대기온도(℃)

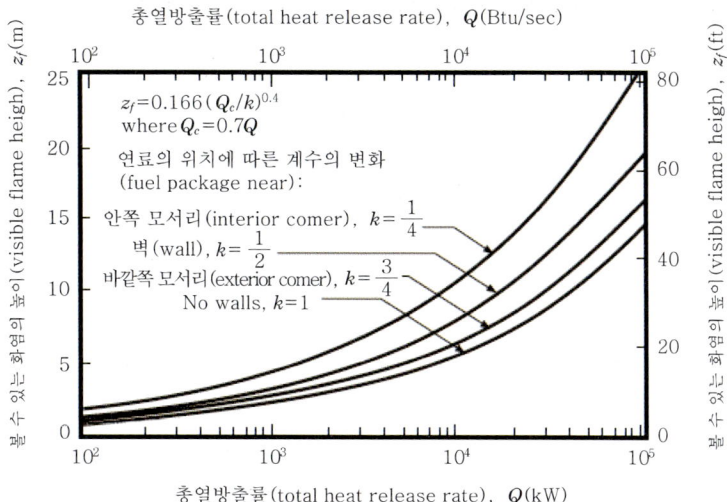

화염의 높이와 HRR과의 관계[164]

2) 발생률

① 청결층에서 플럼(plume)의 체적발생률

$$\dot{V} = \frac{\dot{m}(T_p + 273)}{353}$$

여기서, $\dot{V}$: 플럼의 체적발생률(volumetric flow rate of plume at height z, m³/sec)
$\dot{m}$: 플럼의 질량발생률(mass flow in plume at height z, kg/sec)
T_p : 플럼의 평균온도(average temperature of plume gases at height z, ℃)

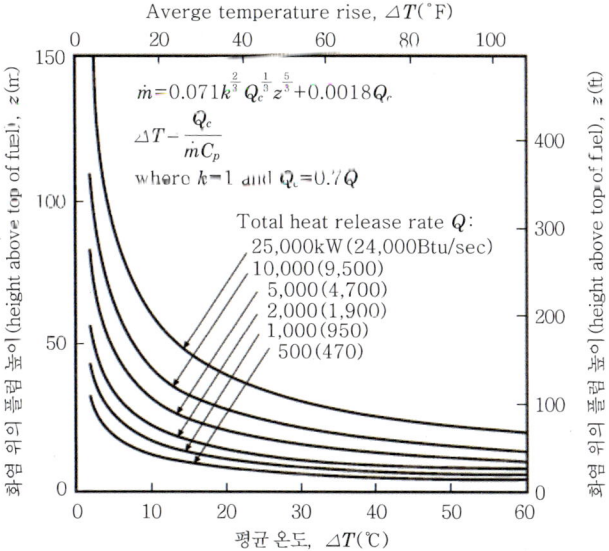

화염 위의 플럼높이에 따른 평균온도[165]

---

164) FIGURE 18.3.3 Flame Height Versus Fire Heat Release Rate Smoke Movement in Buildings 18-45 FPH 18 Confining Fires CHAPTER 3
165) FIGURE 18.3.4 Average 플럼(Plume) Temperature Rise Smoke Movement in Buildings 18-45 FPH 18 Confining Fires CHAPTER 3

② 플럼(plume)의 상승속도 : 화재플럼의 온도와 주변 온도차에 의해 결정된다.

$$v = \sqrt{2gh\frac{T_f - T_a}{T_a}}$$

3) 플럼에 의한 천장의 열전달 : 전도와 대류에 의해서 열전달이 이루어진다.

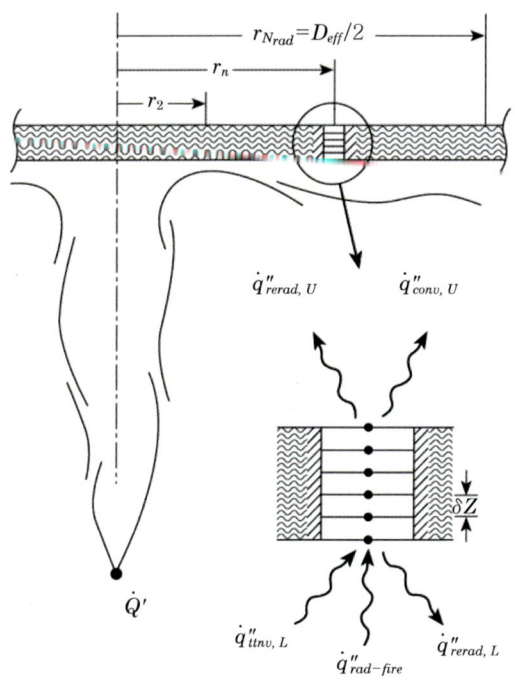

▌플럼에 의한 천장의 열전달[166]▐

(5) **화재확산** : 근처 가연성 물질의 복사열원에 의해 주로 이루어진다. 화재확산속도의 결정인자 중 δ_f에 의해 영향을 많이 받는데 이 인자는 표면의 방위나 바람에 의해 결정된다. 고체를 통한 확산속도는 액상이나 기상에 비해서 공기의 유동(바람) 또는 경사면에 의한 도움 없이는 대체적으로 느리다.

05 단층현상(stratification)

(1) **정의** : 높이상승에 따라 주위 공기온도가 상승하는 경우 플럼에 유입되는 공기에 의해서 냉각되어 주위 온도 차이가 사라지고 플럼상승이 멈추는 현상이 발생한다.

---

166) NFPA 204 Standard for Smoke and Heat Venting 2002 Edition FIGURE B.4.5.3

(2) 원인
  1) **연기 희석**
     ① 자연대류 : 혼입(entrainment)
     ② 강제대류 : 환기설비
  2) **에너지가 적은 화재** : 훈소
  3) **천장이 매우 높은 장소의 화재** : 상승하면서 에너지가 감소하여 주변 공기와 에너지 평형을 이루며 더 이상의 구동력을 잃어버렸기 때문이다.
  4) 난방 등 가열에 의해 천장에 이미 뜨거운 공기층이 형성되어 자리를 차지하고 있다.

(3) 연기의 단층 발생 메커니즘
  1) $P_A = P_\text{atm} - \rho g h$
     $P_B = P_\text{atm} - \rho_a g h$
  2) $P_A - P_B = \Delta P = (\rho_a - \rho)gh$
     $\Delta P = \left(\dfrac{353}{T_a} - \dfrac{353}{T}\right)gh$
     $= 3{,}460\left(\dfrac{1}{T_a} - \dfrac{1}{T_f}\right)h$
  3) $v = \sqrt{2gH} = \sqrt{2g\dfrac{\Delta P}{\gamma}}$
     $= \sqrt{2\dfrac{\Delta P}{\rho}} = \sqrt{2g\dfrac{(\rho_a - \rho)}{\rho}h}$
     $= \sqrt{2g\left(\dfrac{\rho_a}{\rho} - 1\right)h} = \sqrt{2g\left(\dfrac{T_f}{T_a} - 1\right)h}$
     $= \sqrt{2g\left(\dfrac{T_f - T_a}{T_a}\right)h}$

     여기서, v : 플럼 상승속도(m/s)
          ρ_a : 주변의 공기밀도
          ρ : 화재플럼 가스밀도
          T_a : 주변의 공기온도
          T_f : 화재플럼 가스온도

  4) 화재플럼의 가스온도가 주변의 공기온도보다 높으면 플럼은 부력에 의해 상승하게 된다.
  5) 즉, $T_f > T_a$ 이면 $v > 0$ 이 되어 플럼은 $v = \sqrt{2gh\dfrac{T_f - T_a}{T_a}}$ 의 속도로 상승한다.

6) 플럼의 냉각에 의해 상승 정지
   ① 플럼은 상승하면서 인입(entrainment)으로 주위의 공기와 섞이게 되어 냉각되게 되는데, 상승할수록 플럼의 온도는 낮아지게 된다.
   ② 플럼의 온도가 주변의 공기온도와 같아지면 플럼은 더 이상의 상승력을 가지지 못하고 정지하게 된다.
   ③ 즉, $T_f = T_a$이면 $v = 0$이 되어 플럼은 상승하지 못하게 된다.

(4) 영향
1) 실내 천장 부근에 뜨거운 공기층의 형성은 화재로부터 발생하는 천장열기류(ceiling jet flow)가 감지기에 도달하는 것을 방해할 수 있다. 왜냐하면 상승하는 플럼보다 더 큰 부력을 가지고 있는 공기층이 이미 자리를 잡고 있어 부력플럼으로 상승하면서 온도가 낮아진 플럼이 공기층의 하부에서 상부로 치고 올라가지 못하기 때문이다.
2) 이로 인해서 감지기나 헤드의 작동이 지연된다.

(5) 대책
1) 훈소화재 및 공기층이 형성될 수 있는 장소에는 감지기 일부를 천장 아래에 부착되도록 고려해야 한다.
2) 배연설비가 동작하여 고온 공기층이 제거되면서 단층현상이 사라진다.

06 화재플럼(fire plume)의 구획경계와의 상호작용

(1) 구획벽의 방해플럼(confined plume) : 화원이 벽 쪽이나 구석에 있다면 자유로운 공기인입에 제한을 받게 된다.
1) 부력플럼에서는 온도가 높이에 따라 훨씬 천천히 저하되는데, 이는 차가운 주변 공기의 혼합량이 구획벽에 의해 방해받지 않는 자유로운 경우보다 훨씬 적게 되기 때문이다.
2) 화재플럼에서는 화염의 연장이 발생하는데 이는 연소를 위해 공기가 인입하도록 충분히 큰 면적을 만들기 위해 화염크기가 커져야 하기 때문이다.

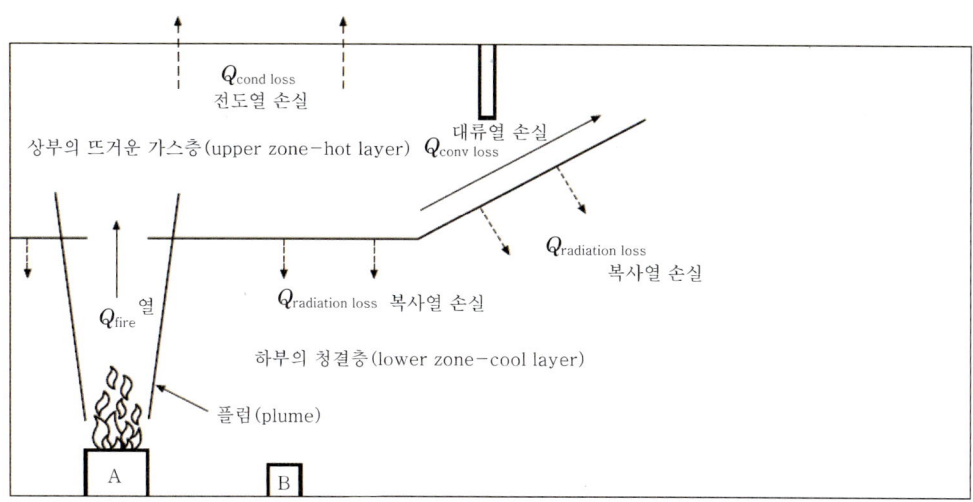

▌구획벽 화재에 따른 열전달(A : 화원, B : 가연물)[167] ▌

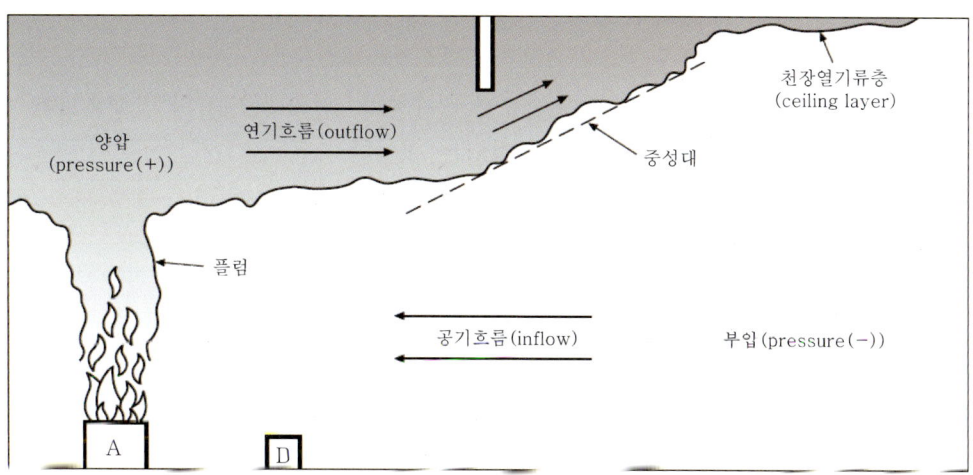

▌구획벽에 의한 공기흐름과 압력의 발생[168] ▌

(2) 천장 열기류(ceiling jet flow)

1) 정의

① 구획실 안에서 화재에 의해 생성된 고온가스와 연기의 부유층이 천장 표면 밑에서 얕은 층을 형성하는 비교적 빠른 속도의 고온가스 유동으로 플럼에서 나오는 연소생성물이 천장을 따라 이동하는 현상이다. 이렇게 천장에 평행하게 수평으로 흐르는 기류를 천장 열기류(ceiling jet flow)라고 한다.

② 작은 거실의 경우는 천장 높이의 5~12%가 형성, 높은 천장이나 대규모 공간(아트리움)은 천장 높이의 20% 정도가 형성된다.

---

167) FIGURE 2.4.7 Compartment Fire Zones and Heat Transfer. Note : A=source of fire. B=target fuel. PH 02-04 Dynamics of Compartment Fire Growth 2-56
168) FIGURE 2.4.8 Compartment Fire Pressure and Airflow. Note : A=source of fire. B=target fuel. PH 02-04 Dynamics of Compartment Fire Growth 2-56

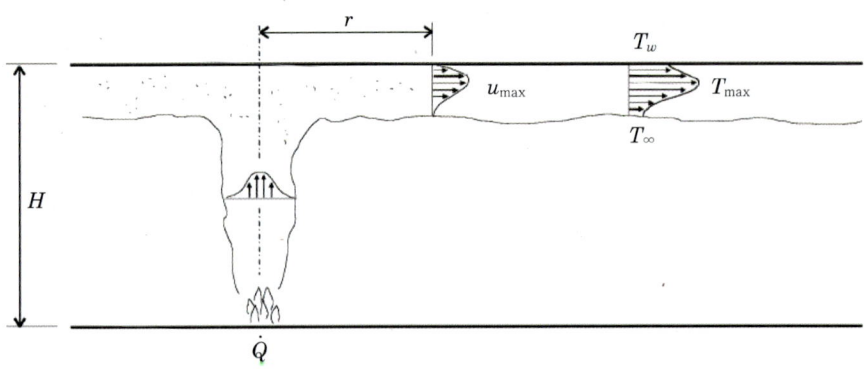

│ 이상적인 천장 열기류[169] │

2) 천장 열기류의 구동력과 열전달
   ① 화재 초기에 발생하는 플럼의 주된 구동력은 대류에 의해서이다.
   ② 대류는 대류 열전달계수인 h에 의해서 결정된다. h는 기류의 이동속도의 제곱근($\sqrt{v}$)에 비례한다.
   ③ 기류의 이동속도는 온도차인 ΔT에 비례한다. 결국 화재실의 발생온도에 의해서 천장제트흐름의 구동력이 결정되는 것이다.
   ④ 천장제트흐름의 열전달은 대부분이 대류열이라 할 수 있다.
   ⑤ 천장 열기류의 최대온도

   ㉠ $\dfrac{r}{H} < 0.18$이면 $T_{\max} - T_\infty = \dfrac{16.9 \dot{Q}^{\frac{2}{3}}}{H^{\frac{5}{3}}}$

   ㉡ $\dfrac{r}{H} > 0.18$이면 $T_{\max} - T_\infty = \dfrac{5.38\left(\dfrac{\dot{Q}}{r}\right)^{\frac{2}{3}}}{H}$

   ⑥ 천장 열기류의 최대속도

   ㉠ $\dfrac{r}{H} < 0.15$이면 $u_{\max} = 0.96\left(\dfrac{\dot{Q}}{H}\right)^{\frac{1}{3}}$

   ㉡ $\dfrac{r}{H} > 0.15$이면 $u_{\max} = \dfrac{0.195\dot{Q}^{\frac{1}{3}} \cdot H^{\frac{1}{2}}}{r^{\frac{5}{6}}}$

3) 천장 열기류(ceiling jet flow)의 특징
   ① 실제 화재에서 뜨겁고 빠르게 이동하는 천장면 바로 아래의 천장 열기류(ceiling jet)의 형성은 화재초기에만 존재한다.

---

[169] FIGURE 4.17 An idealization of the ceiling jet flow beneath a ceiling. Fire Plumes and Flame Heights. 2000 by CRC Press LLC

② 천장 열기류(ceiling jet flow)는 화재플럼(plume)이 천장에 충돌하는 지역에서부터 나타나며 화재로부터 발생한 부력에 의하여 화재로부터 먼 곳으로 빠르게 이동한다.

4) 천장 열기류(ceiling jet flow)의 활용
① 감지기의 응답시간 : 감지기는 화재의 조기감지가 목적이므로 천장 열기류 내에 위치하도록 설치하여야 한다.
② 스프링클러 헤드 설치 : 헤드를 동작시키는 것이 천장 열기류이다.
③ 천장과 벽 부분 사이에는 Dead air space가 발생하므로 헤드를 벽에서 10cm 이상 이격하여 설치하여야 한다.

 Dead air space or Air pocket : 천장 열기류가 이동하면서 기존에 상부에 있는 공기를 밀어내는데 벽 부근으로 가게 되면, 더 이상 공기가 밀리지 않는 영역이 발생한다. 이를 Dead air space 또는 Air pocket이라고 한다.

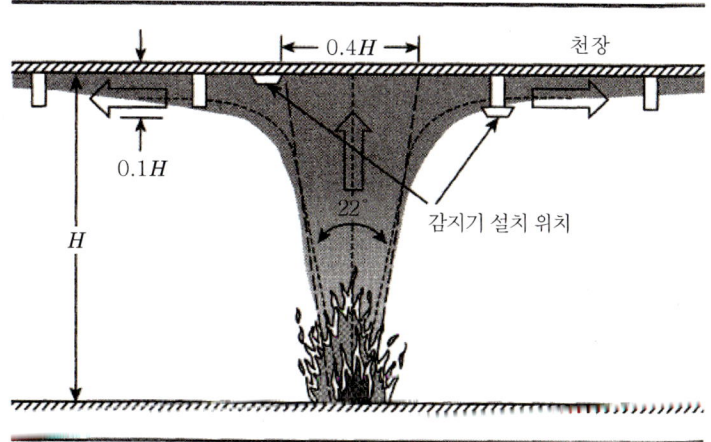

∥ 천장 열기류 내의 감지기 설치위치 표시[170] ∥

07 난류화재 플럼

(1) 부력현상으로 플럼 안의 고온가스가 상승하면서 차가운 공기는 플럼 속으로 유입된다. 이 흐름의 과정을 혼입(entrainment)이라 한다. 이 혼입되는 속도는 화염높이와 플럼의 특성을 결정하는 데 중요한 역할을 한다.
1) 혼입 또는 인트레인(entrain) fire, 플럼(plume) 또는 Jet로 가스나 공기가 빨려 들어가는 현상이 나타난다.

---

[170] 2010 National Fire Alarm and signal Code Handbook Section 17.7 Requirements for Smoke and Heat Detectors 274

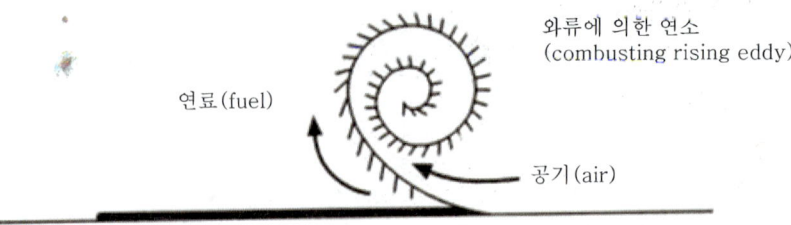

┃ 혼입되는 그림 ┃

① 플럼의 외부와 내부의 온도차에 의한 상승속도차가 발생하고
② 이 속도차에 의해 와류가 형성되고
③ 와류에 의해서 상부 그림과 같이 공기가 혼입된다.

2) 플럼 안으로 차가운 공기가 유입하기 때문에, 온도는 플럼 안의 높이상승에 따라 감소한다.

3) 플럼의 대부분은 유입되는 공기이다. 따라서 플럼의 양을 계산할 때는 공기유입량으로 계산한다.

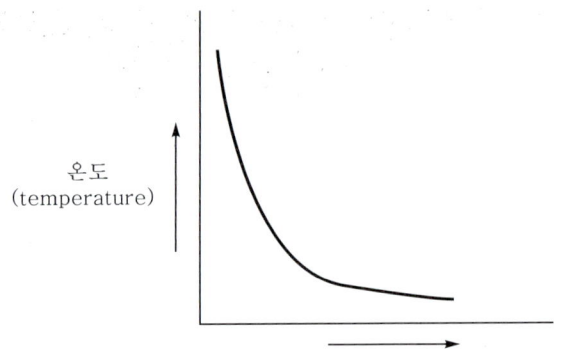

┃ 온도상승과 화염 위 높이의 관계 ┃

(2) 발화 후에 플럼은 혼입(entrainment) 공기에 의해 희석된 연기를 천장까지 전달한다.

(3) 희석된 연소생성물 층이 천장 아래에서 형성되는데 이를 화재 초기에는 천장 열기류라고 하며, 실내 전체에 층을 형성 시에는 연기층(smoke layer)이라고 한다. 연기층은 시간이 지남에 따라 그 두께가 증가하고 온도도 상승하게 된다.

(4) 혼입의 결과로 높이가 증가할수록 플럼(plume) 내부의 질량유량은 지속적으로 증가한다. 반면 플럼 내부의 평균 온도 및 생성물 농도는 감소한다.

08 실질적인 응용

화재 플럼에 대한 연구는 소방기술자들이 화재의 영향을 예측하고 정량화하는 데 이용될 개념과 기술을 제공한다.

Section 43 화재플럼(fire plume)

(1) 화염으로부터의 복사

1) 화염으로부터 받아들이는 복사열류의 영향인자
   ① 화염온도와 두께
   ② 열을 방사하는 수증기와 이산화탄소의 농도
   ③ 화염과 수열체 간의 기하학적 관계
   ④ 검댕이(soot)

2) 화재의 주된 열전달이 복사이다. 따라서 복사열을 알면 화재발생 시 열방출률을 추정할 수 있다.

3) 화염복사계산의 정확도는 성능위주 소방설계에서 어떤 부분이 주변 화재로부터 어느 정도의 복사열류를 받는지 계산하여야만 그 항목을 소화시키기 위한 시스템 설계가 가능하기 때문에 중요하다.

(2) 천장 화재감지기의 응답

1) 앨퍼트(Alpert) 식 : 천장 연기층의 온도와 연기유동에 대한 유속을 측정하기 위하여 개발한 식으로 천장까지 이르는 화재플럼의 높이와 플럼으로부터 일정거리에 있는 복사열을 측정하고 열감지기의 작동 여부를 측정하기 위한 일반적인 실험식이다.

2) 멀리 떨어진 경우

   ① $\Delta T = T_{gas} - T_{air} = \dfrac{5.38\left(\dfrac{\dot{Q}}{r}\right)^{\frac{2}{3}}}{H}$ ($r > 0.18H$인 경우)

   ② $V = 0.195\left(\dfrac{\dot{Q}^{\frac{1}{3}} \cdot H^{\frac{1}{2}}}{r^{\frac{5}{6}}}\right)$ ($r > 0.15H$인 경우)

   ③ $Q_{\min} = r\left[\dfrac{H(T_L - T_\infty)}{5.38}\right]^{\frac{3}{2}}$ ($r > 0.18H$인 경우)

3) 가까운 경우

   ① $\Delta T = T_{gas} - T_{air} = \dfrac{16.9(\dot{Q})^{\frac{2}{3}}}{H^{\frac{5}{3}}}$ ($r \leq 0.18H$인 경우)

   ② $V = 0.96\left(\dfrac{\dot{Q}}{H}\right)^{\frac{1}{3}}$ ($r \leq 0.15H$인 경우)

   ③ $Q_{\min} = \left[\dfrac{(T_L - T_\infty)}{16.9}\right]^{\frac{2}{3}} \cdot H^{\frac{5}{2}}$ ($r \leq 0.18H$인 경우)

여기서, ΔT : Ceiling jet flow의 온도(℃)
T_{gas} : 가스층의 최대온도(℃)
T_{air} : 주변온도(℃)(일반적으로 20℃)
H : Ceiling height(m)
r : 화염측으로부터 감지기까지의 거리(radial position, m)
V : 연기층의 속도(m/sec)
$\dot{Q}$: Total energy release rate(kW)
T_L : 감지기 작동온도 등급(rating)으로 작동 시 감지부 온도

4) 감지부의 반응시간

$$t = \frac{MC}{A} \cdot \frac{1}{h} \ln\left(\frac{T_{\max} - T_{INF}}{T_{\max} - T_L}\right) = \frac{MC}{Ah} \ln\left(1 - \frac{\Delta T_L}{\Delta T_{\max}}\right)$$

여기서, A : 감지부 표면적
$\Delta T_L = T_L - T_\infty$
$\Delta T_{\max} = T_{\max} - T_\infty$

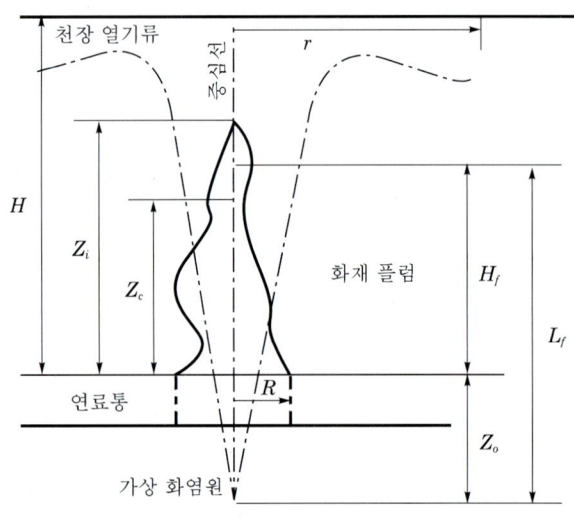

| 화염의 구조 |

(3) **스프링클러 분사와 화재플럼 간의 상호작용**

1) 플럼 내 최고상향속도

$$u_{0(\max)} = 1.9 Q_c^{\frac{1}{5}} \, [\text{m/s}]$$

2) 스프링클러가 작동되어 화재를 소화하기 위해서는 분사되는 물방울이 연소면의 주변을 적시어 연소면이 확대되지 않도록 해야 한다.

화재플럼(fire plume)

3) 분사에 의한 전체 하향운동 모멘텀은 플럼의 상향운동량(화재에 의한 부력)을 이길 수 있어야 한다. 다른 한편으로는 물방울이 중력에 의하여 하강한다. 중력영역에서는 자중에 의한 침강종말속도가 침투 여부를 결정하게 된다.

4) 액적이 화재플럼을 통과할 때 고온의 열에 의한 증발손실 때문에 액적 크기가 감소하므로 침투액이 감소, 이는 화염가스를 냉각시키겠지만 급속성장 화재에서는 화재의 제어가 어렵게 된다.

5) 물방울의 화염바닥으로의 침투가 어려운 경우 물방울이 상승기류에 밀려 위 방향으로 움직이게 되면 주변의 스프링클러를 적셔서 스프링클러 개방을 더디게 하거나 개방되지 않게 한다. 이것을 스키핑(skipping) 현상이라고 한다.

Section 44 화재하중

01 화재하중(fuel load)

(1) 정의

1) 일정 구획 내에 있는 예상 최대가연물질의 양(총에너지의 양)[171]
2) 내부 마감재와 장식을 포함한 건물, 공간 또는 화재지역의 가연물의 총량을 목재로 환산한 무게 또는 열량단위를 말한다.[172]

(2) 가연물의 종류도 다르고 발열량도 다르기 때문에 목재로 환산하여 등가목재 중량을 이용한 등가목재 환산량으로도 나타낸다. 목재 클립의 중량으로도 환산표시가 가능하다(목재 클립의 단위중량당 열에너지는 19MJ/kg).

1) 국내의 화재하중

$$q = \frac{\Sigma Q_t \cdot H_t}{4{,}500\text{kcal/kg} \cdot A}$$

여기서, Q_t : 가연물량(kg)
H_t : 연소열(kcal/kg)
4,500kcal/kg : 목재 1kg당 연소열
A : 바닥면적(m²)

2) Fire loads[173]

① 화재하중 F_T

$$F_T = W_E + W_{PE} + W_{FE}$$

여기서, W_E : 완전폐쇄된 가연물의 양
W_{PE} : 6면 중 5면만 폐쇄된 가연물의 양
W_{FE} : 폐쇄되지 않은 가연물의 양

② 보정된 화재하중 F_{DF}

$$F_{DF} = KW_E + 0.75 W_{PE} + W_{FE}$$

---

171) NFPA 921(2012) 5.6 Fuel load의 내용을 번역한 것임
172) NFPA 921(2004) 3.3.76 Fuel load의 내용을 번역한 것임
173) FPH 18 Confining Fires CHAPTER 1 Confinement of Fire in Buildings 18-7

여기서, K값은 $\dfrac{W_E}{F_T}$의 값이 0.5 미만일 때 0.4, 0.5~0.8일 때 0.2, 0.8 초과일 때 0.1을 적용한다. 이것을 19MJ/kg(약 4,500kcal/kg)으로 나누어주면 목재환산량이 나온다.

비율(W_E/F_T)	경감지수(derating factor), K
0.5 미만	0.4
0.5~0.8	0.2
0.8 초과	0.1

3) 일본의 화재하중

$$q = \dfrac{\Sigma A_i \cdot Q_t \cdot H_t}{4{,}500\,\text{kcal/kg} \cdot A}$$

여기서, A_i : 가연물의 형상, 수납상태, 수납용기의 종류 등에 의해 결정되는 계수
- 철제문이 부착된 철제가구에 밀폐되어 있는 경우 : 0.4
- 유리창이나 문이 부착된 철제가구에 밀폐되어 있는 경우 : 0.5
- 문이 없는 개방형 철제책장, 선반 등에 수납되어 있는 경우 : 0.6

Q_t : 가연물의 양(kg)

H_t : 연소열(kcal/kg)

4,500kcal/kg : 목재 1kg당 연소열

A : 바닥면적(m^2)

4) Fuel load(화재하중)는 모든 가연물이 연소한다는 가정하에 발생가능한 전체 열을 측정할 수 있는 반면에, 화재가 일어나자마자 얼마나 빨리 성장할 수 있는지를 표시할 수는 없다.

02 화재지속시간과의 관계

(1) 화재하중은 화재 규모, 주수시간을 결정하는 중요한 판단근거가 된다.

1) 잉버그(Ingberg)의 화재하중과 화재지속시간 곡선

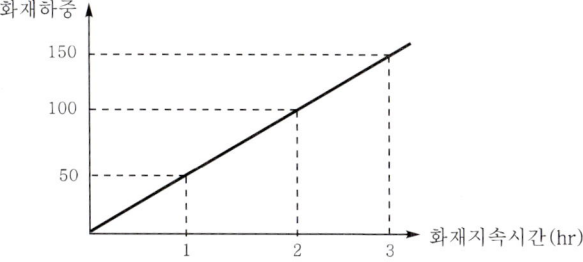

2) 상기 그림과 같이 화재하중에 비례하여 지속시간이 증가한다. 따라서 화재하중을 화재지속시간으로 간주(과거의 화재하중 개념)하기도 했다.

3) 하지만, 현재는 화재하중을 에너지(J)의 개념으로 보고 있다. 즉, 화재하중이 클수록 그 대상은 에너지가 크다고 할 수 있다.

▮ 잉버그의 등가면적개념 ▮

연소물질량(목재등가량)		등가에너지	표준화재시간
lb/ft²	kg/m²	(kJ/m²×10⁻⁶)	(h)
10	49	0.90	1
15	73	1.34	1.5
20	98	1.80	2
30	146	2.69	3
40	195	3.59	4.5
50	244	4.49	6
60	293	5.59	7.5

(2) 20세기 초 잉버그(Ingberg)가 내화관련 연구 중 등가면적개념(equal-area concept)을 발표하였다. 등가면적개념이란 내화설계 관점에서 같은 면적이면 피해가 같은 등가화재라는 것이다. 그래서 실제 화재에서 나타내는 면적을 화재하중이라고 하고, 내화구조물의 성능을 평가하기 위해 가열하는 시간 및 온도를 표준온도-시간 곡선이라 하는 것이다. 그러므로 실제 화재와 표준온도-시간 곡선의 면적이 같으면(단, Base line이 300℃ 이상), 같은 화재로 간주했다.

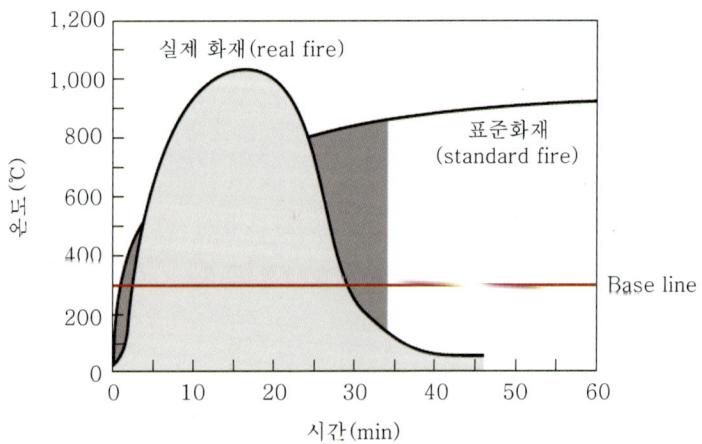

▮ 잉버그의 등가면적 곡선[174] ▮

---

174) FIGURE 2.5.9 Ingberg's Equal-Area Concept (Courtesy Southwest Research Institute) 2-68 FPH 02-05 Basics of Fire Containment

(3) 그런데 600℃ 상태에서 2hr, 900℃ 상태에서 1hr을 비교하면, 잉버그의 등가면적 개념으로 봤을 때는 동일한 화재크기라 볼 수 있지만, 실제로는 내화구조물에 미치는 영향이 900℃ 상태에서 1hr이 훨씬 크다. 그래서 이러한 문제점을 해결하기 위해 한 개의 정보량인 면적보다는 가로(지속시간)와 세로(화재강도)의 곱인 정보가 필요하게 되었다. 이것이 화재가혹도의 필요성이다.

03 화재하중 감소대책

(1) 내장재나 수용물을 불연화한다.
(2) 가연물을 불연성 밀폐용기에 보관한다.

04 화재하중밀도(fire load density)

(1) **정의** : 단위 바닥면적당 화재하중으로 가연물의 열에너지가 바닥에 균등하게 분포한다는 가정하에 산정(MJ/m^2)한 것이다.

(2) **건물용도별 화재하중밀도**

용 도	화재하중밀도 (E/m^2)	용 도	화재하중밀도 (E/m^2)
병원/병실	350MJ	학교/강의실	360MJ
호텔/객실	400MJ	카페	400MJ
사무실	570MJ	주거건물/거실	870MJ
상점/소매점	900MJ	도서관/서고	2,250MJ

(3) 예를 들어 병원의 화재하중이 350 이상이라고 하는 것은 화재하중을 말하는 것이 아니라 화재하중밀도를 말하는 것이다.

Section 45 화재가혹도

01 개요

(1) 기존의 설계방법은 정해진 표준시간-온도 곡선에 의해 가열된 것이지만 이는 화재의 크기와 시간이 정해져 실제 화재의 크기와 시간을 반영하지 못한다. 이는 면적, 즉 화재하중에 의한 설계방법으로 PBD에는 적합하지 않은 방법이다. 그래서 PBD에 의한 내화설계 시 내화부재의 내화시간(화재저항)을 결정하기 위해서는 구획 내의 화재지속시간과 화재강도를 알아야 한다.

(2) 화재가혹도(fire severity)는 방호공간 안에서 화재의 세기를 나타내는 개념으로 화재규모를 판단하는 데 중요한 요소이다. 화재가 진행되는 과정에서는 최성기의 온도는 일정하다고 가정한다. 이를 시간-온도 곡선(time-temperate re curve)으로 표현할 수 있는데 단위시간당 발생열량이 많은 시점에서는 급커브를 이루게 된다. 화재가혹도는 이 곡선의 하부면적 개념으로 표현한다.
  1) 최고온도×지속시간은 열방출곡선의 하부면적이고 이는 결국에는 에너지의 개념(J=W×sec)이다.
  2) 따라서 기존의 화재가혹도는 화재강도(W)×화재하중(J)이라는 표현은 에너지(J)가 화재강도(W)인데 다시 에너지인 화재하중(J)을 곱한다는 의미로 정확하게 말하면 잘못된 개념이다.
  3) 따라서 최고온도(화재강도)×화재지속시간의 개념으로 화재가혹도를 판단해야 된다.

(3) 화재가혹도의 단위는 J, 화재강도는 kW 또는 ℃, 화재지속시간은 hr이다.

02 개구부계수

(1) 개구인자($A\sqrt{H}$)를 가지고 온도인자(F_0)와 계속시간인자(F)를 나타낼 수 있다.

구 분	온도인자(opening factor)	계속시간인자	상 률
공식	$F_0 = \dfrac{A\sqrt{H}}{A_T}$ 여기서, F_0 : 온도인자 A : 개구부면적(m²) H : 높이(m) A_T : 실내의 전표면적(m²)	$F = \dfrac{A_F}{A\sqrt{H}}$ 여기서, F : 계속시간인자 A_F : 바닥면적(m²) A : 개구부면적(m²) H : 높이(m)	$F_s = \dfrac{A_F}{A_T}$ 여기서, A_T : 실내의 전표면적(m²) A_F : 바닥면적(m²)

구분	온도인자(opening factor)	계속시간인자	상 률
정의	• 목조건물이나 내화건물의 화재곡선을 정하는 요소를 온도인자라 한다. • 온도인자가 같으면 개구부 면적과 상관없이 동일한 표준온도-시간 곡선을 나타낸다.	$F = \dfrac{F_s}{F_0}$로 나타내고 계속시간인자가 같으면 개구부면적과 관계없이 같은 지속시간을 나타낸다.	• 실내 바닥면적분에 실내 전표면적이다.
내용	• 온도가 어느 정도 상승할 것인가를 나타내는 인자이다. • 실내 전표면적에 반비례한다. 왜냐하면 화재 표면적이 넓을수록 벽체에 흡수되는 열의 양이 많아지기 때문이다. • 실내 높이에 반비례한다. 왜냐하면 실내높이가 높을수록 실내 전표면적이 커짐으로써 온도인자가 오히려 감소하기 때문이다. • 개구부 면적에 비례한다. 개구부 면적이 클수록 공기 유입량이 증대하여 환기지배형 화재에서의 연소가 활발하게 이루어지기 때문이다.	• 실내의 바닥면적에 비례한다. 왜냐하면, 개구인자 대비 바닥표면적이 작으면 창문이 커서 공기의 공급이 용이하다는 것이고, 이는 빨리 탄다는 것이다.	• 상률이 크면 클수록 바닥면적이 크고 화재계속 시간은 늘어난다.

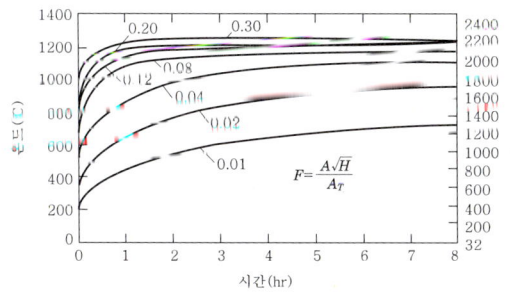

▌온도인자의 변화에 따른 온도의 변화[175]▌

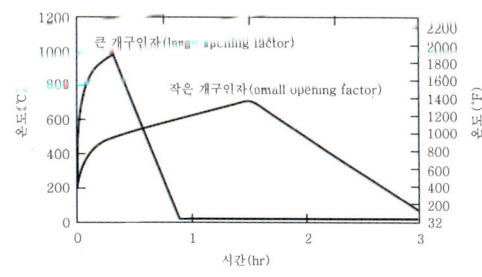

▌개구인자의 크기에 따른 시간-온도 곡선의 변화[176]▌

(2) 환기지배형 화재에서 화재곡선을 결정하는 온도인자는 개구인자를 실내의 전표면적으로 나눈 값이다. 이는 개구인자에 의해서 연소반응이 결정됨으로써 이에 따라 온도가 증가하고 전표면적이 클수록 냉각효과가 크므로 이를 나눈값을 온도인자라고

---

[175] Figure 4-8.4. Temperature-time curves for ventilationcontrolled fires in enclosures bounded by dominantly heavy materials ($\rho \geq 1600 kg/m^3$), calculated for various opening factors by solving a heat balance for the enclosure. SFPE

[176] Figure 4-8.9. Influence of opening factor on fire temperature course. SFPE

하는 것이다.

(3) 계속시간인자는 바닥면적을 개구인자로 나눈 값이다. 개구인자가 크면 연소속도가 증가하고 온도는 증가하지만 연소시간은 감소하게 된다. 하지만 상대적으로 바닥면적이 크면 개구부의 상대적 크기가 작아져서 연소속도가 감소하고 연소시간은 증가하게 된다.

03 화재지속시간

(1) 방호구역 내부 가연성 물질의 연소속도 R(분당 목재의 질량감소속도)을 구하면 다음과 같다.

1) $m = 0.5A\sqrt{H}$

여기서, m : 공기유입속도(kg/s)
A : 개구부의 면적(m^2)
H : 개구부의 높이(m)

2) m(kg$_{air}$/s)×공기 1kg과 반응하는 목재의 양(kg$_{wood}$/kg$_{air}$×sec/min)
$= 0.5A\sqrt{H} \times 60 \times \dfrac{1}{5.7}$

여기서, 5.7kg : 목재 1kg 연소 시 이론공기량

3) R[kg$_{wood}$/min] $= 5.5 \sim 6.0 A\sqrt{H}$ 또는 R[kg/hr] $= 330 A \cdot \sqrt{H}$

(2) 화재지속시간

$$T[\min] = \dfrac{W}{R}$$

여기서, W : 화재하중(kg)
R : 연소속도(kg/min)

$$T[\mathrm{hr}] = \dfrac{Q \cdot A_F}{330 A \cdot \sqrt{H}} = \dfrac{Q}{330 \cdot F}$$

여기서, Q : 방호구역을 둘러싸고 있는 표면의 단위면적당 화재하중
F : 계속시간인자 $\left(\dfrac{A_F}{A\sqrt{H}}\right)$

1) 연소속도가 빨라지면 화재지속시간이 짧아지지만 화재온도는 높아진다.
2) 구획실의 전표면적(A_F)이 크면 주위 벽으로의 흡수열량이 커서 화재온도는 낮아진다.

(3) 지속시간은 가연물량에 대한 양적 개념, 화재하중관련으로 가연물량이 많음을 의미한다.

(4) 화재지속시간을 지배하는 요소
1) 가연물의 표면적(방호구역 바닥면적)
2) 개구부를 통한 공기의 유량

(5) 환기지배형 화재는 연료지배형 화재에 비해 상대적으로 화재피해가 심각하게 발생한다. 따라서 (구획실 화재에서는 환기지배형 화재가 발생할 가능성이 매우 높다는 사실을 고려해서) 화재피해는 환기에 의해 좌우된다는 가정을 건축물에 대한 내화 성능 요구사항의 기준으로 삼는 것이 보통이다.

(6) 실내 열방출률이 가용산소의 양에 의해 제한을 받는 화재의 경우에는 Ω(오메가)의 영향을 받는다.

$$\Omega(오메가) = \frac{A_t - A_0}{A_0 \sqrt{H_0}}$$

여기서, A_t : 전체 바닥면적, A_0 : 개구부 면적, H_0 : 개구부의 높이

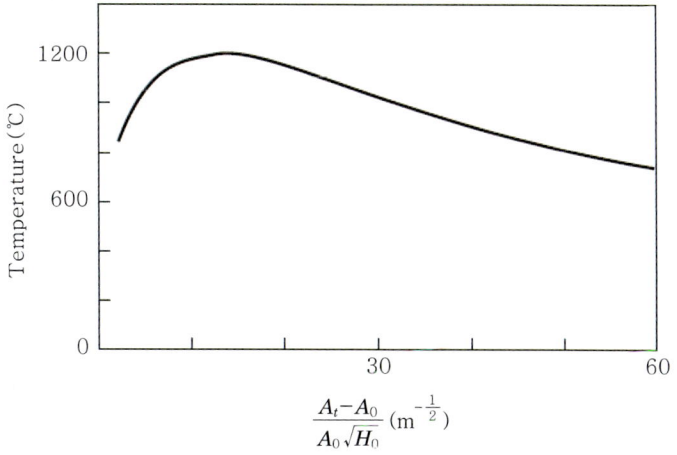

| 구획화재에서 Ω와 온도와의 관계[177] |

1) Ω가 작을수록(환기율이 높을수록) 열방출률은 최대가 되지만 열손실이 커진다.
2) Ω가 클수록(환기율이 낮을수록) 열손실은 작지만 열방출률도 작다.

04 화재강도(fire intensity, Q)

(1) 구획실 내 화재 최고온도로서 화재의 질적 개념

1) 화재강도는 열방출속도(Heat Release Rate)를 말하며 화염의 크기를 나타내는 화재위험도의 가장 중요한 척도이다.
2) 열방출속도(HRR)는 연료의 화학적 에너지가 연소로 인해 열에너지로 변환하는 속도를 말한다. 기호 Q_c로 표시하고, $Q_c[\text{MW}] = \dot{m} \cdot \Delta h_c$이다.
3) 화재강도는 최성기의 온도로서 화재의 질적 개념이다.

---

177) Figure 3-6.9. Average temperature during fully developed period measured in experimental fires in compartments. SFPE 3-06 Estimating Temperatures in Compartment Fires 3-183

(2) 주요 변수

1) 가연물의 특성
   ① 가연물의 연소열 : 가연물마다 구성성분에 따라 가지는 특성
   ② 가연물의 비표면적 및 구조적 특성 : 가연물에서의 가연성 증기의 분압은 가연물 자체의 온도, 모양, 크기, 종류에 따라 영향을 받으며, 이러한 요소는 가연물의 연소속도와 관계된다.

2) 연소특성
   ① 연소속도 : 가연물의 연소특성과 상호 열복사에 의해서 결정된다.
   ② 화재하중 : 에너지의 양

3) 건축특성
   ① 건물의 구조 : 구획실 공간의 구성, 크기, 단열성, 밀폐성을 결정한다.
   ② 화재실의 단열성, 밀폐성 : 만일 건물의 단열성, 밀폐성이 완벽하다면 화재로부터 발생하는 열은 모두 화실의 온도상승에 이용될 것이다. 하지만 공기의 유입이 제한됨으로써 연소반응이 소강상태가 되면서 저온장기형 화재가 된다.
   ③ 공기의 공급량 : 구획실 공간의 구성과 크기에 의해서 결정된다.

(3) 화재 최성기의 연소에 의한 에너지

$$\dot{Q} = \dot{q}_L + \dot{q}_W + \dot{q}_R + \dot{q}_B$$

여기서, $\dot{Q}$: 연소에 의해 방출되는 에너지
$\dot{q}_L$: 차가운 공기와 뜨거운 가스가 교체되면서 발생하는 열손실속도
$\dot{q}_W$: 구획의 벽이나 천장, 바닥으로 흡수되는 열손실속도
$\dot{q}_R$: 개구부를 통해 방출되는 복사열 열손실속도
$\dot{q}_B$: 가스체적에 저장되는 열손실속도

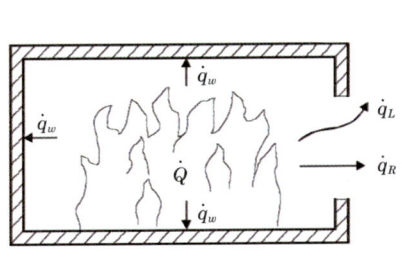

178)

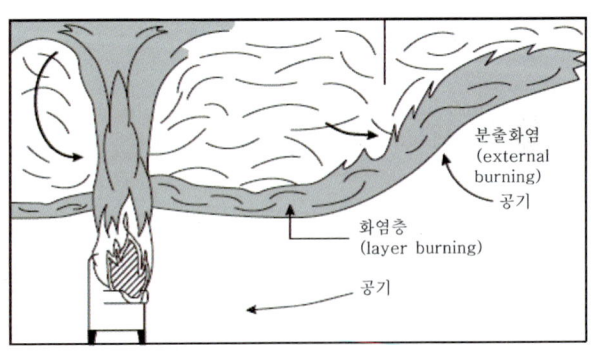

179)

---

178) FIGURE 6.8 Energy balance for a fully developed compartment fire. Enclosure Fire Dynamics. Bjorn Karlsson James G. Quintiere(2000)
179) Figure 2-5.1c. An underventilated compartment fire with external burning of fuel-rich upper layer gases. SFPE

(4) 화재하중과 화재강도와의 관계
1) 화재강도는 화재하중 이외에도 여러 가지 다른 요인에 의해서 변화될 수 있기 때문에 화재강도가 화재하중에 비례해서 커진다고 한마디로 말하기는 곤란하다.
2) 그러나 연소속도 등 다른 요인들이 같다고 가정할 때 화재하중이 크면 그만큼 연소시간이 길어지므로 온도로 표시되는 화재강도는 커지게 된다고 말할 수 있다.

(5) 화재하중과 화재가혹도의 비교

구 분	화재하중(fire load)	화재가혹도(fire severity)
정의	화재실 또는 화재구획의 단위 바닥면적에 대한 등가가연물량 값으로 화재의 양을 나타낸다. 등가가연물로는 목재를 사용한다.	화재의 양과 질을 반영한 화재의 강도이다.
계산식	$q = \dfrac{\sum(G_t \cdot H_t)}{H_0 \cdot A} = \dfrac{\sum Q_t}{4,500 A}$ 여기서, H_t : 가연물의 단위발열량 (kcal/kg) H_0 : 목재의 단위발열량 (4,500kcal/kg) A : 화재실 화재구획의 바닥면적(m^2) $\sum Q_t$: 화재실·화재구획 내의 가연물 전체 발열량(kcal)	• 화재가혹도=지속시간×최고온도 • 화재 시 지속시간이 긴 것은 가연물량이 많은 양적 개념이며, 연소 시 최고온도는 최성기 때의 온도로서 화재의 질적 개념이다.
비교	• 에너지의 양으로 화재의 크기를 판단하는 기준이 된다. • 소화약제의 투입시간을 결정하는 인자이다.	• 에너지의 양과 질로써 화재피해의 크기를 판단하는 기준이 된다. • 소화약제의 투입량을 결정하는 인자이다.

05 화재저항(fire resistance)

(1) **화재저항** : 화재기간 동안 방화벽이나 구조적 요소로서의 그 기능을 계속할 수 있도록 하기 위한 건축물 구성요소의 능력과 관련된 것이다. 즉, 화재가혹도에 얼마나 견딜 수 있는가를 나타내는 개념이라 할 수 있다. 화재저항은 재하하중하의 원래 크기 시험체에 대한 파괴저항을 큰 로 내에서의 화재가스에 대한 온도-시간변화로 정의되는 표준화재에 노출시켜 시험한다.

(2) 철재류는 약 500℃ 이상에서 강도를 잃기 시작하지만 얼마나 빨리 철재구조물이 파괴될 것인가는 열응력과 기계적 특성에 의존된다. 따라서 유럽에서는 내화시험의 간략법으로 등온도(500℃)선을 기준으로 이용하기도 한다.

(3) 비록 파괴시간이 열적인 양에 의존될 것이지만 벗겨진 상태의 철재구조체는 높은 열류 속에 노출되면 조기에 파괴되는 경향을 가진다. 즉, 노출되는 시간보다도 얼마나 높은 온도에 노출되었는가가 더 중요한 요소이다.

(4) 따라서 철재구조체는 적절한 단열재로 덮어씌워서 화재의 열로부터 방호될 수 있으며 그 두께에 의해 조합된 구조물의 화재저항이 결정된다.

(5) 콘크리트의 구조체는 화재에 의해 콘크리트의 박리가 일어날 수 있어 그로 인해 철근이 노출되기도 한다.

Section 46 화재의 조사

01 화재조사(fire investigation)

(1) 정의 : 화재조사란 화재의 발화지점, 원인 및 성장을 결정하는 과정이다.

(2) 화재조사의 목적

  1) 주된 목적 : 소방법의 주요 목적인 화재의 예방, 경계, 진압, 구급, 구조를 하기 위한 자료를 취득하고 데이터를 구축한다.
    ① 예방 : 화재의 피해사례를 홍보하여 화재발생을 방지한다.
    ② 경계 : 발화원인을 분석하여 예방지도를 통해 화재발생을 방지한다.
    ③ 진압 : 화재의 확대와 성장의 원인과 진행사항을 파악하여 화재예방 및 진압의 중요자료로 사용한다.
    ④ 구급, 구조 : 인명피해 발생원인 및 방화관리상황을 분석하여 구급, 구조의 중요 자료로 사용한다.
    ⑤ 데이터 구축 : 화재의 발생부터 성장, 결과까지의 자료를 통계화하여 소방행정 시책의 자료로 사용한다.

  2) 부차적 목적 : 화재의 고의나 과실을 규명하여 책임자 처벌, 화재보험의 적정보상을 위한 자료로 활용한다.

(3) 구분 : 화재원인조사와 화재피해조사로 나눌 수 있다.

  1) 화재원인조사
    ① 발화원인조사
      ㉠ 화재발생과정
      ㉡ 화재가 발생한 지점 및 불이 붙기 시작한 물질
    ② 발견, 통보 및 초기소화 상황 조사
      ㉠ 화재 발견
      ㉡ 통보 및 초기소화 등 일련의 과정
      ㉢ 연소상황 조사 : 화재의 연소경로 및 확대원인 등의 상황
      ㉣ 피난상황 조사 : 피난경로, 피난상의 장애 요인
      ㉤ 소방시설 등 조사 : 소방시설의 사용 또는 작동 등의 상황

  2) 화재피해조사
    ① 인명피해조사
      ㉠ 화재로 인한 사상자
      ㉡ 화재진압 중 발생한 사상자

② 재산피해조사
   ㉠ 열에 의한 탄화, 용융, 파손 등의 피해
   ㉡ 소화활동 중 사용된 물로 인한 피해
   ㉢ 그 밖의 연기, 물품 반출, 화재로 인한 폭발에 의한 피해

(4) 화재조사의 특징

1) **현장성** : 화재조사와 관련한 가장 중요한 정보는 현장에서 획득되므로 현장을 기본으로 화재조사가 이루어져야 한다.
2) **신속성** : 화재로 인한 피해인 인적, 물적 증거가 시간이 경과함에 따라 훼손되거나 잊혀질 수 있기 때문에 화재조사는 신속하게 이루어져야 한다.
3) **과학성** : 화재과학(fire science)이란 화재와 관련된 분야(연소, 화염, 연소생성물, 열방출, 열전달, 화재/폭발화학, 유체역학, 화재안전 등)와 사람, 구조물, 주위 환경과 화재와의 상호관계 연구와 관련된 지식이 있어야 한다.
4) **보존성** : 현장이 훼손되면 화재원인 및 성장을 파악하기가 곤란하므로 화재가 소화되고 나면 현장은 그대로 보존되어야 한다.
5) **안전성** : 소화 후에 화재현장의 구조물 또는 시설물은 강도나 안전성이 저하된 상태로 언제든지 붕괴 등의 2차 사고와 재발화를 유발할 수 있다. 따라서 현장조사 시 조사자의 안전 및 2차 재난이 발생하지 않도록 충분한 대비를 하여야 한다.
6) **강제성** : 화재조사는 소방기본법에 의한 법률적인 행위로 공권력에 의한 강제성을 가진다.
7) **프리즘식(prism) 진행** : 프리즘에 빛이 굴절, 분산되는 것과 같이 현장조사 시 관계자들이 각기 다양한 자기 입장에서의 주장을 하게 된다. 따라서 조사관은 사실에 접근하기 위해서 보다 종합적인 자료와 폭넓은 식견을 필요로 한다.

(5) 화재조사의 유의사항(미 캘리포니아 소방서의 연구자료 참조)

1) 2인 이상이 조사한다. → 객관성을 확보하고자 2인 이상을 요구한다.
2) 현장보존 상태에서 신속하게 조사한다. → 보존성과 신속성
3) 현장의 평상시 습관이나 상식에 대해 참조한다.
4) 모든 자료는 철저하게 보관한다. → 분석과 원인판단의 기초자료

(6) 화재현장 조사의 요구사항(미 캘리포니아 소방서의 연구자료 참조)

1) **구조적 안정성(structural stability)** : 화재나 폭발에 의해 화재현장은 구조적으로 약해진다.
2) **편의설비(utilities)** : 조사자는 조사예정인 건물 내에서 지원설비(즉, 전기, 가스, 물)의 상태를 확인하고, 조사에 들어가기 전에 전선에 전기가 통하는지 연료가스 배관이 차 있는지 또는 물이 남거나 흐르는지를 알아야 한다. 이러한 조사로 전기 감전이나 부주의한 가스의 유출 또는 물의 유출을 방지할 수 있다.
3) **전기적 위험(electrical hazards)**

4) 물의 고임(standing water) : 물의 고임은 조사자에게 여러 위험을 줄 수 있다. 감전(energized electrical systems)을 일으키는 물웅덩이의 존재는 조사자가 웅덩이에 서 있다가 전류가 흐르는 전선을 만질 경우 치명적이다.
5) 주변 관람인의 안전(safety of bystanders)

02 화재조사의 진행순서

(1) 화재조사준비(화재조사 전에 사전준비)
1) 연소상황을 파악할 수 있는 인적, 물적 대비태세를 갖추어 화재발생 시 신속한 화재조사에 임할 수 있도록 하는 사전준비태세이다.
2) 조사계획 수립
   ① 인적 요원의 구성
   ② 물적 장비의 구성 : 조명류, 필기도구, 조사장비 등 기본적 물품

(2) 화재출동조사
1) **화재발생 접수** : 신고를 통해서 화재가 발생한 장소, 대상, 시간 등의 정보를 취득한다.
2) **출동도중 화재상황파악** : 화재현장에 출동하면서 소방활동을 위해서 사전에 취득한 자료(관리카드 등)를 통해서 주변상황, 건물에 대한 정보, 관계자의 연락처를 파악할 수 있고, 기타 자료를 통해 기상상황, 교통상황 등의 정보의 취득하여 화재현장에 대한 종합적인 정보를 파악한다.
3) **현장관찰**
   ① 현장도착 시 연소상황 파악 : 화재현장에서 발생하는 연기의 색, 냄새, 연기나 화염의 발생장소, 화재의 진행방향 등을 신속하게 파악한다. 특히 현장에 대한 사진, 동영상 촬영을 실시하여 화재조사에 대한 자료를 수집하는 것이 반드시 필요하다.
   ② 화재진압 시 상황파악 : 접염이나 비화를 통해서 주변 지역으로 화재가 확대되는지 여부, 화재의 강도, 화재진압 소요예상시간, 발화지점, 출화개소 등에 대한 개략적인 파악을 하여야 한다. 화재로 인한 소실의 정도 등을 파악하여 건축물의 붕괴 등에 대비하여야 한다.

(3) 화재조사 : 화재가 발생한 경우 소방방재청장, 소방본부장, 소방서장이 화재조사를 해야 하는 기속행위이다.

(4) 현장 감식활동
1) **발굴** : 화재흔적이 발생한 지점의 퇴적물을 제거하여 발화원과 화재의 성장 증거자료를 취득한다.

2) 복원 : 화재현장복원(fire scene reconstruction)이란 화새현장 분석을 하는 동안에 잔재물(debris)의 제거와 화재 이전의 위치로 내용물이나 구조물 요소의 교체를 통하여 물리적으로 현장을 복원하는 과정이다.

3) 발화범위 추정 : 너무 좁게 추정하면 안 된다. 왜냐하면 추정한 원인 이외의 가능성도 고려해야 하기 때문이다.

(5) 연소확대 경위 조사

1) 화재 : 연소상황, 피난상황
2) 설비 : 소방시설, 위험물, 관계시설
3) 관리 : 방화관리상황

(6) 목격자와 관계인 조사(자료취득) : 될 수 있으면 많은 양의 자료와 다양한 목격자와 관계자에게서 자료를 취득한다.

(7) 인적·물적 피해조사

(8) 감식

1) 정의 : 화재현장에 대한 전반적이고 종합적인 현장조사행위
2) 특징 : 화재현장을 기술적, 경험적 관점에서 종합적이고 거시적인 분석과 파악을 하여 구체적인 사실관계를 규명하는 것이다.
3) 목적
   ① 화재의 원인과 확산의 상관관계를 규명하기 위함이다.
   ② 방화, 실화를 구분하여 과실책임을 명확하게 하기 위함이다.
   ③ 대국민 홍보자료와 데이터의 수집을 하기 위함이다.
   ④ 화재원인에 대한 연구, 분석 및 화재예방의 자료화
4) 감식방법
   ① 시각
   ② 청각
   ③ 후각
   ④ 촉각
   ⑤ 경험과 실험을 이용한 연구응용
5) 문제점 : 현장훼손의 우려가 있을 수 있다.

(9) 감정

1) 사람의 감각으로는 식별이 곤란한 미시적인 분석이다.
2) 전체가 아닌 발화원에 대한 개별적인 특성을 포착, 분석하는 것을 말한다.
3) 화재와 관련된 모든 현상에 대해서 과학적인 방법과 실험을 통하여 화재 원인을 밝히는 자료를 얻어내는 행위이다.

(10) 화재원인 판정

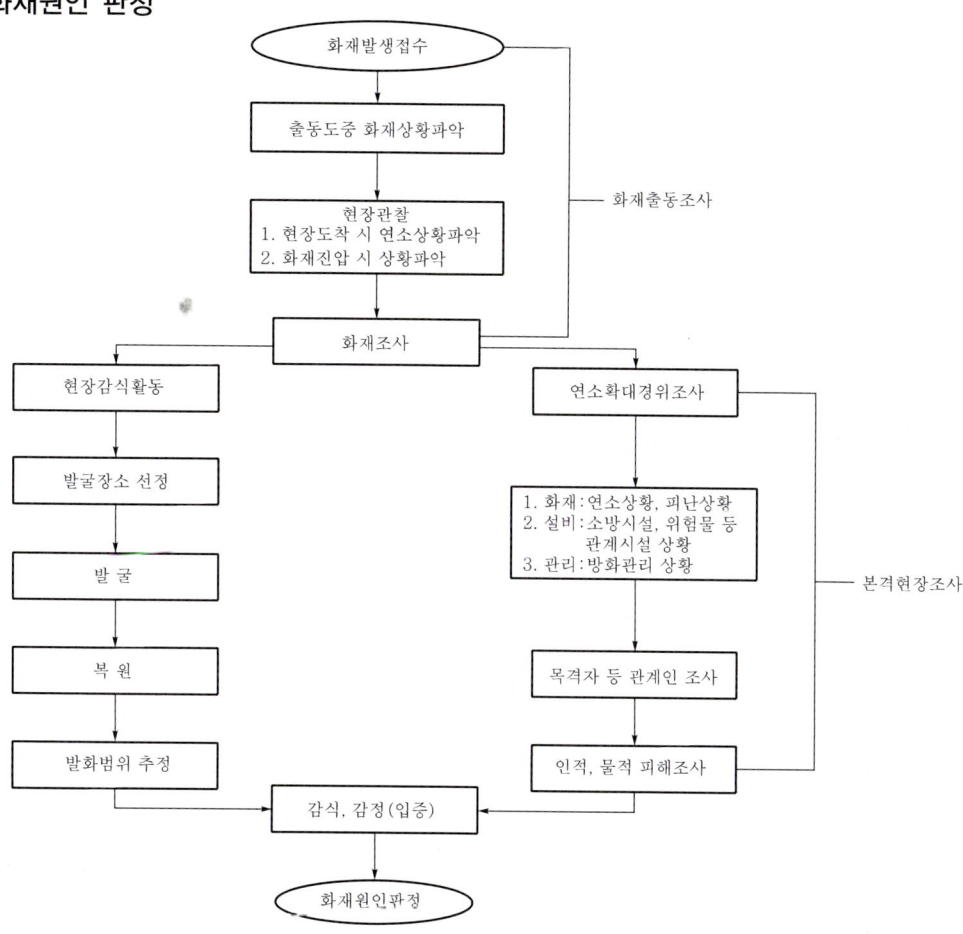

03 발화부

(1) 발화부 추정의 5원칙

1) 발화원 및 최초 착화물과 상관관계를 시나리오하는 데 무리가 없어야 한다.
2) 발화원이 소실되어 잔존하지 않는 경우에는 소손상황, 발견상황, 발화조건 등 객관적인 사실증거를 종합적으로 판단하여 봤을 때 발화원인에 타당성이 있어야 한다.
3) 화재사례 및 경험과 실험결과 등을 종합적으로 판단하여 발화가능성에 모순이 없어야 한다.
4) 조사된 발화원 이외에 다른 발화원은 배제가 가능해야 한다.
5) 발화지점으로 추정된 장소의 소손상황에 모순이 없어야 한다.

(2) 발화개소를 결정하는 주요 정보

1) 화재로 남겨진 물리적인 표시인 화재패턴
2) 화재 당시의 목격자나 현장상태를 알고 있는 사람이 보고한 관찰사항인 목격자 증언

3) 화재의 개시, 발달 및 성징 조건을 읽으킬 수 있는 알려진 또는 가설적인 화재조건과 관련된 도구의 물리적, 화학적 분석결과
4) 전기적인 아크에 의한 피해가 있는 곳과 전기회로가 포함된 지역을 나타내는 것인 전기시스템의 피해해석(interpreting damage to electrical systems)

04 화재패턴(fire patterns)

자세한 내용은 뒤 페이지 참조

05 화재조사의 신개념, 신기술

(1) 화재 사진을 촬영(건물의 구조 등 포함) : 가능한 한 많은 사진 등의 자료가 필요하다.
(2) 이미지화(image)
   1) 포토 다이어그램(photo diagram) : 최종 평면도가 완성되었을 때 찍혀진 사진이 나타내는 바를 설명해 줄 지시화살표(directional arrows)가 그려질 수 있다. 그 다음에 사진에 부합하게 숫자가 놓여진다. 이는 화재현장에 익숙하지 않은 사람이 방위를 맞추는 데 도움이 된다.

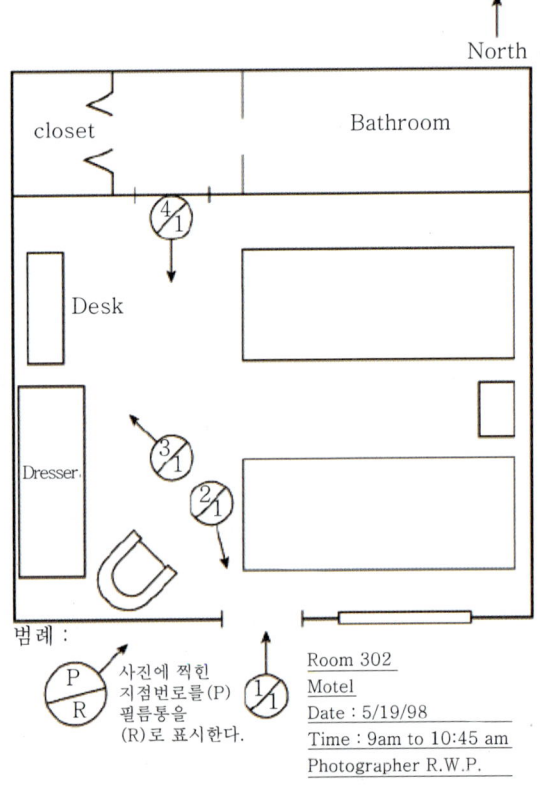

| Diagram showing photo locations |

2) 열과 화염벡터(heat and flame vector) : 화재의 성상을 표시할 때 열, 연기, 화염의 흐름을 나타내기 위하여 사용하는 화살표로 화재패턴의 크기를 나타내 준다.

(3) 시간에 따른 구성

1) 타임라인 : 시간의 경과에 따라서 사건의 발생을 나열하는 방법으로 시간의 구성은 Hard time과 Soft time으로 구분된다.
   ① Hard time : 일어난 시간이 측정된 객관적 자료의 시간
   ② Soft time : 객관적인 자료가 없이 추정된 시간

2) 퍼트(PERT ; Project Evaluation and Review Technique) : 프로젝트 관리를 분석하거나, 주어진 완성 프로젝트를 포함한 일을 묘사하는 데 쓰이는 모델이다. 화재조사에도 이를 사용하여 화재사건이 증거니 자료를 시간에 따라서 나열해가며 시점이 중복되는 가설을 평가하고 제거하는 데 사용되는 것으로 가설수립에 유용한 도구이다.

(4) 검증 : 화재현장의 감식과 감정으로는 부족한 경우가 있다. 이를 보완하기 위해서 실제 화재가 발생하기 전의 상황을 만들어 놓고 이를 검증한다.
  1) 화재실물시험
  2) 화재시뮬레이션 시험

(5) 컴퓨터 프로그램으로 화재조사를 해석한다.

Section 47 연소의 패턴

01 개요

(1) 연소패턴(burn pattern) 또는 화재패턴(fire patterns)이란 화재발생 후 연소현상이 진행된 결과로 화재종료 후 잔존물에 남겨진 일정한 흔적을 지칭한다.

(2) 화재패턴은 화재현장 감식에서 물적 증거로 이용되며 화재의 전체적 거동을 재현하는 데 필수적으로 필요한 것이다.

(3) 화재패턴에는 탄화, 산화, 가연물의 소모, 연기와 매연의 축적, 뒤틀어짐, 용융, 변색, 물질의 특성 변화, 구조적 파괴 등 기타의 열적 효과들이 포함된다. 따라서 화재의 원인과 진행을 연구하기 위해서는 아래와 같은 요소들의 검토와 조사가 필요하다.

  1) **경계선 또는 경계영역(lines or areas of demarcation)** : 경계선 또는 경계영역(구역)은 화재로 인해 발생한 다양한 연소생성물질(열, 연기 등)에 의해서 변형된 시각적 정도의 차이를 정의하는 경계이다.
     ① 영향을 받은 지역(affected area)
     ② 영향을 받지 않거나 미약한 지역
  2) **표면효과(surface effect)** : 화재패턴을 포함한 표면의 재료와 성질은 화재 그 패턴 자체의 성질 및 형태의 형성과 관계가 있다. 매끄러운 표면이 거친 표면에 비해서 상대적으로 난류효과와 접촉면의 증가로 인하여 화재 시 피해가 더 크게 표현된다.
  3) **수평면 관통부(penetrations of horizontal surfaces)** : 아래에서부터이든지 위에서부터이든지 수평면의 관통부는 복사열, 직접적인 화염의 충돌 또는 환기의 효과에 의해서 큰 영향을 받기 때문에 이로 인한 시각적인 차이(화재흔적)가 발생한다. 즉, 손상이 많거나 심한 쪽으로부터 화염이 전파되었다고 추정할 수 있다.
  4) **물질 손실(loss of material)** : 나무나 기타 가연성 물질의 표면이 연소할 때 물질의 질량을 잃는다. 따라서 잔존 가연물의 모양과 양은 그 자체로 경계선이라는 시각적인 화재패턴을 생성할 것이다.
  5) **화재에 의한 사상자(victim injuries)** : 화재로 인한 사상자의 위치 및 상태와 다른 물체나 사상자와의 관계 등을 주의 깊게 기록, 문서화하여야 한다. 화재에서 발생한 사상자의 사망형태나 화상형태를 통해서 화재의 진행과정과 피해정도를 추정할 수 있기 때문이다.

(4) **화재패턴 타입(types of fire patterns)** : 화재패턴은 기본적으로 유동패턴(movement patterns)과 강도패턴(intensity patterns)의 2가지로 구분할 수 있다.

1) 유동패턴(movement patterns) : 화염과 열의 유동패턴은 화재의 유동과 성장, 초기 열원에 의해서 만들어진 연소생성물에 의해서 생긴다. 따라서 유동경로가 정확하게 검증되고 분석된다면 이 흔적은 화재를 일으킨 열원의 발생지점을 추적해갈 수 있다. 예를 들어 V형, U형, 역삼각형 등이 있다.
2) 강도패턴(intensity(heat) patterns) : 화염과 열의 강도에 따른 다양한 열효과는 경계선을 만들 수 있다. 이러한 경계선은 화염확산의 방향뿐만 아니라 연료의 양과 특성을 추정하는 데 중요한 자료가 된다. 예를 들어 탄화심도, 하소심도 등이 여기에 해당된다.

(5) 화재패턴의 원인
1) 열(heat)
2) 연기의 응축물질이 화재잔존물 표면에 흡착
3) 탄화물의 침착
4) 물질의 연소에 따른 질량감소

02 천장부위의 패턴(수평면의 패턴)

화원부를 중심으로 원형으로 화염이 전파되어 나가는데 바람이나 기류의 영향에 따라서 타원이나 변형된 원형 형태로 바뀌기도 한다. 화원부의 위치에 따라서 아래와 같이 구분할 수 있다.

(1) 부분원형
(2) 완전원형

03 벽면부위의 패턴(수직면의 패턴)

화재의 단계별 진행의 양상 및 흔적의 형태에 따라서 아래와 같이 구분할 수 있다.

(1) **플럼 생성 패턴(plume-generated patterns)** : 화재플럼에 의해 직접적으로 벽면에 생성되는 대부분의 화재패턴은 다음과 같이 분류할 수 있다.
  1) V형(V patterns) : 연소의 상승성에 의해 역삼각형 형태로 상승한다.
    ① 건물의 연소특성으로 직소나 반소된 화재현장에서 대류 및 복사의 영향을 받아 벽면에 화재기점으로부터 역삼각형이나 V형태의 연소 확대된 흔적이 많이 발생한다. 특히 플럼의 시작 부위가 벽에 가까우면 벽면에 V형에 가까운 흔적을 남긴다.
    ② 뜨거운 가스나 연기가 화재로부터 위로 올라가면서 주변 공기를 혼합하게 되는데 이렇게 형성된 혼합존은 상승할수록 유입공기량이 증가함으로써 체적이 증가하여 위로 올라갈수록 넓어지는 형태를 가지게 된다. 화염에 대한 제한성이 없는 경우에는 V자로 벌린 각도가 약 30도 정도가 된다.

③ 이는 수평연소를 1로 할 때 상방으로 20, 하방으로 0.3 정도의 비로 연소된다는 실험적 결과에 의한 연소현상으로 대체적으로 연소정도가 심한 현장에서도 적용된다.

④ 영향인자
  ㉠ 연료의 열방출률
  ㉡ 연료의 기하학적 구조
  ㉢ 환기효과
  ㉣ 패턴이 나타나는 수직표면의 발화성과 연소성
  ㉤ 천장, 선반, 테이블 윗면 등과 같이 수평표면을 가로지르는 부분의 존재

⑤ V자의 뾰족한 부분이 국부적인 발화점이 될 수 있다. 따라서 V형으로 발화지점을 추정할 수 있는 것이다.

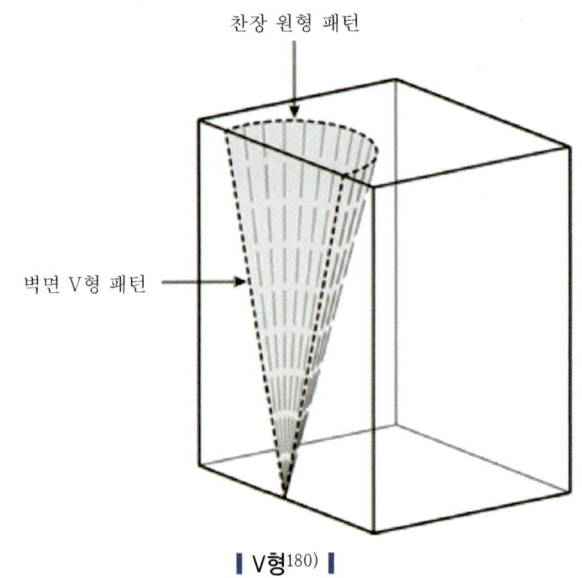

| V형[180] |

2) **삼각형**(역콘형, inverted cone patterns)
  ① 화재 초기 성장단계에서는 화재에서 발생한 열이 제한되고 그 작용도 한정적이어서 화염의 모양이 삼각형, 즉 거꾸로 된 콘형의 형태를 나타내며, 따라서 이를 역콘형이라고도 한다. 국내 번역은 삼각형이라고 한다.
  ② 이러한 형상이 나타나는 주요 원인으로는 연소물의 낙하가 있다. 이러한 패턴들은 창이나 커튼과 같은 2차 연료들의 뒤늦은 연소와 조기소화(또는 단순히 타서 소멸됨)의 결과로 발생할 수 있다.
  ③ 화염이 조기소화됨으로써 천장까지 화염이 닿지 않는 경우나 낮은 열방출률 또는 불완전하게 성장한 화재의 결과로 나타나기도 한다.

---

[180] NFPA 921 FIGURE 6.3.7.1(a) Idealized Formation of V Pattern and Circular Pattern.

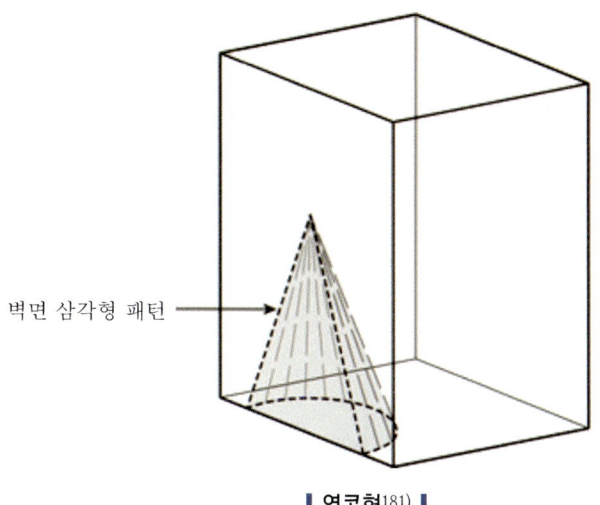

| 역콘형[181] |

3) 모래시계형(hourglass patterns)
   ① 화재 위의 고온가스 플럼 영역은 'V'패턴과 같은 형상의 고온가스구역(hot gas zone)과 그 밑바닥에 존재하는 화염구역(flame zone)으로 구성된다.
   ② 고온가스 구역이 수직평면에 의해 잘려졌을 때, 상부의 고온가스 구역은 'V'패턴이 형성되고, 하부의 화염구역은 역 'V'모양으로 형성된다.
   ③ 따라서 상기 두 개가 합쳐지면 마치 모래시계와 같은 형상이어서 모래시계형이라고 한다.

4) U형(U-shaped patterns)
   ① 플럼의 발생부분이 벽으로부터 멀리 이격하면 콘의 벽과의 교차부는 높고 폭이 적게 될 것이고 콘의 바닉부분은 더욱 둥글게 되어 U형 패턴이 된다.
   ② 콘이 천장과 교차하는 부분에서는 원형에 가까운 연소패턴이 생성된다. 이 경우 벽과 거리가 상당히 멀어서 플럼이 벽과 전혀 교차되는 부분이 없게 되면 일반적인 수평면의 연소 패턴인 완전한 원형이 되거나 또는 부분 원형이 된다.
   ③ 이 형태는 V형 패턴보다 열원이 더 먼 위치에 존재하여 벽면에 복사열의 영향을 미치기 때문에 발생한다.

---

181) NFPA 921 FIGURE 6.3.7.2(a) Idealized Formation of an Inverted Cone Pattern.

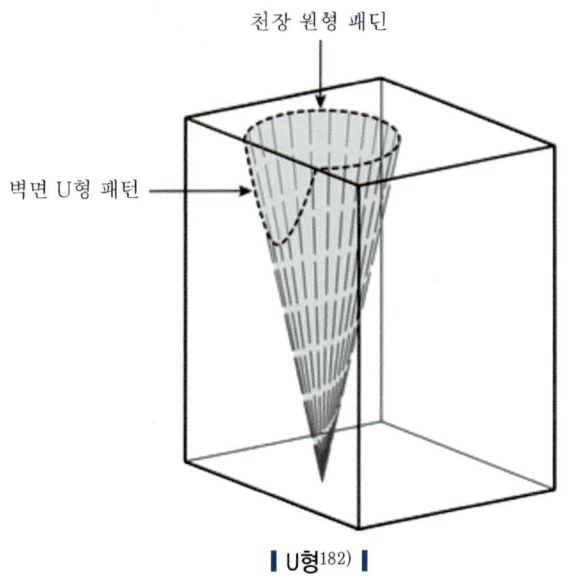

| U형[182] |

5) **끝이 잘린 원추 패턴(truncated cone patterns)** : 끝이 잘린 플럼이라고도 불리고 끝이 잘린 원추 패턴이라고도 한다. 이는 수직면과 수평면 양쪽에서 시각적 효과가 발생하는 3차원의 화재패턴이다.

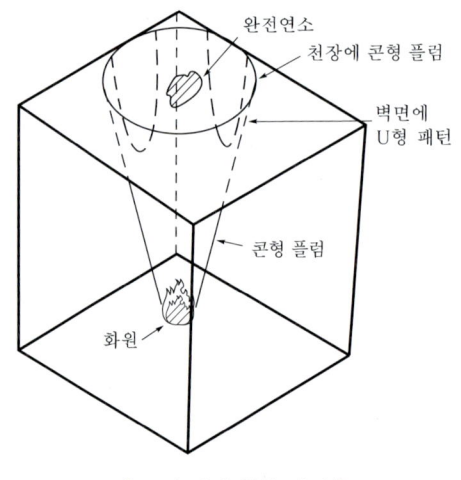

| 끝이 잘린 원추 패턴 |

6) **포인터 그리고 화살형(pointer and arrow patterns)** : 수직재인 목재나 알루미늄에서 발생하는 패턴의 형태로 마치 화살모양 형태를 나타내고 더 짧고 더 심하게 탄화된 모양 부분은 발화지점에 더 가깝다는 것을 나타내 준다.

---

182) NFPA 921 FIGURE 6.3.7.4 Idealized Formation of U-Shaped Pattern.

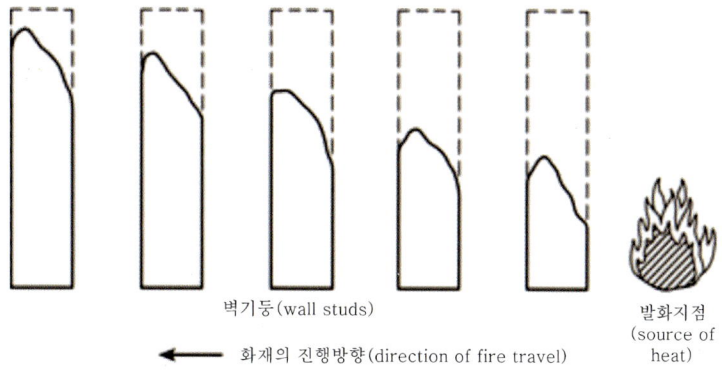

| 포인터 그리고 화살형[183] |

7) 기둥형
    ① 화재가 성장함에 따라 열방출률과 화염높이가 증대되어 연소생성물은 부력플럼 내에서 상승하게 되면서 삼각형 모양이 불분명하게 되고 기둥형태의 모양이 생기게 된다.
    ② 이러한 플럼이 벽과 교차하면 양측 면이 벽면과 평행이 되는 수직패턴을 생성하게 된다.
    ③ 삼각형 패턴 생성의 화재보다 더 성장한 화재에 의해 생성되는 기둥형 패턴들은 화재가 진화되지 않으면 통상적으로 더욱 성장하게 되어 다시 아랫부분이 불분명해지는 V형(콘형) 패턴으로 변화될 수도 있다.

(2) **환기에 의해 생성된 패턴(ventilation-generated patterns)** : 화재의 패턴은 환기에 의해서 큰 영향을 받는다.

1) 열그림자형(heat shadowing patterns)
    ① 열원으로부터 장애물 뒤에 가려진 가연물에 열서달이 차단되어 주변과의 변색 등이 달라지면서 발생하는 흔적을 말한다.
    ② 열그림자를 통해 보호구역(protected area)이 형성됨을 알 수 있다. 이는 화재로 인한 열적 영향을 받지 않은 영역을 말한다.
    ③ 따라서 장애물에 의한 열그림자(heat shadow)가 있었음을 알 수 있고, 이것은 화재현장의 재구성에 중요한 정보가 될 수 있다.

---

183) NFPA 921 FIGURE 6.3.7.4 Idealized Formation of U-Shaped Pattern.

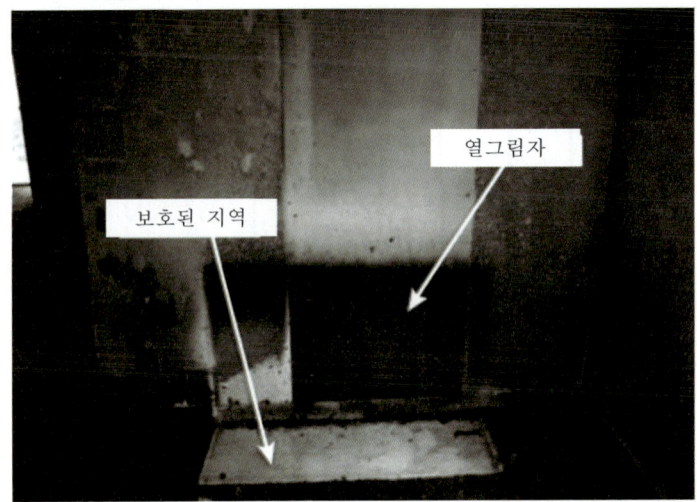

▍열그림자형[184]▍

2) **수평면의 화재확산형**(penetrations of horizontal surfaces)
   ① 부분원형
   ② 완전원형

(3) 표면효과에 의한 화재패턴

1) **물질의 질량감소**(mass loss of material)
   ① 물질이 연소하면서 질량이 감소하므로 이를 통해 화재의 진행과 순서를 알 수 있다.
   ② 물질의 질량감소는 표면의 열유속, 화재성장속도, 물질의 열방출 특성에 의해서 결정된다.

2) **탄화물 표면효과**(surface effect of char)
   ① 목재 탄화물(wood char)
      ㉠ 검게 탄 목재는 거의 모든 구조물 화재에서 발견할 수 있다.
      ㉡ 목재는 고온에 노출될 때 가스, 수증기 및 연기 등 여러 가지 열분해 생성물을 분출하는 화학분해가 발생한다. 열분해 생성물을 만들고 남은 고체 잔류물(solid residue)은 탄소덩어리이고 이것이 탄화물이다.
      ㉢ 탄화물이 만들어질 때 열분해 생성물이 방출되고 열팽창이 발생하므로 수축되고 갈라짐과 부풀림이 생긴다.
   ② 탄화속도(rate of charring) : 보통 소나무의 경우는 2.54cm/45min 정도가 된다.
      ㉠ 연소 지속기간 결정은 가연물의 탄화속도에 의존한다.
      ㉡ 탄화속도는 또한 고온가스의 속도와 환기조건의 함수이다.
      ㉢ 따라서 가스가 빠르게 유동하거나 환기량이 증가하게 되면 탄화의 속도를 증가시킨다.

---

184) NFPA 921 FIGURE 6.3.4.1 Heat Shadow and Protected Areas(USFA Fire Pattern Project).

③ 탄화심도(depth of char)
　㉠ 화염확산을 평가하는 중요자료가 된다.
　㉡ 기둥, 보 등의 목재 표면의 마치 거북모양처럼 탄화된 깊이가 탄화심도이다. 화재가혹도가 심해질수록 탄화의 깊이가 깊어지는 비례관계이다. 따라서 이를 통해서 화재에 대한 이력을 판단할 수 있다.
　㉢ 따라서 건물 전체의 탄화심도를 상대적으로 비교함으로써 연소경로 추정에 도움이 된다. 왜냐하면 발화부에 가까워지면 탄화심도가 깊어지는 경향이 있기 때문이다.
　㉣ 탄화심도 도표 : 눈으로 보이지 않는 탄화의 경계선은 탄화심도를 측정하여 이를 격자형으로 나타낸 도표이다. 도표에 점들을 연결하면 경계선으로 나타낼 수 있다.

> **꼼꼼체크** **탄화심도 도표(depth of char diagram)** : 명백하게 보이지 않는 경계선을 그리드 다이어그램에서 탄화심도를 측정하고 도표화하는 과정으로 나타낸다. 그리드 다이어그램에서 동일한 탄화심도(탄화등고선, isochars) 지점을 연결하는 선(탄화물 등심선)을 그림으로써 경계선을 확인할 수 있다.

④ 탄화심도를 결정하는 인자
　㉠ 가열속도와 지속시간
　㉡ 환기 영향
　㉢ 표면적과 질량 비율
　㉣ 나무결의 방향, 방위, 크기
　㉤ 목재의 종류(소나무, 참나무, 전나무 등)
　㉥ 함수량
　㉦ 표면 코팅 특성

3) 훈소
　① 그슬린 것을 말한다. 발열체가 목재와 밀착했을 때 목재표면에 훈소흔을 남긴다.
　② 장기간에 걸쳐 무염연소한 흔적
　③ 출화부 부근에 훈소흔이 있는 경우에는 발화부라고 추정할 수 있는 확실한 증거가 된다.

4) 박리(spalling)
　① 콘크리트 폭열로 떨어져 나온 콘크리트 표면, 또는 벽돌, 블록, 모르타르 등을 박리라고 한다.
　② 박리의 원인
　　㉠ 굳지 않았거나 양생되지 않은 콘크리트 안에 존재하는 습기
　　㉡ 철근 또는 스틸 메시와 둘러싸고 있는 콘크리트 사이의 팽창 차이

ⓒ 콘크리트 제조용 자갈과 콘크리트 혼합물 사이의 팽창 차이(이것은 규소 콘크리트 제조용 자갈이 가장 일반적이다.)

ⓔ 잘 연마된 표면 마감층과 거칠거칠한 내부층 사이의 팽창 차이

ⓜ 슬래브의 내부와 화재에 노출된 표면 사이의 팽창 차이

③ 박리로 인해 단면결손이 발생하고 그로 인해 철근의 내화두께가 얇아져 구조체의 강도유지에 악영향을 미치고 심하면 철근이 노출되어 열팽창에 따른 강도저하를 초래할 수 있다.

④ 연소패턴으로의 박리의 정도에 따라 그 부위가 강한 열원에 의한 급격한 온도상승(20~30℃/min)으로 인한 것을 추정할 수 있다. 따라서 박리를 가지고 가열의 정도를 추정할 수 있다.

┃콘크리트 벽면의 박리[185]┃

5) 산화(oxidation)

① 화재로 인한 산화현상으로 물질에 따라서 변색, 변질 등이 나타날 수 있다.

② 온도가 높으면 높을수록, 그리고 노출시간이 길면 길수록 산화의 효과가 더욱 더 명확해진다.

6) 변색(color changes)

① 금속이나 비가연물 표면의 수열의 정도, 주수의 정도에 따라 물체가 변색을 일으키며 흔적으로 남는 화재패턴이다.

② 물질의 종류에 따라 다양한 변색이 일어나며 변색을 일으키는 온도범위도 각종 물질의 특성에 따라 달라지므로 이에 대한 자료를 정보화하여 이를 이용하면 화재의 진행사항을 추정하는 데 중요한 자료가 될 수 있다.

---

185) Concrete spalling above a doorway. http://www.interfire.org/features/spalling.asp에서 발췌

7) 물질의 용융(melting of materials)
   ① 유리, 거울, 알루미늄 섀시 등은 600℃에서 쉽게 용융하여 흘러내린다. 이때 바닥의 다른 물체로 덮어버리면 바닥의 물체가 덜 타거나 질식 소화되어 인화성 액체를 이용한 방화 등의 원인 파악이 가능하다.
   ② 물질의 용융은 열에 의해 일어나는 물리적 변화인데 용융부분과 비용융부분의 경계로서 열과 온도의 구분선이 만들어지며 이를 이용하여 화재패턴을 판단할 수 있다.

물질의 용융온도[186]

물질(material)	용융온도(melting temperatures)	
	℃	℉
Aluminum(alloys)[a]	566~650	1,050~1,200
Aluminum[b]	660	1,220
Brass(red)[a]	996	1,825
Brass(yellow)[a]	932	1,710
Bronze(Aluminum)[a]	982	1,800
Cast iron(gray)[b]	1,350~1,400	2,460~2,550
Cast iron(white)[b]	1,050~1,100	1,920~2,010
Chromium[b]	1,845	3,350
Copper[b]	1,082	1,981
Fire brick(insulating)[b]	1,638~1,650	2,980~3,000
Glass[b]	593~1,427	1,100~2,600
Gold[b]	1,063	1,945
Iron[b]	1,540	2,802
Lead[h]	327	621

8) 재료의 열팽창 및 변형(thermal expansion and deformation of materials)
   ① 물질이 에너지를 공급받으면 에너지가 증가하여 분자와 분자 사이의 결합력이 느슨해지고 간격이 길어진다.
   ② 이로 인해 팽창과 변형이 발생한다. 또한 팽창과 변형에 의해 강도가 저하됨으로써 붕괴나 좌굴의 주요 원인이 되기도 한다.
   ③ 따라서 이러한 변형과 팽창으로 화재의 패턴을 알 수가 있다.

9) 표면에 연기 장착(deposition of smoke on surfaces)
   ① 탄소를 함유한 유기물의 연소의 경우는 검댕이(soot)에 의해서 흔적을 생성할 수 있다.
   ② 즉, 고분자 화합물인 플라스틱류는 검댕이(soot)를 가장 많이 발생시킨다. 따라서 화염이 벽이나 천장에 닿을 때 접촉면에 검댕이(soot)가 집적된다.

---

[186] NFPA 921 Table 6.2.8.2 Approximate Melting Temperatures of Common Materials

③ 연기의 응축물인 타르(tar)는 갈색을 띠는 반면 검댕이(soot)는 검은색이다. 연기 응축물은 습하고 점착성이 있으며 얇은 경우와 두꺼운 경우가 있고 건조하고 수지 같이 되는 경우도 있다. 이러한 집적이 건조되고 나면 표면에 붙어서 쓸어도 쉽게 제거되지 않는다.

④ 개방공간의 화재인 경우에 집적물의 주요 성분은 검댕이(soot)와 연기의 혼합물이 된다. 연기 집적물이 화재 중에서 가열되면 갈색이 변색되고 표면은 짙은 갈색이 되거나 탄화되어 검은색이 된다. 바닥이나 건축물 내부 표면들은 매연성 화재 중에나 후에 자중에 의해서 가라앉는 매연의 코팅을 형성한다.

10) 완전연소(clean burn) 패턴

① 클린번이란 불연성 벽면에 연기나 그을음의 흔적이 없이 완전연소한 것을 말한다.

② 완전연소는 비가연성 표면 위에서 일반적으로 그 표면에 부착되어 있는 매연과 연기응축물을 완전연소시킬 때 나타나는 화재패턴이다.

▌클린번[187]▐

 Clean burn(방어소각) : 산림화재현장에서 화재방어선과 산림화재현장 사이의 가연물을 미리 소각시키는 맞불

11) 하소(煆燒, calcination)

① 하소는 어떤 물질을 고온으로 가열하여 그 속에 있는 휘발 성분을 없애고 재로 만드는 일을 말한다.

② 화재에서는 화재로 인해 발생되는 석고벽판 재료 표면의 다양한 변화를 하소라고 한다. 석고가 열을 받으면 화학적 물리적인 변화를 일으킴과 동시에 석고 속에 있는 결합수가 배출되면서 석고가 경석고(무수석고)로 된다.

---

187) NFPA 921 FIGURE 6.2.11 Clean Burn on Wall Surface.

> **꼼꼼체크** 경석고(anhydrite) : Anhydrite는 '물이 없다'는 뜻으로 화학식은 $CaSO_4$이고 석고에서 물이 빠진 상태를 말한다.

③ 따라서 열을 받은 석고는 원래의 석고벽판에 비해 저밀도의 상태가 된다. 따라서 석고벽판의 하소된 심도가 깊을수록 화열에 노출되어 받은 열량이 큰 것을 의미한다. 석고벽면은 열에 접촉된 방면으로 흰색으로 탈수된다. 따라서 하소된 부분과 그렇지 않은 부분은 경계가 형성되고 하소심도를 가지고 열복사와 고온상태의 지속정도를 표시하는 지표로 삼을 수 있다.

④ 하소심도 : 하소심도를 측정하여 격자 도표에 표시하면 화재의 발달정도를 알 수 있고 동일한 심도를 연결하면 마치 등고선과 같은 경계선을 가질 수 있다. 측정방법은 직접 단면관찰 방법과 탐침조사방법이 있다.
  ㉠ 직접 단면관찰 방법 : 하소가 발생된 지점에서 하소시료를 채취(직경 50mm 이상)해서 단면을 직접 관찰하고 하소심도를 측정하는 방법이다.
  ㉡ 탐침조사방법(probe method) : 하소가 발생된 지점으로 직접 장비를 가지고 와서 발생지점의 하소심도를 측정하는 방법이다.

12) 유리파손(breaking of glass)
① 유리가 일정하지 않은 가열, 즉 국부가열로 인해 팽창의 차이에 의한 장력을 받게 되면 균열 등의 손상이 발생한다.
  ㉠ 유리 표면이 길고 불규칙한 곡선형태로 파괴가 발생한다.
  ㉡ 유리의 측면에는 리플마크(ripple mark)가 형성되지 않는다.

> **꼼꼼체크** 리플마크(ripple mark) : 외부 충격으로 인한 수평의 가는 줄무늬의 흔적으로 곡선형태로 나타난다.

② 유리는 화재열로 인해 공급되는 열에 의해서 연화 및 용융되어 아래쪽이나 힘을 잃은 방향으로 흐른다. 화재로 발생한 힘이 창을 파괴하거나 유리에 힘을 가하는 압력으로 형성되기는 어렵다. 유리가 파괴되는 경우는 불균일한 열의 공급이나 창틀과의 열팽창률에 차이가 발생하기 때문이다.

③ 유리 파손의 영향인자
  ㉠ 두께
  ㉡ 가열이나 냉각 속도
  ㉢ 유리 틀의 설치방법
  ㉣ 유리 틀의 열적 특성
  ㉤ 유리의 결함
  ㉥ 열그림자(thermal shadow) 효과

> **꼼꼼체크** 열그림자(thermal shadow) 효과 : 기둥이나 보가 복사열을 차단하여 유리가 받는 복사열의 차이가 발생하고 그로 인해 온도차가 발생해서 팽창력의 차이가 발생하는 현상

13) 붕괴된 가구의 스프링들(collapsed furniture springs)
   ① 온도가 용융점 또는 열처리(annealing)점을 넘게 되고 스프링이 고유의 성질을 잃게 될 때 일어나는 현상이다. 이는 철의 온도가 400℃를 넘게 될 때 주로 일어난다. 고유 성질을 잃어버리고 스프링이 자체 무게로 주저앉게 된다.
   ② 화재가 지속되는 동안 침대 스프링은 보통의 경우에는 발화지점 방향으로 기울어진다. 이는 탄성이 가열에 의해서 저하되기 때문이다.
14) 파괴된 전구(distorted lightbulbs) : 가열된 면에서 부풀어 올라 파괴됨으로써 이를 통해 가열된 방향 등을 알 수 있다. 이는 열로 인하여 전구 내부가 가열되어 소량의 질소나 아르곤가스에 의한 유리구 압력이 증가했기 때문이다. 하지만 LED와 같은 등에서는 알 수가 없다.
15) 주연(연기가 달려간 흔적) : 내장재의 하얀 회벽이나 불연성의 재질의 표면에 연기의 흔적을 남긴다.
16) 무지개 효과(rainbow effect) : 인화성 액체 또는 유성물질들은 화재로 인한 주수 시에 물과 섞이지 않고 물의 표면 위로 부상하기 때문에 물 위에서 마치 무지개처럼 다양한 색을 나타낸다.

(4) 아크매핑(arc mapping)
1) 발화지점을 찾기 위해 전선의 구리를 이용하는 방법으로 구리도체는 일반적으로 화재에 의한 열에도 사라지지 않고 아래와 같은 용융 등의 흔적이 남아 있으므로 구리의 손상정도에 따라서 화재의 강도를 추정하는 화재패턴이다. 따라서 아크매핑을 통해서 전기시스템이 손상된 순서를 알 수 있고, 패턴을 보여주는 도면을 생성하는 데 사용할 수 있다.

2) 아크매핑은 발화점을 추정하는 방법인 하소심도, 탄화심도, 연소패턴과 유사한 기능을 하고 이를 통해 화재의 진행순서를 결정하는 중요자료로 활용할 수 있다.
3) 아크매핑의 진행순서
   ① 모든 분기회로배선을 찾는다.
   ② 3차원의 실내도면을 그린다.
   ③ 실내의 배선, 콘센트, 스위치류를 그린다.
   ④ 다른 실내의 가구, 코드, 가전제품을 그린다.
   ⑤ 도면 위에 아크 위치를 표시한다.

4) 아크매핑의 작성 예

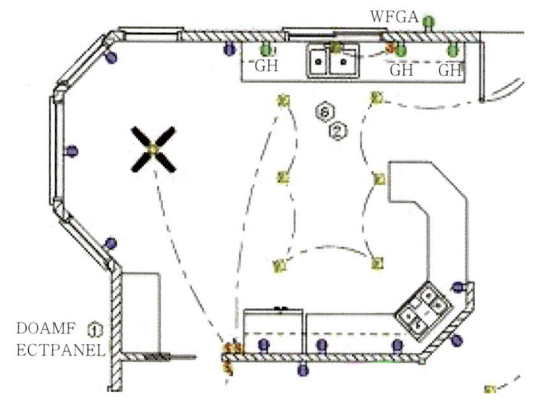 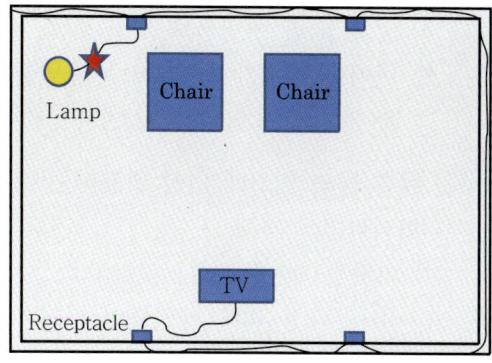

5) 아크매핑 작성방법
① 가능한 한 많은 영역을 문서화하여야 한다.
② 관리자의 위치와 경로를 확인하여야 한다.
③ 모든 전기 콘센트 및 기기의 위치를 확인하여야 한다.
④ 사진의 실내공간의 도면을 대신할 수 있다.
⑤ 동영상을 이용할 수 있다.
⑥ 아크의 위치에 대한 색테이프를 사용할 수 있다.
⑦ 도면작성은 최대한 상세하게 작성하여야 한다.
⑧ 도면작성 시 전원측과 부하측을 구분하여 표시하여야 하고 진행방향의 표시도 하여야 한다.

6) 아크매핑 작성 유의사항
① 도체는 취성을 가지고 있고 허약하다.
② 부속 구성요소가 분리될 수 있다.
③ 아크 그 자체만 가지고는 발화원의 증거로 부족하다.
④ 사진의 실내공간의 그림을 대신할 수 있다.

(5) 도괴 : 넘어진 상태로 추정하는 방법으로 일반적으로 화재가 발생한 건물의 목재나 콘크리트 구조물은 발화부 방향으로 도괴하고 철골이나 철근 구조물은 발화부의 반대 방향으로 도괴하는 경향이 있다.

04 바닥부위의 패턴

가연물의 종류와 연소상황에 따라 다양한 형태의 패턴이 결정된다.

(1) 유류 등의 연소에 의한 화재패턴의 특징
1) 일반적 액체의 특징처럼 낮은 곳으로 흐르며 고인다.

2) 바닥재의 특성에 따라서 광범위하게 퍼지거나 흡수될 수 있다.
3) 증발하면서 잠열에 의한 냉각효과가 있다.
4) 끓게 되면 주변으로 방울이 튈 수 있다.
5) 어떠한 액체가연물은 고분자물질을 침식시키거나 변형시키는 등 용매로서의 성질을 가지기도 한다.

(2) 유류 등의 연소에 의한 화재패턴[188] : 방화 시 유류 등을 사용하기 때문에 방화 시 패턴이라고도 한다.

1) **퍼붓기 패턴(pour pattern)**
① 인화성 액체 가연물이 바닥에 쏟아져 내렸을 때 액체가연물이 쏟아진 부분과 쏟아지지 않은 부분의 탄화경계가 발생하며 이러한 흔적의 패턴을 퍼붓기 패턴 또는 포어 패턴이라고 한다.
② 이러한 형태의 화재패턴은 화재가 진행되면서 액체가연물이 있는 곳은 다른 곳보다 연소속도가 빠르고 열방출률이 크기 때문에 탄화정도가 다른 곳보다 더 강하게 진행되면서 다른 부분과 뚜렷한 구분을 띄게 된다.
③ 퍼붓기 패턴의 형태는 액체의 경사에 따라 낮은 곳으로 흐르는 형태를 나타내기도 하고, 쏟아진 액체의 모양 그대로 불규칙한 형태를 나타내기도 한다.

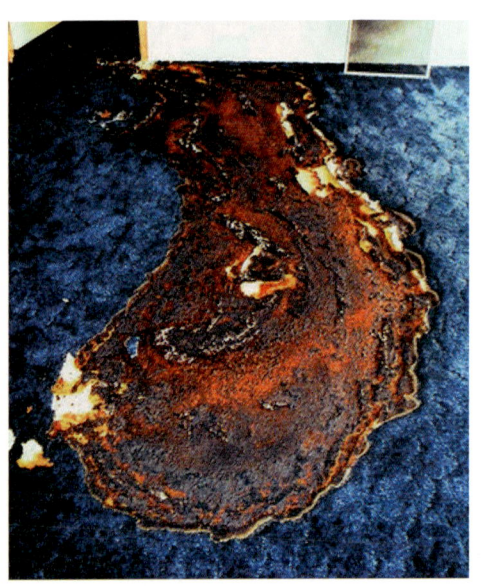

▎퍼붓기 패턴의 예[189] ▎

---

188) 한국조사학회에서 2004년 발간한 "유류화재패턴" 서울지방경찰청 과학수사계 화재폭발조사팀 이승훈 저에서 일부내용 인용
189) http://www.flickr.com/photos/jr1882/4026878680/lightbox에서 발췌

2) 스플래시 패턴(splash pattern)
   ① 인화성 액체가연물이 연소하면서 발생하는 열에 의해서 가연물이 재가열되어 액면이 끓으면서 주변으로 액체가 튀어서 포어패턴의 미연소부분에 국부적으로 마치 점처럼 연소된 흔적을 스플래시 패턴이라 한다.
   ② 이러한 패턴은 주변으로 튀어 나간 액체가연물의 방울에 의해 생성되므로 약한 풍향에도 영향을 받아 바람이 불어오는 방향으로는 잘 생기지 않고 바람이 부는 방향으로는 멀리까지 생긴다. 왜냐하면 튀긴 가연성 액체방울이 바람에 의해 날려서 편향적으로 분포되기 때문이다.

▎스플래시 패턴(splash pattern)의 예[190] ▎

3) 고스트 마크(ghost mark)
   ① 콘크리트, 시멘트 바닥면에 비닐타일 등이 유기용제인 접착제로 시공되어 있을 때, 그 위로 석유류의 액체가연물이 쏟아져 화재가 발생하면서 생긴 열에 의하여 타일의 가상자리 부분에서부터 타일을 들뜨게 만든다. 이때 액체가연물이 타일 사이로 스며들면서 접착제를 용해시키며 타일의 박리현상을 촉진시키게 된다.
   ② 화재가 발생한 방이나 실에 화염에 의한 열기가 가득하게 되면 유기용제는 타일의 틈새에서 더욱 격렬하게 연소하게 되고, 결과적으로 타일 아래의 바닥은 타일 등 바닥재의 틈새모양으로 변색이 되고 종종 박리하기도 한다.
   ③ 이때 바닥에서 보이는 흔적을 고스트 마크라고 한다. 이 패턴은 다른 패턴과는 달리 플래시 오버 직전과 같은 화재성장기, 최성기 등과 같은 강렬한 화재열기 속에서 발생한다.

---

[190] http://www.kififire.kr/submenu_06_06.asp?b_Idx=3527&Search=&SearchTxt=&nowpage=view(한국화재조사학회)에서 발췌

▎고스트 마크(ghost mark)191) ▎

4) **틈새연소 패턴(gap combustion pattern)**
　① 목재마루 및 타일의 틈새, 문지방 및 벽과 바닥의 틈새 및 모서리 등에 가연성 액체가 흘러들어가 고일 수 있다.
　② 이 경우 고인 액체의 연소가 타 부위에 비해 강하고, 더 오랫동안 연소하게 되므로 진화 후에 탄화의 심도가 다른 곳보다 깊어서 구별이 가능하게 된다.
　③ 고스트마크와의 차이점(외형은 거의 유사하다.)
　　㉠ 단순히 가연성 액체의 연소라는 점이 다르다.
　　㉡ 콘크리트나 시멘트 바닥이 아니라 마감재 표면에서 보이는 패턴이라는 점이 다르다.
　　㉢ 화재 초기에 나타난다는 점이 다르다.
　　㉣ 플래시 오버와 같은 강한 화염 속에도 쉽게 사라질 수 있다는 점이 다르다.

▎틈새연소 패턴192) ▎

---

191) Figure 11. Closeup of gasoline spill fire pattern on vinyl floor, National Institute of Justice, Flammable and Combustible Liquid Spill/Burn Patterns, NIJ Report 604-00, March 2001

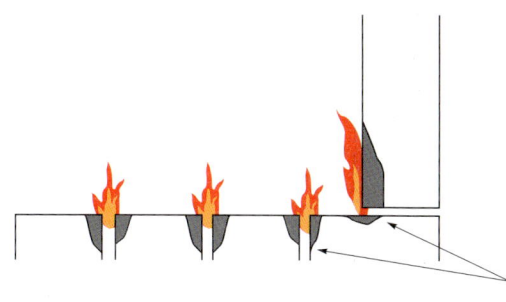

틈새나 모서리 부위에 고인 액체가연물은 그곳을 다른 곳에 비하여 더 강하게, 더 오래 연소시킨다.

5) 도넛 패턴(doughnut pattern)
   ① 거친 고리모양으로 연소된 부분이 덜 연소된 부분을 둘러싸고 있는 마치 '도넛모양' 형태는 가연성 액체가 웅덩이처럼 고여 있을 경우 발생한다.
   ② 고리처럼 보이는 주변부나 얕은 곳에서는 바닥이나 바닥재를 탄화시키는 반면에, 비교적 깊은 중심부는 액체가 증발하면서 증발잠열에 의해 웅덩이 중심부를 냉각시키고, 외곽에 비해 산소공급이 원활하지 않은 현상 때문에 생긴다.
   ③ 도넛과 같은 동그란 형태를 가지고 있지 않더라도 대부분의 패턴은 유류가 쏟아진 곳의 가장자리 부분이 내측에 비해 강한 연소현상을 보이는 것이 일반적이다.

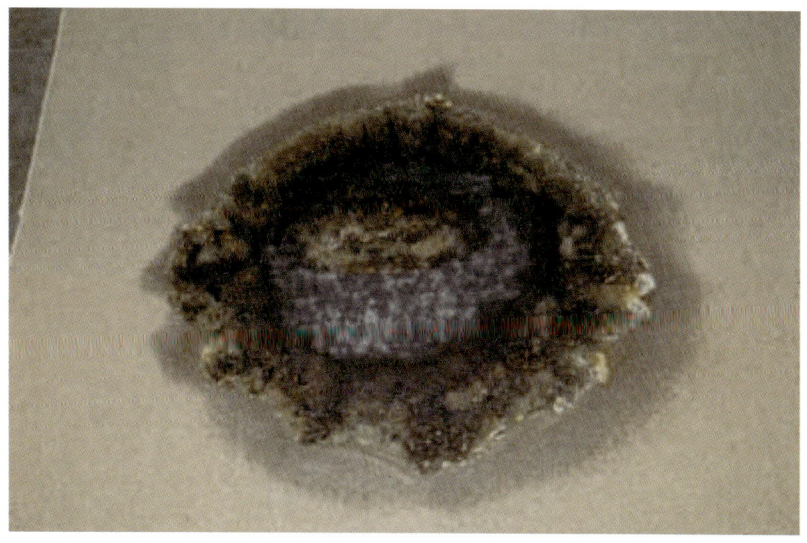

| 도넛 패턴(doughnut pattern)[193] |

---

192) Figure 9. Closeup of gasoline spill fire burn pattern on wood parquet floor, National Institute of Justice, Flammable and Combustible Liquid Spill/Burn Patterns, NIJ Report 604-00, March 2001
193) Figure 21. Doughnut burn pattern on carpet 1. 250 mL gasoline fire extinguished at approximately 146 s with CO_2, National Institute of Justice, Flammable and Combustible Liquid Spill/Burn Patterns, NIJ Report 604-00, March 2001

  6) 트레일러 패턴(trailer pattern)
   ① 방화와 같이 인화성 액체를 연소촉매제로 이용해서 한 장소에서 다른 장소로의 연소확대를 위해 의도적으로 뿌려진 가연물의 흔적을 말한다.
   ② 이 경우 액체가연물만이 아니라 짚단이나 신문지, 두루마리 화장지 및 나무 등의 고체가연물도 트레일러가 될 수 있다.
   ③ 시너나 휘발유와 같은 액체가연물을 이용한 트레일러의 패턴을 포어 패턴이라고도 한다.

(3) 화재가 최성기까지 확대되면 상기와 같이 단일 패턴으로 나타나는 것이 아니라 다양하고 복잡한 형태의 패턴으로 조합된다.

Section 48. 화재 벡터링(fire vectoring)

01 개요

(1) 화재패턴은 화재의 확산이나 타는 강도 중 한 가지 이상의 메커니즘에 의해 생성된다. 가연물의 성분, 열방출률, 위치, 환기 차이로 인해 강도패턴의 차이가 나타날 수 있는데, 처음 가연물이 반드시 발화점을 가리키는 것은 아니다.

(2) 화재의 성장과 이동(확산)으로 인해 생긴 화재패턴은 항상 발화점을 알려주는 데 중요한 정보가 된다. 그러나 강도패턴으로부터 이동패턴을 구하는 것은 어려울 수 있다. 또한 일부 패턴은 강도 및 이동(확산) 모두를 나타내기도 한다.

02 열 및 화염 벡터 분석

(1) 열 및 화염 벡터 분석 그리고 이에 대한 포토 다이어그램은 화재패턴 분석의 도구이다. 열 및 화염의 벡터화는 화재현장의 포토 다이어그램을 만드는 데 적용된다. 포토 다이어그램에는 벽, 복도, 문, 창문 및 관련 가구나 내용물도 포함되어야 한다.

(2) 이후에 조사관은 확인되는 화재패턴을 기초로 화살표를 사용하여 열이나 화염의 확산의 방향에 대한 해석을 기록하도록 한다. 화살표의 크기는 그려진 각 화재패턴이 측정크기를 반영한다. 벡터의 방향이 도표 전체에서 일관성이 있는 한, 화살표는 열원으로부터 화재의 이동방향을 나타낼 수 있고 열원으로 되돌아가는 방향도 나타낼 수 있다.

(3) 조사관은 각 벡터가 나타내는 해당 화재패턴을 확인해야 한다. 조사관은 바닥에서부터의 높이, 화재패턴의 정점의 높이, 화재패턴이 생긴 표면의 특성, 화재패턴의 모양, 해당 화재패턴을 만드는 특정 화재효과, 화재패턴이 나타내는 화재확산의 방향과 같은 각 해당 화재패턴에 대한 상세사항을 포토 다이어그램에 표시된 범례에 추가할 수 있다.

(4) 아래의 그림은 화재패턴의 열의 이동방향과 물리적 크기 벡터를 표시하고 벡터 ⑥, ⑩, ⑪ 부분에서 발화원을 나타내는 열 및 벡터 분석[194]이다.

---

[194] Kennedy and Shanley, "USFA Fire Burn Pattern Tests – Program for the Study of Fire Patterns."

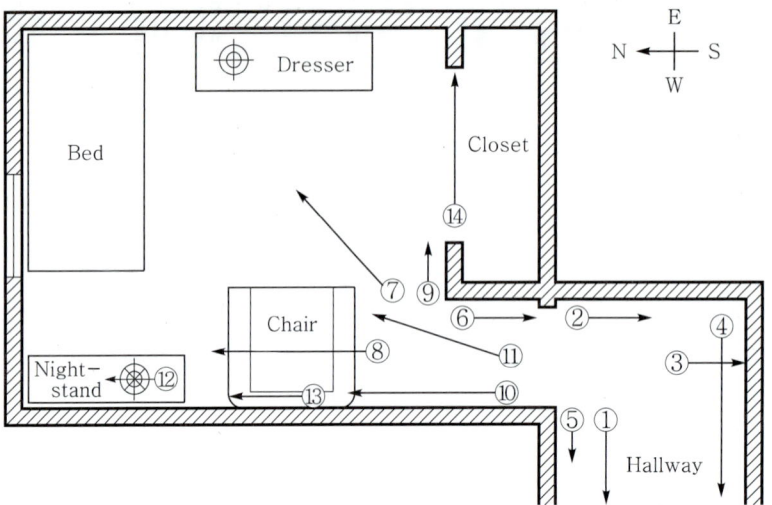

(5) **보조벡터** : 보조벡터는 실제 열 및 화염 확산방향 모두를 나타내기 위해 사용한다.

(6) 벡터 분석을 하는 궁극적인 목적은 화재패턴에 대한 조사관의 해석을 논의하고 시각적으로 기록하려는 것이다.

(7) **표현** : 화재의 확산방향, 패턴의 모양, 화재패턴의 높이 등을 표현할 수 있다.

 **BM 성안당**

국가기술자격 수험서는 **43년 전통의 성안당** 책이 좋습니다.

소방기술사 쉽게 공부해 단번에 합격하기

한눈에 쏙쏙 들어오는 색다른 구성!
이론을 중요도에 따라 색으로 구분하였다!

소방기술사 시험문제는 단순히 암기를 요하는 것도 있지만 그보다는 소방에 대한 이해를 요하는 것이 대부분이다. 그러나 시중에 나와 있는 대부분의 소방기술사 책은 요점 내용 위주로 되어 있고, 소방에 관한 기본서가 없는 실정이다.

이에 이 책은 기본서로서 소방에 관한 기본 개념과 중요 내용을 마치 시험문제 답안지처럼 작성해 놓았고, 내용을 쉽게 풀어 놓아 처음 공부하는 사람도 쉽게 익힐 수 있도록 하였다.

책의 구성 중 특이한 점은 중요도에 따라 다른 색으로 나타냄으로써 책의 내용이 한눈에 쏙쏙 들어오도록 편집하였다. 이에 따라 중요 내용을 파악하고 개인의 서브노트를 만들며 공부할 수 있도록 구성하였다.

소방기초이론과 연소공학 **1**	건축방재와 피난 **2**	소방기계 **3**	소방전기·폭발·위험물 **4**
			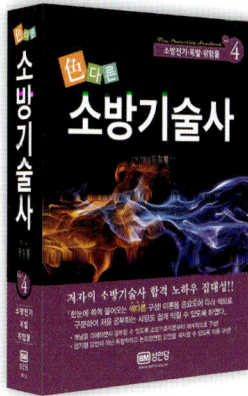
552쪽 ǀ 45,000원	788쪽 ǀ 60,000원	844쪽 ǀ 65,000원	1,136쪽 ǀ 80,000원

이 책의 특징

- 개념을 이해하면서 공부할 수 있도록 소방기초이론부터 체계적으로 구성!
- 암기형 답안이 아닌 독창적이고 논리정연한 답안을 제시할 수 있도록 이론 구성!
- 색깔별 내용 구분! 책의 내용을 중요도에 따라 빨간색, 파란색, 검은색으로 구분하여, 중요 내용이 한눈에 쏙쏙 들어오도록 구성!
- 풍부하고 생생한 자료 수록!

BM 성안당 04032 서울시 마포구 양화로 127 첨단빌딩 5층(출판기획 R&D센터) TEL_02.3142.0036
10881 경기도 파주시 문발로 112(제작 및 물류) TEL_도서:031.950.6300 동영상:031.950.6332 www.cyber.co.kr

저자소개

노력을 이기는 재능은 없고
노력을 외면하는 결과도 없습니다.

〈약력〉
- 세종대 영어영문학 학사
- 숭실사이버대 방재학과
- 서울시립대 기계공학 석사
- 소방기술사

〈저서〉
- 색다른 소방기술사 1 ~ 4권(성안당)
- Trust 소방학개론(소방사관학원)

色다른 소방기술사 Vol.1

2014. 2. 10. 초 판 1쇄 발행
2016. 5. 25. 1차 개정증보 1판 1쇄 발행

지은이 | 유창범
펴낸이 | 이종춘
펴낸곳 |  주식회사 성안당
주소 | 04032 서울시 마포구 양화로 127 첨단빌딩 5층(출판기획 R&D 센터)
     | 10881 경기도 파주시 문발로 112(제작 및 물류)
전화 | 02) 3142-0036
     | 031) 950-6300
팩스 | 031) 955-0510
등록 | 1973. 2. 1. 제406-2005-000046호
출판사 홈페이지 | www.cyber.co.kr
ISBN | 978-89-315-1609-8 (13530)
정가 | 45,000원

이 책을 만든 사람들

기획 | 최옥현
진행 | 박경희
교정·교열 | 김혜린
전산편집 | 이지연
표지 디자인 | 박원석
홍보 | 전지혜
국제부 | 이선민, 조혜란, 김해영, 김필호
마케팅 | 구본철, 차정욱, 나진호, 이동후, 강호묵
제작 | 김유석

이 책의 어느 부분도 저작권자나 BM 주식회사 성안당 발행인의 승인 문서 없이 일부 또는 전부를 사진 복사나 디스크 복사 및 기타 정보 재생 시스템을 비롯하여 현재 알려지거나 향후 발명될 어떤 전기적, 기계적 또는 다른 수단을 통해 복사하거나 재생하거나 이용할 수 없음.

※ 잘못된 책은 바꾸어 드립니다.